Staatenlexikon Asien

Wolfgang Gieler / Sabine Wege (Hrsg.)

Staatenlexikon Asien

Geographie, Geschichte, Kultur, Politik und Wirtschaft

PETER LANG

Bibliografische Information der Deutschen Nationalbibliothek
Die Deutsche Nationalbibliothek verzeichnet diese Publikation in der Deutschen Nationalbibliografie; detaillierte bibliografische Daten sind im Internet über http://dnb.d-nb.de abrufbar.

ISBN 978-3-631-73138-3 (Print)
E-ISBN 978-3-631-78017-6 (E-PDF)
E-ISBN 978-3-631-78018-3 (EPUB)
E-ISBN 978-3-631-78019-0 (MOBI)
DOI 10.3726/b15205

Peter Lang – Berlin · Bern · Bruxelles · New York ·
Oxford · Warszawa · Wien

Diese Publikation wurde begutachtet.

www.peterlang.com

Inhaltsverzeichnis

Vorwort

Durch zahlreiche Veränderungen und Wandlungsprozesse in den vergangenen Jahrzehnten orientiert sich der Blick der internationalen Politik auf den asiatischen Kontinent insbesondere auf den (außen-)wirtschaftlichen Bereich. Neben Staaten wie China, Indien, Japan oder die ehemals als Tigerstaaten bezeichneten Staaten Singapur, Südkorea, Taiwan und die heutige Sonderverwaltungszone Hongkong gibt es eine Reihe weiterer asiatischer Staaten, die im Zuge der Globalisierung bedeutende Akteure der Weltwirtschaft wurden. Die arabische Golfstaaten Bahrain, Katar, Kuwait, Oman, Saudi-Arabien und die Vereinigten Arabischen Emiraten traten insbesondere aufgrund ihrer Erdölvorkommen auf die internationale Ebene. Spätestens mit Gründung der OPEC haben die arabischen Golfstaaten die Bedeutung der Ressource Erdöl und damit die Interdependenzen des Globalen Nordens mit dem Globalen Süden verdeutlicht. Weitere relevante regionale wirtschaftliche Organisationen – etwa die ASEAN, SAARC, SCO und APEC haben sich international etabliert. Eine verstärkt breitere – nicht nur wirtschaftlich bezogene – öffentliche Wahrnehmung der asiatischen Staatenwelt werden zudem sicherlich international bevorstehende Großereignissen, wie beispielsweise die Sommerolympiade 2021 oder die Fußballweltmeisterschaft 2022, hervorrufen.

Der Begriff „Asien“ ist bis heute umstritten. Zumeist wird dieser vom assyrischen Begriff „Assu“ abgeleitet. Ins Deutsche übersetzt bedeutet „Assu“ „Sonnenaufgang“ bzw. „Osten“. Asien deutet demnach auf die Region in Richtung Sonnenaufgang, hin. Es entspricht somit dem lateinischen Wort „Orient“ oder dem deutschen „Morgenland“. In der Antike wurde das Gebiet Kleinasiens als Asien bezeichnet, später ergab sich auch der Name der römischen Provinz Asia daraus. Der römischen Historiker und Schriftsteller Gaius Plinius Secundus Maior, bezog den Begriff „Asien“ in der ältesten vollständig überlieferten systematischen Enzyklopädie „Naturalis historia“ um 77 n. Chr. dann auch auf den größeren Kontinent.

Im heutigen Sprachgebrauch bezieht sich der Begriff häufig auf den ost- oder südostasiatischen Raum, gelegentlich unter dem Einschluss Indiens. Selten schließt der Begriff auch Staaten westlich von Indien, mit ein. Seit dem Altertum stand Westasien bereits in engem Kontakt mit Europa. Im Kontrast dazu stellt Ostasien für Europa über viele Jahrhunderte den Inbegriff von Fremdheit dar. Der asiatische Kontinent nimmt jedoch eine bedeutende Rolle in der Menschheitsgeschichte ein. Bereits um 900 v. Chr. entstanden Großreiche – wie das Neuassyrische Reich oder 500 v. Chr. das Achämeniden Reich. Zudem haben sämtliche Weltreligionen vom Christentum bis zum Buddhismus ihren Ausgangspunkt in Asien.

Mit einer Fläche von rund 44,615 Millionen Quadratkilometern (ohne Russland 31,7 Millionen Quadratkilometer) ist der Kontinent flächenmäßig der weltweit größte. Die Gesamtbevölkerung von über vier Milliarden Menschen – mehr als der Hälfte der gesamten Weltbevölkerung –, ist auch die zahlenmäßig höchste im internationalen Vergleich. China und Indien sind die beiden bevölkerungsreichsten Staaten der Welt und zugleich die beiden einzigen Staaten mit einer Bevölkerung von jeweils über einer Milliarde Menschen. Einzelne asiatische Staaten wie beispielsweise Bangladesch und Gebiete von China und Indien haben zudem eine sehr hohe Bevölkerungsdichte. Die Bevölkerungsdichte insgesamt in Asien weist jedoch starke Unterschiede auf. Nord- und Zentralasien sind sehr dünn besiedelt, im Gegensatz dazu bewohnen 90 Prozent der Bevölkerung die Tiefländer im Monsungürtel. Dies entspricht etwa einem Viertel der kontinentalen Gesamtfläche.

Ferner ist die asiatische Staatenwelt politisch und wirtschaftlich durch tiefgreifende Unterschiede gekennzeichnet. Demokratien stehen autokratischen Herrschaftssystemen gegenüber, einige der wirtschaftlich ärmsten Staaten des Globalen Südens rasant wachsenden Volkswirtschaften. Auch ethnisch ist der Kontinent durch eine heterogene Struktur charakterisierbar. Südasien wird insbesondere historisch und kulturell durch indisch-hinduistische, buddhistische und islamische Elemente geprägt. Nordostasien ist hingegen durch konfuzianische Grundzüge gekennzeichnet. In Südostasien gehen die kulturell-historischen Einflüsse aus beiden Regionen ineinander über, wobei das kontinentale Südostasien stärker buddhistisch und das maritime Südostasien stärker durch Islam und Katholizismus (Philippinen) geprägt wurden. Unterschiedliche kulturelle und religiöse Prägungen sind zudem innerhalb der asiatischen Staaten erkennbar. Hinsichtlich der ethnischen Struktur stehen homogene Staaten wie Japan und Korea den sprachlich-religiös heterogenen Gesellschaften in Süd- und Südostasien entgegen.

Weitere Kennzeichen des asiatischen Kontinents sind: die höchste Gebirgskette: Himalaya (sämtliche Berge verfügen über eine Gipfelhöhe von über 8.000 Meter), den ältesten und tiefsten Binnensee: den Baikal und das tiefstgelegene Gewässer: das Tote Meer. Es ist der Kontinent mit der mannigfaltigsten Vegetation, wechselnd vom Permafrostboden Sibiriens bis hin zum Dschungel Südostasiens. Neben den Extremen Tundra, Wüste und tropischer Regenwald sind auch alle anderen auf der Welt vertretenen Vegetationszonen in Asien auffindbar. Eine abschließend anzuführende Besonderheit sind die meisten interkontinentalen Staaten – Staaten, die sowohl asiatische Staatsgebiete als auch Staatsterritorien auf anderen Kontinenten umfassen. Hierzu zählen die Staaten: Ägypten, Türkei, Russland, Kasachstan, Indonesien und Japan.

In alphabetisch geordnetem Aufbau – von Afghanistan, China, Indonesien, Irak, Iran, Israel und Japan über Korea, Pakistan, Philippinen, Saudi-Arabien und Taiwan bis Thailand und Vietnam – werden insgesamt 46 Staaten des asiatischen Kontinents thematisiert. Die Entwicklung der jeweiligen Staaten wird aus deren Innenperspektive analysiert, um eine grundlegende Kenntnis der Geographie, Geschichte, Kultur, Politik und Wirtschaft dieser Staaten zu vermitteln. Um eine Vergleichbarkeit zu ermöglichen, folgen die jeweiligen Länderbeiträge einer vorgegebenen, identischen Konzeption: Naturraum und geographische Rahmenbedingungen, geschichtliche Entwicklung bis zur Unabhängigkeit, Bevölkerungsstruktur – speziell ethnische Zusammensetzung –, Wirtschaftsstruktur, aktuelle politische Entwicklung und Literatur. In besonderem Maße wurde auf eine interdisziplinäre Betrachtungs- und Vorgehensweise Wert gelegt. Dies wird sowohl in der internationalen als auch fachwissenschaftlichen Zusammensetzung der Autorinnen und Autoren deutlich. Unser Dank gilt ihnen allen für die Erstellung der Beiträge: Ohne ihre effektive und konstruktive Zusammenarbeit wäre dieses Staatenlexikon nicht zustande gekommen.

Zielgruppe des Bandes sind insbesondere Wissenschaftler, Studierende, Dozenten, Journalisten und sonstige Mittler politischer Bildung sowie alle Interessierten, denen das Lexikon wesentliche Hintergrundinformationen zur differenzierten und abgewogenen Darstellung einer der bedeutendsten Regionen der internationalen Politik an die Hand geben möchte. Insofern eignet es sich sowohl als einführende Überblickslektüre als auch als Vertiefung für alle diejenigen, die sich mit der Region Asien auseinandersetzen.

Das Staatenlexikon bemüht sich einerseits um eine einführende Überblicksdarstellung dieser Region, andererseits will es doch präzise genug sein, um auch Fachkreise anzusprechen. Daher wurde von einer Überfrachtung mit Fachterminologie und einem wissenschaftlichen Apparat mit Fußnoten usw. abgesehen.

Die Herausgeber

Prof. Dr. Wolfgang Gieler
Sabine Wege, M.A.

Andreas Dittmann und André Staarmann

Afghanistan

Offizieller Name:	Islamische Republik Afghanistan
Staatsform:	Islamische Republik
Unabhängigkeit:	19. August 1919 (von Großbritannien)
Nationalfeiertag:	19. August (Unabhängigkeitstag)
Hauptstadt:	Kabul
Lage:	Zentralasien
Fläche:	652 230 qkm (Weltrang: 40)
Bevölkerung:	34,9 Millionen (Juli 2018)
Landesstruktur:	34 Provinzen (Wilayats) und 398 Distrikte (Woluswali)
Sprachen:	Dari (50 Prozent), Paschtu (35 Prozent), daneben Turksprachen (11 Prozent)
Religionen:	Islam (85–90 Prozent Sunniten und 10–15 Prozent Schiiten), Andere (1 Prozent)
Währung:	Afghani (AFN)
Wirtschaftszweige:	*Landwirtschaft:* weltweit größte Opiumproduktion; Haschischproduktion, Weizen, Früchte, Nüsse, Wolle, Hammelfleisch, Schaffelle, Lammfelle; *Industrie:* Ziegelherstellung, Textilien, Seife, Möbel, Schuhe, Dünger, Bekleidung, Lebensmittel, alkoholfreie Getränke, Mineralwasser, Zement; handgewebte Teppiche; Erdgas, Erdöl, Kohle, Kupfer
Mitgliedschaften:	UN, WTO (Beobachterstatus), ICC, NAN, OIC, SAARC, Bewegung der Blockfreien Staaten
Wichtigste Medien:	Die staatliche Rundfunkanstalt Radio Television Afghanistan (RTA) betreibt eine Reihe von Radio- und Fernsehstationen in Kabul und den Provinzen; schätzungsweise 150 private Radiosender, 50 TV-Sender und etwa ein Dutzend internationale Sender stehen zur Verfügung.

* * * * * * * * * * * *

Naturraum und geographische Rahmenbedingungen

Der Naturraum Afghanistans ist durch eine starke vertikale Gliederung und ein ausgeprägtes Relief gekennzeichnet. Daher ist Afghanistan trotz seiner in den nördlichen und südlichen Landesteilen gelegenen Hochebenen und Tiefländern in erster Linie als ein Gebirgsland aufzufassen. Gestalt und Ausprägung der afghanischen Landschaften sind das Ergebnis der Formbildungen durch tektonische Prozesse, die insbesondere in der Zeit der alpidischen Gebirgsbildung im Oligozän/Miozän sowie den seit dem Tertiär auftretenden Hebungs- und Senkungsphasen das gegenwärtige Landschaftsbild prägten. Mit Blick auf die Lage des Landes im Großrelief des asiatischen Kontinents ist der größte Teil dem Iranisch-Afghanischen Hochland zuzurechnen. Fast die Hälfte des gesamten afghanischen Staatsterritoriums (46 Prozent) nimmt eine mittlere Höhenlage von 600 bis 800 m ein. 33 Prozent der Landesfläche liegen zwischen 1 800 und 3 000 m und etwa 10 Prozent über 3 000 m.

Das vom Meer abgeschlossene Binnenland Afghanistan wird von dem mächtigen Gebirgszug des Hindukusch als dem südwestlichsten der großen zentralasiatischen Hochgebirge dominiert. Der im Norden an das Darwaz-Gebirge und den Pamir angelagerte Hindukusch markiert die Hauptwasserscheide zwischen dem Amu-Darja und seinen Nebenflüssen, die zum Aralsee hin entwässern und dem Einzugsgebiet des Kabul-Flusses, dessen Wasser dem Indus und damit dem Indischen Ozean zuströmt. Der östliche Teil des Hindukusch ist mit mittleren Höhenlagen von 2 000 bis 3 500 m stark zerschnitten, teilweise vergletschert und daher als „hochalpin“ aufzufassen. Der zentrale Hindukusch wird von lang gestreckten und tief eingeschnittenen Tälern durchzogen. Der höchste Gipfel dieses im Mittel 5 000 bis 6 000 m hohen Gebirgsabschnittes ist der 6 843 m hohe Kuh-e Bandaka. Der westliche Teil des Hindukusch wird von der Salang-Kette dominiert, deren mittlere Höhenlagen in ostwestlicher Richtung von etwa 5 000 auf etwa 4 000 m absinken. Die maximale Höhenlage wird im Wakhan-Korridor im Nordosten mit 7 485 m erreicht.

Das afghanische Hochland befindet sich einerseits im Osten, wo eine Reihe von Hochbecken durch relativ niedrige Passübergänge oder enge Durchbruchstäler miteinander in Verbindung stehen. Im Nordosten zeigt sich das Hochland vergleichsweise stärker gestuft und geklammert.

Hier befinden sich die Becken der Kabul-Ebene, das Logar-Tal und der Koh-e Daman. Die sich im südlichen Einzugsgebiet des Kabul-Flusses am Gebirgsrand befindenden, tief eingeschnittenen Täler eröffnen eine östliche Verbindung in das subkontinentale Indus-Tiefland. Der Süden ist durch ein abflussloses Becken gekennzeichnet, welches sich vom Gebirgsrand in südlicher Richtung auf ca. 500 m absenkt. In diesem Gebiet verläuft sich der Fluss Helmand in den flachen Endseen von Seistan. Weiterhin liegen innerhalb dieser Beckenlandschaft die beiden Wüsten Registan (Sanddünen) sowie Dasht-e Margo (Schotter und Lehm). Die sich entlang der westlichen Landesgrenze befindliche Aneinanderreihung von kleineren Becken wird im Norden durch die Abdachung der Gebirge und das jeweils vorgelagerte Tiefland, das sich bis zum nördlichen Grenzfluss Amu-Darja auf ca. 300 m absenkt, unterbrochen.

Das Klima wird durch die Lage des Landes im altweltlichen Trockengürtel, durch die Entfernung zum Indischen Ozean sowie durch die ausgeprägte Reliefgestaltung bestimmt. Folglich sind große Teile als aride Wüsten- und Steppengebiete anzusprechen. Des Weiteren provozieren die kontinentale Binnenlage sowie die zumeist großen Höhenlagen über dem Meeresspiegel ein durch Frost und Schneefall gekennzeichnetes winterkaltes Klima, was in weiten Teilen Afghanistans eine längere Vegetationspause bedingt.

In den Hochgebirgsregionen des Hindukusch (> 4 500 m) werden mit mehr als 700 mm die landesweit höchsten Jahresniederschläge erreicht. Absteigend folgen dann das zentrale Bergland (4 500 bis 1 250 m) mit 700–200 mm Jahresniederschlag, die Halbwüsten- und Steppengebiete des Südwestens und Nordens von Afghanistan mit 100–200 mm Jahresniederschlag sowie die wüstenhaften Becken Südwest-Afghanistans mit weniger als 100 mm Jahresniederschlag. Lediglich ein schmaler Streifen im Osten liegt im nordwestlichen Randbereich des vorderindischen Sommermonsuns und seiner tropischen Luftmassen und empfängt daher regelmäßige Sommerregen.

Grundsätzlich sind für Afghanistan die folgenden klimatischen Merkmale zu identifizieren: Afghanistan ist hygrisch-klimatisch allgemein durch geringe Niederschlagsmengen gekennzeichnet. Diese treten mit einer hohen Variabilität auf und konzentrieren sich zudem weitgehend auf wenige Tage innerhalb der Niederschlagsperiode im Winter und Frühjahr.

Thermisch-klimatisch ist für Afghanistan eine starke Kontinentalität des Klimas mit einer hohen jahreszeitlichen Veränderlichkeit sowie einer ausgeprägten Höhenstufung zu konstatieren. Die mittlere Jahresschwankung der Temperatur, d.h. die Differenz zwischen den Mittelwerten der Lufttemperatur im wärmsten und kältesten Monat eines Jahres, kennzeichnet den Grad der Kontinentalität des Klimas. Innerhalb Afghanistans streut diese Differenz zum Teil sehr beträchtlich zwischen 20 und 33 °C. Die höchsten mittleren Jahresschwankungen der Lufttemperatur (29–33 °C) treten sowohl im zentralen Hochland als auch in den Tiefländern Nord- und Südafghanistans auf. Die für diese Räume zu konstatierende deutlich kontinentale Prägung des Klimas unterscheidet sich signifikant von den thermisch-klimatischen Bedingungen in den Höhenlagen des Hindukusch-Gebirges. Die sich hier zwischen 20 und 21 °C einpendelnden Differenzwerte markieren die geringsten Schwankungen der mittleren Jahreslufttemperatur innerhalb des Landes und damit ein durch ozeanische Einflüsse geprägtes Klima.

Das relativ dichte Gewässernetz kann aufgrund seiner hydrologischen Gegebenheiten in fünf große Einzugsgebiete gegliedert werden, die etwa 90 Prozent der Gesamtfläche des Landes entwässern. Im Norden und Nordosten befindet sich das Einzugsgebiet des Amu-Darja, das im Norden 10 Prozent und im Nordosten 14 Prozent der Landesfläche abdeckt. Im Osten befindet sich das Einzugsgebiet des Kabul-Flusses, das 12 Prozent der Landesfläche abdeckt. Im Westen entwässern die Flüsse Hari Rud und Morghab ihre jeweiligen Einzugsgebiete (11 Prozent des Landes). Im Südwesten schließlich sorgt das Einzugsgebiet des Helmand für die Entwässerung von 43 Prozent der gesamten Landesfläche und repräsentiert damit das größte Flusseinzugsgebiet Afghanistans.

Geschichtliche Entwicklung von vorkolonialer Zeit bis zur Unabhängigkeit

Afghanistan liegt aufgrund seiner strategisch wichtigen Lage im „Herzen Asiens“ seit Jahrhunderten im Fokus der Interessen externer Akteure. Als frühe Beispiele externer Einflussnahmen sei auf die Herrschaft der persischen Achämeniden (559–330 v. Chr.), die Einfälle der griechischen Heere unter Alexander dem Großen (330–326 v. Chr.), die Herrschaft der

Sassaniden (226–642), die Eroberungen durch die Araber (649 u. 663) mit folgender Islamisierung und die Einfälle der Mongolen unter Dschingis Khan (13. Jahrhundert) verwiesen. Im Anschluss an die klassische Weber'sche Dreigliederung zur Typisierung moderner Nationalstaaten (= Staatsvolk, Staatsgebiet und Staatsmacht) ist die Etablierung des Nationalstaates Afghanistan auf das ausgehende 19. Jahrhundert zu datieren. Im Zuge der im Laufe des 19. Jahrhunderts erfolgenden imperialen Durchdringung Zentral- und Südasiens durch das zaristische Russland und das Britische Empire wird das bis in die Gegenwart bestehende Staatsgebiet Afghanistans durch koloniale Grenzziehungskommissionen eben dieser Akteure festgeschrieben.

Dieser unter der Bezeichnung „Imperiales Great Game" zu subsumierende Prozess produziert den modernen Nationalstaat Afghanistan, welcher als eine Pufferzone zwischen den territorialen Interessensphären rivalisierender Großmächte konstruiert wird und damit als ein Produkt externer Einflussnahme anzusprechen ist. Die der imperialen Grenzziehung unterliegenden ausschließlich geostrategischen Interessen sind durch eine völlige Ignoranz ökonomischer und ethnischer Sachverhalte gekennzeichnet. Insbesondere letzterer Aspekt trägt bis zum gegenwärtigen Zeitpunkt zur anhaltenden Instabilität und Labilität des afghanischen Staatsgebildes bei.

Während des Ost-West-Konfliktes steht Afghanistan abermals im Fokus der Interessen externer Akteure. Die Zeit zwischen dem Ende des Zweiten Weltkrieges und der sowjetischen Invasion (1979) ist durch einen ideologischen Wettbewerb um sozialistisch und kapitalistisch geprägte Einflussnahmen gekennzeichnet, welcher unter der Prämisse entwicklungspolitischer Maßnahmen geführt wird. Neben der Implementierung und Finanzierung infrastruktureller Großprojekte, wie die Errichtung von Staudämmen zur Produktion von Hydroenergie, zielen bildungspolitische Maßnahmen, wie Universitäts- und Hochschulgründungen sowie die Entsendung afghanischer Studierender ins sozialistische bzw. kapitalistische Ausland, auf eine direkte ideologische Indoktrination der afghanischen Bevölkerung. Die nach dem Einmarsch der Sowjets erfolgende Errichtung eines kommunistischen Regimes katapultiert Afghanistan in einen zehnjährigen Stellvertreterkrieg (1979–1989), der seitens der Sowjetunion durch direkte militärische Intervention und seitens der USA durch indirekte

Unterstützung oppositioneller Gruppen (Mujahedin) in Form von Waffenlieferungen, militärischer Beratung und Ausbildung geführt wird. Mit dem Rückzug der Roten Armee und dem folgenden Zusammenbruch des kommunistischen Regimes etablieren oppositionelle Mujahedin-Gruppen den Islamischen Staat Afghanistan.

Durch die Abwesenheit einer zentralen Staatsmacht sowie die Existenz diverser oppositioneller Gruppen mit unterschiedlichsten und teilweise unvereinbaren Zielsetzungen und Interessen ergibt sich seit Beginn der 1990er Jahre eine anarchistische Situation, welche in einem Bürgerkrieg mündet, im Zuge dessen weite Teile der afghanischen Hauptstadt Kabul völlig zerstört werden. In diesem Zusammenhang sei abermals auf die zentrale Rolle externer Akteure verwiesen (u. a. Pakistan, Iran, USA, Saudi-Arabien, Russland, Türkei), die durch Finanzhilfen an unterschiedliche rivalisierende Gruppen die Fortführung des Bürgerkrieges ermöglichen und damit unter der Prämisse eines „New Great Game" ihre jeweiligen Interessen in Afghanistan respektive der Großregion Zentralasien durchzusetzen suchen. Mit dem Erscheinen der radikal-islamistischen Taliban-Bewegung, die sich vor allem aus Paschtunen, Usbeken, Tschetschenen und anderen Dschihadisten aus Zentralasien und dem Kaukasus zusammensetzt, wird der innerafghanische Bürgerkrieg beendet. Nach den Eroberungen von Kandahar und Herat wird im September 1996 die afghanische Hauptstadt Kabul von den Taliban eingenommen.

Mit der folgenden Etablierung des Taliban-Regimes bei gleichzeitiger Expansion in den Norden Afghanistans erreicht der Herrschaftsbereich eben dieser Gruppierung um die Jahrtausendwende ihren Höhepunkt. Die diplomatische Anerkennung des Taliban-Regimes durch Pakistan, Saudi-Arabien und die Vereinigten Arabischen Emirate kennzeichnet sowohl die finanziellen als auch die ideologischen Unterstützer der radikal-islamistischen Herrschaftselite in Afghanistan. Der in der Folge von den Terroranschlägen von „9/11" im Oktober 2001 eingeleitete Krieg der US-geführten westlichen Militärallianz in Afghanistan führt zum Sturz des Taliban-Regimes und zur Etablierung der Islamischen Republik Afghanistan. Die auf dem Petersberg in Bonn verabschiedete Verfassung des afghanischen Staates steht exemplarisch für die jüngste Phase externer Einflussnahme in dem Land am Hindukusch. Die bis in das Jahr 2014 andauernde massive militärische Präsenz westlicher Staaten sowie die gegenwärtige und auch zukünftig sicherlich kaum abnehmende Abhängigkeit der Islamischen Republik Afghanistan von westlichen Finanz- und insbesondere Militärhilfen unterstreicht die einleitend vorgebrachte These von der langen Tradition externer Einflussnahme in Afghanistan.

Bevölkerungsstruktur – insbesondere ethnische Zusammensetzung

Afghanistan ist gekennzeichnet von einer ausgesprochen ethnolinguistischen Vielfalt. Konkrete Zahlenangaben sind sehr schwierig, und verlässliche Daten kaum zu bekommen, da sie von unterschiedlichsten Akteuren jeweils verfälscht und zur Durchsetzung ihrer politischen Zwecke instrumentalisiert werden. Dennoch lässt sich festhalten, dass die größte Gruppe mit etwa 51 Prozent der Gesamtbevölkerung die Paschtunen ausmachen, deren traditionelle Siedlungsgebiete sich überwiegend im Osten und Süden des Landes befinden. Im Zuge von Umsiedlungsmaßnahmen gelangten jedoch auch viele Paschtunen in andere Gegenden des Landes, wie etwa in das südliche Umland von Herat.

Mit ca. 35 bis 38 Prozent stellen die Tadschiken die zweitgrößte ethnolinguistische Gruppe des Landes. Sie verteilen sich vor allem auf den Raum Kabul sowie die nördlichen und nordöstlichen Landesteile. Tadschiken und Paschtunen tendieren vielfach dazu, sich jeweils selbst als die für eine Herrschaft über ganz Afghanistan zuständige Gruppe zu betrachten und leben dazu eine nahezu alle Bereiche der afghanischen Gesellschaft durchdringende Konfliktkultur aus, welche die Landesentwicklung gleichzeitig paralysiert. Als rein theoretische Konstrukte, die aber mit der tatsächlichen Wirklichkeit der aktuellen Lebenswelten innerhalb des Landes nur wenig zu tun haben, müssen daher Überlegungen eingestuft werden, die Ethnizität, Tribalismus und das Denken in ethnischen Kategorien als „westliche Konstruktionen" abtun wollen, und damit einfach nur eine eigene tief greifende Unwissenheit über die aktuellen emischen Prägefaktoren Afghanistans offenbaren.

Die dritte große ethnolinguistische Gruppe des Landes bilden mit etwa 16 Prozent, die heute überwiegend Tadschikisch sprechenden Hazara, deren Siedlungsgebiete sich im Zentrum des afghanischen Hochlandes befinden. Kleinere Gruppen bilden Usbeken und Turkmenen, von denen aber zumindest die Erstgenannten zur Zeit der Mujahedin-Kriege einen gewissen militärisch-politischen Einfluss erlangen konnten. Einige Tausend Belutschen bewohnen den äußersten Süden des Landes, haben aber ihre Bevölkerungsschwerpunkte mehr in ihren pakistanischen bzw. iranischen Siedlungsgebieten.

Wirtschaftsstruktur

Die Wirtschaft wird, gemessen am BIP (2017: 20,24 USD), durch den Dienstleistungssektor (55,9 Prozent) dominiert. Den zweitwichtigsten Wirtschaftsfaktor repräsentiert die Landwirtschaft, welche in 2016 einen 23-Prozent-Anteil am BIP hält. Die aus diesem Verhältnis abzuleitende nachrangige Bedeutung des sekundären Sektors respektive des produzierenden Gewerbes kennzeichnet Afghanistan als einen Staat mit geringer industrieller Produktion, welcher folglich durch eine hohe Importabhängigkeit gekennzeichnet ist. Da eine Vielzahl afghanischer Produkte aufgrund qualitativer Mängel auf den internationalen Märkten nicht wettbewerbsfähig ist, ergibt sich etwa für das Jahr 2018 ein Handelsdefizit (Export minus Import) von 6,5 Mrd. USD. Gleichwohl repräsentiert der Außenhandel einen wichtigen Eckpfeiler der afghanischen Volkswirtschaft. Die Einnahmen aus Exporten von Gütern und Waren weisen kontinuierliche Steigerungsraten auf. Im Vergleich zu 7 Prozent im Jahr 2003 stellen eben diese im Jahr 2011 bereits einen 24-Prozent-Anteil am gesamten Exportvolumen von 366 Millionen USD.

Analog zur gesamtwirtschaftlichen Bedeutung der Landwirtschaft stellen landwirtschaftliche Produkte mehr als die Hälfte der afghanischen Exportgüter dar. In diesem Zusammenhang sei auf die wirtschaftliche Bedeutung des Exports verschiedener Traubensorten, frischer und getrockneter Nüsse sowie von Säften und Ölsaaten verwiesen. Als Hauptabnehmer dieser Güter gelten Indien und Iran. Weitere wichtige Exportgüter stellen Produkte aus afghanischen Manufakturen dar. In diesem Kontext muss auf die wirtschaftliche Bedeutung der Teppichproduktion verwiesen werden. Die entsprechenden Güter werden vornehmlich nach Pakistan und in die Türkei exportiert. Das Importvolumen der afghanischen Volkswirtschaft weist gleichfalls erhebliche Steigerungsraten auf. Während sich im Jahr 2003 die Importe auf eine Gesamtsumme von etwa 4,3 Mrd. USD belaufen, werden im Jahr 2014 bereits Waren und Güter im Wert von ca. 7,2 Mrd. USD bezogen. Zu den wichtigsten Importgütern zählen u. a. Treibstoffe, Dienstleistungen im Bereich der Telekommunikation, Strom, Kraftfahrzeuge samt Zubehör sowie Maschinen und dazugehörige Ersatzteile (29 Prozent Anteil am Importvolumen). Des Weiteren sind Produkte aus Manufakturen (20 Prozent Anteil) sowie der Landwirtschaft (16 Prozent Anteil) als wichtige Bestandteile der afghanischen Importwirtschaft zu nennen.

Neben der nach wie vor angespannten Sicherheitslage und den daraus resultierenden Hemmnissen für Investitionstätigkeiten sind die lagebedingten Faktoren Afghanistans als Binnenstaat und die sich daraus ergebenden vergleichsweise hohen Transportkosten sowie die mangelhafte und schlecht ausgebaute Infrastruktur als zentrale Probleme für die weitere Entwicklung der Volkswirtschaft zu nennen. Gleichwohl werden hohe wirtschaftliche Erwartungen an die zukünftige Erschließung der durchaus nennenswerten afghanischen Rohstoffvorkommen (Erdöl, Erdgas, Kohle, Lithium, Gold, Edelsteine und seltene Erden) gestellt.

Da Afghanistan als eine der offensten Volkswirtschaften der Welt zu bezeichnen ist und sich die Regierung als sehr aufgeschlossen gegenüber ausländischen Investitionen zeigt, markiert die Erschließung eben jener Rohstoffvorkommen ein wichtiges Element für die zukünftige wirtschaftliche Entwicklung. Das beträchtliche Ausmaß der informellen Wirtschaftstätigkeiten (insbesondere Drogenwirtschaft) ist als ein weiteres Hemmnis für die wirtschaftliche Entwicklung zu nennen. 80 bis 90 Prozent aller wirtschaftlichen Aktivitäten finden im informellen und illegalen Sektor statt. Afghanistan ist der weltweit größte Produzent von Opium, Heroin und Cannabis. Etwa 2,2 Millionen Afghanen leben direkt oder indirekt vom Drogenanbau, -handel und -verkauf. Maßnahmen zur Eindämmung der Drogenwirtschaft werden bis in die Gegenwart durch die angespannte Sicherheitslage sowie die weitverbreitete Korruption konterkariert. Gleichzeitig erschweren die in diesem Bereich zu erzielenden hohen Gewinne den sowohl für die Grundversorgung der afghanischen Bevölkerung als auch den für den Außenhandel wichtigen Ausbau der Agrarwirtschaft.

Aktuelle politische Entwicklung

Im Rahmen der ersten internationalen Afghanistan-Konferenz wurden 2001 auf dem Petersberg bei Bonn die neue afghanische Verfassung und die Kooperationsvereinbarungen zum Wiederaufbau Afghanistans beschlossen. Für viele Afghanen kommt diesem Ort und der mit ihm verbundenen Symbolkraft bis heute eine große, besonders verehrte Bedeutung zu. Zehn Jahre nach Beginn des Aufbauprogramms für Afghanistan sollte hier in einer zweiten Afghanistan-Konferenz Bilanz gezogen werden. Potentiell sind Jubiläen immer Gelegenheiten, auf Geleistetes zurückzublicken – besonders dann, wenn sich die Frage stellt, ob es denn etwas zu bejubeln gibt. Der afghanische Präsident Hamid Karzai und der damalige deutsche Außenminister Guido Westerwelle vereinbarten daher eine Folgekonferenz auf dem Petersberg für den Spätherbst 2011.

Eine weitergehende Bilanz der Ziele der ersten internationalen Afghanistan-Konferenz fällt heute, nach achtzehn Jahren, nicht nur eher bescheiden, sondern sogar ausgesprochen ernüchternd aus. Kaum eines der übergeordneten, internationalen Verantwortungskooperationen zugeordneten Ziele scheint erreicht. Dies gilt insbesondere für den Bereich der inneren Sicherheit, aber auch für viele Entwicklungsprogramme. Erklärungsversuche für das weitgehende Ausbleiben des afghanischen Wiederaufbaus können weder vollständig sein noch können sie direkt umsetzbare Alternativprogramme aufzeigen. Sie dürfen aber den Versuch wagen, auch auf solche Aspekte hinzuweisen, die allgemein zu den weniger häufig veröffentlichten Aspekten oder sogar zu den ungeliebten Wahrheiten gehören.

In diesem Zusammenhang sei erwähnt, dass immer noch ein klares Entwicklungsziel, das auch das Ende, der massiven internationalen Präsenz in Afghanistan markieren könnte, fehlt. Zudem sind die Sicherheitsprogramme gescheitert. Vom Frieden ist Afghanistan heute weiter entfernt als noch vor fünf Jahren. Die sog. „sicheren Zonen" innerhalb des Landes sind seit 2005 immer weniger und immer kleiner geworden. Heute sind sogar der lange Zeit als relativ sicher geltende Norden und die Hauptstadt Kabul Risikogebiete. Kompetenzgerangel und das zögerliche bzw. nur teilweise erfolgte Bereitstellen der auf der ersten internationalen Afghanistan-Konferenz fest zugesagten Entwicklungsbudgets behindern den Wiederaufbau des Landes. Aufbau-Aktivisten wirken in ihrer Massierung als „Flut der Helfer“ in vielen Bereichen sogar eher entwicklungshemmend.

Mit der Durchsetzung seines Entwicklungs- und Sicherheitskonzeptes hat der Westen nicht nur seine Kräfte überspannt, sondern in der Vernachlässigung afghanischer Lösungsansätze sogar zum Wiedererstarken der Taliban beigetragen. Westliche Akteure, die in militärischen Belangen offiziell als verbündete, wenn auch nicht immer besonders gut koordinierte Partner agieren, konkurrieren in vielen Aufbaubereichen (z. B. im Hochschulsektor) hart miteinander. Die große Gruppe der Exil-Afghanen (allein 71 000 in Deutschland), auf die in den Anfangsjahren große Hoffnungen als Mittler im Wiederaufbauprozess gesetzt wurden, hat sich nach ersten (oft einmaligen) Besuchen im alten Heimatland mit der niederschmetternden Bilanz „hoffnungslos“ größtenteils wieder in die Privatheit zurückgezogen.

In der deutschen (und allgemein westlichen) Öffentlichkeit ist das Interesse an afghanischen Belangen in den letzten fünf Jahren rapide zurückgegangen. Afghanistan interessiert in Deutschland heute kaum noch eine breitere Öffentlichkeit. Ein weitgehend unklares Einsatzbild für die Bundeswehr und die unsinnigen Diskussionen darüber, wann ein Krieg als solcher bezeichnet werden darf, haben ihren Teil dazu beigetragen. Dieser Interessenverlust an Afghanistan spiegelt sich auch in den Programmen akademischer Fördereinrichtungen (z. B. DAAD) deutlich wider.

Die traditionellen nationalistischen Konfliktkonstellationen zwischen Paschtunen und Nicht-Paschtunen wirken sich zunehmend als ernste Entwicklungshemmnisse aus. Westlichen Akteuren gelang es vielfach nicht, sich aus paternalistischen quasi-kolonialen Denkmustern zu befreien. So ist das Scheitern vieler Aufbau- und Entwicklungsprogramme – um es politisch korrekt auszudrücken – nicht nur auf externe Einflussfaktoren zurückzuführen. Das Nichterreichen wichtiger Ziele in den Wiederaufbau- und Sicherheitsprogrammen internationaler Akteure wird in letzter Zeit vielfach damit begründet, dass viele der zur Anwendung gekommenen Konzepte vom Ansatz her „un-afghanisch“ seien bzw. zu wenig Rücksicht auf vorhandene traditionelle Strukturen genommen hätten. Auch wenn diese Einschätzung zunächst verallgemeinernd und generalisierend klingt, kann sie doch für einen Großteil des Scheiterns des Wiederaufbaus in Verteidigungs- und Sicherheitsprogrammen gelten, zu denen die Einrichtung einer eigenständigen afghanischen Armee (ANA = Afghan National Army), der Sicherheitsdienste, der Polizei und der Projekte der Minenräumung und Entwaffnung früherer Kombattanten gehören. Lediglich im Bereich größerer Minensäuberungsaktionen konnten rasch einige Erfolge verzeichnet werden. Der Aufbau der ANA steckt auch nach zehn Jahren noch ebenso in den Anfängen wie die Entwaffnungsprogramme ziviler Gruppen.

Auch der Deutschland als verantwortlichem Kooperationspartner übertragene Aufbau der afghanischen Polizei kann derzeit nicht als erfolgreich abgeschlossen bewertet werden. Man darf sich also begründet eingeladen fühlen, über Alternativkonzepte nachzudenken. Eine afghanische Perzeption formulierte dazu die folgenden eindrücklichen Worte: „In our area we organize our living from three major sources. One is animal husbandry, the second is agriculture, and the third is warlordism.“ Unter „Warlordism“ (= Kriegsherrenwirtschaft) ist dabei das zeitweise Verdingen in den Diensten eines lokalen Kriegsherren auf Zeit zu verstehen. Damit werden für die jeweiligen Haushalte Zusatzeinkommen generiert, welche Lücken stopfen, die aus Viehzucht und dem Anbau landwirtschaftlicher Produkte allein nicht ausgeglichen werden können. In die Dienste eines Warlords tritt man, soweit sich dies einrichten lässt, außerhalb der Haupternte oder anderer wichtiger Zeiten im landwirtschaftlichen Jahr. Wahrzunehmen sind beim Warlord Aufgaben aus den Bereichen Militär, Polizei und vor allem (Wege-)Zoll, während die Grenzen zu kriminellen Betätigungsfeldern (Waffen- und Drogengeschäfte) nicht unbedingt immer im allgemeinen Unrechtsbewusstsein verhaftet sind.

Trotz der potentiellen Implikation des Handelns mit illegalen Gütern, die Warlordism naturgemäß beinhaltet, muss darüber nachgedacht werden dürfen, ob nicht dieses traditionell afghanische System ein erörterungswürdiges Alternativprogramm zu den bislang – trotz allen Aufwandes – weitgehend gescheiterten Konzepten darstellen könnte. Warlordism würde manche Aufgabenbereiche im Sicherheitssektor erfüllen können, die zu gewährleisten die Gemeinschaft der internationalen Akteure derzeit nicht in der Lage ist. Polizeiliche Aufgaben und Zollbestimmungen sowie Landes- bzw. Gebietsverteidigung im eigenen Verantwortungsbereich würden die Warlords (wieder) übernehmen – inklusive des Kampfes gegen die Taliban und andere Konkurrenten. Eine Übertragung, solcher hoheitlicher Aufgabenbereiche in Warlord-Strukturen würde zudem den

Taliban im wahrsten Sinne des Wortes den ideologischen Boden unter den Füßen entziehen, da ihr Hauptfeindbild, der Kampf gegen nicht-islamische Fremdbestimmung, wegfiele.

Zu den wenigen Bereichen mit einer gewissen Erfolgsbilanz gehören die Anstrengungen im Wiederaufbau bzw. Neuaufbau akademischer Strukturen. Den Steuerungsfunktionen, die dabei vom Ministry of Higher Education (MoHE) und der Universität Kabul ausgehen, kommt darin zentrale Bedeutung zu. Auch ohne die Zerstörung universitärer Infrastruktur im Zuge der kriegerischen Auseinandersetzungen der letzten Jahre und dem jahrzehntelangen Braindrain, den Afghanistan erlitten hat, wären die Herausforderungen zur Einrichtung eines nachhaltig funktionierenden Universitätssystems in Überwindung der noch von der Sowjetunion eingerichteten, zentralistischen Altlasten groß genug.

Verschärfend kommen – seit 2005 latent und in den letzten sieben Jahren verstärkt – die Bedrohungen der Sicherheit von Universitätseinrichtungen, Personal und Studierenden durch die Taliban hinzu. Aber auch die Konkurrenzen und Intrigen der verschiedenen außerafghanischen Aufbauhelfer tragen ihren Teil dazu bei. Sie konzentrieren sich, dem ebenso zentralistisch wie hierarchisch ausgerichteten Universitätssystem entsprechend, vor allem auf Kabul. Die jeweils verfolgten Strategien der akademischen Aufbaubemühungen sind von Methodik und Zielsetzungen her sehr unterschiedlich angelegt. Während die westeuropäischen Partner (v.a. Deutschland, Großbritannien, Frankreich und Italien) auf nachhaltige, breit angelegte, langjährige und auf solider Grundausbildung basierende Programme des Capacity Building vor Ort ausgerichtet sind, streben andere Akteure fast ausschließlich über im Vergleich durchaus großzügige Stipendien für afghanische Doktoranden und Studierende eine engere Bindung vor allem der ingenieurwissenschaftlichen Studiengänge an.

Die Anstrengungen der USA hingegen sind auf eine kurzfristige Erfassung begabter junger Menschen und ihre Einbindung in Stipendienprogramme in den USA ausgerichtet mithilfe der American University in Kabul. Diese hat ganz bewusst weniger das nachhaltige Capacity Building an afghanischen Universitäten zum Ziel als vielmehr die Rekrutierung junger Afghanen mit entsprechendem intellektuellen Potential als künftige US-amerikanische Botschafter in der afghanischen Wirtschaft und Gesellschaft. Konkret bedeutet dies im Alltag des Capacity Building an afghanischen Universitäten ein ständiger Abwehrkampf von Anwerbungsversuchen für afghanische Dozenten vonseiten der American University und unausgesetzte Versuche, die Lücken zu füllen, die an den staatlichen Universitäten durch einen ebenso persistenten wie systemimmanenten Braindrain durch die Aktivitäten einer verbündeten Nation (USA) überhaupt erst entstanden sind.

Als im Oktober 2015 die Europäische Union und die Bundesregierung Deutschland unter dem Eindruck einer verstärkten Zuwanderung von Flüchtlingen aus Syrien und aus Afghanistan zunehmend gezwungen waren, nach Notlösungen zu suchen, um der Migrantenzahl Herr zu werden, entwickelten einige Akteure doch recht bemerkenswerte Strategien. So sah sich der damalige Bundesinnenminister Thomas de Maizière (CDU) dazu veranlasst, Afghanistan zu einem sogenannten „sicheren Herkunftsland" zu erklären, eine Bewertung, die westliche Beobachter bis dahin völlig anders wahrgenommen hatten. Der Innenminister hätte es eigentlich besser wissen müssen, hatte er doch in einem früheren Ministeramt sogar selbst Afghanistan mehrfach bereist. Entscheidend für die strategische, bewusste Fehleinschätzung Afghanistans als einem „sicheren Herkunftsland" waren leider nicht sich etwa tatsächlich zwischenzeitlich verbesserte Sicherheitskonstellationen im Land, als vielmehr der Versuch, mit einer solchen Kategorisierung Flüchtlinge aus Afghanistan abschrecken bzw. leichter wieder abschieben zu können.

So wurden von ministerieller Seite die Gründe auch gleich mit benannt. Demnach wären es vor allem Angehörige der Mittelschicht, die auf der Suche nach Asyl Afghanistan verließen, anstatt sich am Aufbau des Landes zu beteiligen sowie Armeeangehörige, die besser im Lande bleiben sollten, damit es nicht notwendig sei, beispielsweise Bundeswehrsoldaten zur Sicherung dort zu stationieren. Schließlich habe der Aufbau des Landes und die Stationierung internationaler Truppen ungeheure Geldmittel verschlungen. Was nicht ergänzt wurde, war der Hinweis darauf, dass Zehntausende von Flüchtlingen, die Afghanistan verlassen, der offenkundigste Beleg dafür sind, dass alle bisherigen Stabilisierungsstrategien weitgehend fehlgeschlagen sind. Ob ein Land als „sicheres Herkunftsland" eingestuft werden kann, wird nach wie vor nicht definiert von den Unzulänglichkeiten der Flüchtlingsaufnahmepolitik in den Zielländern, sondern von den tatsächlichen Sicherheitsbedingungen in den Herkunftsländern.

Literatur

Amt für Geoinformationswesen der Bundeswehr (2010): Afghanistan. Militärische Landesinformation für Einsatzkontingente. Euskirchen.

Auswärtiges Amt (2019): Afghanistan, unter: https://www.auswaertiges-amt.de/de/aussenpolitik/laender/afghanistan-node/afghanistan/204676 [13.08.2019].

Dittmann, A. (2004): Das „New Great Game" der Aufbauhilfe in Afghanistan, in: Petermanns Geographische Mitteilungen, 148/2, S. 66–71.

Dittmann, A. (Hrsg.) (2014a): National Atlas of Afghanistan. Bonn.

Dittmann, A. (2014b): Ethno-linguistic Groups, in: National Atlas of Afghanistan. Bonn, S. 70–71.

Dittmann, A. (2014c): Central Kabul, in: National Atlas of Afghanistan. Bonn, S. 98–99.

Dittmann, A. und Kohistani, S. M. (2004): Wiederaufbau an afghanischen Hochschulen. Disaster- und Hazard-Forschung in den Geowissenschaften, in: Südasien, Jg. 24, Nr. 2/3, S. 41–45.

Dittmann A. und Rafiqpoor, D. (2011): Zur naturräumlichen Gliederung Afghanistans, in: Geographische Rundschau, 63/11, S. 8–16.

Grötzbach, E. (1990): Afghanistan. Eine geographische Landeskunde. Darmstadt.

Hahn, H. (1964): Die Stadt Kabul (Afghanistan) und ihr Umland, in: Bonner Geographische Abhandlungen, 34. Bonn.

Hoßfeld, A. C. und Staarmann, A. (2014): Development of Borders, in: National Atlas of Afghanistan. Bonn, S. 74–75.

Kohistani, S. M. (2006): Afghanistan: Nation-building in the Minds of People, in: Geographische Rundschau, International Edition, Vol. 2, No. 4, S. 14–18.

Kohistani, S. M. (2011a): State Building in Afghanistan: The Role of Institutional Capacity, in: Gießener Geographische Schriften 81. Bonn.

Kohistani, S. M. (2011b): Entwicklung und Herausforderungen in der Hochschulbildung Afghanistans, in: Geographische Rundschau 11, S. 32–38.

Kohistani, S. M. (2014a): Culture and History. Language, in: National Atlas of Afghanistan. Bonn, S. 68.

Kohistani, S. M. (2014b): Human dimension. Higher education, in: National Atlas of Afghanistan. Bonn, S. 91–92.

Löwenstein, W. (2014): Economy and Agriculture. Trade Export and Import, in: National Atlas of Afghanistan. Bonn, S. 42–44.

Rathjens, C. (1972): Der Naturraum, in: Kraus, W. (Hg), Afghanistan. Natur, Geschichte und Kultur, Staat, Gesellschaft und Wirtschaft. Tübingen, S. 17–20.

Schetter, C. (2003): Ethnizität und ethnische Konflikte in Afghanistan. Berlin.

Schetter, C. (2006): Geopolitics and the Afghan Territory, in: Geographische Rundschau, International Edition, Vol. 2, No. 4, S. 20–26.

Snoy, P. (1972): Die ethnischen Gruppen, in: Kraus, W. (Hrsg.), Afghanistan. Natur, Geschichte und Kultur, Staat, Gesellschaft und Wirtschaft. Tübingen, S. 165–194.

Staarmann, A. (2012): Der Kolonialist in unseren Köpfen. – Entwicklungsforschung. Berlin.

UN COMTRADE (2014): UN Commodity Trade Statistics Database, unter: http://comtrade.un.org/db/dqBasicQuery.aspx [13.08.2019].

UNHCR (2012): Statistical Yearbook 2012, 12th edition, unter: http://www.unhcr.org/52a7213b9.html [13.08.2019].

Wiebe, D. (1981): Die Demokratische Republik Afghanistan, in: Geographische Rundschau, Jg. 33, H. 4, S. 134–146.

Lothar Rieth und Meik Nowak

Armenien

Offizieller Name:	Republik Armenien
Staatsform:	Parlamentarische Republik
Unabhängigkeit:	21. September 1991 (von der Sowjetunion) 28. Mai 1918 (Erklärung zur demokratischen Republik Armenien)
Nationalfeiertag:	21. September (Unabhängigkeitstag)
Hauptstadt:	Jerewan
Lage:	Südwestasien, zwischen Türkei und Aserbaidschan; Mittlerer Osten
Fläche:	29 743 qkm (Weltrang: 139)
Bevölkerung:	3 021 324 (Schätzung Juli 2020)
Landesstruktur:	11 Provinzen
Sprachen:	Armenisch (Amtssprache, 98 Prozent), Kurdisch (1 Prozent), Sonstige (1 Prozent); Russisch wird weit verbreitet gesprochen (Schätzung 2011)
Religionen:	Armenische Apostolische Kirche (92,6 Prozent), Protestanten (1 Prozent), Atheisten (1,1 Prozent), Sonstige (5,3 Prozent)
Währung:	Armenischer Dram (AMD)
Wirtschaftszweige:	*Landwirtschaft:* Obst (insbesondere Trauben und Aprikosen), Gemüse; Vieh; *Industrie:* Weinbrand, Bergbau, Diamantverarbeitung, Werkzeugmaschinen für das Metallschneiden, Schmiede- und Pressmaschinen, Elektromotoren, Strickwaren, Strumpfwaren, Schuhe, Seidengewebe, Chemikalien, Lastwagen, Instrumente, Mikroelektronik, Schmuck, Software, Lebensmittelverarbeitung

Mitgliedschaften:	ADB, BSEC, CD, CE, CIS, CSTO, EAEC (Beobachterstatus), EAEU, EAPC, EBRD, FAO, GCTU, IAEA, IBRD, ICAO, ICC (NGOs), ICRM, IDA, IFAD, IFC, IFRCS, ILO, IMF, Interpol, IOC, IOM, IPU, ISO, ITSO, ITU, MIGA, NAM (Beobachterstatus), OAS (Beobachterstatus), OIF, OPCW, OSCE, PFP, UN, UNCTAD, UNESCO, UNIDO, UNIFIL, UNWTO, UPU, WCO, WFTU (NGOs), WHO, WIPO, WMO, WTO
Wichtigste Medien:	*Fernsehen:* Armenischer öffentlicher Rundfunk sendet, neben 100 privaten Sendern, welche sowohl lokal als auch landesweit ausstrahlen; 3 russische Fernsehsender strahlen in Armenien aus; Kabelfernsehen ist fast landesweit zu empfangen; Viele große internationale Sender sind in Armenien empfänglich, darunter CNN *Hörfunk:* Das öffentliche Radio Armeniens strahlt landesweit aus neben 18 privaten Radio Stationen

****

Naturraum und geographische Rahmenbedingungen

Armenien liegt am südlichen Kaukasus im armenischen Hochland und grenzt im Norden an Georgien, im Osten an Aserbaidschan, im Südosten an den Iran, im Süden an die aserbaidschanische Exklave Nachitschewan und von Südwesten bis Westen an die Türkei. Armenien selbst hat keinen Zugang zum Meer (land-locked country), dafür befindet sich mit dem Sewansee einer der größten Hochgebirgsseen der Welt und der größte See Armeniens mit einer Fläche von derzeit ca. 940 qkm im Land. Die längsten Flüsse Armeniens sind der südliche Grenzfluss Aras sowie der Worotan und der Kasach.

Armenien ist ein ausgeprägtes Gebirgsland, es liegen knapp 90 Prozent der Landesfläche höher als 1 000 m über dem Meeresspiegel. Die durchschnittliche Höhe des Landes beträgt ca. 1 800 m, von Norden her erstrecken sich die über 3 000 m hohen Ausläufer des Kleinen Kaukasus in das

Hochland mit dem höchsten Berg von 4 090 m (der ehemalige Vulkan Aragats). Der tiefste Punkt des Landes liegt auf rund 380 m über dem Meeresspiegel am Ufer des Aras an der Grenze zur Türkei. Der Kaukasus ist ein Faltengebirge, welches sich an der Nahtstelle zwischen der Eurasischen Platte mit der arabischen Platte befindet und demzufolge ist die ganze Region stark erdbebengefährdet. Das letzte große Erdbeben in Armenien ereignete sich noch zu Sowjetzeiten 1988 und zählte mit mindestens 25 000 Toten und bis zu einer Million Obdachlosen zu den schwersten Erdbeben der letzten Jahrzehnte weltweit.

Aufgrund des Gebirgsreliefs mit beträchtlichen Höhenunterschieden und einer kleinteiligen Landschaft gibt es ähnlich wie in der gesamten Kaukasusregion unterschiedliche Lokalklimata. So herrscht in den Tälern und im Gebirgsvorland sowie der Hauptstadt Jerewan trockenes Kontinentalklima mit heißen Sommern um die 30 °C, im Bergland ist es dann zumeist kühler und schneereich und im Südosten an der Grenze zum Iran subtropisch und sehr trocken. Armenien liegt in den Subtropen und die nahen Meere (Schwarzes Meer und Kaspisches Meer) wirken ausgleichend auf Klimaschwankungen, andererseits begünstigen die Hochgebirge der Umgebung eben extreme Schwankungen. Die hohen Gipfel des Kaukasus wirken starken Kälteeinbrüchen von Norden her entgegen. Armenien verfügt über eine hohe Biodiversität und eine große Anzahl endemischer Pflanzenarten.

Geschichtliche Entwicklung von vorkolonialer Zeit bis zur Unabhängigkeit

Das indoeuropäische Volk der Armenier besiedelte das Gebiet des heutigen Armeniens ab dem 7. Jh. v. Chr., zu einer Zeit, in welcher dort auch die neo-assyrischen Urartu siedelten und deren Urartu-Großreich zwischen dem Vansee und dem Sewansee existierte. Um 782 v. Chr. wurde die spätere Hauptstadt des Landes Jerewan – auch Eriwan oder auf urartäisch Erebuni – gegründet und ist somit 29 Jahre älter als Rom. Das Gebiet um Jerewan ist seit dem 4. Jahrtausend v. Chr. besiedelt, so finden sich in der Umgebung Überreste befestigter Siedlungen aus der Bronzezeit. Im Folgenden wurde nach mehreren Einfällen von Skythen und Medern die Region ab 550 v. Chr. vom persischen Achämenidenreich beherrscht. In der Folge wurde auch das armenische Gebiet wie das gesamte Perserreich von Alexander dem Großen ab 336 v. Chr. erobert.

Nach dessen Tod fielen die Kaukasusregion und das heutige Anatolien in den Herrschaftsbereich von Seleukos, einem der genannten „Diadochen" (Nachfolger) Alexanders des Großen und Armenien wurde somit Teil des Seleukidenreiches. Dieses umfasste in seiner größten Ausdehnung die persischen Ostgebiete, das restliche Vorderasien und die gesamte Kaukasusregion. Im zweiten Jahrhundert vor Christus rief der Statthalter Artaxes ein eigenständiges armenisches Reich aus, welches sich über das Gebiet des heutigen Armeniens erstreckte. Unter dem Großkönig Tigranes (95–55 v. Chr.) wurde das Reich vom Mittelmeer im Südwesten bis zum Kaspischen Meer im Osten ausgedehnt – aber Tigranes wurde von den Römern besiegt und für die nächsten vier Jahrhunderte blieb Armenien eine umkämpfte Grenzregion zwischen dem Römischen Reich und den Persern. 301 n. Chr. wurde durch Tiridates III. und dem heiligen Gregor „dem Erleuchter" das Christentum in Armenien zur Staatsreligion ernannt und die armenische Kirche gegründet. Trotz der folgenden jahrhundertelangen Fremdherrschaft konnte sich die Kirche bis heute erhalten und spielt eine große Rolle für die Identität des armenischen Volkes und den armenischen Staat.

Im Jahr 387 n. Chr. teilten Römer und Sassaniden dann das Armenische Reich endgültig untereinander auf. In den folgenden Jahrhunderten war Armenien zwischen Ostrom und dem Perserreich ein steter Zankapfel mit längeren Perioden friedlicher Koexistenz. Erst im 7. Jh. wurde dieser Status durch die siegreichen Araber geändert. 885 wurde das selbstständige Königreich Armenien gegründet, das sowohl vom Kalif von Bagdad als auch vom byzantinischen Kaiser anerkannt wurde. Nach mehreren Konflikten in den folgenden Jahrhunderten fiel Armenien 1071 endgültig an die islamischen Seldschuken und im 14. Jh. kurzzeitig an das große Mongolenreich Timur-Lengs, bevor für drei Jahrhunderte Armenien erneut zum Zankapfel zweier Großmächte wurde – den persischen Safawiden und dem Osmanischen Reich. Gegen Ende des 18. Jh. eroberte dann als neuer politischer Akteur das russische Zarenreich armenische Gebiete, die es den Persern abtrotzte und durch den Frieden von Turkmantschai 1828 auch völkerrechtlich sicherte. Der westliche und der südliche Teil des armenischen Kernlands um den Vansee und den Berg Ararat als Nationalsymbol

Armeniens verblieben allerdings beim Osmanischen Reich. Im Laufe des 19. Jh. intensivierte sich die Russifizierungspolitik des Zaren im gesamten Kaukasus und es kam vor allem im Gouvernement Eriwan, welches den Großteil des heutigen armenischen Staates ausmacht, zur Schließung von Kirchen und Schulen und zum Verbot der armenischen Sprache. Dies wurde nach dem Frieden von San Stefano 1878 und dem russisch-türkischen Krieg, in welchem große Teile Transkaukasiens an Russland abgetreten wurden, noch intensiviert.

Aber auch in Westarmenien, welches osmanisch war, wurden die christlichen Armenier in Wellen systematisch verfolgt, unterdrückt und ermordet, setzten sich aber seit den 1880er Jahren auch vermehrt gegen das osmanische Millet-System und Übergriffe meist kurdischer Gruppen zur Wehr. So wurde 1885 in Van die erste armenische Partei gegründet und ein Ziel der Armenier war es, ihre Lage im zerfallenden Osmanischen Reich zu verbessern. Aber die Verfolgungen und Massaker nahmen weiterhin zu und gipfelten in einem Vernichtungsfeldzug ab Juni 1915 gegen die in Ostanatolien lebenden Armenier. Es wurden schätzungsweise eine Million Armenier ermordet und große Teile der Bevölkerung umgesiedelt und vertrieben. Den Armeniern war nach dem Ende des Ersten Weltkriegs vor allem durch die US-Amerikaner ein eigener Staat versprochen worden, so erklärte der russische Teil Armeniens seine Unabhängigkeit, wurde jedoch 1920 erneut von russischen Truppen besetzt und 1922 offiziell Teil der UdSSR und mit dem heutigen Georgien und Aserbaidschan zur Transkaukasischen Sozialistischen Föderativen Sowjetrepublik zusammengefasst. Westarmenien wurde dann völkerrechtlich 1923 Teil der neu entstandenen Türkei, die Grenzziehung zwischen der Sowjetunion und der Türkei wurde 1921/22 im Vertrag von Kars festgehalten. Die christlichen Armenier wurden in beiden Teilen des ehemaligen Armeniens blutig unterdrückt, mehrere Aufstände blieben erfolglos.

1936 wurde Armenien ebenso wie die kaukasischen Nachbarstaaten Georgien und Aserbaidschan eine eigenständige Sowjetrepublik, aber die stalinistische Sowjetisierungspolitik zeigte sich auch hier an einem Beispiel, das bis heute das Verhältnis zwischen Armenien und Aserbaidschan belastet. Die überwiegend von Armeniern bewohnte Region Berg-Karabach (armenisch: Arzach) im Osten des Landes wurde ebenso wie die Region Nachitschwan (armenisch: Naxiçvan) an das muslimisch geprägte Aserbaidschan abgetreten. In den Folgejahren der Sowjetunion wurde Armenien industrialisiert und die Infrastruktur ausgebaut, aber es wurden auch zahlreiche Russen in Armenien angesiedelt und gleichzeitig viele Armenier in andere Sowjetrepubliken umgesiedelt. Bis heute gibt es ungefähr 1 – 1,5 Millionen Armenier in den Nachfolgestaaten der ehemaligen Sowjetunion. In den 1980er Jahren kam es auch in Armenien ähnlich wie in Georgien oder den baltischen Staaten zu einem Erstarken der nationalen Unabhängigkeitsbewegung gegen die kommunistische Staatsführung in Moskau. Zudem spitzte sich in der Region Berg-Karabach der Nationalitätenkonflikt zwischen Armeniern und Aserbaidschanern zu, welcher 1988 in gegenseitigen Ausweisungswellen und Unruhen sowohl in der armenischen SSR als auch in der Aserbaidschanischen SSR führte und nur mit Mühe von der sowjetischen Zentralregierung im Zaum gehalten werden konnte. Im gleichen Jahr geschah auch mit dem verheerenden Erdbeben in der Gegend um die nordarmenische Stadt Spitak eine humanitäre Krise ungeheuren Ausmaßes, welche zudem große Teile der armenischen Infrastruktur und Industrie beschädigte.

Am 21. September 1991 erklärte sich Armenien von der sich in Auflösung befindlichen Sowjetunion für unabhängig, der westliche Teil des historischen Armeniens mit dem Berg Ararat als Nationalsymbol Armeniens verblieb jedoch in der Türkei. Im Dezember 1991 schloss sich das Land der „Gemeinschaft Unabhängiger Staaten“ (GUS) an, die aus elf ehemaligen Sowjetrepubliken gegründet wurde und die UdSSR für aufgelöst erklärte. Dominierend für die erste Zeit der Unabhängigkeit waren allerdings der Konflikt um Berg-Karabach und der daraus resultierende offene Krieg mit Aserbaidschan 1992–1994, welcher mit der Besetzung Berg-Karabachs und sieben aserbaidschanischer Grenzbezirke durch Armenien in einem Waffenstillstand endete. Bis heute ist der völkerrechtliche Status der Region Berg-Karabach nicht geklärt, es kommt immer wieder zu Gefechten.

Darauf wurden die Grenzen zur Türkei und zu Aserbaidschan bis heute geschlossen und die gesamte Versorgung des Landes geschieht über Georgien oder den Iran. In den neunziger Jahren lehnte sich Armenien außenpolitisch stark an Russland an.

Bevölkerungsstruktur – insbesondere ethnische Zusammensetzung

Die Armenier bilden eine Ethnie, die ihren Ursprung im Kaukasus und dem armenischen Hochland hat. Aufgrund der langen Geschichte des Volkes hat sich in Armenien eine besonders enge Familienstruktur herausgearbeitet, welche sich noch einmal von den ethnischen Zusammensetzungen der Nachbarländer in der Region unterscheidet. Der Name „Armenier" ist traditionell hergeleitet von Armenak oder Aram, einem Nachfahren von Hayk, einem der großen Vorfahren, der nach armenischer Tradition der Urvater aller Armenier ist. Die Armenier bezeichnen sich selbst Hay bzw. im Plural Hayer. Dieser Name bezieht sich auf den Ahnen der armenischen Nation Hayk aus babylonischen Zeiten und ist auch ein beliebter armenischer Jungenname. Die Armenier sind ein Volk, welches aufgrund seiner langen und meist tragischen Geschichte in der ganzen Welt verstreut lebt – so liegt die Zahl der Armenier im eigenen Land bei etwa 2 969 000 nach der letzten Volkszählung von 2018. Allerdings ist die Diaspora Armeniens sehr groß mit etwa 6,5 Millionen sogenannten Auslandsarmeniern, die vor allem in den Vereinigten Staaten, Argentinien, Frankreich und den Staaten der Levante leben. Dieser Aspekt hat natürlich einen gigantischen Einfluss auf die Politik des Landes, aber auch auf eine fortschreitende Diasporisierung des Landes bzw. eine immer noch hohe Auswanderungszahl bzw. Arbeitsmigration. Von den knapp drei Millionen Armeniern in der Republik Armenien (davon allein knapp 1,3 Millionen in der Hauptstadt Jerewan) sind 97,9 Prozent Armenier, 1,3 Prozent jesidische Kurden und 0,5 Prozent Russen. In Armenien wird primär Armenisch und Russisch gesprochen. Die Fruchtbarkeitsrate liegt bei 1,6 Kindern pro Frau und führt so zu durchschnittlich 14–15 Geburten pro 1 000 Einwohner.

Der demographische Trend der letzten fünf Jahre ist mit einem nur sehr leichten durchschnittlichen Bevölkerungswachstum zwischen 0,2 Prozent bis 0,4 Prozent sehr stabil. Die durchschnittliche Lebenserwartung liegt mittlerweile bei 75 Jahren, bei einer nachlassenden Zahl von im Ausland geborenen Bevölkerungsanteilen (15,6 Prozent in 2014 bis weniger als 6 Prozent in 2018). Die Schulbesuchsrate beträgt mittlerweile 92 Prozent, was in den letzten Jahren kontinuierlich gestiegen ist. Der Anteil der Stadtbevölkerung liegt konstant bei 63 Prozent, dies ist zu einem besonderen

Maß der Konzentration der Bevölkerung in der Hauptstadt Jerewan geschuldet. Eine Besonderheit der armenischen Kultur ist der Stellenwert der Familie als Zentrum des Lebens – so sind die Familienbande bei Armeniern im Vergleich zu vielen europäischen Ländern oder auch Ländern Kleinasiens extrem stark. Trotz der zur Zeit der Sowjetunion verordneten Emanzipation sind viele armenische Familien stark patriarchalisch strukturiert, mit der Ausnahmestellung der Familienältesten, die von allen hoch geachtet wird und über einen hohen Grad informellen sozialen Kapitals verfügt.

Wirtschaftsstruktur

Armenien ist wirtschaftlich gesehen ein nur gering industrialisiertes Land mit einer immer noch hohen landwirtschaftlich genutzten Fläche von knapp 60 Prozent des Landes – jedoch arbeiten nur 378 000 Menschen in diesem Bereich und tragen nur zu 15 Prozent zur Bruttowertschöpfung in diesem Sektor bei. Die industrielle Produktion und Verarbeitung trägt 27,4 Prozent und allgemeine Dienstleistungen 57,6 Prozent zur Bruttowertschöpfung bei. In der Landwirtschaft sind 33,3 Prozent beschäftigt, in der industriellen Produktion und Verarbeitung gar nur 15,8 Prozent und 51,2 Prozent im Dienstleistungssektor. Die Landwirtschaft Armeniens basiert vor allem auf dem Anbau von Obst (Aprikosen, Feigen) und Gemüse (Weizen) sowie Tabak. Die Rohstoffwirtschaft des Landes basiert auf der Förderung und Verarbeitung von Kupfer, Bauxit, Gold, Eisen und Molybdän. Weitere nennenswerte Abbauprodukte sind Halbmetalle, Schmucksteine und Gesteinsarten wie Tuff, Basalt oder Marmor. Die Industrie des Landes umfasst nennenswert Maschinenbau und chemische Industrie sowie zu einem kleineren Teil Textil-, Metall-, Nahrungsmittel- und Aluminiumindustrie.

Die weiterhin geschlossenen Grenzen Armeniens mit der Türkei und Aserbaidschan schränken die armenische Wirtschaft sehr stark ein und sind ein wesentlicher Grund für die anhaltende wirtschaftliche Not im kleinsten Nachfolgestaat der Sowjetunion. Das positive Wirtschaftswachstum der vergangenen Jahre konzentrierte sich fast ausschließlich auf die Hauptstadt Jerewan. Das Stadt-Land-Gefälle in Armenien ist auch durch Einkommensunterschiede in den einzelnen Regionen gekennzeichnet – in weiten Teilen des Landes lebt über die Hälfte der Einwohner unterhalb der Armutsgrenze. Zudem leidet Armenien auch am „Brain Drain“: Trotz vieler Auslandsarmenier, welche in die Heimat zurückkehren, ist die Anzahl der zumeist jungen Armenier, die auf der Suche nach Arbeit und besseren Perspektiven nach Russland, Europa oder die Vereinigten Staaten gehen, sehr hoch. Für 2018 hatte Armenien ein Wirtschaftswachstum von 5 Prozent, was im Vergleich zu den Vorjahren ein niedrigerer Wert ist.

Der wichtigste Partner in Wirtschaftsfragen ist immer noch Russland; vor allem in den Schlüsselindustrien Energie und Telekommunikation sind russische Firmen dominant. Zumal ist Armenien von Energieimporten in Form von Öl und Gas sehr stark von Russland abhängig und auch mittelfristig nicht in der Lage, dies zu kompensieren. Rücküberweisungen und andere Geldtransfers der zahlreichen Auslandsarmenier sind ferner immer noch eine wesentliche Stütze der armenischen Volkswirtschaft. Armenien ist seit dem 2. Januar 2015 Mitglied der Eurasischen Wirtschaftsunion (EAWU). Nach der friedlichen Revolution von 2018 erklärte der neue Premierminister Nikol Paschinjan, dass sein Land die Beziehungen zu Russland ebenso wie die EAWU-Mitgliedschaft erhalten will. Am 24. November 2017 wurde allerdings das Abkommen über eine umfassende und verstärkte Partnerschaft zwischen Armenien und der Europäischen Union geschlossen – etwas, was auf russischer Seite kritisch gesehen wird.

Aktuelle politische Entwicklung

Die 1990er Jahre waren in Armenien ebenso wie in den 2000er von den Nachwehen des Erdbebens von 1988 wie auch den blutigen Unruhen in Berg-Karabach und dem Krieg gegen Aserbaidschan geprägt. Beides führte zu einem Rückgang der Industrieproduktion, einer steigenden Verelendung und zu einer außenpolitischen Isolation der meist nationalistischen Regierungen. Erst in den späten Nullerjahren gab es erste zaghafte Reformversuche, das präsidentielle Regime zu demokratisieren und die Rolle des Parlaments zu stärken.

Erst mit der Verfassungsänderung von 2018 wurde die Staatsverwaltung zum parlamentarischen Modell transformiert und das Amt des Präsidenten auf eine repräsentative Funktion beschränkt. Nach landesweiten

Massenprotesten im Zuge der sogenannten „samtenen Revolution“ gegen eine mögliche dritte und somit nicht verfassungskonforme Amtszeit des damaligen Regierungschefs Sersch Sargsjan wurde am 8. Mai 2018 der Oppositionsabgeordnete Nikol Paschinjan zum Premierminister und Armen Sarkissjan am 9. April 2018 zum Staatspräsidenten gewählt. Die innenpolitische Lage ist in der Republik Armenien mittlerweile sehr ruhig, es gibt aktuell keine Einschränkung des Demonstrationsrechts und Demonstrationen verlaufen aktuell sehr friedlich und geordnet.

Seit der „samtenen Revolution“ von 2018 haben sich auch die Beziehungen zur Europäischen Union grundlegend verändert. Ziel ist seitens der aktuellen armenischen Regierung als Drahtseilakt eine stärkere Annäherung an die Europäische Union bei einer gleichbleibenden guten Nachbarschaft zu Russland. Armenien ist seit 2001 Mitglied des Europarats und im Rahmen der europäischen Nachbarschaftspolitik auch Teil der Östlichen Partnerschaft. Am 24. November 2017 wurde das Abkommen über eine umfassende und verstärkte Partnerschaft (Comprehensive and Enhanced Partnership Agreement, CEPA) zwischen der Europäischen Union und Armenien geschlossen, welches aktuell in den europäischen Mitgliedsstaaten ratifiziert wird und vor allem in den Politikfeldern Rechtsstaatlichkeit, effektiver Korruptionsbekämpfung und faire Bedingungen für den politischen Wettbewerb Verbesserungen verspricht. Zudem soll es eine stärkere Entflechtung der Wirtschaft sowie sozioökonomische Verbesserungen und eine Reduktion der endemischen Schattenwirtschaft (man schätzt, dass ca. 40 Prozent des BIP Teil dieser kleptokratischen Strukturen sind) durch das Assoziierungsabkommen geben.

Eine große Herausforderung an die armenische Politik ist die regionale Zusammenarbeit und Integration der drei südkaukasischen Staaten Aserbaidschan, Armenien und Georgien im Kontext der Kaukasus-Initiative, aber auch das Verhältnis zu den drei regionalen übergeordneten Akteuren Iran, Türkei und Russland.

Bis heute ist ein Grenzübertritt zwischen Armenien und Aserbaidschan sowie zwischen Armenien und der Türkei nicht möglich. Es sind Umwege über Georgien oder den Iran erforderlich, was wirtschaftlich aber auch sicherheitspolitisch immense Herausforderungen bedeutet und grenzüberschreitende Entwicklungsprojekte unter Einbindung Armeniens fast automatisch zum Scheitern verurteilt. Die vielleicht größte Aufgabe der aktuellen Regierung ist es, diese Isolation zu überwinden und vor allem den Konflikt um Berg-Karabach sowie die armenisch besetzten Gebiete Aserbaidschans nachhaltig friedlich zu lösen. Denn bis heute stellt eine Reise nach Berg-Karabach oder die armenisch besetzten Bezirke Agdam, Füsuli, Dschabrayil, Sangilan, Kubadli, Ladschin und Kalbadschar ohne die dazu gehörige aserbaidschanische Erlaubnis einen Straftatbestand nach aserbaidschanischem Recht dar und verhindert eine dringende Versöhnung zwischen den Menschen der beiden Länder.

Literatur

Allafi, S. (2015): Armenien heute. Zahlen und Fakten. Frankfurt/Main.

Gumppenberg, M. und Steinbach, U. (Hrsg.) (2018): Der Kaukasus: Geschichte, Kultur, Politik. München.

Kermani, Navid (2018): Entlang den Gräben – Eine Reise durch das östliche Europa bis nach Isfahan. München.

Leiße, O. (2019): Politik und Gesellschaft im Kaukasus – eine unruhige Region zwischen Tradition und Transformation. Wiesbaden.

Lill, H. (2013): Der Kaukasus – Der Staat Armenien, Wirtschaft, Staat, Soziales, Städte. München.

Sehring, J. und Stefes, C. (2010): Die Stabilität von kompetitiv-autoritären Regimen: Armenien, Georgien, Kasachstan und Kirgistan im Vergleich in: Albrecht, H. und Frankenberger, R. (Hrsg.): Autoritarismus Reloaded, Seite 273 – 295, Neuere Ansätze und Erkenntnisse der Autokratieforschung. Baden-Baden.

Starr, S. und Cornell, S. (Hrsg.) (2014): Putin s Grand Strategy: The Eurasian Union and its Discontents, JHU Papers. Washington.

Christian Johannes Henrich

Aserbaidschan

Offizieller Name:	Republik Aserbaidschan
Staatsform:	Präsidiale Republik mit Nationalversammlung
Unabhängigkeit:	28. Mai 1918 (vom Russischen Reich) 18. Oktober 1991 (von der Sowjetunion)
Nationalfeiertag:	28. Mai, Unabhängigkeitstag
Hauptstadt:	Baku
Lage:	Südkaukasus
Fläche	86 600 qkm (Weltrang: 111)
Bevölkerung:	10,2 Millionen
Landesstruktur:	66 Provinzen (Rayon) und 11 Städte (Sahar)
Sprachen:	Aserbaidschanisch, Russisch, Armenisch
Religionen:	Muslime (96,9 Prozent), russisch-orthodoxe Christen (1,7 Prozent), armenisch-orthodoxe Christen (1,3 Prozent)
Währung:	Manat (AZN)
Wirtschaftszweige:	Erdöl und Erdgas
Mitgliedschaften:	Vereinte Nationen, Gemeinschaft Unabhängiger Staaten (GUS), OSZE, Europarat, Organisation für Islamische Zusammenarbeit (OIC), GUAM, Partnerschaft für den Frieden und Euro-Atlantischer Partnerschaftsrat.
Wichtigste Medien:	*Fernsehen:* AzTV (staatlich), ITV, ATV, ANS, Space, Khazar, Lider TV, Idman, Madaniyat TV *Hörfunk:* Araz (staatlich) *Zeitungen:* Yeni Musavat, Azadliq, Azerbaycan, Bakinskij Rabotchij, Ayna, Echo (russisch)

* * * * * * * * * * * *

Naturraum und geographische Rahmenbedingungen

Aserbaidschan liegt am äußersten Rand Europas im südöstlichen Kaukasus. Es zeichnet sich durch eine sehr hohe Biodiversität aus. Mehr als zehn Prozent Aserbaidschans sind bewaldet. Durch die jahrhundertelange Erdöl- und Erdgasförderung ist das Ökosystem stark aus dem Gleichgewicht gebracht worden. Besonders auf der Halbinsel Abscheron (Abşeron yarımadası) an der Küste des Kaspischen Meeres leidet die Natur unter dem umweltverschmutzenden Einfluss der Öl- und Gasindustrie. Dort steht auch eines der beeindruckendsten Sehenswürdigkeiten des Landes, der Yanar Dağ, der brennende Berg. Wenige Kilometer von der Hauptstadt Baku entfernt kommt es zu zahlreichen Erdbränden, da sich unter der Oberfläche liegende Gasblasen entzünden. Dieses beeindruckende und sehr seltene Naturschauspiel ist im Land sehr verbreitet und war letztlich namensgebend, denn Aserbaidschan heißt übersetzt „Land des Feuers".

Der Norden des Landes bildet die Grenze zu Russland. Dort liegt der Große Kaukasus mit dem Bazardüzü Daği (4 466 m; höchster Berg Aserbaidschans) als Grenzgebirge. Im Südwesten bildet der Kleine Kaukasus mit dem Karabachgebirge die Grenze zu Armenien und Georgien. Im Süden erstreckt sich Aserbaidschan bis ins Talysch-Gebirge zum Iran, im Osten ans Kaspische Meer. Die Autonome Republik Nachitschewan im Südwesten des Landes ist eine Exklave, die eine elf Kilometer lange Grenze mit der Türkei hat.

Aserbaidschan liegt in der subtropischen Klimazone und ist reliefbedingt sehr heterogen. Die Kura-Ebene ist eine Halbwüste mit 200 bis 300 mm Niederschlag jährlich. In den Küstengebieten dagegen herrscht ein feuchtsubtropisches Klima vor mit teilweise erheblichen Niederschlagsmengen von im Winter bis zu 1 800 mm. Im Gebirge herrscht ein alpines Klima mit ebenfalls hohen Niederschlägen (1 500 mm) vor. Die durchschnittliche Jahrestemperatur beträgt 13,1 °C.

Geschichtliche Entwicklung von vorkolonialer Zeit bis zur Unabhängigkeit

Anfang des 15. Jahrhunderts beherrschten Stammesföderationen das heutige Aserbaidschan und es entstand in diesem Gebiet das Khanat Karabach. Die damals wichtigsten Zentren der aserbaidschanischen Kultur waren Täbris und Schemacha. Das Land war Teil des Persischen Reiches und hatte dort großen Einfluss bei Hofe. Die russische Armee unter Zar Peter I. eroberte 1723 im ersten Russisch-Persischen Krieg die Gebiete von Baku und Dərbənd und den Rest der ehemals persischen Küste des Kaspischen Meeres. Daraufhin sagten sich die Khanate Schirwan, Salyan und Scheki von Persien los, das Osmanische Reich besetzte zudem Naxçıvan. Bereits 1736 konnte Persien unter der Führung von Nadir Schah ganz Aserbaidschan allerdings zurückerobern. Nach der Ermordung Nadirs 1747 zerfielen die zu Persien gehörenden Gebiete Aserbaidschans und Transkaukasiens in unabhängige Khanate. Streitereien innerhalb dieser Khanate wurden häufig kriegerisch ausgetragen. Nach dem Russisch-Persischen Krieg 1804 bis 1814 wurden die Khanate nördlich des Aras, außer Nachitschewan und Eriwan, im Frieden von Gulistan dem zaristischen Russland zugesprochen. Diese beiden Provinzen wurden jedoch erst nach dem Russisch-Persischen Krieg von 1826 bis 1828 im Frieden von Turkmantschai dem Zaren zugesprochen und gelangten unter russische Kontrolle. Die im letzten Vertrag festgelegte Grenze trennt noch heute Aserbaidschan und Armenien vom Iran. Durch die voranschreitende Industrialisierung stieg die weltweite Nachfrage nach Erdöl ungemein an. Seit den 1870er Jahren begann man mit der exzessiven Erdölförderung im Kaspischen Meer.

Nach der Februarrevolution 1917 und dem Zusammenbruch des Zarenreichs in Transkaukasien wollten Aserbaidschaner, Georgier und Armenier eine Transkaukasische Demokratisch-Föderative Republik gründen. Nachdem sich dies als unmöglich entpuppte, wurde am 28. Mai 1918 die erste Republik im islamischen Orient, die Demokratische Republik Aserbaidschan, in der Hauptstadt Gandscha ausgerufen. Diese Republik bestand formal zwischen 1918 und 1920 und das Einflussgebiet erstreckte sich lediglich auf den Norden Aserbaidschans. Baku und der Osten des Landes wurden von der Anfang 1918 errichteten pro-sowjetischen Kommune von Baku kontrolliert. Aserbaidschanische Nationalisten hatten Bestrebungen, sich der Demokratischen Republik Aserbaidschan anzuschließen; diese Separatisten wurden von den Bolschewiki und ihren verbündeten armenischen Nationalisten (Daschnaken) verfolgt und ermordet. Es kam in diesem Kontext zu erheblichen Massakern an der muslimischen Zivilbevölkerung, den sogenannten März-Ereignissen.

Im Sommer 1918 rückten osmanische Truppen auf Baku vor. Daraufhin kam es im Rat der Volksbeauftragten zum Bruch mit den Bolschewiki, um die in Persien stationierten britischen Truppen von General Lionel Dunsterville um Hilfe zu bitten. Im September 1918 mussten die Briten allerdings Baku den übermächtigen Osmanen überlassen. Während der osmanischen Besatzungszeit rächten sich die Osmanen mit ihren aserbaidschanischen Brüdern an den ansässigen Armeniern für die März-Massaker. Der Waffenstillstand von Mudros stellte Baku im November 1918 wieder unter britische Kontrolle. Anfang 1920 wurde Aserbaidschan von den Alliierten als unabhängiges Land anerkannt. US-Präsident Woodrow Wilson empfing am 11. Januar 1920 eine aserbaidschanische Regierungsdelegation. Es folgte die offizielle Anerkennung Aserbaidschans durch die Vereinigten Staaten. Die Rote Armee verletzte am 28. April 1920 völkerrechtswidrig die Souveränität Aserbaidschans, indem sie das Land besetzte. Die sowjetischen Truppen nutzen einen bewaffneten Aufstand der Armenier in der Region Bergkarabach, um die Staatsgrenze zu Aserbaidschan in der Nähe der Stadt Yalama zu überqueren und das Land einzunehmen. Das aserbaidschanische Militär war im Westen mit den armenischen Aufständischen so gebunden, dass sie keinen dauerhaften Widerstand gegen die Rotarmisten leisten konnten.

Somit endete am 28. April die erste Aserbaidschanische Republik und ein russisches Okkupationsregime regierte in Baku. Nach ein paar Monaten wurde Aserbaidschan zu einer Sowjetrepublik, die 1922 mit Georgien und Armenien zur Transkaukasischen Sozialistischen Föderalen Sowjetrepublik zwangsvereinigt und in die UdSSR integriert wurde. Erst 1936 wurde Aserbaidschan eine selbstständige Sowjetrepublik innerhalb der UdSSR. Das kulturelle und sprachliche Alltagsleben wurde seit der Okkupation russifiziert. Dieser Politik fielen auch Vertreter von Literatur und Kunst zum Opfer, so wurden Dichter, Schriftsteller und andere Kunstschaffende mit Berufsverboten belegt, interniert oder gar ermordet. Moscheen und Synagogen wurden geschlossen. Aufgrund armenischer Gebietsansprüche beantragte 1988 der dortige Oberste Sowjet in Abwesenheit aserbaidschanischer Abgeordneter den Transfer des Gebiets Bergkarabach aus aserbaidschanischer in armenische Republikhoheit. Daraufhin kam es in Sumgait zu Pogromen an der armenischen Bevölkerung mit mehreren Dutzend Toten. Auch in anderen aserbaidschanischen Städten kam es zu Übergriffen auf die armenische Minderheit. Am 23. September 1989 beschloss der Oberste Sowjet in Baku das Verfassungsgesetz zur Souveränität Aserbaidschans. Die anschließende Militärintervention sowjetischer Truppen forderte mehrere Hundert tote und Tausende verletzte Zivilisten.

Am 30. August 1991 rief Aserbaidschan die Unabhängigkeit aus und gründete mit anderen ehemaligen Sowjetrepubliken die Gemeinschaft unabhängiger Staaten (GUS). Erster Präsident der zweiten unabhängigen Republik Aserbaidschan war Ayaz Mütallibov.

Bevölkerungsstruktur – insbesondere ethnische Zusammensetzung

Die Republik Aserbaidschan hat 10 205 810 Einwohner. 56,4 Prozent der Bevölkerung leben in Städten. Das Bevölkerungswachstum 2020 betrug rund 0,8 Prozent. 36 Prozent der Bevölkerung sind unter 25 Jahre, fast 23 Prozent sind unter 15 Jahre alt. Die durchschnittliche Lebenserwartung liegt bei 73,6 Jahren. 91,6 Prozent der Bevölkerung betrachten sich als Aserbaidschaner, der Rest gliedert sich in Lesgier (2,0 Prozent), Armenier (1,4 Prozent), Russen (1,3 Prozent) und Türken (0,4 Prozent).

Infolge des bewaffneten Konflikts mit Armenien in der Region Bergkarabach und der seit 1993 andauernden armenischen Besetzung von nahezu 20 Prozent des aserbaidschanischen Staatsgebiets leben mehr als 700 000 Aserbaidschaner unter äußerst schlechten Lebensbedingungen als Binnenflüchtlinge im eigenen Land. Auf dem Papier ist die vorherrschende Religion mit 96,9 Prozent zwar der Islam (schiitischer Lehre), aufgrund der langen Besetzung durch die kommunistisch-atheistische Sowjetunion wurden zahlreiche Aserbaidschaner jedoch säkularisiert. Die tatsächliche Anzahl der Gläubigen oder praktizierenden Moslems ist deutlich niedriger. Unter den anderen Religionen finden sich Sunniten, armenisch-apostolische und russisch-orthodoxe Christen, aber auch wenige Juden.

Wirtschaftsstruktur

Seit Ende des letzten Jahrtausends wächst die Wirtschaft Aserbaidschans kontinuierlich und schnell. Das Bruttoinlandsprodukt (BIP) stieg zwischen 1995 und 2019 um das einhundertfache an, von rund 20 Milliarden USD auf nunmehr über 200 Milliarden USD. Von 2017 bis 2019 wuchs das BIP um rund 10 Milliarden USD pro Jahr an. Diese Entwicklung basiert zu einem großen Teil auf einer expansiven Erdölindustrie, welche den wichtigsten Wirtschaftszweig des Landes darstellt und mit circa 90 Prozent auch die mit Abstand größte Exportposition ausmacht. In den letzten drei Jahren sank auch wieder die Inflationsrate stetig von 13 Prozent in 2017 auf sechs Prozent in 2019 ab. Im Jahr 1994 hatte Aserbaidschan noch mit einer Hyperinflation von über 1 600 Prozent zu kämpfen, 1999 mit einer Deflation in Höhe von -8,5 Prozent. Die Staatsverschuldung lag 2008 mit 6,9 Prozent des BIP auf dem niedrigsten Wert seit der Unabhängigkeit, zuletzt sprang der Wert allerdings dramatisch an und beträgt 2019 mehr als 56 Prozent.

Die wichtigsten Exportpartner Aserbaidschans waren 2017 Italien (23,2 Prozent), die Türkei (13,6 Prozent), Israel (6,1 Prozent), Russland (5,4 Prozent), Deutschland (5 Prozent), Tschechien (4,6 Prozent) und Georgien (4,3 Prozent). Aus den Ländern Russland (17,7 Prozent), Türkei (14,8 Prozent), China (9,9 Prozent), USA (8,3 Prozent), Ukraine (5,3 Prozent) und Deutschland (5,1 Prozent) wurde am meisten importiert.

Neben dem starken Verfall des aserbaidschanischen Manat von über 50 Prozent seit 2013 ist die Korruption eines der größten Probleme des Landes und insbesondere der Wirtschaft, da beides neue ausländische Investoren abschreckt und bestehende vertreibt. Laut Transparency International führt Aserbaidschan im Corruption Perceptions Index 2019 auf Platz 126 von 180 Ländern mit einem Score 30 von 100 möglichen Punkten.

Die Ölindustrie erwirtschaftet um die 60 Prozent des BIP. Die Ölproduktion lag im Jahr 2004 noch bei 15,5 Millionen Tonnen, 2014 schon bei 42 Millionen Tonnen, bis 2019 fiel die Produktion dann wieder auf 37,7 Millionen Tonnen. Für den Export des Öls wurde die Baku-Tiflis-Ceyhan-Pipeline gebaut und im Sommer 2005 in Betrieb genommen. Sie kann täglich bis zu einer Million Barrel Rohöl von Baku in die türkische Hafenstadt Ceyhan transportieren. Später soll die Kapazität bis auf 1,8 Millionen Barrel pro Tag erhöht werden. Aserbaidschan gilt zudem als Hauptlieferant für die geplante Trans-Adria-Pipeline, welche Gas über die Türkei nach Europa bringen soll und sich gegen die sogenannte „Nabucco"-Pipeline durchgesetzt hat, hier wurden die Planungen 2013 offiziell eingestellt.

Aktuelle politische Entwicklung

Im September 1993 wurde der ehemalige KGB-Offizier und KP-Chef Heydar Aliyev zum Präsidenten gewählt. Aliyev bemühte sich um gute Beziehungen zu Russland, der Türkei und den USA, aber auch um gute Nachbarschaft mit dem Iran. Seit 1993 wurden verschiedene Parteien gegründet. Zu den heute wichtigsten Parteien zählen die Regierungspartei Neues Aserbaidschan (YAP), die Aserbaidschanische Hoffnungspartei (AÜP), die Volksfront-Partei Aserbaidschans (AXCP) und die älteste Partei Aserbaidschans, die Gleichheitspartei (MP). Als weitere, kleinere Vertreter des Mehrparteiensystems gelten die Partei der nationalen Unabhängigkeit (IP) und die Aserbaidschanische Kommunistische Partei (AKP). Nach dem Tod Heydar Aliyevs wurde sein Sohn İlham Aliyev 2002 zum Nachfolger im Amt des Präsidenten ernannt und 2003 vom Volk gewählt.

Die internationalen Wahlbeobachtungsmissionen des Büros für Demokratische Institutionen und Menschenrechte (ODIHR) und der Parlamentarischen Versammlung der OSZE kritisierten in ihrem Bericht stets die Wahlen in Aserbaidschan der Aliyev-Ära als unfrei und manipuliert. Auch führende Demokratieforscher stufen Aserbaidschan als autoritäres Regime ein. Die aserbaidschanische Verfassung verbrieft zwar umfassende Menschenrechte, dennoch sind Presse-, Meinungs- und Versammlungsfreiheit stark eingeschränkt. Auch die Arbeit von Nichtregierungsorganisationen (NGO) wurde durch zahlreiche Gesetzesänderungen in den letzten Jahren deutlich erschwert. Insbesondere vom Ausland finanzierte Organisationen werden bei der Durchführung ihrer Projekte behindert. Im Demokratieindex 2019 der Zeitschrift The Economist steht Aserbaidschan weltweit auf Platz 146 von 167 Ländern und zählt damit auch zu den autoritären Regimen.

Literatur

Allahverdi, A. und Henrich, C. J. (2019): Russland im armenisch-aserbaidschanischen Konflikt um Bergkarabach, in: Leiße, O. (Hrsg.), Politik und Gesellschaft im Kaukasus. Wiesbaden, S. 421–439.

Avşar, F. (2006): Schwarzer Garten im Land des Feuers. Darmstadt.

Heintze, H. (2016): Territoriale Integrität der Staaten: Fortbestehende Grundlage des Völkerrechts. Untersuchung vor dem Hintergrund des

Berg-Karabach-Konflikts zwischen Armenien und Aserbaidschan. Berlin.

Henrich, C. J. (2019): Aserbaidschan, in: Dittmann, A. und Gieler, W. (Hrsg.), Staatenlexikon Europa: Geographie, Geschichte, Kultur, Politik und Wirtschaft, 1. Aufl. Berlin, S. 43–51.

Kipke, R. (2015): Konfliktherd Südkaukasus. Wiesbaden.

Kunze, T. und Vogel, T. (2011): Von der Sowjetunion in die Unabhängigkeit. Eine Reise durch die 15 früheren Sowjetrepubliken. Berlin.

Quiring, M. (2016): Pulverfass Kaukasus. Nationale und islamistische Gefahren am Rande Europas. Bonn.

Wolfgang Gieler

Bahrain

Offizieller Name:	Königreich Bahrain
Staatsform:	Konstitutionelle Monarchie
Unabhängigkeit:	15. August 1971 (von Großbritannien)
Nationalfeiertag:	16. Dezember (Unabhängigkeitstag)
Hauptstadt:	Manama
Lage:	Persischer Golf
Fläche:	760 qkm (Weltrang: 172)
Bevölkerung:	1,6 Millionen
Landesstruktur:	4 Gouvernements
Sprachen:	Arabisch (Amtssprache), Englisch (Geschäftssprache), Farsi, Urdu
Religionen:	Islam (70,3 Prozent), Christentum (15,5 Prozent), Hindu (9,8 Prozent), Buddhismus (2,5 Prozent), Judentum (0,6 Prozent)
Währung:	Bahrain-Dinar (BHD)
Wirtschaftszweige:	Erdöl-und Aluminiumindustrie, Dienstleistungen, Bergbau, Leichtindustrie
Mitgliedschaften:	UN, AL, GCC, OAPEC, IMO, IWF, WTO, IAEO, IRENA, G-77, Blockfreie Staaten, OIC
Wichtigste Medien:	*Fernsehen:* Channel 44 (staatlich), OSN, ART, Al-Jazeera *Hörfunk:* Bahrain FM, Quran Radio, Radio Bahrain, Your Fm (Hindi), Youth FM *Zeitungen:* Akhbar Al Khaleej, Al Ayam, Al Wasat, Gulf Daily News, Gulf Madhyamam, Malayala Manorama

* * * * * * * * * * * *

Naturraum und geographische Rahmenbedingungen

Das Königreich Bahrain erstreckt sich über 33 überwiegend unbewohnte Inseln und Sandbänke im Golf von Bahrain, einer Bucht des Persischen Golfs, östlich von Saudi-Arabien und nordwestlich von Katar. Mit rund 700 qkm Festland-Fläche ist das Land etwas kleiner als die Hansestadt Hamburg und einer der kleinsten Staaten der Welt. Die Hauptinsel ist knapp 50 km lang und maximal 16 km breit. Sie besteht aus einem schildförmigen Kalkplateau, das im Zentrum beim Jabal ad Dukhan eine maximale Höhe von etwa 122 m erreicht. Die Küsten sind flach, im Süden befinden sich große Salzsümpfe. Während im Norden Oasenwirtschaft betrieben wird, besteht die Hauptinsel ansonsten größtenteils aus Wüste. Die Jahresniederschläge erreichen durchschnittlich 74 mm, die Luftfeuchtigkeit kann bis über 80 Prozent ansteigen. Die Jahresdurchschnittstemperatur in der Hauptstadt Manama liegt bei 26 °C und schwankt zwischen 16 °C im Januar und 34 °C im Juli und August. Neben zunehmender Wüstenbildung verursacht durch den erhöhten Grundwasserbedarf für die Landwirtschaft bestehen Engpässe bei der Versorgung mit Süßwasser.

Schäden an der Küste, Korallenriffen und Meeresvegetation sind auf Verschmutzung durch Erdöl und andere Ausflüsse großer Tanker und Raffinerien zurückzuführen. Natürliche Ressourcen sind neben Erdöl auch Erdgas, Fisch und Perlen. In direkter Nachbarschaft liegen im Nordosten die Inseln Al-Muharrak und Asry mit etwa 60 qkm und die Insel Sitra mit etwa 15 qkm sowie im Westen die Insel Umm Na'san mit etwa 20 qkm Fläche. 2009 wurde auf der Insel Al-Muharrak der Großhafen „Khalifa bin Salman Port" eröffnet. Der Erdölexport erfolgt über einen Offshore-Pier vor der Nachbarinsel Sitra, der durch eine Pipeline direkt mit Saudi-Arabien verbunden ist. Ein wenig weiter entfernt vor der Nordküste Katars liegen die Hawar-Inseln mit einer Größe von gut 50 qkm, die Bahrain nach langen Auseinandersetzungen mit Katar durch ein Urteil des Internationalen Gerichtshofs im Jahr 2001 zugesprochen wurden. Dämme und Brücken verbinden die Hauptinsel über 25 km mit Saudi-Arabien sowie mit Al-Muharrak und Sitra. Das bisher längste Brückenprojekt der Welt, das Bahrain über eine etwa 46 km Strecke mit Katar verbinden soll, befindet sich im Bau.

Geschichtliche Entwicklung von vorkolonialer Zeit bis zur Unabhängigkeit

Vor rund 3 000 Jahren lag Bahrain im Gebiet einer Hochkultur, die aus sumerischen Texten als Dilmun, in akkadischen Überlieferungen als Tilmun und in der griechischen Antike als Tylos bekannt ist. Für die Sumerer galt die Insel als „Paradies auf Erden" und als Sitz der ersten Generation von Göttern. Dilmun nahm über 2 000 Jahre hinweg eine zentrale Rolle im Handel zwischen Mesopotamien und der Hochkultur des Indus-Tals sowie den Ländern der Golfregion und Ägypten ein. Vom 2. Jahrhundert vor Christus stand die Insel unter ständig wechselnder Vorherrschaft, ehe sie im 16. Jahrhundert unter portugiesische und im 17. bzw. 18. Jahrhundert unter persische Herrschaft fiel.

Teile der Utub wanderten um 1716 aus dem Gebiet des Najd, im Zentrum des heutigen Saudi-Arabiens, in Richtung Küste. Aus jenen Gebieten, die von ihnen eingenommen wurden, entstanden später die Staaten Kuwait, Katar und Bahrain. Nachdem Scheich Sabah von seinen Gefolgsleuten zum Chef in Kuwait erklärt wurde, zog ein anderer Zweig der Utub, die sog. Al-Khalifa, 1763 weiter nach Zubarah, von wo aus sie weite Teile des heutigen Katar dominierten und ein florierendes Handelswesen etablierten. Der Handel, der von arabischen Kaufleuten und Seefahrern geleitet und von Volksgruppen-Führern kontrolliert wurde, stützte sich auf ein riesiges Netzwerk, das Indien, Persien, das obere Niltal, das östliche Mittelmeer, das Gebiet des Euphrats, die italienischen Städte Venedig und Genua sowie die afrikanische Westküste miteinander verband. Dafür wurden Schutzgelder an die Aristokratie der Volksgruppen auf der arabischen Halbinsel gezahlt. Mitte der 80er Jahre des 18. Jahrhunderts zogen große Handelsfamilien nach Bahrain. Der persische Statthalter in Bahrain versuchte mehrfach, Zubarah zu erobern, während das Land zweimal von den Al-Khalifa geplündert wurde.

1783 bildete Scheich Achmed bin Mohammed al-Khalifa eine Koalition mit anderen Familien der Bani Utub und nahm Bahrain ein. Damals entstand auch die Dynastie Al-Khalifa, die bis heute andauert. Der Scheich bekam den prestigeträchtigen Titel „der Eroberer". Er verbrachte die Sommermonate in Bahrain und regierte bis zu seinem Tod 1796 von Zubarah aus. Dafür setzte er auf Allianzen mit Volksgruppen und auf die Unterwerfung der Einwohner der Städte. Während die Hafenstädte wirtschaftlich florierten und der Sklavenhandel boomte, befand sich der Scheich in ständiger Konfrontation mit Händlern, Seefahrern und Perlentauchern. Gleichzeitig versuchten die Briten, ihren Einfluss in der Region zu erweitern und Profit aus dem Fernhandel zu ziehen. Um ihre Anliegen in Ruhe verfolgen zu können, diffamierten sie jeglichen Widerstand als Piraterie und verschleierten ihre eigenen wirtschaftlichen Interessen. Auch Wahhabiten und der Imam von Muskat waren in der Region aktiv und griffen Bahrain mehrfach an.

Ein erster Vertrag mit Großbritannien wurde 1830 unterzeichnet, mit dem Ziel das Land vor feindliche Angriffe zu schützen und zur Protektion der Al-Khalifa durch die Briten. Die folgenden Jahrzehnte sind nicht zuletzt gekennzeichnet durch interne Machtkämpfe zwischen den Söhnen des Scheichs, ethnischen Kriegen und weiteren Auseinandersetzungen auf regionaler Ebene sowie der brutalen Unterdrückungen der ursprünglichen Einwohner des Landes, deren Ländereien nun konfisziert wurden. Das Verhältnis zur Schutzmacht Großbritannien wurde in dieser Zeit zunehmend enger und exklusiver. Weitere Interaktionen mit der Außenwelt erfolgten erst nach Beginn der Erdölförderung 1932.

In der Folgezeit spielten die Erdölgesellschaften eine zentrale Rolle im Land. Das spezielle Verhältnis des Scheichs zu Großbritannien, verbunden mit den internationalen Erdölinteressen, beschränkte fortan die Möglichkeiten sozio-politischer Dynamiken aus der Gesellschaft. So gelang es, zum Teil bis heute, soziale Traditionen und ethnische Bräuche aufrechtzuerhalten. Während die schiitischen Bauern zunehmend wirtschaftlich verarmten, entstand eine an Grundbesitz gebundene sunnitische Oligarchie. Die zahlreichen Palmengärten wurden jeweils von einem Al-Khalifa-Scheich verwaltet. Wer dem Herrscher loyal war, bekam Land und Ansehen, wobei der Besitz immer in den Händen der Kernfamilie des jeweils Herrschenden blieb und von dort temporär verschenkt wurde. Der Emir übte seine Herrschaft mithilfe eines Rates, des Majlis, aus. Die Sicherheitskräfte waren schon damals vorrangig mit Ausländern besetzt, die weniger Skrupel im Umgang mit der einheimischen Bevölkerung zeigten. Alle Scheiche unterhielten eine kleine Privatarmee, die Zwangsarbeit und das Eintreiben von Abgaben ermöglichten.

1926 kam der Brite Sir Charles Belgrave als sogenannter Berater (im Amt bis 1956) nach Bahrain, um eine moderne Administration aufzubauen. Bahrain wurde das erste Land in der Region, das Schulen aufbaute. Eine Konsequenz, dass das Land heute eine der niedrigsten Analphabetenquoten im arabischen Raum aufweist. Neben diesem Verwaltungsapparat wurden ferner eine kostenlose Gesundheitsversorgung und eine funktionierende Post aufgebaut. Sämtliche Institutionen waren und sind allerdings durch die klientelistischen Machtverhältnisse gekennzeichnet. Während des in den 1950er Jahren entstehenden arabischen Nationalismus entstand auch Kritik an der Machtfülle der Briten. 1954 und 1956 kam es zu Unruhen; schließlich musste Belgrave das Land verlassen. In den 1960ern übernahm ein anderer Brite: der seit Niederschlagung des Mau-Mau-Aufstands in Kenia für grausame Methoden bekannte Ian Henderson dirigierte die nächsten 30 Jahre den Sicherheitsapparat und baute den berüchtigten Geheimdienst auf.

Die politische Alimentierung durch Großbritannien beförderte somit die ungewöhnliche Machtkonzentration bei der herrschenden Familie und führte zur langfristigen Klientelbindung an die Hegemonialmacht des internationalen Systems. Ein weiterer Effekt der äußeren Einflüsse ist das zum Teil widersprüchliche bahrainische Rechtssystem, das sich aus islamischem Recht, dem britischen Common Law, ägyptischem Zivil-, Straf- und Handelsrecht sowie Gewohnheitsrecht zusammensetzt.

Noch in den 1960er Jahren, nachdem die Briten ihren Rückzug aus den Gebieten östlich von Suez angekündigt hatten, verhandelten Katar, Bahrain und die heutigen Vereinigten Arabischen Emirate über einen Zusammenschluss, der damals jedoch scheiterte. Am 15. August 1971 erlangte das Emirat Bahrain seine politische Unabhängigkeit und schloss gleichzeitig einen Freundschaftsvertrag mit Großbritannien ab.

Bevölkerungsstruktur – insbesondere ethnische Zusammensetzung

Bahrains Einwohnerzahl umfasste im Jahr 2019 Schätzungen zufolge knapp 1,5 Millionen Personen und verdoppelte sich nahezu im Vergleich zum Zensus 2001. War die einheimische Bevölkerung 2001 noch knapp doppelt so groß wie die ausländische, übertraf der Anteil der ausländischen

Bevölkerung die inländische im Jahre 2015 bereits um etwa 100 000 Personen. Über 80 Prozent der ausländischen Bevölkerung kommt aus Asien, vor allem aus Iran, Indien und Pakistan, knapp 10 Prozent sind Araber aus anderen Ländern, etwa 3 Prozent kommen aus Afrika, knapp 2 Prozent aus Europa und weniger als 1 Prozent aus Amerika.

Die Staatssprache ist Arabisch, daneben werden insbesondere Englisch, Farsi und Urdu gesprochen. Zahlreiche Ausländer sind über das sogenannte Freie-Visa-System nach Bahrain gekommen, das vielen als modernes Sklavensystem gilt. Sogenannte Sponsoren erheben zum Teil enorme Gebühren für den Service der Visavermittlung, was zahlreiche Ausländer aus Asien und Afrika in eine Art Schuldknechtschaft nötigt. Passentzug, Einschränkung der Bewegungsfreiheit, Bedrohung, Mord, sexuelle Übergriffe oder auch Zwangsprostitution sind keine Seltenheit. Die bahrainische Regierung hat daher in den letzten Jahren mehrfach die Gesetzgebung reformiert, um insbesondere auch den Verkauf von Visa unter Umgehung des Arbeitsministeriums zu verhindern.

2019 waren etwa 75 Prozent der Gesamtbevölkerung und fast alle Staatsangehörigen Muslime, wobei der Anteil der Schiiten mit geschätzten 60–70 Prozent, über dem der Sunniten lag. Der Islam ist Staatsreligion und die Herrscherfamilie selbst ist sunnitisch. Christen werden auf knapp 15 Prozent, Hindus auf etwa 10 Prozent, Buddhisten auf 2,5 Prozent und Juden auf 0,6 Prozent geschätzt. Religionsfreiheit ist offiziell garantiert. Jedoch herrscht seit der Eroberung der Inseln durch die Al-Khalifas im 18. Jahrhundert ein Konflikt zwischen der nun unterdrückten und gedemütigten autochthonen schiitischen Bevölkerung von Bauern, Fischern, Perlenfischern und Händlern einerseits und den sunnitischen Beduinen andererseits. Um das Jahr 2000 waren 55 Prozent der Staatsbürger arabische Schiiten, die sich als Baharna bezeichnen, und weitere geschätzte 18 Prozent ursprünglich aus Persien kommende Schiiten, die in mehreren Einwanderungswellen nach Bahrain gelangt sind und als Ajam (Nicht-Arabisch-Sprechende) genannt werden. Bis heute ist ein Großteil der Schiiten im politischen System, das weiterhin durch ethnische Werte geprägt ist, ausgegrenzt.

Sozio-ökonomische wie politische Beziehungen und Loyalität und damit der Zugang zu und die Verteilung von Macht und Ressourcen sind hauptsächlich an die ethnische Zugehörigkeit beziehungsweise Verwandtschaft sowie auch die Konfession gebunden. Es fehlt eine Identifikation mit übergeordneten Zielen und damit auch eine innergesellschaftliche Solidarität. Das soziale Gefälle entsteht durch die Vergabepraxis staatlicher Revenuen aus dem Erdölgeschäft. Letztlich haben strukturelle Diskriminierung und Korruption systemimmanenten Charakter. Entsprechend sehen sich zahlreiche Schiiten nicht nur auf dem Arbeitsmarkt, sondern auch durch die Vernachlässigung von ganzen Wohngebieten benachteiligt. Hinzu kommt der alltägliche Terror durch die Sicherheitskräfte.

Der jährlich veröffentlichte Bericht „Freedom in the World" der internationalen Nichtregierungsorganisation Freedom House stufte 2019 das Land daher als unfrei ein. Auch die Erinnerung der Geschichte durch Schiiten und Sunniten in Bahrain, zum Beispiel in religiösen Riten und Mythen, unterscheidet sich erheblich. Gemeinsam agierten Sunniten und Schiiten während der 1950er und 1960er Jahre im Einfluss von panarabischen, nationalistischen sowie kommunistischen Bewegungen und kämpften etwa in der Arbeiterbewegung für mehr soziale Rechte. Dieser Schulterschluss erfolgte in dezidierter Abgrenzung zu Ausländern im Land. Um den Einfluss linker Meinungsführer einzudämmen, waren dem Regime schiitische Kleriker willkommen, die zum ‚wahren Islam zurückkehren' wollten und Atheismus sowie Kommunismus kritisierten. Spätestens seit der Iranischen Revolution 1979 und einem Putschversuch mit iranischer Unterstützung 1981 standen die Schiiten dann unter Generalverdacht der Kollaboration mit Iran, und gelten seitdem als illoyal und subversiv.

Einige Schiiten werfen dem Regime bis heute vor, durch gezielte Einbürgerungen von Sunniten aus anderen Ländern die Mehrheitsverhältnisse in der Bevölkerung verändern zu wollen. Forderungen nach mehr Beteiligungsmöglichkeiten wurden bis heute nur rhetorisch erfüllt. Die immer wieder seit 2011 aufflammenden Proteste werden unterdrückt. Nicht nur in der Innenpolitik ist das Verhältnis zwischen den Religionsgruppen ein Tabu: Das Informationsministerium versuchte jede Erwähnung der Schiiten durch die ausländische Presse zu unterbinden. So steht die bahrainische Gesellschaft weiterhin vor erheblichen Herausforderungen hinsichtlich der Konstruktion ihrer Identität und der Definition von Zugehörigkeit. Dies wird akzentuiert durch die rasanten sozio-ökonomischen Entwicklungen im 20. Jahrhundert, mit denen hohe Bevölkerungsanteile Beobachtern zufolge nicht mithalten konnten, ohne die innere Balance zu verlieren. Angesichts ungelöster Identitätsfragen wurden Äußerlichkeiten wie etwa Kleidung oder schnelle Autos für viele umso bedeutender. Auch Alkohol, Drogen und Prostitution mögen Ausdruck von Kompensationsverhalten sein.

Wirtschaftsstruktur

Das Königreich ist weiterhin in hohem Maße von finanzieller und politischer Unterstützung der Nachbarstaaten sowie der USA abhängig. Das U.S. Naval Forces Central Command (NAVCENT) hat den Hauptsitz in Manama. Die engen Beziehungen erst zu Großbritannien, später auch zu den USA, wurden immer wieder von der Bevölkerung kritisiert, seit dem 11. September 2001 macht sich in zunehmendem Maß ein Antiamerikanismus breit. Den USA wird vorgeworfen, dass sie sich aufgrund von handfesten Eigeninteressen, vorrangig Waffenverkäufe und Erdöl, nicht für demokratische Reformen einsetzen.

Der Beginn der Erdölförderungen veränderte das Land auch in anderer Hinsicht drastisch. Insbesondere von Mitte der 1970er bis Mitte der 1980er Jahre boomte die Wirtschaft aufgrund des hohen Erdölpreises. In diesem Zeitraum wurden ein Großteil der Infrastruktur sowie die öffentlichen Dienstleistungen ausgebaut. In relativ kurzer Zeit entstand eine glitzernde Hochhauswelt. Als Mitte der 1980er Jahre die Preise für Erdöl einbrachen, folgte die Rezession, einhergehend mit der Deklassierung der (vorwiegend schiitischen neuen) Mittelschicht und einer weiteren wirtschaftlichen Verarmung der Schiiten. Das Haushaltsdefizit stieg von 45 Mio. Dinar 1990 auf 394 Mio. Dinar 1995 an und wird für 2019 auf 1,7 Mrd. Dinar veranschlagt.

Der von Patriarchat und Ethnizität charakterisierbare Staat organisiert zur Absicherung der eigenen Macht die Verteilung politischer Renten und der Erdöl-Revenuen. Bevölkerungsgruppen, die eng mit dem Herrscherhaus verbunden sind, konnten ohne große Anstrengungen über lange Zeit hinweg Vorteile wie Einkommen, Landeigentum, Wohlfahrtspolitik, Subventionen, Aufträge, Vergünstigungen oder Konsummöglichkeiten in Anspruch nehmen. Ausschlaggebend für den Zugang zu Ressourcen sind dabei ethnische Zugehörigkeit oder Verwandtschaft sowie religiöse Bindungen und Loyalität zum Regime.

Während sich die Bahrainis im öffentlichen Sektor konzentrieren, der dank der Erdöleinnahmen hoch subventioniert ist, wurden ein wesentlicher Teil der Privatwirtschaft und Produktion an Ausländer übergeben. Letztere arbeiten zum Beispiel als Angestellte in der Gastronomie, im Baugewerbe, als Lehrer, Hotelpersonal oder Verkäufer – ein Trend, der bis auf den Beginn der Erdölförderung zurückreicht. 1996 beschäftigten 60 Prozent aller Unternehmen nicht einen Bahraini. Rückläufige Einnahmen aus dem Erdölgeschäft sind daher die eigentliche Gefahr für die gesellschaftliche Balance. 2010 lag die Arbeitslosenquote Regierungsangaben zufolge bei 16,5 Prozent. Der Agrarsektor steuert heute nur 0,3 Prozent zum BIP bei. In den kleinen landwirtschaftlichen Betrieben werden mit staatlicher Unterstützung vor allem Datteln, Tomaten, Auberginen, Zitronen, Bananen, Zwiebeln und Kopfsalat angebaut. Wenngleich der Staat versucht, die Fischerei auszuweiten, sinken die Fangmengen aufgrund steigender Meeresverschmutzung. Trotzdem erreicht das Land beim Fisch sowie auch bei Eiern und Geflügel einen Selbstversorgungsgrad von 50 Prozent. Der Anteil des Bergbaus am BIP liegt bei ca. 30 Prozent, allerdings arbeitet hier nur etwa 1 Prozent der im Privatsektor sozialversichert Beschäftigten.

Aus dem Erdöl- und Gassektor kommen in den letzten Jahren ca. 80 Prozent der Staatseinnahmen, wobei dies angesichts der limitierten eigenen Ressourcen inzwischen der petrochemischen Industrie sowie der Raffination von Rohöl aus Saudi-Arabien geschuldet ist. Im verarbeitenden Gewerbe, das etwa 15 Prozent zum BIP beisteuert, arbeiten unter 18 Prozent der sozialversichert Beschäftigten, unter anderem in der chemischen Industrie, in der Mineralölverarbeitung, Gasverflüssigung, Aluminiumerzeugung, Eisen- und Stahlverarbeitung, im Schiffbau sowie in der Leichtindustrie. Aluminiumexporte machen weiterhin über die Hälfte der Nicht-Erdöl-Exporte aus. Angesichts der zahlreichen Großprojekte verzeichnete der Bausektor jahrelang zweistellige Zuwachsraten. Inzwischen hat der Boom deutlich nachgelassen.

Seit dem Bürgerkrieg in Libanon avancierte Bahrain zum wichtigsten Bankenstandort am Golf. Heute gibt es über 400 Finanz- und Versicherungshäuser mit etwa 14.000 Beschäftigten. Der Anteil des Finanz- und Versicherungswesens am BIP liegt bei knapp 20 Prozent. Transport und Kommunikation steuern 6 Prozent zum BIP bei und der Öffentliche Dienst über 10 Prozent. Das staatliche Gesundheitssystem wird ebenso wie das

Schulsystem vom Staat gefördert. Während sie dadurch allen Bürgern offenstehen, wird die Qualität von Beobachtern differenzierter eingeschätzt.

Im Sinne der regionalen wirtschaftlichen Integration beschloss der im Jahre 1981 gegründete Golf-Kooperationsrat (GCC) auf seinem Gipfeltreffen im Jahre 2003 eine Zollunion. 2007 einigten sich die sechs GCC-Mitgliedsstaaten Bahrain, Saudi-Arabien, Katar, Kuwait, Oman und die Vereinigten Arabischen Emirate auf einen Gemeinsamen Golf-Markt, der partiell implementiert ist, wobei der Anteil des GCC-Binnenhandels weiter unter 10 Prozent liegt. Für die Zukunft ist geplant, Bahrains Rolle als regionales Zentrum für Freihandel und Dienstleistungen weiter auszubauen. Dafür wirbt das Königreich mit gut ausgebauter Infrastruktur und Telekommunikation, Steuervorteilen, niedrigen Energiekosten und der zentralen Lage in der Region. 2004 unterzeichnete Bahrain als erster Golfstaat ein Freihandelsabkommen mit den USA. Bereits seit 1980 ist der Bahrain-Dinar an den US-Dollar gebunden.

Nach einem kurzzeitigen Einbruch, während der internationalen Finanzkrise 2008, stieg das Wirtschaftswachstum wieder auf über 4 Prozent, unter anderem durch den Ausbau des Tourismus. Dennoch bleiben die großen Herausforderungen bestehen, vor denen das Land angesichts von Jugendarbeitslosigkeit und steigender Staatsverschuldung steht. Inzwischen wird über den Abbau von Subventionen nachgedacht, die derzeit die Preise für Fleisch, Benzin, Strom und Wasser relativ niedrig halten. 2019 rutschte Bahrain aufgrund des gesunkenen Erdölpreises in eine Wirtschaftskrise. Dadurch sank der Wert des Bahrain-Dinars. Anfang 2019 wurde eine Mehrwertsteuer über fünf Prozent eingeführt, um sich von seiner Abhängigkeit von der Erdölwirtschaft zu lösen. Die zukünftige wirtschaftliche Entwicklung muss kritisch gesehen werden, da die innenpolitischen Konflikte im Golfstaat für ausländische Investoren abschreckend wirken könnten.

Aktuelle politische Entwicklung

1975 löste Emir Isa bin Salman al-Khalifa das Parlament auf, welches der US-amerikanischen Militärpräsenz im Land skeptisch gegenübergestanden und Fragen zum Landrecht und dem Staatshaushalt gestellt hatte. Die Verfassung von 1973 wurde praktisch ausgehebelt zugunsten der Machtfülle des Emirs. Erst Anfang der 1990er Jahre ernannte der Emir einen Konsultativrat, der aber nur beratende Funktionen hatte. Während der irakischen Invasion Kuwaits 1990 war das Land ein wichtiger Stützpunkt für US-amerikanische und britische Truppen und auch das Königreich selbst beteiligte sich direkt am Kampf gegen den Irak.

Im Folgejahr wurde ein Abkommen über militärische Zusammenarbeit mit den USA abgeschlossen. Angesichts des autokratischen Systems, der anhaltenden Diskriminierung von Schiiten, der ungleichen Verteilung von Ressourcen, mangelnder Rechtssicherheit und dem repressiven Sicherheitsapparat begannen 1994 erneut länger andauernde Proteste, vor allem in schiitischen Dörfern, die als Intifada erinnert werden. Auch Sunniten schlossen sich den zentralen Forderungen nach einer Rückkehr zur Verfassung von 1973 und der Wiederaufnahme des Parlamentarismus an und unterzeichneten die entsprechenden Petitionen. Waren die Proteste anfangs noch friedlich, nahm die Gewalt später zu. Die Sicherheitskräfte reagierten von Anfang an äußerst brutal. Wer Reformen gefordert hatte, war in der Folgezeit mit Repressionen des Regimes konfrontiert, in Form von Bedrohungen, Ausschluss aus Arbeitsverhältnissen oder Freiheitsentzug. Eine Auseinandersetzung mit den Ursachen der Intifada wird bis heute unterdrückt.

Die innenpolitische Situation entspannte sich erst, als der heutige König Scheich Hamad bin Isa al-Khalifa, nach dem Tod seines Vaters 1999 an die Macht kam. Politische Gefangene wurden freigelassen, Oppositionspolitiker kamen aus dem Exil zurück und politische, soziale sowie gewerkschaftliche Gruppen durften sich konstituieren. Ein weiterer Schritt war die Abschaffung jener Staatssicherheitsgerichte, die als zentrale Elemente der staatlichen Repression gedient hatten. Zudem kündigte der König demokratische Reformen an, einschließlich einer modifizierten Version der Verfassung von 1973, und dem Übergang zu einer konstitutionellen Monarchie. Nachdem über 98 Prozent der Wählerschaft in einer Volksabstimmung am 14. Februar 2001 für die Nationale Charta für Reformen gestimmt hatten, verkündete der Emir 2002 unilateral eine neue Verfassung und wurde damit zum König. Jedoch anders als vereinbart, hatte es zuvor allerdings keinerlei Partizipationsmöglichkeiten gegeben, und die Opposition kritisierte diesen neuen Verfassungstext als erheblichen Rückschritt. 2002 fanden erstmals seit 1973 Wahlen zur Abgeordnetenkammer statt, die kaum Befugnisse hat und nun zusammen mit dem vom König ernannten Konsultativrat als 2. Parlamentskammer die Nationalversammlung bildet.

Im Frühjahr 2011 kam es – als Folge des Arabischen Frühlings – auch in Bahrain zu massiven Protesten der Bevölkerung. Am 14. Februar, dem 10. Jahrestag des Referendums über die Nationale Charta, besetzten Demonstranten den zentral gelegenen Perlenplatz. Verschiedene registrierte Gruppen beteiligten sich an den weitgehend friedlichen Protesten und stellten Forderungen, wie die Entlassung politischer Häftlinge, Abschaffung der Verfassung von 2002 und die Wahl einer verfassungsgebenden Versammlung mit dem Ziel einer konstitutionellen Monarchie und einer gewählten Regierung, Änderung des Wahlrechts, um allen politischen und sozialen Gruppen eine faire Vertretung zu sichern, sowie den Rücktritt des seit 1971 amtierenden Regierungschefs Khalifa bin Salman al-Khalifa.

Das hätte aber den Verlust zahlreicher Privilegien für die sunnitische Herrschaftselite bedeutet – die darauf mit äußerster Härte reagierte. Am 14. März 2011 marschierten Truppen und Polizeieinheiten aus Saudi-Arabien und den Vereinigten Arabischen Emiraten in Bahrain ein, um auf der Grundlage des Sicherheitsabkommens des Golfkooperationsrates das Regime zu stützen. Gleichzeitig rief der König Maßnahmen zur nationalen Sicherheit aus, einhergehend mit Ausgangssperren, Demonstrationsverboten und erweiterten Befugnissen für das Militär, die bis Anfang Juni in Kraft bleiben sollten. Sicherheitskräfte griffen erneut brutal gegen Demonstrierende ein. Innerhalb eines Jahres kamen etwa 60 Menschen ums Leben und hunderte Regimekritiker und Sympathisanten der Protestbewegung wurden verhaftet. Eine von König Hamad berufene, internationale Untersuchungskommission dokumentierte in ihrem Bericht unverhältnismäßige Gewalt und massive Menschenrechtsverletzungen bei der Niederschlagung der Proteste durch die Sicherheitskräfte.

Während die Strafverfolgung von Angehörigen der Sicherheitsorgane kaum vorankommt, sind willkürliche Inhaftierungen, außergerichtliche Tötungen, Folter, unfaire Gerichtsprozesse und Verurteilungen von Anhängern der Opposition Realität. Die Terrorismusgesetzgebung von 2006 wurde 2013 und 2014 weiter modifiziert. Ein von König Hamad initiierter Nationaler Dialog, aus dem sich die schiitische Opposition im September 2013 zurückzog, wurde Anfang 2014 von der Regierung suspendiert. An den Ungleichgewichten änderte sich infolge dessen nur wenig: Die Proteste werden von islamistischen Klerikern dominiert, während die Wahlen von 2014 von der schiitischen Opposition auch deshalb boykottiert wurden, weil das Wahlrecht exklusiv den Staatsbürgern vorbehalten bleibt.

Außenpolitisch beteiligt sich das Land neben Saudi-Arabien und anderen, mehrheitlich sunnitischen Staaten der Region seit Dezember 2014 bis heute an den Luftangriffen auf die schiitischen – und aktiv vom Iran geförderten – Huthi im Jemen. Die USA unterstützen die militärische Intervention des Golfkooperationsrates mit Logistik und Aufklärung. 2016 brach das Königreich Bahrain die diplomatischen Beziehungen zum Iran ab. Ein Jahr später folgte der Abbruch der Beziehungen zum Emirat Katar, dem vorgeworfen wurde, den Islamischen Staat (IS) zu finanzieren. Ende 2018 fanden die jüngsten Parlamentswahlen statt, welche sowohl von der Opposition als auch von internationalen Beobachtern kritisiert wurden. Unter anderem wurden sie als Scheinwahl bezeichnet, weil im Kern keine echte Opposition vorhanden war. Schließlich wurde am 04. Dezember 2018 Khalifa bin Salman al-Khalifa vom bahrainischen König Hamad bin Isa al-Khalifa erneut zum Premierminister ernannt.

Der ursprünglich für den 22. März 2020 geplante, seit 2004 in Bahrain jährlich stattfindende Große Preis von Bahrain (Formel-1-Rennen) – für die internationale Wahrnehmung des Landes von immenser Bedeutung – wurde aufgrund der COVID-19 Pandemie auf einen unbestimmten Zeitraum verschoben.

Literatur

Auswärtiges Amt (2020): Bahrain, unter: https://www.auswaertiges-amt.de/de/ aussenpolitik/laender/iran-node; [28.03.2020].

Buttorff, G. J. (2019): Authoritarian elections and opposition groups in the Arab world. Cham.

Gasiorowski, M. (2014): The Government and Politics of the Middle East and North Africa. Boulder.

Germany Trade & Invest (o.J.): Bahrain. Wirtschaftsdaten kompakt. Verfügbar unter https://www.gtai.de/gtai-de/trade/wirtschaftsumfeld/wirtschaftsdatenkompakt/bahrain/wirtschaftsdaten-kompakt-bahrain-156876; [18.04.2020].

Gieler, W. (2016): Der Nahe und Mittlere Osten – Staaten und Organisationen. Frankfurt.

Sager, A. und Hassan, L. (2016): Promoting Social Change in the Arab Gulf: Two Case Studies of Communication Programmes in Kuwait and Bahrain. Saarbrücken.

Stock, O. (2020): Königreich Bahrain – Finanzplatz mit Spaßfaktor. In: handelsblatt.com. 19. Februar 2009, [18.04.2020].

Veit, S. (2012): Das Königreich Bahrain – Ein Überblick über das Land und seine Strukturen. München.

Wehrey, F. M. (2014): Sectarian Politics in the Gulf. From the Iraq War to the Arab Uprisings. New York.

Westphal, K./Ramin Jalilvand, D. und Groissböck, M. (2019): Energiereiche Golfstaaten, Geopolitik und Energieversorgung, in: Energie für Deutschland, Fakten, Perspektiven und Positionen im globalen Kontext. Düsseldorf, S. 7–32.

Wimmen, H. (2014): Teilen und Herrschen. Konfessionalismus und Machterhalt im Arabischen Frühling: Bahrain, Irak, Libanon und Syrien. Berlin.

Rahima Aktar und Aleksandr Bliman

Bangladesch

Offizieller Name:	Volksrepublik Bangladesch
Staatsform:	Parlamentarische Republik
Unabhängigkeit:	16. Dezember 1971 (von Pakistan)
Nationalfeiertag:	26. März
Hauptstadt:	Dhaka
Lage:	Südasien
Fläche:	148 460 qkm (Weltrang: 92)
Bevölkerung:	168,1 Millionen (Schätzung 2019)
Landesstruktur:	8 Regionen (Divisionen genannt)
Sprachen:	Bengali
Religionen:	Islam (89,1 Prozent), Hinduismus (10,0 Prozent), Buddhismus und Christentum (0,9 Prozent) (Schätzungen 2013)
Währung:	Taka (BDT)
Wirtschaftszweige:	Konfektionsindustrie, Schiffsbauindustrie, Landwirtschaft, Rücküberweisungen
Mitgliedschaften:	ILO, IMF, IMO, IMSO, Interpol, UNAMID, UNCTAD, UNESCO, UNHCR, UNIDO, UNIFIL, UNMIL, UNMISS, UNOCI, UNWTO, UPU, VN, WCO, WHO, WIPO, WMO, WTO.
Wichtigste Medien:	*Zeitungen:* Bangladesh Pratidin, Prothom Alo, Kaler Kantho, Jugantor, The Daily Ittefaq, Samakal, Amader Shomoy, Bhorer Kagoj, Daily Manab Zamin, The Sangbad, Jaijaidin, Daily Star, Financial Express, Daily Sun, New Age, Dhaka Tribune, Daily Observer. *Staatliche Fernsehsender:* Bangladesh Television (BTV), BTV World, Sangsad Tele-vision

Beliebteste private Fernsehsender: ATN Bangla, ATN News, Channel i, Boishakhi TV, Ekattor TV, Banglavision, Desh TV, Ekushey Television, Maasranga Television, NTV, Independent Television uvm.
Hörfunk: 1 staatlicher Mittelwellen-Radiosender, neben einigen privaten UKW-Radiosendern

****

Naturraum und geographische Rahmenbedingungen

Bangladesch liegt in Südasien und hat eine Küstenlinie von 580 Kilometern am Golf von Bengalen. Das Land grenzt an Indien und Myanmar. Die Grenze mit Indien liegt im Norden, Osten und Westen, sie erstreckt sich über 4 142 Kilometer. Im Südosten liegt mit 271 Kilometern eine kurze Grenze zu Myanmar. Die territorialen Gewässer Bangladeschs erstrecken sich über die 12 nautische Meilen Zone (22 km) und die exklusive Wirtschaftszone erstreckt sich über die 200 nautische Meilen Zone (370 km). Bangladesch ist unterteilt in acht Regionen, welche als Divisionen bezeichnet werden: Barishal, Chittagong, Dhaka, Khulna, Maimansingh, Rajshahi, Rangpur, Sylhet. Die südwestlich liegende Region, die Rajshahi Division, ist meistens im Sommer sehr heiß und im Winter sehr kalt. Die im mittleren Norden liegende Region, Maimansingh, besteht aus einigen Forstgebieten sowie hügeligen Landschaften. Die im Nordosten liegende Region Sylhet ist ebenfalls eine hügelige Region mit ganzjährig schweren Regenfällen. Die Region ist landschaftlich durch viele Teegärten geprägt.

Der südwestliche Teil des Landes, die Region Khulna, ist bekannt für die Sundarbans, die größten Mangrovenwälder der Welt. Diese bilden einen tropischen Dschungel in Küstennähe und sind der letzte Rückzugsort für die wilden Bengali-Tiger. Die Region Dhaka liegt in der Mitte des Landes und umschließt die gleichnamige Hauptstadt Bangladeschs. Die faszinierendsten Regionen des Landes liegen im Südosten – Barishal und Chittagong – sie bestehen aus Gebirgen, Flüssen, Wasserfällen, Seen und landwirtschaftlichen Flächen. Des Weiteren liegt der höchste Punkt Bangladeschs in der Region Chittagong sowie der größte Badeort in der Stadt und dem gleichnamigen Distrikt Cox's Bazar. Der Sandstrand hat eine

Küstenlänge von 120 Kilometern. Der Großteil des Landes ist abhängig von der Fischerei und Landwirtschaft, obwohl die Mehrheit des volkswirtschaftlichen Einkommens durch Textilexporte generiert wird.

Im Kontext strategischer Bedeutung ist Bangladesch nicht nur in der südasiatischen Subregion von Bedeutung, sondern auch für größere geopolitische Dynamiken ganz Asiens. Bangladesch spielt u. a. eine bedeutende Rolle für das Machtgleichgewicht zwischen China und Indien. Mit beiden Akteuren führt Bangladesch strategische Beziehungen. Des Weiteren hat Bangladesch die „Südasiatische Vereinigung für regionale Kooperation" (SAARC von engl. South Asian Association for Regional Cooperation) eingeführt. Bangladesch ist der Mittelpunkt vieler weiterer Initiativen, welche das Ziel haben, Brücken zu bauen zwischen Bangladesch, Bhutan, Indien, Nepal sowie den Staaten der ASEAN und Ostasiens. Mit einer zunehmenden Verflechtung Bangladeschs im Handel und Investment der Subregion profitiert es von neuen Märkten, Importquellen hoher Qualität und günstigerer Produkte sowie steigenden Möglichkeiten im Bereich Transport und Logistik. Bangladesch, Bhutan, Indien und Nepal (BBIN), eine Ländergruppe, welche die Subregion östliches Südasien darstellt, unterzeichneten 2015 ein „Motor Vehicles Agreement" (MVA; zu Deutsch Kraftfahrzeugvertrag zur Regulierung von Fahrgästen) nach dem Vorbild der EU. Dadurch wurde der Weg geebnet für einen freien Waren- und Personenverkehr innerhalb dieser Ländergruppe, davon profitiert sowohl die Entwicklung der Region als auch ihre Wirtschaft.

Geschichtliche Entwicklung von vorkolonialer Zeit bis zur Unabhängigkeit

Bangladesch ist ein unabhängiger Staat seit 1971. Das Land war der östliche Teil des indischen Subkontinents und bekannt als „Bengalen". Vom achten bis zwölften Jahrhundert wurde Bangladesch von der buddhistischen Dynastie „Pala" regiert, nach dem zwölften Jahrhundert von muslimischen Herrschern, bis das Mogulreich im 16. Jahrhundert die Herrschaft übernahm. Unter der Mogul-Herrschaft war der Islam im Land weit verbreitet und Muslime wurden gegenüber den hinduistischen Gläubigen, welche die Mehrheit darstellten, bevorzugt. Im Mogul-Reich begannen die Niederländer, Franzosen und Briten ihre Geschäftstätigkeit auf dem Kontinent.

Zu Beginn dieser hielt das Mogul-Reich die europäischen Händler unter Kontrolle, jedoch brach es 1707 zusammen und fast ein Dutzend kleinerer Staaten geführt von deren Oberhaupt, dem „Nawab“, lehnten sich gegen die Mogul-Herrschaft auf. Die britische Ostindien-Kompanie begann den Handel in Kalkutta (Westbengalen) im Jahr 1690. Bangladesch war der Ausgangsort der britischen Expansion auf den indischen Subkontinent und 1793 übernahmen die Briten die totale Kontrolle des indischen Subkontinents.

Die britische Regierung gestattete dem privaten profitorientierten Unternehmen über Indien zu herrschen und als Repräsentant der britischen Regierung zu handeln. Sie sollten die Ressourcen von der Kolonie zu Ressourcen Britanniens umwandeln. Die indischen Ressourcen haben weitgehend zur industriellen Revolution Britanniens beigetragen. Der indische Subkontinent war insgesamt 200 Jahre lang durch die Briten kolonialisiert, was Auswirkungen auf die gesellschaftliche, politische und militärische Ausgestaltung der drei Länder bis heute hat. 1947 endete die koloniale Herrschaft Indiens und der indische Subkontinent wurde geteilt in die zwei unabhängigen Staaten Indien und Pakistan. Im selben Jahr wurde Bangladesch Pakistan zugeteilt, was zu einer Spaltung des Landes in Ostpakistan (Bengalen) und Westpakistan (Pakistan) führte.

Ost- und Westpakistan wurden einem Land zugeteilt aufgrund ähnlicher Religionsstruktur, beidseitig gab es eine muslimische Mehrheit. Jedoch herrschte große kulturelle Differenz sowie eine große geographische Distanz zwischen Ost- und Westpakistan. Politische Kontrolle, Sprache und Wirtschaftsform gehörten zu den großen Streitfragen zwischen den beiden Parteien. Die gesamt-pakistanische Mehrheit sprach Bengali, jedoch wollten westpakistanische Führer Urdu als einzige Amtssprache Pakistans einführen. 1949 wurde die Awami-Liga in Ostpakistan gegründet um Kampagnen zu führen gegen ökonomische Ungleichheit und Diskriminierung sowie für Autonomie. Proteste und gewalttätige Demonstrationen folgten nach der Erklärung 1952, dass Urdu Pakistans Amtssprache wird, Bengali würde als gemeinsame Amtssprache akzeptiert werden.

Bis Mitte der 1960er Jahre waren die Verwaltung und die Streitkräfte Pakistans sehr westlich organisiert und britisch geprägt. Obwohl Ostpakistan die höhere Bevölkerung aufwies, blieb die politische Macht in den Händen der Westpakistanis. Es fand sich nur eine sehr geringe Vertretung von Ostpakistan in den Streitkräften und der Verwaltung, was zur Verärgerung unter der Bevölkerung Ostpakistans führte. Pakistans Entwicklungsaufschwung führte dazu, dass Westpakistan die Ressourcen von Ostpakistan zu nutzen begann. Dies initiierte den Wunsch nach einem Autonomiegebiet Ostpakistan, welches den Ostpakistani mehr Kontrolle über die eigenen Ressourcen, die Entwicklung sowie politische Aktivitäten geben sollte. 1970 wurden Nationalwahlen abgehalten und Scheich Mujibur Rahman, der Führer der bengalischen Awami-Liga, gewann die überwältigende Mehrheit. Trotz des Wahlsiegs Mujiburs weigerten sich die westpakistanischen Führer, die Macht an Ostpakistan weiterzugeben. Ostpakistan begann daraufhin seine Unabhängigkeitsbewegung, weil die politische Macht im zweigeteilten Staat nicht weitergegeben wurde.

Die westpakistanische Regierung plante und führte daraufhin am 25. März 1971 einen militärischen Angriff gegen die Massenbewegung in Ostpakistan – welches sich selbst als Bengalen titulierte – aus, die „Operation Searchlight". Laut British Medical Journal kamen bei diesem Angriff schätzungsweise 125 000 bis 505 000 Menschen ums Leben. Nach diesem Genozid erklärte Scheich Mujibur Rahman am 26. März 1971 die Unabhängigkeit Ostpakistans unter dem neuen Namen Bangladesch, was in Bengali „Land der Bengalen" heißt. Nach einem neun Monate andauernden Krieg ergaben sich die westpakistanischen Kräfte am 16. Dezember 1971 und Bangladesch wurde ein unabhängiger Staat. 3 Millionen Menschen haben ihr Leben bei dem Unabhängigkeitskrieg verloren.

Bevölkerungsstruktur – insbesondere ethnische Zusammensetzung

Bangladesch hat die weltweit höchste Bevölkerungsdichte und befindet sich mit seiner Bevölkerungszahl weltweit auf dem achten Platz. Nach dem Zensus 2011, durchgeführt vom Statistischen Büro Bangladeschs, beträgt die Bevölkerung 142 Millionen Einwohner. 2019 hatte Bangladesch geschätzte 168,1 Millionen Einwohner. Es wird weiter vermutet, dass sich die Bevölkerungszahl bei dem rapiden Wachstum bis 2050 verdoppeln könnte.

Die Hauptstadt Dhaka wurde 1608 gegründet, sie ist die größte und am dichtesten besiedelte Stadt Bangladeschs. Sie ist das ökonomische Zentrum des Landes. Ein Drittel der Bevölkerung lebt in dieser Stadt. Die internationale Migration nach Dhaka vor allem aus Myanmar ist sehr hoch und die Attraktivität Dhakas hat einen großen Teil der Bevölkerung dazu bewegt, deren Leben in diese Stadt zu verlagern, obwohl die Urbanisierung in Bangladesch sehr gering ist. Nach dem Zensus 2011 beträgt die Urbanisierungsrate lediglich 28 Prozent und die urbane Bevölkerung in absoluten Zahlen beträgt 41,9 Millionen Einwohner. Bangladesch hat eine große ethnische und kulturelle Diversität. Grundsätzlich kann Bangladesch in vier ethnische Gruppen eingeteilt werden, welche aus verschiedenen Ureinwohnern bestehen: die Bengalis, die Draviden, die Mongolen und die Proto-Australier. Insgesamt gibt es mehr als 54 Gruppen von Ureinwohnern, wobei die Mehrheit dieser Gruppen den Bengalis angehört. Nach dem Zensus 2011 beträgt der Anteil der indigenen Bevölkerung in Bangladesch 1,8 Prozent der Gesamtbevölkerung.

Die Bengalis stellen die größte ethnische Gruppe mit 98 Prozent dar. Sie sprechen Bengali (in Bengali wird es „Bangla“ genannt). Sie ist die Amtssprache Bangladeschs und wird von 300 Millionen Menschen weltweit gesprochen, damit ist sie die siebthäufigst gesprochene Sprache der Welt. Die Bengalis können in vier religiöse Subgruppen untergeteilt werden: muslimische Bengali, hinduistische Bengali, christliche Bengali und buddhistische Bengali.

Die Draviden repräsentieren die Oraon, ein Stamm zentralindischer Herkunft. Sie sind auch bekannt als Kurukh-Stamm aufgrund ihrer Sprache Kurukh. Der Kurukh-Stamm in Bangladesch ist sehr klein und hat ungefähr 50 000 Mitglieder. Die Mongolen stellen nach den Bengalis die zweitgrößte ethnische Gruppe in Bangladesch. Sie sind auf das Hügelgebiet im Chittagong beschränkt. Diese Mongolen lassen sich in fünf Hauptgruppen einteilen: Chakma, Garo, Murang, Tipra und Mogs. Diese wiederum lassen sich in hunderte weitere Unterstämme einteilen. Die Proto-Australier repräsentieren die Stämme Santal und Khasia. Diese Stämme arbeiten seit einigen Jahrhunderten in den Teegärten.

Wirtschaftsstruktur

Die Region Bengalen, welche zuerst Ostpakistan und danach das unabhängige Bangladesch wurde, war wohlhabend seit frühesten Zeiten.

Während der Mogul-Zeit produzierten die Menschen in Bengalen Textilien, besonders aus Baumwolle und Seide, welche sehr berühmt waren. Während der britischen Kolonialzeit war Kalkutta die Hauptstadt Bengalens. Folglich produzierte die Region landwirtschaftliche Produkte wie Reis, Tee, Zuckerrohr und Jute neben der Textilproduktion. Im 19. und 20. Jahrhundert sorgten Naturkatastrophen wie mehrere Fluten im Delta, Zyklone, Landbegrenzung durch Versalzung der Böden und eine erhöhte Lebenserwartung für eine Verlangsamung des Wirtschaftswachstums.

Nach dem Ende der britischen Kolonialzeit zwischen 1947 bis 1971 war die eigentliche Zeit der pakistanischen Verwaltung, welche sich 1956 zur ersten Islamischen Republik der Welt ausrief und in der Folge stark autoritär geprägt war, was besonders das relativ wohlhabende Ostpakistan betraf. Viele im Osten produzierte Überschüsse an Reis und Jute wurden in Westpakistan hauptsächlich für die Aufrüstung des Militärs ausgegeben und verblieben nicht am Ort der Wertschöpfung. Pakistans Fünfjahresplan für die Wirtschaft legte den Schwerpunkt auf die Industrialisierung, jedoch wurden die nötigen Zuweisungen für Ostpakistan an Westpakistan weitergeleitet.

Das führte zu einem Verfall des ostpakistanischen Wirtschaftswachstums. Wirtschaftliche Ungleichheit und Diskriminierung war einer der Gründe für den Unabhängigkeitskrieg. Bangladesch begann folgende Wirtschaftszweige aufzubauen: Jutetextilien, Stahl, Papier, Zucker, Chemikalien, Lebensmittel, Holz- und eine Schiffsbauindustrie. Nachdem Bangladesch seine Unabhängigkeit erlangte, setzte sein erster Präsident Scheich Mujibur Rahman die Priorität auf wirtschaftliche Entwicklung und ordnete einen Fünfjahresplan an, welcher die Jahre 1973 bis 1978 umfasste. Der zweite Fünfjahresplan umfasste 1980 bis 1985. Der dritte Fünfjahresplan ging von 1985 bis 1990 und diesem gelang es tatsächlich, die Armut zu senken und die Exporte um 5,9 Prozent zu steigern sowie das Bevölkerungswachstum auf 1,8 Prozent jährlich zu begrenzen. Des Weiteren wurde Bangladesch autark in der Lebensmittelproduktion.

Bis zu den 1980er Jahren entwickelte sich die Juteindustrie Bangladeschs und wurde eine der wichtigsten Quellen für Einnahmen auf dem Weltmarkt. Jedoch fiel dann die Nachfrage nach Juteprodukten langsam, während zur selben Zeit die Bekleidungsindustrie zu florieren begann. Aktuell liegt Bangladesch hinsichtlich der Exportquote für Konfektionskleidung weltweit auf Platz zwei, die Konfektionsindustrie sorgt für die größten Exporteinnahmen des Landes. Nach dem bangladeschischen Verband der Bekleidungshersteller und -exporteure ist die Bekleidungsindustrie für 81 Prozent aller Exporteinnahmen verantwortlich. Die Industrie beschäftigt ungefähr 3 Millionen Arbeitnehmer. Nach der Bekleidungsindustrie ist die Rücküberweisung eine weitere wichtige Quelle für Fremdwährung. Weiter tragen die Tee-, Leder- sowie Schiffsbauindustrie zum Wirtschaftswachstum des Landes bei. Dienstleistungen im IT-Sektor sowie Softwareexporte sind ferner prosperierende, neue Industriezweige. Trotz des hohen Bevölkerungswachstums und verschiedener Naturkatastrophen hat Bangladesch sein BIP-Wachstum nach 1974 beschleunigt. 1980 betrug das BIP-Wachstum 3,1 Prozent, seit 2010 liegt das BIP-Wachstum über 6 Prozent. Laut der Asiatischen Entwicklungsbank betrug das BIP-Wachstum im Fiskaljahr 2018 7,9 Prozent, für das Fiskaljahr 2019 wird ein Wachstum von 8 Prozent erwartet.

Aktuelle politische Entwicklung

Nach der Unabhängigkeit 1971 hat Bangladesch eine beachtliche Anzahl politischer Instabilitäten erlebt. Scheich Mujibur Rahman, der Anführer des Unabhängigkeitskrieges, wurde der erste Präsident Bangladeschs in der Nationalwahl von 1970 und wurde erster Präsident der provisorischen Regierung Bangladeschs, welche sich am 10. April 1971 formierte. Nach der Unabhängigkeit setzte sich Scheich Mujibur Rahman zum Ziel, einen säkularen Staat zu gründen und erstellte 1972 eine Verfassung. Diese fußt auf vier Prinzipien: Nationalität, Säkularität, Sozialismus und Demokratie. Mujibur regierte bis August 1975. Am 15. August 1975 wurde Mujibur durch das Militär ermordet, damit endete die Herrschaft der Awami-Liga. Nach der Ermordung Mujiburs übernahm Major General Ziaur Rahman (Zia genannt) die Kontrolle, er führte einen Putsch durch und regierte das Land bis 1981. 1981 wurde auch er durch das Militär ermordet.

Unter der instabilen Situation putschte sich im Jahr 1982 Heeresleutnant General Hossain Mohammad Ershad an die Macht. Ershad führte diktatorische Regeln ein. Ein Mangel an Demokratie und guter Führung sorgte für flächenweite Anti-Regierungs-Demonstrationen von allen anderen politischen Parteien. Aufgrund des Drucks der politischen Bewegung legte Hossain Mohammad Ershad seine Präsidentschaft nieder. Im Februar 1991 wurden Wahlen unter der Aufsicht einer geschäftsführenden Regierung abgehalten. Der Wahlsieger war die Bangladesh Nationalist Party, welche dann die Regierung bildete. Die Hauptopposition wurde von der Awami-Liga gebildet und ihren Unterstützern. Das Jahr 1991 ist sehr bedeutend für Bangladesch, weil die parlamentarische Demokratie durch ein nationales Referendum wiederhergestellt wurde.

Bei der Nationalwahl im Dezember 2008 wechselte die Regierung von der Bangladesh Nationalist Party zur Awami-Liga. Die von der Awami-Liga geführte Allianz gewann eine beispiellose Mehrheit im Parlament. Seitdem wird die Regierung von der Awami-Liga geführt, da sie sowohl die Wahlen 2014 als auch 2018 gewannen. Es werden kontroverse Diskussionen geführt darüber, dass demokratische Institutionen politisiert sind, freie Meinungsäußerung behindert bzw. erschwert wird und die Verhinderung von Versammlungen und politischen Aktivitäten der Oppositionsparteien Missstände mit sich brachte sowie eine herausfordernde Situation für politische Parteien, die ihre Rechte ausüben wollen. Trotz dieser Kontroversen und Kritik ist es offensichtlich, dass die Wirtschaft Bangladeschs in den Amtszeiten der Awami-Liga boomte. Bangladeschs Wirtschaft ist eine der am schnellsten wachsenden weltweit geworden.

Aktuell qualifiziert sich Bangladesch, um seinen Status von einem am wenigsten entwickelten Land (LDC) zum Entwicklungsland zu ändern, da es zum ersten Mal alle drei für eine Statusänderung notwendigen Kriterien erfüllt. Nach dem UN-Klassifizierungssystem muss für einen Ausstieg aus der Gruppe, der am wenigsten entwickelten Länder das Bruttonationaleinkommen pro Kopf mindestens 1 230 USD pro Jahr betragen, bei Bangladesch liegt es inzwischen bei 1 272 USD pro Jahr. Das Komitee der Vereinten Nationen für Entwicklungspolitik wird Bangladeschs Fortschritt im Jahr 2021 überprüfen. Der offizielle Wechsel der Gruppen findet nach einer Übergangszeit von drei Jahren im Jahre 2024 statt. Falls Bangladesch alle drei notwendigen Kriterien für die nächsten sechs Jahre aufrechterhält, wird es möglicherweise als Entwicklungsland („developing country“) eingestuft.

Bangladesch spielt zudem eine bedeutende Rolle bei Missionen der Vereinten Nationen zur Friedenssicherung. Bangladesch hat eine große Zahl an Personal bereitgestellt für weltweite UN-Operationen, u. a. in

Kambodscha, Bosnien, Somalia, Haiti und Osttimor. 2016 stellte Bangladesch den vierthöchsten Anteil an Truppen für weltweite Operationen der Friedenssicherung. Unlängst kam Bangladesch in die Schlagzeilen, nachdem es die Rohingya unterstütze, welche aus Myanmar flüchteten. Im August 2017 fand der bisher größte Flüchtlingsandrang in Bangladesch statt. Seitdem sind schätzungsweise 745 000 Rohingya nach Cox's Bazar geflüchtet. In Myanmar werden sie gefoltert, diskriminiert, erleiden Gewalt durch die Armee und Kommunen und werden getötet. Stand März 2019 residieren 909 000 staatenlose, geflüchtete Rohingya in Ukhiya und Teknaf Upazilas, also in Distrikten der Division Chittagong. Bangladesch bittet die Regierung Myanmars sowie die internationale Gemeinschaft, das Problem zu lösen und die Rohingya heimkehren zu lassen.

Ein Mangel an guter Regierungsführung und eines starken Verwaltungsapparates, schlechte Infrastruktur, niedrige Beteiligung von Frauen als Arbeitskräfte sowie eine ordnungsgemäße Besteuerung sind die größten Herausforderungen für das Land, um die Wirtschaft aufrechtzuerhalten. Trotz der genannten Herausforderungen ist Bangladesch im Jahr 2019 nach einem Bericht der Vereinten Nationen die am drittschnellsten wachsende Wirtschaft weltweit, wenn man dies am BIP bemisst. Zum Jahr 2021 strebt Bangladesch an, ein Land mittleren Einkommens zu sein.

Literatur

Ahasan, N. (2019): Bangladesh to become 3rd fastest growing economy in world in 2019, unter: https://www.dhakatribune.com/business/2019/01/22/bangladesh-to-become-3rd-fastest-growing-economy-in-world-in-2019 [20.09.2019].

Asian Development Bank (2019): Asian Development Outlook 2019. Strengthening Disaster Resilience. Manila, S. 219–225.

Bangladesh Bureau of Statistics (2014): Population and Housing Census 2011, National Volume 2: Union Statistics 2014. S. 13.

Lesser, L. B. (1989): The Economy, in: Heitzman, J. und Worden, R. L. (Hrsg.), Bangladesh: a country study. Washington D.C., S. 97–105.

Roy, R. D. und Chakma, M. K. (2015): National Seminar on Indigenous Peoples in Bangladesh: Human Rights and Sustainable Development Goals, in: Bangladesh Indigenous Peoples Forum (BIPF).

United Nations (2019): World Economic Situation and Prospects 2019. New York, S. 8.

United Nations Population Fund (2015): The Impact of the Demographic Transition on Socioeconomic Development in Bangladesh: Future Prospects and Implications for Public Policy. Dhaka, S. 7 & S. 80–100.

United Nations Population Fund (o.D.): World Population Dashboard Bangladesh, unter: https://www.unfpa.org/data/world-population/BD [20.09.2019].

Wolfgang Gieler unter Mitarbeit von Nihad Darahman

Bhutan

Offizieller Name:	Königreich Bhutan
Staatsform:	Konstitutionelle Monarchie
Unabhängigkeit:	8. August 1949 (Freundschaftsvertrag mit Indien, zur Erhaltung der Unabhängigkeit)
Nationalfeiertag:	17. Dezember (am 17. Dezember 1907 wurde das Königreich ausgerufen)
Hauptstadt:	Thimphu
Lage:	Südasien
Fläche:	38 394 qkm (Weltrang: 133)
Bevölkerung:	797 765
Landesstruktur:	20 Distrikte
Sprachen:	Dzongkha (Amtssprache, 24 Prozent), Sharchhopka (28 Prozent), Lhotshamkha (22 Prozent), Sonstige Sprachen (26 Prozent) (Schätzungen 2005)
Religionen:	Tibetanischer Buddhismus (75,3 Prozent), Indisch und Nepalesisch beeinflusster Hinduismus (22,1 Prozent), Sonstige (2,6 Prozent) (Schätzungen 2005)
Währung:	Ngultrum (BTN)
Wirtschaftszweige:	*Landwirtschaft:* Reis, Mais, Wurzelfrüchte, Zitrusfrüchte; Milchprodukte, Eier *Industrie:* Zement, Holzprodukte, verarbeitete Früchte, alkoholische Getränke, Kalziumkarbid, Tourismus
Mitgliedschaften:	ADB, BIMSTEC, CP, FAO, G-77, IBRD, ICAO, IDA, IFAD, IFC, IMF, Interpol, IOC, IOM (Beobachterstatus), IPU, ISO (korrespondierendes Mitglied), ITSO, ITU, MIGA, NAM, OPCW, SAARC, SACEP, UN, UNCTAD, UNESCO, UNIDO, UNTSO, UNWTO, UPU, WCO, WHO, WIPO, WMO, WTO (Beobachterstatus).
Wichtigste Medien:	Staatseigene Fernsehstation seit 1999;

Kabelfernsehen für indische und internationale Fernsehsender;
Erste Radiostation 1973 privat gestartet, nun im Staatsbesitz;
5 private Radiostationen senden;
41,8 Prozent nutzen das Internet (Schätzung Juli 2016)

****

Naturraum und geographische Rahmenbedingungen

Das Königreich Bhutan ist ein Binnenstaat in Südasien. Das Land hat mit etwa 38 394 qkm etwa die Größe der Schweiz und die Einwohnerzahl beträgt ca. 797 765. Die Hauptstadt des Landes ist Thimphu in West-Bhutan mit einer Einwohneranzahl von etwa 114 551 Einwohner. Das Königreich liegt in Südasien im östlichen Himalaya und wird im Norden von Tibet (China) und im Westen von den indischen Bundesstaaten Darjeeling und Sikkim und im Süden von Westbengalen, Assam und Arunchal Pradesh begrenzt. Die Länge Bhutans von West nach Ost beträgt 306 km und die Breite von Süd nach Nord 145 km.

Der Staat ist in drei geographisch sich deutlich unterscheidenden Zonen unterteilt. Die erste Zone liegt im Himalaya-Vorland, das sich aus der Brahmaputra-Ebene erhebt. Sie liegt im tropisch-subtropischen Klimabereich. Die zweite Zone ist der sogenannte „Innere Himalaya“, der zwischen den Vorbergen der Ebene und dem in Bhutan schmalen, jedoch zu gewaltigen Höhen aufsteigenden, Himalaya-Hauptkamm liegt. Die dritte Zone bilden die hohen Berge, die durch den Gipfelverlauf gleichzeitig die Grenze mit Tibet (China) darstellen. Das Himalaya-Vorland ist bedeutungsvoll für die landwirtschaftliche Produktion, hier wird bis auf die Höhe von 1 300 Meter u. a. Reis angebaut.

Das bhutanische Mittelland zeichnet sich durch ein Bergland mit Tälern aus, die zwischen 2 000 Meter und etwa 2 800 Meter hoch liegen. Die meisten Flüsse kommen aus der Himalaya Hauptkette. Der wichtigste und gleichzeitig bedeutendste Fluss ist der Manas. Neben diesem zählen auch Machu, Tchinchu, Torsha, Malicu und Sankosh zu den wichtigsten

Flüssen. Die Täler dieser Flüsse sind meist tiefe wilde Schluchten. Zu den wichtigsten Hauptfrüchten in den Hochtälern gehören Kartoffeln und Gerste, wobei hier die Felder terrassiert und künstlich bewässert sind. Die Täler von Ha, Paro, Wong und Manas gehören zu den am höchsten durch Ackerbau kultivierten Landesteilen und liegen im Schnitt auf 2 700 Meter Seehöhe. Die genannten Talschaften zeichnen sich durch ein trockenes Klima aus.

Die dritte Zone befindet sich in der Alpinregion des Hoch-Himalayas. Die höchsten Berge mit bis zu 7 500 Meter liegen in Nordwest-Bhutan. Die klimatischen Bedingungen ähneln denen der Hochregion in den europäischen Alpen. Kultiviertes bzw. kultivierbares Land existiert nur an wenigen isolierten Stellen in den Hochtälern.

Geschichtliche Entwicklung von der vorkolonialen Zeit bis zur Unabhängigkeit

Die Geschichte des Landes geht auf den Ursprung des Buddhismus zurück. Im 8. Jahrhundert fand eines der wichtigsten Ereignisse der Geschichte von Bhutan statt: die Ankunft des heiligen „Lama Padmasambhavas", des hochverehrten Gründers des lamaistischen Buddhismus in Tibet und den angrenzenden Ländern. Ihm gelang es, das Land endgültig für den Buddhismus zu gewinnen, woran heute noch u. a. die Klosteranlage von Samye im benachbarten Tibet erinnert. „Lama Padmasambhava" (dt.: der Lotosgeborene) hat den alten, in den Himalaya-Tälern bestehenden, Bön-Glauben abgelöst und in die neue Religion eingebaut. Im 9. und 10. Jahrhundert wurde Bhutan durch tibetische Rivalen besetzt, die sich im 11. Jahrhundert wieder zurückzogen, hierbei war der kulturelle Austausch mit Tibet stark ausgeprägt. Mönche aus dem Kernland des Lamaismus zogen vom Westen nach Zentral-Bhutan, um die Nachricht Buddhas zu verbreiten. Im 13. Jahrhundert nahmen die Rotmützen-Mönche aus Tibet eine relevante Rolle ein, indem sie zahlreiche Klöster gründeten. Das führte zu sozialen und politischen Unruhen. Zugleich konnte keiner der zahlreichen Fürsten eine zentrale Machtposition im Land einnehmen. Im 17. Jahrhundert gelang es dem aus Tibet gekommenen Shabdrung Ngawang Namgyel (1594–1651), spätestens nach 1634 die Regierungsgewalt über ganz Bhutan auszuüben. Das 1620 gegründete Kloster Cheri liegt heute ebenso wie das 1629 errichtete und heute als Spracheninstitut genutzte Simtokha Dzong in der Hauptstadt des Landes. In Erinnerung an den Staatsgründer ist sein Todestag heute ein hoher nationaler Feiertag. In Europa wurde Shabdrung Ngawang Namgyel durch die Reiseberichte der beiden portugiesischen Jesuiten Estêvão Cacella und João Cabral bekannt, die das Land 1627 als erste Europäer bereisten.

Ab dem 18. Jahrhundert war das heutige Staatsgebiet unter tibetischer Herrschaft. Diese gründeten zahlreiche kleinere Fürstentürmer. Zwischen den jeweiligen Fürstentürmern kam es immer wieder zu Ausschreitungen zwischen den Herrn der Dzongs und der Führung in Teilen Bhutans. Die vielen Streitigkeiten und Kämpfe zwischen den Herren der Dzongs hatten das Land politisch soweit geschwächt, dass es zu dem mit der British East India Company vereinbarten Friedensvertrag von 1774 kam, der Großbritannien in der Folge Exklusivrechte im Handel mit Bhutan garantierte und den Ausgangspunkt für diplomatische Kontakte, aber auch militärische Zusammenstöße, bildete, um die Grenzen zu Britisch-Indien eindeutig zu definieren und die politischen Verhältnisse in Bhutan zu stabilisieren. Dem Herrscher Ugyen Wangchuk gelang es 1884 schließlich, als Herr von Tongsa in Zentral-Bhutan seine Macht auf das ganze Land auszuweiten. Dies bescherte ihm die Autorität eines Königs des gesamten Landes. Ugyen Wangchuk war es auch, der das historische Ereignis in die Tat umsetzte, indem er die Mönche aus der obersten Regierungsgewalt verdrängte und den Dharma Raja als religiöses Oberhaupt einsetzte.

Wangchunk fungierte bei der militärischen Invasion der Briten – die einen Vorstoß des russischen Zaren nach Zentralasien erwarteten (Great Game) – 1904 in Tibet als Vermittler zwischen dem indischen Vizekönig und der Regierung in Lhasa. Seine ausgezeichneten Beziehungen zur britischen Kolonialmacht führten 1910 zum Vertrag von Punkakha. In diesem Vertrag versichert Großbritannien, sich in Zukunft nicht weiter in interne Angelegenheit Bhutans einzumischen. Im Gegenzug sollte die zukünftige bhutanische Außenpolitik von Ratschlägen der britischen Regierung angeleitet werden. Ugyen Wangchuck – im Zeitraum 17. Dezember 1907 bis 1926 der erste König von Bhutan –, veranlasste darüber hinaus eine Reihe von Reformen, ehe er 1926 verstarb. Daraufhin folgte ihm sein Sohn Jigme Wangchuck auf den Thron. Er regierte bis 1952 und leitete weitere Reformen ein. Ihn löste sein Sohn Jigme Dorje Wangchuck ab, der für die demokratischen Reformen im Land verantwortlich war, sich u. a. für die Redefreiheit und eine Art Wahlmonarchie einsetzte, bei welcher der König alle drei Jahre bestätigt oder neu gewählt werden muss. Er verbesserte das Schulwesen und begann die Infrastruktur durch den Bau von Straßen zu erschließen. Daher wird Kronprinz Jigme Dorje Wangchuck als der Vater des modernen Bhutan angesehen.

Jigme Singhi Wangchuck, der damals erst als Siebzehnjähriger seinem Vater im Jahr 1972 auf den Thron folgte, gilt bis heute als der jüngste Monarch der Welt. Er führte weitere Reformen durch, indem er die Modernisierung vorantrieb und das Bruttonationalglück als oberstes Staatsziel formulierte. Das Krönungsjahr des Königs Jigme Singhi Wangchuck war zugleich das Jahr, in dem das Land seine traditionelle Politik der internationalen Isolation aufgab und sich für eine begrenzte Zahl von Touristen öffnete. Hierbei wurde stets auf den Schutz des biologischen und kulturellen Reichtums des Königreichs geachtet, um negative Einflüsse des Massentourismus zu vermeiden. Mit der Öffnung des Landes erfolgte die allmähliche Modernisierung.

Bevölkerungsstruktur – insbesondere ethnische Zusammensetzung

Bhutan kennzeichnet sich u. a. durch seine ethnische, vielfältige und unterschiedliche Bevölkerungsgruppe aus. Das Land der Donnerdrachen hat keine Volksgruppe, die die ursprünglichen Einwohner des Landes darstellen. Der ethnische Einfluss der Nachbargebiete, vor allem der Staaten Burma, Nepal, Indien und Tibet, ist im gesamten Staatsgebiet wahrnehmbar. Die drei zahlenmäßig größten ethnischen Gruppen sind die Ngalops, Sharchops und die Lhotshampas. Im Westen siedeln die Ethnien der Ngalops, ein Bergvolk, die von den Tibetern abstammen. Sie stellen die Mehrheit der Bevölkerung dar. Die Sharchops leben hauptsächlich in den östlichen Landesteilen. Im Süden von Bhutan leben nepalesisch stämmige Lhotshampas, die im 19. Jahrhundert auf der Suche nach kultivierbarem Land und wirtschaftlichen Lebensgrundlagen aus Nepal nach Bhutan einwanderten.

Die Amtssprache Bhutans ist „Dzongkha“. Neben Dzongkha werden mindestens 18 weitere Sprachen in Bhutan gesprochen. In den Schulen wird die englische Sprache unterrichtet und im Süden des Landes ist die Sprache Nepali weit verbreitet. Seit dem 12. Jahrhundert ist der Lamaismus Staatsreligion. Der lamaistisch-tantrische Buddhismus ist die landesweit beherrschende Religion. Die Anfänge des Buddhismus in Bhutan sind auf dem tibetischen Großkönig Srongtsan Gampo (um 600 – ca. 649 n. Chr.) zurückzuführen. Srongtsan Gampo errichtete im Jahr 640 im Paro-Tal und weiter östlich im Bumthang Tal zwei kleine Heiligtürmer, um die Verbreitung des Buddhismus im Königreich Bhutan zu fördern. Zum Buddhismus bekennen sich 75 Prozent der Gesamtbevölkerung. Die verbleibenden 25 Prozent der Bevölkerung entfallen überwiegend auf Einwanderer aus Nepal, mit deren hinduistischer Religion sich auch Merkmale des tibetischen Buddhismus vermischt haben. Der Hinduismus ist vor allem im Süden des Landes vertreten.

Wirtschaftsstruktur

Das Königreich Bhutan hat sich in seiner Verfassung dem Schutz seiner Umwelt, dem Klima und der Natur verpflichtet. 95 Prozent der bhutanischen Bevölkerung sind Landwirte. Der dominierende Wirtschaftszweig ist die Landwirtschaft, die zu einem wichtigen Teil der Selbstversorgung der Bauern dient. Um den ökonomischen Fortschritt anzukurbeln, legt die Regierung den Fokus auf die Einrichtung von Versuchsfarmen, Saatgutproduktion sowie landwirtschaftlichen Versuchsstationen. Obst und Gemüse bilden eine wichtige Ergänzung der traditionellen Hauptnahrungsmittel. Zu den Hauptanbaufrüchten gehören Weizen, Gerste, Mais, Hirse und Kartoffeln. Überwiegend werden die Ackerfelder künstlich bewässert. Dies geschieht über ein gut funktionierendes, entwickeltes System von Zuleitungskanälen aus der Bergregion. Bedeutsam in Bezug auf die Wasserversorgung sind ferner die in der Regel im Juni einsetzenden Monsunregenfälle.

Für die Landwirtschaft spielt darüber hinaus die Viehhaltung eine wichtige Rolle. Die Viehzucht dominiert in den nördlichen Landesteilen. Dabei hat vor allem die in Zentralasien verbreitete Rinderart Yak eine relevante Rolle. Die Großtiere werden ganzjährig im Freien auf dem Hofplatz oder auf Waldweiden gehalten. Bhutan kennzeichnet sich durch die natürlichen und landwirtschaftlichen Gegebenheiten, sowohl vom Norden als auch vom Osten her, und ist für moderne Verkehrsmittel nur bedingt zugänglich. Die Wege längs der Flusstäler sind schwer zu bewältigen und fast nur mit Tragtieren oder Trägern zu begehen. Unzugänglichkeit der bestehenden Verkehrswege ist bis heute – auch aufgrund der Erdrutsche und Überschwemmungen in der Monsunzeit und der erhöhten Erdbebengefahr – eines der Hauptmerkmale. Die Durchquerung Bhutans ist sowohl für die Einwohner als auch die Touristen schwierig und zu Fuß mit Tragetieren eigentlich nur im Frühjahr durchführbar. Bhutan verfügt aber auch über eine sehr hohe Artenvielfalt und stellt ein relevantes Rückzugsland für wandernde Tierarten dar.

Aktuelle politische Entwicklung

Seit der Unterzeichnung der Verfassung durch den amtierenden König Jigme Khesar Namgyel Wangchuck als Staatsoberhaupt am 18. Juli 2008 ist das Königreich eine konstitutionelle Monarchie. Der derzeitige amtierende Regierungschef des Königreichs ist Lotay Tshering und Außenminister ist Tandj Dorji. Folgende vier politische Parteien sind im Parlament vertreten: Druk Nyamrup Tshogpa (DNT, Bhutanische Freundschaftspartei mit 30 Sitzen im Unterhaus vertreten), Druk Phuensum Tshogpa (DPT, Friedens- und Wohlstandspartei, mit 17 Sitzen im Unterhaus vertreten), People's Democratic Party (PDP, Demokratische Volkspartei) und Bhutan Kuen-Nyam Party (BKP). Seit der Unterzeichnung der Verfassung durch den König am 18. Juli 2008 ist das Land formal eine konstitutionelle Monarchie. Das politische System entspricht seit den Wahlen zum Oberhaus 2007 und Unterhaus 2008 erstmals westlichen Vorstellungen einer Demokratie. Dies wird u. a. im Freedom-House-Bericht von 2019 ausdrücklich betont. Bhutan orientiert sich hierbei stark am Westminster-System und folgt explizit dem Parlamentsmodell Großbritanniens.

Gewählt wird ein Nationalrat, der sich aus 25 Mitgliedern zusammensetzt, hiervon werden 20 direkt gewählt und fünf vom König ernannt. Die Nationalversammlung besteht aus 47 direkt gewählten Volksvertretern. Die Legislaturperiode beträgt 5 Jahre. Bhutan ist bislang das einzige Land, in welchem ein Bruttonationalglück erhoben wird. 2008 wurde erstmals mittels Fragebogen das sogenannte Gross National Happiness (GNH) von staatlicher Seite ermittelt. In unregelmäßigen zeitlichen Abständen wird dies wiederholt. Ziel ist es, eine Entwicklung des Landes zu erreichen, bei der sich materielle, kulturelle und auch spirituelle Dimensionen gegenseitig ergänzen, die ihrerseits auf den vier Säulen Gerechtigkeit, kulturell-religiöse Werte, Natur und „gute" Politik basieren.

Die Inthronisierung von König Jigme Singhi Wangchuck hatte auch außenpolitische Folgen, führte er doch Bhutan verstärkt in die multilateralen Strukturen ein. Das Königreich ist heute in zahlreichen internationalen Organisationen vertreten: Colombo Plan seit 1962, Vereinte Nationen seit 1971, Bewegung der Blockfreien Staaten seit 1973, Internationaler Währungsfonds seit 1981, Weltbank seit 1981, Südasiatische Regionalorganisation SAARC seit 1985, Bay of Bengal Initiative for Multi-Sectoral Technical and Economic Cooperation BIMSTEC seit 2004.

Die geographische Lage als Pufferstaat zwischen der Volksrepublik China im Norden und Indien im Süden setzt dem außenpolitischen Handlungsspielraum Bhutans allerdings sehr enge Grenzen. Perspektivisch können die immer wieder aufkommenden außenpolitischen Spannungen mit den Nachbarstaaten zu einer Bedrohung werden. So ist die Grenze zur VR China nach der chinesischen Besetzung Tibets und der damit verbundenen Fluchtbewegung seit 1959 formal geschlossen. Ebenso ist der exakte Grenzverlauf seit diesem Zeitraum ungeklärt. Das 1988 mit Peking geschlossene Abkommen über gute Nachbarschaft ist bislang die einzige bilaterale Vereinbarung. Selbst wenn Bhutan mit einem Honorarkonsul in Macau (seit 2000) und Hongkong (seit 2004) vertreten ist, gibt es keine direkten diplomatischen Beziehungen zwischen den beiden Staaten. Im Spätjahr 2005 und zuletzt noch einmal im Sommer 2017 beklagte Bhutan, dass die VR China den Bau einer Straße und von Brücken in das Doklam-Plateau und damit in ein auch von Bhutan beanspruchtes Gebiet vorantreibe, um angesichts des unklaren Grenzverlaufs in der Region Fakten zu schaffen.

Daneben sind die außenpolitischen Beziehungen zu Nepal – bereits seit der Ausweisung und Flucht (1990) von mehr als 100 000 Südbhutanern nepalesischer Abstammung – erheblich belastet. Da Bhutan als Rückzugsgebiet für Separatisten aus dem indischen Bundesstaat Assam gilt und der Versuch scheiterte, diese mittels Verhandlungen (ULFA, NFBA und KLO in 2003) zum Rückzug nach Indien zu bewegen, droht Bhutan seither, in den latent schwelenden innerindischen Konflikt hineingezogen zu werden.

Dies wiederum belastet den seit 1949 mit Indien bestehenden Freundschaftsvertrag (zuerst 1865, dann 1910 und 1949, zuletzt 2007 erneuert) zunehmend.

Die Beziehungen zu Pakistan galten nach der Anerkennung Bangladeschs (1971) lange als schwierig. Die Annäherung zwischen den beiden Ländern gestaltet sich auch deshalb so problematisch, da Bhutan hier die Interessen Indiens berücksichtigen muss. Als Basis diente daher zunächst u. a. der 1985 ins Leben gerufene SAARC, ehe die beiden Länder ab 1988 ihre Beziehungen weiter formalisierten. Trotz mehrerer Regierungsdelegationen und der Einrichtung von diplomatischen Vertretungen gibt es derzeit keine residierenden Botschafter in den jeweiligen Staaten.

Literatur

Gallenkamp, Marian (2017): The Kingdom of Bhutan evolution of the modern state. In: ISAS working paper. – Singapore: Institute of South Asian Studies. (18 December 2017), unter: https://www.isas.nus.edu.sg/wp-content/uploads/media/isas_papers/ISAS%20Working%20Papers%20No.%20277%20-%20The%20Kingdom%20of%20Bhutan.pdf, [07.02.2020].

Kathrein, R. (2013): Bhutan: Politische, wirtschaftliche und soziale Entwicklung in ihrer Wechselwirkung mit der internationalen Entwicklungszusammenarbeit. Hamburg.

Rohdewohld, Rainer (2017): Bhutan. In: Wirtschaftshandbuch Asien-Pazifik. – Hamburg: OAV. Jg. 62, (2017), S. 81–95.

Phuntsho, K. (2013): The History of Bhutan. London.

Pommaret, F. (1997): Geschichte und Nationsbildung. Die Geburt einer Nation, in: Pommaret, F. und Schicklgruber, C. (Hrsg.), Bhutan. Festung der Götter. Bern/Stuttgart/Wien.

Priesner, S. (2004): Gross National Happiness – Bhutan's Vision of Development and its Challenges, in: United Nations Development Programme (UNDP). Thimphu.

Schepp, M. (2014): Demokratie in Südasien: eine Bestandsaufnahme. In: KAS-Auslandsinformationen. 30/4, 2014, S. 54–93.

Wolfgang Gieler unter Mitarbeit von Fidan Benzer

Brunei Darussalam

Offizieller Name:	Brunei Darussalam
Staatsform:	Sultanat/Absolute Monarchie
Unabhängigkeit:	1. Januar 1984 (von Großbritannien)
Nationalfeiertag:	23. Februar
Hauptstadt:	Bandar Seri Begawan
Lage:	Südostasien
Fläche:	5 765 qkm (Weltrang: 163)
Bevölkerung:	464 487 (Schätzung 2020)
Landesstruktur:	4 Distrikte
Sprachen:	Malay (Bahasa Melayu) (Amtssprache), English, Chinesische Dialekte
Religionen:	Islam (78,8 Prozent) (Staatsreligion), Christentum (8,7 Prozent), Buddhismus (7,8 Prozent), Sonstige/Einheimische Religionen (4,7 Prozent) (Schätzungen 2011)
Währung:	Brunei-Dollar (BND)
Wirtschaftszweige:	*Landwirtschaft:* Reis, Gemüse, Obst; Hühner, Wasserbüffel, Rinder, Ziegen, Eier *Industrie:* Erdöl, Erdölraffinerie, Flüssigerdgas, Bauwesen, Landwirtschaft, Aquakultur, Transport
Mitgliedschaften:	ADB, APEC, ARF, ASEAN, C, CP, EAS, FAO, G-77, IAEA, IBRD, ICAO, ICC (NGOs), ICRM, IDA, IFRCS, ILO, IMF, IMO, IMSO, Interpol, IOC, ISO (korrespondierendes Mitglied), ITSO, ITU, NAM, OIC, OPCW, UN, UNCTAD, UNESCO, UNIFIL, UNWTO, UPU, WCO, WHO, WIPO, WMO, WTO.
Wichtigste Medien:	*Staatliche Rundfunkanstalt Radio Television Brunei (RTB)* hat 5 Fernsehsender und 5 Radionetzwerke, welche an verschiedene Frequenzen senden

British Forces Broadcast Service (BFBS) sendet über 2 UKW-Sendestationen
Ausländisches Fernsehprogramm ist über Satellitensysteme zu empfangen
3 Malaysische Fernsehstationen stehen zur Verfügung und mit Verstärken ist es möglich, vereinzelt *malaysischen Hörfunk* zu empfangen

****

Naturraum und geographische Rahmenbedingungen

Das Sultanat Brunei Darussalam ist ein Staat in Südostasien, welches eine Landfläche von insgesamt 5 765 qkm umfasst und an der Nordküste der Insel Borneo liegt. Das Staatsterritorium umfasst die Überbleibsel eines historisch weit größeren Sultanates, das zwischen dem 16. und dem 19. Jahrhundert fast die komplette Nordküste Borneos umfasste. Ins Deutsche übersetzt bedeutet der arabische Begriff „Darussalam" Ort des Friedens und bezeichnet im islamischen Verständnis jeden Staat, dessen Gesetzgebung sich am islamischen Recht, der Scharia, basiert. Negara bedeutet auf malaiisch Staat und der eigentliche Name des Landes Brunei ist mit Borneo verwandt. Dem Südchinesischen Meer zugewandt grenzt der Staat an Malaysia, teilt sich die Insel Borneo aber zudem mit Indonesien. Die Hauptstadt ist Bandar Seri Begawan. Das Sultanat wird durch Malaysia und ein zu Malaysia gehörendes Flussdelta, den Limbang-Korridor, in zwei voneinander getrennte Gebiete geteilt. Der östliche Teil ist der Temburong-Bezirk mit dem Hauptort Bangar. Brunei besitzt eine rund 380 km lange gemeinsame Grenze mit Malaysia, von dem es landseitig umschlossen wird.

Die Küste zum Südchinesischen Meer hat eine Länge von rund 160 km. Die Insel Borneo, auf welcher Brunei liegt, umfasst eine Fläche von 751 936 qkm und ist damit nach Grönland und Neuguinea die drittgrößte Insel der Welt. Die Länge der Küste von Borneo beträgt 4 970 km. Auf der Insel leben insgesamt ca. 17 Millionen Menschen. Der höchste Berg, Mount Kinabalu, liegt in Malaysia und ist 4 095 Meter hoch. Die Insel ist größtenteils dicht bewaldet. Brunei grenzt im Norden auf einer Länge von rund

160 km an das Südchinesische Meer. Der höchste Berg in Brunei ist der Bukit Pagon mit einer Höhe von 1 850 m und der längste Fluss der Beilat mit einer Länge von rund 570 km. Aufgrund seiner geringen flächenmäßigen Größe herrscht ein sehr einheitliches Klima. Da das Land zudem in unmittelbarer Äquatornähe liegt, befindet es sich ganzjährig im warmen und immer feuchten tropischen Regenwaldklima. Diese hohe Luftfeuchtigkeit ist nicht nur der hohen Niederschlagsrate zuzuschreiben, sondern auch der geographischen Lage, unmittelbar am offenen Chinesischem Meer gelegen zu sein, geschuldet.

Geschichtliche Entwicklung von vorkolonialer Zeit bis zur Unabhängigkeit

Bereits vor Mitte des dritten Jahrtausends v. Chr. wurde die Insel Borneo von Einwanderern aus Hinterindien und Südchina besiedelt. Durch indische Kaufleute und Missionare verbreiteten sich seit dem dritten Jahrhundert n. Chr. der Hinduismus sowie der Buddhismus. Gleichzeitig haben sich ab dem 10. Jahrhundert arabische Kaufleute an der Nordküste Borneos angesiedelt und den Islam verbreitet. So wurde im Jahr 1410 aus dem Königreich das unabhängige Sultanat Brunei und gleichzeitig der Islam zur Staatsreligion. Innerhalb weniger Jahrzehnte konnte das Land seinen Einfluss auf fast die ganze Insel Borneo ausweiten und stieg durch seine große Flotte zur dominierenden Handelsmacht im Südchinesischen Meer auf.

Die Niederlande übernahm ab dem 17. Jahrhundert die Kolonialmacht auf den südostasiatischen Inseln, auch die Insel Borneo mit Ausnahme der Nordküste, welche das Ursprungsgebiet des Sultanats Brunei darstellte. 1841 schlug der Sultan von Brunei mithilfe britischer Truppen unter Führung von Sir James Brooke einen Aufstand in Sarawak nieder. Zum Dank ernannte der Sultan den britischen Offizier zum Statthalter der Provinz Sarawak. 1877 musste der Sultan die Provinz Sabah an die britische Handelsgesellschaft „North Borneo Company" abtreten. Das restliche Sultanat wurde 1888 unter britischen Schutz gestellt. Formal blieb Brunei als Sultanat unabhängig, doch stand es unter Kontrolle eines britischen Residenten, während der Sultan nur noch repräsentative Funktion hatte.

1929 wurden auf dem Territorium von Brunei umfangreiche Erdölvorkommen entdeckt. Nach der japanischen Kapitulation 1945 wurde das

Land wieder britisches Verwaltungsgebiet. Dabei handelte es sich nur noch um Teile des ursprünglichen Sultanats. Ein Großteil Borneos wurde unter dem Namen „Kalimantan“ Teil der neugegründeten „Republik der Vereinigten Staaten von Indonesien“. Die Provinzen Sarawak und Sabah wurden 1946 eigenständige britische Kronkolonien. Das Sultanat Brunei erhielt 1959 das Recht auf innere Selbstverwaltung und eine erste Verfassung. Diese ermöglichte eine fast uneingeschränkte Macht des Sultans. Nach einem Aufstand der Bruneiischen Volkspartei 1962 wurde der Ausnahmezustand für das Land ausgerufen. Das Land wurde über zwanzig Jahre unter dem Ausnahmezustand regiert. Erst 2004 setzte der Sultan den Legislative Council, ein parlamentsähnliches beratendes Organ mit überwiegend ernannten Mitgliedern, wieder ein.

Die britische Kolonialmacht wollte das Sultanat dem 1963 gegründeten Staatenbund Malaysia (Malaya, Singapur, Sabah, Sarawak) anschließen, doch das durch die Erdölförderung inzwischen wirtschaftlichen aufgestiegene Land lehnte den Beitritt ab. 1971 erhielt Brunei die volle innere Autonomie, blieb aber auf eigenen Wunsch weiterhin britisches Protektorat. Erst im Januar 1984 wurde „Brunei Darussalam“ als Staat unabhängig und noch im gleichen Jahr Mitglied des 1967 gegründeten ostasiatischen Staatenverbundes ASEAN. Im September 1984 wurde Brunei UN-Mitglied. Seit 1967 herrschte Sultan Haji Hassanal Bolkiah als absoluter Monarch über das Land.

Bevölkerungsstruktur – insbesondere ethnische Zusammensetzung

Das Sultanat Brunei hat ca. 460 000 Einwohner und eine Bevölkerungsdichte von 73,3 Einwohnern pro qkm. Die Einwohner setzen sich aus verschiedenen ethnischen Gruppen zusammen. Etwa 65,7 Prozent der Bevölkerung sind Malaien, 10,3 Prozent Chinesen, die restlichen 24 Prozent Ausländer, die vor allem aus Malaysia, Indien, Hongkong und Indonesien kommen. Die offizielle Amtssprache ist Malaiisch, daneben aber auch Chinesisch, Englisch und andere einheimische Sprachen. Der Islam sunnitischer Ausrichtung ist die Staatsreligion, rund 78,8 Prozent der Bewohner Bruneis bekennen sich dazu. Darauf folgen die Glaubensgruppen der

Christen mit 8,7 Prozent, die der Buddhisten mit 7,8 Prozent und 4,7 Prozent anderer vor allem traditionelle Glaubensangehörige.

Das Bevölkerungswachstum lag Mitte der 1990er Jahre bei rund 2,5 Prozent und ist heute durch die staatliche Begrenzung der Zuwanderung leicht rückläufig. Der Lebensstandard ist durch die Förderung von Erdöl sehr hoch, das Sozial- und Gesundheitswesen ist gut entwickelt. Die mittlere Lebenserwartung liegt bei 75 Jahren. Es besteht keine Schulpflicht, doch ist der Besuch des Unterrichts kostenlos. Die Alphabetisierung beträgt rund 94 Prozent. Aufgrund der Kolonialisierung und Einwanderung von Anbeginn konnte sich keine homogene „bruneiische" Kultur entwickeln. Man kann demnach vom Fehlen einer eigenen Identität sprechen. Da Brunei sich auf früherem malaysischem Territorium befindet, ist die Kultur tief mit der malaiischen verwurzelt. Dies spiegelt sich in der Sprache, Architektur und Traditionen des Landes wider.

Wirtschaftsstruktur

Die Wirtschaft basiert auf dem Verkauf von Erdöl und Erdgas. Das Land verfügt über eine Vielzahl von Erdgasfeldern und hohem Erdölvorkommen. Zudem produziert die einheimische Landwirtschaft Reis, Obst und Gemüse. Mit einem durchschnittlichen Pro-Kopf-Einkommen von rund 46 000 USD gehört Brunei zu den wohlhabendsten Ländern weltweit. Der Sultan war einst mit einem geschätzten Privatvermögen von 40 Milliarden USD der reichste Mann der Welt.

Damit die Abhängigkeit der Wirtschaft vom Erdöl vermindert wird, bemüht sich die Staatsführung um einen Ausbau des Luxustourismus und die verstärkte Erschließung der Erdgasvorräte vor der Küste Bruneis. Die wachsende Arbeitslosigkeit liegt bei 3,7 Prozent. Der Hauptarbeitgeber ist der öffentliche Dienst mit 48 000 Beschäftigten, davon rund 10 000 bei Polizei und Militär. Auch wenn Brunei nach Singapur statistisch das höchste Pro-Kopf-Einkommen in Südostasien aufweist, lebt etwa die Hälfte der bruneiischen Bevölkerung in bescheidenen wirtschaftlichen Verhältnissen. Über 80 Prozent der Nahrungsmittel und Konsumgüter müssen importiert werden. Nur knapp 3 Prozent der Landesfläche werden agrarisch genutzt, vor allem für Reisanbau, Obst und Gemüse; es werden

Wasserbüffel und Geflügel gezüchtet. Mit staatlichen Subventionen soll die Land- und Forstwirtschaft ausgebaut werden.

Hauptabnehmer für Erdöl und Erdgas ist Japan, gefolgt von Südkorea und Australien. Importiert werden neben Nahrungsmitteln Maschinen und Fahrzeuge. Hauptlieferanten sind Singapur, China und Südkorea. Das Straßennetz umfasst insgesamt rund 3 000 km und ist weitgehend befestigt. Die bedeutendsten Häfen sind Bandar Seri Begawan, Kuala Belait und Muara. Es gibt einen internationalen Flughafen. Die Währung, der Brunei-Dollar, ist 1:1 an den Singapur-Dollar gekoppelt, beide Währungen sind in beiden Ländern Zahlungsmittel. Bruneis Einnahmen aus dem Erdöl-und Gasgeschäft haben großzügige soziale Leistungen an bruneiische Staatsangehörige ermöglicht. Etwa im Wohnungsbau, ein vorbildliches Erziehungs- und ein in Asien beispielhaftes Gesundheitswesen. Einkommens- und Verbrauchssteuern gibt es nicht, Steuern und Abgaben müssen vor allem bei Luxus-Importgütern gezahlt werden. Die Energiepreise, einschließlich des Benzinpreises, sowie die Preise für Wasser und öffentliche Dienstleistungen sind vergleichsweise sehr niedrig.

Aktuelle politische Entwicklung

Der derzeitige Sultan und Staatsoberhaupt ist „Seine Majestät Sultan Haji Hassanal Bolkiah Mu'izzaddin Waddaulah Ibni Al-Marhum Sultan Haji Omar'Ali Saifuddien Sa'adul Khairi Waddien, Sultan und Yang Di-Pertuan von Brunei Darussalam". Er ist der 29ste Sultan innerhalb der Königsfamilie, die seit Sultan Muhammad im Jahre 1405 n. Chr. regiert. Brunei ist eine absolutistische Monarchie. Der Staat besteht aus vier Distrikten: Temburong ist der östlichste Distrikt, der durch einen malaiischen Limbang-Korridor von den restlichen drei Distrikten abgetrennt wird. Belait ist der Distrikt mit den reichen Erdöl- und Erdgas-Vorkommen, der Grundlage für den wirtschaftlichen Reichtum des Landes. Tutong umfasst eine Fläche von 1 166 qkm. Brunei-Muara ist der kleinste Distrikt mit einer Fläche von 570 qkm. Brunei selbst sieht sich als unabhängiges Sultanat, das auf der Basis einer geschriebenen Verfassung regiert wird.

Seit der Unabhängigkeit des Staates hat der Sultan neben dem Amt des Staatsoberhaupts und des Regierungschefs u. a. auch das Amt des Premierministers und obersten Hüters der Staatsreligion inne. Weitere politische

Ämter werden von Mitgliedern der Sultanfamilie besetzt. Seit 1962 befindet sich Brunei formal im Ausnahmezustand. Parteien sind verboten. Das Zusammenleben mit den nicht-malaiischen Bevölkerungsgruppen, insbesondere mit der großen chinesischen Minderheit, verläuft ohne Störungen. Bemerkenswert ist jedoch, dass einem Großteil der chinesischen Minderheit die bruneiische Staatsangehörigkeit vorenthalten wird. Zwar wird betont, dass Menschenrechte im Allgemeinen respektiert werden, jedoch ist Brunei den internationalen Übereinkommen im Bereich der Menschen- und Bürgerrechte nicht beigetreten. Gleichwohl ist der Zugang zu den internationalen elektronischen Medien (Internet) frei – mit Einschränkungen beim internationalen Satelliten-TV-Empfang, für den Registrierungspflicht besteht. Die Stellung der Frauen ist durch islamische Vorschriften bestimmt, was aber ihre beruflichen Entwicklungsmöglichkeiten und ihren Zugang zum Bildungssystem nicht behindert. Zudem wurde die phasenweise Umsetzung des neuen Strafgesetzbuchs fortgesetzt. Das neue Gesetzbuch, das der Einführung der islamischen Rechtsprechung (Scharia) dient, sieht für eine Reihe von Straftatbeständen die Todesstrafe sowie Körperstrafen vor, die Folter und andere Misshandlungen darstellen.

Der Organisation der erdölproduzierenden Länder (OPEC) ist Brunei nicht beigetreten. Zu den Monarchien des Mittleren Ostens werden gleichwohl enge diplomatische Beziehungen unterhalten, auch wegen der heiligen Stätten vor allem zu Saudi-Arabien. Fundament der Außenpolitik sind Prinzipien wie „Nicht-Einmischung" und „Konsens". Letzteres gilt vor allem für die multilaterale Arbeit des Sultanats. Wirtschaftspolitisch von besonderer Bedeutung ist die APEC und in den letzten Jahren zunehmend, die Mitarbeit in regionalen Freihandels-Zusammenschlüssen, z. B. dem RCEP.

Erdöl- und Gasreichtum sowie hohe Rückflüsse aus Auslandsinvestitionen durch den von der „Brunei Investment Agency" (BIA) verwalteten Staatsfonds verschaffen dem Land trotz seiner geringen flächenmäßigen Größe beachtlichen wirtschaftlichen Reichtum und politische Einflussmöglichkeiten. Das Sultanat pflegt besonders enge Beziehungen zu Singapur. Seit Ende der 1960er Jahre sind beide Staaten in einer Währungsgemeinschaft verbunden und pflegen eine enge Zusammenarbeit im Bereich der inneren wie äußeren Sicherheit. Das Verhältnis zum Nachbarn Malaysia ist gut, auch wenn nicht ohne historische Altlasten, wegen der Abtretung des

Limbang-Landkorridors im 19. Jahrhundert an Sarawak. Die Beziehungen zu Indonesien, mit dem sich Brunei (neben Malaysia) das Territorium der Insel Borneo teilt, sind problemfrei. Bezüglich der Unstimmigkeiten einiger ASEAN-Partner mit China im Südchinesischen Meer nimmt Brunei eine pragmatische, vermittelnde Position ein. Brunei ist an einem Ausbau der wirtschaftlichen Beziehungen mit Peking interessiert und verfolgt daher eine Politik der Mäßigung, der Einbeziehung und des Entgegenkommens. Das Sultanat pflegt traditionell enge Beziehungen zur ehemaligen Protektoratsmacht Großbritannien.

Literatur

Croissant, A. (2015): Politische Systeme in Südostasien. Eine Einführung, Wiesbaden.

Croissant, A.; Lorenz, P. (Hrsg.) (2018): Comparative Politics of Southeast Asia – An Introduction to Governments and Political Regimes. Basel.

Dahiya, B.; Das, A. (Hrsg.) (2020): New urban agenda in Asia-Pacific: governance for sustainable and inclusive cities. Singapur.

Dosch, J.; Sidhu, J.S. (2019): Negara Brunei Darussalam in 2018: some good news at last. In: Asian survey: a bimonthly review of contemporary Asian affairs. 59 (1/2.2019), 1, S. 204–208.

Haji-Othman, N./McLellan, J. und Deterding, D. (2016): The Use and Status of Language in Brunei Darussalam. Singapur.

Handrich, L. (2018): Brunei. In: Wirtschaftshandbuch Asien-Pazifik. 63 (2018), S. 97–113.

Idris, A., Kamaruddin, N. (Hrsg.) (2019): ASEAN Post-50. Emerging Issues and Challenges. Singapore.

Ptak, R. (1999): Brunei Darussalam. In: B. Dahm, R. Ptak (Hrsg.): Südostasien-Handbuch. Geschichte, Gesellschaft, Politik, Wirtschaft, Kultur. München.

Vorlaufer, K. (2018): Südostasien, 3. aktualisierte Auflage. München.

Thomas Crone

China

Offizieller Name:	Volksrepublik China
Staatsform:	Sozialistisches Einpartei-System
Unabhängigkeit:	1. Oktober 1949 (Gründung der Volksrepublik China) 1. Januar 1912 (Qing-Dynastie wurde mit der Ausrufung der Republik China beendet) 221 v. Chr. (Vereinigung unter der Qin-Dynastie)
Nationalfeiertag:	1. Oktober
Hauptstadt:	Peking
Lage:	Ostasien
Fläche:	9 596 960 qkm (Weltrang: 4)
Bevölkerung:	1 394 015 977 (Schätzung 2020)
Landesstruktur:	23 Provinzen; 5 autonome Regionen; 4 Munizipalitäten
Sprachen:	Hochchinesich bzw. Mandarin (Amtssprache); Zahlreiche weitere Dialekte
Religionen:	Offiziell sind alle Chinesen Atheisten („Staatsreligion"); Buddhismus (18,2 Prozent), Christentum (5,1 Prozent), Islam (1,8 Prozent), Einheimische Religionen (21,9 Prozent); Sonstige/Nicht zuzuordnen (53 Prozent) (Schätzungen 2010)
Währung:	Renminbi (Yuan ist die Einheit) (RMB)
Wirtschaftszweige:	*Landwirtschaft:* Weltmarktführer im Bruttowert der landwirtschaftlichen Produktion; Reis, Weizen, Mais, Tabak, Erdnüsse, Tee, Baumwolle, Hammel; Fisch

	Industrie: Weltmarktführer im Bruttowert der Industrieproduktion; Bergbau und Erzverarbeitung, Kohle; Maschinenbau; Rüstung; Textilien; Petroleum; Zement; Chemikalien; Dünger; Konsumgüter; Nahrungsmittelverarbeitung; Transportmittel, Schiffe, Flugzeuge; Telekommunikationsausrüstung, kommerzielle Trägerraketen, Satelliten
Mitgliedschaften:	ADB, APEC, Arctic Council (Beobachterstatus), ASEAN (Dialog Partner), BRICS, EAS, G-20, G-5, G-77, IADB, IAEA, IBRD, ICAO, ICC (Nationale Komitees), ICRM, ILO, IMF, IMO, Interpol, IOC, IPU, ISO, MINURSO, MINUSMA, OPCW, Pacific Alliance (Beobachterstatus), PCA, SAARC (Beobachterstatus), SCO, SICA (Beobachterstatus), UN, UNAMID, UNESCO, UNHCR, UNIFIL, UNOCI, UN Security Council (Ständiges Mitglied), UNTSO, UNWTO, UPU, WCO, WHO, WIPO, WMO, WTO.
Wichtigste Medien:	Alle Medien gehören der kommunistischen Partei Chinas, sie bietet über 2000 Fernsehsender an, sie bestimmt das Programm aller Fernseh- und Radiosender

************.

Naturraum und geographische Rahmenbedingungen

Aus demographischer Perspektive teilt sich die etwa 9,6 Millionen qkm große Landesfläche der Volksrepublik China diagonal in eine nordwestliche und eine südöstliche Hälfte. Die nordwestliche Hälfte ist von siedlungsarmem und lebensfeindlichem Naturraum geprägt. Sie beginnt an der nordöstlichen Staatsgrenze entlang des südsibirischen Gebirges, erstreckt sich über die 1,3 Millionen qkm der Wüste Gobi nach Westen bis in die Taklamakanwüste des 1 Millionen qkm großen Tarimbeckens. Südlich davon umfasst sie weiterhin das tibetische Hochland und den Himalaya, deren Ausläufer sich weit bis den Südwesten Chinas erstrecken. Die durchschnittlich 4 500 m hohe und 2,5 Millionen qkm große Steppenlandschaft des Hochlands ist hauptsächlich im Osten und in einigen Tälern im Süden bewohnt.

Die südöstliche Hälfte liegt östlich davon und besteht aus den fruchtbaren Schwemmebenen Nordost-, Zentral- und Südchinas, die 43 Prozent der Landesfläche ausmachen und in denen 2015 94 Prozent der 1,4 Milliarden Chinesen lebten. Diese umfassen hauptsächlich die Songliao-Ebene im Nordosten, die zentralchinesische Ebene am Unterlauf des Gelben Flusses, das Sichuan-Becken im mittleren Südwesten und das Südchinesische Bergland. Der Boden dieser Ebenen ist im Norden eher kalkartig und neutral bis alkalisch, im Süden tendenziell sauer und durch Tonverlagerung geprägt. Die Ebenen bestehen größtenteils aus Kulturlandschaften und dienen vor allem dem Reis- und Weizen-, Mais-, und Hirseanbau. Die Bergregionen im Süden und Nordosten Chinas sind insgesamt nur geringfügig bewaldet. Insgesamt machen Waldgebiete nach Aufforstungsbemühungen 2018 offiziell 21 Prozent der Landesfläche aus. Im Süden und Osten grenzen die Schwemmebenen an das Südchinesische und das Gelbe Meer. An der 18 000 km langen Künste liegen über 5 000 kleine und meist unbewohnte Inseln. Mit jeweils ca. 35 000 qkm sind die zwei größten Inseln Taiwan und Hainan.

Die zwei längsten Flüsse Chinas sind der Gelbe Fluss und der Jangtse, mit jeweils ca. 5 400 und 6 300 km Länge. Beide entspringen in der tibetischen Hochebene der Provinz Qinghai und ihre Einzugsgebiete machen gut 20 Prozent der Landesfläche und die Hälfte des bevölkerungsreichen Südosten Chinas aus. Der Gelbe Fluss trägt seinen Namen, aufgrund seiner gelblichen Färbung die er in den Fluss gespülten Lössabtragungen verdankt. Der Jangtse – übersetzt der „Lange Strom“ – hat jüngst aufgrund seiner 1995 bis 2012 gebauten Drei-Schluchten-Talsperre zusätzliche Berühmtheit erlangt. Beide Flüsse sind an ihren Unterläufen durch ein über 1 500 Jahre altes Kanalsystem, dem „Kaiserkanal“, miteinander verbunden. Weitere wichtige Flüsse sind der Amur (auch Heilong Jiang) im Nordosten Chinas und der Perlfluss im Süden, der gemeinsam mit seinem Hauptstrom, dem Westfluss, ca. 2 200 km lang ist.

Der Himalaya ist das höchste Gebirge. Mit Nepal teilt sich China den Mount Everest, den mit 8 848 m höchsten Berg der Erde. Im Nordwesten endet die tibetische Hochebene weiterhin am bis zu 7 100 m hohen

Kunlun-Gebirge und fällt dann abrupt in das 700 bis 1 400 m hohe Tarimbecken ab. Im Osten der Hochebene liegen die bis zu 3 700 m hohen Qinling-Berge, die im Norden an das 640 000 qkm große Lössplateau der Provinzen Shanxi, Shaanxi und Ningxia grenzen und im Nordosten in das bis zu 2 000 m hohe Taihang-Gebirge übergehen.

China verfügt über zahlreiche Bodenschätze. Es besitzt die weltweit drittgrößten Kohlereserven, die zu 60 Prozent im Norden, in der Provinz Shanxi und der Autonomen Region der Inneren Mongolei liegen. 2018 förderte das Land 3,2 Milliarden Tonnen Kohle und 63 Prozent der Stromproduktion waren kohlebasiert. Weiterhin verfügt China im weltweiten Vergleich über große Vorkommen an Stahlveredlern (Mangan, Vanadium, Titanium, Molybdän, Wolfram), Antimon, Bauxit, Zink, Zinn, Quecksilber und Gold. China hat den weltweit größten Produktionsanteil an Seltenen Erden. Der Nordosten und die Autonome Region Xinjiang im Nordwesten weisen Erdölvorkommen auf. Beträchtliche Erdölvorkommen werden auch in den von China beanspruchten Gebieten des Südchinesischen Meers vermutet.

Klimatisch teilt sich das Land in vier Zonen: gemäßigt, subtropisch, tropisch und Plateauklima. Im Norden und Westen dominiert gemäßigtes, kontinentales Wüsten- und Steppenklima. Die tibetische Hochebene ist zusätzlich von einem Plateauklima geprägt. Die jährliche Niederschlagsmenge liegt in diesen Gebieten etwa zwischen 16 mm (Turpan) und 450 mm (Lhasa). Die Durchschnittstemperaturen liegen bei -15°C im Winter und 20°C im Sommer. Aufgrund von Höhenunterschieden variieren lokale Einzelwerte jedoch erheblich. Im Nordosten herrscht gemäßigtes, kontinentales Monsunklima mit erhöhter, aber unregelmäßiger Niederschlagsmenge. Der Südosten liegt in einer vorwiegend subtropischen Monsunklimazone mit stärkeren Regenfällen, die in ihren südlichen Rändern in tropisches Klima übergeht. Die Durchschnittstemperaturen schwanken im Nordosten zwischen -15 und 20 °C, im Einzugsgebiet des Jangtse zwischen 4 und 26 °C und im Süden Chinas zwischen 15 und 28 °C. Zur südöstlichen Küste hin nimmt die jährliche Niederschlagsmenge beständig zu und erreicht Werte von 2 100 mm (Taipei) und 2 200 mm (Hongkong). Typisch für diese Regionen sind im Sommer auftretende Starkregenereignisse, die südöstliche Meeresküste ist regelmäßig von Taifunen betroffen.

Geschichtliche Entwicklung von vorkolonialer Zeit bis zur Unabhängigkeit

Erste Spuren menschlicher Siedlungen mit Ackerbau und Viehzucht reichen in China bis in das 9. und 8. Jahrtausend v. Chr. zurück. Die derzeit ältesten Fundstätten menschlicher Sesshaftigkeit liegen beinahe ausschließlich in den Einzugsgebieten des Gelben Flusses und des Jangtse. Andere Regionen, wie beispielsweise der Süden oder Westen Chinas, weisen erst im 4. und 3. Jahrtausend v. Chr. Siedlungsspuren auf. Gegen Ende der Jungsteinzeit vermehren sich Anzeichen eines regelmäßigen kulturellen Austauschs zwischen einzelnen Siedlungen. Bronzefunde treten vereinzelt auf, deren Produktionstechnik in diesem Zeitraum über Zentralasien nach China gekommen zu sein scheint. Die Gewinnung und Verarbeitung von Bronze wurde später von der am Unterlauf des Gelben Flusses liegenden Erlitou-Kultur (1900–1500 v. Chr.) monopolisiert, die aufgrund zeitlicher und geographischer Übereinstimmungen von einigen Forschern als die Überreste der ersten chinesischen Königsdynastie, der Xia-Dynastie (ca. 2000–1600 v. Chr.), betrachtet wird. Da für diese Zuschreibung bis heute stichhaltige Belege fehlen, bleibt diese Sichtweise jedoch umstritten.

Die erste eindeutig nachgewiesene Königsdynastie ist die der Shang (ca. 1700–1100 v. Chr.), deren in Schildkrötenpanzer und Rinderknochen geritzten Protokolle von Orakelbefragungen („Orakelknochen") zugleich erste Zeugnisse für die Entstehung der chinesischen Schrift sind. Die Shang herrschten von ihrer Hauptstadt im Norden der heutigen Provinz Henan über mehrere Siedlungen entlang des Wei-Flusses und dem Unterlauf des Gelben Flusses, die den Shang vasallenartig untergeordnet waren. Um 1100 v. Chr. herum gelang es einem dieser Vasallen nach einem Aufstand das Königshaus der Shang zu besiegen und die Zhou-Dynastie (ca. 1046–256 v. Chr.) zu begründen. Mit den Zhou verlagerte sich das politische Zentrum Chinas erstmals an den Wei-Fluss in die Region der heutigen Stadt Xi'an, wo es in den darauffolgenden Dynastien bis in das 10. Jh. n. Chr. bleiben sollte.

Während der Zhou-Dynastie kam es ab dem 8. Jh. v. Chr. zu grundlegenden soziopolitischen Umwälzungen, die das Ende der bis dahin von einem Erbadel regierten, Volksgruppen- und Siedlungsverbünde einläutete. An ihrer Stelle traten um die Vorherrschaft konkurrierende Territorialstaaten, die von einem, Landesfürst durch eine rekrutierte Beamtenschaft zentralisiert verwaltet wurden. Diese Umbrüche wurden begleitet von der Gründung religiöser und philosophischer Strömungen, wie die des Konfuzianismus, Legismus oder Mohismus, deren Anhänger als Berater der neuen Fürstenhäuser fungierten. Nach einem militärischen Sieg des Staates Qin über seine Konkurrenz erfolgte 221 v. Chr. die Gründung der ersten Kaiserdynastie durch Qin Shihuangdi (259–210 v. Chr.). Trotz ihren schnellen Endes 207 v. Chr. sorgte die Qin-Dynastie für die vollständige Etablierung eines Weltbildes und Staatsmodells, das in der Zhou-Zeit entstanden war und bis in das 20. Jh. fortdauern sollte. An der Spitze eines von Beamten geführten Territorialstaates stand ein Kaiser, dessen erbliche Herrschaft durch den Empfang eines „himmlischen Mandats (*tian ming*) legitimiert wurde. Neue Dynastien begründeten ihren Herrschaftsanspruch wiederum mit einem Mandatswechsel und Herrscher fremder Länder waren dazu aufgefordert, das Mandat anzuerkennen. Dieses sinozentristische Weltbild, demnach China und sein Kaiserhaus das machtpolitische und kulturelle Zentrum der bekannten Welt bildeten, bestimmte die inneren und äußeren Angelegenheiten chinesischer Kaiserreiche bis zum Auftreten europäischer Kolonialmächte im 18. und 19. Jh. Andere ostasiatische Länder wie Korea, Japan, Tibet und Vietnam, die über die Jahrhunderte in den machtpolitischen Einflussbereich Chinas gerieten, ordneten sich bisweilen dem Kaiserhaus als autonom regierende Tributstaaten unter. Bis in das 20. Jh. übte China einen starken kulturellen Einfluss auf seine Nachbarn aus, der, angefangen von der klassischen chinesischen Sprache, sich über zahlreiche Gebiete, wie Religion, Philosophie, Technologie, Medizin, Kunst, etc. erstreckte.

Das unmittelbare Herrschaftsgebiet Chinas änderte sich dabei stetig im Laufe der Kaiserdynastien. Regierten die Qin noch über etwas mehr als die Ebenen Zentral- und Südchinas, stießen ihre Nachfolger, die Han (206 v. Chr.–220 n. Chr.), schon bis in das Tarimbecken vor und sorgten damit für vermehrten Handel über die Seidenstraße, über welche sich ab dem 1. Jh. n. Chr. auch der Buddhismus in China verbreitete. Nach dem Untergang der Han zerfiel ihr ehemaliges Herrschaftsgebiet in verschiedene Staaten und konkurrierende Herrschaftsdynastien. Erst die Sui (581–618) und Tang (617/18–907) vermochten es, das Land wieder zu einen und zu seiner ursprünglichen Größe zurückzuführen. Nach dem Ende der Tang verlagerte sich im 10. Jh. n. Chr. – aufgrund ständiger Kriegswirren – das politische und wirtschaftliche Zentrum Chinas von seinem Ursprung am Wei-Fluss in den Süden. Die alte Herrschaftselite war in großer Zahl ausgelöscht worden oder in Armut versunken, sodass die darauf folgende „Nördliche Song-Dynastie“ (960–1126) ihre Hauptstadt zunächst östlich davon, am Unterlauf des Gelben Flusses in Kaifeng, errichtete, während die „Südliche Song-Dynastie“ (1126–1279) von Hangzhou aus regierte. Während der durch die Mongolen errichtete Yuan-Dynastie (1271–1368) wurde erstmals die Hauptstadt in den Raum des heutigen Pekings verlegt, wo sie über die Ming- (1368–1644) und Qing-Dynastie (1644–1911) hinweg, bis auf den Herrschaftszeitraum des ersten Ming-Kaisers Zhu Yuanzhang, auch blieb. Wirtschaftlich betrachtet war der regenarme und karge Norden aber langfristig von den Ernten des Südens abhängig geworden, ein Zustand, der zu einem gewissen Grad bis heute anhält.

Im 19. Jh. zwangen westliche Kolonialmächte durch eine aggressive „Kanonenbootpolitik“ und den Abschluss ungleicher Verträge die Qing-Kaiser zur Öffnung des chinesischen Marktes und zur Vergabe von Kolonien an der Südostküste des Landes. Bis in das 17. Jh. hinein waren chinesische Kaiserreiche immer Weltmächte gewesen, die auf den Gebieten der Pharmazie, Ingenieurwesen, Militärtechnologie und Mathematik beträchtliche Erkenntnisse erzielt hatten. Für das Kaiserhaus, das sich bis dahin als zivilisatorisches Zentrum der Welt betrachtete, bedeutete die Niederlage gegenüber den westlichen Mächten daher ein Autoritätsverlust, von dem es sich nicht mehr erholen sollte. Nach mehreren gescheiterten Reformversuchen und einer Zuspitzung der Krise durch die Taiping-Rebellion (1851–1864), einer militärischen Niederlage gegenüber dem ehemaligen Tributstaat Japan 1895 und dem Boxeraufstand (1899–1901), wurde das Kaiserhaus 1911 durch die Xinhai-Revolution gestürzt und am 1. Januar 1912 durch die Republik China ersetzt.

Die junge Republik wurde zu Beginn von der neugegründeten Nationalen Volkspartei (Kuomintang – KMT) regiert. Sie war in ihrer Autorität auf die Unterstützung des alten Qing-Militärs angewiesen, deren Generäle und Offiziere in den darauffolgenden Jahren putschten. Von 1915 an zerfiel China daher in eine Herrschaft solcher „Warlords“, die das ehemalige Staatsgebiet der Qing-Dynastie unter sich aufteilten. Tributstaaten und Protektorate der Qing, wie das von der buddhistischen Gelugpa-Schule geführte Tibet, verwalteten sich autonom. Weiterhin besetzte Japan 1931 die Mandschurei im Nordosten Chinas, nachdem es bereits 1895 Taiwan nach seinem Sieg über China als Kolonie erworben hatte. Nach dem endgültigen Ausbruch des chinesisch-japanischen Krieges 1937 besetzte Japan weitere Teile Ostchinas. Mit der Kapitulation Japans 1945 verschärfte sich der chinesische Bürgerkrieg zwischen der KMT und der bislang wenig einflussreichen Kommunistischen Partei Chinas (KPCh). Durch Guerillataktiken, strategisches Kalkül und Rückhalt in der ländlichen Bevölkerung besiegte die KPCh die KMT entgegen dem Umstand, dass Letztere die Unterstützung und Anerkennung der westlichen Alliierten und der Sowjetunion genoss, und gründete 1949 die Volksrepublik China. Die KMT floh nach Taiwan und verblieb dort als Repräsentant der Republik China.

Bevölkerungsstruktur – insbesondere ethnische Zusammensetzung

Im 6. und 5. Jh. v. Chr. formte sich in den Einzugsgebieten des Gelben Flusses eine ethnische Gruppenidentität der „Länder der Mitte" (*zhong guo* 中国) und der „blühenden Xia" (*hua Xia* 华夏), mit der man sich gegenüber umliegenden Volksgruppen und Nomaden abgrenzte. Diese, auf dem (vermeintlichen) kulturellen Erbe der Xia-Dynastie gegründete, Identität wurde in den darauffolgenden Jahrhunderten durch weitere mythische Urkaiser sowie einen konfuzianischen Schrift- und Wertekanon erweitert. Geprägt wurde diese Identität insbesondere von der gebildeten Oberschicht und Beamtenschaft, ohne deren Kooperation das Land nicht zu regieren war. Fremden kulturellen Gewohnheiten und Bevölkerungsgruppen stand man im Sinne des sinozentristischen Weltbildes potenziell tolerant gegenüber, solange das Primat des konfuzianisch geprägten Staats- und Gesellschaftsmodells nicht infrage gestellt wurde. Dieser Umstand sorgte dafür, dass über Jahrhunderte hinweg verschiedenste Völker Ostasiens als Mitglieder und sogar als Herrscher chinesischer Kaiserdynastien fungierten.

Im 19. Jahrhundert stießen neuzeitlich geprägte Vorstellungen wie „Menschenrassen" und „Nationen" nach China, die, zusammen mit dem Untergang der alten Gesellschaftsordnung, zu neuen Gruppenidentitäten führten, welche wiederum auf alte Ausdrücke übertragen wurden. Diese Entwicklungen haben im Laufe des 20. Jh. dafür gesorgt, dass der ursprüngliche Ausdruck „Länder der Mitte", *zhong guo* 中国 heutzutage nur im Singular („Land/Reich der Mitte, China") gebraucht wird und auf verschiedenste Weise verstanden werden kann. Zum einen lässt er sich auf im weitesten Sinne chinesisch stämmige Menschen übertragen, ganz gleich, ob sie zu der Bevölkerung der Volksrepublik China zählen oder nicht. Daneben existiert ein Begriff für die Bevölkerung der Volksrepublik selbst, die im politischen Jargon der KPCh als „Chinesische Nation" (*zhonghua minzu* 中华民族) bezeichnet wird. Schließlich wird auch diese wiederum in einzelne „Nationen" (*minzu* 民族) unterteilt, zu der die Han-Nation gehört, die ca. 90 Prozent der Bevölkerung ausmacht, und 55 weitere „nationale Minderheiten" (*shaoshu minzu* 少数民族). Zu diesen Minderheiten gehören auch Tibeter (6 Millionen), Uiguren (11 Millionen), Mongolen (6 Millionen) und Angehörige andere Völker, die sich während der Kaiserzeit oftmals nur als Protektorate und Tributländer dem Kaiserhaus untergeordnet hatten.

Diese ethnische Einteilung, die 1949 mit der Gründung der Volksrepublik offiziell etabliert wurde, hat komplexe rechtliche und gesellschaftliche Konsequenzen mit Einfluss auf Geburtenkontrolle, Bildungszugang, Niederlassungserlaubnis, etc. Dieser Umstand führt immer wieder zu ethnischen Konflikten und Unabhängigkeitsbewegungen, insbesondere bei der tibetischen und uigurischen Minderheit. Die KPCh begegnet diesen Konflikten generell mit wirtschaftlichen Investitionsprogrammen, der Förderung der Zuwanderung von Han-Chinesen in die betroffenen Gebiete und der Unterdrückung von Unruhen mit einer starken Polizei- und Militärpräsenz. Weiterhin hat nach uigurischen Terrorattacken 2013 und 2014 die Partei unter Xi Jinping begonnen, den Bewegungsraum und das religiöse Leben der muslimischen Minderheit stark einzuschränken. Seit 2017 werden sogenannte „Umerziehungslager" errichtet, in denen als potentielle Gefährder eingestufte Insassen durch kommunistische Indoktrination in die Gesellschaft reintegriert werden sollen. Ehemalige Insassen berichten gegenüber ausländischen Nachrichtenagenturen, wie dem BBC, von willkürlichen Verhaftungen, mentaler Folter und körperlichen Misshandlungen.

Nach 1949 verzeichnete China ein starkes Bevölkerungswachstum, durch welches sich die Bevölkerung bis 1980 von 500 Millionen auf etwa eine Milliarde verdoppelte. Da dies die Planwirtschaft der Volksrepublik zu überfordern drohte, begann man in den 1970ern und 1980ern, die Geburtenraten mit Sanktionen zu senken. Nachdem der gewünschte Effekt eingetreten war, ging man nach der Jahrtausendwende dazu über, die Regulierungen schrittweise zu lockern. Seit 2015 ist es chinesischen Ehepaaren erlaubt, zwei Kinder zu zeugen. Die Geburtenkontrolle und die zeitgleiche Urbanisierung Chinas haben starke Auswirkungen auf die demografische Entwicklung des Landes. Der starke Geburtenrückgang und die Verbesserung der Lebensumstände sorgen für eine schnelle Alterung der Gesellschaft. 2018 betrug das Durchschnittsalter 37 Jahre, während es 1990 noch bei 25 Jahren lag. Weiterhin hat die traditionelle patriarchalische Gesellschaftsordnung zu einer vermehrten Abtreibung von weiblichen Embryos und Föten geführt. Das Geburtenverhältnis weiblichen zu männlichen Embryos liegt derzeit bei 1:1,14 (2016).

Die in den 1980er begonnene wirtschaftliche Öffnung und Entwicklung hat zu einer starken Urbanisierung des Landes geführt, einhergehend mit einer grundlegenden Veränderung der Lebensumstände der Bevölkerung. Während 2018 beinahe 60 Prozent aller Chinesen in Städten lebten, waren es Anfang der 1980er nur 20 Prozent. Da die Umwandlung eines ländlichen Wohnsitzes in einen städtischen nur mit hohem finanziellem und behördlichem Aufwand möglich ist, lebt ein Großteil der zugezogenen Landbevölkerung anfangs als sogenannte „Wanderarbeiter“ (*min gong* 民工) in den Städten und versorgt die auf dem Land zurückgebliebenen Familienmitglieder. In den Städten geht der starke Bevölkerungszuwachs mit einer zunehmenden Umweltverschmutzung einher. Insbesondere die hohen Smogwerte in Millionenmetropolen, wie Peking und Schanghai haben Anfang dieses Jahrzehnts weltweit für Schlagzeilen gesorgt. Mittlerweile sinken die Luftverschmutzungswerte wieder. Die Lebenserwartung ist trotz dieser Belastungen aufgrund der generellen Verbesserung der Lebensumstände von 66 (1980) auf 76 (2016) Jahre gestiegen.

Wirtschaftsstruktur

Die Volksrepublik China wurde 1949 mit einer kommunistischen Planwirtschaft gegründet. Unter der Führung der KPCh und mithilfe von Fünfjahresplänen sollte das bis dahin beinahe ausschließlich durch Agrarwirtschaft geprägte Land industrialisiert werden. Während diese

Bemühungen in den 1950er und 1960er Jahren in Bezug auf Infrastruktur und einzelne Industriezweige durchaus mit Erfolg gekrönt waren, kam es immer wieder zu Mangelwirtschaft und mitunter sogar zu Hungerkatastrophen. So löste 1958–1961 der sogenannte „Große Sprung nach vorn", eine Kampagne, in der der technologische Rückstand gegenüber den Industriestaaten aufgeholt werden sollte, eine große Hungersnot aus, bei der Millionen von Menschen ums Leben kamen. Auch die 1966 bis 1976 stattfindende „Große Proletarische Kulturrevolution" führte in ähnlicher Weise zu wirtschaftlichen Rückschlägen und Stagnation.

Nach dem Tod des Staatspräsidenten Mao Zedongs 1976 kam es durch seinen Nachfolger Deng Xiaoping zu einem grundlegenden Strategiewechsel. Im Rahmen seiner als „Reform- und Öffnungspolitik" (*gaige kaifang* 改革开放) bekannt gewordenen Wirtschaftspolitik wurden unrentable staatliche Betriebe schrittweise aufgelöst, der Agrarsektor privatisiert und Raum für Privatwirtschaft geschaffen. Gleichzeitig wurde der chinesische Markt für Außeninvestitionen geöffnet, für die Sonderwirtschaftszonen an der Ostküste und später auch im Landesinneren eingerichtet wurden. Weiterhin lies die chinesische Regierung die Infrastruktur systematisch ausbauen und investierte stark in den städtischen Wohnungsmarkt.

Durch diese Reformen erlebt China seit den 1980ern ein kontinuierliches Wirtschaftswachstum, dessen jährliche Wachstumsraten in der Regel zwischen 6 und 10 Prozent liegen. Das Bruttoinlandsprodukt ist dadurch von 191 Milliarden USD (1980) auf 12 Billionen (2017) um mehr als das sechzigfache gestiegen. China besitzt damit momentan die zweitgrößte Volkswirtschaft der Welt. Den Angaben der Weltbank nach sind mehr als 850 Millionen Chinesen infolge des Wirtschaftswachstums seit 1980 extremen Armutsverhältnissen (Kaufkraft von 1,9 USD pro Tag) entkommen. Laut der amtlichen Statistiken der Volksrepublik betrug das verfügbare Pro-Kopf-Einkommen 2018 in chinesischen Städten jährlich 39 251 CNY (ca. 5 700 USD) und auf dem Land 14 617 CNY (ca. 2 100 USD).

Landwirtschaft, Industrie, und Dienstleistungssektor machten Anfang der 1980er noch etwa 30 Prozent, 45 Prozent und 25 Prozent des BIP aus. 2017 lag die Verteilung bei etwa 8 Prozent, 40 Prozent und 52 Prozent, die Zahl der Beschäftigten lag im Jahr zuvor bei jeweils ca. 28 Prozent, 30 Prozent und 42 Prozent. Im industriellen Sektor hat sich China zu einem führenden Produzenten technologisch hochstehender und spezialisierter

Güter entwickelt. Seit 2009 ist es der weltweit größte Exporteur und nach den Vereinigten Staaten zweitgrößter Importeur. 2018 machten Produkte des verarbeitenden Gewerbes 94 Prozent aller Exporte aus. Wichtige Sektoren sind hier die Eisen- und Stahlproduktion, Maschinenherstellung, Rüstungsindustrie, Textil- und Bekleidungsproduktion, Zement, Düngemittel, Nahrungsmittelverarbeitung, Automobilfahrzeuge und andere Transportmittel, Konsumgüter, Spielzeug sowie Elektronik-, Telekommunikations- und Informationstechnologie.

Trotz der marktwirtschaftlichen Öffnung hält die chinesische Regierung an einer staatlichen Kontrolle gewisser Wirtschaftszweige fest. Gerade in Schlüsselindustrien, wie dem Bergbau, der Energieproduktion und der Infrastruktur, spielen Staatsunternehmen weiterhin eine dominante, ja gar monopolartige Rolle. Etwa 20 Prozent aller Beschäftigten in den Städten arbeiten derzeit für staatliche Unternehmen. Von 109 chinesischen Unternehmen, die 2019 in die Liste der Fortune Global 500 aufgenommen wurden, sind 85 Prozent Staatsunternehmen. Auch die Fünfjahrespläne wurden mit der Reform- und Öffnungspolitik nicht aufgegeben und halten bis heute wichtige Ziele für die Investitionspolitik der Regierung fest. Aufgrund seiner Machtstellung ist für Privatunternehmen eine gute Beziehung und Kooperation mit der chinesischen Regierung von äußerst großer Bedeutung und nicht selten entscheiden sich Führungskräfte zum Eintritt in die KPCh. Insgesamt zeichnet sich die Wirtschaft damit durch eine Verflechtung von marktwirtschaftlich operierenden Unternehmen und kommunistischen Behörden aus, bei dem sich die Bezeichnung „Kaderkapitalismus" eingebürgert hat.

Seit Beginn des neuen Jahrtausends versucht China die oft experimentell und graduell durchgeführten Wirtschaftsreformen zu vereinen und zu einem nachhaltigen System zu finden. Das wirtschaftliche Wachstum hat soziale Ungleichheit verstärkt, gravierende Umweltbelastungen hervorgerufen und durch die Einmischung staatlicher Behörden auf vielen Gebieten zu Wettbewerbsverzerrung geführt. Zudem setzt die chinesische Regierung auf eine langfristige Stärkung des Binnenkonsums gegenüber der Exportwirtschaft. Die Entkoppelung des CNY an den USD und seine daraufolgende Aufwertung von über 40 Prozent zwischen 2005 und 2014 sind Teil dieser Strategie und sollen die Binnenwirtschaft stärken. Gleichzeitig versucht die chinesische Regierung den Einfluss ausländischer Investoren einzugrenzen und zu erschweren. Dies war einer der Auslöser für den seit 2018 begonnen Handelskonflikt zwischen den Vereinigten Staaten und China.

Neben diesen binnenwirtschaftlichen Entwicklungen zeichnet sich in den letzten Jahren eine expansive Investitionspolitik der Volksrepublik ab, die sich zunehmend auf ausländische Märkte konzentriert. Ein wichtiges Projekt ist hierbei die 2013 von Xi Jinping ins Leben gerufene „One Belt, One Road“ Initiative, mit der China anstrebt, ein Handels- und Infrastrukturnetzwerk zu errichten, das über den gesamten asiatischen Kontinent bis nach Afrika und Europa reicht. Die maßgeblich von China finanzierte Initiative ermöglicht es Teilnehmerstaaten, Kredite für Infrastrukturprojekte und den Ausbau von Handelswegen zwischen Asien und Europa aufzunehmen. Neben der Vergrößerung seiner geopolitischen Machtstellung verspricht sich China davon langfristig die Erschließung neuer Märkte und eine Diversifizierung seines Exports. Kurzfristig profitiert es auch davon, dass es aufgrund seiner leitenden Funktion in der Initiative bei der Vergabe von Krediten fordern kann, dass chinesische Firmen für den Bau der finanzierten Projekte beauftragt werden.

Aktuelle politische Entwicklung

Die Volksrepublik China ist in seinen Grundzügen ein von der KPCh kontrollierter sowjetischer Parteienstaat. Zwar existieren offiziell acht weitere Parteien, wie das Revolutionskomitee der Nationalen Volkspartei Chinas oder die Chinesische Demokratische Liga, doch wurden diese bei der Gründung der Volksrepublik 1949 zu einer Einheitsfront unter der Führung der KPCh zusammengeschlossen. Alle wichtigen Führungsämter der Volksrepublik werden seit 1949 mit Mitgliedern der KPCh besetzt.

Eine deutliche Abweichung vom sowjetischen Vorbild ist die zentrale Rolle des Ständigen Ausschusses des Politbüros im politischen Entscheidungsprozess. Der Ständige Ausschuss umfasst fünf bis neun Personen (derzeit sieben, Stand 2019), die gleichzeitig die wichtigsten Staatsämter bekleiden. Er wird vom Generalsekretär der KPCh geleitet, der das Amt des Staatspräsidenten und der Zentralen Militärkommission übernimmt. Ein weiterer wichtiger Unterschied zur Sowjetunion ist die seit der Gründung der Volksrepublik dezentral konzipierte Wirtschaftsverwaltung, in dessen Rahmen sich die in den 1980ern durchgeführten Wirtschaftsreformen besonders gut umsetzen ließen.

Offiziell bildet der alle fünf Jahre gewählte Nationale Volkskongress die gesetzgebende Gewalt der Volksrepublik. Seine rund 3 000 Mitglieder aus allen Parteien der Einheitsfront wählen zudem den Staatspräsidenten, den Staatsrat, den Obersten Gerichtshof, die Oberste Staatsanwaltschaft und die Zentrale Militärkommission. Die Amtszeit dieser Positionen ist in der Regel auf zwei Perioden à fünf Jahre beschränkt, wobei im März 2018 diese Beschränkung für den Staatspräsidenten auf Initiative Xi Jinpings hin durch eine Verfassungsänderung aufgehoben wurde. Die Kandidaten werden allerdings zuvor unter Ausschluss der Öffentlichkeit durch parteiinterne Gremien der KPCh ernannt. Auch auf den darunterliegenden Ebenen der Provinz-, Stadt-, Bezirk-, Kreis-, und Gemeindekongresse existieren gleichsam Parteikomitees, welche die Besetzung und Verwaltung der jeweiligen Regierungsämter vorgeben. Somit kontrolliert die KPCh die Belegung der Exekutive auf allen Ebenen des Zentralstaats. Entscheidungen und Machtkämpfe in der KCPh beeinflussen daher maßgeblich die Zusammensetzung und Entscheidungen der Volkskongresse. Auch wenn die Delegierten der Volkskongresse formal indirekt über die lokalen Ebenen hinweg von wahlberechtigten Bürgern gewählt werden, besitzen diesen Wahlen nur wenig öffentliche Aufmerksamkeit und gesellschaftliche Relevanz. Trotz dieser Weisungshoheit der KPCh ist es den Volkskongressen seit den 1980ern stellenweise gelungen, in einzelnen strittigen Fragen Gesetzesverfahren zu blockieren oder gar scheitern zu lassen. 1992 stimmte ein Drittel des Nationalen Volkskongresses gegen das Projekt des Drei-Schluchten-Staudamms. Solch demonstrativer Dissens wurde seit den 1990ern regelmäßig genutzt, um innerparteilichem Unmut Ausdruck zu verleihen. Die potentielle Eigenständigkeit der Volkskongresse hat jedoch seit der Machtübernahme Xi Jinpings wieder stark abgenommen.

In den 1950er und 1960er Jahren hatte der erste Staatspräsident Mao Zedong (1893–1976) einen ausgeprägten Personenkult um sich etabliert, der es ihm erlaubte, eigenmächtig Einfluss auf die Politik des Landes zu nehmen, ohne ein entsprechendes Amt innezuhaben. So rief er 1966 die bereits erwähnte „Große Proletarische Kulturrevolution" aus, um durch einen permanenten Klassenkampf seine politischen Gegner mit der Hilfe von radikalisierten Studenten und Schülern, den „Roten Garden", auszuschalten. Daraufhin folgte ein Jahrzehnt, das von politischen Intrigen und gesellschaftlichen Zerwürfnissen geprägt war, die letztendlich erst durch Maos Tod 1976 ein Ende fanden.

Unter und besonders nach seinem Nachfolger Deng Xiaoping erfolgte ein spürbarer Wechsel des Führungsstils der KPCh. Sie begann einen „Sozialismus chinesischer Prägung“ (*zhongguo tese shehui zhuyi* 中国特色社会主义) zu vertreten, der Armutsbekämpfung durch technologische und wirtschaftliche Entwicklung zum obersten Ziel des Sozialismus erklärt. Damit distanzierte man sich indirekt von dem einstigen Ziel des kommunistischen Klassenkampfes. Die Regierungen der Staatspräsidenten Jiang Zemin (r. 1993–2003) und Hu Jintao (r. 2003–2013) zeichneten sich hier durch wirtschaftlichen Pragmatismus und technokratische Leitprinzipien aus.

Unter ihren offiziellen Regierungsformeln der „Dreifachen Repräsentation“ (*san ge daibiao* 三个代表) und der „Harmonischen Gesellschaft“ (*hexie shehui* 和谐社会) stand die Erzielung von wirtschaftlichem Aufschwung, technologischer Modernisierung und gesellschaftlichem Wohlstand im Vordergrund. Die KPCh wandelte sich damit zu einer Partei, die den Anspruch besaß, das gesamte chinesische Volk – auch Vertreter der sogenannten „Bourgeoisie“– zu Modernisierung und Wohlstand zu führen. Dies führte dazu, dass sich die KPCh für Privatunternehmer öffnete. Von vielen der heute beinahe 90 Millionen Mitgliedern der KPCh ist daher anzunehmen, dass ihr Parteieintritt nicht ausschließlich aus ideologischer Überzeugung geschah. Durch seine zentrale machtpolitische Stellung und Vernetzung bietet ein Parteieintritt viele ökonomische Vorteile, die einen nicht zu unterschätzenden Beitrag an dem stetigen Mitgliederwachstum der KPCh haben.

An diesen Paradigmenwechsel hat der derzeitige Staatspräsident Xi Jinping grundsätzlich angeknüpft. Nach seinem Amtsantritt 2013 verkündete er, die KPCh arbeite an der Verwirklichung eines „Chinesischen Traums“ (*zhongguo meng* 中国梦) und der „großen Wiederbelebung der Chinesischen Nation“ (*Zhonghua minzu weida fuxing* 中华民族伟大复兴). Bis zum hundertsten Jahrestag der Gründung der Volksrepublik 2049 soll sich China in einen „wohlhabenden und starken, demokratischen, kulturell hoch entwickelten, harmonischen, sozialistischen, und modernisierten Staat“ entwickelt haben. Dafür stellte Xi Jinping 2014 seine neue

Entwicklungsstrategie der „Vier umfassenden Handlungen“ (*si ge quanmian* 四个全面) vor, die ein Erreichen von gesellschaftlichem Wohlstand, die Fortführung der Reformpolitik, eine Vergesetzlichung des staatlichen Verwaltungsprozesses, und eine strengere Parteidisziplin verfolgen.

Xi Jinpings Streben nach der Rückgewinnung alter zivilisatorischer Größe enthält eindeutige Anspielungen auf die Zeiten des chinesischen Kaiserreiches und geht einher mit einem allgemeinen gesellschaftlichen Erstarken traditioneller Werte und Gedankengut, die unter der Kulturrevolution Mao Zedongs noch zu den zu bekämpfenden „Vier Alten“ (*si jiu* 四旧) gezählt wurden. Diese traditionalistischen und nationalistischen Sentiments, die seit den 1990ern gesellschaftlich Verbreitung finden, werden von Xi Jinping aufgenommen und in Form medialer Kampagnen instrumentalisiert. Gleichzeitig scheint Xi Jinping in gewissen Aspekten zu Maos altem Führungsstil zurückzufinden. Verglichen mit seinen Vorgängern zeichnet er sich durch, eine starke mediale Präsenz und einen gewissen Grad von Personenkult aus. Durch eine von 2013 bis 2015 durchgeführte Antikorruptionskampagne hat er seine parteipolitischen Gegner weitgehend beseitigt. Dies ermöglichte ihm, die bereits erwähnte Beschränkung seiner Amtsperiode ohne nennenswerte Widerstände umzusetzen.

Er führte Disziplinarmaßnahmen für die Mitglieder der KPCh ein, welche in regelmäßig stattfindenden Schulungssitzungen kommunistische Lehrprinzipien studieren und verinnerlichen müssen – Werte, die in den letzten Jahrzehnten oftmals selbst parteiintern belächelt wurden. Dieses Vorgehen, wie auch die „Umerziehungslager“ in Xinjiang, erinnern stark an die „Gedankenreform“ (*sixiang gaige* 思想改革) der KPCh zu Beginn der 1950er, in der Intellektuelle und wohlhabende Mitglieder der chinesischen Oberschicht durch Kampagnen und Indoktrination auf die kommunistische Ideologie eingeschworen wurden.

Im Gegenzug blockiert die Regierung unter Xi Jinping verstärkt die Verbreitung freiheitlich-demokratischer Werte und Institutionen. Menschenrechtsaktivisten werden härter verfolgt, die Arbeit ausländischer Nichtregierungsorganisationen wurde erheblich eingeschränkt. Weiterhin hat die Zensur der Medienberichterstattung und des Internets stark zugenommen. Investigativer und kritischer Journalismus, wie er unter Jiang Zemin und Hu Jintao durchaus zu beobachten war, ist beinahe zum Erliegen gekommen. Auch in anderen Lebensbereichen macht sich staatliche

Kontrolle vermehrt spürbar. Ein groß angelegtes Projekt, das außerhalb Chinas für viel Aufsehen gesorgt hat, ist das 2014 vom Staatsrat beschlossene Sozialkredit-System, das momentan im Rahmen von Pilotprojekten in ca. 70 chinesischen Großstädten getestet wird. Es handelt sich hierbei um ein durch eine Datenbank gestütztes Ratingsystem, bei dem Individuen und Haushalten für gewisse Handlungen Punkte addiert oder abgezogen werden. Offiziell stehen dabei finanzielle Vergehen, wie Betrug und Kreditausfälle im Vordergrund, in den Pilotprojekten werden aber auch Verstöße andere Art geahndet, wie Verstöße gegen die Straßenverkehrsordnung oder parteikritische Äußerungen im Internet. Grundsätzlich drohen bei einem zu geringen Punktestand Sanktionen, wie Erschwernisse bei der Kreditverteilung, Reiseverbot, etc. Da die Pilotprojekte das System auf sehr unterschiedliche Weise testen, ist es momentan nicht abzusehen, in welcher Form es 2020 nach seiner beabsichtigten landesweiten Einführung existieren wird.

Auf internationaler Ebene agiert China unter Xi Jinping zunehmend selbstbewusster. Mit Großprojekten wie der „One Belt, One Road" Initiative zieht es global Aufmerksamkeit auf sich und etabliert sich durch finanzielle Investitionen erfolgreich als machtpolitischer Akteur und Handelspartner und in vielen Entwicklungsländern Zentral- und Südasiens, Afrika und Südamerika. Gleichzeitig zeigt sich China in Territorialkonflikten undiplomatisch und beharrt auf seinen Forderungen. In den von China seit den 1980ern beanspruchten Inselgruppen im Südchinesischen Meer schüttet es seit 2014 künstliche Inseln auf und verlagert Militär in die Region. Gegenüber der Republik China auf Taiwan, dessen Territorium die Volksrepublik seit seiner Gründung beansprucht, übt die chinesische Regierung verstärkt Druck aus. Seit seiner Aufnahme in die Vereinten Nationen 1971 versucht China Taiwan international zu isolieren, indem es im Rahmen seiner „Ein-China-Politik" die Aufgabe diplomatischer Beziehungen zu Taiwan zu einer Voraussetzung für die Aufnahme diplomatischer Beziehungen zu China gemacht hat. Derzeit (2019) unterhält Taiwan, welches de facto ein eigenständiger Staat ist und seit den 1990ern zudem demokratisch regiert wird, zu 18 Nationen diplomatische Beziehungen. Xi Jinping hat in jüngster Zeit Chinas Forderung nach der Vereinigung Taiwans mit dem Festland erneut Nachdruck verliehen, indem er Anfang 2019 in einer Rede betonte, die Wiedervereinigung werde und müsse „mit allen Mitteln" erreicht werden. Begleitet werden diese Drohungen von einer Zunahme von Militärmanövern der chinesischen Marine in der Meeresenge zwischen Taiwan und dem chinesischen Festland.

Ein ähnlicher Konflikt birgt auch die Vereinigung der ehemaligen Kolonie Hongkongs mit dem chinesischen Festland. In dem 1984 unterzeichneten Rückgabevertrag zwischen der britischen und chinesischen Regierung einigten sich beide Parteien darauf, dass Hongkong nach der offiziellen Rückgabe 1997 für 50 Jahre als Sonderverwaltungszone autonom regiert und verwaltet werden sollte. Dieselbe Regelung wurde 1987 auch für die portugiesische Kolonie Macau getroffen, die sich seit 1999 in einem Sonderverwaltungsstatus befindet, den die chinesische Regierung „Ein Land, zwei Systeme" (*yi guo liang zhi* 一国两制) getauft hat. Unter der Regierung Xi Jinpings haben sich die Einschränkungen von Presse- und Meinungsfreiheit in Hongkong vermehrt, patriotische Inhalte haben zunehmend Eingang in den Schulunterricht gefunden. Nachdem der Nationale Volkskongress 2014 beschlossen hatte, dass ein Wahlkomitee die Kandidaten für den Hongkonger Verwaltungschef vorschlägt, bevor sie durch allgemeine Wahlen gewählt werden, kam es zu Massenprotesten, die aufgrund ihres Einsatzes von Regenschirmen zum Schutz gegen Wasserwerfer und Tränengas als „Regenschirmrevolution" weltweit für mediale Aufmerksamkeit sorgte. Die Proteste ebbten in den darauffolgenden Wochen schnell ab, sind aber 2019 aufgrund eines Gesetzesentwurfes zur Auslieferung von Tatverdächtigen von Hongkong nach China neu entflammt.

Literatur

Staiger, B. und Friedrich, S. und Schütte, H. (Hrsg.) (2006): China: Lexikon zur Geographie und Wirtschaft, Institut für Asienkunde. Hamburg.

Vogelsang, K. (2012): Geschichte Chinas. Stuttgart.

Heilmann, S. (Hrsg.) (2016): Das politische System der Volksrepublik China, 3. Auflage. Wiesbaden.

Fischer, D. und Müller-Hofestede, C. (Hrsg.) (2014): Länderbericht China. Bonn.

Mühlhahn, K. (2017): Die Volksrepublik China. Berlin/Boston.

Van Ess, H. (2003): Der Konfuzianismus. München.

Reinhard, E. (Hrsg.) (2004): Chinesische Literaturgeschichte. Stuttgart/Weimar.

Lothar Rieth

Georgien

Offizieller Name:	Georgien
Staatsform:	Semi-Präsidentielle Republik
Unabhängigkeit:	9. April 1991 (von der Sowjetunion) 1008 (Vereinigung unter König Bagrat der Dritte)
Nationalfeiertag:	26. Mai 1918 (Unabhängigkeit von Sowjet-Russland)
Hauptstadt:	Tiflis
Lage:	Südwestasien, Kaukasusregion
Fläche:	69 700 qkm (Weltrang: 119)
Bevölkerung:	3,997 Millionen (Schätzung 2019)
Landesstruktur:	9 Regionen; 1 Stadt; 2 autonome Republiken
Sprachen:	Georgisch (Amtssprache) (87,6 Prozent), Aserbaidschanisch (6,2 Prozent), Armenisch (3,9 Prozent), Russisch (1,2 Prozent), Sonstige (1 Prozent) (Schätzung 2014)
Religionen:	Christlich-orthodox (Staatsreligion) (83,4 Prozent), Islam (10,7 Prozent), Armenische Apostolische Kirche (2,9 Prozent), Sonstige (2,9 Prozent); (Schätzungen 2014)
Währung:	Lari (GEL)
Wirtschaftszweige:	*Landwirtschaft:* Zitrusfrüchte, Trauben, Tee, Haselnüsse, Gemüse; Vieh *Industrie:* Stahl, Werkzeugmaschinen, Elektrogeräte, Bergbau (Mangan, Kupfer, Gold), Chemikalien, Holzprodukte, Wein

Mitgliedschaften: ADB, BSEC, CD, CE, CPLP (Partner), EAPC, EBRD, FAO, G-11, GCTU, GUAM, IAEA, IBRD, ICAO, ICC (Nationale Komitees), ICCt, ICRM, IDA, IFAD, IFC, IFRCS, ILO, IMF, IMO, Interpol, IOC, IOM, IPU, ISO (korrespondierendes Mitglied), ITSO, ITU, ITUC (NGOs), MIGA, OAS (Beobachterstatus), OIF (Beobachterstatus), OPCW, OSCE, PFP, SELEC (Beobachterstatus), UN, UNCTAD, UNESCO, UNIDO, UNWTO, UPU, WCO, WHO, WIPO, WMO, WTO.

Wichtigste Medien: *Öffentlicher Rundfunk:* Angeboten vom Öffentlichen Rundfunk Georgiens mit Sitz in Tiflis und vom Staatshaushalt finanziert; 3 Fernsehsender, Das Erste (1TV), Das Zweite (2TV) und Adjara TV
Private Fernsehsender: 9 Sender
Hörfunk: Vielfältiges Angebot an Radiosendern, 2 Radiosender werden vom Öffentlichen Rundfunk Georgiens betrieben
Zusätzlich wird internetbasierter Rundfunk betrieben

* * * * * * * * * * * * *

Naturraum und geographische Rahmenbedingungen

In Georgien finden sich auf kleinstem Raum insgesamt acht verschiedene Klima- und Vegetationszonen, aus denen eine Vielzahl von Kulturlandschaften entstanden ist. An der Schwarzmeerküste in Abchasien und Adscharien herrscht ein subtropisches, feuchtwarmes Klima. Weiter landeinwärts schließen sich die Gebirgslandschaften Swanetien, Ratscha und Letschchumi an sowie das westgeorgische Kernland Imeretien. Im Osten des Lichi-Gebirges liegt die zentrale Senke Ostgeorgiens, die Region Kartli, welche durch trockene Sommer und kalte Winter geprägt ist. Südlich von Kartli erhebt sich der Kleine Kaukasus mit den Regionen Mes'cheti und Dschawacheti. Im äußersten Osten des Landes – dem Grenzgebiet zu Aserbaidschan – liegt das Weinanbaugebiet Kachetien. Davon nördlich liegt der raue Große Kaukasus mit vielen besiedelten Tälern. Georgien hat bedingt durch die unterschiedlichen Klimazonen eine sehr hohe Biodiversität und insgesamt 17 Naturschutzgebiete auf insgesamt 13,5 Prozent des Staatsterritoriums. Die Wälder Georgiens umfassen ca. 3 Millionen ha und das subtropische Klima am Schwarzen Meer ermöglicht den Anbau von Zitrusfrüchten und Tee.

Die Klimazonen reichen von diesem subtropisch-feuchten Klima bis hin zu einem trockenen und gemäßigten Kontinentalklima im Osten mit einer durchschnittlichen Lufttemperatur zwischen 15 °C im West- und 11 bis 13 °C im Ostteil des Landes sowie durchschnittlichem Niederschlag im Westen von 3 000 mm und dagegen nur ca. 400 mm im Osten. Der georgische Frühling ist relativ kurz mit raschen Klimaschwankungen, die Sommer dagegen oft heiß und trocken, der Herbst ist zumeist sonnig-warm, die Winter sind in der Regel schneearm. Diese äußerst diversen Klima- und Vegetationszonen haben sich auch auf die Lebensweise von einzelnen Volksgruppen in den Berg- und Talschaften ausgewirkt. So sind in Georgien neben der staatlichen Verwaltungsgliederung auf Grundlage landschaftlicher Großräume weitere historisch-ethnographische Landsmannschaften entstanden, welche nicht nur sprachlich und kulturhistorisch heterogen sind, sondern durch ihre historische Genese die Identität von Georgiern neben der nationalstaatlichen Identität bis heute stark beeinflussen. Der höchste Berg des Landes und der dritthöchste im Großen Kaukasus ist der Schchara mit einer Höhe von 5 201 m, der längste Fluss ist der Mtkwari (Kura), welcher insgesamt 1 515 km lang ist, wovon sich 351 km auf georgischem Territorium befinden. Als Besonderheit ist zudem die Werjowkina-Höhle als mit 2 212 Metern Tiefe die tiefste bekannte Höhle der Welt zu nennen. Die wichtigsten Städte des Landes sind Tbilisi/Tiflis (1,113 Mio. Einwohner), Kutaisi (230 000 Einwohner), Rustavi (150 000 Einwohner), Batumi (130 000 Einwohner) und Suchumi (120 000 Einwohner).

Geschichtliche Entwicklung von vorkolonialer Zeit bis zur Unabhängigkeit

Die geschichtliche Entwicklung ist trotz der geringen Größe so vielfältig wie reichhaltig und spielt im regionalpolitischen Kontext des Kaukasus bis heute eine wichtige Rolle für die Identität und das Selbstverständnis staatlichen wie gesellschaftlichen Handelns. Schon im Jahre 337 führte König Mirian III. von Iberien das Christentum als offizielle Staatsreligion in seinem Hoheitsgebiet ein. 395 wurde das Gebiet Teil des Oströmischen Reiches und ab dem Jahr 591 galt das oströmische Glaubensbekenntnis. Die Islamisierungsversuche ab 642 blieben weitgehend erfolglos und mit dem Zerfall des Kalifats und dem Vordringen der Kreuzfahrer in den Nahen Osten Anfang des 11. Jahrhunderts gelang es, alle kleinen georgischen Fürstentümer zu einem georgischen Königreich zu einen. Mit dem Untergang von Konstantinopel 1453 „verschwand" Georgien dann für längere Zeit aus dem Blickfeld der christlichen Staaten Europas, durchlief viele Veränderungen sowie Teilungen seines Staatsgebiets in den nächsten Jahrhunderten und tauchte erst Ende des 18. Jahrhunderts wieder im Bewusstsein der europäischen Mächte auf. Im Vertrag von Georgijewsk von 1783 begab sich das ostgeorgische Königshaus unter die „Schutzherrschaft" des russischen Zaren, welche 18 Jahre später zur Annexion des gesamten ursprünglichen georgischen Staatsgebiets in das Zarenreich führte. Das Verhältnis zu Russland war stets von Spannungen geprägt, auch wenn sich gegen Mitte des 19. Jahrhunderts Tiflis zum „Paris des Ostens" entwickelte. In der damaligen wie auch größtenteils heutigen nationalen Perzeption war und bleibt Russland immer der Aggressor, Georgien dagegen war und ist immer das Opfer Moskaus. Die sowjetische Revolution von 1917 führte dann zum Ende der russischen Zarenherrschaft im Kaukasus, worauf sich mehrere neue Nationalstaaten etablierten, die aber nur kurz existierten.

Die georgische Unabhängigkeitsbewegung schuf 1918 die erste sozialdemokratisch regierte Republik der Welt, die jedoch nur bis zum Frühjahr 1921 Bestand hatte und anschließend zur Georgischen Sozialistischen Sowjetrepublik wurde. Daran anschließend war Georgien von 1922 bis 1936 Teil der Transkaukasischen Föderation und von 1936 bis 1991 wieder als formal selbstständige Unionsrepublik Bestandteil der UdSSR, einhergehend mit einer nachholenden Industrialisierung des Landes und einer Spezialisierung der Landwirtschaft auf Südfrüchte und Wein. Die georgisch-russische Ambivalenz findet ihren Niederschlag in der Person Stalins, des berühmtesten Sohnes der Kaukasusrepublik. So hält sich bis heute in Stalins Geburtsstadt Gori ein teilweise unwirklich anmutender

Kult um die Person Stalins, versinnbildlicht durch das Stalin-Museum. Die seit den 1970er Jahren immer stärker werdende georgische Nationalbewegung führte dann Ende der 1980er Jahre zu brutalen Auseinandersetzungen zwischen den kommunistischen Machthabern und der georgischen Nationalbewegung sowie den Nationalbewegungen in den von ethnischen Minderheiten bewohnten Gebieten Adscharien und Abchasien. Traurige Höhepunkte der Auseinandersetzungen waren am 9. April 1989 die Auflösung einer gewaltfreien Demonstration vor dem Regierungsgebäude in Tiflis durch sowjetische Truppen mit 20 Toten und mehreren hundert Verletzten. Dies beschleunigte die Lösung Georgiens von der UdSSR und so sprachen sich im Referendum am 31. März 1991 über die staatliche Unabhängigkeit insgesamt 98,9 Prozent der abgegebenen Stimmen für eine Loslösung aus. Die Unabhängigkeitserklärung erfolgte am 9. April 1991, am 26. Mai 1991 wurde Swiad Gamsachurdia zum ersten Präsidenten des unabhängigen Georgiens gewählt. Doch die Ruhe währte nur kurz, die Unabhängigkeit war eine chaotische und gewalttätige Zeit. Am 22. Dezember 1991, kam es zu einem bewaffneten Aufstand unter Mitwirkung von Teilen der georgischen Streitkräfte und Kämpfen zwischen Gamsachurdia-Treuen und dem georgischen Staatsrat.

Diese Kämpfe dauerten bis Ende 1993 und endeten mit Gamsachurdias Tod unter weiterhin ungeklärten Umständen am 31. Dezember 1993 in Westgeorgien. Im März 1992 wurde Eduard Schewardnadse – der von 1972 bis 1985 Erster Sekretär der KP der Georgischen SSR sowie von 1985 bis 1990 Außenminister der UdSSR war – Vorsitzender des georgischen Staatsrats und Interimspräsidenten. Der Beginn seiner insgesamt elfjährigen Amtszeit war geprägt von blutigen Zusammenstößen abchasischer Separatisten und georgischem Militär – resultierend in dem Tod und der Vertreibung hunderttausender Menschen während des Konflikts. Abchasien verfügt seit 1993 über eigenständige, von Georgien unabhängige staatliche Strukturen, gehört aber völkerrechtlich zu Georgien trotz der Anerkennung der Unabhängigkeit durch Russland und fünf andere Staaten 2008. Im Rahmen dieses „eingefrorenen Konflikts“ existierte von 1993 bis 2009 die United Nations Observer Mission in Georgia (UNOMIG).

In der Folge wurde Eduard Schewardnadse 1995 zum Präsidenten Georgiens gewählt und 2000 wiedergewählt. Er stand für die Annäherung politisch und militärisch an den Westen, so wurde Georgien Mitglied im Europarat und strebte nach der Mitgliedschaft in EU und NATO. Die Bevölkerung verarmte in seiner Amtszeit jedoch rapide, die Infrastruktur nutze sich drastisch ab, die Energieversorgung des Landes brach vor dem Hintergrund der Kaukasuskonflikte um die Jahrtausendwende zusammen, die Arbeitslosigkeit erreichte Höchstwerte und die Korruption nahm erhebliche Ausmaße an. Dies alles führte zu einer Spaltung des Landes, die grassierende Korruption und eklatante Misswirtschaft zu einer Verelendung einer Bevölkerungsmehrheit und somit kam es unter Führung von jungen Reformkräften, wie Michail Saakaschwili, Surab Schwania und Nino Burdschanadse im Herbst 2003 zum Sturz der Regierung Schewadnadse. Charakterisiert durch den neuen Staatspräsidenten Saakaschwili wurde ein marktliberaler Reformkurs eingeschlagen, der als „Rosenrevolution“ bis 2012 charakterisiert wurde. Mit der eingeführten Verfassungsänderung 2004 beschritt Georgien den Weg von einer Präsidialrepublik hin in eine parlamentarische Demokratie, die sich weiterhin zu europäischen Standards bekennt und zugleich eine Entspannung im Verhältnis zur Russländischen Föderation anstrebt.

Bevölkerungsstruktur – insbesondere ethnische Zusammensetzung

Die Bevölkerung beträgt basierend auf der letzten Volkszählung vom November 2014 3,718 Millionen – ohne Abchasien – davon 2,128 Millionen in Städten und 1,589 Millionen im ländlichen Bereich. Die ethnische Zusammensetzung ist mit insgesamt 86,8 Prozent Georgiern, 6,3 Prozent Aserbaidschanern, 4,5 Prozent Armeniern, 0,7 Prozent Russen, 0,4 Prozent Osseten, 0,3 Prozent Yeziden, je 0,2 Prozent Ukrainer, Kisten und je 0,1 Prozent Assyrer und Griechen auch ein Spiegelbild der religiösen Zugehörigkeit mit einem Anteil von 83,4 Prozent orthodoxer Christen und knapp 10 Prozent Muslime sowie geringen Anteilen der Armenisch-Apostolischen Kirche, der römisch-katholischen Kirche und anderen. Georgien ist durch seine kulturräumliche Diversität ein vielsprachiges Land mit insgesamt 23 Sprachen aus sechs verschiedenen Sprachfamilien. Nennenswert sind, hierbei das Georgische mit 71 Prozent, das Russische mit 9 Prozent, das Armenische mit 7 Prozent sowie das Aserbaidschanische mit 6 Prozent.

Die anderen 19 Sprachen (darunter Ossetisch und Abchasisch) bilden die restlichen 7 Prozent ab. Zur Verschriftlichung der georgischen Sprache als dominante südkaukasische Sprache wird die Alphabetschrift Mchedruli verwendet, die 33 Buchstaben besitzt. Der Bevölkerungsaufbau ist ein recht junger und weiblicher – 18,8 Prozent der Bevölkerung 0–14 Jahre alt, 67,1 Prozent 15–64 Jahre und lediglich 14,3 Prozent 65 Jahre und älter. 47,7 Prozent der Bevölkerung sind männlich, 52,3 Prozent weiblich. Insgesamt weist die Bevölkerungsentwicklung immer noch einen negativen Trend aus, da seit der staatlichen Unabhängigkeit 1991 und den folgenden Bürgerkriegen über eine Million Menschen das Land verlassen haben. Die Bürgerkriege in Abchasien und Südossetien haben in den 1990er Jahren dazu geführt, dass etwa 250 000 Menschen vertrieben wurden. Nach dem russisch-georgischen Konflikt um Südossetien 2008 erhöhte sich die Zahl weiter und selbst Ende 2016 existierten noch 271 525 Menschen als „internally displaced persons (IDPs)“, Flüchtlinge und „humanitarian status holders“ innerhalb Georgiens.

Wirtschaftsstruktur

Trotz der marktliberalen Öffnung und den Privatisierungen in der Saakaschwili-Ära sind der öffentliche Sektor zusammen mit der Landwirtschaft und Bauwesen nach wie vor die wichtigsten Wirtschaftsbereiche im Land. Traditionell ist Georgien ein Agrarland. 2018 waren immer noch 55 Prozent aller Arbeitskräfte in der Landwirtschaft tätig, aber der Anteil am BIP betrug offiziell knapp 8 Prozent. Die natürlichen Bedingungen bieten gute Voraussetzungen für einen Anbau von Obst und Gemüse, Ackerbau sowie Viehzucht.

Georgien gilt aber dank der Reformen mit weitem Abstand zu den Nachbarländern als das investitionsfreundlichste Land in der Region, wie die Länderreporte zum Geschäftsklima u. a. der Weltbank bestätigten. Im Ease of Doing Business 2020 steht Georgien auf Platz 7 von 190. Der georgische Staat verfolgte seit 2004 eine eindeutig marktwirtschaftlich orientierte Politik mit einer teilweise radikalen Privatisierungspolitik und einem harten Vorgehen gegen die grassierende Korruption der 1990er Jahre, was sich schnell mit einem sprunghaften Anstieg ausländischer Direktinvestitionen positiv auf das Wirtschaftswachstum und die staatlichen Steuereinnahmen auswirkte. Stärkere Einbrüche gab es vor allem im Zusammenhang mit dem russisch-georgischen Krieg 2008. Die hohen Raten des Wirtschaftswachstums, welche zwischen 8 und 10 Prozent in den Jahren 2005 bis 2007 lagen, flauten aufgrund des russisch-georgischen Krieges von 2008 und der anschließenden Weltwirtschaftskrise ab. 2010 und 2011 lag das Wachstum des BIP bei 6,4 Prozent und 6 Prozent, sank aber durch die politischen Querelen 2012/13 auf 3,6 Prozent und erholte sich in der Folge nur leicht. Die Inflationsrate lag 2018 bei 3 Prozent und 2019 bei 4,3 Prozent. Die Arbeitslosigkeit liegt offiziell bei knapp 14 Prozent – inoffizielle Expertenschätzungen gehen aufgrund der Strukturen im ländlichen Raum sowie der hohen Anzahl von Binnenflüchtlingen eher von 35–40 Prozent aus. Soziale Unzufriedenheit bleibt daher vor allem im ländlichen Bereich ein permanentes Problem. Georgien selbst verfügt über natürliche Anbauprodukte wie Wein, Tee, Zitrusfrüchte, Nüsse, Getreide, Gemüsesorten sowie eine exportorientierte Rinder- und Schafzucht. Natürliche Rohstoffvorkommen sind vor allem Steinkohle, Mangan, Buntmetalle (Kupfer, Zink), Baryt sowie in geringerem Maße Erdöl, Sande und Erden.

Die exportorientierte georgische Wirtschaft hat als Handelspartner primär die EU, Russland, die Türkei und Aserbaidschan. Ein weiterer wichtiger Wirtschaftszweig ist die Tourismuswirtschaft. Der Beitrag des Tourismus zum Bruttoinlandsprodukt wird auf knapp zehn Prozent geschätzt und die Förderung des Tourismus genießt Priorität sowohl seitens der georgischen Regierung als auch seitens der Partner der Entwicklungszusammenarbeit. 2018 wurden über 7,2 Millionen internationale Besucher registriert, davon kamen 1,4 Millionen auch aus Russland. Zudem wurden nach dem vollständigen Inkrafttreten des Assoziierungsabkommens zwischen der EU und Georgien im Juli 2016 vertiefte Impulse für Handel und wirtschaftliche Kooperation konstatiert, diese haben aber noch nicht zu einer starken Veränderung der wirtschaftlichen Lage Georgiens geführt.

Aktuelle politische Entwicklung

In die Amtszeit Saakaschwilis fiel der russisch-georgische Krieg von 2008, welcher sich an der Rolle Südossetiens entzündete. Bereits 1990 hatte Südossetien seine Unabhängigkeit von Georgien ausgerufen, die von georgischer Seite aber noch zu UdSSR-Zeiten nicht anerkannt wurde. Die daran anknüpfenden Auseinandersetzungen forderten Tausende von Todesopfern und Binnenflüchtlinge. Im Jahr 1992 wurde ein Friedensabkommen unterzeichnet und in der Folge das Waffenstillstandsabkommen überwacht. Im August 2008 brach nach einer Verschlechterung der Lage ein offener Krieg zwischen Russland und Georgien aus, mit einem niederschmetternden Ergebnis für das georgische Militär, welches sich nach dem August-Krieg vollständig aus Südossetien zurückziehen musste. Als Resultat flüchteten fast alle ethnischen Georgierinnen und Georgier aus Südossetien und am 25. August 2008 erkannte Russland als erster Staat die Unabhängigkeit Südossetiens an. Der Krieg von 2008 war außenpolitisch ein schwerer Rückschlag für Georgien – so wurde der desolate Zustand der georgischen Armee, die sich im Krieg mit Russland als weitgehend kampfunfähig und -unwillig erwies, ein Rückschritt auf dem außenpolitischen Ziel, in die EU und vor allem in die NATO aufgenommen zu werden. Da Russland die abtrünnigen Provinzen Abchasien und Südossetien unterstützt, kann Georgien als Land mit ungelösten Grenzkonflikten nicht Mitglied in der NATO werden.

Saakaschwili wurde nach seiner Amtszeit 2012 Amtsmissbrauch vorgeworfen und er wurde 2018 in Abwesenheit zu 8 Jahren Haft verurteilt. Eine neue Verfassung trat nach der Präsidentenwahl 2013 mit dem ehemaligen Bildungsminister und Vizepremier Georgi Margwelaschwili als Sieger in Kraft und stärkt die Rechte des Parlaments und der Regierung im Gegensatz zu der Stärkung des Präsidenten in der Verfassungsänderung von 2004. Der Regierungschef wird nun nicht mehr vom Präsidenten, sondern von der stärksten Partei im Parlament vorgeschlagen. Zudem verlor der Präsident das Weisungsrecht in der Innen- und Außenpolitik. Die Folgejahre waren gekennzeichnet von häufigen Regierungs- und Koalitionswechseln, erst Ende 2015 kam es zu einer relativen Beruhigung der innenpolitischen Situation. Ende 2018 gewann Salome Surabischwili, die ehemalige französische Botschafterin in Georgien und ehemalige georgische Außenministerin, die Präsidentschaftswahlen und wurde mit Amtsantritt am 16.12.2018 die erste Präsidentin des Landes. Sie ist damit auch die letzte direkt gewählte Präsidentin, da ab 2024 bzw. der nächsten Wahl des Amts des Staatspräsidenten dieser durch ein Wahlgremium ähnlich der

Bundesversammlung bestimmt wird – dies geht einher mit der neuen Ausrichtung des Präsidialamts als ein eher repräsentatives Amt.

Georgien steht aktuell vor einer großen Herausforderung, was seine Außenpolitik in der Kaukasusregion betrifft. Dies ist zum einen das Verhältnis mit Russland, welches vor allem durch die beiden eingefrorenen Konflikte in Abchasien und Süd-Ossetien geprägt und somit belastet ist. Zum anderen strebt Georgien kulturell, politisch wie auch gesellschaftlich nach Europa mit dem erklärten Ziel der georgischen Außenpolitik, die Beziehungen zur Europäischen Union mit der Konsequenz sowohl eines EU-Beitritts als auch eines vollständigen Beitritts in die NATO zu festigen. Letzteres ist militärstrategisch für Russland wie auch den Iran ein unwahrscheinliches und zu verhinderndes Szenario. Hinsichtlich der europäischen Hinwendung existiert seit 2016 mit der EU ein Assoziierungs- und Freihandelsabkommen, welches aber noch nicht die von Georgien erhofften Wirkungen zeigt. Ein Visaerleichterungs- und Rücknahmeabkommen zwischen der EU und Georgien war bereits am 1. März 2011 in Kraft getreten. Seit einigen Jahren ist auch China im Kontext der „neuen Seidenstraße" („One belt, one Road"-Initiative) und der kaspischen Wirtschaftskorridore ein neuer außenpolitischer Akteur, welcher seit 2016 massiv in Infrastrukturprojekte im Eisenbahn- und Straßenbau investiert. Zudem gilt es festzuhalten, dass Georgien Freihandelsabkommen mit der EU, Russland, der Türkei und seit Mai 2017 auch mit China hat. Dies passt zu der eigenen Sichtweise Georgiens außen- wie handelspolitisch als Transportkorridor für Energielieferungen aus Zentralasien und Aserbaidschan nach Europa – so sind die vier Erdöl- bzw. Erdgaspipelines wie die Ölpipeline Baku-Tiflis-Ceyhan (BTC) und die Gaspipeline Baku-Tiflis-Erzurum (BTE, „South Caspian Pipeline"-SCP) neben dem Gastransport-Korridor „Southern Corridor" für die Energieversorgung Europas essentiell. Dies geht einher mit traditionell guten Beziehungen zu der Türkei und Aserbaidschan sowie Armenien und auch dem Iran – etwas, was Georgien in der Region als Mittler prädestiniert.

Georgien wird kritisch als eine „defekte Demokratie" mit „ethnisch-autoritärem Liberalismus" gekennzeichnet, da zwar der Zugang zur Politik für die Bürger formell durch freie und geheime Wahlen gesichert ist, aber immer wieder politische und bürgerliche Rechte eingeschränkt bzw. beschnitten werden.

Literatur

Cheterian, V. (2008): War and Peace in the Caucasus. Russia's Troubled Frontier. London.

Fähnrich, H. (2010): Geschichte Georgiens. Boston.

Kirova, I. (2012): Public Diplomacy and Conflict Resolution. Russia, Georgia and the EU in Abkhazia and South Ossetia. In: CDP Perspectives on Public Diplomacy, Paper 7/2012. Los Angeles.

Reiter, E. (Hrsg.) (2009): Die Sezessionskonflikte in Georgien. Wien.

Toal, G. (2017): Near Abroad. Putin, the West and the Contest over Ukraine and the Caucasus. Oxford.

Wissenschaftliche Dienste des Bundestags (2019): Georgien – Transitland internationaler Erdöl- und Erdgaspipelines. In: Aktenzeichen WD 5 – 3000 – 057/19. Berlin.

Zürcher, C. (2007): The Post-Soviet Wars. Rebellion, Ethnic Conflict, and Nationhood in the Caucasus. New York.

Bojan Laganin und Meik Nowak

Indien

Offizieller Name:	Republik Indien
Staatsform:	Parlamentarische Bundesrepublik
Unabhängigkeit:	15. August 1947 (von Großbritannien)
Nationalfeiertag:	26. Januar 1950 (Verfassung tritt in Kraft)
Hauptstadt:	Neu-Delhi
Lage:	Südasien, grenzt an das Arabische Meer sowie den Golf von Bengalen
Fläche:	3 287 263 qkm (Weltrang: 7)
Bevölkerung:	1 326 093 247 (Schätzung 2020)
Landesstruktur:	28 Bundesstaaten und 8 Unionsterritorien
Sprachen:	Englisch (genießt den Status einer unionsweit anerkannten Amtssprache), weitere 22 Sprachen sind offiziell anerkannt, die Verbreitung ist wie folgt: Hindi (43,6 Prozent), Bengali (8 Prozent), Marathi (6,9 Prozent), Telugu (6,7 Prozent), Tamil (5,7 Prozent), Gujarati (4,6 Prozent), Urdu (4,2 Prozent), Kannada (3,6 Prozent), Rest (16,7 Prozent) (Schätzung 2011)
Religionen:	Hinduismus (79,8 Prozent), Islam (14,2 Prozent), Christentum (2,3 Prozent), Sikh (1,7 Prozent), Sonstige (2 Prozent) (Schätzungen 2011)
Währung:	Indische Rupie (INR)
Wirtschaftszweige:	*Landwirtschaft:* Reis, Weizen, Ölsaaten, Baumwolle, Tee, Zuckerrohr; Molkerei; Fisch *Industrie:* Textilien, Chemikalien, Lebensmittelverarbeitung, Stahl, Transportmittel, Zement, Bergbau, Erdöl, Maschinen, Software, Pharmazeutika

Mitgliedschaften:	ADB, ASEAN (Dialogpartner), BIMSTEC, BIS, BRICS, C, CD, CICA, CP, EAS, FAO, FATF, G-15, G-20, G-24, G-5, G-77, IAEA, IBRD, ICAO, ICRM, IDA, IFAD, IFC, IHO, ILO, IMF, IMO, Interpol, IOC, IOM, IPU, ISO, MIGA, MINURSO, NAM, OECD, OPCW, PCA, SAARC, UN, UNCTAD, UNDOF, UNESCO, UNHCR, UNIFIL, UNITAR, UNMISS, UNOCI, UNWTO, UPU, WCO, WHO, WIPO, WMO, WTO.
Wichtigste Medien:	*Fernsehsender:* Der staatliche Fernsehsender Doordarshan hat ein Monopol für die terrestrische Übertragung und bietet 20 nationale, regionale sowie lokale Sender; private Fernsehsender strahlen über Kabel- und Satellitenfernsehen aus. *Hörfunk:* Die Regierung kontrolliert den Hörfunk über die Mittelwellen mit dem Sender All India Radio, während es privaten Anbietern ab dem Jahr 2000 erlaubt wurde, über UKW auszustrahlen

****

Naturraum und geographische Rahmenbedingungen

Die Republik Indien erstreckt sich vom Indischen Ozean bis zur Nordgrenze durch den Himalaya. Trotz der Landfläche von 2 973 Millionen qkm ist das Land relativ dicht besiedelt. Flächenmäßig der siebtgrößte Staat der Welt, der an sechs Staaten angrenzt: China, Pakistan, Nepal, Bhutan, Myanmar und Bangladesch. Im Nordwesten des Landes befindet sich das Hochtal *Indus*, welches durch den Gebirgszug *Ladakh Range* getrennt wird und im Nord(-Osten) an den Himalaya grenzt. Fruchtbares Land ist im Süden durch die zwei Flüsse *Ganges* und *Brahmaputra* entstanden, während sich im Westen die Wüste *Thar* befindet. *Dekkan* ist das größte Hochlandgebiet des südlichen Teils des indischen Subkontinents und nimmt gleichzeitig auch den größten Teil Indiens ein. Außerdem gibt es drei vorgelagerte Inselgruppen, die *Lakkadiven, Amindiven* sowie *Minicoy*. Die Küste ist rund 7 000 Kilometer lang.

Klimatisch herrscht außer in Nord- und Zentralindien ein subtropisches Klima, welches an Küstennähe eher maritim geprägt ist. Daher kommt es im Norden zu stärkeren Temperaturschwankungen, hingegen sind die Temperaturen im Süden relativ konstant warm. Die Folge häufige Dürren, auch durch ausbleibenden Monsun verursacht. Fällt dieser extreme Starkregen, kann es zu Überschwemmungen kommen. Durch die zunehmende Industrialisierung und Urbanisierung sind in Indien weitreichende Probleme aufgetreten, speziell im Bereich Klima- und Umweltbelastungen. Einige Probleme sind beispielsweise zu geringer Zugriff auf Wasser und dessen Verunreinigung, Luftverschmutzung und unzureichende Abfallentsorgung. Insbesondere durch Industrie und Landwirtschaft kommt es zu Wassermangel, sodass Verteilungskämpfe um Wasser entstehen.

Geschichtliche Entwicklung von vorkolonialer Zeit bis zur Unabhängigkeit

Indien zählt zu einer der ältesten Hochkulturen der Welt, dessen Geschichte bis zu viertausend Jahre zurückgeht. Schätzungsweise kamen um 1300 v. Chr. Viehzüchter – die *Arier* – nach Zentralindien und brachten die vedische Kultur hervor. *Siddharta Gautama* (= Buddha) wurde im 4. Jahrhundert geboren und so entfaltete sich der Buddhismus neben dem Hinduismus als die maßgebliche Geistesströmung Indiens. Insbesondere der Aufstieg des *Maurya-Reichs* und die Ausdehnung des Kaisers *Ashoka* prägten diese Zeit.

Anfang des 8. Jahrhunderts kamen arabische Einwanderer nach Indien, die Eroberungszüge bei dem Einzug nach Gujarat vorhatten, jedoch besiegt wurden. Hierdurch hat sich die Kultur und Religion des Islams erst langsam bis in das 12. Jahrhundert entwickelt. Im Zeitraum vom 8. bis 10. Jahrhundert wurden große Teile von Indien durch die drei vorherrschenden Dynastien *Pala, Rashtrakuta* und *Pratihara* dauerhaft umkämpft, um den nordindischen Teil zu regieren. Im Süden des Landes herrschte vom 14. bis 16. Jahrhundert das hinduistische Königreich *Vijayanagar*. Die Moguldynastie prägte insbesondere Nordindien in der Mitte des 16. Jahrhunderts und spielte für die persische Kultur eine wesentliche Rolle. Diese islamische Herrschaft brachte Denkmäler wie das Taj Mahal oder die Forts Agra hervor. Ausgelöst durch den Tod des Herrschers *Aurangzebs* begann sich die Dynastie allmählich aufzulösen und Regionalreiche entstanden. Dies barg die Möglichkeit für die Europäer Indien erobern zu können.

Handelskompanien wurden zunächst durch die Portugiesen, dann die Franzosen und später die Briten errichtet, die das Land per Schiff erreichten. Die Portugiesen beschränkten sich auf Goa, an der Westküste, während die Briten und Franzosen jeweils die Vorherrschaft auf indischem Boden zu erlangen versuchten und teils erbittert den Subkontinent umkämpften. Letztendlich gelang es den Briten sich durchzusetzen und die vollständige Kolonialherrschaft mitsamt politischer Kontrolle über das Land zu erlangen. Das britische Kolonialreich bestand als Vizekönigreich des britischen Imperiums zwischen 1858 und 1947.

Die Zeit der Unabhängigkeitsbestrebungen Indiens von der britischen Kolonialmacht begann bereits 1885, durch die Gründung des Indischen Nationalkongresses (INC), später auch Kongresspartei genannt. Zu Beginn handelte es sich hierbei eher um eine elitäre Verbindung, jedoch wuchs der Einfluss der Hindus im INC zunehmend, sodass es mit Unterstützung der Partei *Muslimliga* zu einer Forderung für die indische Unabhängigkeit kam. Nach dem Ersten Weltkrieg wurde auch Mahatma Gandhi Teil des INCs. Durch seinen charismatischen Führungsstil brachte er maßgeblich den Freiheitskampf für ein friedliches, geeintes Indien, so seine Vorstellung, hervor. Er wandte sich stark gegen Kolonialismus und setzte sich für Menschenrechte, insbesondere für die *Dalits*, ein. Trotz großer Resonanz, auch im internationalen Kontext, gab es zunächst keine weitreichenden Veränderungen. Allerdings gilt Gandhi bis heute als herausragender Freiheitskämpfer. Schließlich wurde durch den sogenannten ‚Government of India Act' im Jahre 1935 ein eingeschränktes Mitspracherecht der einheimischen Bevölkerung erzielt.

Die Briten führten Teilelemente der parlamentarischen Demokratie durch Verfassungsreformen ein. Jedoch handelte es sich hier nicht um einen völligen Parlamentarismus, da dieser nicht mit dem Denken einer kolonialen Vorherrschaft einhergegangen wäre. Darüber hinaus hat sich auch der geschaffene Föderalismus bis heute in Indien durchgesetzt. Nach dem Zweiten Weltkrieg kam es durch Gandhis Nachfolger, Jawaharlal Nehru, zu erneuten Verhandlungen um die politische Unabhängigkeit. Die bedeutende Rolle Nehrus und sein Einsatz für Indien als späterer erster Premierminister prägte diese Zeit maßgeblich.

Ein auftretender immer stärker werdender Interessenskonflikt zwischen Muslimen und Hindus zwang die britische Kolonialmacht schließlich dazu, Indien die politische Unabhängigkeit in Aussicht zu stellen. Der Mountbatten-Plan vom 03.06.1947 führt dann zur vorzeitigen Unabhängigkeit des Landes. Jedoch kam es infolge des Konfliktes letztendlich zu Abspaltungen in einen hinduistischen (das heutige Indien) und muslimischen Teil (heute Pakistan und Bangladesch – ursprünglich West- und Ostpakistan). Nach drei Kriegen in Ostpakistan formierte sich dieses Land neu in Bangladesch.

Am 26.11.1949 konstituierte sich Indien als Republik. Exakt zwei Monate später trat auch die Verfassung in Kraft. Trotz der ehemaligen britischen Herrschaft verblieb Indien im Verband der Commonwealth-Staaten. Nach dem Tod von Lal Bahadur Shastri, dem Nachfolger Nehrus, übernahm Indira Gandhi das Amt als Premierministerin im Januar 1966. Sie geriet durch einen Konflikt mit den alten Machteliten zunehmend in die Kritik und spaltete die Kongresspartei. Durch die Abhaltung kam es zu Neuwahlen im Jahr 1971. In dieser Wahl wurde in ihrem Amt als Premier bestätigt. Aufgrund zunehmender innenpolitischer Probleme wurde ein Rücktritt Indira Gandhis gefordert. Die Folgen waren das Verkünden eines internationalen Notstandes, eine Verschiebung der Parlamentswahlen und Verhaftungen von einigen Oppositionsführern, die zwei Wochen vor der Wahl freigelassen wurden. Zur Wahl wurde eine gegenläufige Allianz gebildet, sodass der Plan, Indira Gandhi durch Morarji Desai abzuwählen, aufging. Indira Gandhi schaffte nochmals eine zweite Amtsperiode ab 1980. Allerdings geriet sie in einen Konflikt mit den *Sikhs*, die eine eigne Staatsgründung anstrebten. Nachdem sie zwar erfolgreich Militär gegen die Sezessionisten entsendete, wurde Indira Gandhi im Oktober 1984 infolge des Konflikts durch Sikh-Leibwächter ermordet.

Bevölkerungsstruktur – insbesondere ethnische Zusammensetzung

Indien hat nach aktuellen Erhebungen eine Gesamtbevölkerung von mehr als 1,3 Mrd. Menschen und ist somit das bevölkerungsmäßig zweitgrößte Land der Welt. Der jährliche Bevölkerungszuwachs beträgt etwa 1,26 Prozent. Aktuell sind ungefähr 52 Prozent der Bevölkerung männlich und 48 Prozent weiblich. Allerdings ist diese demografische Entwicklung je nach

Landesteil sehr uneinheitlich. Der Süden ist im Gegensatz zum Norden wirtschaftlich nicht so stark entwickelt. Weitestgehend lebt die Mehrheit der indischen Bevölkerung auf dem Land, jedoch steigt der Bevölkerungsanteil in den Ballungsräumen und urbanen Zentren stetig.

Mit einem Durchschnittsalter von 29 Jahren hat Indien eine sehr junge Bevölkerung. Die Folge der wirtschaftlichen Öffnung in den 1990er Jahren hat etwa 140 Millionen Menschen aus der absoluten Armut verholfen. Ungeachtet von anderen sozialen und gesellschaftlichen Problemen profitiert das Land insgesamt über die sogenannte ‚demografische Dividende' durch eine höhere Erwerbsfähigkeit seiner Bevölkerung.

Die indische Volksreligion ist der Hinduismus, dem 79,8 Prozent der Gesamtbevölkerung angehören, gefolgt von dem Islam mit 14,2 Prozent, dem Christentum mit 2,3 Prozent. Der Rest verteilt sich auf andere kleinere Religionen. Trotz der religiösen Vielfalt sind alle gleichberechtigt und koexistieren weitgehend friedlich. Dieser Multikulturalismus prägt das Land, so sind etwa in Mumbai neben einem Tempel eine Kirche oder Moschee zu finden. In den letzten Jahren ist dieses Konzept durch die regierenden Hindu-Nationalisten der Bharatiya Janata Party (BJP) unter Ministerpräsident Narendra Modi und vor dem Hintergrund der Ausschreitungen in Gujarat 2002 nicht mehr uneingeschränkt gültig. Verstärkt kann eine antimuslimische Rhetorik im politischen Alltag festgestellt werden.

Indien wird vornehmlich mit dem Kastensystem in Verbindung gebracht. Die Begrifflichkeit stammt vom portugiesischen Wort *casto* (= rein, keusch). Diese, auf die ehemalige portugiesische Kolonialherrschaft basierende Begrifflichkeit beabsichtigte, eine Hierarchisierung der Gesellschaft, insbesondere im Bereich der Heirat, zu schaffen. Diese gesellschaftlichen Schichten werden klassisch in vier Hauptkasten kategorisiert. Ganz oben stehen hierbei *Brahmanen*, dann die *Kshatriyas, Vaishyas* und *Shudras* gefolgt von den kastenlosen oder auch „Unberührbaren" bzw. *Daltis*. Dabei wird zugrunde gelegt, dass die Unberührbaren in ihre Kaste hineingeboren werden und Zeit ihres irdischen Lebens darin verbleiben. Die *Daltis* umfassen etwa 200 Millionen Menschen, die sich zunehmend gegen Apartheid und Diskriminierung wehren, um Gleichberechtigung zu schaffen. Allerdings ist wichtig zu berücksichtigen, dass es eine Vielzahl an Kastensystemen gibt und das klassische System eher als loses, gesellschaftliches

Ordnungsschema zu verstehen ist. Offiziell wurde dieses System jedoch im Jahr 1949 durch die Verfassung abgeschafft.

Sprachliche Vielfalt neben den Kastensystemen und Religionen beeinflusst die indische Gesellschaft stark. Die indoarischen Sprachen sind weitverbreitet. Diese werden etwa von einem Drittel der Bevölkerung, überwiegend im Norden des Landes, gesprochen. Hindi, die zu dieser Sprachfamilie zählt, ist am weitesten verbreitet und ist neben Englisch die einzige überregionale Amtssprache. Allerdings gibt es 22 Regionalsprachen, die ebenfalls anerkannt sind, wie beispielsweise Tamil oder Bengali. Die Geschlechterverhältnisse in Indien sind sehr patriarchal. Frauen werden gesellschaftlich deutlich benachteiligt und diskriminiert, man spricht auch von den ‚verlorenen Töchtern'. Aufgrund der Bevorzugung von Männern werden weibliche Embryonen oftmals abgetrieben bzw. nach der Geburt systematisch vernachlässigt, weil sie als nicht so „nützlich" betrachtet werden. Sie kommen außerdem seltener in die Schule, da sie meist sehr früh verheiratet werden, um sich anschließend um die Familie zu kümmern. Laut Unicef werden nach wie vor 27 Prozent der indischen Mädchen bereits als Kind zwangsverheiratet. Durch die geringe Bildung sind sie in Erwerbsmöglichkeiten eingeschränkt und haben somit auch schlechtere Überlebenschancen. Darüber hinaus sind die Mädchen durch die Zwangsheirat meist sozial isoliert und werden auch immer wieder Opfer von sexueller Gewalt. Allerdings brachte vermehrt öffentlicher Druck die Regierung dazu, ein neues Gesetz gegen diese Missstände auf den Weg zu bringen. So wurden die Strafen für Täter verschärft und Vergewaltigung sowie Nötigung jeglicher Art kriminalisiert. Es handelt sich hierbei um einen deutlichen Perspektivwechsel einer konservativen Ansicht, dass die Frau Eigentum eines Mannes sei. Frauen fordern zunehmend die Möglichkeit, selbstbestimmter leben zu können und eigenständig zu sein.

Wirtschaftsstruktur

Aufgrund der kolonialen Vergangenheit versuchte das Land sich zunächst mittels staatlicher Wirtschaftsplanung weiterzuentwickeln. Industrialisierung und die damit einhergehende Modernisierung sah der damalige Premierminister Jawaharlal Nehru als Schlüssel der Weiterentwicklung des Landes. Mit Beginn der 1990er Jahre drohte eine Wirtschafts- und

Finanzkrise in Indien. Seit und durch die Liberalisierung und anschließende Öffnung der Wirtschaft 1991 wächst Indiens Volkswirtschaft stetig durchschnittlich um 7 Prozent im Jahr. Narendra Modi, Indiens Regierungschef und somit auch im Machtzentrum stehend seit 2014, führt aktuell einen marktwirtschaftlichen Kurs, insbesondere um den Protektionismus des Landes zu beseitigen. Bereits vor seinem Amtsantritt hat sich die wirtschaftliche Situation aufgrund des sinkenden Ölpreises verbessert.

Das BIP Indiens lag im Jahr 2019 bei 2 935,57 Mrd. USD und wird bis 2024 auf einen Anstieg von circa 4,63 Billionen USD prognostiziert. Aufgrund der demografischen Struktur des Landes wird stetiges Wirtschaftswachstum für das Land prognostiziert. Nach den letzten Zahlen des *India Employment Report* 2016 werden schätzungsweise 6–8 Millionen junge Menschen in den nächsten 15 Jahren auf den indischen Arbeitsmarkt strömen. Problematisch ist jedoch, dass wirtschaftliches Wachstum sehr arbeitsintensiv ist, da sich die Struktur des indischen Arbeitsmarktes in den letzten Jahren nicht grundlegend verändert hat. Somit ist fast die Hälfte der Erwerbstätigen im Landwirtschaftssektor mit 43,21 Prozent tätig, gefolgt von 31,9 Prozent im Dienstleistungs- und 24,89 Prozent im Technologiebereich. Bisher sind kaum neue Jobs geschaffen worden, trotz Versuche wie beispielsweise durch die „Make in India"-Kampagne. Wahrscheinlich werden in den kommenden Jahren sich Prozesse vermehrt automatisieren, sodass die Arbeit in der Industrie weniger beschäftigungsintensiv wird, trotz des großen Niedriglohnsektors. Trotz des Kastenwesens zeichnet sich ein Wandel ab. Veränderungen ergeben sich beispielsweise durch ansteigenden Wohlstand und Mobilität oder auch der Entwicklung neuer Berufe in den Ballungsgebieten, die durch neue Technologien entstehen, wie im IT-Bereich.

Durch die dynamische wirtschaftliche Entwicklung wird Indien neben Ländern wie China zu den aufstrebenden Wirtschaftsmächten der Welt gezählt. Allerdings gibt es auch Schattenseiten dieser Position, denn der Anteil an benachteiligten Menschen ist sehr hoch. Regionale Unterschiede prägen die Wirtschaft stark und sind folglich auch für die ungleichen Lebensverhältnisse mitverantwortlich. In Indien herrscht ein großes Problem starker Armut: Etwa ein Viertel aller Inder lebt unter der internationalen Armutsgrenze von 1,25 USD pro Tag, was einem Anteil von ca. 1/3 der Armen weltweit entspricht. Die Mehrheit dieser Minderheiten leben auf dem Land. Laut dem *Human Development Index* (HDI) der Vereinten Nationen aus 2018 befindet sich Indien lediglich auf dem 130. Platz von insgesamt 189 erfassten Ländern. Mit einem Wert von 0,64 bedeutet das, dass sich das Land zum Vorjahr nur sehr gering verbessert hat, allerdings auf der Gesamtplatzierung einen Platz nach unten gerutscht ist. Unterernährung, fehlende Bildung und das unzureichende Gesundheitsversorgung begünstigen die ärmlichen Verhältnisse und das schlechte Abschneiden im Bereich Gleichberechtigung oder Schulbesuchsdauer.

Zu den wichtigsten Exportgütern Indiens zählen neben Erdöl und Textilien bzw. Bekleidung auch chemische Erzeugnisse, Nahrungsmittel, militärische Ausrüstung oder technische Maschinen. Indien gewinnt zwar selbst Erdöl, muss dieses allerdings auch in größeren Mengen importieren, um durch den steigenden Wohlstand und Energieverbrauch den Bedarf decken zu können. Darüber hinaus weist das Land neben Öl hauptsächlich Stein- und Braunkohlevorkommen auf, die für Produktion weiterverwendet wird. Indien ist der drittgrößte Ölimporteur der Welt.

Zu den wichtigsten Handels- bzw. Exportländern zählen die USA (15,6 Prozent), die Vereinigten Arabischen Emirate (10,2 Prozent) und China (4,3 Prozent). Im Importbereich spielt für Indien China eine bedeutende Rolle – so hatten sie im Jahr 2017 einen Anteil von 16,3 Prozent. Ihre wirtschaftlichen Beziehungen zueinander sind trotz eigentlicher Rivalität weitestgehend stabil und partnerschaftlich. Demgegenüber machen die USA und VAE nur einen prozentualen Anteil von rund 5 Prozent der Importe aus.

Aktuelle politische Entwicklung

Laut Verfassung bezeichnet sich Indien als eine ‚souveräne, sozialistische, säkulare, demokratische Republik, die auf der Basis von Gerechtigkeit, Freiheit, Gleichheit und Brüderlichkeit‘ agiert, und sich in 28 Bundesstaaten sowie acht Unionsterritorien gliedert. So wird das Land auch als die größte Demokratie der Welt bezeichnet. Laut *Freedom House* erreicht Indien durch seinen politischen und bürgerrechtlichen Status eine Klassifizierung als „frei“. *The Economist* stuft Indien in seinem Demokratieindex als unvollständige Demokratie ein und rangiert das Land auf Platz 51 von 167. Grundsätzlich lässt sich demnach von einem wettbewerbsfähigen

Mehrparteiensystem auf Bundes- und Länderebene sprechen, trotz einiger gegenwärtiger Probleme.

Zwar wird laut Verfassung Meinungsfreiheit garantiert, jedoch werden Medien teilweise eingeschränkt und auch durch Politiker kontrolliert. Auch für Journalisten ist freie Arbeit nicht selbstverständlich – in der Vergangenheit gab es eine Vielzahl von tödlichen Angriffen aufgrund kritischer Äußerungen und Recherchen. Politische Partizipation und Repräsentation ist insbesondere für Frauen sowie religiöse und ethnische Minderheiten im indischen System problematisch, so werden beispielsweise in manchen Gebieten die gesellschaftliche bzw. politische Teilhabe durch Gewalt behindert oder so sind auch Frauen von sexueller und häuslicher Gewalt betroffen. Zwar ist Indien formell säkular und garantiert Religionsfreiheit, jedoch zeigen diese Beispiele, dass sich auf diese Rechte nicht immer zuverlässig berufen werden kann. So prägt die große Vielfalt an Religion und Sprachen den politischen Alltag des Landes teilweise negativ.

Darüber hinaus stellen auch nach wie vor Korruption und das regelmäßige Bestechen von Politikern und Beamten eine große Schwierigkeit dar. Laut dem Korruptionsindex von *Transparency International* belegt Indien lediglich Rang 80 von 180 und erreicht und mit 41 Punkten einen mittleren Wert in der Zuweisung der Skala. Beamten sind sich zwar ihrer kritischen Stellung bewusst, allerdings sind viele besorgt, das Problem konkret zu benennen aus Angst eingesperrt werden zu können.

Die zwei zentralen Parteien in Indien sind die *INC* (Kongresspartei), die seit über 130 Jahren existiert, und die *Bharatiya Janata Party* (BJP), die seit circa 60 Jahren besteht. Sie vereinigen in Wahlen einen Großteil der Wählerstimmen auf sich, während sich der Rest auf die zahlreichen Regionalparteien verteilt, die auch eine wichtige Rolle in Indien spielen. Die zunehmende Regionalisierung der Parteienlandschaft begründet sich aus der Exekutivdominanz und den geringen Kontrollressourcen des Parlaments.

Seit der Parlamentswahl 2014 zeigt die BJP ihre Dominanz und hat dementsprechend auch die Mehrheit in den Wahlen erlangt. Trotz negativer Schlagzeilen in der Vergangenheit ging Modi als Wahlsieger hervor und trat sein Amt als Premierminister an, welches er auch als ein deutliches Mandat für den Wandel bezeichnet. Es lassen sich im Wesentlichen drei Gründe für die Niederlage der INC ausmachen, die Modi zusätzlich zu einem deutlichen Wahlsieg verhalfen: erstens das nachlassende Wirtschaftswachstum und der damit einhergehende Beschäftigungsrückgang, zweitens die hohe Inflation und drittens die steigende Korruption. Hinzu kommt, dass sich die Politik aufgrund struktureller Bedingungen seit 1980 wesentlich in drei zentralen Punkten verändert hat: Erstens wird die regionale Politik in den Bundesstaaten stärker forciert, zweitens werden verschiedene Kasten breiter angesprochen und auch versucht die *Daltis* als Wähler zu mobilisieren sowie die Ausbildung eines intensiveren Bewusstseins für eine hindu-nationalistisch ausgerichtete Politik.

Durch die starke Prägung des Hinduismus wird sowohl das alltägliche Leben der Menschen als auch die Politik maßgeblich beeinflusst. Die Hindu-Nationalisten der BJP versuchen stetig eine historisch-traditionelle Basis für ihr Wirken zu schaffen. Zentral ist dabei die Herausbildung einer nationalistischen Ideologie, die eine deutliche Abgrenzung der Hindus zu Muslimen und Christen schafft. Aufgrund historischer Ereignisse und Konflikten zwischen den verschiedenen Konfessionen arbeiten die Hindu-Nationalisten gezielt mit dem Gefühl der Menschen, von den Muslimen dominiert werden zu können, trotz der Tatsache, dass sie in Indien eine Minderheit bilden.

Durch die zunehmenden Erfolge und wachsende Zustimmung der BJP konnten diese mit dem Anspruch einer Volkspartei sich nicht mehr ausschließlich auf nationalistische Themenschwerpunkte fokussieren. Insbesondere die wirtschaftliche Entwicklung und dessen Stärkung stehen im Fokus der Partei. Darüber hinaus profitierte die Partei aus den Stimmverlusten der INC, sodass sie aufgrund von einem erhöhten Organisationsgrad und Unterorganisationen große Erfolge in der indischen Gesellschaft erzielen konnten. Insbesondere die neue, wirtschaftliche Politik begünstigte in den letzten Jahren einen Vorteil für die Arbeit in der Mittelschicht, jedoch erhöhte sich dadurch auch unterdessen sozial-ökonomischer Druck mit einhergehender Marginalisierung. An diesen Ängsten setzt die Politik der BJP gezielt an, so erzielte die Partei in der Wahl 2014 31,3 Prozent aller Stimmen, im Jahr 2019 sogar 37,8 Prozent. Viele Aktivisten und gezielte Kampagnen verschafften den erwünschten Erfolg von einer Politik der Einheit. Modi selbst vereinte eine Mischung aus hindu-nationalistischer Tradition und moderner Politik auf sich. Auch die Tatsache, dass er als ursprünglicher Teeverkäufer aus einfachen Verhältnissen den Posten des

Premierministers erreichen konnte, kam in der Bevölkerung positiv an und sprach durch den professionellen Wahlkampf sowohl Erstwähler als auch Menschen aus der Mittelschicht an.

Zentral für Modis künftige Regierungspolitik sind der versprochene Fortschritt im ökonomischen Bereich und eine säkuläre Politik mittels konkreter Reformen. Die erneute Stärkung der Partei 2019 mit einer absoluten Mehrheit der Sitze hat für die BJP deutliche Vorteile, da sie nun nicht mehr auf einen Koalitionspartner angewiesen sind und flexibler ihren politischen Kurs vorantreiben können. Nach über 70 Jahren indischer Unabhängigkeit hat sich ein weitestgehend stabiles System entwickelt. Umfragen zeigen eine deutliche Demokratiezustimmung im Land, trotz zahlreicher Probleme wie z. B. im Gesundheitssystem oder Meinungsäußerung. Jedoch genießen Politiker und Beamte aufgrund benannter Korruptionsvorwürfe und Patronage wenig Ansehen. Insgesamt steht Indien in Zukunft vor Herausforderungen, um die Missstände los zu werden. Zum einen muss der sozialpolitische Sektor rund um Gesundheit und Bildung deutlich verbessert werden. Insbesondere die soziale Frage stellt eine zentrale Herausforderung für das Land dar, die seit der Wirtschaftsöffnung noch bedeutender geworden ist. Wirtschaftliche Armut hat sich zwar in den letzten Jahren reduziert, trotz dessen ist Fakt, dass Millionen Menschen keine Möglichkeit haben, ihre gegenwärtige Lebenssituation zu verbessern. Außerdem bergen die gesellschaftliche Fragmentierung und die Exklusion von religiösen und ethnischen Minderheiten, auch bedingt durch das Kastenwesen und den Versuch, sie zunehmend politisch partizipieren zu lassen, eine zentrale Aufgabe für die Zukunft. Auch die Probleme rund um die Korruption müssen beseitigt werden.

Trotz der Erfolge der BJP ist das gesamte Parteiensystem eher durch Koalitionsären geprägt, die vergleichsweise eine geringe Kongruenz oder eine Nationalisierung der Abstimmungen aufweisen. Seit der Wahl 2019 steht das Parteiensystem jedoch wieder an einem Wendepunkt. Es gibt durchaus Tendenzen zu einem Ein-Parteien-Staat durch die Stärke der BJP und da sie ihren hegemonialen Status mit Nachdruck durchsetzen. In Zukunft bleibt abzuwarten, wie sich das politische System unter Narendra Modi weiterentwickeln wird und Herausforderungen der gesellschaftlichen Diversität, Armut und anderen Problemen umgehen wird.

Literatur

Draguhn, W. (2004): Indien: Politik, Wirtschaft, Gesellschaft. Hamburg.

Jodhka, S. S. und Prakash, A. (2011): Die indische Mittelschicht: Aufstrebende Kulturen in Politik und Wirtschaft, in: KAS-Auslandsinformationen, Bd. 27, Nr. 12, S. 44–59.

Ludden, D. (2006): Geschichte Indiens. Essen.

Mann, M. (2005): Geschichte Indiens: vom 18. bis zum 21. Jahrhundert. Paderborn.

Michael, A. und Baumann, M. M. (Hrsg.) (2016): Indien verstehen: Thesen, Reflexionen und Annäherungen an Religion, Gesellschaft und Politik. Wiesbaden.

Rothermund, D. (2014): Die unabhängige Republik Indien. Historische Eckpunkte und politische Entwicklungen von 1947 bis zur Gegenwart. Bonn.

Rothermund, D. (2016): Geschichte Indiens: Vom Mittelalter bis zur Gegenwart, 2. aktualisierte Auflage. München.

Schakel, A. H./Sharma, C. K. und Swenden, W. (2019): India after the 2014 general elections: BJP dominance and the crisis of the third party system, in: Regional & Federal Studies, Bd. 29, Nr. 3, S. 329–354.

The Economist (2019): Democracy Index 2019, unter https://www.eiu.com/topic/democracy-index [20.01.2020].

Wessels, A. und Pilz, M. (2018): Indien. Leverkusen.

Saskia Thorbecke

Indonesien

Offizieller Name:	Republik Indonesien
Staatsform:	Präsidialrepublik
Unabhängigkeit:	17. August 1945 (Unabhängigkeitserklärung von den Niederlanden)
Nationalfeiertag:	17. August (Unabhängigkeitstag)
Hauptstadt:	Jakarta
Lage:	Südostasien, äquatoriale Inselkette zwischen Pazifischem und Indischem Ozean bzw. an Kreuzung zwischen Pazifischer und Eurasischer Platte
Fläche:	1 910 931 qkm (Weltrang 14)
Bevölkerung:	260 581 000 (Schätzung 2016)
Landesstruktur:	34 Provinzen (Propinsi) und gleichgestellte Gebiete mit Sonderstatus, 98 Städte (Kotamaya), 416 Bezirke (Kabupaten)
Sprachen:	Bahasa Indonesia (Amtssprache, modifiziertes Malaiisch), Englisch, Niederländisch, lokale Dialekte (meist Javanische Sprache)
Religionen:	Islam (87,2 Prozent), Protestanten (7,0 Prozent), römische Katholiken (2,9 Prozent), Hindus (1,7 Prozent), Buddhisten (0,7 Prozent) (Zensus 2010)
Währung:	Indonesische Rupiah (IDR)
Wirtschaftszweige:	Landwirtschaft (Palmöl, Tabak, Kaffee, Kakao, Reis), Kohle, Erdöl, Erdgas, Gummi, Textil- und Automobilwirtschaft, Bergbau, Tourismus
Mitgliedschaften:	UNO und UN-Sonderorganisationen, ADB, ASEAN, APEC, OIC, IORA, Colomboplan, Blockfreie, G-11, G-15, G-20, G-77, D-8, WTO

Wichtigste Medien: *Offizielle Nachrichtenagentur der Regierung Indonesiens:* ANATARA – nimmt zentrale Rolle ein;
Radio: Republik Indonesia (staatlicher Rundfunk), mit Auslandsdienst Voice of Indonesia;
Zeitungsagentur: The Jakarta Post

****

Naturraum und geographische Rahmenbedingungen

Die Republik Indonesien besteht auf einer Gesamtfläche von 1 910 931 qkm aus rund 17 500 Inseln und ist damit weltweit der größte Inselstaat und zudem der größte Staat Südostasiens. Das indonesische Staatsgebiet ist durch zahlreiche Meerengen, Nebenmeere und Seebecken geprägt. Die Hauptinseln sind Sumatra, Java mit der Hauptstadt Jakarta, Borneo mit dem indonesischen Teil Kalimantan, Sulawesi und der westliche Part Neuguineas. Sumatra, Borneo, Java und Sulawesi formieren zusammen die Großen Sundainseln. Nördlich von Sumatra, getrennt durch die Straße von Malakka, liegt die Malaiische Halbinsel mit den Staaten Malaysia und Singapur. Auf Borneo grenzt Indonesien außerdem mit einer Festlandgrenze von 1 881 km Länge an Malaysia. Nördlich von Sulawesi, getrennt durch die Celebessee, liegen die Philippinen und Palau. Der westliche Teil der Insel Neuguinea ist indonesisches Staatsgebiet, der östliche Teil gehört zu Papua-Neuguinea. Beide Staaten haben eine gemeinsame Grenze von 824 km. Die Kleinen Sundainseln gehören bis auf die zu Osttimor zählenden Gebiete (östlicher Teil der Insel Timor, Exklave Oe-Cusse Ambeno im westlichen Teil Timors und die Inseln Atauro und Jaco) ebenfalls zum indonesischen Staatsgebiet. Zwischen den Inseln Sulawesi und Neuguinea liegt die indonesische Inselgruppe der Molukken. Südlich von Indonesien getrennt durch die Timorsee und Arafurasee liegt Australien.

Die Oberflächengestalt der indonesischen Inseln ist durch gebirgsbildende (orogene) Prozesse im Tertiär und pleistozäne, eustatische Meeresspiegelschwankungen geprägt. Im Pleistozän existierten Landverbindungen zwischen einzelnen indonesischen Inseln und zu Australien, die durch den Meeresspiegelanstieg im Holozän wieder unterbrochen wurden. Der westliche Teil Indonesiens gehört tektonisch zur Eurasischen Platte

(Sunda-Schelf). Unter die Eurasische Platte schieben sich von Osten her die Pazifische Platte und von Süden her die Indisch-Australische Platte. Die so entstehende, aktive Subduktionszone an den Plattengrenzen bewirkt eine Auffaltung und Hebung von Gesteinsmassen, die sich morphologisch in den Gebirgsketten des Sunda-Systems zeigen. Durch Erosion und den fluvialen Transport über Flusssysteme lagert sich abgetragenes Gesteinsmaterial an den Küsten, vor allem im Osten von Sumatra, im Süden von Borneo und Papua-Neuguinea sowie im Norden Javas als Schwemmlandebenen ab. Parallel zu Subduktionszonen bildet sich typischerweise ein Tiefseegraben, der im Fall Indonesiens 200–300 km südlich des Archipels liegt und bis zu 7 000 m tief ist.

Ebenfalls typisch für Subduktionszonen ist ein besonders aktiver Vulkanismus verbunden mit Erdbeben, Seebeben und Tsunamis. Indonesien ist das Land mit den meisten aktiven Vulkanen und Teil des Pazifischen Feuerrings. Heute sind ca. 130 aktive Vulkane in Indonesien zu verzeichnen, die sich unterschiedlich auf die einzelnen Inseln verteilen und zugleich fruchtbare vulkanische Böden (bis zu vier Ernten im Jahr) hervorbringen und lebensbedrohlich sind. Eindrückliche Beispiele sind hier der Ausbruch des Toba (Sumatra) vor rund 74 000 Jahren oder der Ausbruch des Tambora (Sumbawa) 1815, die massive globale klimatische Veränderungen durch die Sonne verdunkelnde Aschewolken nach sich zogen. Der Ausbruch des Krakatau 1883 auf der Vulkaninsel Anak Krakatau (Kind des Krakatau) in der Meerenge zwischen Sumatra und Java war einer der größten Ausbrüche der jüngeren Menschheitsgeschichte und forderte 36 000 Opfer. Das Barisan-Gebirge (Teil des Sunda-Bogens), an der Westküste Sumatras gelegen, besteht aus einer Kette von Stratovulkanen, die typisch für Subduktionszonen sind. Im Gegensatz zu den Vulkanen auf Sumatra speisen sich die Java-Vulkane aus miteinander verbundenen Magmakammern, was zu vermehrten Eruptionen führt. Die größten Gefahren bei zähflüssigen Magmen mit hohem Gasanteil sind die Explosivität der Eruption, pyroklastische Ströme und Lahare (Schlammströme).

Die geographische Lage beidseits des Äquators bestimmt das vorherrschende tropische Klima, das massiven Einfluss auf Flora und Fauna, Böden und meso- bzw. mikromorphologische Formgebung hat. Die Breitenlage Indonesiens, das sich in einer West-Ost-Ausdehnung von 5 114 km am Äquator entlang erstreckt, zeichnet sich durch eine hohe, intensive

Sonneneinstrahlung aus, was ein Tageszeitenklima zur Folge hat. Bei einem Tageszeitenklima sind die täglichen Temperaturschwankungen höher als die jährliche Temperaturschwankung. Die Höhenlage ist bestimmend für die Temperatur. In den Niederungen zeigt sich eine stetige Temperatur von 25–27°C, die mit einem Anstieg der Höhe um 100 m ca. um 0,6 °C abnimmt. Aufgrund der je nach Höhenlage gleichförmigen Temperatur ist die Temperatur als Klimafaktor für Vegetation und Kulturpflanzen weniger wichtig als die im Vergleich divergierenden Niederschläge.

Weiteres Kennzeichen des Klimas ist der Monsun, der durch einen jahreszeitlichen Richtungswechsel der großräumigen Winde in der Region bestimmt wird. Hervorgerufen wird der Richtungswechsel durch Änderungen in der atmosphärischen Zirkulation innerhalb der Troposphäre, die auf die unterschiedlichen Erwärmungs- und Abkühlungseigenschaften von Festland und Meeresfläche zurückzuführen ist. Die Lage Indonesiens zwischen der asiatischen Festlandmasse im Norden und dem im Süden des Staates angrenzenden Indischen Ozean bringt sommerliche Monsunregen von Dezember bis März, die häufig zu Überschwemmungen führen.

Geschichtliche Entwicklung von vorkolonialer Zeit bis zur Unabhängigkeit

Der Fund des „Java-Menschen“ 1891 in Ost-Java datiert das Aufkommen des urmenschlichen Homo erectus javanicus im heutigen Indonesien auf 1 Million Jahre. Auf der Insel Flores wurden 2003 Knochen einer kleinwüchsigen Art der Gattung Homo, der Homo floresiensis, entdeckt. Die Interpretation der Funde, die Datierung und die Einordnung in die Stammesgeschichte des Menschen werden kontrovers diskutiert. Die erste Besiedlung durch den Homo sapiens erfolgte vor ca. 600 000 Jahren.

Die Besiedlungsgeschichte Indonesiens lässt sich anhand von neueren Erkenntnissen aus der Sprachwissenschaft und der Ethnologie als kontinuierlicher Prozess beschreiben. Austronesisch-malaiische Völker aus Südchina besiedelten ab 4000 v. Chr. die Inselwelt Indonesiens und nahmen hierbei den Seeweg über Taiwan, die Philippinen und Sulawesi. Die Besiedlung Javas wird auf 1000 v. Chr. datiert. Die Heterogenität der Zuwanderer hinsichtlich ihrer Wirtschaftsweise, Sozialstruktur und Siedlungstypus zeigt sich in unterschiedlichen kulturellen Elementen, die bis heute sichtbar sind und sich in z. B. in Anbauweise oder Häuserbau etc. zeigen.

Zwischen 100–1400 n. Chr. sind Einflüsse aus dem indischen Kulturraum prägend für die Ausbildung von temporären Königreichen, Herrschaftsstrukturen und damit verbunden vor allem der Eintrag religiöser Vorstellungen des Hinduismus und Buddhismus. Anhaltspunkte für den Kontakt mit indischen Händlern sind in Keramikfunden aus dem 1./2. Jh. n. Chr. in Nordwest-Java festzustellen. Des Weiteren belegen Sanskrit-Aufzeichnungen auf Sumatra, Bali und Sulawesi eine Intensivierung der Handelskontakte zum südindischen Pallava-Reich im 5. Jh. Die im 7. Jh. errichteten, sakralen hinduistischen Steinmonumente, besonders auf dem zentralen Dieng-Plateau Javas (z. B. Wonosobo), zeigen deutlich den Einfluss indischer Religionsvorstellungen und eine Integration in indigene Herrschaftssysteme. Die bekannte buddhistische Tempelanlage Borobodur entstand während der Blütezeit der Dynastie der Sailendra im 8 Jh. auf Java. Das Großreich Srivijava (7.–13. Jh.) mit seinem Zentrum nahe der heutigen südsumatranischen Stadt Palembang dehnte seinen Herrschaftsraum bis zur Westküste der Malaiischen Halbinsel aus. Bei der Ausbildung stabiler Herrschaftssysteme ist auffallend, dass sich diese vornehmlich in den Küstenbereichen und Tiefebenen etablieren konnten. Gerade der Bau monumentaler Tempelanalgen lässt außerdem auf ausdifferenzierte administrative, soziale und herrschaftliche Strukturen der regionalen Königreiche schließen.

Ab dem 14. Jh. beginnt die Islamisierung Indonesiens durch muslimische Händler aus Persien und der Westküste Indiens. Bis zum Beginn des 17. Jh. sind weite Teile der herrschenden Eliten in den verschiedenen Regionen formal zum Islam übergetreten. Radikale Umwälzungen blieben jedoch aus und der Islam wurde in kultureller Synthese mit indojavanischen Elementen vermischt. Bis heute haben sich in fast allen Landesteilen vorislamische Glaubensvorstellungen wie Ahnenkult, Animismus oder synkretistische Formen des Hinduismus und Buddhismus erhalten.

Mit dem Vertrag von Tordesillas 1494 wurde Portugal die östliche Hemisphäre als Kolonisationsraum zugesprochen. Besonders die Molukken weckten aufgrund ihrer Gewürze, Nelken und Muskatnuss ab 1512 das Interesse portugiesischer Händler, die zu den Hauptimporteuren indonesischer Gewürze nach Europa avancierten. Im Einflussgebiet der portugiesischen Kolonialmacht bekehrten christliche Missionare die Lokalbevölkerung zum katholischen Glauben (Dominikaner, Franziskaner,

Jesuiten). Insbesondere auf den Molukken, in Nord-Sulawesi und Teilen der Kleinen Sunda-Inseln war die Missionierung erfolgreich. Zu Beginn des 17. Jahrhunderts lösten niederländische Handelshäuser die Portugiesen nach 80 Jahren im Gewürzhandel ab; die Portugiesen erhielten sich nur ihre Kontrolle über Timor. Die Niederländische Ostindien-Kompanie (VOC), 1602 als Zusammenschluss niederländischer Handelshäuser gegründet, stieg zur kapitalkräftigsten Handelskompanie ihrer Zeit auf. Gehandelt wurden vornehmlich Agrarprodukte wie Gewürze und Zuckerrohr.

Mit der steigenden Nachfrage nach Kaffee startete die VOC 1696 den Kaffee-Anbau auf Java und konnte ab 1727 vollständig den Europäischen Markt bedienen. Die VOC ging 1799 in den Besitz des niederländischen Staates über und so wurden die überseeischen Territorien auch formal zu Kolonien. Bis ins 19. Jh. kontrollierten die Niederlande die Molukken sowie Java und dehnten ihren Einfluss bis zum Ende des Jahrhunderts auf die peripheren Inseln aus. Zwischen 1873 und 1908 kam es in weiten Landesteilen wiederholt zu Aufständen der Bevölkerung und blutigen Auseinandersetzungen mit der Kolonialmacht. Das bis dahin relativ autonome Sultanat Aceh wurde 1874 von niederländischen Truppen eingenommen und es beginnt die Erdölförderung der Royal Dutch Company. Die Widerstände gegen die Kolonialherrschaft hielten in den folgenden Jahrzehnten an. Als Reaktion auf den sich institutionalisierenden indonesischen Widerstand ließ die niederländische Verwaltung den Volksraad als beratendes politisches Organ zu, was jedoch keine hinreichende Repräsentation weiter Bevölkerungsteile zuließ. 1920 gründete sich die Kommunistische Partei Indonesiens (PKI) und wenige Jahre später die Indonesische Nationalpartei um den späteren ersten Präsidenten Sukarno. Während des Zweiten Weltkriegs besetzte die japanische Armee von 1942 bis 1945 die Insel Sumatra. Mit Ende des Zweiten Weltkriegs ruft Sukarno am 17.08.1945 die Unabhängigkeit der Republik Indonesiens aus und stellt die fünf Prinzipien der späteren Staatsideologie Pancasila auf: Gottesglaube, Humanismus und Internationalismus, nationale Einheit, Demokratie, Volkswohlfahrt. Die Niederlande erkennen die Unabhängigkeit nicht an und beginnen die Rückeroberung Indonesiens, was 1945–49 ca. 200 000 Menschenleben fordert. 1949 einigen sich die Kriegsparteien auf eine Übergangslösung in

Form einer Niederländisch-Indonesische Union und einen föderal organisierten Staat Indonesien ohne Westneuguinea.

Präsident Sukarno wandelt 1950 das föderale System in ein zentralistisches um und kündigt 1956 die Union mit den Niederlanden auf. Das indonesische Repräsentantenhaus (DPR) wurde 1955 zum ersten Mal gewählt; seit 1949 sind Frauen wahlberechtigt. 1961 gründet Indonesien die Bewegung der Blockfreien Staaten (NAM) mit und wird ein Jahr später Mitglied OPEC sowie 1967 Gründungsmitglied der ASEAN. Nach einem Putschversuch 1965, welcher der Kommunistischen Partei angelastet wird, was heute umstritten ist, erzwingt General Suharto den Rücktritt des säkular-nationalistischen Präsidenten Sukarno und etabliert die sog. Neue Ordnung (Orde baru). Seine Machtübernahme beginnt mit dem organisierten Massenmord an Mitgliedern und Sympathisanten der Kommunistischen Partei mit Opferzahlen, die zwischen 500 000 und 3 Millionen geschätzt werden. Als Folge von Massenprotesten aufgrund erhöhter Preise für Nahrungsmittel und Benzin sowie einem Währungsverfall von 80 Prozent, hervorgerufen durch die wirtschaftliche Krise der Tigerstaaten Ende der 1997, wird Suharto 1998 von seiner Partei als Präsident abgesetzt und durch Bacharuddin Jusuf Habibie ersetzt.

Nach dem Sturz Suhartos etabliert sich der politische Machtwechsel durch nationale Wahlen und ein moderat polarisierendes Parteiensystem. Neben einer Demokratisierung erfuhr Indonesien außerdem eine Dezentralisierung. Korruption, soziale und regionale Disparitäten, die Kontrolle des Sicherheitsapparates und das staatliche Gewaltmonopol außerhalb Javas sind Probleme der Nach-Suharto-Ära. Besonders die politische Instrumentalisierung religiöser und ethnischer Identitäten gefährdet die Sicherheitslage. Die Situation 1998 im ehemals portugiesischen, von Indonesien besetzten Osttimor ist dafür beispielhaft.

Bevölkerungsstruktur – insbesondere ethnische Zusammensetzung

Indonesien ist mit über 260 Millionen Einwohnern der viertbevölkerungsreichste Staat der Erde, der über 300 verschiedene Ethnien beheimatet. Den größten Teil der Bevölkerung stellen Malaien. Im Osten, insbesondere auf Neuguinea und den Molukken, leben Papuas und Melanesier. Bahasa

Indonesia, ein modifiziertes Malaiisch, ist seit der Unabhängigkeit offizielle Amtssprache und in Orthographie und Vokabular grundlegend identisch mit Bahasa Malaysia. In Indonesien sind nahezu 600 malaio-polynesische und Papuasprachen verbreitet. 40 Prozent der Einwohner sprechen Javanisch. Englisch ist ein Pflichtfach in der Schule sowie Arabisch an Islamschulen. Seit 1999 sind Gebrauch und Unterricht in Mandarin-Chinesisch wieder erlaubt.

Offiziell anerkannte Glaubensrichtungen sind der Islam, Christentum, Hinduismus, Buddhismus und Konfuzianismus. Obwohl der Staat die freie Religionsausübung garantiert, werden sunnitische Muslime gegenüber anderen Religionsangehörigen in vielen Bereichen des täglichen gesellschaftlichen und sozialen Lebens bevorzugt behandelt. Besonders kleinere islamische Gruppen wie Schiiten oder Ahmadiyah werden diskriminiert. Die rund 85 Prozent Muslime Indonesiens sind fast ausschließlich Sunniten und stellen weltweit die größte muslimische Bevölkerung. Ca. 10 Prozent sind Christen, 1,7 Prozent Hindus (Bali, Ost-Java) und 0,7 Prozent sind Buddhisten.

Die Bevölkerungsdichte variiert stark zwischen Regionen und den verschiedenen Inseln. Die Populationsdichte ist auf Java am höchsten, was zum einen am kolonialen Einfluss der Niederländer liegt, aber auch an den günstigen naturräumlichen Gegebenheiten in Bezug auf die Agrarwirtschaft. Durch das Umsiedlungsprogramm Transmigrasi sollten die dicht bevölkerten Inseln Java und Bali entlastet werden. So wurden zwischen 1952 und 1989 rund 3,7 Millionen Menschen in dünner besiedelte Gebiete auf Kalimantan oder Sumatra umgesiedelt. Wenig bedacht wurden dabei z. B. die naturräumlichen Faktoren, die die agrarische Tragfähigkeit der neuen Ansiedlungsgebiete bestimmen. Umgesiedelte Bauern und Bäuerinnen mit Erfahrungen im Trockenfeldbau sind beispielsweise nicht an die agrarische Wirtschaftsweise für tropische Böden angepasst. Den Bevölkerungsdruck Javas zu minimieren ist zudem gescheitert.

Die Autonomiebestrebungen einzelner Bevölkerungsgruppen führen immer wieder zu gewaltsamen Konflikten. Ein prominentes Beispiel ist die Provinz Aceh, die im Nordwesten der Insel Sumatra liegt und große Erdöl- und Gasvorkommen vorzuweisen hat. 1976 erklärte Hasan di Tiro, ein führender Darul Islam-Aktivist, die Unabhängigkeit Acehs von Indonesien und legte damit den Grundstein für den bis 2005 andauernden separatistischen Konflikt mit Indonesien. In der Periode von 2000 bis 2004 sind zeitweise bis zu 50 000 indonesische Soldaten in Aceh stationiert. Die Zerstörung durch den Tsunami am 24. Dezember 2004 veränderte die Situation grundlegend. Wenige Tage nach der Katastrophe erklärte die Befreiungsbewegung Gerakan Acheh Merdeka (GAM) einen einseitigen Waffenstillstand. Indonesien folgte und öffnete die seit Mai 2003 geschlossenen Grenzen zu Aceh, um internationalen Medien und Hilfsorganisationen den Zugang zu ermöglichen. Der Tsunami rückte nicht nur die Naturkatastrophe, sondern auch die Zerstörung durch den Konflikt ins Interesse der Weltmedien.

Wirtschaftsstruktur

Indonesien ist der größte Binnenmarkt in Südostasien, bekleidet Rang 14 im weltweiten Vergleich der Volkswirtschaften und ist als einziger südostasiatischer Staat Mitglied der G-20. Die Exportleistung ist mit rund 20 Prozent (2015) am BIP vergleichsweise gering, sodass der inländische Konsum rund 60 Prozent der Wirtschaftsleistung ausmacht. Die geringe Exportabhängigkeit hat dazu beigetragen, dass Indonesien wenig von der Weltwirtschaftskrise 2008/09 betroffen war. Indonesien verfügt über Erdöl, Erdgas und weitere Bodenschätze wie Kohle und Metalle. In den 1970er Jahren stellte der Export von fossilen Brennstoffen bis zu 70 Prozent des BIP; heute ist Erdöl zwar weiterhin eine Devisenquelle, aber weniger wichtig für die ökonomische Entwicklung des Landes. Das Land ist weltweit der zweitgrößte Zinnproduzent und der siebtgrößte Kaffee-Exporteur sowie der größte Palmölexporteur.

Die Anbaufläche für Ölpalmen umfasste 2014 rund 11 Millionen ha für 33 Millionen Tonnen Palmöl. Im Kontext der Förderung von Agrartreibstoffen als Ersatz für fossile Treibstoffe und der hohen globalen Nachfrage insbesondere aus dem Globalen Norden expandierte der Palmölanbau seit Anfang der 2000er Jahre. Zwischen 2000 und 2008 wurden 12,5 Mrd. USD in den indonesischen Palmölsektor investiert. Die Finanzströme kommen vornehmlich aus Singapur, wo finanzstarke indonesische Magnaten vor dem Zusammenbruch des Soharto-Regimes ihre Kapitalvermögen angelegt haben. Durch die Ausweisung neuer Flächen für den Palmölanbau löste Indonesien im Jahr 2005 Malaysia als Hauptexporteur für

Palmöl ab. Die klimatischen Anbaubedingungen sind günstig und die Verfügbarkeit von Arbeitskräften durch das staatliche Umsiedlungsprogramm Transmigrasi ebenfalls gewährleistet. Im Jahr 2019 produzierte Indonesien bereits 43 Millionen Tonnen Palmöl, hauptsächlich auf Sumatra (2/3) und auf Borneo bzw. Kalimantan (1/3). Zumindest in der EU verschärft sich die Kritik an Palmöl zusehend, was sich auch in der EU-Gesetzgebung niederschlägt. Gerade die „EU-Direktive Erneuerbaren Energien" die 2016 vorleget wurde, hat in Indonesien für Unsicherheiten gesorgt. Größter Kritikpunkt am konventionellen Palmölanbau ist das massive Abholzen ursprünglichen Regenwaldes und das Trockenlegen von Moorflächen zur Flächenerschließung. Der Einsatz als Biosprit führt somit zu einer größeren anstatt zu einer geringeren CO2-Belastung der Atmosphäre, weswegen das Europäische Parlament Palmöl im Biodiesel bis Ende 2020 verbieten möchte.

Mit dem Verlust ursprünglicher Regenwälder geht eine Biodiversität in Flora und Fauna verloren, die unersetzlich ist. Für Indonesien allerdings ist der Palmölexport ein Wirtschaftsfaktor zur Bekämpfung der Armut, insbesondere da 42 Prozent (2015) der Plantagen bzw. 36 Prozent (2015) der Palmölproduktion von Kleinbäuerinnen und Kleinbauern erwirtschaftet werden. Als kleinbäuerlicher Betrieb kann eine Anbaufläche von 2–3 ha von einer Familie ohne den Einsatz zusätzlicher Ressourcen bewirtschaftet werden. Die Ernte erfolgt zudem ganzjährlich mit einer Ertragsdauer von 25 Jahren. Ein Bewusstsein über nachhaltige Landwirtschaft u. a. im Palmölsektor ist ausbaufähig, im Globalen Süden sowie im Globalen Norden.

Die Forstwirtschaft, insbesondere der Verkauf von Tropenhölzern nach Japan, Südkorea, Singapur, Taiwan und China, macht zusammen mit allen Agrarprodukten ca. 17 Prozent des BIP aus. Auch hier greift die Kritik an wenig nachhaltigem Raubbau an Wäldern. Indonesien vergibt daher keine neuen Lizenzen zur Rodung an ausländische Investoren, erlässt Vorgaben zur Rodung und knüpft diese an umfangreiche Aufforstungs- und Begrünungsprogramme. Allerdings nahm mit der Dezentralisierung der Verwaltung (1999) der illegale Holzeinschlag zu.

Die verarbeitende Industrie beschäftigt ca. 20 Prozent der Erwerbstätigen und hat einen Anteil von 40 Prozent am BIP. Um das stetige Wachstum der Automobilbranche, der Nahrungsmittelsektor und die Rohstoffverarbeitung zu fördern, sollen bis 2030 großer Industrieparks auf Java und den peripheren Inseln errichtet. 80 Prozent der Wertschöpfung entstehen in mittleren und Großbetriebe, die meist für den Export produzieren.

Der Tourismus ist eine weitere Quelle für Devisen, welcher in Zukunft weiter ausgebaut werden soll und derzeit knapp 10 Prozent des BIP beträgt. Um internationale Touristen anzuziehen, führte Indonesien für viele Staaten zunächst ein kostenfreies 30-tägiges Einreisevisum ein und erließ die Visa-Pflicht mittlerweile für 169 Staaten. Über 80 Prozent der ausländischen Touristen kommen aus asiatischen Ländern wie Singapur, Malaysia, China und Japan aber auch der südliche Nachbar Australien ist unter den Herkunftsländern.

Aktuelle politische Entwicklung

Der Präsident Indonesiens ist im präsidentiellen Regierungssystem gleichzeitig Regierungs- und Staatsoberhaupt und wird seit 2004 direkt vom Volk auf fünf Jahre gewählt. Der Vizepräsident wird gleichzeitig mit dem Präsidenten gewählt. Nur Parteien oder Parteibündnissen, die 20 Prozent der Mandate im Repräsentantenhaus auf sich vereinen bzw. 25 Prozent der gültigen Stimmen bei der letzten Wahl erhielten, dürfen Kandidaten für die Präsidentschaftswahl vorschlagen. 2019 fand die Präsidentschaftswahl nach einer umstrittenen Wahlgesetzänderung 2017 erstmals zeitgleich mit der Parlamentswahl statt. Außerdem besteht eine 4-Prozent-Hürde, über die die national antretenden Parteien kommen müssen. Die Parteienlandschaft hat sich nach der Ära Suharto mehrfach umstrukturiert, so wurden aus über 100 zugelassenen Parteien im Jahr 2009 durch gesetzliche Hürden nur noch 12 im Jahr 2014 zur Wahl zugelassen. Die Kommunistische Partei ist weiterhin verboten und darüber hinaus können Parteien mit kommunistischen Inhalten verboten werden.

Bei der letzten Wahl 2019 setzte sich Amtsinhaber Widodo durch, der als erster Präsident gilt, der nicht der Elite des Landes entstammt und als moderat-islamischer Politiker mit einem Wirtschaftsschwerpunkt einzuordnen ist. Er stützt sich auf ein breites Bündnis von zehn Parteien und vereinte bei der Wahl 55,5 Prozent der Stimmen auf seine Person. Zudem wird er von pro-demokratischen zivilgesellschaftlichen Akteuren unterstützt. Sein 35-köpfiges Kabinett enthält nur fünf Frauen. Außerdem berief er den Wahlverlierer Subianto als Verteidigungsminister. Die Nominierung des hochrangigen islamischen Geistlichen Ma'ruf Amin zum Vizepräsidenten wird national wie international kritisch beurteilt und als zunehmender politischer Einfluss des Islam gewertet.

Die Dezentralisierungsprozesse im politischen System Indonesiens sind weiterhin relevant. Insbesondere die Regelung der Rechte und Kompetenzen zwischen Zentralregierung und den Provinzen von 2001 bedarf weiterer Reformen, die 2014 angestoßen wurden.

Die Rolle von Gewerkschaften in Indonesien ist was Organisationsgrad und Mitgliederstruktur anbelangt als stark ausbaufähig einzuschätzen. Im regionalen Vergleich haben Gewerkschaften gerade im Bereich gesetzlicher Mindestlöhne jedoch Fortschritte erzielt. Die Zahl der im Ausland tätigen Arbeitskräfte in Haushalten und im Baugewerbe, vornehmlich in Saudi-Arabien und anderen Golf-Staaten, geht in die Hunderttausende. Seit 2011 bemüht sich Indonesien um bilaterale Abkommen, um die Arbeitsrechte und -bedingungen seiner im Ausland tätigen Staatsbürger zu schützen und zu verbessern.

Ökologische Problematiken sind eng verknüpft mit sozialen Ungleichheiten. Der Raubbau an der Natur wurde bereits im Kapitel zur Wirtschaft ausreichend thematisiert. Ohne politische Regulationsmechanismen auch in Bezug auf Korruption wird sich eine nachhaltige Wirtschaft für Umwelt und Mensch kaum etablieren. Indonesien setzt vermehrt auf staatliche Lenkung im Bereich sozialer Sicherungssysteme. 2014 wurde eine allgemeine Krankenversicherung eingeführt, bei der der Staat die Beiträge für ärmere Bevölkerungsteile übernimmt. Insbesondere die Gesundheitsversorgung auf dem Land ist unzureichend, weswegen der Ausbau der Versorgungsstruktur Teil der aktuellen politischen Agenda ist. Im Bereich des Katastrophenschutzes ist Indonesien wenig resilient. Angefangen bei Frühwarnsystemen bei Vulkanausbrüchen oder Tsunamiwellen bis hin zur finanziellen Unterstützung beim Wiederaufbau ist Indonesien auf internationale Hilfe angewiesen und leistet kaum staatliche Entschädigungen. Nach dem Tsunami 2004 wurden immense finanzielle Mittel und das globale Know-how der Bebenforschung aufgeboten, um ein Frühwarnsystem zu etablieren. Dies war technisch herausfordernd und hat beim Tsunami, der 2008 Sulawesi traf, auf der letzten Meile versagt, d.h. eine Frühwarnung wurde ausgelöst, jedoch unzulänglich an die betroffene Bevölkerung kommuniziert.

Literatur

Brad, A. (2019): Der Palmölboom in Indonesien: Zur politischen Ökologie einer umkämpften Ressource. Bielefeld.

Paesler, M. (2009): Die Wirtschaftspolitik Indonesiens 2004–2009. Ausrichtung, Konsistenz und gesellschaftliche Perspektiven. Baden-Baden.

Schmitz, M. (2003): Ethnische Konflikte in Indonesien und die Integrationspolitik Suhartos. Hamburg.

Stange, G./Jordan, R. und Großmann K. (Hrsg.) (2015): Handbuch Indonesien. Berlin.

Thorbecke, S. (2011): Gewaltfreie Aktionen und Kampagnen aus dreieinhalb Jahrhunderten. 15 prominente Fälle, in: Steinweg, R. und Laubenthal, U. (Hrsg.) (2011), Gewaltfreie Aktion: Erfahrungen und Analysen. Frankfurt a. M.

Ziegenhain, P. (2013): Indonesien, in: Porsche-Ludwig, M. und Bellers, J. und Gieler, W. (Hrsg.), Sozialpolitik in Asien. Ein Handbuch der Staaten Asiens von A-Z. Münster, S. 62–66.

Zimmermann, G. R. (2003): Indonesien. Eine geographische Landeskunde. Edition Matahari. Nackenheim am Rhein.

André Staarmann und Andreas Dittmann

Irak

Offizieller Name:	Republik Irak
Staatsform:	Föderale Republik
Unabhängigkeit:	3. Oktober 1932 (von Großbritannien)
Nationalfeiertag:	14. Juli (Republiktag, nicht offiziell)
Hauptstadt:	Bagdad
Lage:	Nördliche arabische Halbinsel
Fläche:	438 317 qkm (Weltrang: 58)
Bevölkerung:	40,2 Millionen
Landesstruktur:	18 Gouvernements und die autonome Region Kurdistan
Sprachen:	Arabisch (Amtssprache), Kurdisch (offiziell), Turkmenisch, Assyrisch
Religionen:	Islam (99 Prozent, davon 63 Prozentpunkte Schiiten und 36 Prozentpunkte Sunniten), Christentum (0,8 Prozent)
Währung:	Irakischer Dinar (IQD)
Wirtschaftszweige:	Erdölförderung
Mitgliedschaften:	UN, AL, OIC, OPEC, OAPEC
Wichtigste Medien:	*Fernsehen:* Al-Iraqqiya (staatlich), Al-Jazeera, Al-Arabiya *Hörfunk:* Republic of Iraq Radio, Radio Nahrain, Radio Dijla *Zeitungen:* Al-Sabah (staatlich), Al-Zaman, Al-mada, Iraq Today, Al-Schahed

* * * * * * * * * * * *

Naturraum und geographische Rahmenbedingungen

Der Irak liegt im Nordosten der arabischen Halbinsel und damit im zentralen Teil Vorderasiens. Das Staatsgebiet grenzt an Kuwait, Saudi-Arabien, Jordanien, Syrien, die Türkei, Iran und den Arabisch-Persischen Golf. Der Staat nimmt den größten Teil der zwischen den Flüssen Euphrat und Tigris gelegenen Region Mesopotamien ein. Der Irak ist durch unterschiedliche physisch-geographische Rahmenbedingungen gekennzeichnet und lässt sich in die nachfolgend beschriebenen drei Naturräume gliedern:

Die Alluvialebenen des Euphrat und Tigris im Zentral- und Südirak bilden eine Schwemmlandzone, die den Kernbereich des Landes darstellt. Diese erstreckt sich in einer Länge etwa 650 km von Nordwesten nach Südosten und nimmt etwa 20 Prozent der gesamten Landesfläche ein. Die Schwemmlandzone ist ein Tiefland mit einer durchschnittlichen Höhe von 60–80 m über dem Meeresspiegel. Der nördliche Teil ist durch ein arides Klima und eine geringe Bodenfruchtbarkeit gekennzeichnet. Im Unterschied dazu verfügt der vergleichsweise feuchte südliche Teil des Tieflandes, welcher als Zweistromland bezeichnet wird, über sehr fruchtbare Böden.

Im Norden und Nordosten wird der Irak durch zwei Bergketten begrenzt, die etwa 20 Prozent der gesamten Landesfläche einnehmen. Das Grenzgebiet zur Türkei wird von den Ausläufern des Taurus-Gebirges bestimmt. Im Osten, zum Iran hin, dominiert das Zagros-Gebirge. Sowohl das Taurus- als auch das Zagros-Gebirge liegen auf etwa 1 000–3 500 m Höhe und repräsentieren einen Teil des alpidischen Gebirgsgürtels, der sich vom Balkan aus ostwärts über die Türkei, den nördlichen Irak sowie Iran und dann weiter bis nach Afghanistan erstreckt. Die höchste Erhebung des Irak ist der Gipfel Cheekha Dar (3 607 m), der in unmittelbarer Nähe der Grenze zu Iran gelegen ist. Mit Ausnahme von einigen agrarwirtschaftlich intensiv genutzten Tälern werden die Gebirgsregionen hauptsächlich für die Viehwirtschaft respektive Weidewirtschaft genutzt. Die im Westen des Irak gelegenen wüsten- und halbwüstenhaften Hochflächen erstrecken sich westlich des Euphrat bis in die Wüstenregionen von Syrien, Jordanien und Saudi-Arabien. Diese Hochflächen bestehen im Wesentlichen aus Kalkstein und aus Sanddünen und bedecken etwa 60 Prozent der gesamten Landesfläche des Irak.

Mit Blick auf die klimatischen Rahmenbedingungen ist der Irak durch das Vorherrschen eines kontinental-subtropischen Winterregenklimas gekennzeichnet. Die damit verbundene Beschränkung der Niederschläge auf das Winterhalbjahr deutet auf die Verwandtschaft mit den klimatischen Bedingungen im westlich gelegenen Mittelmeerraum hin. Einen wesentlichen Unterschied hierzu stellt die Kontinentalität des Klimas im Irak dar. Die durchschnittlichen jährlichen Niederschlagswerte betragen 216 mm. Die Niederschlagswerte sind regional sehr unterschiedlich ausgeprägt und liegen im Nordosten des Irak bei etwa 1 200 mm im Jahr sowie im Westen und Süden des Landes bei unter 100 mm im Jahr. Aufgrund des Vorherrschens des Schemal (deutsch: „aus dem Norden"), eines heißen sommerlichen Nordostwindes, kommt es zu häufigen Sandstürmen. Diese treten im Jahresdurchschnitt z. B. in Dahuk an einem Tag, in Erbid an 1–4 Tagen, in Bagdad an 12 Tagen und in Basra an 8–24 Tagen auf. Im Irak herrschen die nachfolgend kurz skizzierten drei Großklimate vor:

- Ein heißes und trockenes Wüstenklima mit starken tages- und jahreszeitlichen Temperaturschwankungen im Großteil der südlichen Landesteile (etwa 70 Prozent) sowie in Zentralirak. In Bagdad betragen die Durchschnittstemperaturen im Januar etwa 9,5 °C und im Juli etwa 33,5 °C. Gleichwohl treten Höchsttemperaturen von über 50 °C auf. Die Hauptniederschlagszeit liegt in den Monaten von Dezember bis Februar und ist durch relativ geringe Niederschlagsmengen von 50–200 mm gekennzeichnet.
- Das gemäßigte Klima der Gebirgsregionen ist im Sommer als trocken und im Winter als kalt und feucht einzustufen. Bei häufigen Schneefällen und Frösten treten durchschnittliche Niederschlagsmengen von über 600 mm auf. Die Hauptniederschlagszeit liegt in den Monaten von November bis Mai.
- Das gemäßigte Klima der Übergangsregionen zwischen Wüste und Gebirge ist durch durchschnittliche Niederschlagsmengen von 400–600 mm gekennzeichnet. Die Hauptniederschlagszeit liegt in den Monaten von November bis April.

Die Flüsse Euphrat und Tigris, deren Hauptquellgebiete im Osten der Türkei liegen, stellen die wichtigsten Wasserressourcen des Irak dar. Der Euphrat fließt über eine Strecke von etwa 1 000 km und der Tigris über eine Strecke von etwa 1 300 km durch das Staatsterritorium. Das irakische Einzugsgebiet des Tigris hat eine Größe von etwa 253 000 qkm (entspricht 54 Prozent des gesamten Einzugsgebietes). Der durchschnittliche jährliche Abfluss wird auf 21,33 km^3 geschätzt. Der durchschnittliche jährliche Abfluss des Euphrat wird auf 30 km^3 geschätzt. Dabei ist von fluktuierenden Jahreswerten zwischen 10 und 40 km^3 auszugehen. Im Gegensatz zum Tigris erhält der Euphrat während seiner Passage durch den Irak keinerlei Zuflüsse. Etwa 10 km^3 Wasser des Euphrat versiegen jährlich im Hawr al Harnmar (Sumpfgebiet im Südirak). Aus dem Zusammenfluss von Euphrat und Tigris bei Basra entsteht der Fluss Schatt Al-Arab, der nach 190 km in den Arabisch-Persischen Golf mündet. Aus der Nutzung der Wasserressourcen des Euphrat und Tigris ergeben sich bereits seit über 50 Jahren zwischenstaatliche Wassernutzungskonflikte, die im Wesentlichen auf unkoordinierte Wasserentnahmen der Anrainerstaaten Türkei, Syrien und Irak zurückzuführen sind. Der Fluss Karun, dessen Hauptquellgebiet im Iran liegt, weist eine mittlere jährliche Abflussmenge von 24,7 km^3 auf und mündet in den Schatt Al-Arab. Die gesamte Wasserentnahme des Irak betrug im Jahr 2010 etwa 55 km^3. Davon wurden etwa 85 Prozent für die Landwirtschaft, etwa 7 Prozent für den privaten Gebrauch und etwa 8 Prozent für industrielle Zwecke verwendet.

Geschichtliche Entwicklung von vorkolonialer Zeit bis zur Unabhängigkeit

Die Geschichte des irakischen Staatswesens beginnt nach dem Ersten Weltkrieg. Gleichwohl gehen die historischen Wurzeln der irakischen Kultur auf die Zeit der frühen Hochkulturen der Sumerer und Babylonier (etwa 4 500 Jahre vor unserer Zeit) zurück. Im Irak befinden sich daher einige der ältesten Kulturlandschaften der Erde. Die lange Kulturgeschichte ist durch viele historische Baudenkmäler und archäologische Ausgrabungsstätten aus unterschiedlichen Epochen belegt. In diesem Zusammenhang sei beispielsweise auf die prähistorischen Höhlenmalereien und Felsbildnisse im Zagros-Gebirge verwiesen. Weiterhin deuten ehemalige assyrische Stadtanlagen wie Ninive oder Assur auf das gleichnamige Großreich hin. Zu erwähnen sind außerdem das weitgehend rekonstruierte Babylon mit seiner berühmten Prozessionsstraße sowie die zahlreichen Ausgrabungsstätten sumerischer Städte wie Ur, Uruk und Lagash. Auch die kurdischen Besitztümer von Erbil, die turkmenischen Siedlungen bei Kirkuk sowie die schiitischen Städte Kerbala und Nadschaf seien an dieser Stelle erwähnt. Nach der Eroberung durch die Araber wird Bagdad in der Zeit zwischen dem 8. und 13. Jahrhundert als Hauptstadt der abbasidischen Kalifen zum glanzvollen Zentrum der islamischen Welt.

Dieser Status wird mit der totalen Zerstörung der Stadt durch die einfallenden Mongolen (1258) und den damit verbundenen Untergang des Abbasiden-Kalifats abrupt aufgehoben. Im Jahr 1534 gerät das Territorium des heutigen Irak in den Machtbereich des Osmanischen Reiches. Mit der zunehmenden Erosion der osmanischen Macht seit Ende des 17. Jahrhunderts verstärken sich Bestrebungen der lokalen Statthalter, sich von der Zentralgewalt der Hohen Pforte in Istanbul zu lösen. Beispielsweise betreibt der Statthalter Dāwud Bāshā (1817–1831) ähnlich wie Muhammad Ali Bāshā in Ägypten eine von den Osmanen weitgehend unabhängige Politik. In diesem Zusammenhang wird eine wirtschaftliche, administrative und militärische Modernisierung der Provinz vorgenommen. Dāwud Bāshā fördert außerdem die Entwicklung von Handel und Handwerk und lässt erste Manufakturen errichten. Seine Aktivitäten rufen den Widerstand der East India Company, die ihre Interessenssphäre seinerzeit bis in den Irak hinein ausgedehnt hatte, hervor.

Im Zuge der Reformpolitik des Osmanischen Reiches im Laufe des 19. Jahrhunderts sucht die Hohe Pforte ihren Einfluss auf die vorderasiatischen Provinzen wieder zu stärken. Mit der Absetzung Däwyd Pashas (1831) erlangt die Zentralregierung in Istanbul die Kontrolle über den Irak zurück. Unter Midhat Päshä (1869–1872) erfährt die Provinz einen deutlichen Aufschwung. Im Zuge dessen werden beispielsweise eine Zeitung herausgegeben, ein Hospital eröffnet sowie Schulen und weitere Manufakturen eingerichtet. Gegen Ende des 19. Jahrhunderts kommt es wiederholt zu Aufständen der Muntafiq-Stämme unter Führung von Sa'dun-Päshä'. Insbesondere im städtischen Bürgertum formiert sich eine nationalarabische Opposition, die eine Unabhängigkeit vom Osmanischen Reich einfordert. Zu Beginn des 20. Jahrhunderts gewinnt der Irak durch den Bau der Bagdad-Bahn erheblich an strategischer Bedeutung und wird in die imperialen Interessenskonflikte zwischen dem Osmanischen Reich und dem Deutschen Reich auf der einen Seite sowie Großbritannien auf der anderen

Seite hineingezogen. Im Jahr 1916 wird das geheime Sykes-Picot-Abkommen ausgehandelt. Im Zuge dessen werden die territorialen Einflusssphären Frankreichs und Großbritanniens in der Region des Nahen Ostens für die Zeit nach dem absehbaren Zusammenbruch des Osmanischen Reiches durch diplomatische Vertreter eben dieser Großmächte festgeschrieben. Im Ergebnis vergibt der Völkerbund nach Ende des Ersten Weltkrieges das Irak-Mandat an Großbritannien (1920).

Das damit konstruierte Staatsgebilde des Irak entsteht aus dem Zusammenschluss aus drei vorherigen osmanischen Provinzen um die Städte Bagdad, Mosul und Basra. In dem britischen Mandatsgebiet wird ein monarchistisches System installiert. Mit dem formalen Ende der quasi-kolonialen britischen Mandatsherrschaft am 3. Oktober 1932 erlangt der Irak seine Unabhängigkeit, die jedoch erst nach dem Zweiten Weltkrieg de facto verwirklich wird. Die irakische Revolution des Jahres 1958 führt zum Sturz der Monarchie und zur Gründung einer Republik. Seither ist die irakische Politik bestrebt, das Land als blockfreien respektive von den beiden dominierenden Machtblöcken USA und Sowjetunion unabhängigen Staat zu positionieren. In der Folge wird der Irak bis in die späten 1960er Jahre durch innenpolitische Unruhen erschüttert. In dieser Zeit wechseln sich jeweils von unterschiedlichen Teilen der Militärs gestützte, mehr oder weniger populäre, autoritäre Regenten in schneller Folge ab. Mit dem Staatsstreich im Jahr 1968 übernehmen Repräsentanten der Baath-Partei für 35 Jahre die Macht im Irak. Der Baath-Führer Saddam Hussein stürzt im Juli 1979 den amtierenden Präsidenten Ahmed Hassan al-Bakr und ernennt sich in der Folge selbst zum Staatsoberhaupt des Irak.

Die Periode der autoritären Herrschaft Saddam Husseins (1979–2003) ist gekennzeichnet durch eine repressive Innenpolitik sowie eine aggressive Außenpolitik. Der durch das irakische Regime durch den Angriff des Iran entfachte Erste Golfkrieg (1980–1988) wird u. a. durch territoriale Streitigkeiten zwischen Irak und Iran befeuert. Der Konflikt eskaliert um Fragen der Grenzziehung am Schatt al-Arab sowie um irakische Ambitionen auf die erdölreiche südiranische Provinz Khuzestan. Des Weiteren befeuern religiöse und mit der islamischen Revolution in Iran (1979) auch machtpolitisch begründete Spannungen zwischen sunnitischen Irakern und schiitischen Iranern das Kriegsgeschehen, welches nach erheblichen beiderseitigen Verlusten mit einem Waffenstillstand im Jahr 1988 beendet wird. Nach dem Einmarsch irakischer Truppen in Kuwait im August 1990 wird der Irak im Zuge des US-geführten Zweiten Golfkrieges (1991) weitgehend zerstört und kann aufgrund der nachfolgend implementierten UN-Sanktionspolitik kaum oder nur unzureichend wiederaufgebaut werden. Damit werden sämtliche Errungenschaften der in den 1970er Jahren forcierten durchaus erfolgreichen Modernisierungs- und Entwicklungspolitik zunichtegemacht. Das Regime unter Saddam Hussein indes kann sich bis zum Sturz des irakischen Diktators durch die US-geführte Militärallianz „Koalition der Willigen" im Jahr 2003 (Dritter Golfkrieg) an der Macht halten. Seit dem Zusammenbruch des Baath-Regimes gerät der Irak zunehmend in den Sog innerstaatlicher und regionaler Konflikte, die inzwischen seine Existenz und territoriale Integrität bedrohen.

Bevölkerungsstruktur – insbesondere ethnische Zusammensetzung

Die Bevölkerung des Irak zählt derzeit etwa 40,2 Millionen Einwohner (Juli 2018) und ist im Laufe des 20. Jahrhunderts stark angewachsen. Nach dem Ersten Weltkrieg beläuft sich die Bevölkerungszahl auf etwa 4,5 Millionen Einwohner. Mit Rekurs auf unterschiedliche Volkszählungen seit dem Ende des Zweiten Weltkrieges ergibt sich die nachfolgend dargestellte zahlenmäßige Bevölkerungsentwicklung: 1947 (4,8 Millionen), 1965 (8,04 Millionen), 1977 (12 Millionen), 1984 (15 Millionen), 1997 (22 Millionen), 2009 (32 Millionen) und 2018 (40 Millionen). Folglich ist davon auszugehen, dass sich die Bevölkerung des Irak innerhalb der letzten 50 Jahre fast verfünffacht hat.

Das Bevölkerungswachstum liegt im Zeitraum zwischen 2010 und 2014 bei ca. 2,9 Prozent. Mit Blick auf die Bevölkerungsverteilung (Stand 2009) ist eine Konzentration in den drei Provinzen Bagdad (7,18 Millionen = 22,4 Prozent der Gesamtbevölkerung), Ninive/Mosul (3,24 Millionen = 10,1 Prozent der Gesamtbevölkerung) und Al-Basra (2,6 Millionen = 8 Prozent der Gesamtbevölkerung) festzustellen. Der Anteil der städtischen Bevölkerung steigt von 29,8 Prozent im Jahr 1987 auf 32,7 Prozent im Jahr 1997 an. Im Jahr 2014 leben bereits 70 Prozent aller Iraker in Städten. Der damit zu konstatierende Prozess der rasanten Urbanisierung des Irak konzentriert sich u. a. auf den Agglomerationsraum Bagdad. Im

Jahr 2015 beträgt die durchschnittliche Lebenserwartung der Menschen in Irak 69,4 Jahre (Frauen 71,0 Jahre und Männer 68,8 Jahre). Gleichzeitig liegt die Fertilitätsrate auf einem sehr hohen Niveau: Im Jahr 1997 liegt diese bei 5,7 Kindern und im Jahr 2018 bei durchschnittlich 3,94 Kinder pro Frau in gebärfähigem Alter. Der Alphabetisierungsgrad der irakischen Bevölkerung liegt mit insgesamt 74,1 Prozent unter den globalen Durchschnittswerten. Während 84,1 Prozent der männlichen Bevölkerung des Lesens und Schreibens mächtig sind, liegt der prozentuale Anteil bei der weiblichen Bevölkerung bei nur 64,2 Prozent.

Die Bevölkerung des Irak ist weiterhin durch ethnische Vielfalt und religiöse Heterogenität gekennzeichnet. Die ethnische Bevölkerungsmehrheit stellen mit einem 70–80 Prozent-Anteil die Araber, die sich mit der arabischen Bevölkerung der Nachbarstaaten in Form einer kulturellen Gemeinschaft verbunden fühlen. Die zweitgrößte ethnische Bevölkerungsgruppe stellen die Kurden, deren Anteil auf etwa 15–18 Prozent der Gesamtbevölkerung geschätzt wird. Während die arabische Bevölkerung vorwiegend in den westlichen und zentralen Landesteilen sowie im Südirak angesiedelt ist, leben die kurdischen Bevölkerungsteile überwiegend in den Bergregionen im Nordosten des Irak. Allerdings befindet sich auch in der Hauptstadt Bagdad eine größere Enklave kurdischer Bevölkerung, gleichermaßen in Kirkuk, wo Kurden einen 50–60 Prozent-Anteil der Stadtbevölkerung repräsentieren. Als weitere ethnische Gruppen sind die Minderheiten der Assyrer, Armenier und Mandäer anzuführen, welche überwiegend im Nordwesten des Irak siedeln.

Aufgrund der wirtschaftlich und politisch schwierigen Lage sind in der jüngeren Vergangenheit viele Angehörige dieser Minderheiten aus dem Irak emigriert und haben sich in größerer Zahl erst im syrischen Damaskus und später in Europa niedergelassen. Weiterhin sei auf die ethnischen Gruppen der Schabak, der Turkmenen sowie der sogenannten Marschland-Araber, welche unter einem hohen Anpassungsdruck in den südirakischen Marschgebieten leben, verwiesen. Neben den Arabern und den Kurden stellen die genannten ethnischen Minderheiten, mit Tendenzen nach unten, etwa 3 Prozent der irakischen Gesamtbevölkerung dar. Nahezu die gesamte Bevölkerung des Irak (97 Prozent) ist muslimischen Glaubens. Davon gehören 55–60 Prozent der schiitischen und 35–40 Prozent der sunnitischen Ausrichtung des Islam an. Die überwiegende Mehrheit der irakischen Kurden gehört ebenfalls der sunnitischen Ausrichtung des Islam an. Weiterhin repräsentieren Christen, Jesiden und Angehörige anderer Religionen mit etwa 3 Prozent der Gesamtbevölkerung (Stand 2010) weitere religiöse Minderheiten innerhalb des Irak.

In den vergangenen Jahren sind fast 2 Millionen Christen aus dem Irak geflohen. Das US-Außenministerium schätzt die Zahl der irakischen Christen im Jahr 2013 auf eine halbe Million Menschen, die sich vor allem im Nordirak sowie in Bagdad und in Mossul konzentrieren. Die irakischen Christen gehören überwiegend orientalisch-christlichen Glaubensgemeinschaften an. Hierzu zählen etwa die Chaldäisch-Katholische Kirche, die Assyrische Kirche des Ostens, die Alte Kirche des Ostens, die Römisch-Katholische Kirche, die Armenisch-Apostolische Kirche, die Syrisch-Katholische Kirche, die Assyrisch-Evangelische Kirche sowie die Syrisch-Orthodoxe Kirche von Antiochien. Gegenwärtig stehen insbesondere die christlichen und jesidischen Religionsgemeinschaften durch die Verfolgung durch IS-Terroristen unter hohem Druck. Immer wieder werden deren Angehörige von IS-Kämpfern gefangen genommen und festgehalten. Im Zusammenhang der Verschleppung von jesidischen Zivilisten durch den IS werden Frauen als Kriegsbeute betrachtet und systematisch von ihren Familien getrennt und zwangsverheiratet. Über einen Zeitraum von mehr als 2 500 Jahren gab es auch eine jüdische Gemeinde im Irak. Diese noch in den 1940er Jahren etwa 150 000 Angehörige zählende religiöse Minderheit ist gegenwärtig de facto nicht mehr existent.

Wirtschaftsstruktur

Der Irak hat eine mehr als 1 000-jährige Geschichte als Agrarstaat. Die Struktur der irakischen Wirtschaft hat sich allerdings seit den ersten Erdölfunden in den 1920er Jahren erheblich gewandelt. Analog zu dem sich permanent ausweitenden Erdölgeschäft hat auch die internationale Bedeutung des Irak stetig zugenommen. Heute besitzt der Irak das Potential zu einer der einflussreichsten Wirtschaftsmächte in der Region des Nahen Ostens sowie zu einem der führenden globalen Erdölproduzenten aufzusteigen. In der Zeit zwischen 1968 und 2003 orientiert sich die irakische Wirtschaftspolitik an dem von der Baath-Partei vorgegebenen politischen Programm des Arabischen Sozialismus.

Im Zuge der Einführung einer sozialistischen Gesellschaftsordnung wird das marktwirtschaftlich-kapitalistische System zurückgebaut und stattdessen die Errichtung eines sozialistisch-zentralistischen Wirtschaftssystems forciert. Als das grundlegende Element dieser Umgestaltung der Wirtschaft ist die Sozialisierung der Produktionsmittel anzuführen, welche durch die Verstaatlichung privaten Eigentums insbesondere in den produktionsbezogenen Wirtschaftssektoren erreicht wird. Als Zielsetzung dieser wirtschaftspolitischen Maßnahmen wird die Überwindung von Unterentwicklung und Rückständigkeit sowie ökonomischer Abhängigkeiten von ausländischen Akteuren angeführt. In der Konsequenz verfolgt die Baath-Führung in den 1960er/70er Jahren zunächst die Abschaffung der traditionellen Feudalstrukturen sowie die weitgehende Verstaatlichung der Produktionsmittel. Im Ergebnis erfährt der Irak in den Jahren von 1974 bis 1981 einen enormen wirtschaftlichen Aufschwung. In der Zeit zwischen 1968 und 1981 steigt das irakische BIP von 0,272 Mrd. USD auf 2,50 Mrd. USD und das entsprechende Pro-Kopf-Einkommen von 24 auf 175 USD.

Der wirtschaftliche Aufschwung ist insbesondere auf die steigenden Einnahmen aus dem Erdölgeschäft zurückzuführen, welches die irakische Wirtschaft dominiert. Die mit dem Ersten Golfkrieg verbundene Zerstörung großer Teile der Erdölfördereinrichtungen sowie der Verladeanlagen am Arabisch-Persischen Golf einschließlich des daraus resultierenden drastischen Rückgangs der Einnahmen aus dem Erdölgeschäft (von 26 Mrd. USD in 1980 auf 9 Mrd. USD in 1983) führt zu einem vorläufigen Ende des wirtschaftlichen Aufschwungs. Das Kriegsgeschehen bremst die ökonomische Entwicklung des Irak so stark, dass das BIP zwischen 1980 und 1985 um 8,1 Prozent sowie zwischen 1985 und 1989 abermals um 1,7 Prozent sinkt. Das im Zuge des Zweiten Golfkrieges verhängte UN-Embargo (1991–2003) führt zu einer abermaligen Lähmung der irakischen Wirtschaft. Das nationale Rationierungssystem, welches im Jahr 1991 von der irakischen Regierung eingeführt wird, soll drohende Nahrungsengpässe verhindern. Mit dem folgenden Rückgang des Energiegehalts der einzelnen Rationen sowie der zunehmenden Verknappung von Lebensmitteln außerhalb des Rationierungssystems steigen Mangelernährung und Mortalitätsraten insbesondere bei Kindern drastisch an.

Das im Jahr 1995 vom Sicherheitsrat der Vereinten Nationen implementierte Oil-for-Food-Programm trägt vorübergehend zur Sicherung die humanitären Bedürfnisse der irakischen Bevölkerung bei. In der Folge werden aus den Erlösen, die aus den von der UN bewilligten Exporten irakischen Erdöls generiert werden, Lebensmittel und andere humanitäre Güter bezogen. Die gesamtwirtschaftliche Lage des Irak erweist sich in den Jahren zwischen 2006 und 2013 als erstaunlich robust. Obwohl die irakische Wirtschaft strukturell noch immer unter den Folgen von Kriegszerstörung, UN-Embargo und Korruption leidet, entwickeln sich maßgebliche Wirtschaftsindikatoren äußerst positiv. Die Steigerungsraten des BIP von durchschnittlich 5,3 Prozent im Jahr belegen diese Entwicklung.

Im gleichen Zeitraum kann auch das BIP pro Kopf von 4.000 USD im Jahr 2008 über 4.600 USD im Jahr 2012 auf 6.850 USD im Jahr 2013 gesteigert werden. Nach den Jahren des Aufschwungs durchläuft die irakische Wirtschaft gegenwärtig eine neuerliche Krise. Mit dem Rückgang des BIP um 0,6 Prozent im Jahr 2015 befindet sich der Irak in einer Phase der wirtschaftlichen Rezession, die u. a. durch einen Rückgang der Realeinkommen gekennzeichnet ist. Als Hauptursachen sind der niedrige Ölpreis, der Krieg gegen den IS sowie das Ausbleiben struktureller Reformen und die weiterhin grassierende Korruption anzuführen. Seit 2014 ist auch das BIP pro Kopf (6.500 USD) wieder rückläufig. Im Jahr 2016 wird nur noch ein Pro-Kopf-Einkommen in Höhe 4.330 USD erreicht. Die gegenwärtig schwierige wirtschaftliche Lage zeigt auch negative Auswirkungen auf Investitionstätigkeiten in die Infrastruktur. Dringender Investitionsbedarf besteht derzeit u. a. in den Bereichen des Gesundheitssystems, der Elektrizitäts- und Wasserversorgung und der Erdölindustrie.

Die Umsetzung einer Vielzahl bereits geplanter Projekte verläuft entsprechend der skizzierten Rahmenbedingungen jedoch eher schleppend bzw. wurde ganz eingestellt. Die Zahl der Erwerbstätigen hat sich in der Zeit zwischen 2006 und 2010 um rund 1 Million Arbeitskräfte erhöht. Sie dürfte aktuell zwischen 8 und 9 Millionen Menschen liegen. Der irakische Ministerrat hat im Jahr 2010 einen Fünfjahres-Entwicklungsplan für den Zeitraum von 2010 bis 2014 verabschiedet. Das Vorhaben umfasst 2.700 Projekte und hat ein Gesamtbudget von 140 Mrd. Euro. Die Maßnahmen zielen auf die Stärkung von Wirtschaftsbereichen außerhalb des Erdölsektors wie auf die Agrarwirtschaft und auf das produzierende Gewerbe. Im

Zuge der Implementierung der wirtschaftspolitischen Maßnahmen suchen die verantwortlichen Akteure verstärkt nach privaten Partnern für irakische Staatsunternehmen. Entsprechende Projekte werden aus dem Budget des Entwicklungsplans zu 50 Prozent gefördert.

Abschließend werden wichtige Bereiche der irakischen Wirtschaft skizziert:

Die Förderung und Verarbeitung der fossilen Energieträger Erdöl und Erdgas markiert den zentralen Bereich der irakischen Wirtschaft. Der Erdölexport stellt die wirtschaftliche Haupteinnahmequelle dar. Der Irak ist Mitglied der OPEC und verfügt über die fünftgrößten Erdölreserven der Welt. Im Jahr 2015 werden die Rohölreserven auf über 143 Mrd. Barrel geschätzt. Dieser Wert entspricht 18 Prozent der nachgewiesenen Reserven im Nahen Osten und fast 9 Prozent der weltweiten Rohölreserven. Bereits im Jahr 1902 beginnt die Suche nach Erdöl mit der ersten Bohrung im Zagros-Basin im Nordosten des Irak. Der erste Ölfund erfolgt aber erst 20 Jahre später. Im Jahr 1927 wird mit der Bohrung Baba Gurgur 1 das gigantische Erdölfeld Kirkuk entdeckt.

Die in der Folge in Irak agierenden ausländischen Erdölgesellschaften werden in der Zeit zwischen 1972 und 1975 verstaatlicht und von der Iraq National Oil Company sowie der Northern Petroleum Organization übernommen. Die irakische Erdölförderung steigt seit 1969 kontinuierlich an und erreicht im Jahr 1979 mit einer Fördermenge von 3,5 Millionen Barrel pro Tag ihren Höhepunkt. Der Golfkriege der 1980er und 1990er Jahre führen zu einem Zusammenbruch der Erdölförderung. Die Fördermenge sinkt von 900 000 Barrel pro Tag im Jahr 1981 auf nur 300 000 Barrel pro Tag im Jahr 1991. Das UN-Embargo der 1990er Jahre schränkt die irakischen Erdölexporte zudem erheblich ein, da mit den damit verlorenen Staatseinnahmen eine neuerliche militärische Aufrüstung verhindert werden sollte. Im Jahr 1998 darf der Irak Erdöl im Wert von rund 10 Mrd. USD exportieren. Von den Erlösen werden vor allem wichtige humanitäre Importgüter finanziert. Nach Beendigung des UN-Sanktionsregimes (seit 2004) profitiert der Irak wieder zunehmend von seinen Erdölreserven.

Die Rohölproduktion steigt von 2,6 Millionen Barrel pro Tag im Jahr 2011 auf knapp 4,1 Millionen Barrel pro Tag im Jahr 2015 an. Insbesondere im irakischen Teil Kurdistans, in der halbautonomen nordöstlichen Region des Landes, wird die Rohölproduktion erheblich gesteigert. Die landesweite Produktion wächst jedoch weit langsamer als von der irakischen Regierung erwartetet. Als wesentliche Gründe hierfür sind Infrastrukturengpässe im Südirak, Versorgungsunterbrechungen im Nordirak sowie Verzögerungen bei den Vertragsabschlüssen zu nennen. Gleichwohl boomt die gegenwärtige Rohölproduktion und steigt im Vergleich zum Niveau des Vorjahres im Jahr 2015 um fast 700 000 Barrel pro Tag. Dieser Anstieg repräsentiert die höchste jährliche Steigerungsrate seit Wiedererstarken der Erdölförderung im Jahr 2004. Im Jahr 2014 entfallen 93 Prozent der gesamten Staatseinnahmen auf den Erdölexport. Im Jahr 2015 erwirtschaftete der Irak etwa 49 Mrd. USD an Rohöl-Exporteinnahmen, dies sind etwa 35 Mrd. USD weniger als im Vorjahr. Diese Einbußen lassen sich trotz einer deutlichen Zunahme der Exportvolumina auf den derzeitigen Rückgang der Rohölpreise zurückführen. Um diesen Preisrückgang aufzufangen, plant die irakische Regierung eine weitere Steigerung der Erdölexporte in den kommenden Jahren. Zwecks Erreichung dieser Zielsetzung wurden in der jüngsten Vergangenheit zahlreiche Erdöl- sowie Erdgasförderlizenzen an internationale Konsortien vergeben. Die wichtigsten irakischen Erdölfelder konzentrieren sich auf Gebiete am Persisch-Arabischen Golf bei Basra, im Norden des Landes zwischen Mosul und Kirkuk sowie in östlichen Landesteilen nahe der Grenze zu Iran. Die zunehmende wirtschaftliche Bedeutung der Erdgasförderung ergibt sich aus dem Sachverhalt, dass der Irak über die viertgrößten Erdgasvorkommen der Welt verfügt und seine Erdgasproduktion in den vergangenen Jahren um mehr als 50 Prozent ausgeweitet hat.

Der Irak nutzt seine Erdgasressourcen zunehmend für die Stromerzeugung sowie für Maßnahmen zur Verbesserung der Erdölrückgewinnung. Mit einer Fördermenge von nahezu 112 Billionen Kubikfuß ist der Irak seit Ende 2015 als der zwölftgrößte Erdgasproduzent der Welt einzustufen. Etwa 75 Prozent der irakischen Erdgasreserven liegen in den südlichen Landesteilen. Die Tatsache, dass die westlichen und zentralen Landesteile außer geringen Vorkommen an Schwefel und Phosphat über keine nennenswerten Bodenschätze verfügen, stellt die irakische Wirtschaftspolitik vor erhebliche Herausforderungen. Die Auswirkungen der regionalen Ungleichverteilung von Bodenschätzen sind umso gravierender, da die Einnahmen aus dem Erdöl- und Erdgasgeschäft nahezu die gesamten Staatseinnahmen ausmachen. Weitere wichtige Bereiche der irakischen

Wirtschaft sind die Düngemittelindustrie, die Lebensmittelverarbeitung sowie die Textil- und Baustoffindustrie. Die meisten Industriebetriebe konzentrieren sich auf Bagdad und ihr Umland sowie auf den Norden des Landes.

Neben den bereits genannten Schwefel- und Phosphatvorkommen werden im Irak in kleinerem Umfang Meersalz und Gips gewonnen. Etwa 75 Prozent der Landesfläche werden durch Wüsten oder Halbwüsten eingenommen und lediglich 12 Prozent werden als Ackerland genutzt. In den nördlichen Bergregionen ist wegen vergleichsweise hoher Niederschlagsmengen Ackerbau möglich. In den südlichen Landesteilen wird in der Region zwischen Euphrat und Tigris überwiegend Bewässerungsfeldbau betrieben. Der Agrarsektor, der in der Zeit vor 1958 von Großgrundbesitzern dominiert war, wurde durch mehrere Bodenreformen umgestaltet. Die Umverteilung der vom Staat konfiszierten Agrarflächen ging jedoch nur sehr langsam voran. In diesem Zusammenhang wurde den Patronageinteressen des herrschenden Regimes Vorrang vor ökonomischer Rationalität eingeräumt. Der Agrarsektor stellt nach dem Erdölsektor bis in die 1990er den wichtigsten Wirtschaftszweig dar. In der Agrarwirtschaft waren in den 1970er Jahren etwa 30 Prozent aller Erwerbstätigen beschäftigt. Bis Anfang der 2000er Jahre hat sich der Anteil der Beschäftigten in der Agrarwirtschaft auf 23,4 Prozent verringert. Nach der Entwicklungsstrategie der Baath-Partei sollte die Landwirtschaft die Versorgung der irakischen Bevölkerung mit Nahrungsmitteln sicherstellen und darüber hinaus Rohstoffe (z. B. Baumwolle) für den industriellen Sektor liefern. Im Entwicklungsplan für den Zeitraum von 1976 bis 1980 wurden 18 Prozent des gesamten Investitionsvolumens für die Landwirtschaft bereitgestellt. Bis in die 1980er Jahre konnte die Nahrungsmittelversorgung der irakischen Bevölkerung im eigenen Land erwirtschaftet werden. Heute ist der Irak bezogen auf Güter der Grundversorgung für seine Bevölkerung auf Importe angewiesen. Verglichen mit anderen Nahost-Staaten verfügt der Irak über reichliche Wasserressourcen, die jedoch regional ungleich verteilt sind.

Die Hauptprobleme der irakischen Agrarwirtschaft bestehen in der Versalzung der Böden (80 Prozent der Nutzflächen weisen unterschiedliche Grade von Versalzung auf), einer erheblichen Witterungsabhängigkeit in den Regenfeldbaugebieten und der generellen Wasserknappheit in den mittleren und südlichen Landesteilen. Die Schwemmlandzonen beinhalten die fruchtbarsten Böden des Landes. Die agrarwirtschaftliche Produktivität leidet außerdem unter weiteren Faktoren, die u. a. durch die Auswirkungen von Klimawandel und Misswirtschaft gekennzeichnet sind. Die agrarwirtschaftlichen Hauptanbauprodukte sind Weizen und Gerste. In den intensiv bewirtschafteten Uferbereichen des Euphrat und Tigris werden Obst und Gemüse angebaut (vor allem Granatäpfel, Zitrusfrüchte, Feigen und Hülsenfrüchte). Als weitaus bedeutendste Kulturpflanze gilt die Dattelpalme, deren Früchte weltweit exportiert werden. Außerdem werden im Irak die berühmten arabischen Vollblutpferde gezüchtet. Auch der Fischfang in Euphrat und Tigris stellt eine sehr ergiebige Einnahmequelle der irakischen Wirtschaft dar. Der Dienstleistungssektor hingegen ist im Irak als nur unzureichend entwickelt einzustufen. Gleichwohl sind in diesem Wirtschaftsbereich etwa 69 Prozent der Arbeitskräfte gebunden. Der entsprechende Anteil am BIP beläuft sich auf 47 Prozent.

Aktuelle politische Entwicklung

Im Zuge des Dritten Golfkrieges (2003–2008) wird das irakische Regime unter Saddam Hussein von der US-geführten sogenannten „Koalition der Willigen" binnen weniger Wochen gestürzt. Als Begründung für diesen als völkerrechtswidrig einzustufenden Angriffskrieg wird die vermeintliche Existenz von Massenvernichtungswaffen angeführt, deren tatsächliches Vorhandensein jedoch nie bewiesen werden konnte. Nach dem Sturz des Diktators Saddam Husseins, welcher als Angehöriger der arabisch-sunnitischen Minderheit die Interessen dieser Bevölkerungsgruppe ggf. mit äußerst repressiven Maßnahmen durchsetzte, steuert der von US-Präsident George W. Bush jr. eingesetzte Zivilverwalter Paul Bremer in der Zeit von Mai 2003 bis zur ersten irakischen Parlamentswahl im Januar 2005 die politischen Geschicke des Irak. Im Zuge dieser Aktivitäten wird jedoch weder eine Stabilisierung des erheblich geschwächten Staatswesens noch eine Demokratisierung der irakischen Bevölkerung erreicht.

Die von der US-Besatzungsmacht implementierten Maßnahmen wie etwa die vollständige Auflösung der irakischen Armee und die damit verbundene Entlassung sämtlicher militärischer Entscheidungsträger, das Verbot der Baath-Partei und die damit verbundene Entlassung sämtlicher politischer Entscheidungsträger sowie die aktive Förderung der Spaltung der irakischen Bevölkerung entlang ethnisch-religiöser Grenzen sind als konzeptionell falsche und desaströse Weichenstellungen einzustufen, deren Auswirkungen u. a. durch ein Erstarken von radikal-islamistischen Gruppierungen gekennzeichnet sind. Mit der Machtübernahme der schiitisch-dominierten Regierung im Irak (seit 2005) verschiebt sich das regionale geostrategische Machtgefüge im Nahen Osten zum Vorteil der Islamischen Republik Iran. Der Iran unterstützte über Jahre schiitische Parteien und Gruppierungen im Irak, vor allem die Islamische Dawa-Partei, die mit Waffengewalt gegen das Regime Saddam Husseins vorging. Gleichermaßen erhielt der irakische Großajatollah und einflussreiche schiitische Führer Mohammed Baqir as-Sadr zwecks Wahrung der iranischen Interessen erhebliche materielle, militärische und propagandistische Unterstützung aus dem Iran.

Die sich seit der Machtübernahme der schiitisch-dominierten Regierung abzeichnende zunehmende Diskriminierung der arabisch-sunnitischen Minderheitsbevölkerung führt zu einer erheblichen Zunahme an Kämpfern und Sympathisanten für radikal-islamistische Gruppierungen. Die damit einhergehende stetig zunehmende Polarisierung zwischen Sunniten und Schiiten entlädt sich in offen ausgetragenen Gewalttätigkeiten zwischen militanten Gruppierungen beider Ausrichtungen, in deren Verlauf in der Zeit zwischen 2006 und 2008 eine Vielzahl von Anschlägen und Übergriffen auf die Zivilbevölkerung verübt wird. Nach Jahren des gewalttätigen Widerstandes aus der irakischen Bevölkerung ziehen sich die US-amerikanischen Truppen einschließlich ihrer Verbündeten am Ende des Jahres 2011 aus dem Irak zurück. Das damit entstehende Machtvakuum wird unmittelbar von Iran gefüllt. Gleichzeitig erhöht sich der Einfluss sunnitischer radikal-islamistischer Gruppierungen wie al-Qaida, die seit dem Jahr 2007 unter der Bezeichnung Islamischer Staat im Irak (ISI) auftritt. Mit dem Aufkeimen der zunächst innerstaatlichen Konflikte in Syrien entwickelt sich aus dem ISI der sogenannte Islamische Staat im Irak und in Syrien (ISIS).

In der Zeit bis Ende Juni 2014 erobert die sich inzwischen als Islamischer Staat in der Levante (ISIL) bezeichnende Terrororganisation die irakischen Städte Falludscha und Ramadi, die Hauptstadt der westirakischen Provinz Al-Anbar und Mossul. Anschließend werden die mehrheitlich von Sunniten und teilweise von Kurden bewohnten Provinzen Salahaddin und Ninive Anbar im Norden und Westen des Irak von ISIL besetzt. Am 29 Juni 2014 wird der sogenannte Islamische Staat (IS) ausgerufen, welcher mit der abermaligen Umbenennung in IS einen neuerdings globalen Führungsanspruch erhebt. Der IS versteht sich als ein Kalifat unter der Führung von Abu-Bakr al-Baghdadi als „Kalif Ibrahim". Mit der Ernennung eines „Kalifen", welcher als „Anführer der Gläubigen" zu verstehen ist, wird der Anspruch auf die Nachfolge des Propheten Mohammed als politisches und religiöses Oberhaupt aller Muslime erhoben. Ayatollah al-Sistani, der schiitische Religionsführer im Irak veröffentlicht im Juni 2014 einen Aufruf zur Mobilisierung gegen den IS. In der Folge gründen sich zahlreiche schiitische Milizen. Gleichzeitig etabliert die irakische Regierung die sogenannte „Volksmobilmachung" (AlHaschd asch-Schaʿbī), welche seither als eine Dachorganisation für über 50 fast ausschließlich schiitische Milizen, die gegen den IS kämpfen, agiert.

Zunehmend gewinnt die irakische Regierung durch eigene militärische Anstrengungen aber auch durch die Unterstützung der US-geführten Anti-IS-Koalition die Kontrolle über einige vorab vom IS beherrschte irakische Städte wie etwa Falludscha, Ramadi und Al-Anbar zurück. Seit 2014 ist der Irak in drei Herrschafts- respektive Einflussbereiche gespalten. Der staatliche Verwaltungsapparat funktioniert nur noch in größeren Städten und die allgemein zerrütteten staatlichen Strukturen lassen die Korruption aufblühen. Der überwiegend schiitische Süden des Landes wird von der Zentralregierung in Bagdad kontrolliert. Die autonome Region Kurdistan steht unter einer regionalen Verwaltung und wird durch kurdische Einheiten (Peschmerga) geschützt. Der IS füllt das Machtvakuum im Zentralirak sowie im Nordirak in Richtung des Nachbarlandes Syrien. Die irakische Gesellschaft wird zunehmend durch ethnisch-religiöse Spannungen gespalten. Dies wirkt sich insbesondere für Minderheiten wie etwa Christen, Jesiden und Turkmenen nachteilig aus. Die innerstaatlichen Konflikte führen zu einer stetig steigenden Anzahl von Binnenflüchtlingen, die zum überwiegenden Teil in der noch relativ sicheren autonomen Region Kurdistan Schutz finden. Seit 2017 ist durch die Rückeroberung des irakischen Mossul sowie des syrischen Rakka eine zunehmende Erosion des zentralen Machtbereiches des IS zu verzeichnen, der im Jahr 2019 im Zentral- und Nordirak sowie in Syrien als weitgehend zurückgedrängt eingeschätzt werden kann.

Im Herbst 2019 gerät die schiitisch-dominierte irakische Regierung unter Premierminister Adil Abdul Mahdi aufgrund erheblicher Proteste u. a. gegen ihre pro-iranische Ausrichtung unter Druck. Nach einer Welle von gewalttägigen Niederschlagungen dieser Proteste reicht der irakische Regierungschef Mahdi Ende November 2019 seinen Rücktritt ein, der vom irakischen Parlament angenommen wird. Zu dem Beginn des Jahres 2020 wird der Chefstratege der iranischen Al-Kuds-Brigaden auf irakischem Territorium durch einen US-amerikanischen Drohnenangriff getötet. In Reaktion auf die Tötung von General Kassem Soleimani wird die militärische Zusammenarbeit zwischen der irakischen Armee und der US-geführten Anti-IS-Koalition seitens des Irak aufgekündigt. Da die damit verbundene Gefahr eines Wiedererstarkens des IS von allen Beteiligten erkannt wird, werden sämtliche diplomatischen Kanäle genutzt, um die militärisch als durchaus erfolgreich einzuschätzenden Operationen der Anti-IS-Koalition fortzusetzen.

Der Irak steht nach dem Failed-State-Index des Fund for Peace (2019) auf Platz 13 und befindet sich damit in der Spitzengruppe der gescheiterten bzw. zerfallenden Staaten. Trotz umfangreicher internationaler Hilfsleistungen schreitet der Wiederaufbau des Landes nur langsam und schleppend voran. In den Bereichen Verkehrs- und Kommunikationsinfrastruktur, in der Energieversorgung, im Bildungs- und Gesundheitswesen sowie im Wohnungsbau besteht weiterhin eklatanter Nachholbedarf. Die angespannte Sicherheitslage in weiten Landesteilen stellt nach wie vor das wesentliche Hindernis für dringend notwendige vor allem ausländische Investitionen dar. Gleichwohl lässt sich nach dem Zurückdrängen des IS eine zunehmende Verbesserung der Sicherheitslage feststellen. Die staatlichen Strukturen und Institutionen des Irak sind schwach, die politische Klasse ist korrupt und zerstritten. Der Irak steht im Korruptionsindex von Transparency International (2019) auf Platz 162 und zählt damit mit Blick auf die Verbreitung von Korruption zu den Schlusslichtern der insgesamt 180 bewerteten Staaten.

Das Land kann eine Rückkehr zu Sicherheit und Stabilität nur erreichen, wenn die Einflussnahme aus dem Iran sowie die Agitation radikal-islamistischer Gruppierungen beendet werden. Eine aktive Beteiligung der unterschiedlichen ethnischen und religiösen Gruppierungen an der irakischen Regierungspolitik würde sich positiv auf die zukünftige Entwicklung des Landes auswirken und den Weg zu einem innerirakischen Friedensprozess einleiten.

Literatur

Al-Ansari, N. A. und Knutsson, S. (2011): Toward Prudent Management of Water Resources in Iraq, in: Journal of Advanced Science and Engineering Research, Vol. 1.

Arab Forum for Environment and Development (2008): Annual report of the Arab Forum for Environment and Development. Beirut.

Armborst, A. (2014): Der Islamische Staat im Irak und seine Vorgängerorganisationen. Frankfurter Forschungszentrum Global Islam (FGI). Frankfurt.

Aziz, A. und Aws, A. (2012): Waste Water Production Treatment and use in Iraq Country. Bagdad.

CSOI (2016): Statistical Summary Report for Iraq 2016. Bagdad.

Dittmann, A (2015): Zerstörung von Kulturerbe der Menschheit in Syrien und Irak, in: Geographische Rundschau 10.

Ermagan, I. und Gümüs, B. (2016): Irak, in: Gieler, W. (Hrsg.), Der Nahe und Mittlere Osten – Staaten und Organisationen. Frankfurt am Main.

Deutsches Orient-Institut (2011): Der Arabische Frühling – Auslöser, Verlauf, Ausblick. Berlin.

Dienste, W. (2016): Sachstand Zur Situation religiöser Minderheiten in Irak und Syrien. Wissenschaftliche Dienste, Deutscher Bundestag. Berlin.

Germany Trade & Invest (2016) Wirtschaftsdaten kompakt: Irak, unter: https://www.gtai.de/gtai-de/trade/wirtschaftsumfeld/wirtschaftsdaten-kompakt/irak/wirtschaftsdaten-kompakt-irak-156642 [15.12.2019].

Food and Agriculture Organization (2003): Towards sustainable agricultural development in Iraq: The Transition from Relief, Rehabilitation and Reconstruction to Development. Rom.

Fürtig, H. (2014): Kleine Geschichte des Irak: von der Gründung 1921 bis zur Gegenwart. München.

Holtmann, C. (2004): Die Wirtschaft des Irak: Entwicklungsstand und -potential. Bonn.

Hünseler, P. (1983): Irak, in: Nohlen, D. und Nuscheler, F. (Hrsg.), Handbuch der Dritten Welt. Hamburg.

Iraqi Council of Representatives (2016): Iraq, unter: http://www.parliament.iq [10. Dezember 2019].

Iraqi Oil Ministry and Iraq Oil Report (2016): Iraq exports rebound but oil price does not, unter: http://www.iraqoilreport.com/news/iraq-exports-rebound-oil-price-not-17880/ [5. Dezember 2019].

Koszinowski, T. (1988): Irak, in: Steinbach, U. und Robert, R. (Hrsg.), Der Nahe und Mittlere Osten. Politik, Gesellschaft, Wirtschaft, Geschichte, Kultur. Länderanalysen. Opladen.

Oil & Gas Journal (2016): Worldwide Look at Reserves and Production, unter: https://www.ogj.com/home/article/17211002/worldwide-look-at-reserves-and-production [5. Dezember 2019].

Sissakian, V. K./Al-ansari, N. und Knutsson, S. (2013): Sand and dust storm events in Iraq. Natural Science, Band 5, Nr. 10.

World Bank (2014): The World Bank, Iraq, unter: http://data.worldbank.org/country/Iraq [2. Oktober 2019].

André Staarmann

Iran

Offizieller Name:	Islamische Republik Iran
Staatsform:	Präsidentielle Theokratie
Unabhängigkeit:	Formell nie abhängig, aber Islamische Revolution am 1. April 1979 (Ausrufung der islamischen Republik)
Nationalfeiertag:	1. April (Tag der Republik)
Hauptstadt:	Teheran
Lage:	Mittlerer Osten, angrenzend an den Golf von Oman, den Persischen Golf und das Kaspische Meer
Fläche:	1 648 195 qkm (Weltrang: 17)
Bevölkerung:	83 Millionen
Landesstruktur:	31 Provinzen, 172 Gouvernements, 499 Distrikte
Sprachen:	Persisch (Farsi), daneben Turksprachen, Kurdisch, Arabisch und Belutschisch
Religionen:	Islam (Schiiten: 90–95 Prozent, Sunniten: 5–10 Prozent), daneben Judentum und Christentum, Zarathustrier und Baha'i (zusammen unter 0,3 Prozent)
Währung:	Iranischer Rial (IRR)
Wirtschaftszweige:	Erdöl, Erdgas, Textil- und Landwirtschaft
Mitgliedschaften:	UN, OPEC, G-15, G-77, IAEA, ILO, IWF, Interpol, IDB, ECO
Wichtigste Medien:	*Fernsehen:* IRIB (Staatlicher Rundfunk und Fernsehanstalt); IRNA (Staatliche Nachrichtenagentur); Farsnews *Hörfunk:* IRIB World Service (staatlich), Radio Payam, Radio Maaref, Radio Farhang *Zeitungen:* Kayhan, Hamshahri, Iran, Jomhuri-je Eslami, Sharq, Aftab-e-Yazd

****

Naturraum und geographische Rahmenbedingungen

Der Iran ist der dominierenden Terminologie im deutschen Sprachraum folgend innerhalb der Region des Nahen Ostens, die sich von Marokko im Westen über die Arabische Halbinsel bis nach Iran im Osten erstreckt und auch die Türkei im Norden miteinschließt, zu verorten. Mit Blick auf seine naturräumlichen Rahmenbedingungen repräsentiert der Iran einen Teil des sich über die beiden Kontinente Nordafrika und Vorderasien erstreckenden Großraumes Orient, der aufgrund seiner Lage im altweltlichen Trockengürtel hinsichtlich seiner Landesnatur (Klima, Gebirgsbau, Oberflächenform u. a.) weitgehende Gemeinsamkeiten aufweist und damit eine großräumige regionale Einheit darstellt.

Das durch die Staatsterritorien von Iran sowie Afghanistan eingenommene Hochland von Iran ist durch seine nördlichen und südlichen Randgebirge, seine im Westen und Osten anschließenden Gebirgsknoten sowie die jeweils nördlich und südlich vorgelagerten Tiefländer und Senkungszonen gekennzeichnet. Das Hochland von Iran lässt sich im Anschluss an EHLERS (1988) grob in die nachfolgend angeführten fünf naturräumlichen Großeinheiten aufteilen:

- Das zum größten Teil unter dem Niveau des Meeresspiegels gelegene südkaspische Tiefland, das einen 500 km langen und oft nur wenige Kilometer breiten Schwemmlandstreifen darstellt und die Südküste des Kaspischen Meeres umschließt.
- Das von Armenien und Aserbaidschan ausgehende mächtige Alborz-Gebirge, dass in seinen zentralen Teilen mehrfach Höhen von über 4 000 m erreicht und mit dem Vulkankegel des Demawend (5 670 m) die höchste Erhebung des Landes beinhaltet.
- Das sich an die Südabdachung des Alborz-Gebirges anschließende Hochland von Iran als flächenmäßig größte naturräumliche Einheit, welches mit der großen Salzwüste Dasht-i Kawir und der Wüste Lut den Kernraum des Landes darstellt.
- Das den Westen, Südwesten und Süden des Hochlandes von Iran abschließende Zagros-Gebirge, das einen kettengebirgsartigen Charakter aufweist und analog zum Alborz-Gebirge gleichfalls Höhen von über 4 000 m erreicht.

- Die Tiefländer der Golfküstenregion, die mit Ausnahme von Khuzistan häufig nur schmale und zudem klimatisch ungünstige Küstensäume ohne ein größeres Hinterland darstellen.

Mit Blick auf die klimatischen Bedingungen ergibt sich für den Iran aufgrund der erheblichen Unterschiede in seiner naturräumlichen Ausstattung ein ähnlich facettenreiches Bild. Während der gebirgige Norden, Nordwesten und Westen des Landes thermische wie hygrische Gunsträume darstellen, nehmen die Niederschläge und damit auch die Humidität des Klimas von Westen nach Osten hin kontinuierlich ab. Der dadurch verursachte erhebliche Temperaturanstieg bedingt eine sich in südöstlicher Richtung verstärkende Aridität der klimatischen Bedingungen, die in der Dasth-i Lut sowie im Becken des Hamun-i Jaz am stärksten ausgeprägt sind. Die damit verbundene Ungunst dieser Trockenräume schränkt die Möglichkeiten landwirtschaftlicher Nutzung sowie menschlicher Siedlung mit Ausnahme einiger Bewässerungsoasen und Höhenregionen erheblich ein.

Geschichtliche Entwicklung von vorkolonialer Zeit bis zur Unabhängigkeit

Die Geschichte des Iran ist sowohl durch Perioden der Machtfülle und stetigen Expansion als auch durch Perioden des Niederganges und des Zerfalls gekennzeichnet. Der entsprechend ambivalente historische Erfahrungsschatz der iranischen Bevölkerung begünstigt die Entstehung einer politischen Kultur respektive Identität, die bis zum gegenwärtigen Zeitpunkt von den gegensätzlichen kollektiven Wahrnehmungen einer politisch gewichtigen und bedeutungsvollen Position einerseits und einer politischen wie ökonomischen Opferrolle andererseits geprägt wird. Mit seiner mehr als zweitausendfünfhundertjährigen Geschichte ist der Iran zweifelsohne als eines der ältesten Kulturländer der Erde einzustufen.

Die Bezeichnung Iran bedeutet so viel wie „Land der Arier“ und geht zurück auf die Einnahme des vorderasiatischen Raumes durch zur indoeuropäischen respektive indogermanischen Sprachfamilie gehörende Völker, die, vermutlich aus den südlichen zentralasiatischen Tiefländern kommend, das Territorium des heutigen Iran in der Zeit um etwa 2000 v. Chr. eroberten und in der Folge besiedelten. Der zur Zeit des Großreiches der Achämeniden (550 bis 331 v. Chr.) begründete Zoroastrismus ist bis zur Eroberung des Iran durch die Araber mit nachfolgender Islamisierung der iranischen Bevölkerung (641 ff.) als persische Staatsreligion zu begreifen. Diese bis heute von einer religiösen Minderheit insbesondere um das zoroastrische Zentrum Yazd praktizierte monotheistische Religion, die vielfältige Spuren in der gelebten iranischen Kultur hinterlassen hat, geht zurück auf die Lehren des vermutlich aus dem heutigen Afghanistan stammenden Propheten Zoroaster bzw. Zarathustra, welcher neben Moses, Jesus und Mohammed eine Schlüsselfigur in der Geschichte der Weltreligionen darstellt.

Die Islamisierung des Iran markiert insofern einen historisch gewichtigen Einschnitt in der Geschichte Persiens, als das der Islam nicht nur als eine Religion, sondern als eine ganz eigengeartete, in sich geschlossene Kultur- und Lebensform einzustufen ist und daher bis in die jüngste Vergangenheit als ein bestimmendes Merkmal der iranischen Geschichte anzusprechen ist. Beispielsweise markiert die unter der Herrschaft der Safawiden (1501 bis 1722) institutionalisierte Übernahme der Schia als Staatsreligion einschließlich der damit vollzogenen Abgrenzung gegenüber der mehrheitlich sunnitischen Ausrichtung des Islam in den Nachbarstaaten den entscheidenden Schritt für die nationalstaatliche Eigenständigkeit des Landes, die bis in die Gegenwart in diesem Sinne verstanden wird.

In der zweiten Hälfte des 19. Jahrhunderts steht das formal nie kolonialisierte qadjarische Persien unter dem machtpolitischen Einfluss der imperialen Großmächte Großbritannien und Russland. In der Folge werden neben der Absteckung russischer und britischer territorialer Einflusssphären die Explorations- und Nutzungsrechte wichtiger iranischer Ressourcen sowie die Verfügungsrechte über lukrative Wirtschaftszweige in Form von Konzessionsvergaben an Repräsentanten vornehmlich der genannten Großmächte übergeben.

Als weiteres prägendes Element in der Geschichte des Iran sind die seit Beginn des 20. Jahrhunderts bekannten beträchtlichen Erdölressourcen anzuführen. Mit der „Entdeckung" der Bedeutung des fossilen Brennstoffes Erdöl für die industrielle und damit machtpolitische Verwendung gerät der Iran seit der Erschließung des im Südwesten des Landes gelegenen Ölfeldes von Masjid-i Suleyman (1908) und der damit einhergehenden langfristigen Abtretung der Explorations- und Nutzungsrechte an

Repräsentanten europäischer Großmächte (vor allem Briten) in den Fokus der geostrategischen Interessen internationaler Akteure.

Mit der Erschließung weiterer iranischer Ölfelder (z. B. Gach Saran im Jahr 1928) sowie der unmittelbar vor Ausbruch des Zweiten Weltkrieges zu datierenden Entdeckung gewaltiger Erdölvorkommen auf der Arabischen Halbinsel wird die bis in die Gegenwart unangefochtene wichtige geostrategische Bedeutung der „Ölprovinz Persisch-Arabischer Golf" als ertragreichster Fundort des bedeutendsten Rohstoffes in der Geschichte des 20. Jahrhunderts festgeschrieben. Die weltpolitischen Machtverhältnisse widerspiegelnd wird das über 40 Jahre von Großbritannien dominierte iranische Ölgeschäft, das den Iranern durch ungerechte Gewinnbeteiligungen und kolonialherrlich diktierte Zugriffsregelungen die Verfügungsgewalt über die wertvollste nationale Ressource verweigert, in der Zeit nach dem Zweiten Weltkrieg zunehmend durch US-amerikanische Interessen und Akteure beeinflusst.

In der frühen Nachkriegszeit wird der Iran durch innenpolitische Spannungen und Unruhen erschüttert, die sich zwischen pro-britischen und monarchistischen Anhängern des autokratischen Pahlavi-Regimes, welche mehrheitlich als Nutznießer der prekären wirtschaftlichen Verhältnisse einzustufen sind, sowie anti-britischen und anti-imperialistischen Anhängern einer sich aus religiösen Klerikern, Sozialisten und Nationalisten konstituierenden Nationalen Front, die eine vollständige Verfügungsgewalt über die nationale Ressource Erdöl sowie die Verstaatlichung der britisch-dominierten Erdölindustrie einfordert, entfalten. Diese von politisch motivierten Attentaten und Massendemonstrationen begleiteten innenpolitischen Konflikte führen mit der Ernennung von Mohammad Mossadeq zum Premierminister (1951) zum vorläufigen Sieg der in der Nationalen Front gebündelten oppositionellen Kräfte. Die in unmittelbarer Folge vollzogene Verstaatlichung der Erdölindustrie wird seitens der Briten und auch der Amerikaner mit einem Boykott iranischer Erdölexporte sowie mit der Abriegelung des für die Ausfuhr iranischen Erdöls unverzichtbaren Ausgangs des Persischen Golfs sowie der Straße von Hormuz beantwortet. Im Ergebnis gerät der Iran zwischen 1951 und 1954 in eine schwere wirtschaftliche und innenpolitische Krise, in deren Folge der Schah Mohammed Reza Pahlavi das Land fluchtartig verlässt.

Erst nach dem durch Intervention des US-amerikanischen Geheimdienstes CIA bewerkstelligten Sturz des Premierministers Mossadeq im Sommer 1953 sowie der Rückkehr des Schahs wird die wirtschaftliche Krise des Iran durch Wiederaufnahme der Erdölförderung und der Erdölexporte behoben. Die politische Krise des Iran indes wird mit der Wiedererrichtung des repressiven und autokratischen Herrschaftssystems unter Schah Mohammed Reza Pahlavi und der damit einhergehenden Positionierung der USA als neuerliche Schutzmacht sowie wichtigster Verbündeter des Schah-Regimes innerhalb der Ölprovinz Persisch-Arabischer Golf, deren geostrategische Bedeutung im angebrochenen Zeitalter des Ost-West-Konfliktes sowohl für den kapitalistischen Block unter Führung der USA als auch für den sozialistischen Block unter Führung der Sowjetunion von unverändert hoher Relevanz bleibt, nicht gelöst. Der Schah übernimmt bereitwillig die Rolle eines „Polizisten am Golf" und vertritt damit westliche und vor allem amerikanische Interessen in einem Land, dessen bereits skizzierte wichtige geostrategische Bedeutung unter den Bedingungen der Blockkonfrontation durch die direkte Nachbarschaft zur Sowjetunion noch gesteigert wird.

Die vom Schah-Regime in den 1960er und 1970er Jahren durchgeführten Maßnahmen zur Modernisierung, Industrialisierung und Militarisierung des Iran zielen vornehmlich auf die urbanen Zentren und gehen einher mit einer nahezu vollständigen Vernachlässigung der Entwicklung des ländlichen Raumes. Die geringe Berücksichtigung der Belange der ländlichen Bevölkerung, die zu Beginn der 1970er Jahre einen Anteil von 80 bis 85 Prozent an der iranischen Gesamtbevölkerung stellen, befördert ein erhebliches Konfliktpotential, das sich insbesondere aus den offenkundigen Gegensätzen zwischen traditionell iranisch-islamischen Lebensgewohnheiten und Wertvorstellungen einerseits und den vom herrschenden Regime propagierten westlich modernen Lebensstylen andererseits ergibt. Im Ergebnis keimen die seit den frühen 1950er Jahren latent vorhandenen innergesellschaftlichen politischen Konflikte wieder auf, die, von einer breiten anti-imperialistisch und islamistisch-revolutionär ideologisierten Oppositionsbewegung getragen, im Herbst 1979 zum Sturz der Monarchie sowie zur nachfolgenden Ausrufung der Islamischen Republik Iran unter dem charismatischen Revolutionsführer Ayatollah Khomeini führen.

Mit der Errichtung der Islamischen Republik, die hinsichtlich ihres politischen Systems als eine Mischung aus Theokratie und Demokratie einzustufen ist und insofern ein Unikat innerhalb der heutigen Staatenwelt darstellt, verlagert sich der Schwerpunkt der iranischen Außenpolitik von der vom Schah-Regime betriebenen Strategie der stetigen Macht- und Einflusserweiterung innerhalb des internationalen Systems zu einer Strategie der Herausforderung des internationalen Systems. Seither gelten die Feindschaft gegenüber den USA und ihrer Interessen in der Region des Nahen Ostens einerseits sowie die Feindschaft gegenüber Israel andererseits als ideologische Grundkonstanten der iranischen Außenpolitik.

Des Weiteren stellt die Feindschaft zu Saudi-Arabien, das von der Führung der Islamischen Republik als „Büttel der USA“ etikettiert wird, eine weitere Grundkonstante der iranischen Außenpolitik dar, welche einerseits religiös (Sunniten versus Schiiten), andererseits ethnisch (Araber gegen Perser) sowie ideologisch (US-Verbündete gegen US-Gegner) begründet wird. Die konfliktgeladenen Beziehungen zwischen diesen beiden Nahost-Staaten liegen insbesondere auch darin begründet, dass sich sowohl Riad als auch Teheran als quasi natürliche Führungsmächte nicht nur in der Region des Nahen Ostens, sondern in der gesamten islamischen Welt betrachten und insofern nach Vorherrschaft streben.

Bevölkerungsstruktur – insbesondere ethnische Zusammensetzung

Iran zählt zu den Staaten mit einer überdurchschnittlich jungen Bevölkerung. Derzeit stellen junge Menschen im Alter zwischen 15 und 29 Jahren einen 35-Prozent-Anteil an der Gesamtbevölkerung. Gleichzeitig repräsentiert diese auf etwa 30 Millionen Menschen zu beziffernde Bevölkerungsschicht die am besten ausgebildetste Generation in der bisherigen Geschichte des Iran. Angesichts der auch nach den jüngeren politischen Ereignissen eher stagnierenden wirtschaftlichen Entwicklung stellt das rasante Bevölkerungswachstum von jährlich etwa 1,2 Prozent im Zusammenhang mit dem auch langfristig zu erwartenden hohen Anteil arbeitssuchender und mehrheitlich gut ausgebildeter junger Menschen die iranische Regierung bereits heute vor allergrößte Herausforderungen.

Zur Verdeutlichung der Dynamik des Bevölkerungswachstums sei angeführt, dass die Bevölkerung des Iran, die zu Beginn der 1980er Jahre auf etwa 40 Millionen Einwohner beziffert wurde, sich mit derzeit etwa 80 Millionen Menschen innerhalb der letzten 40 Jahre mehr verdoppelt hat. Unter Bezugnahme auf die mittlere Variante der Bevölkerungsprognose der Vereinten Nationen ist davon auszugehen, dass die iranische Bevölkerung bis zum Jahr 2050 um weitere 20 Millionen auf etwa 100,6 Millionen Menschen ansteigen wird.

Mit Blick auf die Bevölkerungsverteilung sind in der jüngeren Vergangenheit weitere erhebliche Veränderungen zu beobachten. Lebte etwa in der Mitte der 1970er Jahre noch mehr als die Hälfte der iranischen Bevölkerung im ländlichen Raum, so hat sich innerhalb der vergangenen 45 Jahre die Bevölkerungsverteilung durch das bereits skizzierte Bevölkerungswachstum sowie durch erhebliche Bevölkerungsbewegungen (Landflucht und Urbanisierung) dramatisch gewandelt. Zum gegenwärtigen Zeitpunkt leben etwa 75 Prozent der iranischen Bevölkerung in urbanen Zentren.

In diesem Zusammenhang markieren insbesondere Städte wie die sich gegenwärtig zu einer Megastadt entwickelnde Hauptstadt Teheran (ca. 13 Millionen EW, 2016) sowie die Großstädte Mashad (2,1 Millionen EW), Isfahan (2,2 Millionen EW), Tabriz (1,4 Millionen EW) und Shiraz (1,2 Millionen EW) die wichtigsten Destinationen für die inneriranischen Bevölkerungsbewegungen. Neben den genannten demographischen Aspekten ist die Bevölkerung des Iran durch eine ausgeprägte ethnisch-sprachliche Heterogenität gekennzeichnet, die teilweise ein erhebliches Konfliktpotential darstellt. Die vornehmlich im Südwesten des Iran lebenden Araber mit einem 3-Prozent-Anteil an der Gesamtbevölkerung stellen eine Bevölkerungsgruppe dar, die beiderseits der Landesgrenzen siedelt. Gleichermaßen stellt der Nordwesten des Iran mit seiner kurdischen Bevölkerung (7-Prozent-Anteil an der Gesamtbevölkerung) einen Teil des geschlossenen Siedlungs- und Wirtschaftsraumes der Kurden dar, der sich die iranischen Staatsgrenzen überschreitend bis in die südöstliche Türkei sowie nach Syrien ausdehnt.

Des Weiteren weist das Siedlungsgebiet der vornehmlich in den Grenzräumen zur Türkei und zu Aserbaidschan siedelnden Aseri-Bevölkerung grenzüberschreitend in eben diese Nachbarstaaten. Gleiches gilt für die im Nordosten des Iran lebenden Turkmenen, die durch koloniale

Grenzziehungen im Laufe des 19. Jahrhunderts von ihren Stammesangehörigen im heutigen Turkmenistan abgetrennt wurden. Die in den südöstlichen Grenzräumen zu Afghanistan und Pakistan siedelnden Belutschen repräsentieren eine weitere ethnische Minderheit in Iran, die durch Sezessionsbestrebungen einen permanenten Unruhefaktor nicht nur in Iran, sondern auch in Afghanistan und Pakistan darstellen.

Wirtschaftsstruktur

Die iranische Wirtschaft befindet sich seit der Islamischen Revolution (1979) überwiegend in den Händen des Staates bzw. mit der Staatsmacht verbundener religiöser Stiftungen (geschätzt bis zu 80 Prozent) und ist strukturell durch weitgehende staatliche Kontrolle sowie Zentralisierung gekennzeichnet. Im Ergebnis wird mehr als 80 Prozent des iranischen Bruttosozialprodukts von staatlichen und halbstaatlichen Unternehmen generiert. Die mit den wirtschaftsstrukturellen Rahmenbedingungen einhergehenden staatlichen Eingriffe wie Preisregulierungen und/oder Subventionsmechanismen, die in aller Regel politischen Interessen folgen, relativieren wirtschaftsliberale Tendenzen und stellen ein wesentliches Hemmnis insbesondere für die eigenständige Entwicklung der Privatwirtschaft dar.

Mit Blick auf ihre Organisationsstruktur ist die Wirtschaft des Iran als eine Form von Marktwirtschaft mit Markteingriffen, Preisregulierungen sowie Produktions- und Konsumlenkung einzustufen. Die Lage des Iran innerhalb der Ölprovinz Persisch-Arabischer Golf, welche einen 64-Prozent-Anteil an den globalen Erdölreserven und einem 30-Prozent-Anteil an der Welterdölförderung hält, determiniert den zentralen Stellenwert des fossilen Brennstoffs Erdöl innerhalb der iranischen Wirtschaft. Iran besitzt nach Saudi-Arabien die weltweit größten Erdölressourcen und zählt zu den wichtigsten Nettoerdölexporteuren der Welt. Während das Erdölgeschäft die iranische Wirtschaft bereits seit Beginn des 20. Jahrhunderts dominiert, gewinnt die Förderung der gleichfalls reichhaltig vorhandenen Ressource Erdgas erst in jüngerer Zeit eine zunehmende wirtschaftliche Bedeutung. Mit der staatlich monopolisierten Förderung von Erdöl und Erdgas werden zum gegenwärtigen Zeitpunkt etwa 80 bis 85 Prozent der gesamten Staatseinnahmen generiert.

Der sekundäre Sektor repräsentiert mit etwa 35 Prozent der Erwerbstätigen und einem 46-Prozent-Anteil am BIP den wichtigsten Bereich der iranischen Wirtschaft. Neben der enormen gesamtwirtschaftlichen Bedeutung der Energiewirtschaft sind industriell-gewerbliche Schlüsselindustrien wie die Automobil-, Textil-, Stahl- sowie Baustoffindustrie als weitere wichtige Elemente der iranischen Wirtschaft anzusprechen. In der Automobilindustrie werden etwa mit dem Staatskonzern Iran Khodro, der im Rahmen eines Joint Venture mit dem französischen Autohersteller Renault kooperiert, die derzeit höchsten Wachstumsraten erwirtschaftet. Gleichwohl ist auch der industriell-gewerbliche Bereich der iranischen Wirtschaft, der mit einem 15-Prozent-Anteil am iranischen BIP beteiligt ist, durch strukturelle Hemmnisse gekennzeichnet, die im Wesentlichen auf die Reform- und Innovationsfeindlichkeit der sich auch hier fast ausschließlich in Staatsbesitz befindlichen Unternehmen zurückzuführen sind. Unter den gegebenen strukturellen Rahmenbedingungen lassen sich potentiell produktionssteigernde Maßnahmen wie etwa die Modernisierung und Diversifizierung der Produktionsabläufe kaum oder nur ansatzweise verwirklichen.

In diesem Zusammenhang sei auf die geradezu wachstumsfeindliche Rolle der als „privilegierte Monopolisten" anzusprechenden konservativ-religiösen Stiftungen verwiesen, die – von staatstragenden Institutionen getragen und gefördert – als Eigentümer der meisten Unternehmen des produzierenden Gewerbes auftreten und sich mehrheitlich als resistent gegenüber Modernisierungstendenzen erweisen. Im Unterschied dazu repräsentiert das hauptsächlich durch traditionelle Wirtschaftsaktivitäten gekennzeichnete verarbeitende Gewerbe, welches vornehmlich von kleineren Familienbetrieben getragen wird und welches gemessen am BIP nur einen geringen gesamtwirtschaftlichen Beitrag leistet, einen der wenigen Bereiche der iranischen Wirtschaft, die durch privatwirtschaftliche Aktivitäten dominiert werden. Im Kontrast zur wirtschaftlichen Bedeutung des sekundären Sektors ist der primäre Sektor der iranischen Wirtschaft durch einen stetigen Bedeutungsverlust und durch Stagnation gekennzeichnet.

Die Einnahmen aus der iranischen Agrarwirtschaft leisten mit etwa 10 Prozent einen eher geringen Anteil am BIP. Der Anteil der Erwerbstätigen im primären Sektor ist von 40 Prozent in den 1980er Jahren auf gegenwärtig etwa 20 Prozent zurückgegangen. Trotz der geringen gesamtwirtschaftlichen Bedeutung ist davon auszugehen, dass mehr als die Hälfte der iranischen Bevölkerung direkt oder indirekt von der Agrarwirtschaft abhängig ist. Die Preise für landwirtschaftliche Produkte werden durch eine staatlich stark regulierte Preispolitik festgelegt.

Das im Norden des Iran gelegene Kaspische Tiefland stellt ein besonders reiches und intensiv bewirtschaftetes Anbaugebiet für die wichtigen Nutzpflanzen Reis, Tee, Zitrusfrüchte, Tabak und Baumwolle dar. Im Hochland von Iran werden insbesondere die Grundnahrungsmittel Weizen und Gerste angebaut. Weiterhin werden hier im Bereich der Bewässerungslandwirtschaft Weintrauben, Zuckerrüben sowie Granatäpfel, Mandeln und die exportwirtschaftlich wichtigen Pistazien kultiviert. Im klimatisch begünstigten warmen Süden des Iran stellen Dattelpalmen, Südfrüchte und Zuckerrohr wichtige landwirtschaftliche Produkte dar. Trotz Umsetzung unterschiedlicher agrarpolitischer Maßnahmen wie Bodenreformen (1950/60er Jahre) ist die iranische Agrarwirtschaft nach wie vor durch rentenkapitalistische Abhängigkeitsstrukturen zwischen den vornehmlich in den Städten ansässigen Großgrundbesitzern und kleinbäuerlichen Pächtern im ländlichen Raum gekennzeichnet. Diese als tradiert und vorrevolutionär einzustufenden Agrarsozialstrukturen tragen insofern parasitäre Züge, als dass die stadtansässigen Kapitalisten durch das permanente Abschöpfen so gut wie aller Ertragsanteile einen geradezu fortschrittshemmenden Raubbau betreiben und damit jegliches Interesse seitens der kleinbäuerlichen Pächter an Ertragssteigerungen durch innerbetriebliche Verbesserungen, Intensivierung u. a. konterkarieren und im Keim ersticken.

Im Ergebnis ist der primäre Sektor der iranischen Wirtschaft vor allem durch einen strukturbedingten Mangel an Investitionstätigkeiten gekennzeichnet, welcher die Durchsetzung von erforderlichen Maßnahmen zur Steigerung der Agrarproduktion zusätzlich erschwert. Abschließend sei angeführt, dass in der jüngeren Vergangenheit sowohl seitens des Staatsoberhauptes Ayatollah Khamenei als auch seitens unterschiedlicher Vertreter der iranischen Regierung wiederholt betont wurde, das die Privatisierung der iranischen Wirtschaft vorangetrieben werden solle und in diesem Zusammenhang auch bestimmte staatliche und halbstaatliche Unternehmen sowie ausgewählte Industriebranchen durch Aufhebung bestehender Restriktionen für den Privatsektor geöffnet werden sollen. Inwieweit entsprechende vielversprechende Ankündigungen durch konkrete Maßnahmen in die Tat umgesetzt werden, wird die Zukunft zeigen.

Aktuelle politische Entwicklung

Trotz der regionalen Gegensätze zwischen der sunnitischen Mehrheitskonfession (80–90 Prozent) und der schiitischen Minderheitskonfession (10–20 Prozent) ist der überwiegend schiitisch geprägte Iran als ein maßgeblicher politischer Akteur in der Region des Mittleren Ostens einzustufen. Der Iran ist der einzige mehrheitlich muslimische Staat, der von Schiiten geführt wird und aus seinen Ansprüchen auf eine regionale Hegemonie respektive Führungsmacht keinen Hehl macht.

Des Weiteren verfügt kein anderer Staat des Mittleren Ostens über eine vergleichbare Kombination von geographischer Ausdehnung, geostrategisch bedeutsamer Lage, zahlenmäßig starker und gut ausgebildeter Bevölkerung sowie enormer Ausstattung mit natürlichen Ressourcen. Diese Determinanten befördern das Streben nach einer regionalen Vormachtstellung, das seit der Islamischen Revolution durch verschiedene und gelegentlich durch von der iranischen Politik unabhängige Ereignisse gekennzeichnet ist. Beispielsweise erzeugt die in Reaktion auf die Terroranschläge von 9/11 vollzogene Ausrufung des sogenannten War on Terror mit den aus heutiger Sicht als gescheitert einzustufenden US-geführten Militärinterventionen in Afghanistan und im Irak durch den Sturz des sunnitischen Taliban-Regimes sowie des irakischen Diktators und iranischen Erzfeindes Saddam Hussein ein regionales Machtvakuum, das maßgeblich von Teheran gefüllt werden konnte. Folglich kann der Iran als der geostrategische Nutznießer der oben genannten US-geführten Kriege in der Region des Mittleren Ostens eingestuft werden.

Seit 2003 werden die Beziehungen zwischen Iran und der Internationalen Staatengemeinschaft durch den Konflikt um das iranische Atomprogramm geprägt. In diesem Zusammenhang sind vor allem die USA und Israel, in ihrem Windschatten auch die Europäer, bemüht, eine atomare Aufrüstung des Iran unter allen Umständen zu verhindern.

Das umstrittene Atomprogramm des Iran wird in den Jahren 2010 bis 2012 zur Legitimierung offener Kriegsvorbereitungen herangezogen, die insbesondere von den USA und Israel vorangetrieben werden und auf einen Regimewechsel abzielen. Die zu dieser Zeit in der westlichen Politik und Medienberichterstattung zu verfolgende Dämonisierung der Islamischen Republik Iran wird durch sicherheitspolitische Einschätzungen flankiert, die vermeintlich „unzweifelhaft“ ein stetiges Fortschreiten des iranischen Atomprogramms konstatieren und den etwa als „mittelalterlichen Gottesstaat“ etikettierten Iran zu einer Atommacht aufsteigen sehen. Nach der Amtsübernahme des im Vergleich zu seinem Vorgänger Mahmud Achmadinedschad als gemäßigt geltenden iranischen Präsidenten Hassan Rouhani (seit 2013) werden entsprechende sicherheitspolitische Einschätzungen und Aktivitäten weitgehend revidiert und ein neuerlicher Anlauf zur diplomatischen Lösung des Atomkonflikts unternommen.

Die in der Folge im Rahmen der sogenannten „Atomgespräche“ zwischen diplomatischen Vertretern des Iran, der BRD sowie der fünf UN-Vetomächte (USA, Großbritannien, Frankreich, Russland und China) im Sommer 2014 erzielte Einigung im Atomkonflikt leitet eine Phase der Mäßigung und Entspannung in den Beziehungen zwischen Iran und westlichen Staaten ein. Mit der durch die Verhandlungslösung erreichten Aufhebung der im Rahmen des Atomkonfliktes verhängten UN-Sanktionen gerät der Iran in den Fokus insbesondere wirtschaftlicher Interessen westlicher Akteure. Mit dieser gelegentlich als „Goldgräberstimmung“ bezeichneten Situation ergibt sich für den Iran trotz der oben skizzierten schwierigen wirtschaftlichen Strukturen die Möglichkeit, die dringend erforderliche Modernisierung zumindest in Teilbereichen der iranischen Wirtschaft voranzutreiben. Für die westliche und hier insbesondere europäische Staatengemeinschaft ergibt sich die Möglichkeit, die frühestens seit der Islamischen Revolution (1979) und spätestens seit dem Aufflammen des Atomkonfliktes (2003) eingefrorenen wirtschaftlichen Beziehungen neu zu beleben. Der Prozess der Normalisierung der politischen und wirtschaftlichen Beziehungen zwischen westlichen Staaten und dem Iran wird mit der einseitigen Aufkündigung des Atomabkommens seitens der US-Regierung unter Präsident Donald Trump im Mai 2018 jäh unterbrochen. Das in unmittelbarer Folge abermals verhängte US-Sanktionsregime stürzt insbesondere die iranische Zivilbevölkerung in eine existentielle Krise und spaltet die Ausrichtung der westlichen Iran-Politik. Die sich seither ergebende internationale Diskrepanz zwischen „Iran-Verstehern“ und „Iran-Nichverstehern“ kann exemplarisch als ein Beleg für das politische

Auseinanderdriften des Westens verstanden werden, für das der zunehmende Einfluss rechtspopulistischer Tendenzen innerhalb der westlichen Politik verantwortlich ist. Der seitens der US-Regierung erfolgten Aufkündigung des Atomabkommens folgt zu Beginn des Jahres 2020 die gezielte Tötung des iranischen Topgenerals Kassem Suleimani auf irakischem Territorium durch einen US-amerikanischen Drohnenangriff. Diese Operation führt den seit der Amtsübernahme Donald Trumps sich stetig verschärfenden Konflikt zwischen den USA und Iran in eine Phase der Möglichkeit einer direkten militärischen Konfrontation mit unabsehbaren regional- und globalpolitischen Folgen.

Mit Blick auf die aktuelle politische Lage in der Region des Mittleren Ostens sei auf die Agitation der Regionalmächte Iran und Saudi-Arabien im bisher ungelösten Konflikt um Macht und Einfluss in Syrien verwiesen. Während Saudi-Arabien hier für die sunnitischen Rebellen nicht nur Partei ergriffen hat, sondern diese auch aktiv mit Finanzmitteln und Waffenlieferungen unterstützt, leistet der Iran auf unterschiedlichen Ebenen militärische Unterstützung für den syrischen Machthaber Bashar al Assad und verfolgt damit die geostrategische Zielsetzung der Absicherung bzw. Stärkung des regionalen Einflusses der Schiiten. Die Brisanz dieser Konfliktkonstellation wird deutlich, wenn man bedenkt, dass dadurch de facto ein Stellvertreterkrieg zwischen Saudi-Arabien und Iran auf syrischem Territorium geführt wird, der durchaus das Potential besitzt, sich über den persisch-arabischen Golf hinweg auszuweiten. Inzwischen hat sich der frühere Verdacht, dass Iran über indirekte Unterstützungen (Waffenlieferungen, Kampfverbandsausbildung, Finanzierung von Söldnern) hinaus auch direkt mit eigenen Kampfgruppen in Syrien aktiv ist, bestätigt. Darüber hinaus engagiert sich Iran innerhalb Syriens durch den Einsatz schiitischer Milizen, die von Iran ausgebildet und militärisch sowie kampfausbildungstechnisch unterstützt werden, aber aus dem benachbarten Ausland stammen. In diesem Zusammenhang haben sich insbesondere von Iran geführte schiitische Kampfgruppen der aus Afghanistan stammenden Hazara hervorgetan.

Der in jüngerer Zeit beobachtbare und im Vergleich zu früheren Konflikten offenere und intensivere Einsatz von iranischen oder von Iran geführten Kampfverbänden im Ausland stellt ein neues Phänomen in der iranischen Außenpolitik dar. Jahrzehntelang hatte Iran betont, dass von seinem Territorium aus seit etwa 900 Jahren keine Kriege mehr ausgegangen seien. Diese These besitzt makro-historisch durchaus einige Berechtigung, wird jedoch durch die jüngeren Entwicklungen insbesondere im Rahmen der Konflikte in Syrien und auch im Irak widerlegt. Hinter den gegenwärtigen externen direkten und verdeckten militärischen Agitationen des Iran steckt das geopolitische Leitbild des sogenannten „Schiitischen Gürtels" bzw. „Schiitischen Halbmondes", der sich nach Ansicht religiös-ideologischer iranischer Hardliner von der Hisbollah im Süd-Libanon über die als Schiiten interpretierten Alawiten in Syrien bis nach Irak und Iran sowie darüber hinaus bis Afghanistan und Nord-Pakistan erstreckt. Der Militäreinsatz iranischer Milizen bringt jedoch auch zwei innenpolitisch vorteilhafte Konstellationen für den Iran. Einerseits werden durch Inszenierungen von äußeren Feinden immer auch schwache Regime stabilisiert und andererseits verlassen kampferprobte junge Männer, die aufgrund der hohen Arbeitslosigkeit keine anderen Betätigungsfelder hätten, auf diese Weise das Land.

Literatur

Axworthy, M. (2007): Iran. Empire of the Mind. A History from Zoroaster to the Present Day. London.

Beck, M. (2009): Energie und Wirtschaft in Iran, in: Dossier Iran, unter: http://www.bpb.de/internationales/asien/iran/40128/energie-und-wirtschaft [02.03.2020]

Central Intelligence Agency (2016): The World Factbook. Country comparison: Population, unter: https://www.cia.gov/library/publications/the-world-factbook/rankorder/2119rank.html [02.03.2020]

Deutsche Botschaft Teheran (k.A.): Übersicht über iranische Medien, unter: http://www.teheran.diplo.de/Vertretung/teheran/de/07__presse/Presseschau__S.html [02.03.2020]

Ehlers, E. (2005): Die Islamische Republik Iran. Geopolitik zwischen Erdöl und Atomwirtschaft, in: Geographische Rundschau, Jg. 57, H. 11, S. 22–31.

Ehlers, E. (1988): Iran, in: Steinbach, U. und Robert, R. (Hrsg.), Der Nahe und Mittlere Osten. Politik, Gesellschaft, Wirtschaft, Geschichte, Kultur. Länderanalysen. Opladen. S. 115–144.

Ehlers, E. (1980): Iran. Grundzüge einer geographischen Landeskunde. Darmstadt.

Fürtig, H. (2012a): Was ist der Nahe Osten? – eine Einführung, in: Informationen zur politischen Bildung, 317, S. 4–7.

Fürtig, H. (2012b): Zwischen Kolonialismus und Nationenbildung, in: Informationen zur politischen Bildung, 317, S. 20–29.

Gabriel, E. (1999): Die Ölprovinz Persisch-Arabischer Golf, in: Geographische Rundschau, Jg. 51, H. 11, S. 630–638.

Graff, J. und Grömping, M. (2006): Potenziale und Entwicklungshemmnisse der iranischen Wirtschaft, in: Felgentreff, C. (Hrsg.), Die Islamische Republik Iran. Potsdam, S. 15–26.

Gronke, M. (2003): Geschichte Irans: Von der Islamisierung bis zur Gegenwart. München.

Hunter, S. T. (2010): Iran's Foreign Policy in the Post-Soviet Era. Santa Barnara, Denver, Oxford.

Kooroshy, J. (1990): Wirtschaftsordnung der Islamischen Republik Iran. Anspruch und Wirklichkeit. Hamburg.

Krause, R. F. (1993): Orient, Naher und Mittlerer Osten. Die Begriffe im Wandel der Zeit, in: Geographische Rundschau, Jg. 45, H. 1., S. 4–9.

Kreile, R. (2009): Verliert die Islamische Republik die Jugend, in: Aus Politik und Zeitgeschichte, 49. Bonn. Unter: http://www.bpb.de/apuz/31570/verliert-die-islamische-republik-die-jugend [02.03.2020]

Kreutzmann, H. (2005): Ölinteressen in der Region des Persischen Golfs. Politisch-territoriale Transformationen vom Osmanischen Reich zum „Greater Middle East", in: Geographische Rundschau, Jg. 57, H. 11, S. 4–11.

Lexas Länderdaten (2013): Bevölkerungsprognose der Vereinten Nationen, unter: http://www.laenderdaten.de/bevoelkerung/trendprognose.aspx [02.03.2020]

Lüders, M. (2012): Iran: Der falsche Krieg. München.

Lüders, M. (2007): Allahs langer Schatten. Warum wir keine Angst vor dem Islam haben müssen. Freiburg, Basel, Wien.

Meier, E.-C. und Hannemann, A. und Meyer zum Felde, R. (2012): Wörterbuch zur Sicherheitspolitik. Deutschland in einem veränderten internationalen Umfeld. Hamburg, Berlin, Bonn.

Perthes, V. (2008): Iran. Eine politische Herausforderung, in: Schriftenreihe der Bundeszentrale für politische Bildung, Band 754. Bonn.

Rosiny, S. (2012): Kulturen und Religionen, in: Informationen zur politischen Bildung, 317, S. 8–19.

Sadjadpour, K. und Ben Taleblu, B. (2015): Feste Feinde. Die Prinzipien der iranischen Außenpolitik bleiben unverändert, in: Internationale Politik, Jg. 70, H. 6, S. 14–21.

Safiarian, K. (2011): Pulverfass Iran. Wohin treibt der Gottesstaat. Freiburg.

Wirth, E. und Mensching, H. (1989): Nordafrika und Vorderasien. Der Orient, in: Fischer Länderkunde, Band 4. Frankfurt a.M.

Yaron, G. (2011): Der schiitische Halbmond wird rund, in: Internationale Politik, Jg. 66, H. 4, S. 38–43.

Laura-Fee Wloka

Israel

Offizieller Name:	Staat Israel
Staatsform:	Parlamentarische Demokratie
Unabhängigkeit:	14. Mai 1948 (Staatsgründung)
Nationalfeiertag:	14. Mai
Hauptstadt:	Jerusalem
Lage:	Naher Osten
Fläche:	20 770 qkm (Weltrang: 149)
Bevölkerung:	9 036 000 Millionen
Landesstruktur:	6 Verwaltungsbezirke
Sprachen:	Hebräisch; anerkannte Minderheitensprache: Arabisch
Religionen:	Juden (74,7 Prozent), Muslime (17,7 Prozent), Christen (2 Prozent), Drusen (1,6 Prozent), andere (4 Prozent)
Währung:	Neuer Israelischer Schekel (NIS)
Wirtschaftszweige:	IT-Sicherheit, Militärtechnologie, Biotechnologie
Mitgliedschaften:	EBRD, FAO, ILO, IAEA, IWF, IOM, OECD, UN, UNCTAD, UNHCR, UNIDO, UNWTO, WHO, WTO
Wichtigste Medien:	*Fernsehen:* In Israel gibt es ein öffentlich-rechtliches und ein öffentlich-privates Fernsehprogramm. Die bekanntesten Fernsehsender sind Kanal Kan 11, Keshet 12, Reshet 13 und Kanal 2. *Hörfunk:* Bedeutend ist das Radio des Militärs Galei Zahal. *Zeitungen:* Haaretz (linksliberal und elitär), Jedi'ot Acharonot (Boulevardblatt), Israel HaYom (Gratisblatt in Besitz von Sheldon Adelson, einem jüdischen Unternehmer aus den USA und Freund des Ministerpräsidenten), Maariv, The Jerusalem Post (erscheint auf Englisch)

* * * * * * * * * * * *

Naturraum und geographische Rahmenbedingungen

Der Staat Israel liegt an der Ostküste des Mittelmeers zwischen den drei Kontinenten Europa, Asien und Afrika. Mit einer Fläche von ca. 20 770 qkm gehört er zu den kleineren Staaten und ist im Vergleich zu seiner Länge relativ schmal. Diese Zahl bezieht sich auf die Grenzen von 1948 und schließt weder den Gazastreifen und das Westjordanland noch die jüdischen Siedlungen mit ein. Von Norden bis nach Süden ist das Land ca. 470 km lang, an der breitesten Stelle zwischen der Mittelmeerküste und dem Toten Meer jedoch nur ca. 135 km breit. Israel grenzt an vier Staaten: im Süden an Ägypten, im Osten an Jordanien und im Norden an den Libanon und Syrien. Darüber hinaus grenzt Israel an die palästinensischen Autonomiegebiete.

In Galiläa im Norden des Landes wechseln sich natürliche und aufgeforstete Waldflächen mit fruchtbaren grünen Tälern ab. Der Nordosten beherbergt auch das größte Süßwasserrservoir des Landes, den See Genezareth, welcher von den Flüssen Jordan, Litani und Yarmuk gespeist wird. Darüber hinaus verfügt Israel nur über wenige Flüsse, die meisten haben mindestens im Sommer ein trockenes Flussbett. Landwirtschaftliche Nutzfläche, etwa für Obst, Gemüse, Oliven und Zitrusfrüchte, von der ein Großteil bewässert wird, befindet sich weiter südlich an der Küste des Mittelmeers. Der Region um das Tote Meer, welches der tiefste Punkt der Erdoberfläche ist, schließt sich die Negevwüste an, welche ca. 40 Prozent der Landesfläche einnehmen, und sich bis zum Golf von Aqaba am Roten Meer erstreckt. Trotz seiner kleinen Größe verfügt das Land über mehrere Klimazonen. Im Norden herrscht Mittelmeerklima, im Süden Steppen-, Halbwüsten- und Wüstenklima. Wasser ist wie in weiten Teilen des Nahen Ostens auch in Israel ein knappes Gut und immer wieder Streitpunkt in den Beziehungen zu den Palästinensern. Da die Ressource derart knapp ist, existieren mehrere Wasseraufbereitungsanlagen und Meerwasserentsalzungsanlagen. Zusätzlich werden größere Mengen Wasser aus dem See Genezareth bzw. dem Jordan entnommen. Dies führt dazu, dass der Wasserspiegel im Toten Meer Jahr für Jahr geringer wird.

In Israel leben etwas mehr als 9 Millionen Menschen. Das Land ist in sechs Verwaltungsbezirke aufgeteilt, die Urbanisierungsquote beträgt ca. 92,4 Prozent. Die größten Städte sind Jerusalem (850 000 Einwohner), Tel

Aviv (427 000 Einwohner) und Haifa (277 000 Einwohner). Die Städte Rishon Le Zion, Petah Tikwa, Aschdod, Netanya und Beer Sheva zählen mit über 200 000 Einwohnern ebenfalls zu den größeren Städten.

Israel hat, anders als andere Staaten in der Region, keine Erdölvorkommen. Zu den Rohstoffen zählen Kalisalze, Kupfer, Magnesium, Ton und Sand. Im Jahre 2009 wurden die Erdgasfelder „Tamar" und „Leviathan" vor der israelischen Küste entdeckt. Das Erdgasvorkommen von „Tamar" wird auf ca. 200 Milliarden Kubikmeter geschätzt. Seit es 2013 in Dienst genommen wurde, sichert es dem Land ca. 40 Prozent seines Energiebedarfs. Der größte Energieträger ist jedoch noch immer importierte Kohle, erneuerbare Energien machen nur einen sehr kleinen Teil aus.

Geschichtliche Entwicklung von vorkolonialer Zeit bis zur Unabhängigkeit

Als Stammvater des jüdischen Volkes sieht die Bibel den Aramäer Abraham, welcher sich mit seiner Familie in Kanaan niederließ. Seine Nachkommen wanderten nach Ägypten aus, bevor sie nach Kanaan zurückkamen. Zunächst siedelten die israelitischen nomadischen Volksgruppen auf dem Kulturland, später gründeten sie erste Ortschaften. Verschiedene Könige herrschten über die israelitischen Volksgruppen (u. a. Salomo, welcher zwischen 962 und 955 v. Chr. den ersten Tempel bauen ließ). Sie konnten die Israeliten jedoch nicht einen und so errichteten 10 Volksgruppen im Norden ihr eigenes Reich, das Königreich Israel. Mit den Volksgruppen des israelitischen Königreiches Juda waren sie ständig im Krieg. Im 3. Jh. v. Chr. siegte Alexander der Große über die Perser und nach den Kriegen um die Aufteilung des Reiches war Judäa Teil des Seleukidenreiches. Nach dem Makkabäeraufstand begründete diese jüdische Dynastie eine judäische Herrschaft, die jedoch an sich selbst zerbrach. 63 v. Chr. begann durch Pompejus die römische Herrschaft über Judäa. Die Juden erhoben sich erfolglos in mehreren Aufständen gegen die Römer, was zur Zerstörung des von Herodes erbauten zweiten Tempels im Jahre 70 n. Chr. und einer Zerschlagung des jüdischen Gemeinwesens führte. Im sechsten Jahrhundert n. Chr. eroberten die Araber die Region, bis 1099 die Kreuzfahrer Jerusalem belagerten und die muslimische und jüdische Bevölkerung umbrachten. Die Mamelucken konnten ihnen die Herrschaft über Palästina entreißen und traten sie 1517 an die Osmanen ab, welche bis 1918 herrschten. Nach dem Ersten Weltkrieg zerfiel das Osmanische Reich, da es aufseiten der Mittelmächte gegen die Alliierten verloren hatte. Somit endete die jahrhundertelange osmanische Herrschaft über Palästina.

Auf der Konferenz von San Remo 1920 wurde beschlossen, dass Palästina britisches Mandatsgebiet wird. Das Osmanische Reich hatte sich vor allem in seiner Endphase zum Zufluchtsort für verfolgte Juden aus Europa entwickelt. 1880 bevölkerten ca. 25 000 Juden und ca. 500 000 Araber Palästina. Bis zum Beginn des Ersten Weltkrieges kamen weitere 55 000 Juden hinzu. Die Araber sahen die Zuwanderung der Juden zunehmend mit Sorge und es kam in den 1920ern zu ersten gewaltsamen Auseinandersetzungen, die bis zum heutigen Tag andauern sollten. Die Juden im Nahen Osten machten sich nach dem Zusammenbruch des Osmanischen Reiches erste Hoffnungen auf einen eigenen Staat, welche insbesondere durch die Balfour-Deklaration genährt wurden, in der die Briten den Juden eine Heimstätte in Palästina in Aussicht gestellt hatten. Nach Ende des Zweiten Weltkrieges fiel es den Briten jedoch immer schwerer, Herr der Lage im unübersichtlich gewordenen Palästina zu werden. Sie übertrugen ihr Mandatsgebiet an die Vereinten Nationen. Diese erarbeitete 1947 einen Teilungsplan aus, welcher einen jüdischen Staat, einen arabischen Staat sowie ein Gebiet unter internationaler Kontrolle (Jerusalem) vorsah. Während die meisten Juden dem Plan zustimmten, lehnten ihn alle arabischen Staaten ab. Nachdem das britische Mandat am 14. Mai 1948 auslief, rief David Ben Gurion den Staat Israel aus. Daraufhin erklärten mehrere arabische Staaten Israel den Krieg, welchen sie jedoch nicht gewannen. Nach dem Krieg wurden alle im Land lebenden Menschen zu israelischen Staatsbürgern, so auch die ca. 150 000 Araber. Viele Palästinenser flohen während des Krieges in benachbarte Staaten wie Jordanien, Syrien oder den Libanon, wo viele von ihnen noch heute als Flüchtlinge registriert sind. Auch ist die Bedeutung der Shoah für die Gründung des Staates Israel zu nennen. Mit dem Ende des Unabhängigkeitskrieges und der Etablierung des Staates fand zu Beginn der 1950er Jahre eine erste Auseinandersetzung mit der Shoah statt, so beispielhaft zu sehen im Beschluss zum Shoahgedenktag 1951. Auch machten 1951 die Shoahüberlebenden etwa ein Viertel der israelischen Gesamtbevölkerung aus.

Bevölkerungsstruktur – insbesondere ethnische Zusammensetzung

Dass Israel ein Einwanderungsland ist, zeigt die Zusammensetzung seiner Bevölkerung. Etwa 40 Prozent der Israelis sind in Israel geboren, ca. 35 Prozent stammen aus Europa und den USA und ca. 25 Prozent kommen aus Afrika und Asien. Eine Einwanderung nach Israel (Aliya) ist möglich, wenn man jüdische Großeltern hat oder zum Judentum übergetreten ist. Darüber hinaus darf man seinen Ehepartner bei der Einwanderung mitnehmen. Nach den jüdischen Religionsgesetzen ist jedoch nur Jude, wer nach einer Konversion zum Judentum übergetreten ist bzw. eine jüdische Mutter hat. Dies führt in manchen Alltagsfragen zu Problemen, denn unter den Einwanderern sind einige Personen, die religionsgesetzlich nicht jüdisch sind.

Die Einwanderung nach Israel geschah in mehreren Phasen. Im Jahre der Staatsgründung 1948 lebten ca. 855 000 Personen in Israel, davon 700 000 Juden, 150 000 Araber und 14 000 Drusen. Bis 1951 kamen rund 690 000 Juden aus Ägypten, dem Irak und Jemen sowie Holocaustüberlebende aus Europa nach Israel. Weitere 100 000 Juden aus den nordafrikanischen Ländern Marokko, Tunesien, Algerien und Libyen ließen sich im Zuge der Unabhängigkeit ihrer Herkunftsländer bis 1957 in Israel nieder. Zwischen 1969 und 1975 migrierten 100 000 Personen aus der Sowjetunion. In den späten 1980er Jahren breitete sich in Äthiopien eine Hungerkatastrophe aus. Tausende äthiopische Juden flohen zu Fuß hunderte Kilometer in den Sudan, wo israelische Flugzeuge heimlich landen durften und in den Operationen „Moses" und „Salomo" 8 000 bzw. 14 000 Juden nach Israel ausflogen. Die letzte große Einwanderungswelle ereignete sich Anfang der 1990er Jahre, als mehr als eine Million Menschen nach dem Zusammenbruch der Sowjetunion nach Israel kamen.

Für die Integration existiert ein eigenes Ministerium, welches sich beispielsweise um die Erstversorgung, Sprachkurse und die berufliche Eingliederung kümmert. Das Ankommen der Migranten war je nach Herkunftsland unterschiedlich schwierig. Die Aschkenasim (Juden aus Europa) waren meist besser gebildet und konnten schnell Fuß fassen. Die sephardischen Juden (aus muslimischen Ländern) waren im Gegensatz dazu meist schlechter gebildet und wurden zudem zunächst in abgelegenen Entwicklungsstädten angesiedelt, was ihre Eingliederung erschwerte. Außerdem waren sie traditioneller als die zionistischen Aschkenasim. Für die äthiopischen Juden war die Integration zunächst ebenfalls schwierig, da sich die Lebensumstände in Israel sehr von denen in Äthiopien unterschieden. Auch heute noch klagen sie über Diskriminierung.

Mit der Gründung des Staates Israel wurden auch ca. 150 000 im Land verbliebene Araber zu Staatsbürgern. Von ihnen waren ca. 80 Prozent Muslime, 9 Prozent Christen und 8 Prozent Drusen. Heutzutage stellen sie ca. 20 Prozent der Bevölkerung. Mit dem zionistischen Projekt der Gründung eines jüdischen Staates und seinen Symbolen wie z. B. dem Davidstern konnten sie sich nie identifizieren und kulturell sehen sich die meisten als Palästinenser. Gleichwohl fühlen sich viele von ihnen als Angehörige des demokratischen Staates. Auch wenn die Unabhängigkeitserklärung jedem Bürger des Landes dieselben Rechte garantiert, fühlen sie sich häufig als Bürger zweiter Klasse. Sie sind darüber hinaus politisch unterrepräsentiert, da weniger als 20 Prozent der Abgeordneten der Knesset Araber sind. Zusammen mit den ultraorthodoxen Juden zählen sie zu den wirtschaftlich ärmsten Bevölkerungsgruppen.

Die Religion spielt im modernen Staat Israel eine zentrale, wenn auch nicht unumstrittene Rolle. Die jüdische Bevölkerung ist nicht homogen, sondern lässt sich in säkulare, orthodoxe, nationalreligiöse und ultraorthodoxe Juden unterteilen. Die säkularen Juden achten meist die jüdischen Feiertage und Traditionen. Im Alltag spielt die Religion eine untergeordnete Rolle. Die orthodoxen Juden achten verstärkt die jüdischen Traditionen, Gebote und Gesetze, sind größtenteils zionistisch. Die nationalreligiösen Juden wiederum messen jüdischen Gesetzen und Traditionen einen sehr hohen Stellenwert bei. Viele von ihnen leben in den besetzten Gebieten, da für sie die Besiedelung des Westjordanlandes (das biblische Judäa und Samaria) eine religiöse Pflicht darstellt. Die Ultraorthodoxen kennzeichnet ihre besonders strenge Auslegung religiöser Traditionen und Gesetze. Häufig leben sie in eigenen Vierteln und haben im Laufe der Zeit auch eigene Institutionen aufgebaut, um sich gegen Einflüsse von außen zu schützen. Ultraorthodoxe Männer widmen sich meist ihr ganzes Leben dem Studium der Thora und gehen nur selten einer Erwerbsarbeit nach. Durch geschickte Parteipolitik konnten sie nicht nur dafür finanzielle

Zuwendungen erreichen, sondern auch zur Finanzierung ihres Schulsystems, in dem Fächer wie Mathematik, Englisch oder Naturwissenschaften im Kontrast zur Religion nur selten auf dem Lehrplan stehen. Auch sind sie von der Wehrpflicht befreit, was die säkularen Israelis ablehnen und häufig Gegenstand von erbitterten politischen Debatten ist. Gegenwärtig sind ca. 50 Prozent der Juden in Israel säkular. Weitere 25 Prozent ordnen sich zwischen den Säkularen und den Orthodoxen ein. 15 Prozent der Israelis sind ultraorthodox und ein Zehntel gilt als orthodox. Da die ultraorthodoxen Juden eine deutlich höhere Geburtenrate als die säkularen Juden haben, könnten sich die Verhältnisse in der Zukunft ändern. Religiöse Parteien hatten im heutigen Staat Israel in den letzten Koalitionsregierungen einen überproportionalen Einfluss. Sie kämpfen mit den säkularen Parteien um die Deutungshoheit des jüdischen Charakters des Staates.

Die Gesellschaft Israels ist sehr heterogen und es existieren viele Bruchlinien zwischen säkularen und ultraorthodoxen, linken und rechten, armen und reichen, jüdischen und arabischen Israelis. Die verschiedenen gesellschaftlichen Gruppen und Milieus konkurrieren dabei ständig miteinander um die „wahre" Definition und Identität des israelischen Staates und das jüdische Selbstverständnis.

Wirtschaftsstruktur

In der jüngsten Zeit mehren sich die Berichte über Israel als „Start-Up-Nation". Hiermit wird auf das innovative Ökosystem rund um die Stadt Tel Aviv angespielt. Bemerkenswert ist, wie sich die israelische Volkswirtschaft innerhalb von 70 Jahren von einer Planwirtschaft zu einer Hightech-Ökonomie entwickelt hat.

Nach der Staatsgründung wuchs die israelische Volkswirtschaft zunächst sehr stark. Um das Land aufzubauen, konnte Israel auf Finanzhilfen der USA, Reparationszahlungen aus Deutschland und Gelder von Juden außerhalb Israels zurückgreifen. In den 1970ern veränderte sich dies. Die Volkswirtschaft geriet durch zwei Ereignisse in die Krise: Bedingt durch den Yom Kippur Krieg, der auch psychologisch ein Schock gewesen ist, erhöhte Israel seine Verteidigungsausgaben. Zum weiteren wurden durch die Ölkrise die Produktionskosten für viele Güter schlagartig höher. Während in vielen Ländern das BIP schrumpfte und die Arbeitslosenquote stieg, blähte die Regierung den öffentlichen Sektor auf und beschäftigte viele Israelis. Dadurch erhöhten sich das Haushaltsdefizit und die Inflation, welche 1985 400 Prozent betrug. Beide Ereignisse stellten die seit Gründung des Staates regierende Arbeiterpartei infrage und es kam zu einem Regierungswechsel, bei dem der Likud erstmals an der Regierung beteiligt wurde. In den Jahren vor und nach der Jahrtausendwende sank das wirtschaftliche Wachstum bedingt durch die Flucht der Investoren während der zweiten Intifada und das Platzen der Dotcom-Blase. Gleichzeitig wurden die Grundlagen für die erfolgreiche Start-up Szene gelegt.

Die wichtigsten Handelspartner sind die EU, die USA und China. Im Jahr 2016 gingen 29,1 Prozent der israelischen Ausfuhren in die USA, gefolgt von China (12,8 Prozent), Großbritannien (6,5 Prozent) und Belgien (4,1 Prozent). Die meisten Einfuhren kamen 2016 aus den USA (12,3 Prozent) sowie China (9 Prozent), Schweiz (6,5 Prozent), Deutschland (6,2 Prozent) und Großbritannien (5,6 Prozent). Dabei übersteigt der Wert der Importe den der Exporte um 5,2 Prozent. Israel importiert hauptsächlich nichtmetallische Mineralien, Elektronik, Maschinen, Kraftfahrzeuge und Fahrzeugteile sowie Nahrungsmittel. Das Land exportiert nichtmetallische Mineralien, Elektronik, Arzneimittel und Elektrotechnik. Im Jahr 2018 betrug das Bruttoinlandsprodukt 361,6 Milliarden USD. Das BIP pro Kopf belief sich auf 40 762 USD im Jahr 2018. In den letzten Jahren wuchs das BIP um ca. 3 Prozent pro Jahr. Die Arbeitslosenquote sank in den letzten Jahren und ist mit 4,5 Prozent im Jahre 2016 relativ niedrig. Die Staatsverschuldung beträgt ca. 63,3 Prozent der BIPs.

Die Kibbuzim, die in den Gründungsjahren des Staates eine wichtige Rolle spielten, beherbergen nur noch ca. 120 000 Menschen, was weniger als 2 Prozent der jüdischen Bevölkerung des Landes entspricht. Trotzdem werden dort 40 Prozent der landwirtschaftlichen Güter und 7 Prozent der industriellen Erzeugnisse hergestellt.

Mit über 6 500 Start-ups auf 9 Millionen Menschen erzielt Israel die höchste Start-up-Dichte pro Einwohner und erhält das meiste Risikokapital pro Kopf. Es gibt mehr als 100 Wagniskapitalfonds und 31 Inkubatoren. In Israel sind 275 multinationale Unternehmen vertreten und zahlreiche technologische Entwicklungszentren. Die Gründe für diesen Erfolg sind vielfältig. Geographisch gesehen legte die Bedrohungslage den Grundstein für militärische und zivile Industrien und die karge Landschaft regte dazu an, Unzulänglichkeiten erfinderisch zu begegnen (z. B. Bewässerungssysteme). Eine Schlüsselrolle spielt weiterhin das Militär, in dem junge Israelis eine technische Ausbildung durchlaufen und währenddessen Verantwortung übernehmen und Führungsqualitäten erwerben. Auf institutioneller Ebene existieren zudem sehr gute Hochschulen, Technologieinkubatoren, Abteilungen an Universitäten zur Vermarktung von Forschungsergebnissen und Einrichtungen zum Wissenstransfer zwischen Wissenschaft und Wirtschaft. Der Erfolg dieser Start-up-Schmiede, die nur ca. einen von 10 Israelis beschäftigt, hat auch Schattenseiten: Hohe Lebenshaltungskosten, Fachkräftemangel und gesellschaftliche Disparitäten innerhalb der jüdischen sowie zwischen jüdischer und nicht jüdischer Bevölkerung haben das Potential, mittelfristig den Boom zu gefährden.

Aktuelle politische Entwicklung

Der Staat Israel hat keine Verfassung, da es in entscheidenden Fragen bezüglich der Religion oder Staatsgrenzen keine Einigung gibt. Vom israelischen Parlament, der Knesset, sind bisher 11 Grundgesetze zum Staatswesen verabschiedet worden. Sie können jedoch mit einfacher Mehrheit geändert werden. Die Knesset hat 120 Sitze und wird regulär alle fünf Jahre neu gewählt. Im politischen Institutionengefüge kommt der Exekutive eine große Bedeutung zu. Sie kann ohne Befragung des Parlaments Verträge unterschreiben und Krieg oder Frieden erklären. Der Staatspräsident, welcher von der Knesset für 7 Jahre gewählt wird, hat vor allem repräsentative Aufgaben. Darüber hinaus beauftragt er nach Wahlen die Regierungsbildung. Da der Staat über keine Verfassung verfügt, existiert kein Verfassungsgericht. Israel hat jedoch einen obersten Gerichtshof, welcher die höchste Berufungsinstanz darstellt. Dieser beruft sich in seinen Urteilen häufig auf die Unabhängigkeitserklärung des Landes, in der Prinzipien wie die Glaubensfreiheit und politische Gleichberechtigung aller Bürger verankert sind. Er wird als Hüter der demokratischen Prinzipien des Staates angesehen und gilt auch deswegen insbesondere bei den arabischen Bürgern als das vertrauenswürdigste Staatsorgan.

Die Parteien unterscheiden sich in erster Linie hinsichtlich ihrer Haltung zum Konflikt zwischen Israelis und Palästinensern und dem Siedlungsbau. Nimmt man dieses Unterscheidungskriterium, existieren in der

Parteilandschaft zwei Lager: die Tauben und die Falken. Das Taubenlager lehnt die Siedungspolitik ab und befürwortet einen Rückzug Israels aus den besetzten Gebieten sowie die Rückgabe eines großen Teils der im Sechstagekrieg besetzten Gebiete für einen Frieden mit den Palästinensern. Die beiden wichtigsten Parteien sind die Arbeiterpartei (bis 1986 Mapai) und Meretz. Die Arbeiterpartei ist inzwischen keine Arbeitnehmerpartei, sondern wird hauptsächlich von gebildeten aschkenasischen Juden aus der Mittel- und Oberschicht gewählt. Sie ist zu Kompromissen mit den Religiösen bereit, tritt außenpolitisch moderat auf und vertritt eher linke Positionen in sozioökonomischen Angelegenheiten. Die Meretz-Partei ist linksliberal und war seit ihrer Gründung in jeder Knesset vertreten, wenn auch nur mit wenigen Sitzen. Das Falkenlager vertritt genau gegensätzliche Positionen: Sie forcieren eine aktive Siedlungspolitik und sind vehement gegen eine Rückgabe der besetzen Gebiete. Ebenso ist ihre Bereitschaft zu einem dauerhaften Friedensschluss mit den Palästinensern sehr gering. Sie kooperieren darüber hinaus häufig mit religiösen Parteien. Die wichtigste Partei der Falken ist der Likud, welcher seit langen Jahren regiert. Der Likud wird hauptsächlich von traditionellen und orthodoxen Juden gewählt, sowie von Neueinwanderern. Er vertritt neoliberale sozioökonomische Positionen und ist außenpolitisch nur zu minimalen Kompromissen bereit. In den letzten Jahren verfolgt die Partei ein zunehmend nationalistisches Programm. Eine weitere Partei des Falkenlagers ist Unser Haus Israel (Israel Beitanu), welche ebenfalls teilweise nationalistisch auftritt. Ihre Wählerschaft besteht hauptsächlich aus den in den 1990ern eingewanderten Juden aus der Sowjetunion. Sie koaliert häufig mit dem Likud. Darüber hinaus gibt es noch verschiedene religiöse sowie arabische Parteien. Sie alle setzen sich für die Gründung eines palästinensischen Staates und den Rückzug aus bzw. die Rückgabe von den besetzten Gebieten ein und betonen mehr die demokratische als die jüdische Seite des Staates.

Die israelischen Parteien spiegeln die verschiedenen gesellschaftlichen Gruppen des Landes wider. Diese Vielfalt führt jedoch dazu, dass jede israelische Regierung auf einer größeren Koalition von oftmals heterogenen Parteien basiert. Dies hat zur Folge, dass viele Regierungen nicht die volle Legislaturperiode von fünf Jahren bestehen, sondern ihre Amtszeit früher beenden. Israel definiert sich als jüdisch-demokratischer Staat und nicht selten sind die Vereinbarkeit dieser beiden Prinzipien und der Raum, der religiösen Richtlinien gewährt wird, Streitpunkt in vielen Regierungen.

Außenpolitisch beschäftigt Israel gegenwärtig der Streit mit dem Iran und die damit verbundene Lage in Syrien. Der Bürgerkrieg in dem arabischen Land ist gegenwärtig in der Schlussphase und wichtige Mächte im Nahen Osten wie Saudi-Arabien, der Iran, die Türkei oder Russland treffen Absprachen über die Zukunft Syriens. Für Israel bedeutete die Regentschaft Assads eine ruhige gemeinsame Grenze. Zudem nahmen sie ihn als stabilisierenden Faktor wahr. Mit Beginn des Verlusts seiner Souveränität haben sich die Verhältnisse umgekehrt. Zunächst konzentrierte sich Israel auf ein punktuelles Eingreifen. Das bedeutet, die eigene Beteiligung an Kampfhandlungen auf ein Minimum zu begrenzen, um sich durch eine Nichteinmischung aus den chaotischen Verhältnissen herauszuhalten.

Der Iran wird von Israel als große Bedrohung wahrgenommen, da führende Politiker und religiöse Führer immer wieder dem jüdischen Staat das Existenzrecht absprechen. Israel war auch gegen das Atomabkommen mit dem Iran, da es davon ausgeht, dass sich der Iran nicht an die Regeln gehalten, sondern heimlich weiter an der Entwicklung atomarer Waffen gearbeitet hätte, die eines Tages gegen Israel gerichtet werden könnten.

Die wichtigsten innenpolitischen Ereignisse waren die Wahlen zur Knesset vom 9. April 2019, 17. September 2019 und 2. März 2020. Die vorzeitigen Wahlen waren nötig gewesen, da der Vorsitzende der Partei „Unser jüdisches Haus", Avigdor Liebermann die Regierungskoalition im November 2018 verließ. Er legte gleichzeitig seinen Posten als Verteidigungsminister nieder, da er sich ein robusteres Eingreifen gegen die Hamas im Gazastreifen gewünscht hätte. Im April 2019 gewann Benyamin Netanjahu die Wahlen. Zu Beginn des Jahres 2019 gab der ehemalige Generalstabschef Benny Gantz bekannt, dass er zusammen mit dem Vorsitzenden der Partei „Yesh Atid" das Parteibündnis „Blau-Weiß" gegründet hat. Die Abwahl des aktuellen Premiers und Rechtsstaatlichkeit waren die Themen von Blau-Weiß. Der Wahlkampf wurde hart geführt. Auch wenn die rechten Parteien 65 der 120 Sitze in der Knesset gewonnen haben, gelang es Netanjahu nicht, eine Koalition zu bilden. Die nationalistisch-religiösen Parteien beabsichtigen weiterhin die Wehrpflicht für Ultraorthodoxe abzulehnen, während die nationalistisch-säkulare Partei von Liebermann diese auch für Ultraorthodoxe einführen will. Ohne die 5 Sitze von Liebermanns

Partei hatte Netanjahu keine Mehrheit. Auch Benny Gantz kam mit seinen potentiellen Koalitionspartnern nicht auf die notwendigen 61 Sitze, zumal er eine Zusammenarbeit mit den arabischen Parteien ausgeschlossen hat und die linken Parteien Meretz und die Arbeiterpartei zusammen auf nur 8 Prozent der Stimmen kamen. Seit dem gescheiterten Osloer Friedensprozess sind die linken Parteien in weiten Teilen der Gesellschaft diskreditiert, da in den Augen vieler die Zugeständnisse an die Palästinenser nicht zu einer friedlichen Koexistenz geführt haben. Im September wurde neu gewählt. Auch dieses Mal bemühte sich Netanjahu um Stimmen im rechten Lager und bot im Wahlkampf an, Teile des Westjordanlands zu annektieren und die Arbeit des Obersten Gerichtshofs einzuschränken. Im Gegenzug hofft er darauf, dass eine von ihm angeführte rechts Regierung ein Gesetz verabschiedet, welches ihm Immunität zusichert. Da diese Wahlen das Potential haben, den jüdischen oder den demokratischen Charakter des Landes nachhaltig zu verändern, wurde ihnen eine hohe Bedeutung zugemessen. Insgesamt traten 32 Parteien an.

Nach der Wahl vom September zeichnet sich dasselbe Bild wie im Frühjahr: Weder Gantz, der die meisten Stimmen bekam, noch Netanjahu können zum derzeitigen Stand eine Regierung formen. Eine mögliche Option ist eine große Koalition aus Likud und Blau-Weiß, jedoch beanspruchen beide das Amt des Regierungschefs für sich. Für den Friedensprozess sind unter diesen Bedingungen keine großen Fortschritte zu erwarten. Die Anerkennung der Golanhöhen und Jerusalems als Hauptstadt durch die USA rückt die Existenz eines eigenen, lebensfähigen palästinensischen Staates in weite Ferne. Auch der US-Nahostplan beinhaltet lediglich wirtschaftliche Hilfen, jedoch nicht die Zusage zur Gründung eines unabhängigen Staates. Der Wunsch einiger Gründungsväter, Israel möge eine Nation wie jede andere sein, hat sich auch 70 Jahre nach der Staatsgründung nicht erfüllt, da verschiedene gesellschaftlich Gruppen um grundlegende politische, religiöse und territoriale Fragen ringen. Auch wenn der israelisch-palästinensische Konflikt im alltäglichen Leben nur eine geringe Bedeutung hat, bestimmt er politische, wirtschaftliche und gesellschaftliche Entscheidungen.

Literatur

Bundeszentrale für politische Bildung (BpB) (2018): Israel. Bonn.

Dachs, G. (Hrsg.) (2016): Länderbericht Israel. Bonn.

Brakel, A. (2019): Israel hat gewählt, in: Länderbericht der Konrad-Adenauer-Stiftung. Jerusalem.

Lintl, P. (2019): Israel vor wegweisenden Wahlen, in: SWP Aktuell 2019/A 18.

Murciano, G. (2018): Israel vis-à-vis Iran in Syrien: Die Gefahren einer aktiven Eindämmung, in: SWP-Aktuell 2018/A 03.

Ortag, P. (2003): Jüdische Kultur und Geschichte. Potsdam.

Senor, D. und Singer, S. (2012): Start-Up Nation Israel: Was wir vom innovativsten Land der Welt lernen können. München.

Wolffsohn, M. und Grill, T. (2016): Israel. Geschichte, Politik, Gesellschaft, Wirtschaft. Opladen.

Anke Scherer

Japan

Offizieller Name:	Staat Japan
Staatsform:	Parlamentarische konstitutionelle Monarchie
Unabhängigkeit:	3. Mai 1947 (Inkrafttreten der aktuell gültigen Verfassung)
Nationalfeiertag:	23. Februar (Geburtstag des aktuellen Kaisers)
Hauptstadt:	Tokio
Lage:	Ostasien, Inselgruppe zwischen dem Nordpazifischen Ozean und dem Japanischen Meer
Fläche:	377 915 qkm (Weltrang: 61)
Bevölkerung:	127 Millionen (Schätzung 2019)
Landesstruktur:	47 Präfekturen
Sprachen:	Japanisch
Religionen:	Shintoismus (70,4 Prozent), Buddhismus (69,8 Prozent), Christen (1,5 Prozent), Sonstige (6,9 Prozent). (Ein großer Teil Bevölkerung praktiziert sowohl den Shintoismus als auch Buddhismus, daher ergibt die Summe mehr als 100 Prozent.)
Währung:	Yen (JPY)
Wirtschaftszweige:	*Landwirtschaft:* Gemüse, Reis, Fisch, Geflügel, Obst, Milchprodukte, Schweinefleisch, Rindfleisch, Blumen, Kartoffeln, Taros, Yamswurzeln, Zuckerrohr, Tee, Hülsenfrüchte, Weizen und Gerste *Industrie:* Einer der weltweit größten und technologisch fortschrittlichsten Hersteller von Kraftfahrzeugen, elektronischen Geräten, Werkzeugmaschinen, Stahl und Nichteisenmetallen, Schiffen, Chemikalien, Textilien und verarbeiteten Lebensmitteln.

Mitgliedschaften:	ADB, AfDB (nichtregionales Mitglied), APEC, Arctic Council (Beobachterstatus), ARF, ASEAN (Dialogpartner), Australische Gruppe, BIS, CD, G-5, G-7, G-8, G-10, G-20, IADB, IAEA, IBRD, ICAO, ICRM, IDA, IEA, IFAD, IFC, IFRCS, IHO, ILO, IMF, IMO, IMSO, Interpol, IOC, IOM, IPU, ISO, ITSO, ITU, ITUC (NGOs), OECD, OPCW, OSCE (Partner), PCA, SAARC (Beobachterstatus), UN, UNCTAD, UNESCO, UNHCR, UNIDO, UNMISS, UNRWA, UNWTO, UPU, WCO, WHO, WMO, WTO
Wichtigste Medien:	*Fernsehen:* Es gibt 6 nationale terrestrisch ausstrahlende Fernsehnetzwerke sowie einen öffentlich-rechtlichen Sender. Satelliten- und Kabelfernsehen bieten die Möglichkeit eine Vielzahl nationaler wie auch internationaler Sender zu empfangen. *Hörfunk:* Es gibt eine Vielzahl an Radiostationen.

************.

Naturraum und geographische Rahmenbedingungen

Das heutige Staatsgebiet Japans besteht aus den vier sogenannten Hauptinseln sowie weiteren mehr als 6 800 kleinen Inseln, von denen nur rund 430 bewohnt sind. Der Archipel ist dem ostasiatischen Festland seewärts vorgelagert und erstreckt sich klimatisch vom winterkalten Nadelwaldklima der Nordinsel Hokkaidō über die kontinental kühlen bis subtropisch feuchten Zonen auf der großen Hauptinsel Honshū bis in den subtropischen Süden mit den Hauptinseln Shikoku und Kyūshū sowie der Inselkette Ryūkyū, die auf halbem Weg nach Taiwan liegt. Die Temperaturen bewegen sich im Norden von einstelligen Minusgraden im Winter bis zu etwas über 20 Grad im Sommer. Auf der Hauptinsel sind kalte Winter und schwül-warme Sommer mit bis zu 40 Grad die Regel, in den subtropischen Gebieten wird es im Winter kaum kälter als 15–20 Grad. Wintermonsun genannte Wetterlagen lassen auf der dem Kontinent zugewandten

Seite Japans und besonders in den zentraljapanischen Alpen regelmäßig große Schneemassen herunterkommen, weshalb sich dort, wie auch auf Hokkaidō, Skigebiete befinden. Vor Beginn des Hochsommers zieht im Juni eine Regenzeit mit anhaltendem Nieselregen und hoher Luftfeuchtigkeit bei 25–30 Grad über das Land. Ab dem Spätsommer erreichen tropische Wirbelstürme, in dieser Weltregion Taifune genannt, die japanischen Hauptinseln.

Die japanischen Inseln liegen auf mehreren tektonischen Platten, deren permanente Bewegung regelmäßig Erdbeben, Seebeben mit daraus entstehenden Flutwellen (Tsunami) sowie vulkanische Aktivitäten in einigen Landesteilen verursachen. Die bedeutendste Zone des Aufeinandertreffens zweier tektonischer Platten liegt in der Mitte der Hauptinsel und wird *Fossa Magna* genannt. In diesem Bereich liegt der höchste Berg Japans, der Fuji (3 776 m), ein Vulkan, dessen letzter Ausbruch auf den Winter 1707/8 datiert ist. Neben den tausenden von schwachen Erdbeben, die jedes Jahr registriert werden, ereigneten sich in den letzten hundert Jahren drei Beben, die katastrophale Folgen hatten. Das große Kantō-Erdbeben vom 1.9.1923 verwüstete Tōkyō und Teile des angrenzenden Yokohamas. Die meisten der über 100 000 Opfer kamen bei Bränden ums Leben, die durch das Beben ausgelöst worden waren. Beim Erdbeben von Kobe am 17.1.1995 – offiziell Süd-Hyogo-Erdbeben genannt – starben etwas weniger als 5 000 Menschen, ebenfalls häufig durch Brände. Aufgrund der hohen Erdbebenwahrscheinlichkeit gelten in Japan strenge Vorschriften zum erdbebensicheren Bauen. Das schwerste jemals in Japan gemessene Beben ereignete sich am 11.3.2011 in der See vor der Küste Nordost-Japans. Es löste eine Flutwelle aus, die beim Anlanden an der japanischen Nordostküste fast 20 000 Menschen tötete. Die Zerstörung einer Schutzmauer des Atomkraftwerks Fukushima durch die Flutwelle führte zum Ausfall der Kühlsysteme und anschließender Kernschmelze in drei Reaktoren. Wegen dieses schwersten Reaktorunfalls in der Geschichte der Kernkraftnutzung in Japan mussten mehr als 160 000 Anwohner die Gegend verlassen, die Umgebung des ehemaligen Atomkraftwerks Fukushima ist auf nicht absehbare Zeit unbewohnbar.

Ungefähr 60 Vulkane gelten im Land insofern als aktiv, als dass es historische Aufzeichnungen über ihre Ausbrüche gibt. Vulkanaktivitäten werden in Japan vom Meteorologischen Dienst überwacht, ggf. wird der Zugang zu Gebieten wegen vulkanischer Aktivitäten gesperrt. Trotzdem kamen am 27.9.2014 bei einem Ausbruch des Ontake ohne erkennbare Vorzeichen 47 Wanderer ums Leben. Auf den Vulkanismus in Japan wird das Vorhandensein von Thermalquellen in vielen Teilen des Landes zurückgeführt. Diese Onsen genannten „heißen Quellen" werden seit Jahrtausenden zum Baden genutzt und haben eine eigene Badekultur mit einem stark touristischen Aspekt hervorgebracht. Noch unterentwickelt ist das geothermische Potential der heißen Quellen für die Energiegewinnung, da diese in der Regel in schwach besiedelten Naturparks liegen und nicht in den urbanen Großräumen, die Energie benötigen.

Durch die Dominanz von Berglandschaften ist die bewohnte und landwirtschaftlich genutzte Fläche vor allem in einigen wenigen Gebieten konzentriert. Zu kurze und zu steile Verläufe machen die Flüsse als Verkehrsträger bedeutungslos. Die höchste Bevölkerungskonzentration befindet sich in den großen Schwemmlandebenen des Kansai mit den Städten Kobe, Osaka und Kyoto sowie in der Kantō genannten Ebene, die den Großraum Tōkyō beherbergt. Obwohl die traditionell wichtige Landwirtschaft heute nur etwas mehr als 1 Prozent zur volkswirtschaftlichen Gesamtleistung beiträgt, hat der Nassreisanbau die Kulturlandschaft des Landes entscheidend geprägt. Nur etwas 13 Prozent der gesamten Landfläche werden landwirtschaftlich genutzt, neben dem Hauptanbauprodukt Reis werden Obst, Gemüse, Sojabohnen, Weizen, Buchweizen und Tee angebaut. In Hokkaidō, dass erst Ende des 19. Jahrhunderts kolonialisiert und dem Staatsgebiet einverleibt wurde, gibt es die einzigen großen Weideflächen des Landes, die die regionale Grundlage für eine Milch- und Fleischwirtschaft bieten. Ein bedeutender Wirtschaftszweig war und ist der Fischfang. Durch das traditionell aus dem Buddhismus stammende Tabu des Fleischverzehrs ist die japanische Küche noch heute stärker auf Fisch- als auf Fleischkonsum konzentriert.

Heutzutage verfügt Japan über keine nennenswerten Bodenschätze mehr, fossile Energieträger werden komplett importiert. Historisch gesehen hatte das Land erhebliche Gold-, Silber-, Kupfer- und Kohlevorkommen, die allerdings alle, von der Vormoderne bis in die Zeit nach dem Zweiten Weltkrieg abgebaut wurden.

Geschichtliche Entwicklung von vorkolonialer Zeit bis zur Unabhängigkeit

Die Besiedlung der japanischen Inseln begann vor ungefähr 40 000 Jahren. Dieser Annahme zugrunde liegen Funde von Steinwerkzeugen, die von Menschen hergestellt wurden. Die wenigen bislang gefundenen menschlichen Knochen sind wesentlich jünger. Genetische Untersuchungen der modernen japanischen Bevölkerung lassen den Schluss zu, dass über Landbrücken, die bis zum Ende einer Kaltzeit um 20 000 Jahre v.u.Z. mit dem Kontinent bestanden, sowie über das Meer Menschen aus drei Ursprungsregionen einwanderten: dem heutigen Sibirien, der heutigen koreanischen Halbinsel und aus Südostasien.

Auf die Zeit von ungefähr 14 000 v.u.Z. bis circa 300 v.u.Z. wird die Jōmon-Zeit datiert. Benannt ist sie nach der „Schnurkeramik“ (so die analoge deutsche Bezeichnung für Jōmon), die als eine der ältesten Keramiken weltweit gilt. Die Menschen dieser Zeit lebten als Großwildjäger und Sammler. Kleine Gemeinschaften von mehreren hundert Menschen bauten sich Grubenhäusern, deren Fundamente von Archäologen ausgegraben wurden. Mit der Einführung von Reis als Kulturpflanze durch eine größere Einwanderung vom asiatischen Festland begann eine Epoche, die als Yayoi-Zeit bezeichnet wird (300 v.u.Z. bis 300 v.u.Z.), wobei Yayoi der moderne Name des Ortes ist, an dem die für diese Zeit typische Keramik zum ersten Mal im späten 19. Jahrhundert ausgegraben wurde. Anders als die Jōmon Keramik wurde sie auf einer Töpferscheibe hergestellt. Über die damals noch schriftlose Kultur sind einige Berichte in chinesischen Chroniken enthalten. Der wichtigste dieser Berichte befasst sich mit einem „Königreich“ (namens Yamatai), dessen Verortung in Japan umstritten ist. Dieses größere politische Gebilde soll laut Chronik von einer „Prinzessin“ (namens Himiko) als sakralem Oberhaupt zusammen mit einem männlichen Verwandten als weltlichem Oberhaupt regiert worden sein und sich in kriegerischen Auseinandersetzungen mit benachbarten „Königreichen“ befunden haben. Archäologische Funde auf Gräberfeldern aus der Yayoi-Zeit bestätigen durch Knochenverletzungen und Waffenfunde den kriegerischen Charakter der Epoche.

Im Verlauf des 4. und 5. Jahrhunderts wurden Oberhäupter der politischen Strukturen, die sich seit der Yayoi-Zeit gebildet hatten, in immer größeren Grabhügeln bestattet. Die Kofun-Zeit von 300 bis 550 ist nach diesen großen Gräbern benannt: Kofun heißt wörtlich alte Gräber. Artefakte aus diesen Grabanlagen (Tonfiguren von Kriegern und Pferden, Schwerter, Bronzespiegel etc.) lassen auf mächtige Anführer einer stratifizierten Gesellschaft schließen, in der die Anführer sich mit militärischen Mitteln um Territorien stritten. Einige der größten Kofun-Hügel dürfen bis heute nicht archäologisch untersucht werden, da in ihnen nach offizieller Lesart ehemalige japanische Kaiser begraben sind, von denen der amtierende Monarch in direkter Linie abstammen soll.

Archäologisch feststellen lässt sich, dass im Verlauf des 6. Jahrhunderts mit einer Welle von Menschen von der koreanischen Halbinsel, die vor dortigen Kriegen flohen, die buddhistische Lehre sowie chinesische Schrift und Philosophie nach Japan kamen. In die Zeit der Übernahme von Kulturgütern vom asiatischen Festland fällt die Konsolidierung der Macht in den Händen einer der großen Herrscherfamilien. In einer Übergangszeit (Asuka-Zeit: 550–710), in der jeweils nach dem Tode des Herrschers die Residenz der Herrscherfamilie in der Asuka-Ebene wechselte, beanspruchte die Yamato-Familie die Alleinherrschaft über alles bekannte Land und seine Menschen. Als Legitimation des Herrschaftsanspruchs wird in Anfang des 8. Jahrhunderts niedergeschriebenen Geschichtswerken die Abstammung der Herrscherfamilie von einem auf die japanischen Inseln herabgestiegenen Nachfahren der Sonnengöttin angeführt. Nach Auffassung des Kaiserhauses begründete dieser Kaiser Jinmu im Jahr 660 v.u.Z. die amtierende Monarchie, der derzeitige 126. Kaiser soll sein direkter Nachfahre in ungebrochener Linie sein.

Die erste permanente Hauptstadt des Kaiserreiches war das heutige Nara, das der Nara-Zeit (710–794) ihren Namen gab und nach dem Vorbild der damaligen chinesischen Hauptstadt mit Straßen im Schachbrettmuster angelegt worden war. Aus Platzgründen und aufgrund von Machtkämpfen des Kaiserhofs mit dem inzwischen mächtigen buddhistischen Klerus wurde die Hauptstadt Ende des 8. Jahrhunderts nach Heian, dem heutigen Kyoto, verlegt. Die Heian-Zeit (794–1185) gilt einerseits als Blütezeit der höfischen Hochkultur. Andererseits begann in ihr bereits der Machtverfall des Kaiserhofs und die Machtübernahme durch Kriegerfamilien. Nach anfänglich politisch mächtigen Kaisern begann mit der zunehmenden Einflussnahme der Familie Fujiwara im 10. Jahrhundert das

Delegieren von Macht an Fujiwara-Regenten. Kaiser, die sich häufig nach wenigen Jahren auf dem Thron in Klöster zurückzogen, wurden nur noch zur Legitimation der Macht der Regenten benötigt.

Ab dem 12. Jahrhundert ergriffen dann die aus dem niederen Hofadel stammenden Kriegerfamilien die Macht, an die Kämpfe mit ursprünglich nicht der Zentralgewalt unterstehenden Bevölkerungsteilen im Norden übertragen worden waren. Nach dem Ende einer jahrelangen blutigen Fehde zwischen zwei großen Kriegerfamilien 1185 mit der völligen Vernichtung einer der Familien (Taira), begründete das Oberhaupt der siegreichen Familie (Minamoto) eine Herrschaftsform, die in verschiedenen Variationen bis zur sogenannten Meiji-Restauration im Jahr 1868 praktiziert wurde. In dieser Herrschaftsform diente der japanische Kaiser kraft seiner göttlichen Abstammung lediglich als Quelle der Legitimation von Macht, ohne selbst politisch zu agieren. Die Herrschaft wurde de facto von einem oft kurz als Shogun bezeichneten Oberhaupt einer Kriegerfamilie bzw. dem Regenten dieses Shoguns ausgeübt. Der Sitz der ersten Kriegerregierung, die heutige Stadt Kamakura, gab der Epoche von 1185 bis 1333 ihren Namen. Der gescheiterte Versuch eines Kaisers, 1333 seine ursprüngliche Macht zurückzugewinnen, brachte stattdessen 1336 die Kriegerfamilie, deren Unterstützung er sich versucht hatte zu bedienen, an die Macht. Die nachfolgende Epoche (1336–1477) ist nach dieser Familie Ashikaga benannt. Wie auch schon die Minamoto, für die bald die Hōjō als Regenten Macht ausgeübt hatten, konnten die Ashikaga ihre Herrschaft nicht dauerhaft konsolidieren. Ständige Machtkämpfe unter in feudalen Vasallenverhältnissen organisierten Kriegerfamilien stürzten das Land in bürgerkriegsähnliche Auseinandersetzungen, die von späteren Historikern als die „Zeit der Streitenden Reiche" (1477–1573) bezeichnet werden.

Nach einem Konsolidierungsprozess, der sich über mehrere Dekaden hinzog, gelang es schließlich dem letzten der drei sogenannten „Reichseiniger" sich entweder mit rivalisierenden Kriegerfamilien zu verbünden oder die verbleibenden Gegner in der epochalen Schlacht von Sekigahara im Jahr 1600 zu besiegen. Dieser Reichseiniger Tokugawa Ieyasu begründete das letzte vormoderne Shogunat in Japan. Die entweder nach der Familie Tokugawa-Zeit oder nach der neuen Hauptstadt Edo-Zeit (Edo = das heutige Tōkyō) benannte Epoche von 1603 bis 1868 brachte circa 250 Jahre Frieden, erlangt durch die strikte Kontrolle der Kriegerfamilien und gleichzeitig sehr restriktive Außenpolitik, die fast allen westlichen Ausländern den Zugang zum Land gänzlich verbot.

Massiver Druck durch US-amerikanische Kriegsschiffe, die 1853 und 1854 in der Bucht von Edo vorfuhren und die Öffnung des Landes verlangten, verursachte eine politische Krise, in deren Verlauf erst die Landesöffnung erfolgte und dann im Winter 1868 mithilfe der in der Schlacht von Sekigahara unterlegenen Kriegerfamilien der japanische Kaiser wieder als politisches Oberhaupt einer dann konstitutionellen Monarchie eingesetzt und die Tokugawa abgesetzt wurden. Nach dieser, nach der Regierungsdevise des neuen Kaisers (Meiji = Erleuchtete Regierung) benannten Restauration erfolgte eine sehr schnelle Modernisierung und Verwestlichung des Landes.

Ab dem Ende des 19. Jahrhunderts wurde das technisch modernisierte und wirtschaftlich erstarkte Land eine Kolonialmacht in Ostasien. Neben Taiwan (Kolonie 1895–1945) und Korea (Kolonie 1910–1945) beanspruchte Japan die sogenannte Mandschurei und besetzte im Zuge kriegerischer Eroberungszüge Teile Chinas, Indochinas und Südostasiens. Der Invasionskrieg in China begann am 7.7.1937. Mit dem Angriff auf Pearl Harbour am 7.12.1941 begann Japan auch einen Krieg mit den USA. Offiziell beendet wurden diese zum Zweiten Weltkrieg gezählten kriegerischen Auseinandersetzungen Japans in Asien und mit den USA durch eine vorher aufgezeichnete und über Radio verbreitete Kapitulationserklärung des japanischen Kaisers am 15.8.1945, nachdem US-amerikanische Flugzeuge Atombomben am 6.8.1945 auf Hiroshima und am 9.8.1945 auf Nagasaki abgeworfen hatten.

Bevölkerungsstruktur – insbesondere ethnische Zusammensetzung

In Japan leben 2019 etwas weniger als 127 Millionen Menschen, von denen nur rund 2 Millionen keinen japanischen Pass besitzen. Seit 1910 wird eine regelmäßige Volkszählung im Abstand von fünf Jahren durchgeführt. Da dieser Zensus aber keine ethnische Zugehörigkeit abfragt, ist eine Aufschlüsselung der Bevölkerung mit japanischem Pass in verschiedene Ethnien nicht möglich. Aufgrund der restriktiven Einwanderungspolitik sowie überschaubarer historischer Zuwanderung geht man in der Regel aber von einer sehr homogenen Bevölkerung aus.

Eine ethnische Minderheit, die durch die Ausdehnung des japanischen Staatsgebiets im späten 19. Jahrhundert auf die Nordinsel Hokkaidō zur japanischen Bevölkerung dazugekommen ist, ist die sogenannte Ainu. Diese Volksgruppe ist genetisch mit kaukasisch aussehenden Volksgruppen aus Sibirien verwandt und lebte außer auf Hokkaidō auch auf Sachalin und den Kurilen-Inseln. In der Tokugawa-Zeit unterhielten die als Fischer, Jäger und Sammler in Stammesverbänden lebenden Ainu wirtschaftliche Beziehungen zu Japan, ab 1869 begann die Kolonisation ihrer vormaligen Siedlungsgebiete und deren Besiedlung durch Japaner. Zwar wurde die vor der Kolonisierung nicht verschriftlichte Sprache und Kultur der Ainu noch erforscht, aber durch Assimilation der Ainu in die japanische Gesellschaft gilt die Sprache heute als nahezu ausgestorben. Einige Aktivisten versuchen die Traditionen der Ainu zu bewahren, in der Regel ist die Kultur dieses Volkes aber nur noch im touristischen Kontext zu sehen. Angehörige der Volksgruppe, deren Anzahl schwer zu schätzen ist und ständig zurückgeht, tragen längst japanische Namen und sind Teil der modernen japanischen Industriegesellschaft.

Die größte Minderheit in Japan, deren Angehörige ebenfalls zu großen Teilen in der japanischen Gesellschaft aufgegangen sind, ist koreanischen Ursprungs. Aufgrund der imperialen Ausdehnung Japans wurden Bewohner der koreanischen Halbinsel mit deren Annexion 1910 zu „Untertanen des Japanischen Kaisers“. Dies berechtigte sie, in Japan zu arbeiten, was in der Zeit der schnellen Industrialisierung Japans in den 1920er Jahren viele Menschen aus wirtschaftlich schwachen Regionen der koreanischen Halbinsel anzog. In den 1930er und 1940er Jahren begannen die japanischen Kolonialbehörden in Korea allerdings damit, große Mengen von Zwangsarbeitern nach Japan zu schaffen, um in Bergwerken und der Schwerindustrie die durch den Krieg abgezogenen japanischen Arbeitskräfte zu ersetzen. Koreanische Frauen wurden in Kriegsbordellen für japanische Soldaten versklavt. Nach dem Ende des Zweiten Weltkriegs blieb von den rund 2,4 Millionen Koreanern ein Drittel in Japan und bildete die Grundlage einer Bevölkerungsgruppe, die heute oft in dritter oder vierter Generation in verschiedenen Ausprägungen von Assimilation – von total bis dezidiert nicht assimiliert – in Japan lebt.

Eine weitere Minderheitengruppe, deren Anzahl schwer zu beziffern ist und die auf etwas unter 1 Million geschätzt wird, sind Menschen mit chinesischen Wurzeln. Bereits in der Tokugawa-Zeit durften sich Chinesen in speziellen Stadtvierteln niederlassen, die Kolonialisierung Taiwans brachte chinesische Menschen nach Japan und heutzutage ist – trotz politischer Verstimmungen zwischen der Volksrepublik China und Japan mit entsprechend aggressiver Rhetorik – Japan ein beliebtes Ziel chinesischer Studenten, Praktikanten und Geschäftsleute.

Japan gilt als eines der Länder mit der höchsten Lebenserwartung weltweit, im Durchschnitt liegt diese bei rund 85 Jahren. Besonders die Präfektur Okinawa auf den Ryūkyū-Inseln ist bekannt für hohe Lebenserwartung und eine hohe Zahl von Hundertjährigen. Zurückgeführt wird dies auf gesunde Ernährung und einen generell gesunden Lebensstil. Gleichzeit ist die Fertilitätsrate in Japan seit Jahrzehnten sehr niedrig und liegt weit unter der Reproduktionsrate. Dies bedeutet, dass die Bevölkerung längerfristig schrumpft und die Gesellschaft altert. Das Heiratsalter ist in den letzten Dekaden beständig gestiegen, immer mehr Menschen heiraten gar nicht und bekommen keine Kinder. Der traditionelle Drei-Generationen-Haushalt mit vielen Kindern ist auch auf dem Landhaushalten mit Kernfamilie bzw. Singlehaushalten gewichen, in einigen Regionen führt der Umzug der jungen, gut ausgebildeten Japaner in Städte zur Überalterung und Verödung der ländlichen Räume. Das japanische Ministerium für Gesundheit, Arbeit und Wohlfahrt schätzt, dass bis zum Jahr 2060 ungefähr 40 Prozent der Bevölkerung älter als das offizielle Rentenalter von 65 Jahren sein werden. Bereits heute ist die Belastung des Renten- und Pflegesystems durch diese demographische Entwicklung groß. Deswegen werden trotz Vorbehalte gegen die Einwanderung von Ausländern nach Japan Programme entwickelt, mit denen zum Beispiel Pflege- und Fachkräfte besonders aus südostasiatischen Nachbarländern nach Japan geholt werden sollen. Die Integration von Ausländern ist in Japan allerdings nicht leicht, da die japanische Kultur wenig Offenheit gegenüber anderen Kulturen vorsieht.

Ausgrenzung hat eine lange Tradition, bereits vor mehr als 1 000 Jahren wurden Angehörige von Berufsgruppen, die im weitesten Sinne mit Tod zu tun hatten (durch Umgang mit Leichen, Schlachtung von Tieren oder Verarbeitung von Tierkörpern) auf abgegrenzte Wohnorte festgelegt. Institutionalisiert wurde die Diskriminierung dieser genetisch japanischen Volksgruppe in der Tokugawa-Zeit. Die Eta (wörtlich „stark verschmutzt") oder Hinin (wörtlich „Nicht-Mensch") genannten Gruppen wurden bei Berufsausübung, Wohnort und Mobilität streng reglementiert und vom Rest der Gesellschaft separiert. Nach der Abschaffung dieses Standes nach der Meiji-Restauration wurde als neue Bezeichnung für diese Bevölkerungsgruppe der Begriff Burakumin eingeführt. Obwohl offiziell die Nachfahren der ehemals Marginalisierten in der Mainstream-Gesellschaft aufgegangen sein sollten, kann noch heute eine tatsächliche oder unterstellte Abstammung von ehemals Ausgegrenzten zur Diskriminierung z. B. bei Arbeitsplatz-, Wohnort- oder Partnerwahl führen. Auch Japaner mit einem ethnisch nicht-japanischen Elternteil werden häufig als „nicht-richtige Japaner" behandelt. Ihre japanische Bezeichnung Hāfu (Half) wird von den Angehörigen dieser Gruppe oft als diskriminierend empfunden, da das englische *half* (halb) eine halbe Wertigkeit im Gegensatz zu „vollwertigen" Japanern unterstellt.

Wirtschaftsstruktur

Bis zur Öffnung für internationalen Austausch nach 1854 war Japan ein von Landwirtschaft und Fischfang geprägtes Land. Zwar gab es in der Vormoderne bereits einen für die damalige Zeit technisch fortgeschrittenen Bergbausektor für Gold, Silber und Kupfer sowie eingeschränkt Handel mit China. Eine groß angelegte Industrialisierung setzte aber erst ein, nachdem die neue Regierung der Meiji-Zeit (1868–1912) dies mit dem Slogan „Reiches Land, starke Armee" zur nationalen Politik erklärte. Sie sorgte dafür, dass die Technik der Stahlgewinnung eingeführt und in anfangs vom Staat betriebenen Fabriken eingesetzt wurde. Nach einer Anfangsphase wurden diese Fabriken privatisiert. Aus ihnen entstand eine leistungsfähige Schwerindustrie im Bereich Kohle, Stahl, Schiffsbau und später Chemie mit den Zentren Osaka und Nord-Kyūshū. In ländlichen Gebieten entstand aus der Tradition von handwerklichen Nebengewerben von Bauern in Jahreszeiten ohne oder mit wenig Feldarbeit eine Leichtindustrie in kleinerem Stil und in privater Hand. Besonders wichtig war hier der Textilsektor (besonders Baumwolle und Seide), in dem mehr Frauen als Männer arbeiteten. Durch die schnelle Modernisierung des Landes nach der Meiji-Restauration mit dem Bau von Eisenbahnen, Hochseeschiffen und Industriemaschinen sowie der Einführung von Strom, Telegraph, Telefon etc. entstand eine Infrastruktur, die die Bildung von industriellen Zentren ermöglichte, in die massenhaft Arbeitskräfte aus den ländlichen Gebieten abwanderten.

Japan beteiligte sich bald nach der Landesöffnung am Welthandel und wurde Anfang der 1920er Jahre zur Industrienation, in der der Anteil von Industriegütern an Bruttosozialprodukt höher war als der Anteil aus der Landwirtschaft. Die industrielle Produktion ermöglichte allerdings auch die Bewaffnung der japanischen Armee und Marine auf hohem technischem Niveau und machte den japanischen Imperialismus in Asien möglich. Wichtige Akteure der Wirtschaftsentwicklung in der ersten Hälfte des 20. Jahrhunderts waren Firmenkonglomerate, die aus Familienunternehmen der Vormoderne entstanden waren. In der Regel waren diese anfangs im Bergbau oder Bankwesen tätig und stiegen in der Industrialisierungsphase groß in die Schwerindustrie ein. Die mit der ursprünglich abfällig gemeinten Bezeichnung Zaibatsu (Finanzclique) belegten Großfirmen waren auch ein wichtiger Bestandteil der japanischen Kriegsindustrie bis 1945. Deshalb beschloss die von den USA angeführte Besatzung, die nach Kriegsende bis 1952 in Japan blieb, die Auflösung dieser Zaibatsu. Diese wurde allerdings nur halbherzig durchgeführt, sodass sich zwar die ehemals in einem Firmenkonglomerat befindlichen Firmen nicht mehr im Besitz der Gründerfamilien befinden und rechtlich unabhängige Firmen wurden. Aber die gemeinsame Geschichte und traditionell enge Kollaboration führt dazu, dass viele dieser Firmen nach wie vor eng zusammenarbeiten, ihre Führungspersonen sich regelmäßig austauschen und durch Überkreuzbeteiligungen in Form von Aktien gemeinsame Interessen verfolgen. Ein Geflecht solcher Firmen, die jede in einem anderen Sektor arbeitet, aber durch eine gemeinsame Hausbank und bevorzugte Zusammenarbeit verbunden ist, nennt man Keiretsu (wörtlich: Netzwerk).

Die direkte Nachkriegszeit war geprägt von Inflation, Schwarzmarkt, Wohnungsknappheit und der großflächigen Zerstörung von Industrieanlagen durch die US-amerikanischen Bombardements der letzten Kriegsjahre. Der Versuch eines US-amerikanischen Beraters der Besatzungsregierung, die Inflation dadurch zu stoppen, dass die in den ersten Nachkriegsjahren freigiebig verteilten Kredite für den wirtschaftlichen Wiederaufbau fast komplett unterbunden wurden, hätte vermutlich zum wirtschaftlichen Kollaps der sich mühsam erholenden Nachkriegswirtschaft Japans geführt, wenn nicht durch den Ausbruch des Koreakriegs (1950–53) neue

Einnahmequellen für japanische Produzenten entstanden wären. Durch den Einkauf von nicht-militärischer Ausrüstung für den Koreakrieg durch die US-amerikanischen Streitkräfte erlebten viele Wirtschaftszweige in Japan einen Aufschwung. Das in USD eingenommene Geld investierten sie in Industriemaschinen und legten so den Grundstein für ein japanisches Wirtschaftswunder, das mit der sogenannten Hochwachstumsphase 1955–1972 begann. Die Unternehmen konnten auf sehr gut ausgebildete Arbeitskräfte zurückgreifen und wurden sowohl finanziell als auch politisch vom Ministerium für Internationalen Handel und Industrie (MITI = Ministry of International Trade and Industry, 2001 umbenannte in METI = Ministry of Economy, Trade and Industry) unterstützt. Japanische Managementmethoden zur Effizient- und Qualitätssteigerung (Toyota-Prinzip, Just-In-Time-Produktion) bestimmten bald internationale Standards. Die erste sogenannte Ölkrise beendete 1972 die Hochwachstumsphase. Japan war zu diesem Zeitpunkt allerdings bereits eine der größten Volkswirtschaften der Welt. Bis zum Ende der 1980er Jahre florierte die japanische Wirtschaft, u. a. durch den exportstarken Automobil- und Elektroniksektor. Hinter den international agierenden japanischen Firmen stehen in der Regel Lieferketten von kleinen und mittelständischen Betrieben, die mit geringeren Löhnen in relativ großer Abhängigkeit von den Großunternehmen arbeiten.

In der zweiten Hälfte der 1980er Jahre entwickelte sich eine Spekulationsblase, bei der in kürzester Zeit Land-, Immobilien- und Aktienpreise stiegen, ohne dass diesen Preisen reale Werte gegenüberstanden. Regierungsmaßnahmen zur Eindämmung der Spekulation führten Anfang der 1990er Jahre zur Implosion der Spekulationsblase, also einem raschen Verfall der Land-, Immobilien- und Aktienpreise. Viele Investoren, Unternehmen und Konsumenten konnten ihre Kredite nicht mehr bedienen. Bei den Banken häuften sich faule Kredite an, woraufhin diese auf eine sehr restriktive Kreditvergabe umschalteten und damit Investitionen besonders der kleinen und mittelständischen Betriebe erschwerten. Von staatlicher Seite gab es keine Vorgaben, um den stark beeinträchtigten Bankensektor zur Reorganisation zu bewegen. Die 1990er Jahre in Japan gelten auch als das „verlorene Jahrzehnt“, in dem eine schwere Rezession einsetzte, aber kaum etwas dagegen unternommen wurde. Erst nach der Reorganisation des Bankensektors und der Deregulierungen der Finanzmärkte sowie einer

Liberalisierung des Arbeitsrechts zu Beginn des 21. Jahrhunderts erfolgte ein erneuter Aufschwung, der allerdings jäh von der Weltwirtschaftskrise 2008/9 unterbrochen wurde.

Mit dem Versprechen, die japanische Wirtschaft aus der Krise zu führen, wurde im Dezember 2012 Abe Shinzō japanischer Ministerpräsident. Seine Wirtschaftspolitik trägt den Spitznamen „Abenomics" und war in den ersten Jahren von drei großen Ansätzen gekennzeichnet: Steigerung der im Umlauf befindlichen Geldmenge, kreditfinanzierte Konjunkturprogramme und weitere Deregulierung. Nach anfänglichen Erfolgen, die aber zum Großteil kurzfristige Effekte der durch die Geldmengensteigerung ausgelösten Inflation und Abwertung der japanischen Währung waren, und die durch die vor dem Amtsantritt Abes beschlossene Erhöhung der Konsumsteuer im April 2014 konterkariert wurden, pendelten sich die Wachstumszahlen der japanischen Wirtschaft wieder auf dem vormals sehr niedrigen Niveau ein. Zur Wiederbelebung der Abenomics-Idee verkündete Abe im September 2015 deshalb Abenomics 2.0 mit drei neuen Hauptanliegen. Wieder sollen das Wirtschaftswachstum, die Fertilitätsrate und die Qualität der Sozialsysteme gesteigert werden, damit das Land adäquat auf die wirtschaftlichen und gesellschaftlichen Herausforderungen einer alternden Gesellschaft reagieren kann.

Ein wichtiger Teil der angestrebten Reformen ist der Plan, mehr Frauen längerfristig im Arbeitsleben zu halten. Nach dem Zweiten Weltkrieg hatte eine Entwicklung eingesetzt, bei der die Einverdiener-Ehe steuerlich begünstigt wurde und Frauen, die in der Regel ebenso gut ausgebildet wie die Männer ihrer Alterskohorte und im frühen Erwachsenenalter berufstätig sind, bei Heirat oder spätestens mit dem ersten Kind aus dem Beruf ausschieden. Eine männlich geprägte Arbeitskultur mit selbstverständlich hingenommenen Überstunden, männliche Netzwerke und Problem mit der Vereinbarkeit von Familie und Beruf durch die Persistenz alter Geschlechterrollen und mangelnder Kinderbetreuung machen es japanischen Frauen aber weiterhin schwierig, nach der Geburt von Kindern voll ins Berufsleben zurückzukehren.

Die Deregulierung im Bereich der Arbeitsgesetze und die Ausweitung der Praxis japanischer Firmen zwischen Festangestellten mit regelmäßiger Lohnerhöhung und Sozialleistungen einerseits und temporär angestellten Billiglöhnern als Puffer für Spitzenauslastungen oder besonders im Servicebereich andererseits zu unterscheiden, hat dazu geführt, dass ungefähr ein Drittel der abhängig Beschäftigten – überwiegend Frauen – in Japan keine Festanstellung haben und unter prekären Bedingungen arbeiten. Menschen ohne Festanstellung zahlen allerdings kaum in die staatlichen Systeme ein und sind ausgesprochen zurückhaltend bei der Familiengründung, wodurch das Problem des unterfinanzierten Sozialsystems der alternden japanischen Gesellschaft verschärft wird.

Aktuelle politische Entwicklung

Das Ende der Herrschaft der Tokugawa wurde offiziell damit begründet, dass der japanische Kaiser wieder in die der Institution zustehende Rolle zu „restaurieren" sei. Da die zur kaiserlichen Machtausübung tatsächlich genutzten Regierungsinstrumente aber auf Vorgaben aus dem 8. Jahrhundert basierten, war eine der wichtigen Modernisierungen der Meiji-Zeit die Schaffung einer modernen Verfassung nach preußischem Vorbild. Diese Form der konstitutionellen Monarchie schien der neuen Elite des späten 19. Jahrhunderts am besten geeignet zur Anpassung auf Japan und führte zu einer Regierungsform, bei der der japanische Kaiser laut Verfassungstext allmächtig und in seiner Regierungsausübung von den modernen Strukturen eines Zweikammern-Parlaments, Ministerien und einer professionell ausgebildeten Bürokratie unterstützt wird. De facto hatte der politische und bürokratische Apparat schon lange vor der Verkündung der Meiji-Verfassung 1890 die regulären Regierungsgeschäfte übernommen und den Kaiser zu einer Repräsentationsfigur gemacht, die die neue nationale Größe im Ausland genauso wie eine neue gesamtjapanische Identität im Inland verkörperte.

Um die göttliche Herkunft des Kaisers, die daraus resultierende Besonderheit Japans und den Führungsanspruch des Landes in der asiatischen Region wurde in der ersten Hälfte des 20. Jahrhunderts eine Ideologie geformt, mit der die japanische Expansion in Asien und die Pflicht des japanischen Volkes zur Mitwirkung bei diesen imperialistischen Bestrebungen gerechtfertigt wurde. Nach dem Ende des Zweiten Weltkriegs war daher eine der ersten Bestrebungen der von den USA angeführten Besatzung Japans die Veränderung der Regierungsform des Landes. Am 1.1.1946 ließ die US-amerikanische Besatzung, verkörpert vom Oberbefehlshaber der

Alliierten Mächte General Douglas MacArthur, den japanischen Kaiser in seiner Neujahrsbotschaft in der Zeitung verkünden, dass er mitnichten ein lebender Gott, sondern ein ganz normaler Mensch sei.

Da er mit den Entwürfen einer japanischen Kommission für eine neue Verfassung nicht zufrieden war, ließ MacArthur eine Gruppe US-amerikanischer Berater den Entwurf einer japanischen Nachkriegsverfassung schreiben. Das Ergebnis der Beratergruppe wurde dann ins Japanische übersetzt, von den zwei Kammern des Parlaments sowie dem Kaiser angenommen und als noch heute unverändert gültige Verfassung Japans am 3.5.1947 in Kraft gesetzt. Seitdem gibt es ein allgemeines Wahlrecht. Bei der vormaligen Verfassung waren zuerst nur wohlhabende Männer und ab 1925 alle volljährigen Männer wahlberechtigt gewesen. Laut der Nachkriegsverfassung ist der japanische Kaiser ein Repräsentant des Staates ohne jegliche politische Macht. Artikel 9 der Verfassung verbietet Japan, einem anderen Land den Krieg zu erklären, und macht eigentlich den Unterhalt einer japanischen Armee unmöglich. Auf US-amerikanischen Druck in der Zeit des Koreakriegs schuf der damalige Ministerpräsident Yoshida Shigeru Anfang der 1950er Jahre allerdings eine paramilitärische Polizeitruppe, die zu sogenannten Selbstverteidigungsstreitkräften ausgebaut wurden. Diese noch heute sogenannte Truppe ist eine Freiwilligenarmee mit technisch hochwertiger Ausrüstung, die allerdings nur sehr begrenzt meist im Katastrophenschutz im Inland eingesetzt wird. Auslandseinsätze werden in sehr eingeschränktem Maße im Rahmen internationaler Friedensmissionen der UN seit den frühen 1990er Jahren durchgeführt.

Politisch ist die Nachkriegszeit in Japan von der nach ihrem Erfinder benannten Yoshida-Doktrin geprägt. Yoshida war der wichtigste Ministerpräsident der Nachkriegszeit (im Amt Mai 1946 bis Mai 1947 und Oktober 1948 bis Dezember 1954) und lenkte den Fokus seiner Politik auf die Wirtschaftsentwicklung mit einem Mindestmaß an außenpolitischem Engagement. Er war einer der Begründer der Liberaldemokratischen Partei Japan (LDP), die von wenigen Unterbrechungen (1993–96 und 2009–2012) abgesehen mit ihrer Mehrheit von Sitzen im Unterhaus den Ministerpräsidenten stellt.

Außer der LDP gibt es in Japan eine Vielzahl von Parteien im Spektrum von kommunistisch über sozialdemokratisch/grün/religiös-affiliiert bis zu rechtsextrem. Außer der LPD und der Kommunistischen Partei Japan sind Parteigruppierungen aber nicht sehr stabil, politische Auseinandersetzungen machen sich mehr an Politikerpersönlichkeiten als an Parteizugehörigkeiten fest, sodass Kontroversen häufig zu Parteiaustritten, Parteineugründungen, Zusammenschlüssen von Parteien oder dem Verschwinden von Parteien führen. In Japan herrscht Klientelpolitik vor, Politiker in den anteilsmäßig an Sitzen im Parlament sehr gewichtigen Einzelkandidaten-Wahlkreisen werden weniger aufgrund ihrer Parteizugehörigkeit als aufgrund ihrer persönlichen Glaubwürdigkeit und vergangener Verdienste für den Wahlkreis gewählt. Die LDP kann dabei auf eine mächtige Agrar- und Industrielobby zurückgreifen. Ihr wird unterstellt, dass sie vor allem den heimischen Markt vor ausländischer Konkurrenz schützt, die japanische Exportindustrie unterstützt und ein gesellschaftlich konservatives Weltbild in Bezug auf Geschlechterrollen und Einwanderung sowie kaum Bereitschaft zur Vergangenheitsbewältigung hat.

Nach Abschluss eines Friedensvertrags mit den meisten (aber nicht allen) seiner Kriegsgegner am 8.9.1951 hatte Japan 1952 einen Sicherheitsvertrag mit den USA geschlossen, der 1960 in einen Sicherheitspakt überführt wurde, nach dem die USA Japan im Falle eines Angriffs militärisch zu Hilfe kommen müssen. Im Rahmen dieses Pakts unterhalten die USA Militärbasen in Japan, die meisten davon in der Präfektur Okinawa. Neben der engen militärischen Kooperation ist Japan auch einer der wichtigsten politischen Verbündeten der USA in Asien. Auf internationaler Ebene geht die japanische Politik in der Regel in die Richtung US-amerikanischer Einschätzungen und Entscheidungen.

Mit vielen asiatischen Nachbarländern hat Japan komplizierte außenpolitische Beziehungen. Dies ist vor allem auf ungeklärte Territorialfragen sowie auf Fragen der Bewältigung der japanischen Vergangenheit als Kolonialmacht im 20. Jahrhundert sowie als Aggressor und Besatzer im Zweiten Weltkrieg zurückzuführen. Eine fehlende Klärung der Zugehörigkeit von vier inzwischen unbewohnten Inseln nördlich von Hokkaidō (Südliche Kurileninseln) verhindert bis heute den Abschluss eines Friedensvertrags zwischen Japan und Russland; die Sowjetunion hatte den Friedensvertrag von 1951 nicht unterzeichnet. Zwischen dem russischen Präsidenten Putin und Ministerpräsident Abe ist es aber zur Annäherung gekommen, da die Region zwischen Japan und Sibirien strategisch wichtig und durch vermutete Gas- und Ölvorkommen wirtschaftlich interessant ist.

Das japanische Verhältnis zu den Staaten auf der koreanischen Halbinsel ist durch die japanische Kolonialgeschichte vorbelastet. Aufgrund von Unstimmigkeiten über die Repräsentation Chinas bei den Vertragsverhandlungen für den Friedensvertrag von 1951 nahm keine chinesische Delegation teil, Nord- und Südkorea wurden erst gar nicht zu den Verhandlungen eingeladen. Deshalb schloss Japan mit Südkorea erst 1965 einen sogenannten Grundlagenvertrag, um diplomatische Beziehungen zwischen den zwei Ländern herzustellen. Mit Nordkorea hat Japan bis heute keine diplomatischen Beziehungen. Konfliktthemen zwischen Japan und Südkorea sind die japanische Kolonialzeit, besonders der Umgang mit dem Zwangsarbeiter- und Zwangsprostituiertenproblem sowie ein Territorialstreit um eine Inselgruppe, die sowohl von Südkorea als auch von Japan beansprucht wird (koreanischer Name: Dokdo, japanischer Name: Takeshima). Das nordkoreanische Atomwaffen- und Raketenprogramm stellt eine direkte Bedrohung der japanischen Inseln dar, zudem sind noch viele Fragen offen im Zusammenhang mit der inzwischen von Nordkorea zugegebenen Entführung japanischer Staatsbürger nach Nordkorea, wo diese zur Ausbildung von Spionen eingesetzt wurden. Weder ist die Gesamtzahl der Entführten unstrittig, noch ist der Verbleib aller Entführten geklärt.

Gespannt ist auch das Verhältnis Japans zur Volksrepublik China (VR China), mit der das Land seit 1972 diplomatische Beziehungen unterhält. Wie auch bei den anderen asiatischen Opfern japanischer Aggression im Zweiten Weltkrieg bemängelt die chinesische Führung mangelnde Vergangenheitsbewältigung auf japanischer Seite, besonders was den Umgang mit japanischen Kriegsverbrechen wie dem Massaker japanischer Soldaten an geschätzt 40 000 bis 300 000 Zivilisten bei und wochenlang nach der Einnahme von Nanjing im Dezember 1937 angeht. Ungeklärte Besitzverhältnisse einer Inselgruppe, die auf Chinesisch Diaoyutai und auf Japanisch Senkaku heißt, führten im Herbst 2012 zu einer Zuspitzung der Lage um die unbewohnte Inselgruppe. Als Grund für den Territorialstreit werden vermutete Gas- und Ölvorkommen im Untergrund um die Inselgruppen, Fischereirechte sowie mit der zunehmend nationalistisch-autoritären Führung einhergehende Machtdemonstrationen der VR China in Ost- und Südostasien gesehen. Wirtschaftlich sind die VR China und Japan trotz der politischen Spannungen eng verbunden, beide Länder sind wichtige Märkte für die jeweils andere Seite, viele japanische Firmen produzieren

Güter in der VR China. Mit der ehemaligen Kolonie Taiwan unterhält Japan zwar keine diplomatischen Beziehungen mehr, da die VR China die Insel als abtrünnige Provinz betrachtet und diplomatische Beziehungen zu Staaten ausschließt, die die de facto Regierung der Chinesischen Republik auf Taiwan anerkennen, auf wirtschaftlicher Ebene sind die japanischen Beziehungen zu Taiwan allerdings sehr eng und für beide Seiten profitabel.

Japan ist ein Mitglied des G7 genannten informellen Zusammenschlusses großer Industriestaaten und hat mit der Europäischen Union ein Freihandelsabkommen geschlossen, das am 1.2.2019 in Kraft trat. Im internationalen Kontext wird das Land in der Regel im Lager der kapitalistischen Industrienationen aus vor allem Europa und Nordamerika verortet.

Literatur

Coulmas, F. (2014): Die Kultur Japans: Tradition und Moderne. München.

Dower, J. W. (2000): Embracing Defeat: Japan in the Wake of World War II. New York & London.

Francks, P. (2015): Japanese Economic Development: Theory and practice. London & New York.

Gluck, C. (1987): Japan's Modern Myth: Ideology in the Late Meiji Period. Princeton.

Heinrich, P. und Vogt, G. (Hrsg.) (2017): Japan in der Ära Abe: Eine politikwissenschaftliche Analyse. München.

Hendry, J. (2019): Understanding Japanese Society. Abingdon.

Kevenhörster, P./Pascha, W. und Shire, K. (2009): Japan: Wirtschaft, Gesellschaft, Politik. Wiesbaden.

Kingston, J. (2018): Japan (Polity Histories). Cambridge.

Kreiner, J. (2018): Geschichte Japans. Stuttgart.

Schad-Seifert, A. und Kottmann, N. (Hrsg.) (2019): Japan in der Krise: Soziale Herausforderungen und Bewältigungsstrategien. Wiesbaden.

Statistics Bureau of Japan (o.D.): Statistics Bureau of Japan, unter: https://www.stat.go.jp/english [30.01.2020].

Sugimoto, Y. (2015): An Introduction to Japanese Society. Cambridge.

Totman, C. (2016): Japan: An Environmental History. London und New York.

Weiner, M. (Hrsg.) (2008): Japan's Minorities: The Illusion of Homogeneity. London und New York.

Zöllner, R. (2013): Geschichte Japans. Von 1800 bis zur Gegenwart. Paderborn, München, Wien und Zürich.

Markus Mess

Jemen

Offizieller Name:	Republik Jemen
Staatsform:	Präsidialrepublik
Unabhängigkeit:	30. Oktober 1918 (Nordjemen vom Osmanischen Reich), 30. November 1967 (Südjemen von Großbritannien)
Nationalfeiertag:	22. Mai 1990 (Vereinigung von Nord- und Südjemen)
Hauptstadt:	Sanaa (de jure), Aden (de facto)
Lage:	Südwestliche arabische Halbinsel, Golf von Aden
Fläche:	527 968 qkm (Weltrang: 49)
Bevölkerung:	26,8 Millionen
Landesstruktur:	21 Gouvernements und ein Hauptstadtbezirk
Sprachen:	Arabisch
Religionen:	Islam (99,1 Prozent, davon 65 Prozent Sunniten und 35 Prozent Schiiten)
Währung:	Jemen-Rial (YER)
Wirtschaftszweige:	Landwirtschaft, Erdöl- und Erdgasförderung
Mitgliedschaften:	UN mit Unterorganisationen, Weltbank, IMF, AL, OIC, IATA, WTO
Wichtigste Medien:	*Fernsehen:* Al-Saeedah, Al-Emam, Suhail, Yemen Sheba, Beqees, Sama Yemen *Hörfunk:* Sana'a Radion, Aden Radio, Al Hudaydah Radio, Say'un Radio, Abyan Radio *Zeitungen:* Al-Thawra (staatlich), Al-Jumhuriya (staatlich), Al-Thawri, Yemen Post

****

Naturraum und geographische Rahmenbedingungen

Die Topographie des Jemen lässt sich durch den vor 35 Millionen Jahren begonnenen Afrikanischen Grabenbruch erklären, der als Prozess bis heute andauert. Durch Auf- und Abbrüche der Erdkruste entstanden z. B. die Küstenebene Tihama und die senkrechten Abbruchkanten, die das anschließende Gebirge landeinwärts (ca. 25–30 km) aufweist. Die klimatischen Bedingungen für eine landwirtschaftliche Nutzung sind im Vergleich zu den anderen Staaten der arabischen Halbinsel eher günstig. Das Küstengebiet im südöstlichen Teil des Landes und der Küstenstreifen am Roten Meer haben, hinsichtlich natürlicher Bedingungen, unsichere Rahmenbedingungen für den landwirtschaftlichen Anbau. Durch die intensive Nutzung des Grundwassers werden jedoch ausreichende Ernteerträge erzielt. Das Wasserscheidengebirge, welches sich an den beschriebenen Küstenstreifen anschließt, ist landwirtschaftlich sehr bedeutsam, da sich Wolken, die vom Roten Meer kommen, hier abregnen.

Der Terrassenfeldbau, für den der Jemen bekannt ist, ist in diesen Gegenden gut durchführbar. Der Nordosten besteht weitestgehend aus Wüste (Rub al-Chali), und eine Form der Landwirtschaft ist kaum möglich. Im Süden, in der Region des Wadis Hadramaut, kann Landwirtschaft gut betrieben werden, da sich die Niederschläge des Monsuns hier abregnen. In den Bergen und Hochplateaus finden sich unzählige Wadis, die charakteristisch für diese Regionen sind und es ermöglichen, auch Wasser in diesen Trockenzonen zu nutzen. Die Inselgruppe Sokotra, südöstlich vom Festland gelegen, gehört ebenfalls zum Jemen. Die isolierte Lage der Inseln ergibt eine einzigartige Flora und Fauna, die zum Teil endemisch ist. Der Jemen insgesamt leidet unter akutem Wassermangel und an Überweidung. Hinzu kommen Bodenerosion, Waldschwund und Sandstürme, die eine Ausdehnung der Wüste begünstigen. Diese ungünstigen Entwicklungen werden durch die rasant steigende Bevölkerungszahl begünstigt. Die Fläche des Landes beträgt 527 968 qkm.

Geschichtliche Entwicklung von vorkolonialer Zeit bis zur Unabhängigkeit

Die Geschichte des Jemen geht sehr weit zurück und ist äußerst facettenreich, vieles ist bis heute unerforscht. Für Archäologen bietet das Land umfangreiche Forschungsmöglichkeiten. U. a. gibt es Funde, die eine Sesshaftigkeit von Menschen in der Zeit von 8 000–6 000 v. Chr. nachweisen. Die Grabungsbeweise für die Verortung des Königreichs der „Königin von Saba" stehen noch aus. Unter den Königreichen aus der Zeit v. Chr. auf dem Gebiet des heutigen Jemen fand das Reich von Saba sogar Erwähnung im Alten Testament. Die Sabäer verstanden sich u. a. darauf, ein Wasserverteilungssystem mit Schleusen und Überlaufkanälen zu fertigen. Auch der Handel per Karawane oder zur See gedieh in dieser Zeit prächtig. Weihrauch und Myrrhe gehörten zu den wichtigsten Handelsgütern, die im Karawanenhandel transportiert wurden. Das glückliche Arabien – „Arabia Felix" – wurde der Jemen von den Römern genannt.

Bis ins 6. Jahrhundert n. Chr. konnte das Bewässerungssystem den Menschen im Jemen eine blühende Landwirtschaft garantieren, bis zum Dammbruch des berühmten Staudamms von Ma'rib (Ende des 6. Jahrhunderts). Es wurden Oasen verwüstet und jemenitische Völker verließen ihre Heimat. Im Jahre 1537 marschierten die Osmanen in den nördlichen Teil des Landes ein und konnten sich dort bis 1636 halten. In dieser Phase blühte die Wirtschaft auf u. a. durch den Kaffee-Export. Von 1849 bis zur Niederlage des Osmanischen Reichs im Ersten Weltkrieg gehörte der nördliche Teil, jedoch nie das komplette Land, zum zweiten Mal zum Osmanischen Reich. Innerhalb dieses Zeitraums wechselten Phasen mit stärkerem und schwächerem Einfluss der Osmanen. Im südlichen Jemen um die Hafenstadt Aden erklärten sich die Briten 1839 zur Schutzmacht. In Bezug auf die wichtigen Schiffsrouten im 19. und 20. Jahrhundert war Aden von strategisch wichtiger Bedeutung. Diese Bedeutung stieg, als 1869 der Suezkanal eröffnet wurde und der Schiffsverkehr durch das Rote Meer anstieg. Der Einflussbereich der Briten um Aden endete erst 1967, als es eine sozialistische Revolution gegen die Briten gab und diese sich aus dem Land zurückzogen. Nach einem Bürgerkrieg im Nordjemen (1962–1969), in den sich auch Saudi-Arabien und Ägypten einmischten, konnten sich republikanische Kräfte durchsetzen. Der heutige Jemen war um 1970 zweigeteilt: in einen marxistisch orientierten Süden und einen konservativen Norden. Im Jahr 1990 kam es dann zur Wiedervereinigung der beiden Länder zur Republik Jemen, u. a. verursachte durch ausbleibende Zahlungen der Ostblockstaaten für den Südjemen.

Bevölkerungsstruktur – insbesondere ethnische Zusammensetzung

Die Religionsgemeinschaften des heutigen Jemen sind nicht einheitlich und unterscheiden sich in drei verschiedenen islamischen Ausprägungen, was seit jeher zu Konflikten führt. Im Norden des leben überwiegend Zaiditen (ca. 20 Prozent der Gesamtbevölkerung), die u. a. ihren Imam per Wahl festlegen. Den Großteil der Bevölkerung (etwa 75 Prozent) machen Sunniten aus, die der schafiitischen Rechtsschule folgen. Im mittleren Jemen finden sich zudem noch Ismailiten. Das Judentum hat im Jemen eine lange Tradition. Heute leben noch etwa 100 jüdische Familien im Land. Ab 1950, kurz nach der Gründung Israels, verließen etwa 60 000 Juden den Jemen. Kleinere Gemeinschaften von Zwölferschiiten und aus dem Iran stammenden Baha'i existieren ebenfalls. Hinzu kommen ausländische Christen und Hindus. Die Landbevölkerung macht etwa zwei Drittel der Gesamtbevölkerung aus, welche sich durch eine Vielzahl von ethnischen Gruppen voneinander abgrenzt. Die Betrachtung der unterschiedlichen Ethnien ergibt, dass 97 Prozent Araber sind. Hinzu kommen 2 Prozent Somalier und 1 Prozent Gastarbeiter aus Indien und Pakistan. Insgesamt leben nach aktuellen Zahlen etwa 26,8 Millionen Menschen mit einem geschätzten Bevölkerungswachstum von 2,04 Prozent.

Unterscheidungskriterien in der jemenitischen Gesellschaft ergeben sich hauptsächlich durch ethnische und traditionelle Schichtzugehörigkeiten. Die im Norden ansässig religiöse Oberschicht, die sogenannten Sa'ada, sehen sich als Blutsverwandte des Propheten Mohammed an. Aus ihren Reihen kamen zwischen 897–1962 die Imame der Zaiditen. Die Sa'ada genießen von jeher den Schutz der Völker. Alteingesessene Bauern, die Landaraber, sind Angehörige dieser Völker. Die Bakil und die Haschid sind die größten Ethnien im Nordjemen und gliedern sich in verschiedene kleinere Ethnien. Diese Völker sind sesshaft. Im Osten und Süden leben Beduinenvölker, wobei sich deren Lebensweise in den letzten 25 Jahren sehr gewandelt hat. Sobald Angehörige einer Ethnie in die Stadt ziehen, verlieren sie den Schutz ihrer Ethnie. Die Bedeutung der Ethnien nimmt sukzessive ab, was zum Teil an der Binnenmigration (Umzug in die Stadt aufgrund von Ausbildung oder Arbeit) oder auch an der Arbeitsmigration ins Ausland liegt. Die städtische Bevölkerung wird keiner Völker-Föderation zugerechnet und wird als Arab Hadar bezeichnet. Sie arbeiteten traditionell in angesehenen Handwerksberufen, wobei die Traditionen allmählich aufweichen, insbesondere hervorgerufen durch Arbeitslosigkeit und Unterbeschäftigung.

Wirtschaftsstruktur

Die wirtschaftlichen Rahmenbedingungen des Jemen sind in der Region sehr ungünstig. Das Land verfügt nur über sehr bescheidene Rohstoffquellen, insbesondere in Bezug auf Erdöl und Erdgas, und kann dadurch keinen ausreichenden Wohlstand für die Bevölkerung generieren. Trotzdem werden diese Rohstoffquellen umfänglich ausgebeutet und sind das wichtigste Exportgut. Momentan ist es so, dass die schwindenden Erdölvorkommen nur teilweise durch Erdgas ersetzt werden können. Die stark steigende Bevölkerungszahl ist ein weiterer ungünstiger Faktor und belastet die Wirtschaft stark. Mit dem starken Bevölkerungswachstum weist der Jemen dabei eine sehr junge Bevölkerung auf, ca. 50 Prozent sind unter 16 Jahre alt und bilden damit einen kleinen Anteil der arbeitsfähigen Bevölkerung. Dies führt zu einer hohen Belastung der öffentlichen Infrastruktur wie der Bildung, Arbeitsversorgung, medizinische Versorgung, den Aufbau sozialer Sicherungssysteme. Die sehr hohe Arbeitslosigkeit ist dabei geprägt von einer hohen Jugendarbeitslosigkeit (ca. 60 Prozent für 2018), welche mit dem Bürgerkrieg noch stärker verschärft wurde.

Die jemenitische Landwirtschaft hat einen hohen Beschäftigungsgrad, trägt allerdings nur bescheidene 5 Prozent zum Export bei. Eine Sonderstellung nimmt der hohe Anteil der Droge Qat ein, die auf den Anbauflächen kultiviert wird. Da Qat kein marktfähiges Exportprodukt ist, beeinflusst der Anbau die Handelsbilanz negativ. Außerdem hat der Anbau zur Folge, dass etwa drei Viertel des Nahrungsmittelbedarfs importiert werden müssen. Besonders schwerwiegend ist der hohe Wasserverbrauch durch den Qat-Anbau in einem Land, das massiv an Wassermangel leidet. Hinzu kommen negative Auswirkungen auf Gesundheit und Motivation der arbeitsfähigen Bevölkerung. Ein schlichtes Verbot ließe sich nicht umsetzen. Verschiedene Kampagnen dagegen haben nur begrenzt Wirkung gezeigt. Wichtig ist es dabei, die Problematik vom Qat-Anbau mit den Bauern und Politikern zu diskutieren, und mögliche Alternativen, wie z. B. durch die „Haraaz Coffee“-Initiative, aufzuzeigen. Im südlichen Jemen ist die Fischereiindustrie ein wichtiger Industriezweig. Der Fischreichtum in dieser Gegend ist eine ideale Voraussetzung, um diesen Bereich auszubauen. Über eine größere Industrieproduktion oder gar Hightechprodukte verfügt der Jemen nicht. In den Städten Sanaa, Aden, Taiz und Hudaida existiert eine bescheidene Produktion von Nahrungsmitteln (u. a. Milchprodukte und Süßwaren), Plastikwaren, Farben und Hygieneartikeln (z. B. Seife und Waschmittel).

Durch die schlechte Sicherheitslage und die gegenwärtige Bürgerkriegssituation ist das Investitionsklima für ausländische Firmen äußerst ungünstig. Selbst in Friedenszeiten ist dies nicht wesentlich besser, da u. a. Entführungen durch lokale Volksgruppen durchaus möglich sind. Entwicklungspotential gibt es – in Zukunft sicherlich – im Tourismussektor. Gerade die antiken Stätten, die Architektur und die Wetterbedingungen des Landes bieten hier günstige Voraussetzungen. Die angesprochenen Entführungen und Attentate in Friedenszeiten hemmen die durchaus positiven Entwicklungen deutlich. Primäre Aufgabe im wirtschaftlichen Bereich ist die Versorgung der Zivilbevölkerung mit Lebensmitteln. Dies kann gegenwärtig nur mit Unterstützung der UN-Organisationen gelingen.

Aktuelle politische Entwicklung

Im Jahr 1990 kam es zur Vereinigung des Nord- und des Südjemen. In der Folge dieses Prozesses wurde der seit 1978 amtierende Präsident des Nordjemen, Ali Abdullah Saleh, Präsident des gesamten Landes. Es gelang ihm, diese Machtposition über zwei Jahrzehnte zu halten, trotz der vielfältigen und massiven Probleme des Landes. Der ehemalige Südjemen erfuhr durch die Wiedervereinigung eine politische Marginalisierung. Es kam 1994 zu einem Bürgerkrieg, den der Norden für sich entschied. Es folgten Bemühungen, das Land zu demokratisieren, was durch ein gewähltes Parlament und Oppositionsparteien teilweise gelang. Im Jahr 2001 konnten über Jahrzehnte ungeklärte Grenzstreitigkeiten mit Saudi-Arabien beigelegt werden und die Fläche des Jemen vergrößert sich um die Größe Belgiens. Nach dem 11. September 2001 engagierte sich die Regierung Saleh im Kampf gegen den internationalen Terrorismus und al-Qaida.

Zum Wendepunkt wurde dann das Jahr 2011. Der Jemen ist einer der Staaten, der durch die revolutionären Ereignisse des sogenannten „Arabischen Frühlings“ deutliche Veränderungen erfuhr. Das Regime des Langzeitpräsidenten Saleh erfuhr massive Proteste der Bevölkerung. Gefordert wurde, seitens breiter Bevölkerungsanteile ein Regimewechsel und eine Demokratisierung. Die gewaltsamen Reaktionen der Sicherheitskräfte und die Angriffe verschiedener Oppositionsgruppen auf das Regime endeten mit dem Machtverzicht Salehs, einem Vertrag mit der Opposition und vorgezogenen Neuwahlen. Der 2012 gewählte Präsident Mansur al-Hadi schaffte es nicht, die innenpolitischen Konflikte beizulegen. Trotz der Bemühungen des Golfkooperationsrats und al-Hadis Versuche, durch eine Konferenz des Nationalen Dialogs einen friedlichen Übergang zu ermöglichen, kam es zur Eskalation. Die Huthi-Rebellen lehnten den neuen Verfassungsentwurf ab und besetzten den Präsidentenpalast.

Es folgte ein militärischer Konflikt. Die beiden Regionalmächte Saudi-Arabien und Iran mischten sich massiv in diesen militärischen Konflikt ein. Hintergrund der Intervention der beiden Staaten: Die Glaubensrichtungen der Sunniten und Zaiditen (schiitische Strömung) treffen hier aufeinander. Die Zaiditen werden dabei vom Huthi-Clan angeführt. Das direkte Eingreifen Saudi-Arabiens durch die Luftwaffe bedeutet eine unübersehbare Zuspitzung des Konflikts. Unterstützt wird Saudi-Arabien dabei von einer Allianz aus neun weiteren Staaten, darunter Katar und Ägypten. Die Unterstützung des Iran aufseiten der Huthi-Rebellen erfolgt durch Waffenlieferungen. Die krisenhaften Entwicklungen durch den Ausbruch des Krieges zeigten klare Zeichen, dass das Land sich zu einem „failed state“ entwickelt. Verschiedene Interessenverbände und Dynamiken wirken auf das Land ein. Neben einer großen Anzahl lokaler Militäreinheiten und eigenen Interessen gibt es Gebiete, die die Huthi-Rebellen beherrschen (u. a. die Hauptstadt), und Gebiete, die al-Qaida dominiert. „al-Qaida auf der arabischen Halbinsel“ (AQAP), nennt sich der Ableger von al-Qaida im Jemen. AQAP, Huthi-Rebellen und die Regierungstruppen bekämpfen sich gegenseitig.

Im Januar 2015 traten Präsident, Premierminister und Kabinett durch den steigenden militärischen Druck der Huthi-Rebellen zurück. Die Implementierung eines Nationalrates – mit der Auflösung des Parlamentes – und ein Präsidentschaftsrat auf Grundlage einer Übergangsverfassung bestimmen die Politik weiter Teile des Landes. 2017 gründete, mit Unterstützung der Vereinigten Arabischen Emiraten, Aydarua al-Zubaidi ein Südübergangsrat mit dem Ziel der Herstellung eines unabhängigen Süd-Jemen. Diese beiden Fronten führen seit 2019 direkte Verhandlungen um Gebiete und mögliche Schritte zu einem Frieden. Ein Übergang in eine friedliche und geordnete Staatlichkeit eines Jemen ist gegenwärtig daher offen. Der Einfluss Al-Quaida's ist zudem ein Problem mit außenpolitischer Bedeutung. Wenn gegenwärtig auch die bürgerkriegsähnlichen Zustände im Land dominieren, bleibt der Umgang mit Al-Quaida ungelöst. Im Süden des Jemen hat sich ein Rückzugsgebiet etabliert, von dem aus immer wieder auch Anschläge auf „den Westen", insbesondere die USA, ausgingen. Die USA griffen mehrfach mit Drohnen im Jemen ein, um gegen Terrorverdächtige vorzugehen. Das alte Regime unter Saleh sah sich als Verbündeter der USA im Kampf gegen den Terrorismus. Da unklar ist, welche Kräfte sich durchsetzen werden, bleibt auch unklar, wie die Position gegenüber al-Qaida sein wird. Hauptaufgabe der Verantwortlichen ist es, die Gewaltspirale zu befrieden und die Bürgerkriegssituation zu beenden. Große Teile der Bevölkerung – vor allem auf dem Land – sind auf Hilfslieferungen angewiesen.

Literatur

Al-Akhali, R. (2020): Wirtschaftliche Auswirkungen des Konflikts im Jemen. In: Aus Politik und Zeitgeschichte: APuZ. 70 (2020), 1/3, S. 26–33:

Al-Akhali, R., Biswell, A. (2019): Transitional government in post-conflict Yemen. In: Sana'a: Sana'a Center for Strategic Studies. Policy brief/Rethinking Yemen's Economy 14/8, unter: https://devchampions.org/uploads/publications/files/Rethinking_Yemens_Economy-policy_brief_14.pdf, [27.22.2020].

Darwich, M. (2015): Machtprestige als Motiv des saudischen Krieges im Jemen, in: GIGA Focus, Nahost, Nummer 06, August 2015.

Gasser, H. (2006): Jemen. Mannheim.

Gatter, P. (2012): Politics of Qat, The role of a drug in ruling Yemen. Wiesbaden.

Glosemeyer, I. (2007): Jemen, in: Weiss, W. M. (Hrsg.), Die arabischen Staaten, Geschichte, Politik, Religion, Gesellschaft, Wirtschaft. Heidelberg, S. 88–102.

Heinze, M.-C. (2020): Revolution, Transition und Krieg: eine Einführung in den Jemen-Konflikt. In: Aus Politik und Zeitgeschichte: APuZ. 70 (2020), 1/3, S. 18–25.

Mattes, H. (2012): Die arabische Protestbewegung 2011, in: Informationen zur politischen Bildung, Naher Osten, Nachbarregion im Wandel. Bonn, S. 65–81.

Simper, G. und Brixel, P. (2008): Jemen, Handbuch für individuelles Entdecken, 7. Auflage. Bielefeld.

Wolfgang Gieler

Jordanien

Offizieller Name:	Haschemitisches Königreich Jordanien
Staatsform:	Konstitutionelle Monarchie
Unabhängigkeit:	25. Mai 1946 (von Großbritannien)
Nationalfeiertag:	25. Mai (Unabhängigkeitstag)
Hauptstadt:	Amman
Lage:	Mittlerer Osten
Fläche:	89 342 qkm (Weltrang: 110)
Bevölkerung:	9,9 Millionen
Landesstruktur:	12 Gouvernements
Sprachen:	Arabisch, Englisch
Religionen:	Islam (97,2 Prozent, vorwiegend Sunniten), Christentum (2,2 Prozent), Buddhisten (0,4 Prozent)
Währung:	Jordanischer Dinar (JOD)
Wirtschaftszweige:	Phosphatbergbau, chemische Industrie
Mitgliedschaften:	UN, AL, OIC, IRC
Wichtigste Medien:	*Fernsehen:* JRTV *Hörfunk:* JRTV *Zeitungen:* Al-Ra'i, Ad-Dustur, Al-Arab al-Yawm, As-Sabbil

****

Naturraum und geographische Rahmenbedingungen

Jordanien erstreckt sich über eine Fläche von 89 342 qkm. Das entspricht in etwa der flächenmäßigen Größe Bayerns und Hessens. Das Staatsgebiet grenzt im Norden an Syrien, im Osten an den Irak, im Westen an Israel und das Westjordanland sowie im Osten und Süden an Saudi-Arabien. Der Naturraum ist geprägt durch den von Norden nach Süden verlaufenden Jordangraben, der Teil des Großen Afrikanischen Grabenbruchs ist. Er erreicht mit 423 m unter dem Meeresspiegel seinen tiefsten Punkt im

Toten Meer und erstreckt sich weiter südlich über den Golf von Aqaba zum Roten Meer. Darüber erhebt sich eine zerklüftete Steilwand zum ostjordanischen Bergland, das im Südwesten eine Höhe von über 1 700 m erreicht. Das durch seine tiefen Schluchten bekannte Wadi Araba bildet im Süden die Grenze zu Israel. Das wellige Tafelland im Osten nimmt mit etwa zwei Drittel der Landesfläche das größte Gebiet ein, das allmählich in die Arabische Wüste übergeht. Jordanien besteht demnach großteils aus Steppe und Wüste mit sehr trockenem Klima. Im Süden und Osten beträgt, die jährliche Niederschlagsmenge weniger als 100 mm. Die Sommertemperaturen liegen bei 31–38°C, während der Winter mit 13–19°C deutlich kälter ist. Nur im Westen und Nordwesten ist das Klima vom Mittelmeer geprägt. Hier befindet sich der Großteil der landwirtschaftlichen Nutzfläche.

Allerdings fallen nur auf etwa vier Prozent der Landesfläche mehr als 300 mm Niederschlag im Jahr, was gerade zum Regenfeldbau ausreicht. Diese Wasserknappheit stellt eines der gravierendsten Probleme dar. Der Jordan führt heute nur noch ein Zehntel der Wassermenge von vor 50 Jahren und auch der Wasserspiegel des Toten Meeres sinkt jährlich um mehr als einen Meter. Um das einzigartige Ökosystem des Toten Meeres zu retten und Jordaniens Wasser- und Energieprobleme zu lösen, ist der Bau eines Red Sea–Dead Sea Conduit geplant, durch den, Wasser aus dem Roten Meer ins Tote Meer geleitet werden soll.

Geschichtliche Entwicklung von vorkolonialer Zeit bis zur Unabhängigkeit

1517 geriet das Gebiet des heutigen Jordanien unter osmanische Herrschaft und gehörte bis zum Zerfall des Osmanischen Reiches größtenteils zum Verwaltungsbezirk „vilayet“, Syrien. Den osmanischen Gouverneuren gelang es allerdings nur zeitweilig, die lokalen Ethnien zu kontrollieren, die sich weigerten, Steuern zu bezahlen und Wehrdienst zu leisten. Zu Beginn des 20. Jahrhunderts kam es im Zusammenhang mit dem Ersten Weltkrieg zu erheblichen Umbrüchen. In einem Schriftwechsel zwischen dem Scherifen Hussein von Mekka und dem britischen Hochkommissar in Ägypten (1915 – 1916) sagten die Briten ihre Unterstützung für den arabischen Unabhängigkeitskampf zu, um sich gleichzeitig die arabische

Unterstützung im Kriegsverlauf zu sichern. In der Hoffnung auf die Gründung eines arabischen Staates unter seiner Herrschaft rief Scherif Hussein daraufhin 1916 zur „arabischen Revolte“ gegen den osmanischen Sultan auf. Zeitgleich wurde Scherif Hussein von den Rechtsgelehrten (ulama) und den Notabeln von Mekka zum König der arabischen Länder (malik al-bilad al-arabiya) ausgerufen. Jedoch wurden die Zusagen der Briten bereits 1916 durch das Sykes-Picot-Abkommen mit Frankreich konterkariert.

In diesem Geheimabkommen teilten die beiden Großmächte den Großteil der Region unter sich auf, ohne Rücksicht auf Ansprüche seitens der dortigen Bevölkerung zu nehmen. Noch komplizierter wurde die Situation durch die Balfour-Deklaration vom November 1917, in der die Briten Lord Rothschild ihre Unterstützung für die Errichtung einer jüdischen Heimstätte in Palästina zusicherten. Nach Kriegsende wurde das heutige Jordanien zunächst als Teil Syriens von Damaskus aus verwaltet, das im Krieg von Husseins Sohn Faisal erobert worden war. Doch bereits 1920 versuchten die Briten, unabhängige Verwaltungsstrukturen in den Städten östlich des Jordans aufzubauen. Gleichzeitig waren die Jahre 1920 und 1921 durch Autonomiebestrebungen der untereinander rivalisierenden Volksgruppen gekennzeichnet.

Mit dem anglo-jordanischen Abkommen vom 15. Mai 1923 wurde das Emirat Transjordanien von den Europäern formell als nationaler Staat bezeichnet, der „auf die Unabhängigkeit vorbereitet“ werden sollte. Weiterhin blieb Großbritannien für die Finanz-, Außen- und Sicherheitspolitik des Emirats verantwortlich. Abdullah, der ohne finanzielle Ressourcen nach Amman gekommen war, war vollständig von britischen Zuwendungen abhängig. Als Herausforderungen hinsichtlich der Konsolidierung und Legitimierung seiner Herrschaft stellten sich u. a. die von europäischen Interessen geleitete Grenzziehung heraus sowie die dezentral organisierte Bevölkerung, deren wichtigster Bezug die Volksgruppe und eben nicht der Staat bildete – zum Teil bis heute. Allerdings gelang es Abdullah nach und nach, Mitglieder opponierender Volksgruppen durch die Verteilung von Regierungsämtern und Ressourcen sowie den Aufbau der Arabischen Legion an sich zu binden. Da durch die Etablierung des transjordanischen Emirats gleichzeitig die Möglichkeiten grenzüberschreitender Wanderungen eingeschränkt wurden, nahm die Anzahl derer, die ein traditionelles

Beduinenleben führten, bereits in den 1920er Jahren ab. Mit dem Vertrag von London wurde das Emirat im März 1946 als „Haschemitisches Königreich von Jordanien" in die offizielle Unabhängigkeit entlassen. Zwei Monate später wurde Emir Abdullah zum König ernannt.

Bevölkerungsstruktur – insbesondere ethnische Zusammensetzung

2019 lebten geschätzte 9,9 Millionen Menschen in Jordanien, gegenüber einer geschätzten Bevölkerung von 7,6 Millionen im Jahr 2015, was insbesondere mit den Fluchtbewegungen aus Syrien zusammenhängt. Etwa 80 Prozent der Jordanier leben in Städten und rund ein Drittel der Bevölkerung ist jünger als 14 Jahre. Die jordanische Gesellschaft wird auch heute in weiten Teilen von ethnischen Strukturen geprägt. Während sich im Laufe der Zeit mit der Entstehung zentralstaatlicher Herrschaft das Verhältnis zwischen Volksgruppe und Staat verändert hat, haben sich auch innerhalb der Volksgruppen soziale Transformationsprozesse abgespielt. Ihre gesellschaftliche Bedeutung wurde insbesondere durch die Verhängung des Kriegsrechts und des damit einhergehenden 35-jährigen Parteienverbots gestärkt, da der Staat nun direkt mit der Bevölkerung in Kontakt trat, primär durch die Volksgruppe.

Auf religiöser Ebene ist die Bevölkerung weitgehend homogen. Etwa 90 Prozent der Bevölkerung sind sunnitische Muslime. Es gibt nur wenige Schiiten und Drusen, einen kleinen Sufi-Orden sowie einige nicht praktizierende säkulare Muslime. Als religiöse Minderheit bilden verschiedene christliche Gruppen eine recht gut integrierte Minderheit. Ihr Anteil an der Bevölkerung ist aufgrund politisch und wirtschaftlich bedingter Auswanderung in den letzten Jahrzehnten stetig gesunken und macht inzwischen etwa 2,7 Prozent aus. Eine kleine ethnische Minderheit, etwa 0,5 Prozent der Bevölkerung, setzt sich aus Tscherkessen und Tschetschenen zusammen, deren Ansiedlung in das 19. Jahrhundert zurückreicht. Ebenso wie die Christen wurden sie bereits in den 1920er Jahren in den Kreis der jordanischen Elite einbezogen und gelten bis heute als feste Stütze der haschemitischen Monarchie. Ebenso wie die Christen verfügen sie bereits seit 1928 über quotierte Minderheitensitze im Parlament, wo beide Gruppen seither im Verhältnis zu ihrem Bevölkerungsanteil überrepräsentiert sind.

Mit der Annexion der Westbank 1950 veränderte sich die gesellschaftliche Struktur des jungen jordanischen Staates erheblich. Zu den etwa 375 000 Einwohnern kamen nun ca. 110 000 palästinensische Flüchtlinge in der Eastbank (Transjordanien) hinzu sowie durch die Annexion der Westbank weitere 785 000 Palästinenser. Diese hatten bislang dort gelebt bzw. waren dorthin geflüchtet, sodass sich die jordanische Bevölkerung auf über eine Million verdreifachte. Heute wird der Anteil der Palästinenser an der Bevölkerung auf zwischen 43 Prozent (offizielle Zahlen der jordanischen Regierung) und 70 Prozent geschätzt. Wurde das transjordanisch-palästinensische Verhältnis bis 1967 noch als nationale Angelegenheit betrachtet, begannen das jordanische Regime und die PLO nun zunehmend, um die Repräsentation der Palästinenser und die Konstruktion von Identität zu konkurrieren. Infolge des „Schwarzen Septembers" setzte in den 1970er Jahren eine verstärkte Polarisierung zwischen den beiden Bevölkerungsteilen ein; Nation und Staatsangehörigkeit wurden zunehmend als getrennte Einheiten wahrgenommen.

Mit Beginn der 1990er Jahre steigt auch die Zahl der irakischen Flüchtlinge im Land. Die ersten irakischen Emigranten, die sich eine Ausreise erlauben konnten, bekamen eine Aufenthalts- und Arbeitsgenehmigung. Ab Mitte der 1990er Jahre wurde es jedoch fast unmöglich, als irakischer Flüchtling eine legale Beschäftigung in Amman zu finden und eine Aufenthaltsgenehmigung zu erhalten. Durch den Regimewechsel 2003 im Irak setzte eine weitere Flüchtlingsbewegung ein und im Jahr 2007 wurde die Zahl der Iraker auf 500 000 – 750 000 geschätzt (1996: 100 000). Spätestens seitdem sind die Landgrenzen und Flughäfen für irakische Flüchtlinge praktisch geschlossen.

Zudem werden weiterhin Iraker des Landes verwiesen, deren Visa abgelaufen sind. Die jordanischen Behörden begründen diese Maßnahmen mit mangelnder internationaler Unterstützung und damit, sich vor einer Infiltrierung durch Terroristen schützen zu wollen. Seit dem Schuljahr 2007/08 wurde irakischen Kindern Zugang zu öffentlichen Schulen gewährt. Zwischen September 2012 und Juni 2018 stieg zudem die Zahl der beim UNHCR registrierten syrischen Flüchtlinge von etwa 87 000 auf etwa 690 000 Personen an. Die Regierung schätzt die Gesamtzahl der Syrer sogar noch deutlich höher. Gemessen an UNHCR-Daten nahm Jordanien 2018 mit 95 Flüchtlingen pro 1 000 Einwohnern den 2. Platz in der Welt ein.

Das Zaatari-Camp ist mit etwa 80 000 registrierten Flüchtlingen eines der weltweit größten Flüchtlingsunterkünfte und entwickelte sich zu einer festen Siedlung/Stadt (viertgrößte Stadt des Landes).

Wirtschaftsstruktur

Das Land verfügt über wenig natürliche Rohstoffe. Die landwirtschaftlich nutzbare Fläche sowie die verfügbaren Wasservorkommen sind begrenzt. Nennenswerte Ressourcen sind Phosphat und Pottasche. Der Anteil der Landwirtschaft am BIP ist zwischen 1986 und 2001 von rund 6 auf etwa 2,3 Prozent gesunken und lag 2019 bei rund 4,5 Prozent. Der Anteil des Industriesektors lag 2019 bei rund 28 Prozent, der des Dienstleistungssektors bei etwa 67 Prozent.

Das Jahr 1989 markiert den Beginn einer erneuten fundamentalen Umorientierung der jordanischen Wirtschaftspolitik, wenngleich die etablierten Unternehmer-Bürokraten-Netzwerke den Beteiligten auch im weiteren Verlauf zur Aufrechterhaltung ihrer ökonomischen Interessen und Privilegien dienten. Im Jahr 1992 wurde ein zweites Abkommen mit dem IWF unterzeichnet, mit dem eine stärker auf strukturelle Reformmaßnahmen abzielende Reformphase eingeleitet wurde.

Der Golfkrieg 1990/91, der mit der Invasion Iraks in Kuwait begann, brachte Jordanien in eine außenpolitisch schwierige Situation. König Husseins Weigerung, der anti-irakischen Allianz beizutreten, brachte ihm unter Jordaniern und Palästinensern nie gekannte Anerkennung ein. Allerdings blieben nun kurzfristig wichtige Hilfszahlungen der großen Geldgeber (arabische Golfstaaten, USA, EU) aus. Darüber hinaus wurden die Arbeitsverträge jordanischer und palästinensischer Gastarbeiter in den Golfstaaten gekündigt, wodurch zum einen die Rücküberweisungen (Remittances) wegfielen und zum anderen die Arbeitslosenquote in Jordanien auf geschätzte 30–35 Prozent anstieg. Doch bereits 1991 gelang es dem Königreich aufgrund seiner strategischen Lage und der Beteiligung am Madrider Friedensprozess, eine Wiederaufnahme der Zuwendungen durch westliche Geldgeber zu erreichen. Der Abschluss des Friedensvertrages mit Israel im Jahr 1994 ging mit Schuldenerlassen, Umschuldung und vermehrten Hilfszahlungen einher. Letztlich hat sich die Friedensdividende in ökonomischer Hinsicht jedoch nicht in erhofftem Maße eingestellt, die

Verschuldung nahm auch nach dem Friedensvertrag weiter zu. Über die gesamte jordanische Gesellschaft hinweg finden sich Menschen, die die eingeschlagene Wirtschaftspolitik als Kolonialisierung durch den Westen betrachten. Regierungsangaben zufolge ist die wirtschaftliche Armutsrate zwar inzwischen auf 14 Prozent und die Arbeitslosenquote auf 18 Prozent gesunken, jedoch halten jordanische Analysten die Zahlen für zu niedrig. Weiterhin wird die Politik des Königreichs durch die erhebliche Abhängigkeit von Krediten und Hilfsleistungen sowie von Energielieferungen und Arbeitsnachfrage aus dem Ausland beeinflusst.

Aktuelle politische Entwicklung

Infolge des ersten israelisch-arabischen Kriegs 1948/49 annektierte Jordanien 1950 die Westbank und setzte dort eine jordanische Zivilverwaltung ein. Die „schwarze Legende", wonach Abdullah durch eine Kooperation mit Israel und den Briten die arabische Sache verraten habe, führte zu seiner Isolierung in der arabischen Welt, die bis heute nachwirkt. Im Juli 1951 fiel er einem Attentat zum Opfer. Als neuer König trat Abdullahs Sohn, Talal, die Thronfolge an, wurde jedoch bereits 1953 durch seinen ältesten Sohn Hussein abgelöst. Die vier Jahrzehnte, in denen König Hussein regierte, waren weiterhin durch regionale Entwicklungen geprägt. 1951, 1954 und 1956 wurden unter Teilnahme eines breiten Parteienspektrums Parlamentswahlen abgehalten.

Im Zuge des Kriegs 1967 gegen Israel verlor Jordanien Ostjerusalem und das Westjordanland und sah sich mit der Aufnahme von weiteren 300 000 palästinensischen Flüchtlingen konfrontiert. Die 1964 gegründete PLO bzw. ihre Mitgliedsorganisationen übernahmen nun die Kontrolle über die Flüchtlingslager in Jordanien und koordinierten ihre Aktivitäten gegen Israel von dort aus. Auch die haschemitische Monarchie geriet zunehmend unter Druck, woraufhin die Regierung im September 1970 begann, die von Syrien unterstützten PLO-Kämpfer aus dem Land zu vertreiben. Aus Protest gegen diesen sogenannten „Schwarzen September" setzten die arabischen Staaten ihre Finanzhilfen aus. Nachdem der PLO 1974 in Rabat/Marokko das alleinige Vertretungsrecht der Palästinenser zuerkannt wurde, änderte König Hussein die Zusammensetzung des Kabinetts und reduzierte den Anteil der Palästinenser. Ferner löste er das 1967 gewählte Parlament auf. 1988, ein Jahr nach Ausbruch der Intifada, gab er schließlich seinen Anspruch auf die Westbank offiziell auf.

1999 übernahm Abdullah II. nach dem Tod seines Vaters Hussein dessen Thron. Zuvor hatte er nach seiner Ausbildung in Großbritannien und USA als Generalmajor in der jordanischen Armee gedient. Der neue König zeigte sich stärker als sein Vater interessiert, die Reformvorstellungen der westlichen Geldgeber hinsichtlich Liberalisierung, Privatisierung und Weltmarktorientierung zu erfüllen. Energisch werden entsprechende Maßnahmen vorangetrieben, wenngleich zahlreiche Reformen aufgrund von Widerstand nicht vollständig umgesetzt werden. Im Gegensatz zu seinem Vater bemüht sich Abdullah II. zumindest rhetorisch darum, die klientelistischen Strukturen aufzubrechen, die staatlichen Institutionen zu reformieren und die Palästinenser stärker einzubinden. Wie zuvor werden jedoch politische Freiheiten wieder massiv beschnitten, sobald sich die Opposition gegen die Politik der Regierung äußert, und Forderungen aus der Bevölkerung werden immer wieder mit Repression begegnet. Dafür kann das Regime weiterhin auf den mächtigen Geheimdienst zurückgreifen.

Im Januar 2011 begannen schließlich auch in Jordanien Demonstrationen gegen hohe Arbeitslosenzahlen, steigende Lebensmittelpreise und Korruption. Die Protestbewegung war von Anfang an heterogen und zunächst vor allem von linken und Jugendaktivisten geprägt. Später gab es verschiedene Plattformen bzw. Kooperationen zwischen den Protestierenden. Gefordert wurde u. a., die seit 1952 stetig ausgeweiteten Rechte des Königs wieder einzuschränken und die Regierung direkt wählen zu können. Als erste Reaktion lancierte das Regime zwei Wirtschaftsprogramme, um Subventionen und Beamtengehälter zu erhöhen, sowie Preise auf Gebrauchsgüter stabil zu halten. Um die Regierung zu stützen, billigte in der Folgezeit sowohl die USA als auch Saudi-Arabien eine Erhöhung ihrer Zuwendungen. Ein Protestcamp wurde quasi umgehend von Spezialtruppen aufgelöst. Eine Anti-Reform-Bewegung sowie Teile der Sicherheitskräfte begannen die Protestierenden als Palästinenser und Islamisten zu bezeichnen. Das Regime nutze auf diese Weise weiterhin bestehende ethnische Spannungen, die nun auch zunehmend in den Medien thematisiert wurden.

Bei den Parlamentswahlen 2016 gaben rund 37 Prozent der rund 4 Millionen Wahlberechtigten ihre Stimme ab. Die Wahlbeteiligung sank damit auf ein historisches Tief. Insgesamt wurden islamische und säkulare Kräfte sowie Frauen leicht gestärkt. Außerdem nahmen die Muslimbrüder nach jahrelangem Boykott wieder an der Wahl teil. An den Machtverhältnissen hat die Wahl allerdings nichts geändert. Mitte 2018 kam es zu Protesten gegen die Sparpolitik der Regierung und steigende Lebenshaltungskosten. Premierminister Hani al-Mulki trat von seinem Amt zurück. Omar Razzaz wurde zu seinem Nachfolger ernannt. Er steht nun vor der schwierigen Aufgabe, das Land aus der Wirtschaftskrise zu führen und zugleich den gesellschaftlichen Frieden zu wahren.

In Bezug auf die politische Situation in Syrien versucht Jordanien sich neutral zu verhalten und agiert hauptsächlich gemeinsam mit der Arabischen Liga. Jedoch stellen die stetige Einreise von syrischen Flüchtlingen sowie Vorfälle im jordanisch-syrischen Grenzgebiet Herausforderungen dar. Nach einem Aufstand im Zaatari-Flüchtlingslager war in den jordanischen Medien zunehmend vom Import des Konflikts nach Jordanien die Rede. Weiterhin spricht sich Jordanien für eine politische Transition aus, um die territoriale Integrität Syriens zu sichern.

Literatur

Abdulla II. König Jordaniens (2011): Die letzte Chance. Mein Kampf für Frieden im Nahen Osten. München.

Doughan, Yazan (2020): The New Jordanian Patriotism After the Arab Spring. In: Crown Center for Middle East Studies. Middle East brief; no. 134 (March 2020), unter: https://www.brandeis.edu/crown/publications/middle-east-briefs/pdfs/101-200/meb134.pdf, [15.04.2020].

Friedrich-Ebert-Stiftung (2015): The Rise of Religious Radicalism in the Arab World: Significance, Implications and Counter-Strategies. Amman.

Gieler, W. (2015): Handbuch Außenpolitik Nahost. Eine grundlegende Einführung in die Außenpolitik der Staaten des Nahen und Mittleren Ostens. Berlin.

Gieler, W. und Keller, S. (2014): Jordanien. Eine Einführung in Politik und Gesellschaft unter besonderer Berücksichtigung der Ära Abdullah II. Berlin.

Kalēja, A. (2017): Economic and Social Rights in Authoritarian Regimes: Rights, Well-Being and Strategies of Authoritarian Rule in Singapore, Jordan and Belarus. Heidelberg, S. 193–261.

Lane, Amanda (2020): Voices from the Middle East: Providing Urgent Aid to Refugees in Amman, Jordan. In: Middle East Research and Information Project (MERIP) vom 08.04.2020, unter: https://merip.org/2020/04/voices-from-the-middle-east-providing-urgent-aid-to-refugees-in-amman-jordan/, [15.04.2020].

Larzillière, P. (2013): La Jordanie contestataire: militants islamistes, nationalistes et communistes. Arles.

Schwarz, R. (2013): War and state building in the Middle East. Gainesville.

Tarawneh, M. F. (2013): Rural capitalist development in the Jordan Valley. The case of Deir Alla – the rise and demise of social groups. Leiden.

Tobin, S. A. (2012): Jordan's Arab Spring: The Middle Class and Anti-Revolution, in: Middle East Policy Council, Band XIX, Nr. 1.

Markus Schupp

Kambodscha

Offizieller Name:	Königreich Kambodscha
Staatsform:	Konstitutionelle Monarchie bzw. parlamentarische Wahlmonarchie
Unabhängigkeit:	9. November 1953 (von Frankreich)
Nationalfeiertag:	9. November (Unabhängigkeitstag)
Hauptstadt:	Phnom Penh
Lage:	Südostasien, Indochina
Fläche:	181 035 qkm (Weltrang: 88)
Bevölkerung:	16 076 370 (Stand 2018)
Landesstruktur:	24 Provinzen (Khet) und Hauptstadt Phnom Penh
Sprachen:	Khmer
Religionen:	Buddhismus (Staatsreligion)
Währung:	Kambodschanischer (Khmer) Riel (KHR)
Wirtschaftszweige:	Landwirtschaft 75 Prozent des BIP, Industrie 7 Prozent des BIP, Dienstleistungen 18 Prozent des BIP (Stand 2018)
Mitgliedschaften:	UNO und UN-Sonderorganisationen, ADB, ASEAN, Colomboplan, MRC, MGC, Blockfreie, OIF, G-77, WTO
Wichtigste Medien:	*Fernsehen:* Nationalfernsehen seit 1966, ab 2008 7 landesweite Fernsehsender *Hörfunk:* 40 Radiosender *Zeitungen:* 300 Zeitungen, davon 3 Tageszeitungen

* * * * * * * * * * * *

Naturraum und geographische Rahmenbedingungen

Das Königreich Kambodscha, in der Landessprache „Preăh Réachéanachâk Kâmpŭchéa“ genannt, liegt in Südostasien südlich von China und östlich des „Subindischen Kontinents“. Das 181 035 qkm große Land, welches eine Landfläche von 175 520 qkm aufweist und damit halb so groß ist wie Deutschland, wird im Nordwesten und Norden von Thailand (800 km Grenzlinie), im Norden von Laos (540 km) und im Osten bis Süden von Vietnam (1 230 km) begrenzt. Kambodschas 445 km lange Küstenregion mit dem Golf von Thailand befindet sich in südwestlicher Richtung.

Drei Viertel der Landesfläche nimmt das Mekongbecken ein. Dieses zentrale kambodschanische Becken, welches im Durchschnitt nur 5–30 m über dem Meeresspiegel liegt, wird im Westen, Norden und Osten von Hochplateaus und Bergzügen umschlossen. Der im Oberlauf dicht bewaldete Mekong durchströmt und unterteilt dieses Tiefland in einen östlichen Teil, welches das Tieflandbecken entwässert und eine Schwemmlandebene für die ausgedehnten Reisanbaugebiete bildet und in einen größeren westlichen Teil, in dessen Zentrum sich der See Tônlé Sap (Bong Tônlé Sab) befindet, der mit einer Fläche von ca. 3 000 qkm in der Trockenzeit und bis ca. 15 000 qkm in der Regenzeit größtes und fischreichstes Binnengewässer Südostasiens ist. Das Tieflandbecken wird im Westen/Südwesten vom Kardamomgebirge mit dem Phnum Aôral (1 813 m) als höchste Erhebung des Landes und weiter südlich vom Elefantengebirge (bis 1 081 m) umschlossen. Darauf folgt im Süden die schmale Küstenebene des Golfes von Thailand. Das Dângrêk-Gebirge (Phu Khi Suk, 758 m) bildet die nördliche Umrahmung, die das Land gegen das thailändische Khoratplateau abgrenzt. Im Osten an der Grenze zu Laos und Vietnam steigt das Land über das Moiplateau zu den Gebirgen der Küstenkette von Annam an. Die Annamitische Kordillere reicht mit ihren Ausläufern bis nach Nordostkambodscha. Lediglich nach Südosten in Richtung Vietnam geht Kambodscha geographisch ungeschützt ins Mekongdelta über, das noch zu Beginn des 18. Jahrhunderts kambodschanisches Territorium war.

Das tropisch-wechselfeuchte Klima mit Temperaturen zwischen 26 °C und 30 °C bringt Niederschläge von 1 300–1 800 mm im zentralen Tiefland und etwa 4 000 mm im Bereich der Küstengebirge. In Kambodscha herrscht das Monsunklima vor. Dadurch gewinnt die hohe Luftfeuchtigkeit an Einfluss auf das Klima, geprägt durch lang anhaltende sommerliche Monsunregenfälle, abwechselnd mit einer winterlichen Trockenperiode.

Roter Laterit-Boden ist die vorherrschende Bodenart in Kambodscha, womit es sich aber um eine teils mächtige, feste Bodenkruste handelt, die schon früher, in den ersten Jahrhunderten, abgebaut wurde, um es als Baumaterial bzw. Ziegelstein zu verwenden. Die großflächigen Tempelanlagen von Angkor Wat wurden überwiegend aus diesem autochthonen Laterit erbaut. Eine weitere wichtige Bodenart sind die Schwemmlandböden, welche erst eine landwirtschaftliche Nutzung für Ackerbau und Reisanbau möglich macht. Angebaut und geerntet werden als Hauptnahrungslieferant Reis, aber auch Gemüse, Zuckerrohr, Bananen, Mais, Bohnen, Kartoffeln Tabak und Sesamsaat.

Die Vegetation reicht von Mangrovensümpfen an der Küste über Regenwälder in den Randgebieten bis zu Monsunwäldern im Landesinneren. Zur Tierwelt gehören Tapire, Elefanten, Tiger, Affen, Schlangen wie z. B. Kobras und Vögel.

Geschichtliche Entwicklung von vorkolonialer Zeit bis zur Unabhängigkeit

In Kambodscha existierte im ersten bis fünften Jh. n. Chr. die Fúnán-Periode, geprägt durch starke indische Einflüsse. Danach folgte bis zum achten Jahrhundert die Chenla-Periode. In jenem Abschnitt fand die Eroberung der Khmer statt. Um 598 entsteht das erste Khmer-Reich. Ihre größte Ausbreitung umfasste nahezu die gesamte indochinesische Halbinsel. Das frühe Khmer-Königreich wurde gegen Ende des 8. Jh. teilweise durch das javanische Srivijaya-Reich unterworfen.

Unter Jayavarnan II. (802–850) beginnt die Blütezeit der Khmer. Er machte Angkor zum Zentrum seiner regierenden Dynastie, die bis ins 15. Jh. andauerte. Im 12./13. Jh. beherrschten die Khmer den überwiegenden Teil des südostasiatischen Festlands. Im Jahr 1431 wurde Angkor von den Siamesen zerstört. Sie verlegten ihre Residenz nach Phnom Phenh. In den danach folgenden Jahrhunderten verloren die Khmer den Einfluss über Südostasien. Kampuchea wurde abwechselnd von Vietnamesen und Thai beherrscht.

Mitte des 19. Jh. sah sich das Khmer-Reich durch Vietnam und Siam (Thailand) bedroht, sodass der kambodschanische König Ang Duong die franz. Kolonialmacht 1853 um Schutz bat. 1867 schloss König Norodom I. von Kampuchea ein Protektoratsabkommen mit Frankreich. Dennoch wurde das Königreich im Jahr 1887 als „*Union Indochinoise*“

(„Indochinesische Union“, vietnam. *Liên bang Đông Dương*) zu Französisch-Indochina eingegliedert. Die Gebietsverluste, u. a. das von den Khmern bewohnte Mekongdelta (Kampuchea Krom), wurden trotzdem bestätigt. Dies legte die Basis für weitere Befreiungskriege bis heute. Hinzu kam, dass während der Kolonialherrschaft der Wohlstand von städtischen Kaufleuten aufzublühen begann. Zusätzlich wurden von den Kolonialherren Arbeiter aus Vietnam und China bevorzugt, da sie als fleißiger und gebildeter galten als die einheimischen Khmer. Dies schürte die Spannungen untereinander immer mehr und daraus entstanden weitere Motive für ein Rekrutierungspotenzial der „Roten Khmer“ für das spätere Pol-Pot-Regime (der erste kambodschanische Bürgerkrieg von 1970–1975 legte den Grundstein für das Pol-Pot-Regime durch den Sieg der „Roten Khmer“).

Am 12.03.1954 proklamiert Prinz Norodom Sihanouk II. nach Absprache mit der japanischen Besatzungsmacht die Unabhängigkeit Kampucheas, die am 20.07.1954 auf der Genfer Indochina-Konferenz bestätigt wurde. Bei den ersten freien Wahlen 1955 wurde Norodom Sihanouk II. zum Ministerpräsidenten gewählt. Er erklärte Anfang 1956 die Neutralität Kampucheas im Indochina-Konflikt. In den darauffolgenden Jahren verschlechterten sich die Beziehungen zu den USA aufgrund der Neutralitätspolitik Sihanouks. Am 18.03.1970 wurde Norodom Sihanouk II. von General Lon Nol mit Unterstützung der USA gestürzt. Von 1970–1975 bekämpfte eine Koalition von Sihanouks Anhängern und Roten Khmer die Regierung von Lon Nol. Am 17.04.1975 zogen die Truppen der Roten Khmer siegreich in der Hauptstadt Phnom Peng ein. Es wurde das „Demokratische Kampuchea“ ausgerufen und Sihanouk wurde zunächst wieder Staatsoberhaupt. Er trat aber ein Jahr später zurück bzw. wurde von den Khmer abgesetzt und unter Hausarrest gestellt.

In den Jahren der Schreckensherrschaft von 1975–1979 versuchte das Rote Khmer Regime Kambodscha eine agrarkommunistische Entwicklung aufzuzwingen. Ziel war ein autarker „Bauernstaat“. Die Bevölkerung wurde aus den Städten auf das Land umgesiedelt. Etwa 750 000 bis zwei Millionen Menschen fielen der Regierung Pol Pots durch Massenmorde, Hinrichtungen, Gewaltmärsche, Zwangsarbeit in Arbeitslagern, Beseitigung der intellektuellen Schicht und mangelhafter medizinischer Versorgung zum Opfer. Dieser Genozid geht zulasten der maoistisch-nationalistisch geprägten Roten Khmer des Pol Pot Regimes.

Zunehmende Grenzkonflikte mit Vietnam führten schließlich zum offenen Krieg mit dem Nachbarland. Am 07.07.1979 beendete die vietnamesische Volksarmee mit Einnahme von Phnom Phenh den Krieg erfolgreich durch einen nur 16 Tage dauernden Feldzug und besetzte das Land. Danach setzt Vietnam sofort unter Führung von Heng Samrin, ehemals ein Mitglied der Roten Khmer, eine neue Regierung ein, der die „Volksrepublik Kampuchea" ausrief. Diese provietnamesische Regierung aus Exilkambodschanern erkannte die UN nicht an. Aus dem Exil führte Pol Pot mit den Roten Khmer und anderen Verbündeten einen erneuten Guerillakrieg. Dieser zweite Bürgerkrieg begann 1979 und endete im Oktober 1991 mit dem Pariser Friedensvertrag. 1993 wurde eine neue Verfassung ausgegeben und es fanden erstmalig freie Wahlen statt. Selbst darüber hinaus führten ehemalige Angehörige der Roten Khmer aus dem Untergrund heraus weiterhin Kämpfe und sorgten für Unruhen, die auch als dritter Bürgerkrieg bezeichnet werden. Erst 1999 konnten diese erneuten Auseinandersetzungen beigelegt werden.

Bevölkerungsstruktur – insbesondere ethnische Zusammensetzung

Kambodscha hatte 2018 etwa 16,1 Millionen Einwohner, mit einer auf die Landfläche bezogenen Bevölkerungsdichte von ca. 92 Einwohnern pro qkm. Hauptsiedlungsgebiete sind die Tieflandgebiete der Küste, die Mekongebene und die Flachlandstrecken entlang dem Tônléabfluss und dem Tônlé Sap bis hinauf nach Battambang, dem Mittelpunkt der Kornkammer Kambodschas.

Das jährliche Bevölkerungswachstum in den Jahren von 2013 bis 2016 liegt bei etwa 1,6 Prozent. Die durchschnittliche Lebenserwartung wurde auf 65 (Männer 62,4/Frauen 67,2) Jahren ermittelt. Die Geburtenrate betrug 2,3 Prozent, die Sterberate 0,8 Prozent, Kindersterblichkeit (bis ein Jahr) 5,0 Prozent. Die Fertilitätsrate lag bei 2,5 Kindern pro Frau. Die Altersstruktur verteilte sich folgendermaßen: 0–14 Jahre 31,0 Prozent, 15–64 Jahre 64,7 Prozent, 65 Jahre und älter 4,3 Prozent. Ein Viertel der Bevölkerung lebte in den Städten. Aufgrund der langen Kriegszeit und den hohen Zahlen an Kriegstoten und Geflüchteten der Pol-Pot-Ära kamen in der Altersgruppe über 55 Jahre auf 10 Frauen nur ca. 6 Männer. Im letzten

Bürgerkrieg fanden ca. 1,5–2,2 Millionen Menschen den Tod, während der vorangegangenen Kriegsjahre rund 800 000 Menschen.

Rund 97,6 Prozent der Einwohner sind Khmer, ungefähr 0,1 Prozent Vietnamesen (die Regierung spricht von 70 000–100 000 illegal im Lande lebenden Vietnamesen). Weitere Minderheiten sind: Chinesen (0,1 Prozent), sonstige Minoritäten wie ca. 200 000 Cham (muslimisch-malaiische Herkunft), 100 000 Thailänder, Angehörige von Bergvölkern (Khmer Loeu = Berg-Khmer) und Laoten. Die Khmer, verwandt mit dem Bergvolk der Mon, sind überwiegend in der Landwirtschaft tätig. Handwerk, Handel und andere Dienstleistungen werden von Vietnamesen und Chinesen dominiert. Die soziale Absicherung der Einwohner erfolgt über die Familie, die Gesundheitsfürsorge und das zum Erliegen gekommene Bildungssystem ist immer noch im Aufbau. Die Analphabetenquote erreicht hohe 22 Prozent.

Die Infrastruktur ist unzureichend ausgebaut. Es herrschen gravierende Mängel und fehlende Sicherheitsstandards der motorisierten Fahrzeuge, Eisenbahn, Flugzeuge und Boote. Die sehr zu bemängelnde ländliche Infrastruktur besteht nur aus wenigen asphaltierten Straßen und einer ungenügenden Elektrizitätsversorgung mit andauernden Stromausfällen.

Die Amtssprache von Kambodscha ist Khmer, eine austroasiatische Sprache, die von 95 Prozent der Bevölkerung gesprochen wird. Weitere Landessprachen sind Vietnamesisch, Chinesisch, Cham und verschiedene Minderheitensprachen. Französisch als Handels- und Bildungssprache, ein Überbleibsel aus der Kolonialzeit Frankreichs, ist nach der Legalisierung der englischen Sprache (1990) weiter auf dem Rückzug. Zur Staatsreligion des Buddhismus gehören etwa 97 Prozent der Bevölkerung, dies entspricht nahezu alle Angehörige der Khmer als Hauptbevölkerungsethnie.

Wirtschaftsstruktur

Der Lebensstandard von Kambodscha gehört zu den niedrigsten der Welt und belegt mit Rang 143 von 188 erfassten Ländern den unteren Bereich im Human Development Index (HDI). Somit kann das Land in die Gruppe der Least Developed Countries (LDC) eingeordnet werden. Achtzig Prozent der Bevölkerung leben, in ländlichen Gebieten und betreiben in der Regel isoliert von lokalen Märkten Subsistenzwirtschaft. Das

Wirtschaftswachstum ist in den letzten Jahren regelmäßig um durchschnittlich 7 Prozent jährlich gestiegen.

Wirtschaftliches und politisches Herzstück des Landes sind die Tônlé-Ebene sowie die „Ebene der vier Arme", die vom Mekong und seinen beiden Zuflüssen, dem Tônlé Sap und dem Bassac, gebildet werden. Die flache Landschaft wird von Reisfeldern, Kokospalmen und Seen bestimmt. Kambodscha ist ein Agrarland, in dem es nur wenige Kleinindustriebetriebe gibt. Bis 1969 war Kambodscha noch eines der wichtigsten Reisexportländer Asiens, jedoch seit den 1970er Jahren, unmittelbar nach der vietnamesischen Invasion, wurde Kambodscha zu einem der Welthungergebiete. Verantwortlich dafür sind zum einen die systematischen Flächenbombardierungen der US-Luftwaffe, die dazu führten, dass viele Bauern ihre Felder nicht mehr bearbeiten konnten und in die Städte, vor allem nach Phnom Penh, flüchteten. Zum anderen haben die Roten Khmer während ihrer Herrschaft zwischen 1975 und 1979 eine Politik der systematischen Vernichtung von Maschinen, Geräten, Fischernetzen und der städtischen Infrastrukturen betrieben. Da sie überdies auch die technische Intelligenz des Landes liquidiert haben, ist der wirtschaftliche Wiederaufbau besonders schwierig. Mithilfe vietnamesischer Siedler ist in den Jahren danach die Reisernte wieder angestiegen, doch ein Großteil davon wird direkt nach Vietnam exportiert. Im landwirtschaftlichen Bereich sind aufgrund der klimatischen Verhältnisse etwa 75 Prozent agrarisch nutzbar und hiervon kann nur ein Teil für Ackerbau verwendet werden. Der drastische Holzeinschlag im tropischen Regenwald mit seinen Monsunwäldern fördert die Holzindustrie zur Herstellung von Bauholz, Edelhölzer, Möbel und Papier.

Ein noch unbedeutender Wirtschaftsbereich ist der Bergbau. Im Norden des Landes werden wertvolle, abbauwürdige Bodenschätze wie Gold, Eisenerz, Zink, Blei, Zinn und Bauxit vermutet. Im Nordwesten, bei Pailin und Ratankhiri, befinden sich Edelsteinminen, die Saphire und Rubine fördern. Industrie, insbesondere Metallindustrie und Erdölraffinerie hat bislang nur eine geringe Bedeutung. Hergestellt werden Nahrungsmittel, Düngemittel, Textilien, Autoreifen, Kautschuk und Papier. Vor der Küste Kambodschas fanden erfolgversprechende und gewinnträchtige Explorationen von Erdöl-und Erdgaslagerstätten statt. U. a. China bekundete das Interesse an der Rohstoffförderung im Zuge des Projekts „Neue

Seidenstraße“ und auch im Zusammenhang mit dem Streit um das Gebiet der Spratly-Inseln.

Das Bruttoinlandprodukt (BIP) lag 2018 bei 22,1 Mrd. USD. Das BIP pro Kopf beträgt 3 741 USD. Die Anteile am BIP gestalteten sich 2015 wie folgt: Agrarsektor 28,2 Prozent, Industrie 17,0 Prozent, Handel, Gastgewerbe 15,2 Prozent, Baugewerbe 10,4 Prozent, Finanz- und Unternehmensdienstleistungen 8,8 Prozent, Transport, Lagerhaltung, Kommunikation 8,6 Prozent, sonstige Dienstleistungen 8,3 Prozent, öffentliche Verwaltung 1,5 Prozent, Bergbau, Gewinnung von Steinen und Erden 1,4 Prozent, Versorgungswirtschaft 0,6 Prozent.

Handelspartner bzw. Hauptabnehmerländer im Jahre 2016 waren die USA mit 21,3 Prozent, VR China mit 9,5 Prozent, Deutschland mit 9,0 Prozent, Japan mit 8,2 Prozent und Kanada mit 6,5 Prozent. Die Hauptlieferländer waren die VR China (ohne Hongkong) mit 36,8 Prozent, Thailand mit 15,4 Prozent, Vietnam mit 11,4 Prozent, Taiwan mit 5,7 Prozent, Singapur mit 4,6 Prozent und Hongkong mit 4,2 Prozent.

Der Außenhandel findet überwiegend mit der EU (30 Prozent), der USA (25 Prozent) und GB (10 Prozent) statt. Exportgüter sind überwiegend bearbeitete Waren, Bekleidung, Schuhe und sonstige Textilien (75 Prozent), Eisen, Kautschuk und tierische/pflanzliche Produkte, insbesondere Reis. Importländer sind die Volksrepublik China (40 Prozent), Thailand (16 Prozent) und Vietnam (12 Prozent). Eingeführt werden Maschinen, Autos und landwirtschaftliche Produkte. Die Entwicklung des Tourismus ist auf dem Vormarsch. Sehr beliebt ist die riesige Tempelanlage Angkor Wat, die Hauptstadt aus dem einstigen Khmer-Reich. Auch das besondere Ökosystem des Tônlé-Sap-Sees ist von den Touristen entdeckt worden und in deren Fokus gerückt.

Aktuelle politische Entwicklung

Kambodscha besitzt als offizielle Staatsform die konstitutionelle Monarchie, welche langsam in die parlamentarische Wahlmonarchie übergeht. Aktueller Regierungschef ist seit 1985 Premierminister Hun Sen, Staatsoberhaupt ist seit 2004 König Norodom Sihamoni, der immer mehr an Einfluss verliert und dessen Partei – seit 2018 ohne Mandatssitz – nicht mehr im Parlament vertreten ist. Seit den vorangegangenen Wahlen von

2008 und 2013 werden die Mitspracherechte der Opposition immer geringer. Bei der umstrittenen Parlamentswahl am 29. Juli 2018 erhielt die regierende Kambodschanische Volkspartei (CCP) von Ministerpräsident Hun Sen nach offiziellen Angaben 76,9 Prozent der Stimmen und sicherte sich sämtliche 125 Sitze. Die ehemals wichtigste Oppositionspartei, die Partei der Nationalen Rettung (CNRP), wurde von den Behörden auf fragwürdige Weise aufgelöst. Die EU, die USA und zahlreiche weitere Länder erkennen das Wahlergebnis nicht an. Am 06. September 2018 erfolgte die Wiederwahl von Hun Sen ohne Opposition. Es existieren nur kleinere neu erschaffene Gegnerparteien; Sen ist jetzt seit 1985 Regierungschef.

Kambodscha lebt von Wirtschafts- und Steuererleichterungen und konnte somit durch einen bevorzugten Welthandel einen passablen Aufschwung konkretisieren (7 Prozent jährliches Wirtschaftswachstum). Die Überfischung des Tônlé-Sap-Sees und deren Gewässer sind in den letzten Jahren spürbar angestiegen und ein großes ökologisches Problem.

Weiterhin sorgen Staudammprojekte am Oberlauf des Mekongs auch in den Nachbarländern für ökologische Probleme. Wenn der Mekong in der sommerlichen Regenzeit nicht mehr genügend Wasser führt, kann sich die Fließrichtung des Tônlé-Sap-Flusses nicht mehr umkehren. Damit gelangen nur noch wenige Fische den Tônlé-Sap-See. Viele Fischarten verlieren dadurch ihre Laichplätze. Darüber hinaus wird der See nicht mehr überflutet, was mit der Zerstörung von Mangrovenwäldern und mit dem Absterben einer seltenen Flora einhergeht. Auch ist dieses Überflutungsgebiet Brut- und Rückzugsgebiet von Zugvögeln.

Literatur

Bretthauer, B./Lenz, S. und Werdes, J. (2017): Kambodscha. Ein politisches Lesebuch. Berlin.

Croissant, A. (2015): Politische Systeme in Südostasien. Eine Einführung. Wiesbaden.

Croissant, A. und Lorenz, P. (Hrsg.) (2018): Comparative Politics of Southeast Asia – An Introduction to Governments and Political Regimes. Basel.

Karbaum, M. (2008): Kambodscha unter Hun Sen. Informelle Institutionen, politische Kultur und Herrschaftslegitimität. Münster.

Mekong River Commission Secretariat (2018): Annual Report. Vientiane.

Westphal, N. (2011): Political Decentralisation and Local Economic Development: Findings on the pro-poor responsiveness in 5 Cambodian communes. Bochum.

Vorlaufer, K. (2018): Südostasien, 3. aktualisierte Auflage. München.

Meik Nowak

Kasachstan

Offizieller Name:	Republik Kasachstan
Staatsform:	Präsidialrepublik
Unabhängigkeit:	16. Dezember 1991 (von der Sowjetunion)
Nationalfeiertag:	16. Dezember (Unabhängigkeitstag)
Hauptstadt:	Nur-Sultan
Lage:	Zentralasien, im Nordwesten von China
Fläche:	2 724 900 qkm (Weltrang: 9)
Bevölkerung:	18,5 Millionen
Landesstruktur:	14 Provinzen und 3 Städte
Sprachen:	Russisch (Amtssprache, wird von 94,4 Prozent mündlich verstanden), Kasachisch (Amtssprache, wird von 83,1 Prozent mündlich verstanden)
Religionen:	Islam (70,2 Prozent), Russisch-Orthodox (26 Prozent), Sonstige (3,8 Prozent)
Währung:	Tenge (KZT)
Wirtschaftszweige:	*Landwirtschaft:* Getreide (hauptsächlich Frühlingsweizen und Gerste), Kartoffeln, Gemüse, Melonen; Vieh *Industrie:* Öl, Kohle, Eisenerz, Mangan, Chromit, Blei, Zink, Kupfer, Titan, Bauxit, Gold, Silber, Phosphate, Schwefel, Uran, Eisen und Stahl; Traktoren und andere landwirtschaftliche Maschinen, Elektromotoren, Baumaterialien

Mitgliedschaften:	ADB, CICA, CIS, CSTO, EAEU, EAPC, EBRD, ECO, EITI (konformes Land), FAO, GCTU, IAEA, IBRD, ICAO, ICC (NGOs), ICRM, IDA, IDB, IFAD, IFC, IFRCS, ILO, IMF, IMO, Interpol, IOC, IOM, IPU, ISO, ITSO, ITU, MIGA, MINURSO, NAM (Beobachterstatus), NSG, OAS (Beobachterstatus), OIC, OPCW, OSCE, PFP, SCO, UN, UNCTAD, UNESCO, UNIDO, UN Security Council (Nichtständiges Mitglied), UNWTO, UPU, WCO, WFTU (NGOs), WHO, WIPO, WMO, WTO (Beobachterstatus), ZC
Wichtigste Medien:	*Fernsehen:* 96 Fernsehsender, von denen die meisten dem Staat gehören, einige wenige sind privatisiert worden; Haushalte mit einer Satellitenschüssel haben die Möglichkeit ausländisches Fernsehen zu empfangen. *Hörfunk:* 4 staatseigene Radiostationen strahlen aus, neben einigen wenigen privaten.

****

Naturraum und geographische Rahmenbedingungen

Kasachstan hat eine Fläche von 2 724 900 qkm und liegt im Grenzgebiet zu Zentralasien, wobei die südlichen Gebiete eher typisch für Zentralasien sind und die nördlichen Gebiete eher den benachbarten Regionen Russlands ähneln. Die geographische „Mitte" des Landes ist ein dünn besiedeltes, trockenes Land. Kasachstan ist das Zentrum des eurasischen Kontinents mit der Verbindung zu Europa und Asien. Am Ural-Fluss teilt sich das Land westlich des Flusses in einen kleinen europäischen Teil und östlich in den großen asiatischen Teil des Staates. Kasachstan ist der neuntgrößte Staat der Erde und erstreckt sich vom Kaspischen Meer im Westen bis in den Altai im Osten und vom sibirischen Tiefland im Norden bis in die Wüste Kysyl-Kum und die Höhen des Tienschan im Süden. Die West-Ost-Ausdehnung beträgt ca. 3 000 km, die Nord-Süd-Ausdehnung beträgt ca. 2 000 km. Das Land hat eine 6 467 km lange Grenze mit Russland,

2 300 km lange Grenze mit Usbekistan, eine 1 469 km lange Grenze mit China sowie eine 980 km lange gemeinsame Grenze mit Kirgisistan und 380 km mit Turkmenistan.

Kasachstan ist trotz des Zugangs zum Kaspischen Meer im Westen ein landlocked country, da das salzhaltige Kaspische Meer – auch Kaspisee genannt – als endorheisches Gewässer ohne natürliche Verbindung zu den Ozeanen der größte Binnensee der Erde ist. Das Kaspische Meer ist sehr fischreich und verfügt über viele Bodenschätze am Meeresgrund, deren Aufteilung 2018 unter den fünf Anrainerstaaten Russland, Iran, Aserbaidschan, Kasachstan und Turkmenistan mit Rahmenabkommen zur Nutzung des Kaspischen Meeres unter einem eigenen Rechtsstatus verabschiedet wurde. An das Kaspische Meer im Westen schließt sich im Osten die Kaspische Senke als tiefster Punkt des Landes mit 132 m unter dem Meer und im Süden das Ustjurt-Plateau an.

Daran folgt das Tiefland von Turan im Südosten auf usbekischem wie turkmenischem Gebiet und nördlich, die kasachische Tiefebene, die allmählich im Osten in das kasachische Hügelland übergeht. Hier finden sich die typischen endlosen Steppen, welche aber tatsächlich nur 26 Prozent der Fläche des Landes einnehmen. Das Zentrum und der Süden sind fast menschenleer und geprägt durch Halbwüsten (die 14 Prozent der Fläche ausmachen) und Wüsten (44 Prozent der Fläche Kasachstans). Diese Region trägt den bezeichnenden Namen Hungersteppe oder Betpak-Dala. Der äußerte Osten und Südosten an der Grenze zu Kirgisistan und nach China wird durch Hochgebirge markiert. Im Nordosten des Landes befindet sich der Altai mit Gipfeln von mehr als 4 000 m Höhe und im Südosten die eisbedeckten Ausläufer des Tienschan. Dort liegt auch der sagenumwobene Khan Tengri, mit 7 010 m (andere Angaben 6 995 m) als die höchste Erhebung des Landes. Die Temperaturen und Niederschläge variieren bei der Größe und Diversität des Landes regional sehr stark. Die große Entfernung von den Ozeanen jedoch führt im ganzen Land zu einem ausgesprochen kontinentalen Klima mit heißen, trockenen Sommern, die abrupt in sehr kalte, niederschlagsarme Winter übergehen. Im Norden kann es im Winter bis zu minus 45 °C kalt werden, mit starken Buran-Winden. Im Süden des sind die Winter etwas milder, aber mit deutlich höheren Durchschnittstemperaturen im Sommer von 35 °C.

Kasachstan ist ein extrem rohstoffreiches Land, so hat es sehr große Vorkommen an Erdöl, Erdgas, Kohle, aber auch an Eisen, Chrom, Mangan, Wolfram, Aluminium, Blei, Gold, Silber, Uran und einen sehr hohen Anteil an den sogenannten „Seltenen Erden". Das Land hat zudem in seinen riesigen Weiten eine sehr vielfältige und diverse Tier- und Pflanzenwelt mit vielen vom Aussterben bedrohten Säugetierarten wie Schneeleoparden und Bären. Zwei weitere naturräumliche Besonderheiten befinden sich auf kasachischem Boden, die durch den Eingriff des Menschen jeweils eine gigantische Umweltkatastrophe ausgelöst haben. Dies ist zum einen das sogenannte Polygon von Semipalatinsk, in welchem ohne Rücksicht auf die dort lebende Bevölkerung von 1949–1961 oberirdische, danach unterirdische Atomwaffentests stattfanden.

Das Gelände ist bis heute radioaktiv verseucht und eine menschenleere Ödnis. Zum anderen ist die Tragödie um den Aralsee bis heute ebenfalls eine der größten Umweltzerstörungen der Menschheit. Der Aralsee war einst mit einer Fläche von 69 000 qkm der viertgrößte Binnensee der Erde. Durch riesige Wasserentnahmen aus den beiden ihn speisenden Flüssen Syr-Darja und Amu-Darja zur extensiven Landwirtschaft wie der Baumwollanpflanzung in den flussabwärts liegenden Staaten Kasachstan, Turkmenistan und Usbekistan und ein generell mangelhaftes und verschwenderisches Wassermanagement zu Sowjetzeiten trocknete er schon seit den 1970er Jahren in gewaltigem Ausmaß aus. Der See enthält heute daher nur noch ein Zehntel seiner ursprünglichen Wassermenge, die Oberfläche ist um ca. 75 Prozent geschrumpft und zu einer Salz- und Staubwüste transformiert. Die Überreste bilden nun mehr der zu Kasachstan gehörende Nördliche Aralsee, der zu Kasachstan und Usbekistan gehörenden Westliche Aralsee, der zu Kasachstan gehörende Barsakelmessee und die Wüste Aralkum.

Geschichtliche Entwicklung von vorkolonialer Zeit bis zur Unabhängigkeit

Das heutige Kasachstan wurde schon seit der Steinzeit von Nomaden durchzogen, im Zeitraum des 6. bis 3. Jh. v. Chr. herrschten Skythen in der Steppenregion des westlichen und nördlichen Kasachstan. In den nächsten fünfzehn Jahrhunderten war das Gebiet von mehreren

Wanderungsbewegungen überwiegend turksprachiger Völker charakterisiert, die mehrere kleinere Reichsbildungen vorgenommen haben, aber kaum über das Tiefland von Turan hinauswirkten. Im Zeitraum zwischen 1218–1395 n. Chr. herrschten die Mongolen über den größten Teil des heutigen Kasachstans. Als eigenständige ethnische Gruppe bildeten sich die Kasachen im Laufe des 15. Jh. als Vermischung turksprachiger und mongolischer Bevölkerungsgruppen heraus, und bildeten aus den einzelnen Nomadenvölkern drei Horden (auf Kasachisch Zhus genannt) heraus, die als Volksgruppenverbände quasi-staatliche, semi-nomadische Einheiten bildeten – im Süden und Südosten zogen die Angehörigen der Großen Horde durch die Steppe, die Angehörigen der Mittleren Horde im Zentrum und im Norden und die Kleine Westen. Im Jahre 1465 wurde ein einiges kasachisches Khanat gebildet, das bis zur ersten Hälfte des 16. Jh. existierte und danach vor allem durch Einfälle der Dungara aus dem Osten, aber auch aufgrund interner Streitigkeiten zerfiel. Als Reaktion darauf wurde in den kasachischen Steppen und am Ostufer des Kaspischen Meeres Russland zu den Zeiten der Ostexpansion unter Zarin Anna Iwanowna zumeist in Form von Bündnissen mit den verschiedenen Nomadengruppen willkommen geheißen; im Gegensatz zur gewaltsamen Eingliederung des restlichen Zentralasiens in das Russische Reich. So leistete 1731 der Khan der Kleinen Horde einen Treueid auf die russische Zarin, der Khan der Mittleren Horde und einige Volksgruppen der Großen Horde folgten ihm einige Jahre später, bis zum Beginn des 19. Jh. alle Volksgruppen der kasachischen Steppe den Eid auf den russischen Zaren geleistet hatten.

Spannungen gab es in den folgenden Jahrzehnten weniger unter den Volksgruppen, welche in ihrer Autonomie wenig beeinträchtigt waren und sicher vor den Einfällen chinesischstämmiger Dungara oder turkmenischer Nomaden waren, sondern Konflikte fanden um Weideland mit dem Vordringen landsuchender russischer Bauern in die Kasachensteppe statt. Im späten 19. Jh. wurden die meisten großen Städte des heutigen Kasachstans wie Almaty, Nur-Sultan oder Semei durch russische Siedler gegründet. Das Ende der Zarenzeit und der Beginn der Sowjetisierung vollzog sich vergleichsweise schnell – so wurde das kasachische Steppenland 1919 zwangsweise sowjetisiert, 1920 wurde die Autonome Republik der Kasachen innerhalb der Russischen Sozialistischen Föderativen Sowjetrepublik gebildet und 1936 erhielt sie als Kasachische Sozialistische Sowjetrepublik den Status einer Unionsrepublik innerhalb der UdSSR. Die Sowjetära brachte einschneidende Veränderungen in allen Lebensbereichen Kasachstans – hier ist insbesondere die Kollektivierung der Landwirtschaft und die Zwangssesshaftmachung der nomadisch lebenden Kasachen gegen Ende der 1920er Jahre zu nennen. Der damit einhergehenden Hungersnot fielen über zwei Millionen Menschen zum Opfer, mehr als eine Million Menschen flüchteten nach Westchina und in die Mongolei.

In der Zeit des Zweiten Weltkriegs wurden zwischen 1941 und 1945 durch die von Stalin angeordneten Zwangsdeportationen von Koreanern, Wolga-Deutschen, Krimtataren und Angehörigen verschiedener Kaukasusvölker unzählige Menschen in die Zwangsarbeitslager der Steppe Kasachstans verschleppt. Die Wirtschafts- und Sozialstruktur insbesondere im Norden wurde durch die rapide geplante und umgesetzte Industrialisierung in den Bereichen Bergbau, Schwer- und Rüstungsindustrie und der agrarischen Neulandkampagne in den fünfziger Jahren des 20. Jh. extrem stark verändert. Kasachstan wurde von allen sowjetischen Unionsrepubliken wohl am stärksten russifiziert. Es hatte wie alle anderen zentralasiatischen Republiken der Sowjetunion zu Zeiten der Perestroika in den 1980er Jahren keinerlei Nationalbewegung, was deutlich anders als im Kaukasus, im Baltikum und der Ukraine zu sehen ist und ein Grund, warum das Verhältnis zu Russland innen-wie außenpolitisch nach wie vor vergleichsweise entspannt ist. Kasachstan erklärte erst am 16.12.1991 seine Unabhängigkeit von der Sowjetunion, zu einem Zeitpunkt, als diese schon nicht mehr bestand. Zum Zeitpunkt der Unabhängigkeit hatte Kasachstan ein höheres Einkommen, weniger wirtschaftliche Armut, mehr Humankapital und bessere wirtschaftliche Aussichten als seine südlichen Nachbarn.

Seit der Unabhängigkeit wird seitens der politischen Eliten die kasachische Geschichte neu bewertet und erforscht und seit dieser Zeit dient auch die nomadische Vergangenheit – wie in ganz Zentralasien – der Bildung einer neuen nationalen Identität.

Bevölkerungsstruktur – insbesondere ethnische Zusammensetzung

Kasachstan hat ca. 18,5 Millionen Einwohner bei einem Bevölkerungswachstum von 0,9 Prozent. Der Regierungssitz ist Nur-Sultan, das ehemalige Astana im Nordosten des Landes. Die Staatssprache ist das Kasachische, die Amtssprache allerdings Russisch. Der Anteil alphabetisierter Erwachsener liegt bei 99,8 Prozent bei einer Lebenserwartung von 66,2 Jahren für Männer und 76,3 Jahren für Frauen. Die bedeutenden Religionen sind der sunnitische Islam mit 70 Prozent und der russisch-orthodoxe Glaube mit 26 Prozent. Der Anteil der städtischen Bevölkerung liegt bei 58,2 Prozent, sodass der Stadt-Land-Gegensatz auch hier durchaus vorhanden ist. In Kasachstan leben Angehörige von 120 Nationalitäten, was eine Vielfalt von Sprachen, Religionen, Traditionen und Kulturen bedingt. Diese sind aber als Erbe der Sowjetzeit nur im Privaten oder den einzelnen Enklaven sicht- und spürbar, denn die ethnische Vielfalt ist historisch gesehen erst seit den 1850er Jahren relevant.

Ursprünglich war das Territorium ausschließlich von den nomadisierenden Kasachen bewohnt. Aber ab den 1850er Jahren wanderten zunächst Land suchende russische Bauern ein, später kamen in der Sowjetzeit Russen und andere Nationalitäten des Sowjetreiches als Industriearbeiter vor allem in den Norden der Kasachischen SSR. Zusätzlich wurde die nationale Zusammensetzung infolge der Deportation ganzer Volksgruppen, wie der Wolga-Deutschen, von Koreanern und Tschetschenen unter Stalin nochmals geändert. Die verschiedenen Ethnien waren und sind regional und sozial unterschiedlich im Land verteilt. Nach der Unabhängigkeit 1991 hat es nochmals eine starke Emigration vieler nichtkasachischer Nationalitäten (vor allem Russen, Deutsche und Polen) gegeben, gleichzeitig kehrten jedoch auch viele Kasachen aus den ehemaligen Sowjetrepubliken, der Mongolei und China in ihre historische Heimat zurück. Dies hat zu einer starken Verschiebung der Bevölkerungszusammensetzung in den letzten dreißig Jahren geführt. Noch 1989 stellten die Kasachen 40 Prozent der Bevölkerung und die Russen 38 Prozent – 2018 jedoch waren es 66,5 Prozent Kasachen und nur noch 20,6 Prozent Russen, die überwiegend in den Städten und vor allem im an Sibirien grenzenden Norden des Landes leben.

Wirtschaftsstruktur

Kasachstan verfügt über ein geschätztes BIP von 179 Mrd. USD (2018) bei einem Pro Kopf Einkommen nach Kaufkraftparität von 9 812 USD (2018) und somit einem recht guten 56. Rang der menschlichen Entwicklung

(HDI) bei einem Anteil von 2,7 Prozent unterhalb der Armutsschwelle. Dies ist primär auf die Rohstoffvorkommen und den relativ hohen Grad der Industrialisierung im Land zurückzuführen. Auch die Wirtschaft nahm direkt nach der Unabhängigkeit 1991 einen tiefen Fall durch eine hohe Inflation und den Bankrott vieler planwirtschaftlich konzipierter Kombinate mit extrem hoher Arbeitslosigkeit. Aber die Lieferketten Kasachstans konnten in der Mitte der 1990er Jahre wieder neu aufgebaut werden – zum einen durch den sehr großen Rohstoffreichtum, was insbesondere Erdöl, aber auch riesige Vorkommen an Erdgas, Kohle, Uran, Eisenerz, Kupfer, Chrom, Titan, Wolfram, Nickel, Phosphor, Gips, Silizium, Blei, Zink, Gold, Silber, Mangan, Seltenen Erden und viele andere, betraf. Zum anderen aber auch durch eine konsequente staatliche Privatisierungspolitik, relativ günstige innenpolitische Bedingungen und die erfolgreiche gezielte Anwerbung ausländischer Direktinvestoren in den Rohstoffsektor.

Um sich vor schwankenden Erdölpreisen und der Gefahr einer Überfokussierung auf den Rohstoffsektor zu schützen, wurde im Jahr 2000 ein kasachischer Nationalfonds geschaffen, in den ein Teil der Erdöleinnahmen eingezahlt wird mit dem Ziel der Reinvestition in zukunftsträchtige Energien. In der Folge stellte der kasachische Präsident Nasarbajew die wirtschaftspolitischen Ziele in der „Strategie 2030“ bzw. der Nachfolgestrategie „Kasachstan 2050“ vor, mit dem Ziel, Kasachstan in die Gruppe der 30 global führenden Wirtschaftsnationen zu bringen. Das Hauptziel ist die Diversifizierung der kasachischen Wirtschaft hin zu Effizienzsteigerungen in der verarbeitenden Industrie, die Einführung neuer und innovativer Technologien im Bereich „green jobs“ sowie „smart energy“. Die Hauptstadt Nur-Sultan soll zu einer „smart city“ umgewandelt werden und die allgegenwärtige Korruption soll minimiert werden. Kasachstan ist Mitglied der ECO, des Türkischen Rates sowie von CAREC und seit dem 1.1.2015 auch Mitglied der Eurasischen Wirtschaftsunion (EEU). Seit dem 30.11.2015 ist das Land Mitglied der WTO.

Der Anteil der Industrie am BIP beträgt etwa 35 Prozent und umfasst vor allem den Bergbau, die Atom- und Chemieindustrie, Maschinenbau, Bau- und Pharmaindustrie. Der Agrarsektor macht nur knapp 4,7 Prozent des BIP aus, ist aber ein wichtiger Arbeitgeber für ca. 18 Prozent der arbeitsfähigen Bevölkerung. Hier sind große Modernisierungsdefizite zu sehen, die aktuell durch neue Anreizsysteme und Schulungen abgestellt werden sollen. Im Norden wird Getreide produziert, im Süden werden Früchte, Tabak und Zuckerrüben angebaut und im Bewässerungsfeldbau auch Baumwolle. Ein weiterer Schwerpunkt ist die Viehzucht. Der Dienstleistungssektor umfasst vor allem Banken und Finanzdienstleistungen sowie den Handel mit Rohstoffen. Kasachstan hat innerhalb Zentralasiens das wohl am höchsten entwickelte Bankensystem. Am wichtigsten für die Wirtschaft sind nach wie vor die Förderung und der Export von Erdöl und in geringerem Maß von Erdgas. Im Hinblick auf die „Neue Seidenstraße" Chinas gilt das Land als wichtige Drehscheibe für den Warenhandel Chinas mit Ländern in Europa und Westasien. Dies geschieht zum einen durch die neue eurasische Landbrücke zwischen China und Deutschland sowie durch den China-Zentralasien-Westasien-Wirtschaftskorridor zwischen der autonomen Provinz Xinjiang im Westen Chinas und dem Iran und der Türkei. Diese außenwirtschaftlich bedeutende Rolle sieht man vor allem durch gestiegene Investitionen in Straßen- und Eisenbahnverbindungen in Kasachstan sowie deren deutlich gestiegene Nutzung für den Warentransit. Welche Auswirkungen dies auf den Handel mit Russland hat, ist aktuell noch unklar.

Aktuelle politische Entwicklung

Das unabhängige Kasachstan hatte sich erst 1993 seine erste parlamentarische Verfassung gegeben, die bereits 1995 durch eine neue Verfassung ersetzt wurde. Diese hatte als bedeutende Änderung die starke Rolle des Präsidenten und einer Fokussierung auf dessen Kompetenzen auf Kosten von Regierung und Parlament inne. Der Präsident bestimmt die Richtlinien der Politik und hat Vorschlagsrecht für den Premier- und die wichtigsten Minister. Er ernennt und entlässt die Regierung wie auch die Akime (Gouverneure) der Gebiete des Landes. Er kann das Parlament auflösen und ist zugleich Oberbefehlshaber der Armee. Grundsätzlich besteht eine Begrenzung auf zwei Amtszeiten, die aber für den ersten Präsidenten des unabhängigen Kasachstan, Nursultan Nasarbajew, nicht gegolten haben. Der Präsident wird direkt vom Volk gewählt. Aktueller und erst zweiter Präsident in der Geschichte Kasachstans ist seit dem 20. März 2019 Kasym-Dschomart Tokajew, der Regierungschef ist seit dem 25. Februar 2019 Askar Mamin. Die regionale Verwaltungsgliederung noch aus Zeiten der

Sowjetunion übernommen – 14 Gebiete und drei Städte von republikweiter Bedeutung (Nur-Sultan, Almaty, Schimkent).

Die prägende Gestalt des unabhängigen Kasachstan ist Nursultan Nasarbajew, der als Parteichef der Kasachischen SSR 1990 zunächst vom Obersten Sowjet der Unionsrepublik ins neu geschaffene Amt des Präsidenten gewählt und dann am 01.12.1991 als einziger Kandidat von der Bevölkerung in diesem Amt bestätigt wurde. Dieses Amt hatte er bis 2019 inne – in den 28 Jahren durchlebte er mehrere politische Krisen, schaffte es aber, das Land innen- wie außenpolitisch stabil mit autoritärer Hand zu steuern. Die Zustimmungsraten der Bevölkerung für ihn waren lange Zeit sehr hoch, da er den ökonomischen Aufschwung ab Mitte der 1990er Jahre, eine erfolgreiche Außenpolitik und die innere Stabilität verkörperte. Aber die in Zentralasien fast allgegenwärtige Familienwirtschaft mit den einhergehenden Korruptionsskandalen und wachsender Intoleranz gegenüber jeder Kritik aus dem In- und Ausland schwächten im Laufe der Zeit seine Position.

2010 wurde Nasarbajew zum „El Baschy" (Führer der Nation) ernannt und sein ständig wachsender Personenkult trieb teils skurrile Blüten. Die Rücktrittserklärung Nursultan Nasarbajews am 19. März 2019 war aber trotz des innenpolitischen Gemunkels der letzten Jahre für die meisten Bürger des Landes ein zu diesem Zeitpunkt völlig unerwarteter Schritt. Er ist zwar zurückgetreten, aber es wurde relativ schnell deutlich, dass er viele relevante Kompetenzen auch im „Ruhestand" behalten würde und diese auch weiterhin ausübt. Die Hauptstadt Astana wurde am 23. März 2019 zu Ehren des langjährigen Präsidenten Kasachstans in Nur-Sultan umbenannt, was ein starkes Symbol für seinen immer noch existenten bzw. gewachsenen Einfluss darstellt. Zudem ist seine Tochter Dariga Nasarbajewa am 20. März 2019 einstimmig zur Senatspräsidentin gewählt worden. Dies ist das zweitwichtigste Staatsamt Kasachstans. Kasym-Dschomart Tokajew als Senatspräsident wurde in vorgezogenen Neuwahlen am 9. Juni 2019 mit für kasachische Verhältnisse geringen 70,96 Prozent der Stimmen zum Präsidenten gewählt.

Kasachstan erlebte seit der Unabhängigkeit bis heute keine wirkliche Demokratisierung, sondern eher eine allmähliche Entwicklung hin zu einem autokratischen Präsidialregime. Wie sich die Situation unter dem neuen Präsidenten entwickeln wird, ist aktuell eine der spannendsten

Fragen in Zentralasien, wenn man den Präsidentenwechsel in Usbekistan 2016 sowie die Situation in Tadschikistan mit Parlaments- und Präsidentschaftswahlen 2020 für die jeweilige Politik der Länder mit einbezieht. In den letzten Jahren ist auch vor dem Hintergrund schärferer Anti-Terror-Gesetze das Strafrecht Kasachstans verschärft worden und regierungskritische Journalisten und Menschenrechtler stehen verstärkt im Fokus der Sicherheitsbehörden. Vor allem in den größeren Städten wie Almaty und Schimkent ist nach der Wahl von 2019 keine Ruhe eingekehrt. Trotz verschiedener – zumeist staatlich gelenkter – Beteiligungsformate auf lokaler Ebene sind durch die meist nicht oder nur schwach organisierte Zivilgesellschaft Demonstrationen scheinbar das Mittel der Wahl auf dem Weg zu Reformen.

Die Außenpolitik ist unter Berücksichtigung der geographischen Lage eine aktive und nach allen Seiten offene Politik. Die Atomwaffenfreiheit in den 1990er Jahren war dafür eine der wichtigsten Voraussetzungen. Enge politische wie wirtschaftliche Kontakte zu den großen Nachbarn Russland und der Volksrepublik China sind bis heute essentiell und dominant, aber auch zu den USA, den Staaten der Europäischen Union sowie in die arabische Welt, die Türkei, Südkorea und dem Iran wurden gute und belastbare Kontakte aufgebaut. Grundsätzlich ist die kasachische politische und militärische Elite russlandfreundlich, aber nach und nach emanzipiert sich das Land von Russland. Dies wirft verursacht insbesondere im Kontext der „neuen Seidenstraße" und dem Verhältnis zu China Friktionen auf. Vor allem die Behandlung der turksprachigen Uiguren im chinesischen Xinjiang stellt eine potentielle Belastung für das zwischenstaatliche Verhältnis dar – zumal Uiguren auch in Kasachstan siedeln und viele ethnische Kasachen ebenfalls in Xinjiang siedeln.

Ein weiterer Konfliktfaktor in Zentralasien ist die Konkurrenz um das langfristig knapper werdende Wasser. Hier gibt es aber sowohl bezogen auf die Wasserrechte am Kaspischen Meer als auch im Flussgebiet von Syr-Darja und Amu-Darja bezogen auf die Staudammprojekte in Kirgisistan und Tadschikistan konfliktlösende Gespräche zwischen den beteiligten Akteuren. Kasachstan versucht zudem auch sehr stark außenpolitisch als Mediator zu glänzen im Sinne einer „soft power" in Zentralasien, was aktuell sowohl bei Friedensgesprächen zum Afghanistan-Konflikt, dem russisch-türkischen Konflikt 2016 als auch der Beilegung des Syrien-Konflikts zu sehen ist. In diesem Zusammenhang ist das Land sehr um Präsenz auf internationalem diplomatischem Parkett bemüht.

Literatur

Degterev, D., Kurylev, K. (Hrsg.) (2019): Foreign policies of the CIS states: a comprehensive reference. Boulder.

Fatland, E. (2017): Sowjetistan – Eine Reise durch Turkmenistan, Kasachstan, Tadschikstan, Kirgisistan und Usbekistan. Berlin.

Frankopan, P. (2018): The New Silk Roads. London.

Gussarova, A. (2017): Russian Soft Power in Kazakhstan (and Central Asia): Taken for Granted? Almaty.

Naisbitt, D./Naisbitt, J. und Brahm, L. (2019): Im Sog der Seidenstraße. Stuttgart.

Pomfret, R. (2019): The Central Asian Economies in the Twenty-First Century: Paving a New Silk Road. Princeton.

Schiek, S. (2019): Kasachstans autoritäre Partizipationspolitik, in: SWP Studie 20. Berlin.

Schiek, S./Zabanova, Y. und Rudloff, B. (2020): EU und Zentralasien: gemeinsam für mehr Nachhaltigkeit, in: SWP-Aktuell Nr. 4. Berlin.

Sehring, J. und Stefes, C. (2010): Die Stabilität von kompetitiv-autoritären Regimen: Armenien, Georgien, Kasachstan und Kirgistan im Vergleich, in: Albrecht, H. und Frankenberger, R. (Hrsg.): Autoritarismus Reloaded, S. 273–295. Baden-Baden.

Holger Gödderz und Mohammed Zarouni

Katar

Offizieller Name:	Staat Katar
Staatsform:	Monarchie (Emirat)
Unabhängigkeit:	3. September 1971 (von Großbritannien)
Nationalfeiertag:	18. Dezember (Tag der Staatsgründung)
Hauptstadt:	Doha
Lage:	Persischer Golf
Fläche:	11 500 qkm (Weltrang: 158)
Bevölkerung:	2,8 Millionen
Landesstruktur:	7 Gemeinden
Sprachen:	Arabisch, Englisch, Farsi (Persisch), Urdu
Religionen:	Islam (77,5 Prozent), Christentum (8,5 Prozent), Sonstige (14 Prozent)
Währung:	Katar-Riyal (QAR)
Wirtschaftszweige:	Erdöl- und Erdgasförderung, Agrochemie, Düngemittelerzeugung, Stahlindustrie, Dienstleistungen
Mitgliedschaften:	UN, UNESCO, WTO WHO, AL, GCC, OIC, G-77, AMF, OAPEC, OPEC, Blockfreie Staaten
Wichtigste Medien:	*Fernsehen:* Qatar-TV, Ryan-TV, Al-Jazeera *Hörfunk:* Staatlicher Rundfunk, Qatar Media Corporation (QMC) *Zeitungen:* Al-Watan, Al-Sharq, Al-Rayah, Al-Arab

****

Naturraum und geographische Rahmenbedingungen

Das Staatsgebiet Katars ist eine Halbinsel im Persischen Golf. Katar teilt sich seine einzige Landgrenze mit Saudi-Arabien, seine verschiedenen Seegrenzen mit Saudi-Arabien, Bahrain, den Vereinigten Arabischen Emiraten und dem Iran. Das Staatsgebiet Katars erstreckt sich insgesamt auf 11 500 qkm. Katars Klima ist die meiste Zeit des Jahres sehr trocken, nur in den milden Wintern kommt es gelegentlich zu meist heftigen Niederschlägen. Die Sommer hingegen sind sehr feucht und heiß, die Temperaturen steigen teilweise auf über 50 °C. Zudem kann es im Sommer zu Sandstürmen kommen.

Geschichtliche Entwicklung von vorkolonialer Zeit bis zur Unabhängigkeit

Das heutige Katar lag bis 628 n. Chr. im Einflussgebiet des Persischen Reiches. Im Zuge der Islamisierung der Region geriet das Gebiet unter die Kontrolle des arabischen Kalifats, allerdings blieb es für Letzteres aufgrund seiner peripheren Lage wirtschaftlich und politisch weitgehend irrelevant. Erst im Laufe des 17. Jahrhunderts gewann die Halbinsel an Bedeutung für Weltpolitik und -wirtschaft, was zum einen durch ihre geopolitische Lage mit direktem Zugang zu den Handelswegen nach Asien zu erklären ist. Zum anderen war es der Volksgruppe der Al-Khalifa gelungen, in Zubara – im Nordwesten der Halbinsel – einen global relevanten Umschlagplatz des Perlenhandels zu etablieren, der bis zum wirtschaftlichen Zusammenbruch in den 1930er Jahren die mit Abstand wichtigste Einnahmequelle des Landes bleiben sollte.

Mitte des 18. Jahrhunderts begannen Machtkämpfe um das Gebiet des heutigen Katars zwischen den zugewanderten Beduinen der Al-Thani und den bis dahin dort vorherrschenden Al-Khalifas. Letztere mussten sich schließlich 1783 geschlagen geben und nach Bahrain fliehen. 1837 übernahmen die aus diesem Machtkampf als Sieger hervorgegangenen Al-Thanis schließlich das Stadtgebiet von Zubaras. Die Machtposition des Scheichs Muhammad Al-Thani konsolidierte sich zunehmend, im Jahre 1850 schließlich beanspruchte er den Titel des Emirs für sich. Fast hundert Jahre nachdem sie aus ihrem Einflussgebiet vertrieben worden waren, starteten die nun in Bahrain ansässigen Al-Khalifas im Jahr 1867 eine Großoffensive gegen Muhammads Emirat in der Hoffnung, ihre Macht in Katar wiederherstellen zu können. Tatsächlich gelang es den Al-Khalifas, mehrere Städte unter ihre Herrschaft zu bringen.

Die Volksgruppe der Al-Thani konnte sich letztendlich nur mithilfe einer Intervention Großbritanniens an der Macht halten. Die Briten erzwangen eine Einigung zwischen den beiden Kriegsparteien. Ihr Eingreifen in den

Konflikt begründeten sie mit der Perpetual Maritime Truce. Die Al-Khalifas sahen sich gezwungen, sich wieder zurückzuziehen und die besetzten Gebiete abzutreten. Die nur durch die Intervention Großbritanniens als Sieger aus dem Konflikt hervorgegangene Partei der Al-Thani-Volksgruppe orientierte sich von nun an verstärkt an den London. Das Maritim-Abkommen zementierte im Jahr 1853 auch de jure diese Kooperation. De facto bedeutete das Abkommen gleichzeitig die Anerkennung der Al-Thani-Herrschaft über Katar, das nun auch offiziell einen autonomen Status erhielt. Muhammad erkor, in einem seiner ersten Beschlüsse als Machthaber, Doha zur Hauptstadt. Durch Vereinbarungen mit Saudi-Arabien versuchte er dann, seine Macht in den ersten Jahren seiner Herrschaft auch außenpolitisch zu festigen.

1872 verschob sich allerdings das Machtgefüge der Region, als sich das Osmanische Reich im arabischen Raum militärisch ausbreitete. Da der mittlerweile als Muhammads Nachfolger eingesetzte Emir Qassim dieses Vordringen der Osmanen akzeptierte und gegen deren Präsenz auf seinem Gebiet nicht vorging, wurde er schließlich zum persönlichen Repräsentanten des Sultans im Osten Arabiens ernannt. Mit politisch-militärischem Geschick gelang es den Al-Thanis, eine weitere Schutzmacht im weiterhin schwelenden Konflikt mit Bahrain zu gewinnen. Das erfolgreiche Balancieren zwischen den Interessen dieser beiden Schutzmächte und die Erlangung der internationalen Anerkennung der Al-Thani-Herrschaft unter seiner Führung haben Emir Qassim den Ruf des Begründers des modernen Katars eingebracht.

Durch den Rückzug der Osmanen aus der Region im Jahr 1915 und den gleichzeitigen Aufstieg Saudi-Arabiens sah sich Katar allerdings 1916 gezwungen, seinen autonomen Status aufzugeben und zum Protektorat Großbritanniens zu werden; eine Vereinbarung, die 1935 noch einmal bekräftigt wurde, nachdem der saudische König Abdul Aziz Al-Saud die Forderung erhoben hatte, Katar in das Staatsgebiet Saudi-Arabiens zu integrieren. In den 1930er Jahren hatte das Emirat schließlich mit erheblichen wirtschaftlichen Schwierigkeiten zu kämpfen, als die Nachfrage nach Perlen einbrach und parallel in Japan die Technik zum Züchten von Perlen kultiviert wurde – die größte Einnahmequelle Katars brach somit schlagartig weg.

Es sollte bis 1949 dauern, ehe sich das Königreich von diesen ökonomischen Problemen erholte. Zwar gründeten die Briten bereits im Jahr 1935 die Organisation der Petroleum Development Qatar (PDQ). Der Beginn der Ölförderung des 1939 gefundenen Petroleums aber sollte sich aufgrund des Zweiten Weltkrieges noch bis Ende der 1940er Jahre verzögern. Durch diesen neuen Wirtschaftszweig setzte auf der Halbinsel ein rasanter Transformationsprozess ein: Katar entwickelte sich weg von einer der wirtschaftlich ärmsten Regionen der arabischen Halbinsel hin zu einem der reichsten Staaten der Welt.

1968 schließlich zog Großbritannien sein Militär aus der Region zurück. Die Briten handelten damit gegen den ausdrücklichen Willen Katars, das im Zuge der Abzugsverhandlungen sogar angeboten hatte, zusammen mit Abu Dhabi fortan die Kosten für den britischen Einsatz in der Region zu übernehmen. Beide Staaten befürchteten, dass der Rückzug der Schutzmacht Großbritannien neue militärische Konflikte mit seinen Nachbarstaaten nach sich ziehen könnte. Die Briten aber ließen sich von ihrem Plan nicht abbringen. Das Land gab durch seinen militärischen Abzug schließlich auch seine Kontrolle über Katar und andere Staaten der Region ab.

Die geographisch kleinen Staaten verhandelten in der Folge über eine gemeinsame Föderation, die schließlich die Arabischen Emirate genannt wurde. Allerdings wurden diese im Jahr 1971 ohne Katar und Bahrain gegründet, da sich die beiden historisch verfeindeten Staaten nicht einigen konnten. Katar lehnte die sich innerhalb der Föderation vermeintlich abzeichnende Übermacht Bahrains strikt ab. Am 3. September 1971 erklärt das Land sich für politisch unabhängig. Die neue Verfassung setzte die absolute Monarchie des Al-Thani-Stammes fort.

Bevölkerungsstruktur – insbesondere ethnische Zusammensetzung

Die Bevölkerungsstruktur zeichnet sich durch einen hohen Anteil an Migranten aus. Derzeit leben rund 2,8 Mio. Menschen in Katar, von denen ca. 10 Prozent Katarer sind. Das Bevölkerungswachstum ist mit 5–6 Prozent sehr hoch. Die größten Gruppen der Migranten stammen aus Indien, Nepal, Pakistan, Bangladesch und von den Philippinen. Wie viele Menschen mit welcher Staatsbürgerschaft genau in Katar leben, wird vom katarischen Innenministerium nicht bekannt gegeben, die Angaben sind daher als Schätzungen zu verstehen. Die vorherrschende Religion ist der Islam, der zugleich auch Staatsreligion ist. Katar ist besonders durch den Wahhabismus geprägt, im Land gibt es nur eine kleine schiitische Minderheit. Zudem werden durch die Migration verschiedene indische Religionen praktiziert, insbesondere der Hinduismus.

Wirtschaftsstruktur

Im Zuge des Ölpreisbooms zwischen 2002 und 2008 erlebte das Land einen rasanten Kapitalanstieg. Diese Einnahmen nutzte die katarische Staatsführung zum einen für massive Investitionen (120 Mrd. USD) in die Infrastruktur zur Förderung und Verarbeitung von Erdgas zu Flüssigerdgas. Diese Investitionen führten dazu, dass im Jahr 2010 etwa 25–30 Prozent des global exportierten Flüssiggases aus Katar kamen. Zum anderen nutzte das Land die Devisen zu Investitionen zur Diversifizierung der Wirtschaft. Dabei wurde auf produzierende Industrie wie Petrochemie und Aluminium gesetzt, aber auch eine Entwicklung hin zu einer modernen Wissensgesellschaft, insbesondere durch die „Qatar Nation Vision 2030", wird seitdem gefördert.

Diese sieht vor, durch Investitionen in Bildung, durch Zweigstellen von internationalen Elite-Universitäten, durch Entwicklung einer treibhausgasarmen Gesellschaft und durch den Aufbau eines qualitativ hochwertigen Gesundheitssystems zu einer Wissensgesellschaft zu transformieren. Dazu sollen internationale Events wie die Fußballweltmeisterschaft 2022 den Tourismus fördern. Hierfür werden große Investitionen in den Aufbau von Hotels und eines öffentlichen Transportwesens getätigt. Die Besucherzahlen sind bis jetzt jedoch zu gering, um Investitionen in dieser Größenordnung auch nur annähernd rentabel zu machen. Neben der Ausrichtung der Fußballweltmeisterschaft wird hierfür die Ausrichtung weiterer, ähnlicher Veranstaltungen nötig sein.

Zudem nutzt Katar die Devisen, um in westliche Volkswirtschaften zu investieren. Dabei werden Entscheidungen für Investitionen in Katar durch einen kleinen Personenkreis getroffenen, der schnell und effektiv große Summen aus privatem und staatlichem Kapital bewegen kann – ein System, das als Staatskapitalismus bezeichnet werden kann. Diese Kombination aus verschiedenen Maßnahmen, primär jedoch die Einnahmen aus dem Flüssiggasexport, haben dafür gesorgt, dass Katar als einziger Golfstaat nahezu ohne Probleme durch die Weltwirtschaftskrise gekommen ist und Wirtschaftswachstumsraten von bis zu 17 Prozent aufweisen konnte. 2018 wuchs das BIP von Katar um 4,3 Prozent. Die weltweit steigende Förderung von Schiefergas führt derzeit dazu, dass Katar auf dem Gasmarkt Anteile verliert: eine Dynamik, welche die wirtschaftliche Entwicklung abschwächen könnte.

Die geringe Bevölkerungszahl und die großen Wachstumsraten haben zu einem beispiellosen wirtschaftlichen Wohlstand für die katarischen Staatsbürger geführt. Das BIP pro Kopf ist mit 102.000 USD das höchste weltweit. Leidtragende dieses Systems sind Arbeiter, die aus dem Ausland kommen, um die Bauvorhaben des Staates umzusetzen. Deren Arbeitsbedingungen sind miserabel. Diese Arbeiter leiden unter dem katarischen Kafala-System, bei dem die Arbeitgeber als Sponsoren auftreten und die Einreise. Und Arbeitserlaubnis beschaffen. Der Arbeitgeber hat u. a. das Recht, den Arbeitern zu verbieten, den Arbeitgeber zu wechseln oder das Land zu verlassen. Freiheitsbeschränkungen, schlechtere Löhne und miserable Unterbringung sind an der Regel. Die rief auch im Zuge der Vergabe der Fußball-Weltmeisterschaft massive internationale Proteste hervor. Katar sicherte darauf hin zwar umfassende Reformen zu, die bisher keinerlei grundlegende Veränderungen für die Arbeitskräfte brachte.

Aktuelle politische Entwicklung

Die Regentschaft von Emir Hamad bin Khalifa Al-Thani (1995–2013) war vor allem durch die Außenpolitik geprägt. Ziel dabei war es, Katar zu einem Global Player zu machen. Ein enger Personenkreis um den Emir etablierte im Zuge dessen eine stark eigenständige Außenpolitik, die sich deutlich von der der anderen Staaten in der Region unterscheidet. So wurden Mediation und Peacebuilding die neuen und zentralen Handlungsmaximen des Emirats, was in der internationalen Politik durchaus auf positive Resonanzen stieß. Das Emirat wurde im Rahmen von Mediationsversuchen verschiedener Konflikte, wie z. B. im Jemen eingesetzt und stieg zu einer bedeutenden Regionalmacht auf. Trotz des außenpolitischen Machtzuwachses wusste das Emirat seine kulturelle Identität zu bewahren, was unter anderem ein Grund dafür war, dass sich Beziehungen zu den (Nachbar-)Staaten in der Region nicht verschlechterten.

Katar bringt trotz seines im Vergleich kleinen Territoriums durchaus gute Voraussetzungen mit, um in der internationalen Politik eine ernsthaftere Rolle einzunehmen: Das Emirat ist durch den Gashandel in ein weites internationales Netzwerk eingebunden, die hohen Ressourcendevisen sichern einen großen finanziellen Spielraum, der aufgrund des Staatskapitalismus schnell genutzt werden kann. Das Zusammenspiel dieser Faktoren und das gleichzeitige Machtvakuum, das in der Region durch die geringer werdende Bedeutung Ägyptens und Saudi-Arabiens vorherrschte, erlaubte Katar den schnellen Aufstieg zur Regionalmacht unter Emir Hamad. Gleichwohl erweist sich dieser Aufstieg als fragil, weil auf einem unausgereiften System aufbauend. Dazu kommt, dass sich die katarische Außenpolitik zuweilen selbst konterkariert. Deutlich wird dies am Beispiel Israels: Katar hatte, als erstes Mitglied des Golfkooperationsrates Israel politisch anerkannt – ohne die wirtschaftlichen Beziehungen zur Hamas in Gaza aufzugeben, was wiederum von Israel heftig kritisiert wird.

Die Mediationsversuche Katars beruhigten regionale Konflikte, aber nachhaltig lösen konnten sie diese bisher nicht. Konnte Katar diese Probleme einige Zeit verbergen, stürzte der Arabische Frühling das Land in eine außenpolitische Krise. 2011 hatte man während der Unruhe in Libyen noch einen neuen Höhepunkt der internationalen Bedeutung erreicht, indem man die westliche Allianz gegen Gaddafi mit anführte. Nach dem erfolgreichen Sturz Gaddafis setzte der Führungszirkel um den Emir jedoch auf einen flächendeckenden Aufstieg der Muslimbrüder und unterstütze diese offen. Da sich die Muslimbrüder aber nach einer ersten Hochphase in den Staaten der Aufstände nicht durchsetzen konnten, büßte Katar seine über die Jahre hinweg erworbene Rolle als Mediator ein. Darüber hinaus hatte sich das Land durch seinen offenen Einsatz für die Muslimbrüder mit regionalen Partnern, vor allem die Vereinigten Arabischen Emirate und Saudi-Arabien, überworfen, die ihrerseits einen Aufstieg der Gruppierung strikt ablehnten und auch die Aktivitäten des seit 1996 in Doha ansässigen TV-Senders Al-Jazeera mit wachsendem Misstrauen begleiteten.

Katar wandelte sich im Lauf des Arabischen Frühlings zu einem Interventionisten und isolierte sich auf diese Weise regional und international. Dies wurde im März 2014 deutlich, als die Vereinten Arabischen Emirate,

Bahrain und Saudi-Arabien ihre Botschafter aus Doha abzogen, um damit ihren Unmut über die anhaltende Unterstützung der Muslimbrüder durch Katar zu unterstreichen. Infolgedessen schwand Katars Einfluss zunehmend. Auch der Versuch des Herrscherhauses, durch sportliche Großveranstaltungen soft power zu generieren, steht in der internationalen Kritik, seitdem die Arbeitsbedingungen des katarischen Kafala-Systems international publik wurden.

Katar hat zwar, anders als die anderen Staaten in der Region, keine Aufstände zu fürchten – die Zustimmungswerte zur Herrschaft des Emirs sind immer noch hoch –, doch ist auch hier das Vertrauen in die Politik gesunken und der Wunsch nach Reformen größer geworden. Konkret geht es dabei um die zunehmenden Konflikte zwischen der traditionellen arabischen und den Konsumwünschen der Zugezogenen. Die Rückkehr zur arabischen Sprache an den Universitäten ist auch ein Zeichen dafür, dass die Herrscherfamilie hier einen Handlungsbedarf erkannt hat. Emir Hamad hatte schon 2003 eine Verfassungsreform zur Abstimmung gebracht, die – mit der Zustimmung von 96,6 Prozent – unter den stets wachsamen Augen der Geheimpolizei 2005 in Kraft trat. Am 25. Juni 2013 übergab Emir Hamad die Macht aus unbekannten Gründen an seinen Sohn, Scheich Tamin bin Hamad Al-Thani. Die für 2011 avisierten Wahlen wurden immer wieder verschoben, die Mitglieder des dem Emir beratend zur Seite stehenden Majlis al-Shura werden von diesem ernannt – und entlassen.

Dass der neue Emir durchaus andere Schwerpunkte als sein Vorgänger setzen wird, lässt sich schon an seiner ersten Amtshandlung erkennen, im Zuge derer er das Kabinett neu besetzte. Des Weiteren sind Änderungen in der Personalpolitik zu beobachten. War unter Emir Hamad der Premierminister in einer Doppelfunktion auch Außenminister, ist in der neuen Regierung der Premierminister auch Innenminister. Parteien und Gewerkschaften sind weiter verboten. Vom neuen Machthaber wird seitens von Beobachtern erwartet, dass er größeren Wert auf die Innenpolitik legt. Emir Tamin scheint gewillt zu sein, gegen die sinkende Zufriedenheit in der Bevölkerung anzugehen und den Druck von außen aufzufangen.

Außenpolitisch sind ebenfalls erste Versuche zu erkennen, wieder in die Rolle des Mediators zurückzukehren. Katar beteiligte sich an Gesprächen zwischen US-Politikern, ägyptischem Militär und den ägyptischen Muslimbrüdern. Um jedoch den alten Ruf wieder herstellen zu können, muss die Außenpolitik „neu kalibriert“ werden. Wie schwer das ist, wurde 2017 deutlich, als Saudi-Arabien, die Vereinigten Arabischen Emirate, Bahrain und Ägypten die diplomatischen Beziehungen zu Katar abbrachen und dies mit der Unterstützung von Katar für Terror-Organisationen wie Hamas und IS begründeten. Andere Staaten folgten, auch weil Katar gute diplomatische Beziehungen zum Iran nachgesagt werden.

Durch die finanzielle Unterstützung des Iran und der Türkei konnte das Emirat die außenpolitische Krise bislang unbeschadet überstehen, seit Juli 2019 ist auch wieder ein jordanischer Geschäftsträger in Doha akkreditiert. Im Dezember 2017 hatte außerdem der französische Staatspräsident Emmanuel Macron das Emirat besucht und ein Abkommen über die Lieferung von 12 Rafale-Kampfflugzeugen und 50 zivilen Airbus-Flugzeugen (Volumen über 10 Mrd. Euro) unterzeichnet.

Literatur

Auswärtiges Amt (2020): Katar, unter: https://www.auswaertiges-amt.de/de/aussenpolitik/laender/katar-node; [15.03.2020].

Coates Ulrichsen, K. (2014): Qatar and the Arab Spring. Oxford.

Devi, S. (2014): Concerns over mistreatment of migrant workers in Qatar, in: The Lancet, Band 383, Nr. 9930, S. 1709.

Dogan-Akkas, Betul; Camden, Gilla (2020): The Political Culture in Qatar: Beyond the Rentier State. In: Al Sharq Forum vom 13.04.2020, unter: https://research.sharqforum.org/download/14862/, [16.04.2020].

Gibson, O./Pattisson, P. (2014): Death toll among Qatar's 2022 World Cup workers revealed, Online unter: http://www.theguardian.com/world/2014/dec/23/qatar-nepal-workers-world-cup-2022-death-toll-doha; [15.11.2015].

Gieler, W. (2016): Der Nahe und Mittlere Osten – Staaten und Organisationen. Frankfurt.

Gieler, W. (2015): Handbuch Außenpolitik Nahost. Eine grundlegende Einführung in die Außenpolitik der Staaten des Nahen und Mittleren Ostens. Berlin.

Hillhouse, E./Al-Kuwari, H. und Sheikh, J. (2011): Establishment of a model academic health system in Qatar, in: The Lancet, Band 379, Nr. 9817, S. 694–695.

Khatib, L. (2013): Qatar's foreign policy: the limits of pragmatism, in: International Affairs, Band 89, Nr. 2, S. 417–431.

Lambert, J. (2011): Political Reform in Qatar: Participation, Legitimacy and Security, in: Middle East Policy, Band 18, Nr. 1, S. 89–101.

Scharfenort, N. (2013): Herrschaftswechsel in Katar – gleicher Kurs oder neue Wege?, in: GIGA Focus, Jahrgang 2013, Nr. 7.

Sabine Wege

Kirgisistan

Offizieller Name:	Kirgisische Republik/Kirgistan (Kirgisistan ist die offizielle deutsche Übersetzung des Staatsnamens durch das Auswärtige Amt.)
Staatsform:	Parlamentarische Republik
Unabhängigkeit:	31. August 1991 (von der Sowjetunion)
Nationalfeiertag:	31. August (Unabhängigkeitstag)
Hauptstadt:	Bischkek
Lage:	Zentralasien; südlich von Kasachstan, westlich von China
Fläche:	199 951 qkm (Weltrang: 85)
Bevölkerung:	5 964 897 (Schätzung 2020)
Landesstruktur:	7 Provinzen (Oblaste) und 2 Städte
Sprachen:	Kirgisisch (Amtssprache; 71,4 Prozent), Usbekisch (14,4 Prozent), Russisch (Amtssprache; 9 Prozent), Sonstige (5,2 Prozent) (Schätzung 2009)
Religionen:	Islam (90 Prozent), Christentum (7 Prozent), Sonstige (3 Prozent) (Schätzung 2017)
Währung:	Som (KGS)
Wirtschaftszweige:	*Landwirtschaft:* Baumwolle, Kartoffeln, Weizen, Gemüse, Zuckerrüben, Trauben, Obst und Beeren; Schafe, Ziegen, Rinder, Wolle *Industrie:* kleine Maschinen, Textilien, Lebensmittelverarbeitung, Zement, Ziegelsteine, Glas, Schuhe, Schnittholz, Kühlschränke, Möbel, Elektromotoren, Gold, seltene Erdmetalle, Tourismus

Mitgliedschaften:	ADB, CICA, CIS, CSTO, EAEC, EAEU, EAPC, EBRD, ECO, EITI (konformes Land), FAO, GCTU, IAEA, IBRD, ICAO, ICC (NGOs), ICRM, IDA, IDB, IFAD, IFC, IFRCS, ILO, IMF, Interpol, IOC, IOM, IPU, ISO (korrespondierender Partner), ITSO, ITU, MIGA, NAM (Beobachterstatus), OIC, OPCW, OSCE, PCA, PFP, SCO, UN, UNAMID, UNCTAD, UNESCO, UNIDO, UNISFA, UNMIL, UNMISS, UNWTO, UPU, WCO, WFTU (NGOs), WHO, WIPO, WMO, WTO
Wichtigste Medien:	*Fernsehen:* Staatlich finanzierter öffentlicher Rundfunk KTRK strahlt landesweit über mehrere Sender aus; 3 weitere russische Sender strahlen ebenfalls aus. *Hörfunk:* 1 staatliche sowie 10 private Radiostationen

* * * * * * * * * * * *

Naturraum und geographische Rahmenbedingungen

Kirgisistan ist ein 199 722 qkm großer Binnenstaat (land locked) inmitten Zentralasiens mit Grenzen nach Kasachstan im Norden, China im Südosten, Tadschikistan im Süden und Usbekistan im Westen. Der Grenzverlauf zu Tadschikistan und Usbekistan ist sehr zerklüftet und ein ständiger Zankapfel zwischen den drei Ländern, vor allem, da es im Süden Kirgisistans mehrere usbekische und tadschikische Enklaven gibt, die von kirgisischem Staatsgebiet umgeben sind. Aufgrund schlechter Infrastruktur sind viele Straßen und Wege oftmals nicht benutzbar und aus politischen Gründen außerdem Grenzübergänge in den Enklaven gesperrt. Daher sind lange Umwege entlang der Grenze im kirgisischen Süden die Normalität.

Das Klima des Landes ist streng kontinental mit großen Reliefunterschieden aufgrund der unterschiedlichen Höhenstufen. Für die untere Klimazone im nördlichen Teil des Landes sind im Mittel eher milde Wintertemperaturen von -4 bis -7 °C und Sommertemperaturen von 25 °C charakteristisch. Für den Süden und das Ferganatal können aber auch Wintertemperaturen von bis zu 20 °C und Sommertemperaturen von bis zu 45 °C auftreten. In der oberen Klimastufe im Hochgebirge sind Januar-Mittelwerte von -20 °C und Juli-Mittelwerte von 4 bis 7 °C die Regel. Ein Sonderfall als Kältesenke stellt die unter 3 000 m Höhe gelegene Suusamyr-Hochebene dar, in der regelmäßig Wintertemperaturen von -45 °C und weniger gemessen wurden. Im Hochgebirge ist auch im Sommer mit Nachtfrösten zu rechnen. In den Monaten März bis Mai ist die Hauptregenzeit des Landes. Dabei fallen in der Vorgebirgszone im Ferganatal Jahresniederschläge von durchschnittlich 100 bis 150 Millimeter, in der Geröll- und Gletscherzone oberhalb von 3 500 m sogar mehr als 2 000 Millimeter im Jahr.

Kirgisistan ist wie der südliche Nachbarstaat Tadschikistan ein Hochgebirgsland. Nicht ohne Grund wird das Land gern als die „Schweiz Zentralasiens" bezeichnet: In der Mitte Kirgisistans durchziehen die eindrucksvollen Gebirgsketten des Tienschan das Land und im Osten sowie im Süden liegen die Ausläufer des sich in Tadschikistan fortsetzenden Pamir-Gebirges, während nur im äußersten Norden bei Bischkek mit der Tschuj-Ebene eine flache, berglose Region beginnt. Die höchste Erhebung ist der 7 439 Meter hohe Dschengisch Tschokusu an der kirgisisch-chinesischen Grenze im Osten. Kirgisistan hat mit über 8 000 Gletschern eine der größten Gletscherzonen der Welt, insgesamt liegen 40 Prozent des Landes höher als 3 000 Meter. Vor allem im Tienschan-Gebirge befindet sich eine ausgeprägte Biodiversität mit vielen endemischen Tier- und Pflanzenarten wie Schneeleoparden, Kaiseradler, Bären und Murmeltierarten. An Pflanzenarten gibt es reichhaltigen Bewuchs mit Johanniskraut, Sanddorn, Majoran und verschiedenen Rautenarten sowie Nussbäume im südlichen Teil des Landes und im Ferganatal. Mit fast 608 000 Hektar sind die Nusswälder bei Arslanbob und Gumchan in der Provinz Dschalalabad sogar der größte zusammenhängende Nusswald der Welt. In den höheren Lagen wachsen primär Nadelhölzer, in den tieferen Lagen Laubbäume wie Buchen, Eichen und Pappeln. Waldrodung und illegaler Holzeinschlag sind ein Problem, allerdings nicht in dem Maß wie in anderen zentralasiatischen Ländern.

Kirgisistan ist ein sehr wasserreiches Land, so entspringt der Fluss Syr-Darja als Naryn im zentralen Tienschan aus dem Zusammenfluss von Taragaj und Kara Saj und vereinigt sich an der Grenze zu Usbekistan im Ferganatal mit dem Kara-Darja zum Syr-Darja. Die weiteren bedeutenden

Flüsse sind der Tschuj und der Talas im Norden des Landes. Der Issyk Kul im Nordosten ist mit einer Ausdehnung von 6 200 qkm und bis zu 668 Metern Tiefe der zweitgrößte Gebirgssee der Welt nach dem südamerikanischen Titicacasee. Er ist ein endorheisches Gewässer mit mehreren Zuflüssen, aber ohne Abfluss, was sich durch Schwankungen im Wasserspiegel bemerkbar macht. Das größte ökologische Problem ist der Klimawandel, der zu einem Schmelzen der Gletscher des Tienschan und des Pamir führt und somit zu einem Anstieg von Erdrutschen. Kirgisistan ist ein sehr rohstoffreiches Land mit großen Vorkommen an Gold, Kupfer, Wolfram, Antimon, Quecksilber, Beryllium, Kohle, Granit und Uran. Im Ferganatal gibt es zudem geringe Öl- und Gasvorkommen, diese sind aber nicht so bedeutend wie in Kasachstan oder Usbekistan.

Geschichtliche Entwicklung von vorkolonialer Zeit bis zur Unabhängigkeit

Kirgisistan verfügt über eine reichhaltige historische Vergangenheit, die sich durch Felsgravuren bis in die Steinzeit zurückverfolgen lässt. In der Bronzezeit um ca. 2000 v. Chr. lassen sich Spuren der Andronow-Kultur im nördlichen Tienschan sowie in der Tschuj-Ebene finden. Durch Klimaveränderungen kam es um ca. 1000 v. Chr. bei den Volksgruppen der nördlichen Ebene zu einer Nomadisierung. Sesshaft blieben lediglich die Volksgruppen des Ferganatals, welche sich von den Volksgruppen nördlich des Tienschan hinsichtlich Anbaumethoden und Viehhaltung unterschieden. Die Tienschan-Region wurde auch unter dem Namen Sogdien in den nächsten Jahrhunderten bekannt, sie geriet im 6. Jh. v. Chr. unter die Herrschaft des Achämenidenreichs der Perser und 329 v. Chr. schließlich eroberte Alexander der Große Sogdien. Alexandria Eschate – das heutige Khujand in Tadschikistan – war die nordöstlichste Ausdehnung des alexandrinischen Weltreiches. Nördlich davon im Gebiet des heutigen Kirgisistans dominierten die Saken, die ab dem 2. Jh. v. Chr. durch die Expansion der Yuezhi langsam nach Süden verdrängt wurden. Kirgisistan lag zu dieser Zeit am Rand der Seidenstraße; vor allem durch das Ferganatal und den östlichen Tienschan über Kaschgar nach Osch und dann weiter nach Samarkand wurde reger Ost-West-Handel getrieben. Ab dem ersten Jh. n. Chr. dominierte das Reich von Kuschan sowohl den Tienschan als das nördliche Talas-Becken sowie die Tschuj-Ebene. Ab der Mitte des 6. Jh. traten von Nordosten nomadisierende Turkvölker als wichtige Akteure Zentralasiens auf.

Seit 651 drängten die Araber von Südwesten nach Zentralasien, während ab 738 die chinesischen Herrscher von Osten nach Zentralasien kamen. 751 kam es zu der entscheidenden Schlacht am Talas, aus welcher die Araber siegreich hervorgingen und die Expansion der chinesischen Tang-Dynastie nach Zentralasien stoppten. Das Resultat des Sieges der Abbasiden-Herrscher war die Islamisierung Zentralasiens, das Gebiet des heutigen Kirgisistans blieb aber rückständiges und gebirgiges Randgebiet der arabischen Herrscher. Im Folgenden dominierten die Karluken und daran anschließend die Karachaniden und die Kara-Kitai die Tschuj-Ebene und den Tienschan, bis zu Beginn des 12. Jh. die Naiman die Region eroberten. 1218 eroberte Dschingis Khan mit seinen mongolischen Reiterheeren das Reich der Naiman und zerstörte ihre Hauptstadt Sujab, dessen Ruinen heute knapp 40 km östlich von Bischkek zu besichtigen sind. Nach Dschingis Khans Tod gehörte Kirgisistan zu dem Khanat Tschagatai und anschließend zum Timuridenreich Timur Lenks. Eine eigene Nationenbildung durch die kirgisischen Volksgruppen fand nicht statt, sie waren mehr oder weniger anderen nomadisierten Herrschern zugehörig.

Auch die Dreiteilung des Landes in das Ferganatal, den zentralen Tienschan und die nördliche Tschuj-Ebene fand Niederschlag in die einzelnen Herrschaftsformen, da von Südwesten stetig usbekische Siedler und Herrscher in den Tienschan drängten. So wurden die kirgisischen Volksgruppen vom Khanat von Kokand aus dem westlichen Teil des Ferganatals – dem heutigen Usbekistan – beherrscht und waren ab 1709 Schah Ruch und seinen Nachfahren tributpflichtig. Erst mit der Eroberung des Khanats von Kokand durch Zar Alexander II. fiel das heutige Kirgisistan 1876 an Russland und wurde Teil des Generalgouvernements Turkestan. Darauf setzte eine Wanderung von Siedlern aus Russland und der Ukraine nach Kirgisistan ein. Die Siedlungsgebiete waren zumeist die fruchtbaren Gegenden des Landes wie die nördliche Tschuj-Ebene, die Ufer des Issyk Kuls und das südliche Ferganatal. Die massive Ansiedlung und die damit einhergehende Wegnahme von Weideland mit Erhebung von Steuern führten zu erheblichen Spannungen zwischen der kirgisischen Bevölkerung und den russischen Kolonisatoren. Am 25. Juni 1916 kam es zu Aufständen in allen größeren Städten des Siebenstromland-Oblast, der das heutige südöstliche Kasachstan und den nördlichen sowie nordöstlichen Teil des heutigen Kirgisistans umfasst. Grund für den Aufstand war neben dem angestauten Unmut über die russischen Siedler der Erlass des Zaren, der den Einzug von Kirgisen für den Arbeitseinsatz hinter der Kriegsfront legitimierte. Der „Kirgisen-Aufstand" wurde von den Kosaken des Zaren brutal durch Massaker an kirgisischen Pastoralnomaden und der sonstigen Zivilbevölkerung niedergeschlagen. Viele kirgisische Nomaden und ihre Familien flüchteten daraufhin nach China und in den afghanischen Pamir.

Nach dem Untergang des Zarenreichs dauerte es noch bis in die Mitte der 1920er Jahre, bis die Rote Armee nach jahrelangen Kämpfen mit verschiedenen aufständischen Gruppen wie den Basmatschen und den „Weißen" die Kontrolle über das Siebenstromland, den Tienschan sowie den Rest Turkestans erlangte. 1924 wurde die zweite Kirgisische Autonome Sozialistische Sowjetrepublik, die den Grenzen des heutigen Kirgisistans entsprach, gegründet und am 1. Februar 1926 in die Kirgisische Autonome Sozialistische Sowjetrepublik umgebildet. Am 5. Dezember 1936 wurde sie dann zur eigenständigen Unionsrepublik der Sowjetunion, der Kirgisischen SSR. Der Sowjetstaat griff mit dem Aufbau einer kommunistischen Gesellschaftsordnung massiv in alle Lebensbereiche der Bevölkerung ein. Dies umfasste eine Zwangs-Sesshaftmachung der bis dahin zumeist nomadisch lebenden kirgisischen Bevölkerung, der Ausbau der Elektrifizierung, die Alphabetisierung, verbunden mit dem Aufbau eines flächendeckenden Gesundheitssystems und einer Schul- und Universitätslandschaft. Zudem wurden die Ausübung traditioneller Heilmethoden und die öffentliche Religionsausübung verboten und fast alle Moscheen geschlossen.

Die Zwangskollektivierung ab 1928/1929 führte zum völligen Zusammenbruch der Viehwirtschaft, da viele nomadische Familien ihre ganzen Herden schlachteten und nach China und in den afghanischen Pamir flüchteten. Erst ab den 1940er Jahren wurde eine mobile Weidewirtschaft als effektivste Ressourcennutzung in der hochalpinen Berglandschaft Kirgisistans seitens der Sowjets akzeptiert. In den Jahren der Sowjetherrschaft änderte sich die ethnische Zusammensetzung Kirgisistans erheblich – zwischen 1926 und 1959 verminderte sich der Anteil der Kirgisen von fast 68 Prozent auf 40 Prozent, der Anteil der Russen hingegen stieg von 6,5

Prozent auf 31 Prozent. Seit den 1970er Jahren kehrte sich dieser demographische Trend aber wieder um.

Die Kirgisische SSR war eine der wirtschaftlich ärmsten Unionsrepubliken und soziale Unzufriedenheit, Armut und die sich langsam auflösenden Strukturen der Sowjetunion führten ab Ende der 1980er Jahre zu gewalttätigen Auseinandersetzungen um Macht und knappe Ressourcen wie die Kontrolle über Land und Wasser. Im September 1990 gab es im Zuge der Perestroika Forderungen nach Demokratisierungen und es wurde daraufhin durch die kommunistische Partei das vorher nicht existente Amt eines Staatspräsidenten geschaffen. Am 27. Oktober 1990 wurde Askar Akajew zum ersten Staatspräsidenten ernannt und am 12. Oktober 1991 ohne Gegenkandidaten zum Präsidenten gewählt. Akajew vollzog einen radikalen Schritt von der Plan- zur Marktwirtschaft. Diese radikale Demokratisierung der politischen Strukturen hatte in den 1990er Jahren einen massiven Rückgang der Wirtschaftsproduktion um bis zu 75 Prozent zur Folge. Doch blieb Kirgisistan auch durch seine neue Verfassung von 1993 ein stabiler, demokratischer Staat, bis gegen Ende der 1990er Jahre Akajew immer autoritärer regierte und 2005 in der Tulpenrevolution gestürzt wurde.

Bevölkerungsstruktur – insbesondere ethnische Zusammensetzung

Vom Beginn des 20. Jahrhunderts bis zum Ende der Sowjetunion lebten ca. 80 Nationalitäten in dem Vielvölkerstaat Kirgisistan, Anfang des neuen Jahrtausends noch 60. Die Einwohnerzahl beträgt etwa 6,0 Millionen Menschen (Stand 2020), 73 Prozent von ihnen sind Kirgisen, 14,6 Prozent Usbeken und die slawische Minderheit, welche Russen, Ukrainer und Weißrussen umfasst, ist mit 6,2 Prozent vertreten. Mit fast geringen Anteilen sind außerdem Dunganen (1,1 Prozent), Uiguren (0,9 Prozent), Tadschiken (0,9 Prozent), Tataren (0,5 Prozent), Kasachen (0,6 Prozent), Koreaner (0,4 Prozent), türkische Mescheten (0,7 Prozent), Völker des Kaukasus (0,4 Prozent) und Deutsche (0,1 Prozent) vertreten.

Die Heterogenität der Bevölkerung ist in dieser starken Ausprägung erst mit Beginn der Sowjet-Ära entstanden. Bis Mitte des 19. Jahrhunderts siedelten auf dem Gebiet des heutigen Kirgisistans nur Kirgisen, Usbeken und

Tadschiken. Seit Ende des 19. Jahrhunderts setzten große Um- und Neubesiedlungsprozesse und damit eine ethnische Diversifizierung ein, durch das russische Zarenreich ihren Anfang nahm. Agrarpolitische Entscheidungen im Zarenreich lösten Siedlungsbewegungen in die Region des heutigen Kirgisistans aus, Bevölkerungsrückgänge und weitere Durchmischungen mit unterschiedlichen Nationalitäten fanden nach dem Kirgisen-Aufstand, dem Ersten Weltkrieg, der Oktoberrevolution und vor allem nach dem folgenden blutigen Bürgerkrieg 1918 bis 1922 statt. Anschließend beeinflusste Stalin in der Sowjet-Ära durch Enteignungen, Deportationen und Umsiedlungsprozesse für bis Ende 1989 die ethnische Diversifizierung des Gebiets. Auch nach der Unabhängigkeit Kirgisistans und den wirtschaftlichen und politischen Krisen im ersten Jahrzehnt des neuen Jahrtausends fanden zum wiederholten Male gewaltige Umsiedlungen statt, da ein großer Anteil der europäischen Bevölkerung das Land verließ. Wiederum setzte sich die Bevölkerung ethnisch neu zusammen. Diese Veränderungen waren meist an politische Ereignisse geknüpft und fanden wellenartig statt. Heute ist die ethnische Verteilung der Bevölkerung sehr ungleichmäßig: Im Fergana-Becken leben z. B. nur etwa 50 Prozent, im Naryn-Oblast hingegen fast 99 Prozent Kirgisen. Aktuell bedrohen wachsende radikale und islamistische Gruppierungen die Stabilität des Vielvölkerstaats.

Die mittlere Bevölkerungsdichte liegt bei 31 Einwohnern pro qkm (Stand 2019). Das Durchschnittsalter der Bevölkerung beträgt 26,2 Jahre, während 48 Prozent unter 24 Jahre alt ist (Stand 2016). Die durchschnittliche Lebenswartung liegt bei 70,7 Jahren, wobei Männern eine Lebenserwartung von 66,5 Jahren und Frauen sogar eine von 75,1 Jahren zugeordnet wird (Stand 2016). Das Bevölkerungswachstum wird mit 2,1 Prozent jährlich angegeben (Stand 2018), die Geburtenrate pro Frau liegt bei 2,6 Kindern (Stand 2016) mit steigender Tendenz.

Wirtschaftsstruktur

Kirgisistan verfügt im Gegensatz zu seinen Nachbarländern nicht über nennenswerte Gas- und Erdölvorkommen, aber die Goldressourcen sind eine der wichtigsten Einnahmequellen. So wurden 2015 in der Kumtor-Goldmine 521 000 Unzen Gold in einem Wert von 624,8 Millionen USD produziert. Die Mine trug in den vergangenen Jahren durchschnittlich zwischen 10 und 12 Prozent zum Bruttoinlandsprodukt bei und ist mit Abstand der größte nicht-staatliche Arbeitgeber und Steuerzahler im Land. Das Wachstum des kirgisischen BIP (2018: 8,093 Mrd. USD) haben in den letzten Jahren vor allem die Steigerungen in der Warenproduktion und die Erbringung von Dienstleistungen verursacht. Der Dienstleistungssektor macht damit 48 Prozent, die Industrie 24 Prozent, die Landwirtschaft 8 Prozent und der Bausektor etwa 4 Prozent des BIP aus. Die verarbeitende Textilindustrie hatte mit 5,4 Prozent Wachstum in den ersten Monaten 2018 eine besonders gute Bilanz aller Branchen vorzuweisen.

Die wichtigsten Importländer sind China, Russland, Kasachstan und die Türkei, die bedeutendsten Exportländer sind die Schweiz, Kasachstan, Russland und die Türkei. Die wichtigsten Importgüter sind Erdölerzeugnisse, Gewebe und Garne sowie Schuhe, die wichtigsten Exportgüter Gold zu nichtmonetären Zwecken, metallurgische Erze sowie Gemüse und Früchte. Die Bruttowertschöpfung nach den einzelnen Sektoren ist sehr auf den Dienstleistungssektor fokussiert. Dieser trägt 56 Prozent zur Bruttowertschöpfung bei und knapp 55 Prozent der Erwerbstätigen sind in diesem tätig. Der Wert für die Landwirtschaft ist mit knapp 13 Prozent relativ gering und die restlichen 30 Prozent der Bruttowertschöpfung entstammen der Produktion. Fast 90 Prozent der landwirtschaftlichen Produktion stammen mittlerweile aus Privatbetrieben. Wenn auch primär in den ländlichen Regionen eine Subsistenzwirtschaft vorliegt, wird doch vor allem im Gemüse- und Obstanbau für den Export produziert. Die produktionsbedingten Risiken wie Naturkatastrophen, Wetterextreme infolge des Klimawandels sowie Treibstoff-, Düngemittel- und Maschinenknappheit stellen allerdings weitere Probleme im Agrarsektor dar. Zu Sowjetzeiten war Kirgisistan hauptsächlich Lieferant von agrarischen und metallischen Rohstoffen, die in die benachbarten sowjetischen Republiken transportiert und dort weiterverarbeitet wurden. Nach dem Ende der Sowjetunion musste sich das Land massiv den neuen Gegebenheiten anpassen mit sämtlich damit verbundenen Folgen.

Seit der Unabhängigkeit versucht Kirgisistan in den Bereichen Lebensmittelindustrie, Werkzeugmaschinenbau und der Gewinnung und Verarbeitung von Energieressourcen seine eigenen Kapazitäten auszubauen und neue Märkte zu erschließen. Da das Land über einen immensen Wasserreichtum verfügt, sind die Möglichkeiten bezogen auf Energiegewinnung und intelligente Bewässerung im Agrarbereich perspektivisch sehr positiv zu bewerten. Ein weiterhin bedeutender ökonomischer Faktor stellen die Rücküberweisungen kirgisischer Gastarbeiter vor allem aus Russland und der Türkei dar.

Aktuelle politische Entwicklung

Eine zentrale politische Herausforderung ist in der Lösung der Konflikte, um das Ferganatal zu sehen. Die Grenzen der Staaten Tadschikistan, Usbekistan und Kirgisistan sind sehr verschlungen und teilen das Ferganatal zwischen den drei Staaten auf. So kommt es, dass in Kirgisistan in den Oblasten Batken, Osh und Dschalalabad signifikante Minderheiten von bis zu 30 Prozent ethnischer Usbeken bzw. 10 Prozent ethnischer Tadschiken leben. Die damit einhergehenden Grenzstreitigkeiten und die diffizile ethnische Situation führen unter dem Druck von lokaler Überbevölkerung, hoher Arbeitslosigkeit vor allem unter Jugendlichen und jungen Erwachsenen zu Spannungen. Der blutige Konflikt zwischen usbekischer und kirgisischer Bevölkerung in Osch im Juni 2010 ist nur ein Beispiel einer ganzen Reihe von Konflikten in der jüngsten Vergangenheit.

Innenpolitisch ist mit Sicherheit die Bedeutung der Tulpenrevolution von 2005 hervorzuheben. Am 13. März 2005 begannen Proteste – hauptsächlich im Süden – gegen den immer autokratischer regierenden Präsidenten Askar Akajew. Am 18. März besetzten Demonstranten Regierungsgebäude in Dschalalabad und Osch und am 24. März erstürmten sie den Präsidentenpalast – das „weiße Haus“ – in Bischkek. Präsident Akajew floh daraufhin ins Exil nach Russland. Der Oppositionsführer Kurmanbek Bakijew wurde neuer Staatspräsident und Felix Kulow Premierminister, der aber schon 2007 durch Asim Issabekow und später Almasbek Atambajew abgelöst wurde. Bakijew wurde 2010 nach Massenprotesten gegen seine Regierung und blutigen Auseinandersetzungen von Demonstranten mit der kirgisischen Polizei gestürzt. Daraufhin agierte Rosa Otunbajewa bis zur Wahl 2011 als Interimspräsidentin. Hier ist als besonderes Ereignis das Verfassungsreferendum vom 27. Juni 2010 zu nennen, als Resultat dessen das bisherige Präsidialsystem in eine parlamentarische Republik umgewandelt wurde. Im Umfeld des Referendums kam es zu schweren Unruhen zwischen der usbekischen Minderheit und Kirgisen mit vielen

Toten in Osch und anderen Städten der südlichen Oblasten Kirgisistans. Im Oktober 2011 gewann dann der Sozialdemokrat und ehemalige Premier Almasbek Atambajew die Präsidentschaftswahl mit knapp 63 Prozent. Durch den Beitritt zur Eurasischen Wirtschaftsunion 2015 wurde das Land in seiner Außenpolitik wieder näher an Russland geführt. Der vorherige Premierminister Sooronbaj Dscheenbekow konnte mit 54 Prozent der abgegebenen Stimmen am 15. Oktober 2017 die Wahl gewinnen.

Kirgisistan hat in den Jahren seiner Unabhängigkeit extreme politische Umbrüche und ein wechselvolles Auf und Ab zwischen demokratischem Aufbruch und politischer Repression erlebt. Dennoch wird es als, das demokratischste Land der ehemaligen Stan-Sowjet-Republiken betrachtet. Im Demokratieindex 2018 des *Economist* belegt Kirgisistan Platz 98 von 167 Ländern. Darüber hinaus sind auch die frei gewählten Bürgermeister und Gemeinde- sowie Stadträte im ganzen Land, in denen kommunale Selbstverwaltung angewandt wird, ein bemerkenswertes Zeichen von aktiver Demokratie. Allerdings traten 2019 Zweifel am politischen Frieden im Land auf. In Reaktion auf die am 27. Juni 2019 getroffene Entscheidung des kirgisischen Parlaments, Altpräsident Atambajews Immunität aufzuheben, kam es zu Unruhen. Infolge wurde Anklage wegen Korruption, Amtsmissbrauch und Vermögensenteignung erhoben, Atambajew stellte sich einige Tage später den Behörden und sitzt seitdem in Untersuchungshaft. Der Bruch zwischen ihm und seinem langjährigen Gefährten und ehemaligen Ministerpräsidenten Sooronbaj Dscheenbekow ist daher eine bedeutende Herausforderung für die Innenpolitik und wird die politische Kultur nachhaltig – auch im Hinblick auf die Parlamentswahlen im Herbst 2020 – beeinflussen.

Geopolitisch ist Kirgisistan zwischen den Ambitionen Chinas mit der neuen Seidenstraße auf der einen Seite sowie einer Anlehnung an Russland andererseits positioniert. Die Mitgliedschaft in der Eurasischen Wirtschaftsunion EEU ist vor allem für die Obst- und Gemüseexporte von Bedeutung, aber nicht immer ohne Interessenskonflikten. In Zentralasien ist Kirgisistan aber (immer noch) das Land mit der offensten und freiesten Gesellschaft, was Rechte der Zivilgesellschaft und die lebendige, existente NGO-Szene betrifft. Es bleibt mit Spannung abzuwarten, welchen Weg das Land – mit der im Vergleich zu anderen zentralasiatischen Ländern geringsten Bevölkerung und ohne nennenswerte Rohstoffvorkommen (Ausnahme Gold) – zukünftig einschlagen wird.

Literatur

Flechtner, S. und Schreiber, D. (2019): Kirgistan. Berlin.

International Crisis Group (Hrsg.) (2016): Kyrgyzstan: State Fragility and Radicalisation, in: Crisis Group Europe and Central Asia, Briefing Nr. 83. Osch/Bischkek/Brüssel.

Pomfret, R. (2019): The Central Asian Economies in the Twenty-First Century: Paving a New Silk Road. Princeton.

Schiek, S./Zabanova, Y. und Rudloff, B. (2020): EU und Zentralasien: Gemeinsam für mehr Nachhaltigkeit, in: SWP-Aktuell, Nr. 4. Berlin.

Schmitz, A. und Trevisani, T. (2011): Neuanfang im Schatten der Krise – Kirgistan nach dem Regimewechsel, in: SWP Studie, Nr. 16. Berlin.

Zeynep Yilmaz

Kuwait

Offizieller Name:	Staat Kuwait
Staatsform:	Konstitutionelle Monarchie (Emirat)
Unabhängigkeit:	19. Juni 1961 (von Großbritannien)
Nationalfeiertag:	25. Februar (Rückeroberung im Zweiten Golfkrieg)
Hauptstadt:	Kuwait-Stadt
Lage:	Persischer Golf
Fläche:	17 818 qkm (Weltrang: 152)
Bevölkerung:	3 Millionen
Landesstruktur:	6 Gouvernements
Sprachen:	Arabisch, Englisch
Religionen:	Islam (74,5 Prozent), Christentum (18,4 Prozent), nicht staatliche Religionen (7 Prozent)
Währung:	Kuwait-Dinar (KWD)
Wirtschaftszweige:	Erdölförderung
Mitgliedschaften:	UN, AL, OPEC, OAPEC, GCC, OIC, WTO, G-77, Blockfreie Staaten, ABEDA, AfDB (nichtregionales Mitglied), AFESD, AMF, BDEAC, CAEU, CD, FAO, IAEA, IBRD, ICAO, ICC (Nationale Komitees), ICRM, IDA, IDB, IFAD, IFC, IFRCS, IHO, ILO, IMF, IMO, IMSO, Interpol, IOC, IPU, ISO, ITSO, ITU, ITUC (NGOs), LAS, MIGA, NAM, OPCW, Paris Club (Partner), PCA, UNCTAD, UNESCO, UNIDO, UNRWA, UN Security Council (nichtständiges Mitglied), UNWTO, UPU, WCO, WFTU (NGOs), WHO, WIPO, WMO
Wichtigste Medien:	*Fernsehen:* Kuwait TV, Al-Watan TV, Al Rai TV *Hörfunk:* Radio Kuwait (staatlich), Radio Sawa Gulf *Zeitungen:* Al-Qabas, Al-Rai, Al-Jarida, Al-Seyassah

* * * * * * * * * * * *

Naturraum und geographische Rahmenbedingungen

Das nordöstlich der Arabischen Halbinsel liegende Emirat Kuwait ist mit einer Fläche von 17 818 qkm der kleinste Staat der Golfregion. Dabei teilt sich Kuwait im Norden und Westen eine Grenze von 240 km mit dem Irak und im Süden eine Grenze von 250 km mit Saudi-Arabien. Im Osten grenzt das Land mit einer Küste von 195 km an den Persischen Golf. An der Küste liegt die Hauptstadt Kuwait City (al-Kuwait), im südlichen Teil innerhalb einer 40 km langen Bucht (Kuwait Bay). Diese Bucht bildet dabei einen natürlichen Schutzwall für die Stadt und den Hafen von Kuwait. Umgeben wird die Bucht von Salzsümpfen, Dünen und Marschland.

Im südlichen Teil der Küste befinden sich ressourcenreiche Erdölvorkommen (ca. 70 Mrd. Barrel). Kuwait gehört zu den wärmsten und trockensten Gebieten der Welt, was sich auch in der Vegetation des Landes zeigt. Der Großteil Kuwaits ist von Sandwüste und Steppe (ad-Dibdiba-Wüste) geprägt und bedeckt ca. 90 Prozent des Territoriums. Das Klima erlaubt dementsprechend nur eine an die extremen Witterungsverhältnisse angepasste Flora und Fauna. Lediglich in der Regenzeit des Winters grünt es in manchen Steppengebieten mit Gras und Sträuchern ein wenig auf. Diese werden dann von den Nomaden als Weideland für ihre Tiere genutzt (ca. 7,5 Prozent des Landes). Innerhalb der Wüste befinden sich vereinzelte Oasen, die die einzige Wasserressource im Landesinneren darstellen und Datteln und Feigen als Flora hervorbringen. Des Weiteren ist Kuwait von ca. 0,1 Prozent Wald bedeckt. Landwirtschaftliche Flächen gibt es damit kaum (ca. 0,2 Prozent), was Kuwait von Gemüse- und Obstimporten abhängig macht. Die höchste Erhebung ist der Berg Asch Schakaja (290 m) im Grenzgebiet zum Irak im Südwesten, was – neben einigen Hügeln – Kuwait generell als Land flacher Ebenen kategorisiert. Bis 2030 möchte Kuwait die Stadt der Seide (Madinat al-Hareer) nördlich von Kuwait City aus dem Nichts errichten. Dabei sollen 250 qkm mit modernsten Gebäuden als Hochhäuser bebaut werden, die für ca. 700 000 Einwohner Lebens- und Arbeitsraum auf höchstem Niveau bieten.

Durch das heiße und trockene Wüstenklima liegen im Sommer (Mai bis September) die Temperaturen zwischen 25 °C und 30 °C. Im Hochsommer (Juli) liegen die Temperaturen zwischen 42 °C und 46 °C. Der gemessene Höchstwert liegt bei 54,4 °C und ist damit gleichzeitig Rekordwert in Asien. Im November beginnt die kalte Jahreszeit (Winter), in der die Temperaturen durchschnittlich auf milde 13 °C bis 15 °C absinken, die Tagestemperaturen liegen bei 20 °C bis 25 °C. In der Nacht fallen die Temperaturen gar auf 0 °C ab. Leichter Regen tritt häufiger ein; die jährliche Niederschlagsmenge variiert zwischen 75 und 300 mm. Während der Sommermonate im Juni und Juli wehen nordwestliche Winde (Shamal), die sich teilweise zu Sandstürmen entwickeln.

Geschichtliche Entwicklung von vorkolonialer Zeit bis zur Unabhängigkeit

Das Süßwasser der großen Flüsse Euphrat und Tigris an der Bucht von Kuwait und der strategische Ort an den Handelswegen in der Nähe zu Mesopotamien und den Indischen Meeren waren wichtige Gründe für eine Ansiedlung in dieser Region. Ausgrabungen von Tongeschirr, Werkzeugen, Waffen, Steinmauern und Schiffsüberreste weisen auf eine Besiedlung durch mesopotamische Auswanderer in den Gebieten des heutigen Kuwaits, ca. 4500 v. Chr., hin. Auch Ruinen der Dilmun (ein Volk Ostarabiens) aus der Zeit 800 v. Chr. auf der Insel Failaka und in den Küstengebieten dienen als Belege für eine frühzeitliche Besiedlung in der Region. Die zunehmende Ansiedlung arabischer Nomaden und Beduinen und der Bau einer Festung am Südgipfel der Bucht von Kuwait ab dem 17. Jahrhundert gelten als Vorläufer des heutigen Zentrums Kuwaits, Kuwait City (1613). Vom Fischerort entwickelte sich das Zentrum zu einem Handelspunkt für Handwerks- und andere Waren (wie Kaffee, Gewürzen, Zucker, Tabak). Zwischen weiteren Handelszentren wie Bagdad, Aleppo, Konstantinopel und Damaskus wurde 1756 das Scheichtum Kuwait unter der Dynastie von Al-Sabah gegründet. Die Nachkommen dieser Familie stellen bis heute die Könige von Kuwait und befinden sich, mit Scheich Jâbir al-Ahmad al-Jâbir Âl Abâh, in der 13. Nachfolgegeneration. Das Land entwickelte sich zu einem Zentrum des Bootsbaus und förderte damit seine Lage als Handelsknotenpunkt am Persischen Golf. Um die Sicherheit der Seewege zwischen Kuwait, Indien und der Ostküste von Afrika zu sichern, etablierte sich die East Indian Company in Kuwait (1792). Die Stadt Kuwait entwickelte sich vor allem mit den steigenden Einnahmen aus den florierenden Geschäften des Handelshafens. Die Gebiete Kuwaits und Ostarabiens (Al-Hasa) unterstanden zu der Zeit formal der Kontrolle des Osmanischen Reiches (1829–1899) und die Emire von Al-Sabah versuchten mit der Annahme der Berufung als Gouverneur der Provinz Al-Hasa, nicht vollständig in das Osmanische Reich eingegliedert zu werden.

Die wachsende Bedrohung seiner Unabhängigkeit veranlasste Scheich Mubarak as-Sabah (oder auch Mubarak der Große, der durch einen Brudermord an die Macht gekommen war) 1899, Kuwait unter britisches Protektorat zu stellen. Im Gegenzug durfte Kuwait keine Beziehungen zu anderen Ländern ohne Erlaubnis der Briten aufnehmen. Großbritannien verfolgte hierbei das Ziel, die Deutschen aus den Territorien der Golfregion zurückzudrängen und verhinderte damit auch den Bau der deutsch-türkischen Bagdad-Bahn in dieser Region. Mit dem Ausbruch des Ersten Weltkrieges (1914–1918) legte Großbritannien Kuwait eine Handelsblockade auf (1920–1938), da es das Osmanische Reich finanziell unterstützte. Nach dem Ersten Weltkrieg erklärten die Briten Kuwait zu einem eigenständigen Emirat, das unter britischem Protektorat stand.

Das entstandene Machtvakuum in den vormals osmanischen Gebieten nutzte Saudi-Arabien durch den Emir Abdul Aziz bin Abdul Rahman al-Asud (Ibn Saud) und drohte mit Annexion der Territorien Kuwaits durch Angriffe saudischer Wahhabiten. Die Tore der Stadtmauern der Festung Al-Jahra in der Al-Soor Street in Kuwait City erinnern heute immer noch an die bedeutende Najd-Schlacht. Aufgrund der Vermittlung Großbritanniens (auf der Uqair-Konferenz) konnte das Land seine Eigenständigkeit beibehalten und die Ansprüche Saudi-Arabiens durch die Festlegung der endgültigen Grenzen Kuwaits beilegen, wodurch es jedoch weite Teile seiner Territorien an Saudi-Arabien verlor.

Mit der Entdeckung der großen Erdölvorkommen durch die amerikanisch-britische Firma Kuwait Oil Company (KOC) im Jahr 1938, das aber erst mit dem Ende des Zweiten Weltkrieges gefördert wurde, stiegen die Einnahmen der kuwaitischen Wirtschaft wieder sprunghaft an. Kuwait wurde zu einem der größten internationalen Erdölproduzenten. Mit dem Reichtum erfolgten unter Mubarak as-Sabah breite Investitionen in die Sozialsysteme wie Gesundheitsvorsorge und Bildung, die den Lebensstandard der Bevölkerung enorm steigerten.

Die großen Erdöl-Vorkommen führten 1960 zusammen mit dem Iran, Irak, Saudi-Arabien und Venezuela zur Gründung der OPEC (Organisation der erdölexportierenden Länder) wie auch der OAPEC (Organisation der arabischen erdölexportierenden Länder), um eigene Interessen – vor allem Friedenssicherung, die Anerkennung seiner Grenzen und seiner Souveränität sowie gute bilaterale Beziehungen zu seinen Nachbarstaaten und regional zu den arabischen Staaten – durchzusetzen. Am 19. Juni 1961 vereinbarte und unterzeichnete Scheich Abdullah as-Salim as-Sabbah schließlich das Ende des Protektorats und die Unabhängigkeit Kuwait von Großbritannien.

Mit der neuen Unabhängigkeit erhob 1961 der Präsident des Irak, Abdkulkarim Qasim, Anspruch auf die Gebiete Kuwaits, die Großbritannien 1915 vom Osmanischen Reich an Kuwait abgetreten hatte. Britische Truppen, die später durch eine interarabische Sicherheitstruppe der Arabischen Liga (der Kuwait 1963 beitrat) ersetzt wurden, traten diesem Anspruch energisch entgegen und pochten auf die Eigenständigkeit Kuwaits. Der Irak erkannte die Unabhängigkeit 1963 vorerst an, sorgte durch Gebietsansprüche jedoch immer wieder für Spannungen und Konflikte, bis hin zur Besatzung Kuwaits und dem folgenschweren Zweiten Golfkrieg (August 1990 bis Februar 1991), bei dem Kuwait weitgehend zerstört wurde und ca. 80 000 Kuwaiter ums Leben kamen. Nach der Befreiung durch UN-Truppen konnte Kuwait durch die großen Erdöleinnahmen wieder zügig eine moderne Infrastruktur aufbauen. Mit den Umweltschäden durch Brandsätze auf den Erdölfeldern und der Erdölverschmutzung im Golf hat Kuwait bis heute zu kämpfen.

Bevölkerungsstruktur – insbesondere ethnische Zusammensetzung

Kuwait hat eine Bevölkerung von ca. 3 Millionen Einwohnern. Die Bevölkerungsstruktur zeigt, dass davon ca. 30 Prozent die kuwaitische Staatsangehörigkeit besitzen. Die übrigen Einwohner sind eingewanderte Araber aus den umliegenden Staaten sowie aus Iran, Asien und Afrika. Die Bevölkerung Kuwaits ist von einem sehr hohen Anteil ausländischer Arbeiter und deren Familien geprägt. Das Bevölkerungswachstum liegt im Durchschnitt bei ca. 1,27 Prozent. Ungefähr 57 Prozent der Gesamtbevölkerung sind Männer, der Frauenanteil liegt dementsprechend bei ca. 43 Prozent. Die Bevölkerung ist mit einem Anteil von 24,5 Prozent der unter 15-Jährigen sehr jung. Der Hauptteil der Bevölkerung (ca. 96 Prozent) lebt in Städten, die sich hauptsächlich an der Küste befinden. Mit durchschnittlich 78 Jahren ist die Lebenserwartung im weltweiten Vergleich sehr hoch. Kuwaits offizielle Amtssprache ist das moderne Arabisch, wobei unter den Kuwaitern oft ein irakisches Arabisch gesprochen wird. Persisch wird als zweite Sprache genutzt. Englisch ist weit verbreitet und wird oft in der Arbeits- und Wirtschaftswelt angewandt. Der Islam ist Staatsreligion. Die Mehrheit der Bevölkerung ist muslimisch (ca. 75 Prozent), ca. 70 Prozent Sunniten und 30 Prozent Schiiten. Es gibt zudem ca. 18 Prozent Christen, ca. 7 Prozent gehören anderen Religionen an.

Kuwait ist als eine sehr religiöse und sozial-konservative Gesellschaft zu definieren. Mit der Entdeckung von Erdöl und dem angestiegenen Wohlstand veränderte sich der Lebensstil des kuwaitischen Volkes und damit einher geht auch eine verstärkte Liberalisierung, vor allem im Vergleich zu seinen arabischen Nachbarstaaten. Durch das eingeführte Wahlrecht für Frauen und die Beteiligung am öffentlichen und beruflichen Leben hat sich die Position der Frau erheblich verbessert.

Wirtschaftsstruktur

Im 18. und 19. Jahrhundert basierte Kuwaits Wirtschaft weitgehend auf dem internationalen Handel und war ein wichtiger Handelspunkt zwischen den Golfstaaten, Asien, Afrika und Europa. Mit der Entdeckung des Erdöls in Kuwait (1938), das seit 1946 gefördert wird, stieg das Land nach dem Zweiten Weltkrieg zum größten Erdölproduzenten am Persischen Golf auf und zählt seitdem zu einem der wichtigsten Erdölproduzenten der Welt. Kuwaits Erdölreserven werden auf 101,5 Mrd. Barrel geschätzt, die bei der derzeitigen Fördermenge nach ca. 100 Jahren erschöpft sein werden. Mit über 50 Prozent Anteil am BIP ist der Erdölsektor der bedeutendste Wirtschaftszweig. Weitere Einnahmen werden durch den Dienstleistungssektor, den Finanzsektor und Immobilien generiert. Wegen der schlechten Bedingungen für die Landwirtschaft (heißes Klima, schlechter Boden und Wassermangel) können nur Produkte wie Kartoffeln, Tomaten, Gurken, Auberginen, Datteln sowie solche aus Geflügelzucht und Fischerei für den Binnenmarkt erzeugt werden. Daher arbeitet nur lediglich 1 Prozent der Beschäftigten in der Landwirtschaft.

Die Wirtschaftsdaten weisen im internationalen Vergleich eine sehr gute Bilanz auf. Der kuwaitische Außenhandel belief sich 2018 auf 121 Mrd. USD, davon betrafen Exporte 95,7 Mrd. USD und Importe 24,2 Mrd. USD, was einem Exportüberschuss von über 71,5 Mrd. USD entspricht. Erdöl und Erdölprodukte stellen 92 Prozent der Exporte dar. Wichtigste Importgüter sind Maschinen und Transportmittel (40,2 Prozent), industrielle Vorprodukte (16,6 Prozent), Nahrungsmittel sowie Vieh (14,5 Prozent) und Fertigwaren (14,1 Prozent). Die bedeutendsten Handelspartner waren in Bezug auf den Export Japan, Indien, Südkorea, China, Saudi-Arabien und die USA, in Bezug auf den Import die USA, Brasilien, China, Japan, Singapur und Deutschland. Durch die Einbußen aufgrund des gesunkenen Erdölpreises der letzten Jahre und den parallel dazu ansteigenden Ansprüchen und hohen Kosten des kuwaitischen Sozialsystems gerät die kuwaitische Finanzierungsbilanz unter Druck. Daher investiert Kuwait seine Überschüsse immer mehr in ausländische Unternehmen. Mit dem Ziel der Diversifizierung ihrer Wirtschaft bemüht sich die Regierung aber auch um höhere Investitionen aus dem Ausland. Mit dem neuen Investitionsgesetz werden dabei keine Vorgaben mehr für eine Mehrheitsbeteiligung durch kuwaitische Teilhaber verlangt. Zudem wurde der Steuersatz für ausländische Firmen von bis zu 55 Prozent auf 15 Prozent gesenkt.

Aktuelle politische Entwicklung

Die innenpolitischen Diskussionen in Parlament und Öffentlichkeit kreisten in den letzten Jahren oft um die Thematik der erheblichen Ausgaben bei den Löhnen, Sozialleistungen und Subventionen für die kuwaitische Bevölkerung. Die Einnahmen aus den Erdölvorkommen reichen nicht aus, um dem hohen Niveau und weiter steigenden Ansprüchen in Kombination mit der steigenden Bevölkerungszahl zu genügen. Kuwait hat ein gewähltes Parlament, das sich aber bis Dezember 2019 nur aus Männern zusammensetzte. Trotz dieses Entscheidungsgremiums liegt die politische Entscheidungsgewalt nahezu ausschließlich in den Händen der Familie des Scheichs. Und trotz zahlreicher Reformen im Staatsaufbau hält die Herrscherfamilie weiterhin weitreichende Machtbefugnisse auf allen Ebenen und verhindert damit die Etablierung einer funktionierenden Demokratie. Ein Drittel des Parlaments wird von der Herrschaftsfamilie ernannt und damit nur zwei Drittel tatsächlich von der Bevölkerung gewählt.

Inspiriert von den Protesten des „Arabischen Frühlings“ im März 2011 demonstrierten auch in Kuwait einige Hunderte junge Menschen für politische Reformen und eine größere Macht für das Parlament. Mit harter Hand gegenüber Protesten, gegen die Auflösung des Parlaments, die Blockierung von Gesetzesentwürfen, die Einsperrung des muslimischen Oppositionsführers Mussallam al-Barrak und die Schließung oppositioneller Fernsehsender provozierte der Emir eine Spirale gewalttätiger Demonstrationen auf den Straßen von Kuwait City und eine Radikalisierung der Jugend. Äußerst schwierig ist die Situation der arbeitsrechtlichen Bedingungen in Kuwait. Obgleich Kuwait Mitglied der Internationalen Arbeitsorganisation (ILO) ist, kommen die Unternehmen deren Erfordernissen nur unzureichend nach. Vor allem beim Schutz von Rechten ausländischer Arbeiter besteht ein großes Defizit.

Die Bestimmungsfaktoren der Außenpolitik werden vor allem durch das Ziel der Friedenssicherung gleitet. Hierzu dienen vor allem die Bemühungen eines Aufbaus guter Beziehungen zu den Nachbarstaaten Saudi-Arabien, Irak und Iran, der Ausbau und eine tiefere Zusammenarbeit des Golf-Kooperationsrates (GCC) und der Arabischen Liga als regionale Organisationen, wie die enge Zusammenarbeit mit den USA als Partner und Garant für die eigene staatliche Souveränität. Darüber hinaus ist Kuwait auch an einer Zusammenarbeit mit der NATO interessiert. Das Land ist der Istanbul Cooperation Initiative (ICI) der NATO beigetreten. Zudem wurde die Kooperation – politisch wie auch wirtschaftlich – mit der Europäischen Union ausgeweitet. Kuwait nimmt eine Schlüsselposition im Mittleren Osten ein. Das Land unterstützte die anderen arabischen Staaten im Krieg gegen Israel 1967 und 1973 mit finanziellen Mitteln von rund 500 Millionen USD. Kuwait sieht sich heute als das zukünftige „Tor zum neuen Irak“ und hat ein vitales Interesse an dessen Stabilisierung und an der Entwicklung guter bilateraler Beziehungen. Die Frage der Anerkennung der 1993 vom Sicherheitsrat der Vereinten Nationen festgelegten Grenze zwischen Kuwait und dem Irak hat sich mit dem Beginn der gemeinsamen Arbeiten zur Erneuerung der Grenzmarkierungen weitgehend entspannt. Hochrangige Treffen zwischen beiden Regierungen haben 2011 und 2012 zu einer wesentlichen Verbesserung der Beziehungen beider Nachbarstaaten geführt. Die Beziehungen mit dem Iran, die durch die kuwaitische Unterstützung Iraks im irakisch-iranischen Krieg belastet waren, nahmen im Laufe der Jahre wieder Fahrt auf. Bereits während des Krieges von 1991 verbesserten sich die Beziehungen zwischen beiden Staaten signifikant. Im Jahre 2003 schlossen beide Staaten einen Vertrag über die gegenseitige Versorgung mit Wasser und Gas. Ein Faktor, der die Beziehungen zwischen Kuwait und dem Iran aber weiterhin beeinträchtigen wird, ist die enge Beziehung zwischen Kuwait und den USA. Mit Sorge betrachtet Kuwait weiterhin auch das iranische Nuklearprogramm und die Inbetriebnahme des Kernkraftwerks Bushehr. Kuwait befolgt die von den Vereinten Nationen gegen den Iran beschlossenen Sanktionen. Die Beziehungen zwischen Kuwait und dem Iran sind inzwischen aber als durchaus positiv zu bezeichnen.

Nach dem 11. September 2001 hatte die kuwaitische Politik insgesamt mit einer antiamerikanischen Stimmung zu kämpfen. Diese Haltung wurde durch die kuwaitische Unterstützung des Krieges von 2003 noch einmal verstärkt. Auch 2008 gewannen radikal-islamische Kräfte bei den Parlamentswahlen weiter an Stimmen, besetzten mehr als 50 Prozent der Sitze und votierten gegen einen US-Einmarsch. Die starke Macht des Emirs unterstützte gegen den Willen des Abgeordnetenhauses die Anti-Terror-Allianz gegen Saddam Hussein wie auch die Terror-Gruppen in Afghanistan. Für die nahe Zukunft ist daher zu erwarten, dass Kuwait den weiteren Ausbau einer stabilisierenden und friedenssichernden Außenpolitik mit seinen Nachbarn und der arabischen Region anstrebt, sich aber weiterhin auf die US-amerikanischen Sicherheitsgarantien verlassen wird. Am 30. Oktober 2017 trat die kuwaitische Regierung aufgrund eines Misstrauensvotums gegen einen Minister zurück. Mubarak al-Sabah wurde am 1. November 2017 wieder zum Premierminister ernannt. Nach Differenzen zwischen Mitgliedern der regierenden Familie wurde die Regierung 2019 aufgelöst und unter dem neuen Premier Scheich Sabah Khaled Al-Hamad Al-Sabah im Dezember ein neues Kabinett gebildet, in dem erstmalig auch drei Frauen vertreten sind.

Literatur

Alebrahim, Abdulrahman (2019): Kuwait's Politics Before Independence: The Role of the Balancing Powers. Berlin.

Alenezi, Adnan (2020): The regional challenges affecting Kuwait's national security. In: Review of Economics and Political Science. 5 (1), S. 57–69.

Auswärtiges Amt (2019): Kuwait, unter: https://www.auswaertiges-amt.de/de/aussenpolitik/laender/kuwait-node/steckbrief/204128; [22.12.2019].

Beck, M. (2009): Der Nahe Osten im Umbruch: zwischen Transformation und Autoritarismus. Wiesbaden.

Elger, R./Stolleis, F. (Hrsg./2012): Kleines Islam-Lexikon. Geschichte – Alltag – Kultur, 5. Auflage. München.

Gieler, Wolfgang (2015): Handbuch Außenpolitik Nahost. Eine grundlegende Einführung in die Außenpolitik der Staaten des Nahen und Mittleren Ostens. Berlin.

Gieler, Wolfgang (2016): Der Nahe und Mittlere Osten – Staaten und Organisationen. Frankfurt am Main.

Hermes, R. (2014): Das politische System in Kuwait und die Rolle der Diwaniyyat. München.

Ishii, Masako/Hosada, Naomi/Matsuo, Masaki/Horinuki, Koji (Hrsg./2020): Asian migrant workers in the Arab Gulf States: the growing foreign population and their lives. Leiden.

Katzman, K. (2014): Kuwait: Security, Reform, and U.S. Policy. Washington.

Loewenstein, B. A. (2010): 'The Veiled Protectorate of Kuwait: Liberalized Imperialized Imperialism and British Efforts to Influence Kuwaiti Domestic Policy during the Reign of Sheikh Ahmad al-Jaber, 1938–50'. In: Middle Eastern Studies, 36 (2), S. 103–123.

Olver-Ellis, S. (2020): Building the new Kuwait: Vision 2035 and the challenge of diversification. London School of Economics and Political Science, Middle East Centre Paper Series, No. 30.

Wolfgang Gieler unter Mitarbeit von Maren Friesecke

Laos

Offizieller Name:	Demokratische Volksrepublik Laos
Staatsform:	Volksrepublik; sozialistisches Einpartei-System
Unabhängigkeit:	19. Juli 1949 (von Frankreich)
Nationalfeiertag:	2. Dezember (Tag der Republik)
Hauptstadt:	Vientiane
Lage:	Südostasien
Fläche:	236 800 qkm (Weltrang: 82)
Bevölkerung:	7,2 Millionen
Landesstruktur:	17 Provinzen, 1 Präfektur
Sprachen:	Laotisch (Amtssprache), Französisch, Englisch
Religionen:	Buddhismus (64,7 Prozent), Christentum (1,7 Prozent), Atheismus (31,4 Prozent), Sonstige (2,2 Prozent) (Schätzung 2015)
Währung:	Laotischer Kip (LAK)
Wirtschaftszweige:	*Landwirtschaft:* Süßkartoffeln, Gemüse, Mais, Kaffee, Zuckerrohr, Tabak, Baumwolle, Tee, Erdnüsse, Reis; Maniok (Maniok, Tapioka), Wasserbüffel, Schweine, Rinder, Geflügel *Industrie:* Bergbau (Kupfer, Zinn, Gold, Gips); Holz, Strom, landwirtschaftliche Verarbeitung, Gummi, Bauwesen, Bekleidung, Zement, Tourismus
Mitgliedschaften:	ADB, ARF, ASEAN, CP, EAS, FAO, G-77, IAEA, IBRD, ICAO, ICRM, IDA, IFAD, IFC, IFRCS, ILO, IMF, Interpol, IOC, IPU, ISO, ITU, MIGA, NAM, OIF, OPCW, PCA, UN, UNCTAD, UNESCO, UNIDO, UNWTO, UPU, WCO, WFTU (NGOs), WHO, WIPO, WMO, WTO

Wichtigste Medien: *Fernsehen:* 6 Fernsehstationen in der Hauptstadt, 3 staatliche und 3 private; 17 provinzielle Fernsehstationen, abhängig von denen in der Hauptstadt
Hörfunk: Staatlich kontrollierter Radiosender strahlt über 5 Frequenzen aus.

****

Naturraum und geographische Rahmenbedingungen

Laos ist mit einer Fläche von 236 800 qkm der einzige Binnenstaat der Halbinsel Südostasiens. Das Land erstreckt sich lang gezogen zwischen dem Mittellauf des Mekong als Grenze zu Thailand und den annamitischen Kordilleren mit einer Höhe von etwa 2 000 Metern. Lediglich 16 Prozent des Landes befinden unter dieser Höhe. Darunter ist beispielsweise die Hauptstadt Vientiane, welche an einer Tiefebene des Mekongs liegt. Als zentral gelegenes Binnenland wird Laos von China, Vietnam, Kambodscha, Thailand und Myanmar eingegrenzt. Historisch führte dies mehrfach zu Verwicklungen in politische und militärische Konflikte. Seit Beginn der 1990er Jahre gilt die geographische Lage jedoch auch als Chance, um die wirtschaftliche Position in der Region zu stärken.

Der Naturraum und die geographischen Rahmenbedingungen werden vor allem vom Mekong geprägt, welcher aufgrund der Trockenmonate und einiger Stromschnellen nicht ganzjährig schiffbar ist. Der auf laotischem Gebiet 1 835 km lange Strom ist vor allem für die Landwirtschaft von entscheidender Bedeutung, da die Anbaukulturen von dem Fluss und dem Monsunregen abhängig sind. Nur ein Drittel der Anbauflächen wird künstlich bewässert. In Laos herrscht ein tropisches Monsunklima. Das bedeutet, dass in den Monaten Mai bis November die Zeit des Sommermonsuns andauert. Hier kommt es zu starken Niederschlägen bei hoher Luftfeuchtigkeit, was die Grundlage für den Anbau von Reis als Hauptnahrungsmittel darstellt. Dezember bis Januar sind durch den Nordostmonsun trocken und kühler. Von Februar bis April herrscht ein feucht-heißes Klima. Über die Hälfte der Landesfläche ist von Monsunwäldern bedeckt.

Diese sind durch ihre wasserspeichernden Eigenschaften maßgeblich am ausgewogenen Klima in Laos beteiligt.

Geschichtliche Entwicklung von vorkolonialer Zeit bis zur Unabhängigkeit

Gemäß archäologischen Funden wird davon ausgegangen, dass das Gebiet bereits ab dem 6. Jahrtausend v. Chr. besiedelt war. Erste Aufzeichnungen zu Laos stammen aus dem Jahr 1353, als das Reich von Lan Sang (dt. „Land der Millionen Elefanten") unter der Herrschaft von Prinz Fa Ngum gegründet wurde. Gegen Ende des 17. Jahrhunderts zerfiel das Land in drei rivalisierende Königreiche. In der zweiten Hälfte des 18. Jahrhunderts gerieten alle Kleinreiche in die Oberherrschaft Siams (Thailand), welches wiederum im Jahr 1893 die politische Kontrolle der Gebiete östlich des Mekongs der europäischen Kolonialmacht Frankreich überlassen musste.

Die Anwesenheit der französischen Herrscher während der Kolonialzeit war recht begrenzt, da seitens der französischen Kolonialherrschaft nur ein geringes wirtschaftliches Interesse an Laos bestand. Stattdessen gab es eine beschränkte Selbstverwaltung, ausgeführt von der laotischen Aristokratie. Die Mehrheit der laotischen Bevölkerung wurde nach Siam zwangsumgesiedelt. Deshalb bestand die verbleibende Bevölkerung überwiegend aus Bergvölkern, welche die Franzosen nicht unter Kontrolle zu bringen vermochten. Gleichzeitig stieg die Bevölkerungszahl der Vietnamesen im Land erheblich, da diese bei den französischen Kolonialherrschern als arbeitsfähiger galten und somit deren Zuwanderung gefördert wurde.

Nach dem Zweiten Weltkrieg konnte Frankreich die Vorherrschaft in Laos nicht halten. Vor allem die kommunistische Bewegung mit Unterstützung des nordvietnamesischen Vietminh wurde immer stärker. Durch Verhandlungen beim Genfer Abkommen 1954 wurde die Unabhängigkeit Laos von Frankreich endgültig besiegelt. In den Folgejahren war das Land geprägt von Bürgerkriegen mit mehreren Fraktionen. Ende der 1960er Jahre wurde Laos immer stärker in den Vietnam-Krieg hineingezogen, welcher das Land enorm schwächte. 1975 wurde die „Demokratische Volksrepublik Laos" unter starkem Einfluss der kommunistischen Bewegung, auch seitens Vietnam, proklamiert.

Bevölkerungsstruktur – insbesondere ethnische Zusammensetzung

In Laos leben etwa 7,2 Millionen Menschen, wobei die durchschnittliche Lebenserwartung bei etwa 65 Jahren liegt. Mit 53,2 Prozent ist über die Hälfte der Laoten unter 24 Jahre alt und nur 3,9 Prozent hat ein Alter von 65 Jahren überschritten (Stand 2018). Die Bevölkerungsstruktur ist aus ethnischer Perspektive besonders heterogen. Insgesamt sind rund 50 verschiedenen Ethnien in fünf übergeordneten Sprachfamilien vorzufinden, woraus wiederum etwa 80 Sprachen hervorgehen. Bezieht man auch die ethnischen Gruppen ein, welche von der Regierung nicht als solche anerkannt werden, wird die Anzahl dieser auf über 200 geschätzt. Grob in drei Siedlungsgruppen zusammenfassen lässt die sich diese ethnische Komplexität anhand der geographischen Lebensräume.

Die Mehrheitsbevölkerung der buddhistisch-geprägten Tieflandlaoten (Lao Loum) umfasst etwa 60 Prozent der Gesamtbevölkerung und dominiert das Staatswesen politisch sowie kulturell. In Berghangregionen ist überwiegend die mon-khmersprachige Urbevölkerung (26 Prozent) beheimatet, welche Lao Theung genannt wird. Die Lao Sung, eine sino-tibetische Volksgruppe des Hochlandes, machen etwa 13 Prozent der Bevölkerung aus. Sonstige Bevölkerungsgruppen sind vor allem chinesischer und vietnamesischer Abstammung. Neben dem Buddhismus sind traditionelle Religionen, Baha'i-Gemeinden, der Islam und das Christentum vertreten. Viele der ethnischen Minoritäten leben in nicht sesshaften Zusammenschlüssen.

Eine soziokulturelle Differenzierung ist zunehmend in der Diskrepanz zwischen der Land- und der Stadtbevölkerung zu beobachten. Etwa 40,9 Prozent der Bevölkerung leben in urbanen Regionen (Stand 2018). Besonders in den Städten konnte sich durch verbesserte Arbeitsmarktbedingungen eine finanziell gestärkte Mittelschicht bilden, jedoch steigt die soziale Ungleichheit zwischen den Bevölkerungsschichten selbst weiterhin an. Insbesondere in ländlichen Gebieten spielt wirtschaftliche Armut aufgrund der mangelnder Einkommensmöglichkeiten und der hohen Schulabbruchsraten eine erhebliche Rolle. Die Alphabetisierungsrate liegt bei 80 Prozent.

Wirtschaftsstruktur

Insgesamt sind vor allem zwei Bereiche für die laotische Wirtschaft kennzeichnend: Zum einen kommt dem Agrarsektor noch heute eine prägende Funktion in der Wirtschaftsstruktur zu. Rund drei Viertel der Bevölkerung sind in der Landwirtschaft tätig, wobei ein Großteil Subsistenzwirtschaft betreibt. Die Forst-, Land- und Fischwirtschaft generiert rund ein Fünftel des BIP.

Zum anderen wird die Wirtschaftsstruktur von der führenden, marxistisch-leninistischen „Laotischen Revolutionären Volkspartei“ (LRVP) bestimmt. Unter dem Programm des „New Economic Mechanism“ (NEM) entfernte sich das wirtschaftliche Konzept der Partei ab Mitte der 1980er zunehmend von der Planwirtschaft und näherte sich stattdessen der Marktwirtschaft und der Privatisierung an. Seitdem liegen die Zuwachsraten des Bruttoinlandproduktes regelmäßig über fünf Prozent. Dennoch gilt Laos als eines der wirtschaftsschwächsten Länder der Welt. Der Staatshaushalt deckt sich trotz der positiven Zuwachszahlen seit Jahrzehnten durch die internationale Gebergemeinschaft. Zudem mangelt es an einer ausreichenden Infrastruktur und Ansätzen zur Entwicklung des Humankapitals.

Das Land ist zunehmend ein bedeutender Exporteur für Energie aus Wasserkraft, welche aus dem Hauptstrom des Mekong gewonnen wird. Bis 2021 soll die erzeugte Energie auf 13 Gigawatt nahezu verdoppelt werden. Davon sollen 65 Prozent der erzeugten Energie ins Ausland exportiert werden, wodurch mit Unterstützung ausländischer Investitionen neue Arbeitsplätze geschaffen werden. Diese sollen eine Veränderung der Subsistenzlandwirtschaft einleiten. Daneben verfügt das Land über wirtschaftliches Potential im Bereich Bergbau und Tourismus. Der tertiäre Sektor macht etwa 47 Prozent des BIP aus.

Aktuelle politische Entwicklung

Die „Demokratische Volksrepublik Laos“, ist heute international einer der letzten kommunistischen Staaten und befindet sich seit einigen Jahren in einem umfassenden politischen und wirtschaftlichen Wandlungsprozess. Dies wird auch an der Innen- und Außenpolitik deutlich. Nach der Machtergreifung 1975 führte die autoritäre LRVP eine Einparteienherrschaft nach sowjetischem Vorbild ein. Durch die duale Struktur zwischen Partei und Staat ohne Opposition besitzt die LRVP noch heute alleinige Entscheidungsmacht. Jedoch ist es durch die ethnische Vielfalt des Landes und der schwer zugänglichen Landschaft schwierig, eine einheitliche Verwaltung und eine zentralisierte, politische Führung durchzusetzen. Zwar hat die LRVP den alleinigen Herrschaftsanspruch, in den peripheren Regionen kann diese aber kaum ausgeübt werden.

Zu einigen ethnischen Gruppierungen besteht ein immenses Konfliktpotential, da diese die Unabhängigkeit vom laotischen Staat anstreben. Durch mangelnde Versorgung und der unzureichend ausgebauten Infrastruktur kommt es zu einer fehlenden Bindungskraft gegenüber der Regierung. Laos ist als eines der „Least Developed Countries" kategorisiert: Die wirtschaftliche Armutsquote in der Bevölkerung ist hoch, obwohl das Land über einen Ressourcenreichtum von Mineralien und Edelmetallen verfügt.

Seitens internationaler Organisationen wie beispielsweise Amnesty International, des UN-Menschenrechtsrats und Human Rights Watch wird seit einigen Jahren die Kritik an der mangelnden Einhaltung der Menschenrechte wiederholt. Im laotischen Strafrecht werden solche Handlungen sanktioniert, die sich gegen den Staat wenden. Insbesondere Meinungs-, Versammlungs- und Vereinigungsfreiheit sind erheblich eingeschränkt. Zudem wird die Pressefreiheit durch die Kontrolle der Medien nicht gewährleistet. Das Verschwinden des Zivilgesellschaftsvertreters Sombath Somphone führte zu einer, bis heute andauernden Verunsicherung seitens der Zivilgesellschaft.

Durch Mitgliedschaften in verschiedenen Bündnissen, seit 2013 etwa in der World Trade Organisation (WTO), bemüht sich die Regierung verstärkt um außenpolitische Beziehungen zu Bündnispartnern sowie eine positive wirtschaftliche Entwicklung in Gang zu setzen. Darüber hinaus soll die einseitige wirtschaftliche Abhängigkeit zum südlichen Nachbarstaat Thailand diversifiziert werden. Seit Juli 1997 ist Laos zudem Mitglied der Association of Southeast Asian Nations (ASEAN). Die Organisation ist zu einer wichtigen Stütze der regionalen politischen Integration und der laotischen Unabhängigkeit geworden. Nicht zuletzt auch deshalb, weil das Land aufgrund seiner geographischen Lage als Durchgangsland fungiert und die mächtigen Nachbarländer Thailand und Vietnam ebenfalls Mitglieder des Bündnisses sind. Hauptliefer- sowie Hauptabnehmerländer im internationalen Handel sind vor allem China, Thailand und Vietnam. Diese Länder sind deshalb auch als Investoren für die wirtschaftliche Entwicklung von besonderer Bedeutung. Das Verhältnis zu Thailand ist nach wie vor zwiespältig, während zu Vietnam freundschaftliche Beziehungen bestehen. China agiert vor allem als Investor von Großprojekten insbesondere in der Energie- und der Immobilienbranche.

Mit der wirtschaftlichen Neuorientierung durch das NEM-Programm verbesserten sich auch die Beziehungen zur internationalen Staatengemeinschaft, darunter auch die USA und die Europäische Union. Laos wird in der Entwicklungszusammenarbeit sowohl von bilateralen und von multilateralen Geldgebern unterstützt. Multilaterale Geber sind die Asian Development Bank, die EU sowie die Weltbank. Bilaterale Geber vor allem Japan, Südkorea, Singapur, Deutschland, Luxemburg, Frankreich, Schweiz und Australien. Ferner sind mehrere Organisationen der Vereinten Nationen in Laos ansässig.

Literatur

Croissant, A.; Lorenz, P. (2018): Laos: The Transformation of Periphery Socialism. In: Croissant, A.; Lorenz, P. (Hg.): Comparative politics of Southeast Asia: an introduction to governments and political regimes. Wiesbaden, S. 113–139.

Croissant, A. (2016): Laos, in: Ders., Die politischen Systeme Südostasiens. Eine Einführung. Wiesbaden, S. 201–240.

Grabowsky, V. (1999): Laos, in: Dahm, B. und Ptak, R. (Hrsg.), Südostasien-Handbuch: Geschichte, Gesellschaft, Politik, Wirtschaft, Kultur. München, S. 263–270.

Flacke-Neudorfer, C. (2007): Meet the Akha – help the Akha? Minderheiten, Tourismus und Entwicklung in Laos. Bielefeld.

Kotte, H. und Siebert, R. (2002): Laos – Aufbruch am Mekong. Bad Honnef.

Müller, D.; Parzinger, S. (2018): Laos. In: Wirtschaftshandbuch Asien-Pazifik. 63 (2018), S. 287–303.

Rehbein, B. (2020): Laos in 2018: deglobalization? In: Asian survey: a bimonthly review of contemporary Asian affairs. 59 (1/2.2019), 1, S. 193–197.

Schulte Nordholt, H. (2018): Südostasien. Neue Fischer Weltgeschichte – Band 12. Frankfurt am Main.

Wolf-Dieter Lassotta und Schirin Vahle

Libanon

Offizieller Name:	Libanesische Republik
Staatsform:	Parlamentarische Republik
Unabhängigkeit:	22. November 1943 (von Frankreich)
Nationalfeiertag:	22. November (Unabhängigkeitstag)
Hauptstadt:	Beirut
Lage:	Östliches Mittelmeer
Fläche:	10 452 qkm (Weltrang: 163)
Bevölkerung:	6,9 Millionen
Landesstruktur:	6 Gouvernements, die sich aus 25 Distrikten zusammensetzen
Sprachen:	Arabisch (Amtssprache); Minderheitensprachen: Armenisch, Aramäisch und Kurdisch; Verkehrssprache: Französisch
Religionen:	Islam (54 Prozent), Christentum (40,5 Prozent), Drusen (5,5 Prozent)
Währung:	Libanesisches Pfund (LBP)
Wirtschaftszweige:	Landwirtschaft, Industrie, Handel und Dienstleistungen; Exportgüter: Nahrungsmittel, Schmuck, chemische Erzeugnisse, Maschinen und Elektrogeräte, Metallprodukte und Papier
Mitgliedschaften:	AFESD, AMF, CAEU, FAO, G-24, G-77, IAEA, IBRD, IDA, IDB, IFRCS, ILO, IMF, Interpol, IOC, LAS, NAM, OIC, OPCW, UN, UNCTAD, UNESCO, UNHCR, UNIDO, WHO, WMO, WTO (Beobachter)
Wichtigste Medien:	*Fernsehsender:* verschiedene Sender für die jeweilige konfessionelle Zugehörigkeit oder politische Strömung *Hörfunk:* mehr als 30 Radiostationen, eine davon staatlich

Tageszeitungen: al-Akhbar (antiimperialistisch, progressiv, Partner von Wikileaks), The Daily Star (englischsprachig, vor allem für Libanesen im Ausland), an-Nahar (größte Tageszeitung im Libanon, liberal), L'Orient-Le Jour (französischsprachig, überwiegend christliche Leser), as-Safir (links, USA-kritisch, intellektuell)

****

Naturraum und geographische Rahmenbedingungen

Der Libanon lässt sich in vier Landschaftszonen gliedern. Im Westen liegt ein schmaler, 225 km langer Küstenstreifen am Mittelmeer, der im Norden und Süden breiter wird. Östlich davon schließt sich das Libanon-Gebirge an. Diese Gebirgskette ist der Namensgeber des Landes. Sie erstreckt sich ca. 170 km nach Südwesten parallel zur Küstenlinie. Die höchste Erhebung des stark verkarsteten Kalk- und Sandsteinrückens ist mit einer Höhe von 3 088 m der Qurnat as-Sauda im nördlichen Teil der Bergkette. Antiken Quellen zufolge waren die Berge früher mit Eichen- und Pinienwäldern bedeckt. Einige geringe Restbestände der Libanon-Zeder finden sich heute noch dort. Je nach Höhenlage werden auf den Hängen Südfrüchte, Wein, Tabak, Oliven oder auch Getreide angebaut. Im Winter sind die Gipfel des Libanon-Gebirges schneebedeckt und werden als Skigebiete genutzt. Im Osten begrenzt das knapp 3 000 m Hermonmassiv und der Anti-Libanon-Gebirgszug den Libanon nach Syrien. Der größte Teil des Anti-Libanon liegt bereits in Syrien. Wegen der starken Verkarstung und der Trockenheit ist der Anti-Libanon nur dünn besiedelt. Überweidung durch Ziegen und Schafe haben zu starken Bodenerosionen geführt. Auch hier sind kaum noch Wälder vorhanden.

Zwischen den beiden Gebirgsketten liegt die Bekaa-Ebene als vierte Landschaftszone. Sie erstreckt sich auf einer Länge von ca. 120 km und ist zwischen acht und zwölf km breit. Die Bekaa-Ebene liegt im Regenschatten des Libanon-Gebirgszuges, das Klima ist damit kontinental geprägt. Durch künstliche Bewässerung lässt sich das Gebiet allerdings landwirtschaftlich auf die Weise nutzen, dass Teile der Ebene als Obst- und

Gemüsekammer des Landes bezeichnet werden. In der Ebene entspringen zwei Flüsse: Der Orontes fließt Richtung Norden und überquert die syrische Grenze, der Litani durchfließt die Ebene nach Süden. Er liegt vollständig auf libanesischem Staatsgebiet und ist mit 140 Kilometern der längste Fluss des Landes.

Das Klima ist den einzelnen Landschaftszonen entsprechend sehr unterschiedlich. Die Küstenregion ist mediterran geprägt: schwül und heiß im Sommer (28 °C Durchschnittstemperatur im Juli), im Winter feucht und kühler (13 °C im Januar). In der kontinentalen Bekaa-Ebene dominieren heiße und trockene Sommer und kalte sowie schneearme Winter. In den Gebirgsketten gibt es viel Niederschlag, auch die Sommer sind hier relativ kühl. Obwohl ausreichend Wasservorräte vorhanden, sind manche Teile des Landes von zunehmender Wüstenbildung betroffen. Der Libanon hat mit erheblichen Umweltproblemen zu kämpfen. Zunehmende Urbanisierungstendenzen, aber auch die Nachwirkungen der kriegerischen Auseinandersetzungen schädigen die Ökologie des Landes empfindlich. In den landwirtschaftlich genutzten Gebieten führen Überdüngung und der massive Einsatz von Pestiziden und Insektiziden zu Umweltschäden. Das Land hat kaum Bodenschätze. Zwar sind Eisenerz, Kupfer und andere Rohstoffe vorhanden, eine Förderung findet aber nicht statt. 2010 wurde vor der Levante ein großes Gasfeld entdeckt. Auch Erdölvorkommen werden vermutet. Der Libanon hat Anspruch auf die Förderung der dortigen Vorkommen angemeldet und dieses Anliegen auch vor der UN gebracht.

Geschichtliche Entwicklung von vorkolonialer Zeit bis zur Unabhängigkeit

Das Gebiet des Libanons spielt als Teil von Königreichen und anderen Herrschaftsgebieten eine bedeutende historische Rolle. Zur Ausbildung eines libanesischen Nationalverständnisses kam es aber erst im 19. Jahrhundert. Im Mittelalter war das Gebiet des heutigen Libanons Teil von Kreuzfahrerstaaten, die im ausgehenden 13. Jahrhundert von den Mamelucken nach der Vertreibung der Kreuzfahrer aufgelöst wurden. Mit dem Untergang des Mameluckenreichs gelangte der Libanon ebenso wie Syrien unter osmanische Herrschaft. Der zunehmende Nationalismus im Vielvölkerstaat des Osmanischen Reiches führte im 19. Jahrhundert zu einer

Schwächung der Zentralgewalt. Dadurch konnten nicht nur regionale, sondern auch europäische Mächte ihren Einfluss auf lokale Gruppen und Eliten ausbauen. Diese Gruppen differenzierten sich häufig nach unterschiedlichen Religionszugehörigkeiten. Die europäischen Mächte setzten daraufhin eine eingeschränkte Unabhängigkeit des Libanons durch. Die Religionsgemeinschaften wurden politisch proportional repräsentiert. Ein christlicher, mit der katholischen Kirche unierter Gouverneur, der nicht aus dem Libanon selber stammen durfte, führte die Provinz. Die europäischen Mächte hatten ein Mitspracherecht bei der Einsetzung des Gouverneurs. Eine internationale Kommission überwachte die Eigenständigkeit. In dieser Zeit erlebte das Land eine wirtschaftliche und kulturelle Blütezeit.

Im Ersten Weltkrieg stand das Land unter der Militärverwaltung des Osmanischen Reiches. In Beirut ähnlich wie in anderen Städten des Osmanischen Reiches organisierte sich eine Nationalbewegung, die aber blutig unterdrückt wurde. Infolge des Krieges kam es zu Hungersnöten und Seuchen mit bis zu 100 000 Toten (bei 450 000 libanesischen Einwohnern). Vor allem maronitische Christen waren unter den Opfern. Um der Notsituation zu entgehen, wanderten in dieser Zeit viele Libanesen aus. Auch heute noch gibt es eine umfangreiche Gemeinschaft von Auslandslibanesen in den USA, in Kanada, Lateinamerika, Australien oder Südafrika, die in der Auswanderung zu Beginn des 20. Jahrhunderts ihre Wurzeln hat. Dagegen nahm das Land mehrere hunderttausend Armenier aus Anatolien auf. Diese leben auch heute noch ihre eigenen sprachlichen und kulturellen Traditionen. Vor allem die Maroniten wollten am Ende des Ersten Weltkrieges einen eigenen Staat durchsetzen.

Die christliche Bevölkerung war unter dem Schutz der Großmächte und wegen ihres Zugangs zu den europäischen Märkten sozial aufgestiegen. Frankreich als Mandatsmacht unterstützte die Bemühungen, auch um arabischen Nationalisten entgegenzutreten, die Widerstand gegen die Mandatsherrschaft leisteten. Dem neu entstehenden Staat wurden allerdings auch überwiegend muslimisch besiedelte Gebiete angegliedert. Bei der Staatsgründung betrug ihr Anteil an der Bevölkerung beinahe 50 Prozent. Nicht selten lehnten die Muslime die Neugründung des Staates ab und forderten den Verbleib bei Syrien oder die Bildung eines panarabischen Einheitsstaates. Auch behielt Frankreich weiterhin das Mandat über den Libanon. Im Zweiten Weltkrieg stand das Land unter der Kontrolle des

Vichy-Regimes, wurde aber von britischen Truppen bereits 1941 besetzt. Ende 1941 wurde die Unabhängigkeit erklärt. Allerdings sollte der Libanon weiterhin unter französischer Kontrolle stehen. Nach den Wahlen im Jahr 1943 kündigte die neue libanesische Regierung die französische Mandatsherrschaft einseitig auf. Die Unabhängigkeit wurde bestätigt, das Land blieb bis 1945 unter alliierter Aufsicht. Die letzten französischen Truppen verließen das Land 1946. Der Kampf um die Unabhängigkeit hatte auch zu einem Kompromiss zwischen muslimischen und christlichen Politikern geführt, die auf eine Teilung der Macht hinarbeiteten und das vorrangige Ziel in der Eigenständigkeit des Landes sahen.

Bevölkerungsstruktur – insbesondere ethnische Zusammensetzung

Der Libanon ist eines der am dichtesten besiedelten Gebiete im Levante-Raum. Die Mehrheit der knapp 7 Millionen Einwohner lebt in den Städten an der Mittelmeerküste. Der Großraum Beirut ist mit 2,38 Millionen Einwohnern das größte Ballungsgebiet. Derzeit halten sich mehr als eine Million syrische Flüchtlinge im Land auf. Schätzung der UN zu Folge werden die Zahlen noch weiter stark steigen. Auch sollen sich im Libanon bis zu 400 000 palästinensische Flüchtlinge aufhalten. 95 Prozent der Bevölkerung sind Araber. Vier Prozent gehören der armenischen Minderheit an, der Rest verteilt sich auf andere, kleinere Bevölkerungsgruppen.

Mit 54 Prozent machen Muslime den größten Anteil an den Religionsgemeinschaften aus. Jeweils die Hälfte von ihnen sind Sunniten und Schiiten. Zu den christlichen Glaubensgemeinschaften zählen ungefähr 40 Prozent der Einwohner. Den größten Anteil umfasst hier die Maronitische Kirche, der ungefähr ein Fünftel der Libanesen angehört. Die verschiedenen christlichen Kirchen im Land gehen häufig auf sehr alte Traditionen zurück. Sie sind im Rahmen des politischen Konfessionalismus im Parlament repräsentiert. Etwa fünf Prozent der libanesischen Bevölkerung sind Drusen. Insgesamt sind achtzehn Religionsgemeinschaften anerkannt. Zwei Fünftel der Bevölkerung sind unter 25 Jahre alt. Das Durchschnittsalter liegt bei knapp 30 Jahren, die durchschnittliche Lebenserwartung bei gut 77 Jahren. Auf 1 000 Einwohner werden ca. 15 Kinder geboren, die Kindersterblichkeit beträgt etwa acht pro tausend Geburten. Die Alphabetisierungsrate der über 15-Jährigen liegt bei ca. 94 Prozent, wobei die Analphabetenquote bei den Frauen etwas höher ist als bei den Männern. Aufgrund hoher Landflucht in der Vergangenheit leben heute bis zu 90 Prozent der Libanesen in den Städten des Landes. Amtssprache ist Arabisch. Daneben werden als Minderheitensprachen u. a. Armenisch, Kurdisch und Aramäisch gesprochen. Als Relikt aus der Zeit als französisches Mandatsgebiet hat sich Französisch als Verkehrssprache erhalten. In jüngerer Zeit gewinnt Englisch vor allem durch den Schulunterricht zunehmend an Bedeutung.

Wirtschaftsstruktur

Die Wirtschaft ist liberal strukturiert. Das Land hat eine lange Freihandelstradition. Es profitiert von zahlreichen Verbindungen ins Ausland, besonders die hohe Zahl von Auslandslibanesen wirkt sich dabei positiv aus. Ausländische Investitionen werden nicht verhindert. Trotzdem leidet die Wirtschaft unter überbordender Bürokratie, Korruption, hohen Zöllen, Abgaben und Gebühren und willkürlichen Genehmigungsverfahren sowie einer veralteten Rechtsordnung. Im Korruptionswahrnehmungsindex von Transparency International rangierte der Libanon 2019 auf dem 137. Platz von 180 Ländern. Vor dem Bürgerkrieg 1975 war der Libanon eines der bedeutendsten Finanzzentren im Nahen Osten. Beirut als Bankenmetropole galt als Bindeglied zwischen Europa und den Staaten der Golfregion. Die Stärke beruhte vor allem auf einer breiten Handels- und Dienstleistungswirtschaft. Auch heute noch sind diese Felder die Hauptstützen der libanesischen Wirtschaft. Nicht nur der 15 Jahre dauernde Bürgerkrieg, sondern auch die Auseinandersetzung mit Israel 2006 haben erhebliche ökonomische Schäden hinterlassen. Dank internationaler Geldgeber war es möglich, schnell an die Beseitigung der Schäden zu gehen, dennoch machen sich die zahlreichen Konflikte der Vergangenheit auch heute noch in der Infrastruktur bemerkbar.

Der Bürgerkrieg in Syrien hat den Tourismussektor des Libanons erheblich geschädigt. Nach dem Bürgerkrieg im Libanon hatte sich der Tourismus erneut zu einer der wichtigsten Einnahmequellen des Landes entwickelt, auch wenn an das Vorkriegsniveau nie wieder angeknüpft werden konnte. Vor allem Touristen aus der Golfregion sorgten für Einnahmen. Syrien fällt seit Beginn des Bürgerkriegs als Handelspartner weitgehend weg, auch der

Handel mit den Golfstaaten, die die Hauptabnehmer libanesischer landwirtschaftlicher Produkte waren, geriet ins Stocken. Die enge Verbindung zu den im Ausland lebenden Libanesen garantiert eine relative wirtschaftliche Stabilität, da die Rücküberweisungen pro Jahr ca. acht Mrd. USD ausmachen und somit die schwächelnde Binnenwirtschaft abfangen können. Das libanesische Bruttoinlandsprodukt lag 2018 bei 56,4 Mrd. USD. Die geschätzten Wachstumsraten liegen nur noch bei 0,2 bis 0,3 Prozent für 2018 und 2019. 75 Prozent des BIP wird im Dienstleistungssektor erarbeitet. Die Industrie macht etwa ein Fünftel aus und die Landwirtschaft hat einen Anteil von fünf Prozent. Ein großes Problem ist die hohe Staatsverschuldung. Sie macht für 2017 rund 153 Prozent aus und ist damit eine der höchsten der Welt. Dementsprechend umfasst der Schuldendienst einen erheblichen Teil der Staatsausgaben. 40 Prozent der öffentlichen Ausgaben fließen in den Abbau von Schulden. Privatisierungen wurden trotz zahlreicher Ankündigungen immer wieder verschoben.

Seit dem Ausbruch des syrischen Bürgerkriegs wird der libanesische Haushalt zunehmend durch zusätzliche Ausgaben für die inzwischen bis zu 1,5 Millionen Flüchtlinge aus Syrien belastet. Gleichzeitig treten die Syrer mit den Libanesen in Konkurrenz um Arbeitsplätze. Bereits heute liegt die Arbeitslosigkeit bei fast einem Drittel der Erwerbstätigen. Die Jugendarbeitslosigkeit liegt Schätzungen zufolge sogar bei 50 Prozent. Da die syrischen Flüchtlinge häufig für weniger Lohn und illegal arbeiten, dabei auch auf Arbeitnehmerrechte verzichten und gleichzeitig keine Steuern zahlen, ist die Lage zunehmend angespannt. Vor der libanesischen Küste werden große Erdgas- und Erdölvorkommen vermutet, mit denen sich im Libanon große Hoffnungen auf eine Verbesserung der angespannten wirtschaftlichen Situation verbinden. Die Reserven werden auf 30 Billionen Kubikfuß Gas und 660 Millionen Barrel Erdöl geschätzt.

Wegen der schwierigen politischen Situation stehen aber noch genaue Gesetzesvorgaben zur Förderung und auch zur Beteiligung ausländischer Lizenzunternehmer aus. Wann die Förderung beginnen kann, ist daher noch unklar. Außerdem zeichnen sich bereits jetzt Konflikte über den Verlauf der Meeresgrenzen ab, sodass eine Zugehörigkeit der Vorkommen zu einem Land noch nicht zweifelsfrei geklärt ist. Die vorrangige Aufgabe in den nächsten Jahren wird die Bekämpfung der Arbeitslosigkeit, vor allem unter Jugendlichen, und die Lösung der Schwierigkeiten sein, die im Zusammenhang mit den syrischen Flüchtlingen auftreten. Angesichts der konfliktreichen Lage in der Region ist eine Wiederbelebung z. B. des Tourismussektors in den nächsten Jahren aber wenig wahrscheinlich. Der libanesische Immobilienmarkt, der insbesondere ausländische Investoren attraktiv ist, gilt als Hoffnung für die angeschlagene libanesische Wirtschaft.

Aktuelle politische Entwicklung

Nach der Unabhängigkeitserklärung gehörte der Libanon 1945 zu den Gründungsmitgliedern der Vereinten Nationen. Eine stark wachsende Wirtschaft ließ das Land zu einem wichtigen Handelszentrum im Nahen Osten aufsteigen. Unterdessen blieben die innenpolitischen Spannungen zwischen Muslimen und Christen bestehen. Die Gründung des Staates Israel trug zur Verschärfung der Spannungen bei, da palästinensische Flüchtlinge den Anteil der Muslime im Vergleich zu anderen konfessionellen Gruppen ansteigen ließen. Im Palästinakrieg beteiligte sich der Libanon nur mit wenigen Truppen am Krieg gegen Israel. Obwohl 1949 ein Waffenstillstandsabkommen geschlossen wurde, befinden sich beide Länder aus Sicht des Libanons formal weiterhin im Kriegszustand. Innenpolitisch verschärften gegensätzliche politische Ausrichtungen den Konflikt zwischen den einzelnen konfessionellen Gruppen.

Ziel der libanesischen Christen war es, die Unabhängigkeit des Landes und die eigene privilegierte Position zu sichern. Das erhoffte man sich durch Bündnisse vor allem mit westlichen Staaten. Die libanesischen Muslime dagegen bemühten sich um eine engere Einbindung in die arabisch-muslimische Welt. Bei der Gründung des Staates war allerdings festgelegt worden, dass der Libanon in alle Richtungen unabhängig bleiben sollte. Sämtliche Religionsgruppen sollten proportional ihres Bevölkerungsanteils an der Macht beteiligt werden. Durch diese demonstrative Unabhängigkeit nach außen hin und die Machtteilung im Inneren wurde der Libanon lange Zeit als „Schweiz des Orients“ bezeichnet.

Im Nahostkonflikt hatte sich der Libanon bis Ende der 1960er Jahre weitgehend neutral verhalten. Auf Druck der Arabischen Liga und nach gewaltsamen Auseinandersetzungen zwischen der libanesischen Armee und der PLO im Libanon musste das Land 1969 ein Abkommen mit der

PLO unter Jassir Arafat unterzeichnen, dass es den palästinensischen Befreiungsorganisationen ermöglichte, die Flüchtlingslager im Libanon zur Rekrutierung bewaffneter Einheiten zur Verfügung zu stellen. Damit hatte der Libanon nun nicht nur unmittelbar Anteil am Nahostkonflikt, sondern gab auch als Staat sein Gewaltmonopol auf. Die Flüchtlingslager entwickelten sich zu nicht durch den Staat kontrollierte Zonen innerhalb des eigenen Territoriums. Bis heute haben die libanesische Polizei und die Armee dort keinen Zutritt. Das veränderte Gleichgewicht und Verhältnis der einzelnen Konfessionen zueinander, die verschärften sozialen Konflikte und die Etablierung der palästinensischen Kommandostrukturen im Südlibanon führten zum Ausbruch des Bürgerkriegs Mitte der 1970er Jahre.

Durch die Einmischung anderer Staaten gewann der Konflikt zusätzlich an Schärfe; Syrien, Israel und der Iran intervenierten mehrmals, auch um eigene Interessen durchzusetzen. Der Bürgerkrieg führte zur Entstehung eines weiteren militärischen, inzwischen aber auch sozialen und politischen Machtfaktors – der schiitischen Hisbollah. Gegründet wurde sie als Reaktion auf die militärischen Aktionen Israels im Süden des Libanons, unter denen besonders die schiitische Bevölkerung zu leiden hatte. Mit Unterstützung des Irans nach der Islamischen Revolution sollte sie die Position der Schiiten innerhalb des komplizierten konfessionellen Geflechts stärken. Bis heute wird die Hisbollah von Israel, Kanada und den USA als Terrororganisation eingestuft. Die EU sieht nur in der Hisbollah-Miliz eine terroristische Vereinigung. Finanziert wird die Hisbollah vom Iran, der sie auch mit Waffen versorgt. Seit 1992 trat die Hisbollah als politische Partei auf, stellt Parlamentsabgeordnete und war in mehreren Kabinetten der libanesischen Regierung vertreten. Sie unterstützt antisemitische Propaganda und finanziert Schulen, Krankenhäuser und Hilfsorganisationen für Muslime. Der libanesische Bürgerkrieg konnte erst 1990 beendet werden. Lange Zeit war weder militärisch noch diplomatisch eine Lösung des Konflikts möglich. Dem Bürgerkrieg fielen bis zu 150 000 Menschen zum Opfer. Etwa 800 000 Menschen flohen ins Ausland.

Im Juli 2006 entführten Einheiten der Hisbollah zwei israelische Soldaten und lösten damit den Zweiten Libanonkrieg aus. Israel reagierte mit der Entsendung von Panzern in den Südlibanon, um die Hisbollah-Kämpfer zu verfolgen. Während die Hisbollah Raketenangriffe auf den Norden Israels durchführte, flog Israel Luftangriffe auf Ziele im gesamten Land.

Die libanesische Regierung verurteilte sowohl die israelischen Angriffe auf den Libanon als auch die Aktionen der Hisbollah gegen Israel. Sie forderte eine internationale Friedenstruppe, um den Konflikt zu beenden. Die libanesische Armee war kaum mit Kampfhandlungen am Konflikt beteiligt. Unter Vermittlung der UN wurde ein Waffenstillstandsabkommen vereinbart, in dessen Folge sich die israelischen Einheiten aus dem Südlibanon zurückzogen und die libanesische Armee dort erstmals seit 1978 wieder Truppen stationierte. Die seit 1978 bestehende Beobachtermission der UN wurde aufgestockt.

Der Bürgerkrieg in Syrien wirkt sich zusätzlich destabilisierend auf das politische System des Libanons aus. Die Hisbollah kämpft aufseiten des Assad-Regimes in Syrien, während Rebellengruppen, die die syrische Opposition unterstützten, den Libanon als Rückzugsgebiet nutzen. Die im Februar 2014 nach 11-monatigen Verhandlungen gebildete Regierung unter Ministerpräsident Tammam Salam versucht, die Sicherheitslage im Land aufrechtzuerhalten. Sie wird von fast allen politischen Parteien unterstützt. Salam selber steht als Sunnit der prowestlichen, syrischen Opposition nahe, hat aber gleichzeitig Kontakte zur antiwestlichen und prosyrischen Allianz des 8. März, die schiitische, säkulare und christliche Gruppen vereint. Immer wieder kam es seit Ausbruch des Bürgerkriegs zu bewaffneten Auseinandersetzungen und Bombenanschlägen, vor allem in Wohnvierteln mit schiitischer Mehrheit, die von der Hisbollah kontrolliert werden. In der nördlichen Hafenstadt Tripoli kam es zu Kämpfen zwischen Anhängern und Gegnern des syrischen Regimes.

Mittlerweile versucht auch der Islamische Staat, im Libanon Fuß zu fassen. Mitte November 2015 bekannte sich der IS zu einem Attentat mit mehr als 40 Toten und knapp 250 Verletzten in einem überwiegend von Schiiten bewohnten Viertel im Süden von Beirut. Eine Lösung des Kriegs in Syrien könnte sich daher in mehrfacher Hinsicht positiv auf die Lage im Libanon auswirken. Nach der Parlamentswahl im Mai 2018 konnte erst im Januar 2019 eine Regierung gebildet werden. Die Regierung wird von Ministerpräsident Saad Hariri angeführt.

Literatur

Asseburg, M.; Busse, J. (2020): Der Nahostkonflikt: Geschichte, Positionen, Perspektiven. München.

Bickel, M. (2011): Der vergessene Nahostkonflikt. Syrien, Israel, Libanon, Hizbollah. London.

Cheikh, I. E. (2010): Zwischen Politik und militärischem Kampf. Die Hizbollah im Libanon. Marburg.

Finckenstein, V. (2020): Paralyse in Zeiten der Krise. Länderbericht/Konrad Adenauer Stiftung, Länderbüro Libanon, unter: https://www.kas.de/documents/252038/7938566/Paralyse+in+Zeiten+der+Krise.pdf/4f75d619-a3e8-1244-f74c-cd03f043b4cb, [19.02.2020].

Harris, W. (2012): Lebanon. A History, 600–2011. Oxford.

Kfoury, A. (Hrsg.) (2007): Inside Lebanon. Journey to a Shattered Land with Noam and Carol Chomsky. New York.

Lang, T. (2013): Die Drusen in Libanon und Israel. Geschichte, Konflikte und Loyalitäten einer religiösen Gemeinschaft in zwei Staaten. Berlin.

Lintl, P. (Hrsg.) (2016): Religiöse Bewegungen als politische Akteure im Nahen Osten. Baden-Baden.

Mackey, S. (2009): Mirror of the Arab World. Lebanon in Conflict. New York.

Steinberg, G. (Hrsg.) (2009): Deutsche Nah-, Mittelost- und Nordafrikapolitik. Interessen, Strategien und Handlungsoptionen. Berlin.

Traboulsi, F. (2012): A History of Modern Lebanon. London.

Wimmen, H. (2015): Libanesischer Balanceakt am Abgrund. Tief in den Syrienkrieg verstrickt hält der Libanon mühsam Stabilität, in: SWP-Aktuell, April 2015. Berlin

Tim Hass

Malaysia

Offizieller Name:	Malaysia
Staatsform:	Föderale parlamentarische konstitutionelle Monarchie
Unabhängigkeit:	31. August 1957 (von Großbritannien)
Nationalfeiertag:	31. August (Unabhängigkeitstag)
Hauptstadt:	Kuala Lumpur
Lage:	Südostasien
Fläche:	329 847 qkm (Weltrang: 66)
Bevölkerung:	31,8 Millionen
Landesstruktur:	13 Bundesstaaten und 1 Bundesterritorium
Sprachen:	Malaysisch, Englisch, Chinesisch (Mandarin), Tamil, Telugu
Religionen:	Islam (Staatsreligion; 61,3 Prozent), Buddhismus (19,8 Prozent), Christentum (9,2 Prozent), Hinduismus (6,3 Prozent), Sonstige (3,4 Prozent)
Währung:	Malaysischer Ringgit (MYR)
Wirtschaftszweige:	*Landwirtschaft:* Palmöl, Gummi, Kakao, Reis, Subsistenzkulturen, Holz, Pfeffer *Industrie:* Verarbeitung und Herstellung von Kautschuk- und Ölpalmen, Erdöl und Erdgas, Leichtherstellung, Pharmazeutika, Medizintechnik, Elektronik und Halbleiter, Holzverarbeitung, Holzeinschlag, Landwirtschaftsverarbeitung
Mitgliedschaften:	ADB, APEC, ARF, ASEAN, BIS, C, CICA (Beobachterstatus), CP, D-8, EAS, FAO, G-15, G-77, IAEA, IBRD, ICAO, ICC (Nationale Komitees), ICRM, IDA, IDB, IFAD, IFC, IFRCS, IHO, ILO, IMF, IMO, IMSO, Interpol, IOC, IPU, ISO, ITSO, ITU, ITUC (NGOs), MIGA, MINURSO, MONUSCO, NAM, OIC, OPCW, PCA, PIF (Partner), UN, UNAMID, UNCTAD, UNESCO, UNIDO, UNIFIL, UNISFA, UNMIL, UNWTO, UPU, WCO, WFTU (NGOs), WHO, WIPO, WMO, WTO

Wichtigste Medien: *Fernsehen:* 2 staatliche Rundfunkanbieter, die landesweit ausstrahlen sowie eine führende private Mediengruppe, die über 4 Fernsehstationen ebenfalls landesweit ausstrahlt.
Hörfunk: etwa 55 Radiostationen, das Verhältnis zwischen staatlichen und privaten ist ausgewogen

************.

Naturraum und geographische Rahmenbedingungen

Malaysia liegt auf der Nordhalbkugel in Südostasien und besteht aus zwei Teilen. Westmalaysia liegt im Süden der Malaiischen Halbinsel und entspricht etwa 40 Prozent des Staatsgebietes. Hier liegt auch die Hauptstadt Kuala Lumpur. Ostmalaysia liegt auf der Insel Borneo und macht 60 Prozent des Staatsgebietes aus. Das gesamte Staatsgebiet umfasst eine Fläche von 329 847 qkm, was nur geringfügig kleiner als Deutschland ist. 328 657 qkm der Fläche, die etwa 99,6 Prozent entsprechen, liegen auf Festland. Die restlichen 1 190 qkm befinden sich im Südchinesischen Meer. Nachbarstaaten, die eine Festland-Grenze mit Malaysia verbindet, sind Brunei und Indonesien auf Borneo sowie Thailand auf der Malaiischen Halbinsel. Es gibt zudem einen Damm, über den Singapur zu erreichen ist. Malaysia besitzt 4 675 km Küstenlinie, 2 068 km liegen um West-Malaysia, 2 607 km um Ostmalaysia.

Malaysia hat ein tropisches Klima, das aufgrund der Nähe zum Äquator kaum jahreszeitlichen Wechseln unterworfen ist. Die Temperaturminima liegen bei 21 °C, die bei Maxima 35 °C. Hinzu kommt eine sehr hohe Luftfeuchtigkeit von durchschnittlich 80 Prozent. Der für diese Breitengrade übliche Monsun weht von April bis Oktober aus südwestlicher Richtung und ändert von Oktober bis Februar die Richtung und weht zu dieser Zeit aus Nordost. Die Höhen-Ausdehnung beträgt 4 095 Meter, was auch der Höhe des höchsten Berges des Landes, dem Gunung Kinabalu in Sabah, entspricht. Natürliche Ressourcen, die in dem Land vor allem vorkommen, sind Zinn, Erdöl, Holz Kupfer, Eisenerz, Erdgas sowie Bauxit.

Etwa 23 Prozent des Landes werden landwirtschaftlich genutzt und 62 Prozent des Staatsgebiets sind mit größtenteils tropischem Regenwald bewachsen. Natürliche Gefahren sind zum einen Überflutungen und zum anderen Erdrutsche sowie Waldbrände. Waldbrände in Indonesien, beispielsweise auf Sumatra und Borneo, führen zu sogenanntem „Haze“, also Dunst, der große Teile des Landes erreichen und die Sicht und Atmung einschränken kann. Indonesien selbst kann nicht angemessen auf die Waldbrände reagieren und diese nicht effektiv verhindern. Außerdem werden große Unternehmen beschuldigt, Brände selbst zu legen, um Platz für den Anbau von beispielsweise Palmöl zu schaffen. Auch die Abholzung des Regenwaldes und der damit einhergehende Verlust an Tierarten ist ein drängendes Problem, dieser führt zudem zum Verlust der Lebensgrundlage einiger ethnischer Gruppen. Zum Waldverlust pro Jahr gibt es unterschiedliche Angaben, die sich in einem Spektrum von 0,54 Prozent bis 2 Prozent bewegen.

Geschichtliche Entwicklung von vorkolonialer Zeit bis zur Unabhängigkeit

Die Geschichte Malaysias beginnt, vor 5 000–6 000 Jahren. Damals begannen Austronesier damit, sich über Südostasien und Polynesien auszubreiten und entlang der Straße von Malakka, einer Meerenge zwischen dem heutigen Malaysia und Sumatra, entstanden mehrere Monarchien, die malaiischen Ursprungs waren. Indische sowie buddhistische und hinduistische Einflüsse vermischten sich mit traditionellen Bräuchen und ein erstes langlebiges Königreich, Sriwijaya, etablierte sich. Sriwijaya herrschte als einflussreicher Staat über große Teile vom heutigen Sumatra und Malaysia bis ins 13. Jahrhundert. Daraufhin bildete sich das Sultanat Malakka, das 1402 von Parameswara gegründet wurde, und sich durch seine geostrategisch günstige Lage als langlebig erwies, da Handel mit vielen verschiedenen Kulturen betrieben wurde, was sich auch in der Multikulturalität innerhalb Malakkas widerspiegelte. Nach Hochzeiten über Religionsgrenzen hinweg wurde der Islam Staatsreligion und Malakka expandierte weiter. 1511 eroberten die Portugiesen Malakka, um sich Rohstoffe sowie Einfluss zu sichern. Der Katholizismus wurde auch durch die portugiesische Kolonialmacht verbreitet, hatte aber keine starken missionarischen Bestrebungen. Ab 1595 führten Spannungen zwischen Portugiesen und Niederländern immer wieder zu Scharmützeln um

Malakka, die 1641 mit einem Sieg der Niederländer endeten. Diese hatten nun großflächig den Handel in Südostasien unter ihrer Kontrolle. 1824 tauschten die Briten Malakka gegen Bencoolen mit den Niederländern und errichteten daraufhin die Straight Settlements, die aus Malakka, Wellesley sowie Penang und Singapur bestanden und 1867 zur Kronkolonie wurden. Diese wurden weitestgehend entmachtet und durch Kolonialregierungen verwaltet, die wirtschaftlich sehr profitabel für die britische Krone waren. Zudem wurden „westliche" Verwaltungsstrukturen aufgebaut, die zwar Sicherheit und Frieden brachten, jedoch eine ethnische Teilung der Gesellschaft verursachten, indem eine Taktik der „Trennung und Herrschaft" verfolgt wurde.

Nach dem Zweiten Weltkrieg, der kurz für eine japanische Herrschaft über Teile des Gebiets sorgte, die jedoch durch die Briten zurückgeschlagen wurde, führte ein Plan der Briten, eine einzige Malayische Union zu errichten, zu erheblichen Widerstand in der Bevölkerung, da diese die Autonomie weiter eingeschränkt hätte. Um Aufständen entgegenzuwirken, wurden Verhandlungen geführt, die 1948 in der Errichtung der Föderation von Malaya endeten. Diese führte erneut zu Spannungen und zum Guerilla-Krieg, der als „Malayan Emergency" bekannt ist und die Unabhängigkeit zum Ziel hatte. Zwar konnten die Briten den kommunistischen Aufstand niederschlagen, jedoch versprachen sie dennoch Unabhängigkeit, die 1957 umgesetzt wurde. Malaysia wurde 1963 gegründet, als Singapur, Sabah und Sarawak der Föderation beitraten.

Bevölkerungsstruktur – insbesondere ethnische Zusammensetzung

Die Bevölkerungsstruktur ist sehr heterogen. Dies liegt zu großen Teilen auch an der bewegten Geschichte des Landes. Die Einwohnerzahl von Malaysien beträgt 31,8 Millionen Menschen, was etwa 39,5 Prozent der Einwohnerzahl von Deutschland entspricht. Das Durchschnittsalter beträgt 28,7 Jahre, das Bevölkerungswachstum 1,34 Prozent pro Jahr, die Lebenserwartung 75,4 Jahre. Die Kindersterblichkeit liegt bei 12,1:1 000 und durchschnittlich gebärt jede Frau 2,5 Kinder. Die Bevölkerungspyramide ist eine Mischform der Pyramiden-& Bienenstockform.

Die Bevölkerung ist sehr ungleichmäßig im Land verteilt; sowohl zwischen ländlichen und städtischen Gebieten, in denen 76 Prozent der Bevölkerung leben, als auch zwischen den beiden Landesteilen. Die Bevölkerungsmehrheit (über 80 Prozent) lebt in Westmalaysia. Auch ethnisch ist die Bevölkerung äußerst heterogen. Etwas mehr als die Hälfte der Einwohner (50,2 Prozent) sind Malaien, gefolgt von Menschen chinesischer Abstammung (22,4 Prozent), Einwohnern, deren Wurzeln auf andere indigene Völker (11,8 Prozent) zurückgehen, sowie Menschen indischer Abstammung (6,7 Prozent). Die indigenen Bevölkerungsteile einschließlich der Malaien werden „Bumiputra“ genannt, die restlichen Bevölkerungsteile „non-Bumiputra“. Dies macht jedoch nicht nur auf dem Papier einen Unterschied: Etwa 85 Prozent der Staatsbediensteten (unter Ausschluss der Lehrer) sind Bumiputra. Unternehmen im Besitz von Bumiputra werden bei staatlichen Aufträgen bevorzugt. Verfassungsrechtlich sind zwar alle Bevölkerungsteile gleichberechtigt, es herrscht jedoch ein Ethnonationalismus, der historisch begründet wird.

In den meisten Schulbüchern setzte die Geschichte Malaysias erst mit dem Sultanat Malakka ein. Diese Sichtweise führt zu der Argumentation, dass aufgrund des Aufbaus staatlicher Strukturen und das Erhalten dieser über die Jahrhunderte und den Kolonialismus hinweg eine automatische Vormundschaft der „ursprünglichen Bevölkerung“, also den Bumiputra, begründet werden kann. Diese ethnischen Spaltungen führen zu Vorurteilen, die den Alltag prägen. Trotz dessen sieht eine deutliche Mehrheit der Malaysier (78 Prozent) die zwischenethnischen Beziehungen als positiv an. Dass dies jedoch nicht die einzige Realität sein kann, wurde spätestens 2016 klar, als eine Demonstration unter dem Titel „Berish 2.0“ für mehr Demokratie und gleiche Rechte für alle auf die Straßen ging. Dessen Folge war eine Gegendemonstration von Bumiputra, die als „Red-Shirt-Bewegung“ (nicht zu verwechseln mit den Red Shirts in Thailand) internationale Aufmerksamkeit erregte und zum Teil als „Inbegriff des Rassismus“ bezeichnet wird. Zu erwähnen ist außerdem, dass der Großteil der Bumiputra eher im ländlichen Raum lebt und arbeitet, wohingegen „non-Bumiputra“ insbesondere in städtischen Gebieten leben. Auch religiös ist Malaysia sehr heterogen. Die offizielle Religion ist der Islam, ihm gehören 61,3 Prozent der Bevölkerung an. Hinzu kommen der Buddhismus, dem

19,8 Prozent der Bevölkerung angehören, das Christentum mit 9,2 Prozent und der Hinduismus mit 6,3 Prozent Anteil an der Bevölkerung.

Wirtschaftsstruktur

Seit 1990 legt der Human Development Index von Malaysia kontinuierlich zu, von damals leicht über 0,6 auf heute leicht über 0,8. Damit belegt Malaysia Rang 57 auf der weltweiten Liste und zählt laut dem United Nations Development Programme zu den sehr hoch entwickelten Ländern. Andere Kenngrößen sind beispielsweise das BIP pro Kopf, das 2017 bei ca. 29 000 USD lag. Diese Kenngröße ist jedoch nicht besonders aussagekräftig, da aufgrund eines Durchschnittswerts keine Rückschlüsse auf die Verteilung innerhalb des Landes gezogen werden können. Der Gini-Koeffizient gibt den Grad der Einkommensverteilung innerhalb eines Landes an und beträgt bei Malaysia im Jahr 2015 41,8. Für Deutschland lag der Wert zur selben Zeit bei 31,7. Ein Wert von 0 bedeutet absolute Gleichverteilung des Einkommens, ein Wert von 100 entspricht absoluter Ungleichverteilung. Die Wirtschaft Malaysias hat sich seit der Unabhängigkeit stark gewandelt von einer größtenteils von Landwirtschaft und Bergbau geprägten Exportwirtschaft hin zu einer Hightech entwickelnden Hochindustrie. Im Dienstleistungssektor werden 56 Prozent des BIP erwirtschaftet, gefolgt von 22,8 Prozent im Produktionssektor und 15,8 Prozent in Landwirtschaft und Bergbau. Erdöl sowie Erdgas und Palmöl sind wichtige Exportwaren, die zu fast einem Drittel den gesamten Staatshaushalt ausmachen. Langfristig will man als Hightech-Standort vor allem durch Computerchips und Solarenergie-Produkten sowie Hightech-Know-how an den internationalen Märkten teilhaben.

Dazu beitragen sollen sogenannte Fünfjahrespläne, die die groben Ziele der Regierung und die wirtschaftliche Richtung des Landes festhalten. Der letzte Fünfjahresplan stammt von Mai 2015 und gilt bis 2020. Zentrale Ziele sind bessere Regierungsführung sowie Transparenz und Korruptionsbekämpfung. Die malaysische Währung, der malaysische Ringgit, ist schwächer als der Euro. Für einen Ringgit erhält man derzeit ca. 22 Euro-Cent.

Ethnische Unterschiede sind auch in der Wirtschaft ein zu berücksichtigender Faktor. Von 1971 bis 1990 wurden Bumiputra wirtschaftlich deutlich gefördert, um ihre ökonomische Situation zu verbessern. In den

1970ern lag der Anteil von Unternehmensanteilen in Bumiputra-Hand bei ca. 2 Prozent. Diese Unterschiede wurden inzwischen abgemildert, allerdings hatte diese Politik sowohl die beschriebenen sozialen Unruhen zur Folge, gleichzeitig wurden aber auch wohlhabende Bumiputra noch reicher. Ab den 1990ern wurde die Wirtschaft dann immer mehr auf Hochtechnologie ausgerichtet, es wurden Technologieparks errichtet und die Entwicklung in der Medizintechnik vorangetrieben. Tourismus ist ebenfalls ein wichtiger Industriezweig, beispielsweise wurde bis 2003 eine Formel-1-Rennstrecke in Sepang als Prestigeprojekt errichtet. Diese ist jedoch seit 2017 nicht mehr in Betrieb und der Große Preis von Malaysia findet aktuell nicht mehr statt. Allerdings gibt es intensive Bestrebungen einer Wiederaufnahme ab 2020.

Aktuelle politische Entwicklung

Malaysia ist eine konstitutionelle Wahlmonarchie bestehend aus 13 Bundesstaaten, von denen neun Monarchien und vier Republiken sind. Darüber hinaus kommen sogenannte Bundesterritorien hinzu, namentlich Kuala Lumpur, Putrajaya sowie Labuan. Die neun Monarchen wählen alle fünf Jahre einen König. Seit Ende Januar 2019 bekleidet der Sultan des Sultanats Pahang von Malaysia, Sultan Abdullah Ri'ayatuddin, dieses Amt und trägt deshalb zusätzlich den Titel Yang Di-Pertuan Agong, den nur der König trägt. Er ist der inzwischen 16. König des Landes. Regierungschef ist der Premierminister, Mahathir Mohamed, der schon einmal von 1981 bis 2003 Regierungschef war und am Tag seiner erneuten Ernennung mit 92 Jahren der älteste Regierungschef der Welt war. Das Parlament besteht aus zwei Kammern, dem Senat sowie dem Repräsentantenhaus. Der Senat setzt sich aus Abgesandten der Länderparlamente sowie durch den Premierminister vorgeschlagenen Personen zusammen. Im Zusammenspiel mit dem Repräsentantenhaus ist der Senat jedoch nahezu belanglos. Außerdem ist zu erwähnen, dass das Repräsentantenhaus bisher eher als Erfüllungsgehilfe der Regierung zu sehen war, denn als eigenständiger Akteur. So kam es fast nie zu substanziellen Debatten im Parlament, da es zum einen kein Ausschusswesen gibt und die Regierung zum anderen bisher fast ausschließlich eine 2/3-Mehrheit hinter sich hatte, was Kompromisse mit der Opposition unnötig gemacht hat.

Nach Premierminister Mohameds Ernennung wurden weitreichende Reformen, wie die Neubewertung von Großprojekten der Vorgänger-Regierung, der Abschaffung der Mehrwertsteuer sowie der erneuten Untersuchung eines schwerwiegenden Veruntreuungsskandals, der neben den ethnischen Ungerechtigkeiten zur erwähnten Demonstration Berish 2.0 führte, umgesetzt. In Aussicht sind sowohl die Abschaffung der Todesstrafe sowie der Beitritt zu einigen UN-Menschenrechtskonventionen. Die Menschenrechte sind in Malaysia nicht komplett umgesetzt: Pressefreiheit sowie die freie Meinungsäußerung sind nicht vollumfänglich garantiert, eine Freizügigkeit existiert nicht und die Vereinigungs- und Versammlungsfreiheit ist ebenso nicht durchsetzbar. Hinzu kommt die Kriminalisierung von LGBTQI+-Menschen, insbesondere gleichgeschlechtliche sexuelle Handlungen zwischen volljährigen Männern sind verboten. Außerdem findet in Malaysia sowohl weltliches Recht als auch islamisches Recht, das durch Sharia-Gerichte durchgesetzt wird, Anwendung. Islamisches Recht gilt jedoch nur für Muslime. Dies führt zum einen zu Problemen, wenn beide Parallel-Rechtssysteme kollidieren, zum anderen dazu, dass Strafen wie Stockschläge angewandt werden. Der (sunnitische) Islam ist offizielle Staatsreligion und wird besonders geschützt, es herrscht jedoch offiziell Religionsfreiheit. Seit 1963 regierte durchgehend eine Koalition von drei Parteien, die 1974 schließlich zur Nationalen Front erweitert wurden. Mit der Ernennung des aktuellen Regierungschefs 2018 wurde mit dieser Tradition gebrochen und ein Bündnis aus vier Oppositionsparteien kam an die Regierung.

Malaysia ist auch international engagiert. Es unterhält diplomatische Beziehungen sowohl zur EU als auch zu China und den USA und sieht sich insgesamt als Moderator auf der Weltbühne. Ziele des internationalen Engagements sind neben der Sicherung der wirtschaftlichen Eigeninteressen auch die Wahrung und Herstellung von Frieden auf der Welt. Dazu zählt, dass Malaysia sich nur an Militäroperationen beteiligt, die ein UN-Mandat erhalten haben. Malaysia sieht sich selbst als islamisches Land und fühlt sich deshalb mit muslimischen Staaten sowie deren Bürgern verbunden. Diplomatische Beziehungen mit Israel existieren nicht, es wird im Gegenteil Palästina explizit unterstützt. Das Land ist Teil der ASEAN und sieht China, seinen wichtigsten Handelspartner, als wichtigen Pfeiler seiner außenpolitischen Beziehungen. Unter der Vorgängerregierung vereinbarte

Großprojekte mit China und Singapur wurden jedoch zunächst auf Eis gelegt, auch wenn die Zusammenarbeit auf anderen Politikfeldern floriert, beispielsweise der Wissensaustausch mit China oder die marine Zusammenarbeit mit Indonesien und den Philippinen. Es existieren allerdings Streitigkeiten mit China bezüglich der territorialen Zugehörigkeit einzelner Gebiete im Südchinesischen Meer und Malaysia unterstützt die Rohingya-Minderheit im eigenen Land.

Mit der EU besteht ein Partnerschafts- und Kooperationsabkommen, zudem wird der Studenten- und Wissensaustausch besonders gefördert sowie der Handel und die gemeinsamen Sicherheitsbemühungen vorangetrieben. Ein wesentliches Problem ist Menschenhandel und Zwangsarbeit. Besonders Menschen, die beispielsweise von Indonesien, Bangladesch, Nepal oder den Philippinen nach Malaysia immigriert sind, geraten im Bau- oder Landwirtschaftsgewerbe in Zwangsarbeit oder werden gezwungen, in Fabriken zu arbeiten. Besonders Frauen droht zudem Prostitution. Malaysia ist sich des Problems bewusst und unternimmt Schritte, um diese Zustände zu unterbinden, erfüllt aber trotzdem immer noch nicht die Mindeststandards, um Menschenhandel effektiv zu verhindern. Außer dem Handel mit Menschen ist auch der mit Drogen, besonders Heroin, ein Problem, auch wenn in letzter Zeit die Nachfrage nach synthetischen Drogen wie Ecstasy größer wurde. Selbst drakonische Maßnahmen wie die Todesstrafe, die auch für Drogenhandel droht, schaffen hier aktuell noch keine Abhilfe.

Literatur

Croissant, A. (2016): Die politischen Systeme Südostasiens: Eine Einführung. Wiesbaden, S. 241–290.

Dahm, B. und Ptak, R. (Hrsg.) (1999): Südostasien-Handbuch. Geschichte, Gesellschaft, Politik, Wirtschaft, Kultur. München.

Porsche-Ludwig, M./Gieler, W. und Bellers, J. (Hrsg.) (2013): Handbuch Sozialpolitiken der Welt. Berlin.

Ufen, A. (2020): Malaysias Demokratisierung in der Sackgasse, in: GIGA Focus Asien, 01/2020. Hamburg.

Ufen, A. (2012): Ethnizität, Islam, Reformasi: Die Evolution der Konfliktlinien im Parteiensystem Malaysias. Wiesbaden.

Ufen, A. (2008): Politischer Neubeginn in Malaysia: Die Parlamentswahlen vom März 2008, in: GIGA Focus Asien, 04/2008.

Vorlaufer, K. (2018): Südostasien, 3. aktualisierte Auflage. München.

Watson Andaya, B. und Andaya, L. (2001): A History of Malasysia, 2. Auflage. Basingstoke, Hampshire.

Martha Ay und Sophie-Kristin Raetz

Malediven

Offizieller Name:	Republik Malediven
Staatsform:	Präsidentielle Republik
Unabhängigkeit:	26. Juli 1965 (von Vereintem Königreich)
Nationalfeiertag:	26. Juli
Hauptstadt:	Malé
Lage:	Südasien
Fläche:	298 qkm (Weltrang: 186)
Bevölkerung:	512 038 (Stand 2018)
Landesstruktur:	21 administrative Atolle
Sprachen:	Dhivehi (Amtssprache, Dialekt von Sinhala, Schrift vom Arabischen abgeleitet), Englisch (von den meisten Regierungsbeamten gesprochen)
Religionen:	Sunnitischer Islam (Staatsreligion, 100 Prozent)
Währung:	Rufiyaa/Malediven-Rupie (MVR)
Wirtschaftszweige:	*Landwirtschaft:* Kokosnüsse, Mais, Süßkartoffeln, Fisch *Industrie:* Tourismus, Fischverarbeitung, Schifffahrt, Bootsbau, Kokosnussverarbeitung, gewebte Matten, Seile, Kunsthandwerk, Korallen- und Sandabbau
Mitgliedschaften:	ADB, AOSIS, C, CP, FAO, G-77, IBRD, ICAO, ICC (NGOs), ICCt, IDA, IDB, IFAD, IFC, IFRCS, ILO, IMF, IMO, Interpol, IOC, IOM, IPU, ITU, MIGA, NAM, OIC, OPCW, SAARC, SACEP, UN, UNCTAD, UNESCO, UNIDO, UNWTO, UPU, WCO, WHO, WIPO, WMO, WTO.
Wichtigste Medien:	*Bis 2019:* staatseigener Rundfunk *Ab 2019:* 4 staatlich sowie 7 privat betriebene Fernsehsender; 4 staatlich und 7 privat betriebene Hörfunksender

****

Naturraum und geographische Rahmenbedingungen

Die Malediven sind ein Inselstaat im Indischen Ozean, welcher geographisch südwestlich an der Südspitze des indischen Subkontinents gelegen ist. Die Hauptstadt ist Malé. Das Territorium umfasst insgesamt eine Fläche von 859 000 qkm. Davon sind jedoch lediglich 298 qkm Landflächen. Der Inselstaat ist etwa 500 bis 1 000 km von Indien und Sri Lanka entfernt. Die Malediven bestehen aus 26 Atollen mit über 1 190 Inseln, von denen 190 bewohnt sind. Im Jahr 2016 kamen 126 zuvor unbewohnte Inseln hinzu, welche als sogenannte „Tourist Resorts" dienen. Die meisten der Inseln umfassen eine geringe flächenmäßige Ausdehnung von 0,1 bis 0,3 qkm. Die Insel Gan ist die flächenmäßig größte Insel mit 5,2 qkm. Die Hauptstadt Insel Malé misst demgegenüber eine Fläche von 2,1 qkm.

Der Inselstaat besteht ausnahmslos aus Koralleninseln, welche sich auf 80 Prozent der Fläche maximal einen Meter über den Meeresspiegel erheben. Die höchste natürliche Erhebung lässt sich hier in Addu-Atoll wiederfinden, da diese 2,4 m beträgt. Alle Inseln weisen eine etwa einen Meter dicke Sandschicht auf. Außerdem lassen sich stellenweise auch dünne Humusschichten wiederfinden. Das Landschaftsbild ist geprägt von langen Sandstränden und Kokospalmen sowie Korallenriffen. Da die Malediven am Äquator und dessen Nähe gelegen sind, weisen sie ein feuchtheißes Tropenklima auf. Im Jahresverlauf sind die Temperaturen weitestgehend ausgeglichen. Die Jahresdurchschnittstemperatur in der Hauptstadt Malé beträgt 27 °C. Die durchschnittliche Höchsttemperatur des Inselstaats liegt bei 30,4 °C. Der mittlere Tidenhub auf dem Inselstaat beträgt nur rund einen Meter. Da der Meeresspiegel als Folge des Klimawandels immer weiter ansteigt, wird dadurch die Existenz des Landes perspektivisch bedroht. Die Malediven bleiben meist verschont von Wirbelstürmen und anderen Naturkatastrophen, jedoch hatte die Tsunami-Katastrophe in Süd- und Südostasien von 2004 auch Folgen für einige Inseln, die sich am östlichen Rand des Malediven-Archipels befinden.

Ein weiterer wichtiger Aspekt ist, dass es auf den Malediven starke Umweltprobleme gibt, die durch die Einleitung ungeklärter Abwässer ins Meer und auch durch die Zerstörung der Korallenriffe durch Baumaßnahmen und Tourismus begründet werden können. Auch bestehende Gesetze können die Umweltproblematiken bisher nicht verhindern. Bereits der frühere Staatspräsident Maumoon Abdul Gayoom, der von 1978 bis 2008 im Amt war, wies die Weltbevölkerung daraufhin, dass die Malediven und andere kleine Inselstaaten durch die Folgen der globalen Umweltzerstörung und durch den Anstieg des Meeresspiegels stark bedroht werden. Auch sein Nachfolger Mohamed Nasheed und dessen Regierung tagten im Oktober 2009 auf einer Lagune, die vier Meter unter dem Meeresspiegel lag. Diesbezüglich wurde die internationale Staatengemeinschaft zum Handeln hinsichtlich des Klimawandels aufgerufen. Die Vision 2020 der Malediven beschrieb, dass das Ziel gesetzt wird, einen umweltfreundlichen Lebensstil auf Grundlage moderner Technologien zu entwickeln. Außerdem wird angestrebt, innerhalb eines Jahrzehnts das erste kohlenstoffneutrale Land der Welt zu werden.

Geschichtliche Entwicklung von vorkolonialer Zeit bis zur Unabhängigkeit

Frühe Funde von Archäologen belegen, dass die Inseln schon vor mehr als 4 000 Jahren durch unterschiedliche Kulturen besiedelt waren. Im 5. und 4. Jahrhundert v. Chr. siedeln sich singhalesische Buddhisten an. Später übernimmt ein islamischer Herrscher das Land. 1213 lässt der zweite Herrscher Sultan Srimat Gadanaditya Tempel und buddhistische Staturen zerstören und zwingt die Bevölkerung sich dem Islam anzuschließen. Von nun an ist der Islam die Staatsreligion. 1518 verstärkt sich der Handel mit den Portugiesen und sie bekamen die Erlaubnis eine Handelsniederlassung in Malé aufzubauen. Doch die koloniale Herrschaft der Portugiesen war sehr streng und das Christentum wurde zur Staatsreligion ernannt. Die Inselbewohner waren sehr unzufrieden mit der Situation und es kam immer wieder zu Unruhen. 1657 verlor die portugiesische Kolonialmacht die Stützpunkte auf den Inseln an die Niederländer. Die Niederländer griffen nicht in innere Angelegenheiten ein und die Malediver suchten lediglich Schutz an ihren Grenzen vor anderen Europäern. 1796 gelang ein Übergang in die britische Kolonialzeit. Der Vertrag mit der britischen Kolonialmacht sollte ebenfalls die Grenzsicherung bewahren. In den folgenden Jahren lenkt Großbritannien die Regierung zu einer Wahlmonarchie und es wird eine republikanische Verfassung eingeführt.

Am 26. Juni 1965 wurden die Malediven als unabhängig erklärt und traten der UN bei. Die präsidiale Republik erhält 1968 eine neue Verfassung, in der der Präsident vielseitige Befugnisse erhält. Außerdem wird der Koran als Basis für die Gesetzgebung genutzt. Gekennzeichnet wird die Zeitgeschichte vor allem durch die 30 Jahre andauernde autokratische Herrschaft von Maumoon Abdul Gayoom. Erst 2008 kam es zu einem politischen Machtwechsel.

Bevölkerungsstruktur – insbesondere ethnische Zusammensetzung

Die Einwohnerzahl beträgt offiziellen Schätzungen zu Folge 512 038 Einwohner (Stand 2018). Dies sind somit etwa 1 718,2 Einwohner pro qkm. Im Jahr 2014 lebten 38,8 Prozent der Gesamtbevölkerung in der Hauptstadt Malé. Das durchschnittliche Bevölkerungswachstum lag zwischen 2012 und 2017 bei 2,5 Prozent pro Jahr. Im Jahr 2017 ist die Bevölkerung um 2 Prozent gewachsen. Zur städtischen Bevölkerung zählten 2018 39,8 Prozent. Außerdem lag die Nettomigrationsrate im Jahr 2017 bei -1,3 Prozent.

Schätzungen von 2017 zufolge lag die Geburtenrate bei 1,6 Prozent. Demgegenüber lag die Sterberate bei 0,4 Prozent. Die Lebenserwartung der Bevölkerung liegt bei 75,8 Jahren. Bei Frauen beträgt die Lebenserwartung 78,3 Jahren und bei Männern 73,5 Jahren. Die Altersstruktur ist in der Form ausgeprägt, dass 21,4 Prozent der Bevölkerung zwischen 0 und 14 Jahren alt sind, die 15- bis 64-Jährigen stellen hierbei 74,2 Prozent dar. Etwa 4,5 Prozent der Bevölkerung sind älter als 65 Jahre alt.

Die Hauptstadt ist bekannt als Ziel von starker Zuwanderung. Aus diesem Grund sieht das seit 1997 laufende Entwicklungsprojekt, welches für die Region Groß-Malé vorgesehen ist, dass bis Ende 2020 die Schaffung eines Großstadtraumes von einer Fläche von 9,3 qkm erreicht wird. Eine Landgewinnung und Raum für 150 000 Menschen sollen geschaffen werden. Diese Planungen werden durch Aufschüttungen umgesetzt. Hinsichtlich der flächenmäßigen Ausdehnung kann das Hauptstadtgebiet Malé, durch diese Maßnahmen von 1,25 qkm auf 2,1 qkm erweitert werden.

Die singhalesisch, drawidisch, arabisch, australisch und afrikanisch zusammengesetzte Bevölkerung ist sehr heterogen. Rund ein Drittel der

Bevölkerung hat ihren Lebensmittelpunkt in der Hauptstadt und etwa ein Zehntel in der südlich gelegenen Stadt Addu. Die verbleibende Bevölkerung lebt auf den restlichen 200 Inseln und Atollen. Generell ist der sozioökologische Standard breiter Bevölkerungsanteile nicht besonders hoch, trotz schneller steigernder Modernisierung und guter wirtschaftlicher Lage in den Bereichen Fischfang und Tourismus.

Die Staatssprache ist Dhivehi. Diese ist verwandt mit dem Singhalesischen aus Sri Lanka. Die Schriftzeichen der Sprache ähneln dem Arabischen, denn die Schreibweise ist auch hier von rechts nach links. Das Englische ist vor allem in der Führungsschicht und in der Geschäftswelt weit verbreitet. Jedoch wird Englisch auch als Verkehrssprache in der Hauptstadt und auf den Touristeninseln (teilweise auch Deutsch) genutzt. Die Alphabetisierungsrate liegt bei 98 Prozent. Die Staatsreligion des Inselstaates ist der Islam, sunnitisch Ausrichtung. 99,9 Prozent sind Muslime. Die Förderung der Religion ist ein wichtiges Anliegen der Regierung. Bereits 1996 wurde ein Supreme Council for Islamic Affairs gebildet. Das öffentliche Ausüben anderer Religionen ist jedoch nicht gestattet.

Wirtschaftsstruktur

Der Tourismus ist der wichtigste Wirtschaftszweig. Dies wird vom Bruttoinlandsprodukt, bei dem 2017 der Tourismus 19,8 Prozent ausmachte, bestätigt. Mehr als 70 Prozent der Deviseneinkünfte stellten 2018 die Tourismuseinnahmen. Diese Einnahmen ermöglichen den Malediven Entwicklungsziele in solchen Bereichen, wie Infrastruktur und Umwelt aufzustellen. Mit einem Bruttoinlandsprodukt von 9 469 USD pro Kopf zählen die Malediven zu der Gruppe der Länder mit mittlerem Einkommen, wobei sie eines der führenden Länder dieser Gruppierung werden sollen (Vision 2020).

Die Hauptbeschäftigungen liegen im Gastgewerbe (20,1 Prozent), in der Industrie (11,2 Prozent), im öffentlichen Dienst (10,6 Prozent) und im Baugewerbe (9,8 Prozent). Laut Zensus 2014 wurden auf den Malediven 145 757 Beschäftigte erfasst, welche 94,8 Prozent aller erwerbsfähigen Personen ab 15 Jahren betreffen. Hiervon waren 60 030 ausländische Arbeitskräfte und 30 000 weitere ausländische illegale Arbeitskräfte aus Bangladesch und anderen asiatischen Ländern. Der Unterschied zwischen den Warenimporten und -exporten ist erheblich. 96,9 Prozent bestehen lediglich aus Meeresprodukten, diese werden in Länder wie Thailand (34,4 Prozent), Sri Lanka (10,2 Prozent), USA (8,9 Prozent), Frankreich (8,8 Prozent) und Deutschland (8,7 Prozent) exportiert. Die Importe hingegen haben eine weitreichendere Bedeutung. Nahrungsmittel, Getränke, lebende Tiere, Tierprodukte, Maschinen und mineralische Erzeugnisse sind Importträger aus den folgenden Ländern: Vereinigte Arabische Emirate (15,7 Prozent), Singapur (14,3 Prozent), Indien (13,6 Prozent), China (13,4 Prozent), Sri Lanka (6,3 Prozent), Malaysia (5,7 Prozent) und Thailand (4,7 Prozent).

Die Auslandsschulden der Malediven immens. Diese betrugen im Jahr 2016 etwa 848,8 Millionen USD. 53 Prozent davon waren öffentliche und öffentlich garantierte Schulden, welche auf das Jahr 2010 zurückfallen. 2016 entsprach die Schuldendienstrate 3,7 Prozent der Erlöse aus dem Export von Waren, Dienstleistungen und Einkommen. Im Jahr 2017 betrug die Staatsverschuldung Brutto etwa 69,7 Mrd. Rufiyaa bzw. ca. 132,9 Prozent des BIP. Trotz dessen erhielt das Land 2016 Zuschüsse und Darlehen insgesamt in Höhe von ca. 478,9 Millionen Rufiyaa. Unterstützung bekam der Staat von Japan, Sonderfonds der Asian Development Bank, Internationalen Entwicklungsorganisationen. In den letzten Jahren leistete Deutschland hingegen keine Entwicklungszusammenarbeit mehr. Laut Schätzungen gab die VR China den Malediven Kredite in Höhe von rund 1,3 Mrd. USD.

Aktuelle politische Entwicklung

Die innenpolitische Entwicklung war in den vergangenen Jahren durch zahlreiche Konflikte gekennzeichnet. Durch die Wahlen im September 2018, in der Ibrahim Mohamed Solih den Amtsinhaber Yameen mit 58,4 Prozent der Stimmen bezwingen konnte, scheint eine politische Stabilisierung möglich. Die Wahlbeteiligung lag bei 89,2 Prozent. Am 17. November 2018 folgte schließlich die Vereidigung Solihs als Staatspräsident mit einem erweiterten Kabinett aus Vertretern von MDP, JP, PPM und AP. Die Amtszeit des Präsidenten und Vizepräsident beläuft sich auf fünf Jahre. Eine einmalige Wiederwahl ist möglich. Mit der neuen Regierung wird einerseits eine Rückorientierung auf die traditionelle Partnerschaft mit Indien angestrebt. Andererseits wurde eine erneute Bewerbung für die

Mitgliedschaft im Commonwealth eingereicht. Hintergrund dieser Bestrebung ist darin begründet, dass das Land am 13. Oktober 2016 unter der Regierung Yameen aufgrund unzureichender Fortschritte bei dem Demokratisierungsprozess aus dem Commonwealth ausgetreten war und sich der VR China außenpolitisch angenäherte.

Die Malediven stehen perspektivisch neben der Überwindung der innenpolitischen Zerrissenheit, der entstandenen Korruption der jahrzehntlangen Zentralisierungspolitik sowie die exzessive Tourismusentwicklung auf unbewohnten Inseln vor bedeutenden zukünftigen Herausforderungen. Überlagert werden die zusehends und immer intensiver wahrnehmbaren Folgen des Klimawandels. Hierbei spielt vor allem der steigende Meeresspiegel eine entscheidende Rolle, aber auch die Entsorgung der Müllmassen, die Verschmutzung des Meeres durch den Plastikmüll und die sinkenden Restbestände des Fischbestandes nehmen Einfluss auf die Entwicklung des Inselstaates.

Literatur

Arndt, O. (2006): Malediven. Geographie eines Inselstaates. Hamburg.

Borri, F. (2018): Destination Paradise. Among the Jihadists of the Maldives. New York.

Fritz, S. (2002): The Dhivehi Language: A Descriptive and Historical Grammar of Maledivian and its Dialects. Würzburg.

Ganguly, R. und Phadnis, U. (Hrsg.) (2001): Ethnicity and Nation-Buliding in South Asia. Neu-Dehli.

Godfrey, T. (2007): Atlas of the Maldives, 5. Auflage. Apollo Bay.

Hautmann, E. (2004): Schatten im Paradies. Unruhe auf den Malediven, unter: https://www.tourism-watch.de/de/schwerpunkt/schatten-im-paradies [21.03.2020].

Kumar, A. (2016): Multi-party democracy in the Maldives and the emerging security environment in the Indian Ocean region. Institute for Defence Studies and Analyses. New Delhi, unter: http://www.idsa.in/system/files/book/book_democracy-maldives-ior.pdf [24.03.2020].

Maloney, C. (2013): People of the Maldive Islands. Hyderabad.

Robinson, J. J. (2015): The Maldives. Islamic Republic, Tropical Autocracy. London.

Hans Born

Mongolei

Offizieller Name:	Mongolischer Staat
Staatsform:	Parlamentarische Republik
Unabhängigkeit:	11. Juli 1921 (von China)
Nationalfeiertag:	11.–13. Juli
Hauptstadt:	Ulaanbaatar
Lage:	Nordasien; zwischen China und Russland
Fläche:	1 564 116 qkm (Weltrang: 18)
Bevölkerung:	3,29 Millionen
Landesstruktur:	21 Provinzen und 1 Munizipalität
Sprachen:	Mongolisch (Amtssprache), Russisch
Religionen:	Buddhismus (53 Prozent), Islam (3 Prozent), Schamanismus (2,9 Prozent), Christentum (2,2 Prozent), Atheismus (38,6 Prozent), Sonstige (0,3 Prozent)
Währung:	Tugrik (MNT)
Wirtschaftszweige:	*Landwirtschaft:* Weizen, Gerste, Gemüse, Futterpflanzen; Schafe, Ziegen, Rinder, Kamele, Pferde *Industrie:* Bau und Baumaterialien; Bergbau (Kohle, Kupfer, Molybdän, Flussspat, Zinn, Wolfram, Gold); Öl; Essen und Getränke; Verarbeitung von tierischen Produkten, Kaschmir und Naturfasern
Mitgliedschaften:	ADB, ARF, CD, CICA, CP, EBRD, EITI (konformes Land), FAO, G-77, IAEA, IBRD, ICAO, ICC (NGOs), ICCt, ICRM, IDA, IFAD, IFC, IFRCS, ILO, IMF, IMO, IMSO, Interpol, IOC, IOM, IPU, ISO, ITSO, ITU, ITUC, MIGA, MINURSO, MONUSCO, NAM, OPCW, OSCE, SCO (Beobachterstatus), UN, UNAMID, UNCTAD, UNESCO, UNIDO, UNISFA, UNMISS, UNWTO, UPU, WCO, WHO, WIPO, WMO, WTO

Wichtigste Medien: *Fernsehen:* 160 TV-Stationen; Satelliten- und Kabelfernsehen ist möglich; Empfang internationaler Sender ist ebenfalls möglich.
Hörfunk: 68 Radiostationen

****

Naturraum und geographische Rahmenbedingungen

Die Mongolei ist nach der Republik Kasachstan der zweitgrößte Binnenstaat der Welt und mit einer Fläche von 1 564 116 qkm das sechstgrößte Land Asiens und das achtzehntgrößte in der Welt. Es bildet die nördliche Begrenzung Zentralasiens mit den direkten Nachbarstaaten Russland (3 543 km gemeinsame Grenze) und China (4 709,7 km gemeinsame Grenze). Die Ausdehnung des Landes von Osten nach Westen beträgt 2 392 km und von Norden nach Süden 1 259 km. Mit etwas mehr als drei Millionen Einwohnern und einer Bevölkerungsdichte von 1,8 pro qkm zählt die Mongolei zu den am dünnsten besiedelten Staaten der Erde. Das Land wird durch das Hochland zwischen der Chinesischen Mauer im Süden und Sibirien im Norden begrenzt, im Westen sind das Altaigebirge und im Osten die Ausläufer des Großen Khingan natürliche Begrenzungen des staatlichen Territoriums. Die Wüste Gobi bildet hierbei naturräumlich das Innere dieses Raumes und teilt ihn in die nördliche („Äußere") und die südliche („Innere") Mongolei. Politisch gliedert sich hier das Gebiet in die Mongolei (Mongol Uls) und die zur VR China gehörende Autonome Region Innere Mongolei, die sich über eine Fläche von 451 000 qkm erstreckt.

Nach Schätzungen von 2005 leben außerhalb der Mongolei in China neben anderen Ethnien ca. vier Millionen Mongolen. Die Mongolei ist ein Hochplateau mit einer durchschnittlichen Höhe von 1 580 m über dem Meeresspiegel, die Hauptstadt Ulaanbaatar liegt auf 1 350 m über Null. Der höchste Berg ist der Khuiten im Tavan-Bogd-Gebirge im Mongolischen Altai mit 4 375 m, den tiefsten Punkt markiert mit 532 m über dem Meeresspiegel Choch Nuur im Osten der Mongolei. Das Land zeichnet sich durch hohe naturräumliche Vielfalt aus: Wälder, Berge, Flüsse, Seen und Waldsteppen im Norden und Nordwesten, weite baumlose Steppen, Wüstensteppen und Wüsten im Osten, Südosten und Süden, ewiges Eis und zahlreiche Gletscher in den Hochgebirgslagen des mongolischen Altai. Bedeutend ist ferner der 2 620 qkm große Khuvsgul-See als größter Süßwassersee der Mongolei. Im Unterschied zur Westmongolei ist der Osten eher flach und eben, im Süden gehen die Gebiete in die Wüste Gobi über. Die Mongolei ist durch ein kontinentales winterkaltes Trockenklima innerhalb der gemäßigten Zone mit kurzen Übergangszeiten geprägt. Der Winter beginnt Ende Oktober und dauert bis Anfang April. Die Vegetationsperiode ist auf den Sommer von Anfang Juni bis Ende August beschränkt. Niederschläge fallen fast ausschließlich im Sommer, wobei im Norden und Westen durchschnittlich 600 mm Regen fallen, während es in der Wüste Gobi nicht mehr als 100 mm sind. Die Temperaturen weisen eine große Spannbreite zwischen den Jahreszeiten auf von bis zu -50 °C im Winter zu +40 °C im Sommer.

Geschichtliche Entwicklung von vorkolonialer Zeit bis zur Unabhängigkeit

Das Territorium der heutigen Mongolei war bereits in der Altsteinzeit besiedelt. Kennzeichnend für die geschichtliche Entwicklung sind an erster Stelle die türkisch-, mongolisch- und tungusischsprachigen Reiternomaden aus den zentral- und nordasiatischen Steppen, welche zwischen dem 3. und 11. Jahrhundert eine nicht unerhebliche Bedrohung für das Chinesische Reich darstellten und zum Ausbau der Chinesischen Mauer führten – u. a. die Verteidigungsmauer der nördlichen Zhou-Dynastie im 6. Jahrhundert n. Chr. Der Höhepunkt der mongolischen Reiterheere wurde mit Temujin (1162–1227) erreicht, der bis 1206 alle mongolischen Volksgruppen auf dem Territorium der heutigen Mongolei unterwarf und sich zum „Chinggis-Khaan“ (umgangssprachlich deutsch: Dschingis Khan, auch alttürkisch: Tengis Khan) ausriefen. Chinggis-Khaan und seine Nachfolger schufen ein in der Folge gigantisches Imperium, das vorübergehend vom Pazifik bis zur Donau reichte und damit eines der größten Reiche der Menschheitsgeschichte war.

Nach dem Tod von Khubilai Khan (1260–1294), unter dessen Herrschaft das Mongolenreich seine größte Ausdehnung erreichte, zerfiel das Imperium der Mongolen rasch in seine Teilreiche. Das Riesenreich zerfiel in viele kleine durch die mongolische Tradition beeinflusste Khanate in Persien, in die Goldene Horde in Russland und die erstarkenden

Türkenkhanate in Südrussland, Mittelasien und im Kaukasus. Mit dem Erstarken der Ming-Dynastie (1368–1644) verloren die Khane der Mongolen ihre Herrschaft über China und herrschten nur noch über ihr altes Stammland – die Mongolei. In den folgenden Jahrhunderten versank die Mongolei in die Bedeutungslosigkeit und geriet in der beginnenden Moderne in den Fokus der Expansionsbestrebungen der Mandschuren in China. Hier trat zuerst die Teilung in die „innere" und die „äußere" Mongolei zutage. Gesamt als Region wurde die Mongolei durch China vertreten, wobei Russland zur Schutzmacht über die „Äußere Mongolei" avancierte, die „Innere Mongolei" verblieb im Einflussbereich Chinas, auch was die Ansiedlungspolitik der Han-Chinesen betraf.

Nach dem Zusammenbruch der chinesischen Qing-Dynastie 1911 erklärte sich die „Äußere Mongolei" unter der Schirmherrschaft Russlands für unabhängig, doch durch die Wirren der Oktoberrevolution in Russland 1917 dauerte es bis 1924 zur Etablierung eines eigenständigen Staates – der mongolischen Volksrepublik als Staat nach dem Vorbild der Sowjetunion. In den Folgejahren wurde die Mongolei zu einem der treuesten Satellitenstaaten der UdSSR mit großen Herausforderungen in Bezug auf den Aufbau eines modernen Bildungs- und Gesundheitswesens sowie der Errichtung einer modernen Infrastruktur. Der Zusammenbruch der sozialistischen Bruderländer zwang das Land 1990, seine wirtschaftlichen und außenpolitischen Beziehungen neu zu ordnen, so fanden bereits im Juli 1990 die ersten freien Wahlen zur Großen Volksversammlung statt und die Transformation der Mongolischen Volksrepublik hin zu einer stabilen und marktwirtschaftlich orientierten Republik begann. Die erste demokratische Verfassung wurde am 12. Februar 1992 angenommen, besiegelte den Abschied von der zentralen Planwirtschaft und öffnete den Weg in einen neuen Staat. Auch wird seit der Transformation der Mythos von Chinggis-Khaan als Staatsgründer und Nationalheld neu belebt und versucht, an die glorreiche Vergangenheit anzuknüpfen.

Bevölkerungsstruktur – insbesondere ethnische Zusammensetzung

Die Mongolei hat gemessen an ihrer sehr großen Landfläche nur sehr wenige Einwohner, nach den Zahlen von Dezember 2019 rund 3,29

Millionen, davon lebt fast die Hälfte der mongolischen Bevölkerung mittlerweile im Regierungssitz Ulaanbaatar, welcher zugleich das politische, wirtschaftliche und kulturelle Zentrum der Mongolei ist. Das Bevölkerungswachstum liegt bei 1,74 Prozent pro Jahr (2019), der Anteil alphabetisierter Erwachsener bei 98,3 Prozent (2018). Der Anteil der städtischen Bevölkerung ist in den letzten einhundert Jahren konstant gestiegen und liegt mittlerweile bei 68,4 Prozent (2018). Die Lebenserwartung liegt bei 73,7 Jahren für Frauen und bei 65,4 Jahren für Männer (2018). Die Amtssprache ist Mongolisch – vor allem Chalcha-Mongolisch – und es existieren weitere Regionalsprachen wie Kasachisch, Burjatisch und Tuwinisch. Über 90 Prozent der Bevölkerung des Landes sind mongolischer Nationalität, davon die überwiegende Mehrheit Chalcha-Mongolen, knapp vier Prozent sind kasachischer Nationalität, ein Prozent Tuwiner und ca. 4,3 Prozent sind Angehörige anderer Nationalitäten, die meisten von ihnen Russen und Chinesen.

Die Mongolei ist demzufolge ein ethnisch homogenes Land ohne einen signifikanten Nährboden sowohl für ethnische als auch für religiöse Konflikte. Die überwiegende Mehrheit der Bevölkerung bekennt sich zum tibetischen Buddhismus. Außer in der Mongolei leben ethnische Mongolen (Burjaten und Kalmyken) in Russland und im autonomen Gebiet „Innere Mongolei" in China (Chakhar, Khorchin und Tumed), vereinzelte Splittergruppen leben in Afghanistan, Kirgisistan und im Kaukasus. Charakteristisch für die moderne Mongolei ist die Land-Stadt-Migration, welche vor allem in Ulaanbataar die kommunale Verwaltung vor fast unlösbare Probleme hinsichtlich der Daseinsgrundfürsorge stellt: Die Errichtung und Unterhaltung von einer funktionierenden Kanalisation, angemessenem Wohnraum, einer störungsfreien Energieversorgung, funktionierenden Schulen und Kindergärten sowie einer Gesundheitsfürsorge ist eine gigantische Herausforderung. Die Lebensverhältnisse zwischen Stadt und Land klaffen immer weiter auseinander und trotz entsprechender Programme der jeweiligen Regierungen hat sich daran bis heute nichts geändert. Die mongolische Gesellschaft ist zudem eine sehr junge Gesellschaft mit einem Drittel der Bevölkerung unter 15 Jahren. Die durchschnittliche Lebenserwartung hat sich von 22 Jahren im Jahr 1921 auf 69,9 im Jahr 2017 erhöht. Zudem hatte sich die Bevölkerungszahl aufgrund der Modernisierung in den Jahren 1960 bis 1990 mehr als verdoppelt. Diese demographische Veränderung hat gesellschaftliche und vor allem wirtschaftliche Folgen.

Wirtschaftsstruktur

Die Mongolei hat zwei große relevante Branchen im primären Sektor: zum einen die Landwirtschaft und zum anderen den Bergbau. Es gibt einen großen Mangel an produzierendem Gewerbe sowie an Dienstleistungen, was zu einem Mangel an Arbeitsplätzen führt, da der Bergbau wie auch die Landwirtschaft keine arbeitsplatzintensiven Wirtschaftszweige sind. Demzufolge gehen viele Mongolen zur Erwerbsarbeit in das Ausland, vor allem nach Südkorea und Japan, eher weniger nach Russland oder China. Im Zusammenhang mit den in- und ausländischen Bergbauprojekten ist der Investitionsbedarf enorm gestiegen und wegen der Preiserhöhungen für mongolische Importgüter (Maschinen, Kraftstoffe) war seit 2007 ein Handelsbilanzdefizit zu verzeichnen, das sich in den letzten Jahren stetig verringerte und schließlich in einem Exportüberschuss mündete.

Die wichtigsten Exportgüter sind Kupfer, Molybdän, Kohle, Erdöl, Gold, Kaschmir, Textilien, Häute und Därme, die wichtigsten Einfuhrgüter sind Öle, Brenn- und Schmierstoffe, Maschinen, Kraftfahrzeuge und Nahrungsmittel. Knapp 90 Prozent der Exporte, hauptsächlich Kupfer und Kohle, gehen nach China. Es existiert wirtschaftlich daher eine seit 2005 deutlich gestiegene Abhängigkeit von der allgemeinen Wirtschaftslage in China und von den generellen Weltmarktpreisen für Rohstoffe. Diese waren in den letzten Jahren starken Schwankungen unterworfen, was sich auch im volatilen Wechselkurs der nationalen Währung Tugrug gegenüber dem USD gezeigt hat und bis heute andauert. 2018 betrug das gesamte Außenhandelsvolumen fast 12,9 Milliarden USD, davon entfielen auf den Export knapp über sieben Milliarden, auf den Import 5,8 Milliarden. Wichtigstes Land sowohl für den Export als auch Importe ist mit großem Vorsprung China, vor Russland, Japan und Südkorea. Seit 2011 existiert mit der Bundesrepublik Deutschland eine „Rohstoffpartnerschaft“ im Bereich der wirtschaftlichen Zusammenarbeit. Die Mongolei verfügt über vielfältige Bodenschätze wie Steinkohle, Braunkohle, Eisenerz, Buntmetalle, Gold, Silber, Phosphat, Erdöl, Wolfram, Zink, Zinn, Flussspat, Uran und Salz. Die Bergbauindustrie existiert allerdings erst seit den späten 1970er

Jahren und erlebte um die Jahrtausendwende mit der Entdeckung sowie Ausbeutung weiterer Kohle-, Gold- und Kupferlagerstätten im Süden der Wüste Gobi eine Professionalisierung und eine politische Relevanz. Ziel der mongolischen Wirtschaftspolitik in den 1990er Jahren war eine umfassende Transformation von einer sozialistischen Planwirtschaft hin zu einer Förderung des privaten Sektors und der Gewinnung ausländischer Investitionen. Vorherrschend war zu dieser Zeit allerdings vor allem die nomadische bzw. teil-nomadisch geprägte Viehwirtschaft, welche bis in die Mitte des 20. Jahrhunderts der dominierende Wirtschaftszweig der Mongolei war mit einer Produktion von ca. 60–70 Prozent aller marktfähigen Güter und bis zu 80 Prozent des Exports.

Aufgrund von Bodenbeschaffenheit und vor allem der klimatischen Gegebenheiten war und ist Ackerbau nur in wenigen Regionen möglich. Ein überwiegender Anteil der Wirtschaftsleistungen in der Landwirtschaft entsteht in der Viehwirtschaft, und demzufolge nur etwa 15 Prozent im Ackerbau mit sehr geringen Anteilen von Jagd und Fischfang, welche nachgelagerte Aspekte des Tourismus sind und anders als vor 40 Jahren keine eigenen Wirtschaftszweige mehr darstellen. In der extensiven Viehwirtschaft dominant sind vor allem Schafe, aber auch Yaks und Rinder, die sehr stark die verfügbaren Ressourcen an Weideland beanspruchen und zur Verödung von viehwirtschaftlicher Nutzfläche beitragen. Pferde werden nach wie vor essentiell als Reittiere genutzt und dienen als Gradmesser für Reichtum. Zur Fortbewegung werden mittlerweile in der Regel Kraftfahrzeuge oder Motorräder genutzt. Die Hauptrisiken für die mongolische Wirtschaft liegen in der Abhängigkeit von den Rohstoffpreisen (primär Kupfer- und Kohlepreise) sowie den ökologischen Folgen – neben den Folgen des Klimawandels – durch Überweidung, Luftverschmutzung und Abbruchhalden der Bergbauindustrie.

Aktuelle politische Entwicklung

Die letzten Jahre waren gekennzeichnet von innenpolitischen Korruptionsskandalen, einer hohen Volatilität der Landeswährung Tugrik und der außenpolitischen Anlehnung an China als bedeutendem Nachbarn. Das „Aktionsprogramm der Regierung der Mongolei 2016–2020“ als Rahmen des mongolischen Regierungshandelns beinhaltete in den letzten Jahren vor allem Maßnahmen zur Unterstützung von Arbeitslosen bei der Suche nach zeitlich begrenzten Arbeitsplätzen im Ausland und den Abbau bürokratischer Hürden für Unternehmen und Unternehmensgründungen. Es zielte auf eine Steigerung der Auslandsinvestitionen und ein höheres Wirtschaftswachstum durch einen weiteren Ausbau des Bergbausektors mit dem Ziel der Konsolidierung des Haushalts.

Dies war durchaus erfolgreich – so wurde im Jahresverlauf 2018 ein Wirtschaftswachstum von 6,4 Prozent verzeichnet, die Arbeitslosenquote sank auf 6,9 Prozent, die Inflationsrate stieg auf 8,1 Prozent. Doch die, 2018 andauernde Regierungskrise und der Korruptionsskandal im November 2018 haben den Wirtschaftsaufschwung gedämpft. Zahlreiche Parlamentarier der Regierungspartei haben Gelder aus einem Fonds zur Förderung kleiner und mittlerer Unternehmen (KMU) an sich selbst, Vertraute und Familienmitglieder umgeleitet und sich somit Zugang zu besonders günstigen Krediten verschafft. Dies ist nur ein Beispiel für die endemische Kultur der Korruption in der Mongolei, welche sich auch durch häufige Regierungswechsel seit der politischen und ökonomischen Wende des Landes nicht geändert hat. Seit 1990 waren insgesamt 16 Regierungen an der Macht und nur zwei Kabinette – P. Jasrai (1992–1996) und N. Enkhbayar (2000–2004) – haben die vorgesehene Legislaturperiode überstanden. Daher ist eine Herausforderung im politischen System die angedachte Reform der Parteienfinanzierung, bisher müssen die Kandidaten für öffentliche Ämter ihre zumeist teuren Wahlkämpfe größtenteils selbst finanzieren oder lassen sich von Sponsoren fördern.

Einher gingen die letzten Skandale der Jahre 2018 und 2019 zudem mit einem Vertrauensverlust der Bevölkerung in die Politik und sehr niedrigen Wahlbeteiligungen bei den Kommunalwahlen. Eine große Herausforderung an die Zukunft ist zudem die Anpassung an den Klimawandel. Die Mongolei verfügt noch über intakte, aber auch fragile Ökosysteme und über eine sehr hohe Biodiversität, welche durch den Temperaturanstieg, Niederschlagsrückgang und die Zunahme von Naturkatastrophen bedroht sind. Infolge des Abbaus der Bodenschätze steigt der Verbrauch an Energie, Wasser und Böden stärker, als er durch Naturschutzmaßnahmen oder Ausgleichsleistungen im Flächenbereich kompensiert werden kann – mit teils bedrohlichen Folgen für Mensch und Umwelt.

Literatur

Barkmann, U. B. (2016): Dokumente zur Außen- und Sicherheitspolitik der Mongolei 1990–2015. Böhlau.

Berg, C. (2003): Between yaks and yurts: perspectives for a sustainable regional economic development in Mongolia. Berlin.

Endicott, E. (2012): A History of Land Use in Mongolia. The Thirteenth Century to the Present. Basingstoke.

Gradel, A. und Petrov, W. (2014): Forstpolitische Entwicklungen im Transformationsland Mongolei, in: AFZ – Der Wald, Ausgabe 17/2014, S. 36–39.

Hanson, J. L. (2004): Nations in transition – Mongolia. Facts On File. New York.

May, T. M. (2009): Culture and Customs of Mongolia. Westport.

Nelle, D. (2003): Transformationsprozesse in Recht und Wirtschaft der Mongolei seit 1990, in: ASIEN, Band 87, S. 5–29.

Stolpe, I. (2015): Truly Nomadic? Die Mongolei im Wandel, in: Aus Politik und Zeitgeschichte, Ausgabe 26–27/2015.

Sascha Valentin

Myanmar

Offizieller Name:	Republik der Union von Myanmar
Staatsform:	Parlamentarische Republik
Unabhängigkeit:	4. Januar 1948 (von Vereinigtem Königreich)
Nationalfeiertag:	4. Januar
Hauptstadt:	Naypyidaw
Lage:	Ostasien, Südostasien
Fläche:	676 578 qkm (Weltrang: 39)
Bevölkerung:	53,37 Millionen (Stand 2017)
Landesstruktur:	7 Regionen, 7 Staaten, 1 Unionsterritorium
Sprachen:	Burmesisch
Religionen:	Buddhismus (87,9 Prozent), Christentum (6,2 Prozent), Islam (4,3 Prozent), Animismus (0,8 Prozent), Hinduismus (0,5 Prozent), Sonstige (0,3 Prozent) (Zensus 2014)
Währung:	Kyat (MMK)
Wirtschaftszweige:	*Landwirtschaft:* Reis, Hülsenfrüchte, Bohnen, Sesam, Erdnüsse; Zuckerrohr; Fisch und Fischprodukte; Hartholz *Industrie:* landwirtschaftliche Verarbeitung; Holz und Holzprodukte; Kupfer, Zinn, Wolfram, Eisen; Zement, Baumaterialien; Pharmazeutika; Dünger; Öl und Erdgas; Kleider; Jade und Edelsteine
Mitgliedschaften:	ADB, ARF, ASEAN, BIMSTEC, CP, EAS, EITI (Kandidat), FAO, G-77, IAEA, IBRD, ICAO, ICRM, IDA, IFAD, IFC, IFRCS, IHO, ILO, IMF, IMO, Interpol, IOC, IOM, IPU, ISO (korrespondierendes Mitglied), ITU, ITUC (NGOs), NAM, OPCW, SAARC (Beobachterstatus), UN, UNCTAD, UNESCO, UNIDO, UNWTO, UPU, WCO, WHO, WIPO, WMO, WTO.

Wichtigste Medien: Rundfunk vollständig vom Staat kontrolliert; *Fernsehfunk:* 2 staatlich kontrollierte Stationen, eine davon vom Militär; 2 weitere Stationen bieten Pay-TV und sind privat-staatlich; Satelliten Fernsehen ist eingeschränkt.
Hörfunk: 1 staatlich kontrollierter Radiosender; 9 UKW Radiosender sind privat-staatlich.
25,1 Prozent nutzen das Internet (Schätzung 2016).

****

Naturraum und geographische Rahmenbedingungen

Die Republik der Union Myanmar – früher bekannt als Burma oder Birma – ist mit einer Größe von 676 578 qkm das größte Land in Festland-Südostasien. Naypyidaw ist mit etwa 1,1 Millionen Einwohnern Regierungssitz und Hauptstadt. Die ehemalige Hauptstadt Rangun stellt jedoch noch immer das wirtschaftliche sowie kulturelle Zentrum dar. Myanmar grenzt im Osten an die Länder China, Laos sowie Thailand und im Westen an Indien und Bangladesch. Seegrenzen bestehen zum Golf von Bengalen und dem Andamanensee. Die Landesgrenzen werden von hohen Gebirgen gerahmt, hingegen öffnet sich das Land zur Küste. Weiter lässt sich eine ausgeprägte Nord-Süd-Ausdehnung, demgegenüber aber eine schmale Ausdehnung zwischen Osten und Westen beobachten. Das Land erstreckt sich über eine Länge von etwa 2 500 km, von der Malaiischen Halbinsel als südlichster Teil bis zu den Ausläufern des Himalayas. Die markanteste Ost-West-Ausdehnung beträgt etwa 900 km.

Der mit 5 881 m höchste Berg Südostasiens, der Hkakabo Raz, liegt im Norden Myanmars an der Grenze zu Indien und China. Im Osten schließt sich das Shan-Plateau an, welches eine durchschnittliche Höhe von 1 000 m aufweist. Südlich vom Shan-Plateau befinden sich die Tenasserim-Berge, welche die Grenze zu Thailand bilden. Von den Ausläufern des Himalayas im Norden bis zum Delta im Süden fließt der 1 800 km lange Fluss Irrawaddy. Aufgrund der Tatsache, dass er die zentrale Transport- und Erschließungsachse für Migration und Handel bildet, ist er der bedeutendste Fluss des Landes. Nahe des Irrawaddys liegt das längste

Flusssystem Thanlwin, welcher das Shan-Hochland durchquert und teilweise die Grenze zu Thailand formt. Weitere bedeutende Flüsse sind der Sittang, der Bago-Fluss und der Bilin. Diese Flusssysteme sind bei der Entwässerung während der niederschlagsreichen Monsunzeiten von essentieller Bedeutung.

Aufgrund variierender Naturräume wie Tiefländer mit fruchtbaren Deltagebieten, Küstenlandschaften mit Mangrovenwäldern, tropische Regenwälder, weite Trockenräume im Landesinneren und die Gebirgsregionen an den Staatsgrenzen sowie dem Auftreten verschiedener Klimazonen lässt sich eine ökologische Vielfalt auffinden. Die Vegetation ist in zwei Arten des Regenwaldes, der Monsunwald und der tropische Regenwald, zu unterteilen.

Geschichtliche Entwicklung von vorkolonialer Zeit bis zur Unabhängigkeit

Kennzeichnend für die vorkoloniale Zeit sind die drei großen birmanischen Dynastien: das Reich von Bagan (1044–1287), die Taungoo-Dynastien (16.–18. Jh.) und die Konbaung-Dynastie (1752–1885). Anawrahta gilt als Begründer des Königreichs von Bagan, der ersten birmanischen Dynastie im Jahr 1044. Er stammte aus Oberbirma und gehörte der ethnischen Gruppe der Bamar an. Zu Zeiten des Königreichs von Bagan kam es zur Verbesserung der Bewässerungssysteme und der Wirtschaftslage sowie der Etablierung des Theravada-Buddhismus'. Zum Ende des 13. Jahrhunderts verlor das Königreich Bagan jedoch an Macht. 1287 kam es dann zur Eroberung Bagans durch die Truppen Kublai Khans. Nach Untergang des Königreichs folgte eine fast 300 Jahre anhaltende Epoche ohne zentrale Autorität, welche das heutige Myanmar regierte. Vom 16. bis ins 18. Jahrhundert hatte die zweite birmanische Dynastie, die Taungoo-Dynastie, Bestand. Ihr Regierungssitz befand sich in Mittelbirma. Die zweite Dynastie war vor allem von militärischer Expansion in weite Teile Südostasiens geprägt.

Darüber hinaus breitete sich 1513 mit der Eroberung Malakkas durch die Portugiesen der europäische Einfluss vor allem bezogen auf Handelsinteressen auch in Birma aus. 1714 gründete Alaungphaya, auch bekannt als U Aung Zeya, die dritte birmanische Dynastie. Ihm gelang es, ganz

Myanmar einzunehmen und ein Reich zu gründen, in dem Ober- und Unterbirma vereint waren. Es kam zu einer Vielzahl an Eroberungsfeldzügen und Verschleppungen im vorkolonialen Südostasien, mit dem Ziel der Beschaffung von Arbeitskräften. 1824 ereignete sich der erste Einmarsch britischer Truppen. Nach dem ersten Britisch-Birmanischen Krieg (1824–1826) eroberten die Briten einige Gebiete Birmas. Ebenso verlor Myanmar nach dem Zweiten Britisch-Birmanischen Krieg (1852) Gebiete (Ayeyarwaddy-Delta und Bago) an Britisch-Indien. Der Ausgang des Dritten Britisch-Birmanischen Krieges zog 1885 die Unterwerfung Myanmars unter Großbritannien nach sich und 1886 wurde Myanmar ein Teil Britisch-Indiens.

Nach 1935 wurde Birma eine selbstständige Provinz und beginnend mit den 1920ern verstärkten sich die Kämpfe und Bestrebungen der birmanischen Nationalisten um die Unabhängigkeit. Während des Zweiten Weltkrieges unterzogen sich 30 junge Birmanen auf der Insel Hainan einem militärischen Training und bildeten 1942 die birmanische Nationalarmee. Ihr Ziel war es, der japanischen Armee zu helfen und die britischen Truppen aus Myanmar zu vertreiben. Dies geschah unter Anleitung Aung Sans, welcher bis heute als Nationalheld gilt. 1943 folgte die nominelle Unabhängigkeit Birmas und im Januar 1947 erarbeitete eine Delegation unter Leitung Aung Sans in London die Bedingungen für die Unabhängigkeit. Einige Monate später wurden die Wahlen zu einer verfassungsgebenden Versammlung vollzogen und über den Verfassungsentwurf beraten. Hierbei kam es zur Ermordung Aung Sans und der Mitglieder seines Kabinetts. Der 19. Juli 1947 wird seither als Martyrs' Day, ein staatlicher Feiertag, geehrt. Am 4. Januar 1948 wurde Myanmar in die Unabhängigkeit entlassen.

Bevölkerungsstruktur – insbesondere ethnische Zusammensetzung

Die Einwohnerzahl Myanmars beträgt etwa 53,37 Millionen (Stand 2017), wobei eine Wachstumsrate von 1,2 Prozent und einer Bevölkerungsdichte von etwa 82 Personen pro/qkm. Die Lebenserwartung beträgt bei Frauen etwa 68,9 und bei Männern 64,2 Jahre. 26,8 Prozent der Bevölkerung sind unter 15 Jahre alt, 67,4 Prozent zwischen 15 und 64 und 5,7 Prozent sind älter als 65 Jahre. Etwa 70 Prozent leben in ländlichen Gebieten. In diesem Zusammenhang gilt zu betonen, dass auch große Städte wie Rangun (etwa 7,3 Millionen Einwohner) stark ländlich strukturiert sind. Weitere Städte, die mehr als 100 000 Einwohner verzeichnen, sind beispielsweise Mandalay, Naypyidaw, Mawlamyine, Bago, Pathein und Monywa. Hingegen ist die Bevölkerungsdichte entlang der Gebirge der Chin-Berge oder Kachin-Berge gering.

Myanmar stellt sich als ein ethnisch äußerst heterogenes Land dar, mit etwa 135 Ethnien, wovon 52 Untergruppen allein der Ethnie der Chin im Westen angehören. Mit 68 Prozent der Bevölkerung sind die Birmanen als Mehrheitsethnie zu bestimmen. Sie leben in den sieben „Regions" Tanintharyi, Ayeyawady, Yangon, Bago, Magwe, Mandalay und Sagaing. Dabei handelt es sich um sieben der vierzehn Verwaltungsbezirke des Landes, welche sich im zentralen Flachland Myanmars befinden und als „Regions" bezeichnet werden. Die Völker der Rakhine, Chin, Shan, Karen, Kachin und Mon siedeln sich hufeisenförmig um die „Regions" in sogenannten „States" an, wo sie jeweils die Bevölkerungsmehrheit stellen. Insgesamt repräsentieren die angeführten ethnischen Gruppen etwa ein Drittel der Gesamtbevölkerung. Eine zuverlässige Angabe der Größe der Gruppen sowie die allgemeine Auskunft über die ethnische Vielfalt gestaltet sich kompliziert, da Selbst- und Fremdwahrnehmungen in Bezug auf die Gruppenzugehörigkeit oftmals voneinander abweichen, und kein aktueller, allgemein anerkannter Zensus vorliegt. Schätzungen zufolge kann die Verteilung der ethnischen Minderheiten in relativen Zahlen (Prozent) wie folgt: Shan (9) Kayin (7), Rakhine (3,5), Chinesen (2,5), Kachin (2), Mon (1,5), Inder (1,25), Kayah (0,75) und andere (4,5) angeführt werden.

Aufgrund des Fehlens einer gemeinsamen Identität der ethnischen Gruppen kommt es zu Misstrauen und Auseinandersetzungen zwischen ihnen. Rassistische Vorurteile gegenüber muslimischen Südostasiaten sind die Folge, worunter beispielsweise die an der Grenze zu Bangladesch lebende ethnische Minderheit der Rohingyas leidet. Die religiöse Mehrheit im Land stellen die Theravada-Buddhisten (etwa 89 Prozent) danach folgen Christen (etwa 5 Prozent), Muslime (etwa 4 Prozent) sowie Hindus und traditionelle Religionen (je etwa 1 Prozent). Aufgrund der weitreichenden Anhängerschaft der Theravada-Buddhisten verfügt die buddhistische Gemeinschaft über eine ausgeprägte gesellschaftliche Stellung.

Wirtschaftsstruktur

Myanmar ist als ein Land mit hohem wirtschaftlichem Potential zu beschreiben. Neben wertvollen Vorräten an Erdgas, Erdöl, Kohle, Zink, Kupfer, Edelsteinen sowie weiteren Rohstoffen bestehen große Wasserkraftreserven und weitreichende landwirtschaftliche Nutzflächen. Bei historischer Betrachtung der wirtschaftlichen Situation zeigt sich jedoch, dass Myanmar den vorteilhaften Bestand an natürlichen Ressourcen nicht weitreichend für den Aufbau einer stabilen Wirtschaft nutzen konnte.

Die aktuelle Wirtschaftsstruktur weist hingegen einige Veränderungen auf. So beruht Myanmars Wirtschaft seit 2011 auf einem marktwirtschaftlichen System. Es folgen Reformen zur Förderung ausländischer Investitionen, ein Antikorruptionsgesetz sowie die Aufhebung von EU-Sanktionen (2013) und US-Sanktionen (2016). Dies bewirkte ein Erstarken des wirtschaftlichen Interesses an Myanmar. Die Rate des Wirtschaftswachstums ist von einem niedrigen Wachstum (unter 6 Prozent) im Jahr 2011 auf eine Wachstumsrate zwischen 6 und 7,2 Prozent gestiegen. Hauptwirtschaftszweig ist inzwischen der Dienstleistungssektor (etwa 40 Prozent des BIP), gefolgt vom agrarischen und industriellen Sektor (je etwa 30 Prozent des BIP). Das Bruttoinlandsprodukt (BIP) wird in den Jahren 2016/17 auf 65,8 Milliarden USD geschätzt, was eine Steigerung zu den Vorjahren darstellt. Dies gilt auch für die Entwicklung der Inflation. Eine ausgeprägte Inflation belastete die Wirtschaft jahrzehntelang. Die, einheimische Währung Kyat verlor damit entscheidend an Wert. So lag die Inflationsrate 2002 bei 58,1 Prozent. Nach einem durchwachsenen Verlauf konnte sich die Situation in den Folgejahren stabilisieren und für das Jahr 2018 lässt sich eine Inflationsrate von unter sieben Prozent feststellen.

Bedeutendste Einnahmequelle ist der Export von Erdgas, wobei die geförderten Mengen nach einem stetigen Wachstum zwischen 2005 und 2015 leicht abnehmen (2015: 19,6 Milliarden Kubikmeter, 2016: 18,9 Milliarden Kubikmeter). Der Gasexport beträgt etwa zehn Prozent des gesamten Exports. Neben Erdgas werden in erster Linie Rohstoffe wie Agrarprodukte (z. B. Bohnen und Hülsenfrüchte), Hölzer, Edelsteine, Bekleidung und Fischerprodukte exportiert. Importgüter sind Maschinen, Kraftstoffe, Stahl, Konsumgüter, Stoffe und Pharmazeutika. Der Großteil des Handels erfolgt im asiatischen Raum, mit China (Export: 41 Prozent,

Import: 34 Prozent) und Thailand (Export: 19 Prozent, Import: 13 Prozent) als zentrale Handelspartner.

Trotz wirtschaftlicher Verbesserungen wird die Entwicklung der Wirtschaft weiterhin von strukturellen und wirtschaftspolitischen Defiziten gehemmt. Vermächtnisse früherer Regierungen ziehen bis heute Herausforderungen wie eine defizitäre Infrastruktur, Korruption, unterentwickelte Humanressourcen und den unzureichenden Zugang zu Kapital nach sich, was beispielsweise das Ausbleiben von Investitionen zur Folge hat. Aufgrund der Tatsache, dass Myanmar eine plurale Gesellschaft darstellt, agieren die ethnischen Gruppen getrennt voneinander, auch in ökonomischer Hinsicht. Die Folge ist, dass sich der Lebensstandard für die Mehrheit der Menschen nicht verbessert hat. Myanmar bleibt eines der wirtschaftlich ärmsten Länder Asiens. Etwa 26 Prozent der Bevölkerung leben in wirtschaftlicher Armut, wobei die Situation besonders in ländlichen Siedlungsgebieten ethnischer Minderheiten prekär ist.

Aktuelle politische Entwicklung

Nachdem Myanmar am 4. Januar 1948 die Unabhängigkeit erlangte, verzeichnete das Land eine demokratische Phase. Diese endete im Jahr 1962, als General Ne Win einen Militärputsch durchführte und an die Macht gelang. Myanmar wurde bis 2011 von verschiedenen Militärregimen diktatorisch regiert. Aufgrund des politischen Konflikts zwischen dem Militär und einer Demokratiebewegung unter Führung von Aung San Suu Kyi kam es während der Militärherrschaft fortwährend zu Protesten, welche vom Militär gewaltsam niedergeschlagen wurden. Im Juni des Jahres 1989 wurde Birma in Myanmar umbenannt. Etwa ein Jahr später, am 27. Mai 1990, bewirkte der öffentliche Druck der Demokratiebewegung die Abhaltung der ersten freien Wahlen. Die oppositionelle NLD (National League for Democracy) von Aung San Suu Kyi konnte einen deutlichen Sieg erzielen. Das Militär weigerte sich jedoch, die Ergebnisse anzuerkennen und damit einem Machtwechsel zuzustimmen. Am 23. April 1992 wurde General Than Shwe als neuer Regierungschef der bestehenden Militärdiktatur eingesetzt. Die Verfassung von 2008, der zufolge Myanmar eine parlamentarische Demokratie mit Militäreinfluss darstellt, trat am 31. Januar 2011 in Kraft.

Im November 2015 ist der NLD unter Aung San Suu Kyi in den ersten freien und allgemeinen Wahlen seit 1990 mit 80 Prozent der Stimmen ein eindeutiger Wahlsieg gelungen. Seit dem 1. April 2016 bildet die NLD die Regierung. Aung San Suu Kyi bekleidet fortan das Amt der Staatsrätin sowie der Außenministerin. Aufgrund einer Verfassungsregel aus dem Jahr 2008 ist es ihr nicht erlaubt, das Präsidentenamt auszuführen. Htin Kyaw wurde im März 2016 als Staatspräsident vereidigt. Die Regierung unter Aung San Suu Kyi sieht sich seit Regierungsantritt mit politischen Herausforderungen konfrontiert. So ist ein Ausbau des Wirtschaftssektors sowie des Bildungs- und Gesundheitswesens dringend erforderlich. Darüber hinaus bedürfen zahlreiche Gesetze einer umfassenden Reform und die Bekämpfung von Korruption gilt es anzugehen.

Nachdem Angriffe auf Sicherheitskräfte verübt wurden, kam es im Oktober 2016 in Nord-Rakhine zu gewaltsamen Übergriffen seitens des Militärs. Die Folge war die Flucht zehntausender Rohingyas nach Bangladesch. Im Februar 2017 wurden die Aktionen des Militärs für beendet erklärt. Jedoch bewirkten die Angriffe der ARSA (Arakan Rohingya Salvation Army) im August 2017 erneut Militäroperationen. Sie hinterließen weiträumige Zerstörungen und bedingten die erneute Flucht von über 400 000 Rohingyas nach Bangladesch. Im September 2016 wurde eine beratende Kommission einberufen, um Lösungen für die Lage in Nord-Rakhine zu erarbeiten. Weiter erfolgte im September 2017 die Einberufung eines Ausschlusses zur Umsetzung der Rakhine-Kommission. Ein Monat später wurde die „Union Enterprise for Humanitarian Assistance, Resettlement and Development in Rakhine“ gegründet. Institutionen wie diese sollen Aufgaben humanitärer Hilfe und die Wiederansiedlung im Rakhine-Staat durchführen.

Traditionell zeichnet sich die Außenpolitik Myanmars von dem Bestreben nach politischer und wirtschaftlicher Unabhängigkeit sowie Souveränitätsbestrebungen aus. Im Fokus außenpolitischer Debatten steht neben der Beziehung zu asiatischen Staaten auch das Anstreben der Legitimität in der internationalen Gemeinschaft. China tritt als größter ausländischer Investor auf und hat seit 2010 20 Milliarden USD in Myanmar investiert. Nachdem der Präsident Thein Sein China 2011 besuchte, wurde der Grundstein für eine „umfassende [...] strategisch-kooperative [...] Partnerschaft“ gelegt. Japan stellt den bedeutendsten ausländischen Geldgeber im Bereich der Entwicklungszusammenarbeit dar. Mit japanischer Unterstützung gelang es beispielsweise, die Sonderwirtschaftszone Tilwa einzurichten. 2013 trat ein bilaterales Investitionsabkommen in Kraft. Darüber hinaus sind die bilateralen Beziehungen zu Thailand und Indien von Bedeutung. Die außenwirtschaftspolitischen Beziehungen nach Thailand sind insbesondere sich auf den Handel von Waren, thailändischen Eigeninteressen sowie durch die etwa zwei Millionen myanmarischen Gastarbeiter in Thailand gekennzeichnet. Ein aktueller Schwerpunkt stellt das Entwicklungsprojekt „Dawei Special Economic Zone" im Süden Myanmars, welches den Bau eines Tiefseehafens und einer direkten Straßenverbindung nach Thailand anstrebt, in den Beziehungen beider Länder dar.

Literatur

Beyer, J. (2019): Den Staat (ver-)fassen: Verfassungspolitik und Verfassungsglaube in Kirgistan und Myanmar. In: Verfassung und Recht in Übersee: VRÜ. 51(2018), 1, S. 35–52.

Bünte, M. (2007): „Problemstaat" Myanmar: Stabiles Regime, soziale Krise und das Dilemma der internationalen Gemeinschaft, in: Südostasien aktuell – Journal of Current Southeast Asian Affairs, Band 26, Ausgabe 6. S. 31–49.

Croissant, A. und Lorenz, P. (Hrsg.) (2018): Comparative Politics of Southeast Asia – An Introduction to Governments and Political Regimes. Basel.

Köster, U./Le Trong, P. und Grein, C. (Hrsg.) (2014): Handbuch Myanmar. Berlin.

Min, Z. (2019): Myanmar in 2019: deepening international pariah status and backsliding peace process at home. In: Asian survey: a bimonthly review of contemporary Asian affairs. 60 (1/2.2020), 1, S. 140–145.

Turner, B. (2009): Myanmar, in: Turner, B. (Hrsg.), The Statesman's Yearbook 2010. London.

Vorlaufer, K. (2018): Südostasien, 3. aktualisierte Auflage. München.

Zöllner, H. (2014): Von Birma nach Myanmar. Ein Zeit-Reise-Führer 1984 bis 2013. Hamburg.

Wolfgang Gieler unter Mitarbeit von Sibel Kömür

Nepal

Offizieller Name:	Demokratische Bundesrepublik Nepal
Staatsform:	Parlamentarische Bundesrepublik
Unabhängigkeit:	1768 (von Prithvi Narayan Shah ausgerufenes Königreich)
Nationalfeiertag:	20. September (seit 2015), davor 28. Mai
Hauptstadt:	Kathmandu
Lage:	Südasien
Fläche:	147 181 qkm (Weltrang: 93)
Bevölkerung:	29 Millionen
Landesstruktur:	7 Provinzen
Sprachen:	Burmesisch
Religionen:	Hinduismus (81,3 Prozent), Buddhismus (9 Prozent), Islam (4,4 Prozent), Kirant (3,1 Prozent), Christentum (1,4 Prozent), Sonstige (0,8 Prozent)
Währung:	Nepalesiche Rupie (NPR)
Wirtschaftszweige:	*Landwirtschaft:* Hülsenfrüchte, Reis, Mais, Weizen, Zuckerrohr, Jute, Wurzelfrüchte; Milch, Wasser Büffelfleisch *Industrie:* Tourismus, Teppiche, Textilien; kleine Reis-, Jute-, Zucker- und Ölsaatenmühlen; Herstellung von Zigaretten, Zement und Ziegeln
Mitgliedschaften:	ADB, BIMSTEC, CD, CP, FAO, G-77, IAEA, IBRD, ICAO, ICC (NGOs), ICRM, IDA, IFAD, IFC, IFRCS, ILO, IMF, IMO, Interpol, IOC, IOM, IPU, ISO, ITSO, ITU, ITUC (NGOs), MIGA, MINURSO, MINUSMA, MINUSTAH, MONUSCO, NAM, OPCW, SAARC, SACEP, UN, UNAMID, UNCTAD, UNDOF, UNESCO, UNIDO, UNIFIL, UNMIL, UNMISS, UNOCI, UNTSO, UNWTO, UPU, WCO, WFTU (NGOs), WHO, WIPO, WMO, WTO.

Wichtigste Medien: *Öffentlicher Rundfunk:* 3 Fernsehsender sowie regionale und nationale Radiostationen
Private Fernsehsender: 117 haben eine Lizenz, 71 davon sind Kabelfernsehen.
Hörfunk: 736 UKW-Radiostationen, davon sind mindestens 314 gemeinnützig.
19,7 Prozent nutzen das Internet (Schätzung 2016).

****

Naturraum und geographische Rahmenbedingungen

Das südasiatische Binnenland Nepal befindet sich zwischen den beiden Ländern China und Indien und umfasst eine Fläche von ca. 147 181 qkm. Das Land wird auch häufig als das „Dach der Welt" bezeichnet, da mehr als die Hälfte (62 Prozent) des gesamten Staatsgebietes höher als 1 000 m und 28 Prozent höher als 3 000 m über dem Meeresspiegel liegen. Nepal lässt sich in deutlich voneinander unterscheidbare Naturräume gliedern. Ein Naturgebiet, welches im Süden entlang der indischen Grenze verläuft, eine Breite von bis zu 50 km aufweist und 100 m über dem Meeresspiegel liegt, ist die Ebene „Terai". Dieser tiefer liegende Teil eignet sich aufgrund des feuchten Klimas zum Lebensmittelanbau. Infolge der erfolgreichen Bekämpfung der „Malaria" entwickelte sich dieser Naturraum zu einem idealen Siedlungsgebiet. Nördlich vom Flachland des Terai fügt sich eine Hügelzone an, welche als „Churia-Berge" oder „Siwaliks" bezeichnet wird. Die Churia-Berge dehnen sich mit wenigen Unterbrechungen über die gesamte Länge des Landes und erreichen an einigen Stellen eine Höhe von mehr als 1 500 m.

Parallel und nördlich von diesen zieht sich die Mahabharat-Kette als vorderhimalayischer Gebirgszug hin. Beim Betreten dieser Gebirgskette wird das alte nepalische Siedlungsgebiet erfasst, der einen Schutzwall und gleichzeitig ein nur an Steilhängen besiedelbares und kultivierbares Land darstellt. Von den weltweit höchsten 14 Bergen, die eine Gesamthöhe von über 8 000 m aufweisen, befinden sich acht in Nepal, worunter auch der höchste Berg der Erde, der Mount Everest fällt. Das Klima ist grundsätzlich durch Monsunwinde geprägt und wird abhängig von seinem

Relief bestimmt. Der Himalaya charakterisiert eine der bedeutendsten Klimascheiden unserer Erde und beeinflusst die Windbewegungen, Niederschläge und Temperaturen. Im Terai beträgt die mittlere Jahrestemperatur 25 °C und in den Vorgebirgen herrscht gemäßigt-warmes Klima. Der Vorderhimalaya weist gemäßigt-kühles Klima auf, wohingegen sich im Hochhimalaya Hochgebirgsklima messen lässt.

Geschichtliche Entwicklung von vorkolonialer Zeit bis zur Unabhängigkeit

Der Terminus „Nepal“ stellte über Jahrhunderte ein Synonym zu dem Tal von Kathmandu dar. Der einheitliche Staat Nepal, besteht erst seit etwa zweihundert Jahren. Dem damaligen König von Gorkha, Prithvi Narayan Shah gelang es, die vielen kleinen Gebirgsfürstentümer zu unterwerfen, um das Tal zu erobern und Kathmandu zu seiner Hauptstadt zu ernennen. Demnach wurde der Staat nach den heutigen Grenzen durch die militärischen Aktivitäten des Könighauses der Shah von Gorkha zwischen 1743 und 1816 gegründet. Die handelspolitische Abhängigkeit zu den Nachbarstaaten begann zu Beginn des 19. Jahrhunderts. Die East India Company der Briten ging damals einem strikten Plan nach, der zur Sicherung ihrer Handelsinteressen zwischen Indien und Tibet und zur Festigung der politischen Herrschaft in Indien beitrug. Zwischen 1814–1816 fand der britisch-nepalesische Krieg statt, aus dem es der East India Company gelungen war, Nepals Mittlerfunktion im transhimalayischen Handel zu schwächen, indem sie das Land dazu brachte, Territorien abzutreten (Kumaon, Garhwal und Sikkim). Die gesamten Handelsströme ziehen seither an Nepal vorbei, da die Rolle des Landes als Transitland ausgenutzt wurde und es dem Expeditionsleiter Younghusband mit militärischer Gewalt gelang, eine unmittelbare Handelsroute über Sikkim bis nach Lhasa herzustellen.

Bis zum Jahre 1951 wurde Nepal mehr als 100 Jahre lang von der Adelsfamilie der Ranas regiert. Jang Bahadur Rana und seine Brüder gelangten auf mörderische und tyrannische Art an die Macht. Die Grundlage der politischen Vorhaben erwies sich aufgrund der erfolgreichen Isolationspolitik nach außen, welche durch die natürlichen Gegebenheiten und ein freundschaftliches Verhältnis zur britischen Indienregierung gesichert wurde, als effektiv. Die totale Unterdrückung des Volkes sowie die Meidung der politischen Bildung dieser und die einhergehende präferierte zentralisierte Verwaltung stellte die Basis für das Funktionieren der Machterhaltung dar. Die Herrschaft und die damit verbundene Autokratie dieser Rana-Familie wurden im Jahre 1951 endgültig beendet.

In den 1950er Jahren begannen die ersten Demokratisierungsversuche, welche im Jahre 1960 in der Restauration des absoluten Königtums (König Mahendra) endeten. Mahendra stand dem Nutzen der politischen Parteien skeptisch gegenüber. Er löste das Parlament auf und ließ Spitzenpolitiker verhaften. Diese Ausführung unterlag seinem persönlichen Interesse, damit er die Staatsführung unter seiner eigenen Regie übernehmen konnte. Politische Parteien wurden verboten und die Einführung des parteilosen Panchayat-Systems wurde durchgesetzt.

Erst gegen Ende der 1980er Jahre wuchs der Unmut über das bestehende korrupte System. Durch diese Kampagne zur Restauration der Demokratie eröffneten sich neue politische Spielräume, die vor allem Minderheiten aufmunterten und sowohl kulturelle als auch soziale Rechte einforderten. Da die demokratische Führung nicht bereit war, einen Mittelweg einzuschlagen, entwickelte sich eine erhebliche Bedrohung im Jahre 1996 durch bewaffnete Maoisten. Diese waren militärisch derart bedeutsam, dass sie für die nepalische Armee eine Bedrohung darstellten. Gyanendra Shah wurde im Juni 2001 nach einem Palastmassaker zum König gekrönt und riss die Macht an sich. Die aufständischen Maoisten verbündeten sich mit etablierten politischen Parteien und beschlossen, die Monarchie zu stürzen. Im April 2008 wurde schließlich eine verfassungsgebende Versammlung gewählt, die einen Monat später mit einer überwältigenden Mehrheit die Abschaffung der Monarchie verkündete.

Bevölkerungsstruktur – insbesondere ethnische Zusammensetzung

Die Bevölkerung von 29 Mio. Menschen ist hauptsächlich hinduistisch geprägt. Das Kastensystem nimmt bei der Ausübung wichtiger Traditionen noch immer eine sehr bedeutende Rolle ein. Mit 81 Prozent bekennen sich die meisten Einwohner zum Hinduismus, 9 Prozent zum Buddhismus und 4 Prozent zum Islam. Das Christentum stellt eine verschwindend geringe Minderheit dar. Die Janjati bilden die ersten Bewohner des Landes und repräsentieren aktuell knapp 40 Prozent der Bevölkerung. Im Osten leben die Rai, Limbu und Sherpa und in Zentralnepal überwiegend die Tamang. Der westliche Teil ist mehrheitlich von den Gurung und Magar besiedelt. Ab dem 11. Jahrhundert erfolgte eine große Zuwanderung vom Westen und Gruppen indo-arischen Ursprungs wanderten in das Land. Die gesamte Bergregion wurde von diesen besiedelt, was zur Folge hatte, dass sich neue kulturelle und religiöse Gebräuche etablierten.

Wirtschaftsstruktur

Nepal gehört mit einem Pro-Kopf-Einkommen von 724 USD zu den wirtschaftlich ärmsten Ländern der Welt. Vier Fünftel der Nepaler sichern sich ihre Existenz durch Subsistenzlandwirtschaft. Die instabile politische Lage, der Mangel an qualifizierten Arbeitskräften und die labile Infrastruktur verhindern die wirtschaftliche Entwicklung und damit eine Industrialisierung des Landes. Der eingeleitete Friedensprozess von 2006 schaffte zwar verbesserte Rahmenbedingungen für die Wirtschaft, aber dennoch leidet das Investitionsklima unter den gesetzlichen Vorschriften. Ein mangelhafter Staatshaushalt und steigende Schulden verhindern ebenfalls eine wirtschaftliche Entspannung der Situation. Das Land strebt eine substanzielle Reduzierung der wirtschaftlichen Armut an, welche keineswegs mit einem gesamtwirtschaftlichen Wachstum von 2 bis 4 Prozent erreicht werden kann. Eine weitere Ursache, die zur Hemmung eines Wirtschaftswachstums führt, ist die Anfälligkeit von Umweltkatastrophen wie die immer häufiger auftretenden Überschwemmungen und Erdrutsche. Fatal für die jüngere Entwicklung war zudem das Erdbeben von 2015, welches zu großen Verwüstungen in der ohnehin spärlich ausgebauten Infrastruktur führte und ganze Landstriche verwüstete.

Bezogen auf seine wirtschaftliche Ausrichtung lässt sich Nepal als Agrarstaat klassifizieren. Der Landwirtschaft gelingt es, 69 Prozent der Erwerbstätigen zu beschäftigen und sie trägt mit 32 Prozent zum BIP bei. Die Bodenertragsfähigkeit nimmt im Gegensatz zu der schnell wachsenden Bevölkerung immer weiter ab, weswegen es zu Nahrungsmitteldefiziten kommt. Die Ausweitung der landwirtschaftlichen Nutzflächen ist wegen der topographischen Gegebenheiten nur bedingt möglich. Die drei voneinander stark abweichenden Agrarzonen konzentrieren sich auf verschiedene Bereiche: Die Terai-Region ist die bedeutendste Region, die zum Anbau von Reis, Mais, Weizen, Hirse, Soja, Gerste, Jute und Hülsenfrüchte von Relevanz ist. In den Hügelregionen ist lediglich ein Drittel der landwirtschaftlichen Fläche nutzbar, welche aber von den Nepalesen bewohnt wird. Außerdem wird die Landwirtschaft in den Gebirgszonen für die Zucht von Tieren genutzt. Der industrielle Wirtschaftssektor leidet vor allem durch den eingeschränkten Binnenmarkt, der wenig entwickelten Infrastruktur, der unzureichenden Elektrizitätsversorgung und dem nicht vorhandenen Zugang zum Meer. Die wichtigsten Exportartikel, welche in Nepal entweder produziert oder weiterverarbeitet werden, sind Teppiche und Textilien. Das Land verfügt weder über Erdöl-, Erdgas- oder Kohlelagerstätten noch über andere bedeutsame Rohstoffe.

Der Tourismus stellt eine wichtige Deviseneinnahmequelle dar, vor allem bezogen auf den alpinen Tourismus im Himalaya und Hochhimalaya. Insbesondere, die damit verbundene Einnahmequelle durch Sherpas, unterstützende Dienstleistungen in der Versorgung der Alpinisten und der Ausgabe von Lizenzen zur Gipfelbesteigung. Der Anreiz einer Reise nach Nepal für benachbarte Länder besteht in den heiligen Stätten des Hinduismus und Buddhismus. Touristen aus den westlichen Ländern interessieren sich neben den Kulturschätzen des Katmandu-Tals für das Naturerlebnis, welches durch Trekking, Rafting, Paragliding oder Besuchen in den Nationalparks geboten und in den letzten Jahren – auch durch westliche Entwicklungszusammenarbeit gefördert – als „nachhaltiger Tourismus" propagiert wird.

Aktuelle politische Entwicklung

Nachdem die Monarchie im Jahre 2008 endgültig abgeschafft wurde, dauerte es fast zwei Monate, bis der erste Präsident gewählt werden konnte. Die Besetzung des Amtes durch Ram Baran Yadav demonstrierte das Ende eines langen Kampfes zwischen der Bevölkerung und seinen monarchischen Herrschern. Ram Baran Yadav stammt aus gutbürgerlichen Verhältnissen. Mit dem 28. Mai 2008 wurde unter die, bis dahin andauernden Widerstandsbewegungen und die damit einhergehende 240-jährige

Herrschaft der Shah-Monarchie beendet – die föderale demokratische Republik Nepal entstand.

Der Staatsaufbau kennzeichnet sich durch eine föderale parlamentarische Demokratie mit einem Zweikammerparlament und einem indirekt gewählten Präsidenten als Staatsoberhaupt. Der Premierminister führt die Zentral-Regierung, welche die Exekutive des Landes abbildet. Dieser Premierminister muss im Parlament eine Mehrheit aufweisen können sowie unter den 2017 neu angelegten sieben Provinzregierungen eine Majorität an Stimmen besitzen. Weitere politische Ämter müssen gewählt werden und bilden demnach den mehrheitlich gewählten Willen des Volkes ab. Die derzeitige Regierung wird von Premierminister Khadga Prasad Scharma Oli geführt, dessen Partei die „Vereinigten Marxisten-Leninisten (UML)" die Wahl 2017 gewann.

Die gesamten Importe und Exporte Nepals erfolgen weiterhin über Indien. Die bedeutendsten Verkehrswege ins Ausland verlaufen dementsprechend gleichbleibend über das indische Territorium, weswegen Indien der wichtigste Partner in wirtschaftlicher und entwicklungspolitischer Hinsicht ist. Die Aufrechterhaltung eines guten Verhältnisses zu den weiteren Nachbarstaaten unterliegt aus außenpolitischen Gründen dem Interesse Nepals. Das Land hat sich bislang keinem militärischen Bündnis angeschlossen. Das Streben nach freundschaftlichen Beziehungen zu allen Staaten, das Eintreten für die Prinzipien der Charta der Vereinten Nationen und die regionale und in dem Land notwendige Zusammenarbeit und Entwicklungszusammenarbeit wird von der Regierung verfolgt.

Die derzeitige innenpolitische Lage ist durch vereinzelt ausgerufene Zwangsstreiks (Bandhs), welche zu Blockaden und Straßensperren führten, gekennzeichnet. Die Infrastruktur weiterhin besonders stark durch die Folgen des Erdbebens im Jahre 2015 betroffen, bedarf einer umfassenden Sanierung. Ein intensiveres Mitwirken, im Rahmen multilateraler Beziehungen wurde durch die Mitgliedschaft in der Organisation SAARC (Südasiatische Vereinigung für Regionale Zusammenarbeit) umgesetzt. Diese Organisation setzt sich verstärkt für regionale Kooperationen ein. Den Vorsitz hat gegenwärtig Nepal inne.

Literatur

Benedikter, T. (2003): Krieg im Himalaya. Hintergründe des Maoisten-Aufstandes in Nepal. Eine politische Landeskunde. Münster.

Donner, W. (2008): Nepalkunde: Menschen, Kulturen und Staat zwischen Monsunwald und Bergwüste. Bergisch-Gladbach.

Kreff, F./Knoll, E. und Gingrich, A. (Hrsg.) (2011): Lexikon der Globalisierung. Bielefeld.

Pfaff-Czarnecka, J. (2019): Nepal and the Wealth of Knowledge. Inequality, Aspiration, Competition and Belonging. The Mahesh Chandra Regmi Lecture. Kathmandu.

Lawoti, L. (2019): Nepal in 2019: stable government but growing dissatisfaction. In: Asian survey: a bimonthly review of contemporary Asian affairs. 60 (1/2.2020), 1, S. 196–203.

Pfaff-Czarnecka, J. und Toffin, G. (2011): The Politics of Belonging in the Himalayas. Thousand Oaks.

Schepp, M. (2014): Demokratie in Südasien: eine Bestandsaufnahme. In: In: KAS-Auslandsinformationen. 30/4, 2014, S. 54–93.

Shakya, M. (2016): Tourism and Social Capital. Case Studies from Rural Nepal, in: McCool, S. F. und Bosak, K. (Hrsg.), Reframing Sustainable Tourism. Dordrecht.

Shakya, M. (2009): Risk, Vulnerability and Tourism in Developing Countries: The Case of Nepal. Berlin.

Daniela Claus-Kim

Nordkorea

Offizieller Name:	Demokratische Volksrepublik Korea
Staatsform:	Diktatur; Einparteien-System
Unabhängigkeit:	15. August 1945 (von Japan)
Nationalfeiertag:	9. September (1948 Gründung)
Hauptstadt:	Pyongyang
Lage:	Ostasien, Südostasien
Fläche:	120 538 qkm (Weltrang: 97)
Bevölkerung:	25,5 Millionen
Landesstruktur:	9 Provinzen und 3 Städte
Sprachen:	Koreanisch
Religionen:	nur staatlich geförderte religiöse Gruppen sind geduldet
Währung:	Nordkoreanischer Won (KPW)
Wirtschaftszweige:	*Landwirtschaft:* Reis, Mais, Kartoffeln, Weizen, Sojabohnen, Hülsenfrüchte, Rindfleisch, Schweinefleisch, Eier, Obst, Nüsse *Industrie:* militärische Produkte; Maschinenbau, Strom, Chemikalien; Bergbau (Kohle, Eisenerz, Kalkstein, Magnesit, Graphit, Kupfer, Zink, Blei und Edelmetalle), Metallurgie; Textilien; Lebensmittelverarbeitung; Tourismus
Mitgliedschaften:	ARF, FAO, G-77, ICAO, ICRM, IFAD, IFRCS, IHO, IMO, IMSO, IOC, IPU, ISO, ITSO, ITU, NAM, UN, UNCTAD, UNESCO, UNIDO, UNWTO, UPU, WFTU (NGOs), WHO, WIPO, WMO.
Wichtigste Medien:	Alle Medien gehen vom Staat aus, 4 staatseigene Fernsehsender

****

Naturraum und geographische Rahmenbedingungen

Die demokratische Volksrepublik Korea (DVRK, Nordkorea) befindet sich in Ostasien auf dem nördlichen Teil der koreanischen Halbinsel. Im Norden grenzt das Land an China, im Nordosten an Russland und im Süden an der Republik Korea (Südkorea), getrennt durch die Demarkationslinie (DMZ) am 38. Breitengrad. Der Amnok (auch bekannt unter seinem chinesischem Namen Yalu), längster Fluss in der DVRK, bildet die natürliche Grenze zu China im Norden, der Fluss Tumen die natürliche Grenze zu Russland. Westlich der DVRK grenzt das Gelbe Meer an, östlich das Ostmeer (Japanisches Meer. Die Bezeichnung Japanisches Meer wird in Nord- und Südkorea nicht anerkannt und bildet Grundlage für Streitigkeiten mit Japan, das die Bezeichnung „Japanisches Meer" nutzt.). Der Westküste vorgelagert befinden sich zahlreiche kleine Inseln.

Das Land gliedert sich in die neun Provinzen Chagang-do, Hamgyŏng-namdo, Hamgyŏng-pukto, Hwanghae-namdo, Hwanghae-pukto, Kangwŏn-do, P'yŏngan-namdo, P'yŏngan-pukto und Ryanggang-do. Ein Großteil des Landes ist gekennzeichnet durch bergige, teils steil verlaufende Gebiete, die entsprechend nur dünn besiedelt sind. Der Großteil der Bevölkerung verteilt sich auf die flachen Ebenen im Westen und an den Küstenlinien. Mit 2 744 Metern Höhe ist der Paektu-san, der an der nördlichen Grenze zu China im Changbaek Gebirge liegt, höchster Berg des Landes. Das Hamkyŏng Gebirge (Kangbakjeonggan) erstreckt sich im Nordosten des Landes auf ca. 350 km parallel zur nordkoreanisch-chinesischen Grenze und zum Ostmeer, mit dem Kwanmo-san, dem zweithöchsten Berg (ca. 2 540 Meter Höhe), als Spitze des Gebirges. Das Kangnam Gebirge zwischen den Städten Sinŭiju und Kanggye verläuft parallel zum Amnokgang. Das T'aebaek-Gebirge, Hauptgebirgszug der koreanischen Halbinsel, erstreckt sich an der Ostküste der Halbinsel und reicht von der nordkoreanischen Stadt Wŏnsan bis nach Pusan in Südkorea.

Nur ein geringer Teil der Gesamtfläche zeichnet sich durch flache Ebenen aus, wobei P'yŏngyang und Chaeryŏng zu den ausladensten zählen. Die größten Flüsse entspringen den Gebirgszügen im Norden und Osten, welche in Richtung Westen fließen und in das Gelbe Meer münden. Nur der Tumen, nach dem Amnok der zweitlängste Fluss mit einer Länge von 521 km, fließt ins Ostmeer. Der Taedong fließt durch die Hauptstadt

P'yŏngyang und bildet mit seiner Länge von 397 km den drittlängsten Fluss des Landes.

Nordkorea weist vier distinktive Jahreszeiten auf und zählt zur Kategorie „feuchtes Kontinentalklima", mit warmen, humiden Sommern und kalten trockenen Wintern, die teilweise durch eisige Winde aus Sibirien begleitet werden. Im Sommer tritt regelmäßig eine kurze Regenzeitperiode ein, die als *changma* bezeichnet wird. Durchschnittstemperaturen (Höchst- und Tiefstwerte) in P'yŏngyang liegen im Januar bei -3 bis -13 °C und im August bei 29 bis 20 °C. Zwischen Juni und September ereignen sich ca. 60 Prozent des Jahresniederschlags, der April zeichnet sich durch Dürreperioden aus, auf welche oft schwere Überschwemmungen folgen.

Nordkorea ist reich an Bodenschätzen, wie z. B. Anthrazit, Eisen, Gold, Kohle und Gas, oder auch seltene Erden. Aufgrund der mangelnden technischen Voraussetzungen ist die nordkoreanische Seite auf ausländische Investoren, speziell aus China und Russland, angewiesen, um Bodenschätze abzubauen.

Geschichtliche Entwicklung von vorkolonialer Zeit bis zur Unabhängigkeit

Die Teilung Koreas erfolgte nach dem Ende des Zweiten Weltkriegs und der japanischen Kolonialzeit 1945. Am 15. August 1945 wurde Korea von der japanischen Kolonialherrschaft befreit. Um die Kapitulation Japans zu forcieren, einigten sich die USA und die Sowjetunion darauf, Korea in zwei provisorische Okkupationszonen aufzuteilen. Als Trennlinie wählte man den 38. Breitengrad, wobei der nördliche Bereich durch die UdSSR und der südliche durch die USA verwaltet werden sollte. Gemeinsam verständigte man sich zudem auf die Etablierung einer vereinigten und unabhängigen Regierung Koreas, jedoch hinderte der beginnende Kalte Krieg die Umsetzung dieses Plans, was letztlich zu der Proklamation zwei separater Staaten im August und September 1948 führte.

Die sowjetische Besatzung begann früh mit Überlegungen, die kommunistischen Kräfte im Land zu unterstützen und zu stärken. Dabei identifizierten sie Kim Il Sung als aussichtsreichen Kandidaten für die Führungsposition in einer demokratisch gebildeten Einheitsregierung aufgrund seiner Popularität in der weiten Bevölkerung. Um seine Person rankten sich zu dieser Zeit bereits zahlreiche Mythen, die ihn als Helden des koreanischen Volkes im Kampf gegen die japanische Kolonialherrschaft stilisierten. Er sollte als Gegenkandidat zu Rhee Syngman, der Unterstützung vonseiten der USA erfuhr, fungieren. Nach Scheitern der Verhandlungen zwischen der UdSSR und den USA in der Frage einer einheitlichen Regierung und der beginnenden Unterdrückung von Kommunisten im Süden durch die USA, verstärkte die UdSSR ihre Bestrebung, eine kommunistische Regierung in der eigenen Besatzungszone aufzubauen. Das Volkskomitee wurde neu organisiert und stand nun unter kommunistischer Mehrheit. Seit Ende 1945 wurden kommunistischen Gruppierungen unter Leitung Kim Il Sungs in der kommunistischen Arbeiterpartei zusammengeführt und gewannen schließlich die Wahlen. Im Februar 1946 wurde mit dem Provisorischen Volkskomitee Nordkoreas eine von der Sowjetunion unterstützte Übergangsregierung geschaffen. Kim Il Sung stand an der Spitze der Partei und wurde bei der Proklamierung der DVRK am 9. September 1948 zum Premier erklärt.

Bevölkerungsstruktur – insbesondere ethnische Zusammensetzung

Die Bevölkerung der DVRK beziffert sich auf ca. 25,5 Millionen Menschen, wobei die urbanen Gebiete stärker besiedelt sind als ländliche Regionen. In der Hauptstadt P'yŏngyang leben ca. 3,3 Millionen Menschen, in Hamhŭng, der zweitgrößten Stadt des Landes, etwa 770 000 Menschen. Insgesamt verteilen sich etwa 10,5 Millionen Menschen auf die Städte. Das Landesinnere ist aufgrund der gebirgigen Lage nur dünn besiedelt, während dichtere Besiedlung in den Ebenen und Küstenregionen erfolgt.

Die nordkoreanische Bevölkerung wird als ethnisch homogen bezeichnet. Im nördlichen Teil des Landes gibt es eine kleine chinesische Minderheit. Der Anteil an ausländischer Bevölkerung ist nicht bekannt und wird als einer der niedrigsten weltweit eingestuft, da für Ausländer keine Möglichkeiten bestehen, sich in Nordkorea niederzulassen.

Seit 1960 hat sich die Bevölkerung von 12,3 Millionen auf 25 Millionen erhöht, wobei die durchschnittliche Lebenserwartung laut offiziellem Zensus (Stand 2008) für Frauen bei 72,7 Jahren und für Männer bei 65,6

Jahren liegt. Nach Angaben der Vereinten Nationen hat sich die Lebenserwartung nach Berechnung für den Zeitraum 2010 bis 2015 bei Männern um 1,7 Jahre auf 67,2 Jahren erhöht und bei Frauen auf 74,1 Jahre. Die offizielle Säuglingssterblichkeitsrate wird von den Vereinten Nationen mit 5,8 Prozent beziffert, wobei der offizielle Zensus aus dem Jahr 2008 von 1,9 Prozent spricht. Die Geburtenrate lag im Jahr 2016 bei 2,0 Kindern pro Frau bei einem Medianalter von 34,2.

Religiöse Gruppierungen sind marginal vertreten. Offiziell wurde der UN im Jahr 2000 mitgeteilt, dass ca. 0,2 Prozent der Bevölkerung einer religiösen Vereinigung angehören, zu den christliche, buddhistische, katholische und Chŏndokyo-Vereinigungen zählen. Bedingung für das Bestehen religiöser Vereinigungen ist, dass deren Lehre nicht mit der Chuch'e Ideologie kollidiert.

Wirtschaftsstruktur

Die nordkoreanische Wirtschaft ist eine Planwirtschaft. Das Provisorische Volkskomitee begann nach seiner Bildung im Februar 1946 das kolonialisierte Wirtschaftssystem schrittweise in ein sozialistisches Wirtschaftssystem nach sowjetischem Vorbild zu transformieren. Durch die Unterstützung der Sowjetunion und die strikte Umsetzung der ersten ökonomischen Entwicklungspläne erholte sich die nordkoreanische Wirtschaft rasch, jedoch geriet die DVRK in eine starke wirtschaftliche Abhängigkeit zu Moskau. In den späten 1940er Jahren betonte Kim Il Sung verstärkt die Bedeutung von Unabhängigkeit (*chaju*) in der wirtschaftlichen Entwicklung Nordkoreas und strebte die Entwicklung einer von allen Seiten unabhängigen nationalen Wirtschaft an. Der Koreakrieg (1950–53) unterbrach die rasante wirtschaftliche Entwicklung im Norden abrupt. Ein Großteil der Industrie wurde im Krieg zerstört oder umgesiedelt, die Landwirtschaft litt massiv unter zerstörten Anbauflächen und Ernteausfällen. Nach Ende des Krieges bildete daher der Wiederaufbau primäres Ziel. Mit der Formulierung des Drei-Jahres-Plans (1954–56) sollte das industrielle Produktionsvolumen wieder auf Vorkriegs-Niveau gebracht werden. Ländliche Betriebe wurden kollektiviert und in Kollektivwirtschaften zusammengefasst. Ziel der Regierung bildete der Ausbau der Schwerindustrie zum industriellen Schlüsselsektor des ökonomischen Systems Nordkoreas. Dem

Land gelang ein zügiger und erfolgreicher Wiederaufbau, der Grundlage für den anschließenden wirtschaftlichen Aufschwung bildete, der bis in die 1960er Jahre anhielt. Für den Erfolg zeichneten sich die strikte Umsetzung der zentral gelenkten Ausbaupläne sowie eine Vielzahl von Massenmobilisierungskampagnen zur Produktivitätssteigerung und Verbreitung der Chuch'e Ideologie verantwortlich. Daneben bildete die Aufbauhilfe aus anderen sozialistischen Ländern einen beachtlichen Faktor für den wirtschaftlichen Aufschwung.

Der Konflikt zwischen China und der Sowjetunion in den 1960er Jahre führte zu einer verstärkten Fokussierung auf die eigene, auf Unabhängigkeit abzielende Chuch'e Ideologie. Die Regierung entwickelte ein umfassendes Militarisierungsprogramm zur Schaffung einer autarken Landesverteidigung, wodurch eine militärische Parallelwirtschaft mit eigenen Industrie- und Agrarbetrieben und einer unabhängigen administrativen Struktur geschaffen wurde. Die Verringerung von Hilfszahlungen aus Moskau veranlasste die nordkoreanische Führung dazu, Kredite im westlichen Ausland aufzunehmen, doch explodierende Importpreise führten zu massiven Problemen bei der Schuldenbegleichung, wodurch sich fast alle Länder aus dem Handel mit der DVRK zurückzogen und der Handel infolgedessen einbrach. 1984 besserte sich die Beziehung zur Sowjetunion mit dem Abschluss diverser Wirtschaftsabkommen. Der Zusammenbruch des Ostblocks wirkte sich jedoch massiv negativ auf die nordkoreanische Wirtschaft aus und China übernahm die Funktion als wichtigster Handelspartner. Die stetige Reduzierung der Hilfsleistungen aus China verstärkte die prekäre Situation Nordkoreas. Engpässe im Import von Rohmaterialien, der stetige Zusammenbruch der Energie- und Kapitalversorgung und der Zerfall der Infrastruktur waren die Folge. Zudem trugen die zentralistische Planwirtschaft und das damit einhergehende Missmanagement zu einer Kontraktion der landwirtschaftlichen Produktion bei. Mehrere Naturkatastrophen, wie Überflutungen, in den Jahren 1995 und 1996 und eine Dürreperiode im Jahr 1997 verschärften die Situation im Land immens.

Die ökonomische Krise führte zu einer vorsichtigen Umgestaltung der Wirtschaftsordnung seit den 1990er-Jahren, die bis heute andauert. Unter Machthaber Kim Jong Il wurde im Zuge der Hungersnot (1995–96) der stark reglementierte Reiseverkehr gelockert, was zu verstärkter

Arbeitsmigration nach China über die nur leicht bewachte Grenze führte. Mit der quasi Legalisierung von Bauernmärkten und der vorläufigen Duldung von Warenverkäufen auf dem Markt konnte die Versorgungslage verbessert werden, die seit dem quasi Kollaps des staatlichen Verteilungssystems nicht mehr gewährleistet war.

Im Juli 2002 wurden wirtschaftliche Anpassungsmaßnahmen durchgeführt, die eine Lohnreform und eine Reform der Erzeuger- und Verbraucherpreise umfassten. Fabriken, Unternehmen und landwirtschaftlichen Kollektiven wurde eine größere, wenn auch weiterhin eingeschränkte, Autonomie übertragen, und Entscheidungen von staatlicher Ebene auf lokale und regionale Ebenen übertragen. Wichtiges Novum stellt zudem die Sonderwirtschaftszonen-Politik dar, die als kontrollierte Öffnung für den Außenhandel betrachtet wird. Die Reformen von 2002 dienten einer offensiveren Politik zum Handel mit dem Ausland, die die rechtliche Basis für wirtschaftliche Aktivitäten von Ausländern in Nordkorea schuf. Zwischen 2002 und 2005 wuchs die nordkoreanische Wirtschaft aufgrund der durchgeführten Maßnahmen beträchtlich. Gleichzeitig führte die Regierung Mitte der 2000er Jahre Reformen durch, um die Entwicklung von nicht-staatlich gelenkten Märkten einzudämmen. Die Währungsreform des Jahres 2009 diente dazu, größere Bargeldbestände aufzudecken und zu enteignen. Auch griff man auf das Instrument der Mobilisierungskampagnen zurück, um den Produktionsfaktor Arbeit zu stärken.

Politische Spannungen führten und führen regelmäßig zu Unterbrechungen oder kompletten Einstellungen der wirtschaftlichen Kooperationen. Auch das Nuklearprogramm Nordkoreas und die immer wieder in den Raum gestellten Menschenrechtsverletzungen führen zu Sanktionen, die sich negativ auf den Handel auswirken. China bildet heute den wichtigsten Handelspartner, wobei Nordkorea weitaus mehr importiert. Schätzungen zufolge beteiligen sich mehr als 70 Prozent der nordkoreanischen Bevölkerung an der informellen Wirtschaft, aus der sie einen Großteil ihres Verdienstes beziehen, den sie gleichzeitig wieder einfließen lassen.

Aktuelle politische Entwicklung

Nordkorea ist ein streng zentralistisch geführter Staat, das formal Verfassungsorgane besitzt, die Macht seit Staatsgründung jedoch von einer einzigen Familie und ihrem engen Kreis an Vertrauten ausgeübt wird. Zentrale Positionen im Staat nehmen die Partei der Arbeit und das Militär ein. Offiziell basiert der nordkoreanische Staat auf den Prinzipien des orthodoxen Marxismus-Leninismus, jedoch schuf die politische Führung mit *chuch'e* eine spezifisch nordkoreanische Ideologie, die Unabhängigkeit und Souveränität Nordkoreas proklamiert. Unter dem Leitprinzip von *chuch'e* finden sich die Begriffe *charip* – die Selbstständigkeit der Wirtschaft, *chaju* – Selbstbestimmung in der Innen- und Außenpolitik und *chawi* – Selbstverteidigung in militärischen Angelegenheiten. *Chuch'e* entwickelte sich von einer losen Konzeption, die einer Politikorientierung diente, zu einem integralen Bestandteil der Legitimationsstrategie des Machthabers Kim Il Sung.

Die weltpolitischen Veränderungen der 1980er/1990er Jahre, der Tod Kim Il Sungs 1994 und die Wirtschaftskrise Mitte der 1990er Jahre stellten das Land vor massive Herausforderungen – politisch, wirtschaftlich, militärisch als auch ideologisch. Kim Jong Il, der seinen Vater beerbte, bettete im Rahmen der *chuch'e* Ideologie das Prinzip *sŏn'gun* (Militär-Zuerst) ein, wodurch die Armee die wichtigste Stellung einnahm. *Sŏn'gun* diente dazu, einen Kollaps des Militärs zu verhindern, innere Unruhen zu unterbinden und eine nationale Einheit zu fördern. Zugleich gewannen sicherheitspolitische Themen an erhöhter Relevanz.

Nach dem Tod Kim Jong Ils 2011 übernahm dessen Sohn Kim Jong Un die Macht. 2013 stellte er die *pyŏngjin*-Politik vor, welche den nuklearen Aufbau bei gleichzeitiger Förderung des wirtschaftlichen Wachstums formulierte. 2018 kündigte Kim an, den atomaren Ausbau vollendet zu haben und den Fokus komplett auf Wirtschaftsförderung zu setzen, wobei der technologische Fortschritt des Landes primäres Ziel bilden solle.

Die 1990er und 2000er Jahre waren außenpolitisch geprägt durch die erste und zweite Nuklearkrise, welche im Rahmen mehrjähriger Sechsparteiengespräche (2003–2007) diplomatisch entschärft werden sollten. Im Austausch gegen Hilfslieferungen und Sicherheitsgarantien sollte Nordkorea nuklear abrüsten, jedoch setzte das Land seine Aufrüstung weiter fort und trat 2009 nach Kritik des UN-Sicherheitsrats aus den Sechsparteiengesprächen aus. Das Scheitern der Sechsparteiengespräche führte zu einer Eskalation in den Beziehungen zwischen der internationalen Gemeinschaft und Nordkorea und Gespräche kamen weitestgehend zum Erliegen. Mit der Machtübernahme Kim Jong Uns begann eine erneute Verschärfung des Konflikts, ausgelöst durch eine Welle von Raketentests auf nordkoreanischer Seite. In seiner Neujahrsansprache 2017 betonte Kim, dass Nordkorea in der Abschlussphase vor dem Test einer Interkontinentalrakete sei, was die Spannungen mit den USA zuspitzte. Donald Trump, der die US-Präsidentschaftswahl im November 2016 für sich entschied, betonte die Bereitschaft der USA, auch im Alleingang gegen die nukleare Bedrohung aus Nordkorea vorzugehen. Die rhetorischen Scharmützel zwischen den USA und Nordkorea eskalierten zunehmend. Sanktionen gegen Nordkorea durch den UN-Sicherheitsrat wurden verschärft. Nach der Wahl Moon Jae-ins in Südkorea im Mai 2017 testete Nordkorea mehrere Mittelstreckenraketen, die aufgrund ihrer Reichweite von US-Experten als potentielle Bedrohung für die USA gewertet wurden. Nordkorea erklärte sich zu einer vollwertigen Atommacht.

Seit 2018 lässt sich dann eine Entspannung und Rückkehr zur Diplomatie im Nuklearkonflikt beobachten. Auf innerkoreanischer Ebene erfolgte eine Annäherung im Rahmen der Olympischen Winterspiele 2018 in P'yŏngch'ang. Nordkorea ging auf die Dialog-Initiative Südkoreas ein, die sich in mehreren informellen Treffen äußerte. Im Januar 2018 fanden erstmals wieder offizielle innerkoreanische Gespräche in P'anmunjŏm statt. Am 27. April 2018 folgte dann der dritte innerkoreanische Gipfel in P'anmunjŏm, dessen Ergebnis die *Panmunjom Declaration for Peace, Prosperity and Unification of the Korean Peninsula* darstellt. Im Mai und September folgten weitere Gipfeltreffen zwischen Moon und Kim, wobei die erzielten Ergebnisse in der P'yŏngyang Deklaration vom 19. September 2018 zusammengefasst wurden. Beide Deklarationen brachten Vereinbarungen in den Bereichen innerkoreanische Beziehungen, Abbau militärischer Spannungen und der Etablierung eines Friedensregimes vor.

Die Deeskalation der US-Nordkorea-Beziehung erfolgte im März 2018, als Donald Trump eine offizielle Einladung Kims akzeptierte, um die Denuklearisierung der koreanischen Halbinsel zu diskutieren. Im Mai 2018 besuchte US-Außenminister Mike Pompeo P'yŏngyang und erwirkte die Freilassung dreier amerikanischer Gefangenen als Bedingung für ein Gipfeltreffen. Zudem sprengte Nordkorea nach eigenen Angaben zentrale Einrichtungen des Testgeländes in Pyunggye-ri. Am 12. Juni folgte dann das historische Gipfeltreffen in Singapur. Im gemeinsam formulierten

Singapore Summit Joint Statement erklären sich beide Seiten bereit, ein Friedensregime auf der koreanischen Halbinsel zu etablieren und auf eine vollständige Denuklearisierung der koreanischen Halbinsel hinzuarbeiten. Ein zweites Gipfeltreffen zwischen Kim und Trump fand am 27. und 28. Februar 2019 in Hanoi statt, wurde jedoch vorzeitig und ergebnislos abgebrochen, da Nordkorea Forderungen vonseiten der USA nicht akzeptierte. Am 30. Juni 2019 besuchten US-Präsident Trump und Südkoreas Präsident Moon gemeinsam P'anmunjŏm und trafen auf nordkoreanischer Seite mit Kim Jong Un zusammen. Trump ist damit der erste amtierende US-amerikanische Präsident, der nordkoreanischen Boden betreten hat.

Mit China, das als engster Verbündeter der DVRK gilt, herrschte nach Scheitern der Sechsparteiengespräche, der Kritik Chinas an dem nordkoreanischen Nuklearprogramm und der Unterstützung von Sanktionen eine problematische Beziehung, die sich seit 2018 langsam wieder erholen. 2018 traf Kim Jong Un erstmals mit Xi Jingping in Peking zusammen. Im Juni 2019 besucht Xi dann Kim in P'yŏngyang, was in den chinesischen Medien erstmals in Bezug auf Nordkorea als „Staatsbesuch" bezeichnet wurde.

Auch zu Russland verschlechterten sich die Beziehungen im Rahmen der Sanktionen gegen das atomare Programm der DVRK im Jahr 2009, die von Russland mitgetragen wurden. Erst nach dem Tod Kim Jong Ils und nach der erfolgreichen Wahl Putins zum Präsidenten im Jahr 2012 besserte sich die Beziehung auf Initiative der DVRK. Im September 2012 erließ Russland der DVRK 90 Prozent seiner während der Sowjet-Zeit angehäuften Schulden und plante den ausstehenden Betrag nach Rückzahlung wieder in Nordkorea zu investieren. Dieser Schritt diente Nordkorea in erster Linie dazu, die Abhängigkeit von China abzufedern und eine Machtbalance zu schaffen. Zuletzt besuchte Kim Jong Un Vladimir Putin im April 2019 in Vladivostok.

Literatur

Cumings, B. (1997): Korea's place in the sun: a modern history. New York.

Eun-Jeung, L. und Mosler, H. B. (Hrsg.) (2015): Länderbericht Korea. Bonn.

Heberer, T. und Claudia, D. (2008): Einführung in die politischen Systeme Ostasiens: VR China, Hongkong, Japan, Nordkorea, Südkorea, Taiwan, 2. aktualisierte und erw. Aufl. Wiesbaden.

Hilpert, H. G. und Meier, O. (Hrsg.) (2018): Facetten des Nordkorea-Konflikts. Akteure, Problemlagen und Europas Interessen. Berlin.

Kern, T. und Köllner, P. (Hrsg.) (2005): Südkorea und Nordkorea – Einführung in Geschichte, Politik, Wirtschaft und Gesellschaft. Frankfurt/Main.

Neuneck, Götz; Ballbach, Eric J.; Suh, Elisabeth; Koschyk, Hartmut; Braml, Josef; Gareis, Sven Bernhard; Lukin, Artyom (2020): Der Nordkorea-Konflikt. Interessenlagen, Konfliktdimensionen, Lösungswege. Opladen.

Rüdiger F. (2014): Nordkorea. Innenansichten eines totalen Staates. München.

Mahmut Aziz und Markus Mess

Oman

Offizieller Name:	Sultanat Oman
Staatsform:	Absolute Monarchie
Unabhängigkeit:	1650 (Vertreibung der Portugiesen aus Oman)
Nationalfeiertag:	18. November (Geburtstag des Sultan Qabus ibn Said, am 10.01.2020 verstorben)
Hauptstadt:	Muscat
Lage:	Mittlerer Osten, grenzt an das Arabische Meer, den Persischen Golf sowie den Golf von Oman, liegt zwischen den VAE und Yemen
Fläche:	309 500 qkm (Weltrang: 70)
Bevölkerung:	4 664 844
Landesstruktur:	11 Gouvernements
Sprachen:	Arabisch (Amtssprache), Englisch, Belutschi, Suaheli, Urdu, indische Dialekte
Religionen:	Islam (85,9 Prozent), Christentum (6,5 Prozent), Hinduismus (5,5 Prozent), Buddhismus (0,8 Prozent), Sonstige (1,3 Prozent)
Währung:	Omanischer Rial (OMR)
Wirtschaftszweige:	*Landwirtschaft:* Datteln, Limetten, Bananen, Luzerne, Gemüse; Kamele, Rinder; Fisch *Industrie:* Rohölproduktion und -raffination, Erd- und Flüssigerdgasproduktion; Bau, Zement, Kupfer, Stahl, Chemikalien, Glasfaser
Mitgliedschaften:	ABEDA, AFESD, AMF, CAEU, FAO, G-77, GCC, IAEA, IBRD, ICAO, ICC (NGOs), IDA, IDB, IFAD, IFC, IHO, ILO, IMF, IMO, IMSO, Interpol, IOC, IPU, ISO, ITSO, ITU, LAS, MIGA, NAM, OIC, OPCW, UN, UNCTAD, UNESCO, UNIDO, UNWTO, UPU, WCO, WFTU (NGOs), WHO, WIPO, WMO, WTO

Wichtigste Medien: *Fernsehen:* 1 staatlich geführter Fernsehsender; Satellitenempfang für Fernsehsender aus Saudi-Arabien, VAE, Iran sowie Yemen
Hörfunk: mehrere staatlich geführte Radiosender; Erste private Radiostation sendete 2007, es kamen bis 2019 mehrere weitere hinzu.

****

Naturraum und geographische Rahmenbedingungen

Die omanische Halbinsel Musandam (Exklave) im äußersten Norden ist von geopolitisch großer Bedeutung, da sie an der für Tankerschiffe wichtigen Straße von Hormus liegt. Zudem dominiert im Norden des Omans das Oman-Gebirge/Hajar-Gebirge. Dieses Gebirge verläuft ca. 600 km parallel zur Küste. Nördlich des Gebirges befindet sich die Küstenebene und südlich davon Wüste. Die Landfläche des Omans besteht zu etwa 82 Prozent aus Sand-, Fels- und Geröllwüsten. Es werden zur Einordnung drei Wüstenkomplexe unterschieden. Die sog. „Innere Wüste" (Jiddat al Harrasis) ist im Zentraloman zu verorten. Im Südwesten des Landes befinden sich die Ausläufer der Wüste Rub al-Chali, die sich zum Großteil auf Saudi-Arabien erstreckt. Im Osten des Landes liegt die Wahiba-Wüste, die die Besonderheit sandfreier Flächen mit Flora und Fauna, die sog. Woodlands, aufweist. Ganz im Süden befindet sich die Provinz Dhofar. Die klimatische Besonderheit sind die Monsunregen in Dhofar, die es gar ermöglichen, tropische Früchte zu kultivieren. Etwa 3 Prozent des omanischen Territoriums sind landwirtschaftlich nutzbar. Aus geologischer Sicht ist der Oman ebenfalls sehr interessant, da beispielsweise alle Phasen der Gebirgsbildung anschaulich nachvollzogen werden können.

Klimatisch weist das Land eine relativ hohe Variationsbreite auf. Im Norden und Osten ist es heiß und feucht, wobei die Sommer sehr heiß ausfallen und eine Luftfeuchtigkeit bis zu 90 Prozent möglich ist. Im Winter sind dort Temperaturen von 25–35°C gewöhnlich. Die im Zentraloman gelegenen Gegenden erreichen Temperaturen von über 50 °C bei sehr geringer Luftfeuchtigkeit. Die südliche Dhofar-Region hat über das ganze Jahr hinweg Temperaturen um die 30 °C, in Kombination mit dem Südwestmonsun (Khareef) eine hohe Luftfeuchtigkeit und es ist eine üppige Vegetation vorhanden.

Die Unterwasserwelt, inklusive der Korallen, Fische, usw., ist ebenfalls eine Besonderheit, die insbesondere auch auf touristisches Interesse stößt. Die exakten Grenzverläufe zu Saudi-Arabien und den Vereinigten Arabischen Emiraten sind bis heute unklar, was Konfliktpotential birgt, sollten dort Rohstoffe gefunden werden.

Geschichtliche Entwicklung von vorkolonialer Zeit bis zur Unabhängigkeit

In vorislamischer Zeit gibt es im Oman steinzeitliche Funde, die ca. 10.000 v. Chr. zu verorten sind. Es folgten die Bronze- und Eisenzeit oder die Zeit der persischen Herrschaft im Oman. Ebenso war das Land in vorislamischer Zeit über Jahrhunderte hinweg eine Seehandelsmacht, wobei der Anbau und Handel mit Weihrauch aus der Dhofar-Region und Sklaven den Menschen lange großen Wohlstand sicherte. Als sich im 7.Jahrhundert n. Chr. der Islam ausbreitete, erreichte er auch bald den Oman. Der Prediger Abdullah bin Ibad aus Basra vertrat die Auffassung, dass jeder gläubige Muslim zum Imam gewählt werden kann, womit er sich wesentlich von anderen islamischen Glaubensrichtungen unterschied. Viele seiner Schüler kehrten in den Oman zurück und 751 n. Chr. wurde Yulanda bin Masud zum ersten Imam gewählt. Es entstand ein ibaditisches Imamat im Zentraloman. Die Ibaditen sind seitdem die kontinuierlich dominierende Glaubensrichtung im Oman. Hinsichtlich dieser Entwicklung bildet das Sultanat einen Sonderfall auf der Arabischen Halbinsel. Der ibaditische Islam kann weder der sunnitischen noch der schiitischen Glaubenslehre zugeordnet werden. Vom 9. Jahrhundert n. Chr. bis Ende des 15. Jahrhunderts waren omanische Hafenstädte wie Sohar oder Muskat wichtige Zentren für den Seehandel mit China, Indien und dem afrikanischen Kontinent. Als die Portugiesen zu einer Seemacht aufstiegen und u. a. auch die arabische Seefahrt und ihren Ostasienhandel bekämpften, hatte dies Folgen für das Land. Um ihre Interessen durchzusetzen, zerstörten die Portugiesen omanische Hafenstädte und errichteten im 16. Jahrhundert Forts an der Küste (z. B. Jalali in Muscat). Die Herrschaft der Portugiesen, die jedoch nie über die Küstenregion hinausreichte, dauerte bis Mitte des 17. Jahrhunderts.

Mit der Vertreibung der Portugiesen durch Sultan bin Seif aus der Yaariba-Dynastie (Herrschaftszeit der Dynastie: 1624–1744) gelang dieser der Aufstieg zur bestimmenden Herrscherfamilie. Es gelang darüber hinaus, Seestreitkräfte aufzubauen und eigene Stützpunkte auf Sansibar, in Bombay und Mombasa zu errichten und binnen weniger Jahrzehnte wieder zu einer Seestreitmacht aufzusteigen. Das Land wurde auf diese Weise zu einem wirtschaftlich bedeutenden Akteur im Sklavenhandel und im Wettbewerb um die Vorherrschaft im Indischen Ozean. Bis Mitte des 18. Jahrhunderts stellte die Yaariba-Dynastie die Imame. In dieser Phase kam es jedoch wieder zur Spaltung verschiedener Ethnien. Von diesem Konflikt, bei dem es um Nachfolgestreitigkeiten bei der Besetzung des Imamats ging, profitierte Ahmad bin Said, der die seit 1720 im Land befindlichen Perser zurückdrängte. 1746 übernahm er das Imamat und begründet damit die bis heute herrschende Al Bu Said-Dynastie. Die Perser, die bis zu jener Zeit von den Nachfolgestreitigkeiten im Oman profitiert hatten, konnten durch das Festmahl von Barka (1747) – bei dem deren Anführer ermordet wurden – besiegt werden.

Mit dem Machtzuwachs Großbritanniens im Indischen Ozean, der Öffnung des Suezkanals, dem Anstieg des Warenstroms aus Europa und dem Verbot des Sklavenhandels (1822) setzte die Schwächung des Omans ein. Zumal Großbritannien nun einen Stützpunkt betrieb, um aktiv die Bekämpfung der Piraten in der Straße von Hormus voranzutreiben (seit 1809 vertragliche Schutzmacht). 1840 verlegte Said bin Sultan den Regierungssitz nach Sansibar. Mit seinem Tod 1856 brach ein Erbfolgekrieg aus, der auf Druck Großbritanniens in der Teilung des Sultanats endete: Von 1861 an gab es ein Sultanat Muskat und ein Sultanat Sansibar.

Durch einseitig diktierte Verträge verlor der Sultan in Muskat seine Souveränität und wurde bald ökonomisch von Großbritannien abhängig. Da nun die Handelseinnahmen Sansibars und die Zölle auf den Ostasienhandel wegfielen, setzte der wirtschaftliche Niedergang des Sultanats Muskat ein. 1868 erfolgte eine erneute Teilung des Sultanats Muskat – in der Hauptstadt regierte der Sultan, im Landesinneren der Imam. Die beiden Ämter waren schon 1784 aufgespalten worden – mit langfristigen Folgen für die Innenpolitik des Landes: Als Reaktion auf die Isolation des Landes erhoben sich die Volksgruppen im Landesinneren. Beginnend 1913 unter der Führung von Imam Salim ibn Rashid al-Kharusi gegen Sultan Taimur bin Feisal, der sich 1915 nur dank der Briten politisch an der Macht halten konnte.

Durch den Vertrag von Sib (1920) erlangte das Landesinnere weitgehende Autonomierechte. Nach der Ermordung von al-Kharusi erkannte der neu gewählte Imam Muhammad bin Abdullah al-Khalili den Sultan im Gegenzug formal an. Sultan Taimur überließ das Land weitgehend den Briten und trat 1932 zugunsten seines Sohnes Said bin Taimur zurück. Oman war nie eine Kolonie von Großbritannien, sondern seit 1891 ein Protektorat mit einer teilweisen Souveränität. Dieses Verhältnis endete 1947 mit der politischen Unabhängigkeit. London bestimmte aber weiterhin die omanische Außenpolitik.

Das Land war stets und ist ein konservativer Staat, der von lokalen Scheichs regiert wird. Dies ist eine Herrschaftsstruktur, auf die sich schon Großbritannien bei seiner Kontrolle über das Land stützte. Die britische Kolonialmacht übte über die Scheiche nur eine indirekte Kontrolle auf die Innenpolitik aus, überwachte aber während der Zeit des Protektorates die Staatsfinanzen und bestimmte die Linien der Außenpolitik. Wohl auch deshalb galt der von 1932–1970 herrschende Sultan Said Ibn Taimur Al Said nicht als Freund der Briten. In seinem Bemühen um eine gewisse Unabhängigkeit von London verordnete er seinem Land extreme Sparmaßnahmen, verbot Auslandsreisen und die Auswanderung, schirmte den Oman weitgehend gegen Neuerungen ab. Gleichwohl blieb er auf die wirtschaftliche Unterstützung der Briten angewiesen: 1952/53 kam es zum Konflikt mit Saudi-Arabien und Abu Dhabi um die Oase Buraimi. 1954 nutzte Imam Ghalib bin Ali die Situation für einen Aufstand, für den er sich mit Saudi-Arabien und Ägypten gegen den Sultan verbündete. Der Aufstand wurde erst 1959 mit der Vertreibung des Imams nach Saudi-Arabien beendet. Nur wenig später löste der Erdölfund im Dhofar einen neuen Aufstand aus: die von der Demokratischen Volksrepublik Jemen unterstützte marxistische Dhofar Liberation Front wurde mithilfe Irans und Großbritanniens nach 10 Jahren besiegt und 1976 über die Grenze in den Jemen zurückgedrängt.

Das hinderte London aber nicht daran, die unblutige Palastrevolte vom 23. Juli 1970 zu dulden, mit der Sultan Said ibn Taimur von seinem Sohn Qabus Ibn Said gestürzt wurde. Dieser vervollständigte die Einheit des Omans und änderte schließlich den Namen des Sultanats von „Sultanat von Muskat und Oman“ zu „Sultanat Oman“, das die endgültige Einheit des Staates verdeutlichen sollte, der seit 1971 UN-Mitglied ist. Für die Nichteinmischung in die inneren Angelegenheiten (und nach außen Sicherheitsmaßnahme vor potenziellen Angriffen) schloss der Sultan von Oman ein enges Bündnis mit Großbritannien. Dieses Bündnis wird von beiden Staaten bis heute gepflegt. Im Kalten Krieg verhielt sich das Land neutral gegenüber den Großmächten, auch wenn der Oman eher westlich orientiert war. Großbritannien zog seine letzten Truppen 1977 zusammen mit allem 100 militärischen Gerät ab. Die USA unterzeichneten dann zu Beginn der 1980er Jahre einen Vertrag mit dem Oman, der den USA eine Nutzung der Häfen und der Flughäfen garantiert. Zugleich begannen die USA, das Land als Ausgangspunkt für militärische Operationen in der Region des Persischen Golfes zu nutzen.

Als Reaktion auf den Ersten Golfkrieg wird mit der Beteiligung der Vereinigten Arabischen Emirate und des Oman der Golf-Kooperationsrat GCC gegründet, dem auch Saudi-Arabien, Kuwait, Bahrain und Katar angehören. Der GCC soll die politische, militärische und wirtschaftliche Stabilität der Region des Persischen Golfes sichern stärken. Folglich ist es das Ziel für gewöhnlich pragmatische Außenpolitik des Oman, die Beschlüsse des GCC mitzutragen, respektive sie nicht abzulehnen. Im Zweiten Golfkrieg stellte Oman eigene Truppen und erlaubte die Stationierung ausländischer Truppen. 1995 nahm der Oman Handelsbeziehungen mit Israel auf, nachdem zuvor Jordanien 1994 einen Friedensvertrag mit Tel Aviv ratifiziert hatte. Das 1996 eingeführte Grundgesetz hat bis heute Bestand, seit 1997 gilt das Frauenwahlrecht, 2003 wurde die erste Ministerin ernannt. Die 2011 angekündigte Verfassungsreform und damit der Umbau von einer absoluten hin zu einer konstitutionellen Monarchie wurden bislang nicht umgesetzt.

Bevölkerungsstruktur – insbesondere ethnische Zusammensetzung

Die omanische Bevölkerung von 4,6 Mio. Menschen ist hauptsächlich muslimisch, allerdings mit der Besonderheit, überwiegend der ibaditischen Ausrichtung anzugehören. Dies schließt eine besondere Koranauslegung ein. Der Oman ist das einzige Land weltweit mit einer Mehrheit an Ibaditen (ca. drei Viertel der Bevölkerung). Hinzu kommen sunnitische und schiitische Omaner (etwa ein Viertel). Ethnisch ist die Bevölkerung vergleichsweise homogen und arabisch geprägt, auch wenn die seit Jahrhunderten währenden Handelsbeziehungen dazu geführt haben, dass sich Inder, Perser, Belutschen und Menschen aus mehreren afrikanischen Staaten im Oman niederließen, wo sie mit der einheimischen Bevölkerung der Küstengebiete verschmolzen. Da Sansibar gut anderthalb Jahrhunderte zum Sultanat Oman gehörte, kommen heute noch Sansibaris in den Oman, wobei deren Vorfahren Omaner waren, die einstmals nach Sansibar auswanderten.

Während diese Sansibaris aufgrund ihrer guten Ausbildungen über eine hohe Stellung im Sozialgefüge des Landes verfügen, verhält es sich bei den Gastarbeitern völlig anders. Gastarbeiter spielen heute eine Rolle, allerdings weniger stark als z. B. in den Vereinigten Arabischen Emiraten. In größerer Anzahl kamen sie seit den 1970er Jahren, als der omanische Erdölboom begann. Momentan sind etwa 44 Prozent der Wohnbevölkerung (aktueller Stand: circa 2,1 Millionen Menschen) Ausländer, vorwiegend aus Indien und Pakistan, die teilweise, Hindus, teilweise sunnitische Muslime sind. Zu diesen 44 Prozent zählen auch Menschen aus westlichen Staaten. Auch nomadisch lebende Beduinen gibt es, die im Landesinneren die Wüste und Berge durchwandern. Sie machen etwa 2 Prozent der Bevölkerung aus.

Wirtschaftsstruktur

Eine umfassende Veränderung machte das Sultanat Oman nach der Erschließung der Erdölvorkommen 1967. Das Land ist heute vollkommen auf Erdölexporte angewiesen. Zum anderen ist das Sultanat im Vergleich zu anderen Golfstaaten, wie den Vereinigten Arabischen Emiraten oder Katar, ein relativ großes Land, das nur über geringe Erdöl- und Gasvorkommen verfügt und innerhalb des GCC als eines der wirtschaftlich ärmeren gilt. Im Bewusstsein, dass die einseitige Abhängigkeit vom Erdöl langfristig problematisch sein wird, gibt es verschiedene Bemühungen, die Wirtschaft des Landes zu diversifizieren. Eine Rolle spielt hierbei der Tourismus, wobei kein Massentourismus, sondern sanfter, luxuriöser Tourismus als staatliche Zielvorgabe gilt. Erst 1987 öffnete sich das Land für den Tourismus und verzeichnet seitdem stetig steigende Touristenzahlen. Trotz dieser Bestrebungen ist der Anteil der Staatseinnahmen aus der Förderung von Erdöl und Gas mit 70 Prozent (Stand: 2018) immer noch sehr hoch.

Die Wirtschaft wird erheblich durch die Arbeit ausländischer Arbeitskräfte zum Teil im Sektor niedrigqualifizierter, zum Teil im Sektor hoch qualifizierter Tätigkeiten gestützt. So werden beispielsweise die Textil- und Nahrungsmittelfabriken hauptsächlich durch ausländische Arbeitskräfte bedient. Fachkräftemangel und Arbeitslosigkeit unter einem Teil der Omaner spiegeln die Widersprüche im Land. Staatliche Programme zur Omanisierung der Arbeitswelt zeigten nur sehr begrenzte Effekte, was zum Teil am sozialen Image der Berufe lag. Beliebt sind unter den Omanern gut bezahlte Jobs im staatlichen Sektor. Diese blähen die Staatsverwaltung auf und belasten den Staatshaushalt. Da im Staatsdienst nur begrenzt Menschen eingestellt werden können, ist die Förderung privatwirtschaftlichen Engagements eine staatliche Bestrebung.

Die Wirtschaftszweige, die vor der Erdölperiode bedeutsam waren, beispielsweise die Landwirtschaft, die Fischerei und die Schifffahrt, sind heute von nachgeordneter Bedeutung, bieten jedoch im bescheidenen Umfang Entwicklungspotentiale, um die wirtschaftliche Diversifizierung zu forcieren. Weitere Perspektiven für die wirtschaftliche Entwicklung bietet insbesondere der Energiesektor. Momentan besteht hier eine enorme Abhängigkeit des Omans vom Erdgas. Durch die günstigen natürlichen Rahmenbedingungen (im Schnitt 342 Sonnentage/Jahr) gibt es ein deutliches Entwicklungspotential für Solaranlagen. Derzeit sind mehrere Pilotanlagen in der Erprobungsphase. In geringem Umfang hat auch die Windenergie Entwicklungspotential, und es sind konkret Windparks auf der Insel Masirah Island und in der südlichen Provinz Dhofar geplant. Vor dem Hintergrund einer steigenden Bevölkerungszahl und knapper Wasserressourcen werden Meerwasserentsalzungsanlagen weiter ausgebaut. Für eine wirtschaftliche Entwicklung des Landes bedarf es technischer Lösungen zur Wassergewinnung.

Aktuelle politische Entwicklung

In Bezug auf die aktuelle politische Entwicklung ist das Verständnis der Palastrevolte aus dem Jahre 1970 von zentraler Bedeutung. Der erst kürzlich verstorbene Sultan Qabus stürzte damals seinen Vater unblutig vom

Thron. Es begann eine Phase der Modernisierung, die bis heute anhält. Zu diesen Neuerungen gehörte der Erlass eines Grundgesetzes 1996 (keine Verfassung). Es enthält einige bürgerliche Freiheiten und Rechte. Heute besitzt das Land ein Zwei-Kammer-System. Das Oberhaus (Staatsrat) hat 48 Sitze, dessen Mitglieder vom Sultan ernannt werden und das lediglich beratende Funktion besitzt. Das ebenfalls beratende Unterhaus (Madschlis Al-Schura) hat 83 Sitze und wird für jeweils drei Jahre gewählt. Der Sultan hat allerdings das Recht, die Wahlentscheidung zu verwerfen, während das Unterhaus das Recht hat, legislative Prozesse zu bestimmen. Als Reaktion auf die Proteste des Jahres 2001 hat Sultan Qabus einige Reformschritte unternommen: 2003 wurde das Wahlrecht auf alle Staatsbürger, Männer wie Frauen, ausgedehnt, politische Parteien sind aber weiterhin verboten. Die KandidatInnen führen daher einen „Personality"-Wahlkampf. Andere zivilgesellschaftliche Vereinigungen werden sehr selten zugelassen und unterliegen einer engmaschigen staatlichen Kontrolle. Diese politischen Institutionen ändern jedoch nichts daran, dass das Land eine absolute Monarchie ist und die Entscheidungsgewalt beim Sultan liegt.

Im Unterschied zu andern arabischen Golfstaaten wird der Oman nicht von einer Ethnie oder einer Familie regiert, sondern von einem Sultan, der sich mit der kaufmännischen Elite des Landes verbündet hat. Der Sultan bündelt alle Macht in seiner Person. Gesetze werden in Form von „royal decrees" erlassen. Bis Juli 2006 waren Berufsvereinigungen und Gewerkschaften verboten. Da aber Gewerkschaftsfreiheit zu den Bedingungen des Freihandelsabkommens mit den USA gehörte, erlaubte der Sultan seither per Erlass deren Gründung. In Bezug auf die Pressefreiheit wurden hingegen keine Reformen unternommen, sodass die Medien weiterhin stark zensiert werden. Staatsradio und -fernsehen sind kritiklose Verlautbarungsorgane, Privatsender verboten, das Internet unterliegt ebenfalls der Zensur.

Im Gegensatz zum Nachbarland Jemen war der Oman von den revolutionären Ereignissen der Arabellion/des Arabischen Frühlings, die sich von Nordafrika aus auch auf die Arabische Golfstaaten ausbreiteten, nur marginal betroffen. Die überschaubaren Proteste hatten nicht den Sturz des Sultans zum Ziel, sondern kritisierten vielmehr die nicht ausreichenden Arbeitsmöglichkeiten der Jugend, die weitverbreitete Korruption und forderten bessere Lebensbedingungen. Die Demonstrationen verliefen zu

Beginn eher friedlich, wurden dann etwas aggressiver. Es kam zu Zusammenstößen von Demonstranten und Sicherheitskräften. Die Proteste dauerten gut drei Monate an. Hier konnte Sultan Qabus mit Reformmaßnahmen kurzfristig erfolgreich gegensteuern.

Zu diesen Maßnahmen zählte es im Wesentlichen, 50.000 neue Arbeitsplätze im Staatsdienst zu schaffen, Arbeitssuchenden 300 Euro monatlich zu zahlen und mehr Stipendien für Studenten zu gewähren. Eine Änderung der politischen Verhältnisse bzw. eine Änderung an der Regierungsform der absoluten Monarchie gab es nicht. Das Unterhaus erhielt infolge der Proteste 2011 nur minimale Kompetenzerweiterungen und darf nun Gesetze vorschlagen und prüfen. Durch die zügige Reaktion des Sultans mit Reformen beruhigte sich die Situation im Land schnell wieder. Die Nachfolge des nach kurzer Ehe unverheiratet gebliebenen und am 10. Januar 2020 kinderlos verstorbenen Sultans war bereits seit 1996 in der Form geregelt, dass der aus 50 männlichen Mitgliedern der Herrschaftsfamilie Kronrat binnen drei Tagen nach dem Tod des Sultans einen Nachfolger bestimmen sollte. Für den Fall, dass keine Einigung erzielt würde, sollten die Mitglieder von Konsultativrat, Verteidigungsrat und Staatsrat sowie der Vorsitzende des Obersten Gerichts gemeinsam einen Umschlag mit dem Letzten Willen des Sultans betreffend seine Nachfolge öffnen.

Seit 11. Januar 2020 ist nun Haitham Ibn Tariq, ein Cousin des verstorbenen Qabus Ibn Said, neuer Sultan des Oman. Haitham Ibn Tariq wurde wie Qabus in England ausgebildet und hatte seit 1986 eine Reihe von Positionen im Staatsapparat inne, zuletzt als Kulturminister. Mit Haitham Ibn Tariq ist perspektivisch die Fragestellung verbunden, wie sich der Oman künftig in der Innen- und Außenpolitik aufstellt. In den kommenden Jahren wird von zentraler Bedeutung sein, welche beruflichen Entfaltungsmöglichkeiten den jungen Omanern im eigenen Land eingeräumt werden. Ebenso ergibt sich die Notwendigkeit, die Wirtschaft noch weiter zu diversifizieren, weil mit den sich stückweise erschöpften Erdölressourcen dieser Grundpfeiler des Wohlstands wegfällt und Alternativen notwendig werden. Sicherheitspolitisch ist eine klare pro-westliche Orientierung auszumachen. Der 11. September 2001 führte im Nachgang dazu, dass sich die Beziehungen zu den USA weiter intensivierten.

Der Oman unterstützte bislang den Kampf gegen den internationalen Terrorismus in Kooperation mit westlichen Staaten. Die Stationierung ausländischer Soldaten ist im Oman gestattet. Die sicherheitspolitische Bedeutung des Landes ist aufgrund der geopolitischen Lage (Straße von Hormus) evident. Die Terrorbekämpfung und die klare Positionierung dagegen geschehen, ohne dass der Oman eine Führungsrolle diesbezüglich einnimmt. Die Außenpolitik des Landes ist im Wesentlichen durch eine pragmatische, mäßigende und defensive Haltung geprägt. Diese Haltung ist ein klares Unterscheidungskriterium zu den umliegenden Staaten, insbesondere derer, die, wie der Oman, Mitglieder im Golf-Kooperationsrat (GCC) sind. Umgeben von Konfliktherden im Nahen und Mittleren Osten und der Konfrontation der Regionalmächte Saudi-Arabien und Iran, ist der Oman sehr an einer Machtbalance interessiert. Auch deshalb ist der Oman bemüht, sich nicht zu isolieren, sondern eine aktive Außenpolitik zu betreiben und diese auf bi- und multilateraler Ebene immer wieder einzubringen. Ein Beispiel dafür ist das Engagement in multilateralen Organisationen wie der Ocean Rim States Association for Regional Cooperation, über welche der Oman seine Wirtschaftsbeziehungen zum asiatischen Raum pflegt. Es ist zukünftig nicht zu erwarten, dass sich die Außenpolitik drastisch ändert. Die ausgegebenen Ziele werden wohl auch weiterhin verfolgt werden und man wird versucht sein, weiterhin ein gutes Verhältnis zum Westen und zu den Nachbarn zu unterhalten.

Der Oman drängt sich – generell – in multilateralen Organisationen nicht in den Vordergrund. Die Rolle des Wortführers wird anderen Staaten, wie Saudi-Arabien und Katar, überlassen. Dabei ist vor allem die Beziehung zwischen dem Oman und dem Iran herauszustellen. Denn entgegen dem GCC unterhält der Oman fast freundschaftliche Kontakte zu der islamischen Republik. Dieser Kontakt beruht einerseits auf historisch verwurzelten wirtschaftlichen Beziehungen, anderseits aber auch auf gegenseitiger politischer Unterstützung: So half der iranische Schah beispielsweise dem Oman bei der Niederschlagung der Dhofar-Rebellion 1975. Das Außenministerium des Omans definiert die außenpolitischen Ziele als gute nachbarschaftliche Beziehungen. Im zentralen Fokus stehen hierbei Pragmatismus; Kooperation und Frieden zur Gewährleistung von Sicherheit und Stabilität. Der frühere Sultan, der die britische Militärakademie besuchte, intensivierte die Beziehungen zu den westlichen Staaten. Sein Nachfolger, Sultan Haitham Ibn Tariq, wurde am Pembroke College und damit klassisch akademisch ausgebildet – er dürfte aber das Bemühen von Sultan Qabus um eine intensivere Rolle für den Oman in internationalen Organisationen (z. B. Arabischen Liga, OPEC, OIC) weiterführen.

Diese nun mehr eigenständige Außenpolitik zeigt sich auch in der Anerkennung des Friedensvertrages zwischen Israel und Ägypten und in der Ablehnung der Eindämmungspolitik der USA gegenüber dem Iran seit den 1980er Jahren. Das Sultanat Oman bemüht sich seitdem um einen Ausgleich zwischen westlicher Moderne und den Traditionen des Islam. Dabei resultiert diese zurückhaltende Außenpolitik daraus, dass der Oman in einer unruhigen Region ein schwaches Militär besitzt, sodass es zielführender ist, innerhalb multilateraler Kooperationen zu Mäßigung und Entspannung zwischen den Konfliktparteien beizutragen.

Literatur

Bambridge, John; Dudley, Dominic; Gavin, James (2020): Oman in focus. In: MEED business review. – Dubai: Meed Head Office. 5(2020), 1, S. 46–59.

Elger, R. u. Stolleis, F. (Hrsg.) (2008): Kleines Islam-Lexikon. Geschichte – Alltag – Kultur, 5. Auflage. München.

Fulghum, D. A. (2002): Qatar's Role to be Key in Iraq Conflict, in: Aviation Week and Space Technology, 19. August 2002, S. 28–29.

Heck, G. u. Wöbke, M. (2005): Arabische Halbinsel: Saudi-Arabien, Kuwait, Bahrain, Qatar, Vereinigte Arabische Emirate, Oman, Jemen. Ostfildern.

Homann, E. u. Homann, K. (2016): Oman, 3. Auflage. Dormagen.

Indyk, M. (2002): Back to the Bazaar, in: Foreign Affairs, Bd. 81, Nr. 1, S. 75–88.

Lefebvre, J. A. (2010): Oman's Foreign Policy in the Twenty-First Century, in: Middle East Policy, Bd. 17, Nr. 1, S. 106.

Manea, E. (2001): Regional Politics in the Developing World: The Case of the Arabian Peninsula. Yemen, Saudi Arabia, Oman. Zürich.

Meßmer, Philipp (2018): Das Sultanat Oman: eine Nation des Friedens. In: International: die Zeitschrift für internationale Politik. 2018, 3, S. 28–32.

Nah- und Mittelost-Verein e.V. (Hrsg.) (2015): Wirtschaftsratgeber Oman. Berlin.

Plekhanov, S. (2012): Ein Reformer auf dem Thron, Sultan Qabus bin Said Al Said. Aichwald.

Richter, T. (2014): Oman: Quo vadis Märchensultanat?, in: GIGA Focus Nahost, Jg. 2014, Nr. 10.

Scholz, F. (2007): Oman, in: Weiss, W. M. (Hrsg.), Die arabischen Staaten, Geschichte, Politik, Religion, Gesellschaft, Wirtschaft. Heidelberg, S. 222–235.

Steinberg, G. (2009): Deutsche Nah-, Mittelost- und Nordafrikapolitik. Interessen, Strategien und Handlungsoptionen. Berlin.

Wippel, St. (Hrsg.) (2013): Regionalizing Oman, political, economic and social dynamics. Dordrecht.

Andreas Dittmann

Pakistan

Offizieller Name:	Islamische Republik Pakistan
Staatsform:	Parlamentarische Republik
Unabhängigkeit:	14. August 1947 (von Britisch-Indien)
Nationalfeiertag:	23. März (Pakistantag)
Hauptstadt:	Islamabad
Lage:	Südasien
Fläche:	796 095 qkm (Weltrang: 35)
Bevölkerung:	207,8 Millionen (2017)
Landesstruktur:	4 Provinzen, 1 Territorium (Stammesgebiet) und das Hauptstadtterritorium
Sprachen:	Urdu (Amtssprache), Englisch, Punjabi, Sindhi, Pashtu, Seraiki, Baluchi
Religionen:	Islam (96,4 Prozent)
Währung:	Pakistanische Rupie (PKR)
Wirtschaftszweige:	Landwirtschaft, Textilindustrie
Mitgliedschaften:	UN, OIC, SAARC, ECO, D-8, ASEM, SCO
Wichtigste Medien:	*Fernsehen:* Pakistan Television (staatlich), GEO TV, ARY Digital, AAJ TV, AAG TV *Hörfunk:* Radio Pakistan (staatlich), HumAwaz FM, FM 100, FM 101, Sama FM, Josh FM *Zeitungen:* Dunya, Nai Baat, Sarhad, Jang, Lahore Post, Naya Zaman

****

Naturraum und geographische Rahmenbedingungen

Pakistan nimmt eine besonders wichtige Lage zwischen Südasien und Zentralasien ein. Es grenzt im Osten an Indien, im Westen an Afghanistan und an Iran sowie im Norden an China. Der ausgesprochen vielfältig differenzierte Naturraum reicht von Hochgebirgslandschaften im Norden mit wesentlichen Anteilen an Hindukusch, Karakorum und Himalaya über das Gebirgsvorland und schließlich den von den fünf östlichen Nebenflüssen des Indus, dem Jhelam, Chanab, Ravi, Beas und Satluj, geprägten Panjab (= Fünfstromland, von pers. panj = fünf und ab = Wasser) bis an die Küste des Arabischen Meeres im Süden, das ein Teil des Indischen Ozeans ist. Im Süden und Südwesten des Landes erstrecken sich weite Teile über die ariden und semiariden Bereiche von Belutschistan.

Administrativ ist Pakistan in die vier Provinzen Panjab, Sindh, Belutschistan und Khyber-Phakhtunkhwas (früher: North-West Frontier Province, NWFP) gegliedert sowie in zwei weitere Gebiete mit provinzähnlichem Status (Asad Kaschmir und die Nordgebiete im Raum Gilgit-Baltistan), die vor den indisch-pakistanischen Auseinandersetzungen zum indisch kontrollierten Teil Kaschmirs gehörten. In weiten Teilen im Westen des Landes, insbesondere in den sogenannten Stammesgebieten (Federal Administrated Tribal Areas, FATA) und dort vor allem in Waziristan, ist das staatliche Gewaltmonopol stark eingeschränkt. Paschtunische Clan-Oberhäupter und Taliban-Führer üben hier die tatsächliche Kontrolle aus und schwächen den Staat dadurch erheblich.

Geschichtliche Entwicklung von vorkolonialer Zeit bis zur Unabhängigkeit

Das Gebiet, welches der heutige Staat Pakistan einnimmt, war seit jeher ein Durchgangs- und Transitraum zwischen Südasien einerseits und Zentralasien sowie dem Mittleren Osten andererseits. Entsprechend viele Kulturen haben hier ihre Spuren hinterlassen. Zu den frühesten Zeugnissen erster Hochkulturen gehören die Siedlungen der Indus-Kultur, die auf Bewässerungslandwirtschaft und frühem Städtewesen aufbauend ihre Blütezeit zwischen der Mitte des dritten vorchristlichen Jahrtausends und der ersten Hälfte des zweiten Jahrtausends v. Chr. hatte. Neben zahlreichen anderen Siedlungsresten gelten vor allem Harappa und Mohenjo-Daro im Bereich des Indusdeltas als besonders beeindruckende frühe Städte dieser Epoche. Die seinerzeit entwickelte Indus-Kultur-Schrift ist bis heute nicht entschlüsselt.

Ab etwa 1500 v. Chr. wanderten Arier-Gruppen ein, die den Hinduismus mitbrachten. Dieser wurde ab dem vierten Jahrhundert v. Chr. weitgehend vom Buddhismus abgelöst. Die Herausbildung der Gandhara-Kultur ab dem vierten vorchristlichen Jahrhundert geht wahrscheinlich auf eine Verbindung zwischen indischen und griechischen Kulturelementen zurück, die im Rahmen der Feldzüge von Alexander dem Großen (326 v. Chr.) miteinander in Kontakt kamen. Buddhistische Kulturdenkmäler finden sich heute noch verstärkt in Form eindrucksvoller Felsbilder und Inschriften entlang des oberen Industales (insbesondere im Raum Chilas und Gilgit).

Bereits im frühen 8. Jahrhundert wurde das Gebiet des heutigen Pakistan islamisiert. Eine Blütezeit erlebte die Region unter den Mogulherrschern vom 16. bis 18. Jahrhundert. 1843 errichtete die britische Ostindische Handelskompanie ihren Herrschaftsbereich, der wenig später in den direkten Besitz der britischen Krone überging. Pakistan, für das es als Staat keinen entsprechenden geschichtlichen Vorläufer gab, entstand erst 1947 mit der Teilung Britisch-Indiens aufbauend auf der Idee der Schaffung eines eigenen Staates für Muslime durch Abgrenzung von den überwiegend von Hindus bewohnten Gebieten.

Bevölkerungsstruktur – insbesondere ethnische Zusammensetzung

Mit 207 Millionen Einwohnern ist Pakistan heute nach China, Indien, den USA, Indonesien und Brasilien das sechstgrößte Land der Welt, bei einer durchschnittlichen Bevölkerungswachstumsrate von 2,1 Prozent. Die Bevölkerungsdichte ist im fruchtbarsten Landesteil, dem Panjab, mit mehr als 200 Einwohnern pro qkm am größten, erreicht im Nordwesten und im Sindh im Süden mittlere Werte um 150 bis 200 Einwohner pro qkm und liegt deutlich niedriger in den Hochgebirgsregionen des Nordens (Gilgit-Baltistan) sowie in den Wüstenregionen Belutschistans im Südwesten.

Eine große Vielfalt kennzeichnet die sprachliche Zusammensetzung der einzelnen Bevölkerungsgruppen. Insgesamt sind über 50 verschiedene Sprachen im Lande verbreitet. Als offizielle Staatssprachen gelten Urdu und Englisch. Etwa 55 Prozent der Pakistaner sprechen Panjabi (inkl. versch. Dialekte) als Muttersprache, ca. 16 Prozent Paschtu und ca. 14 Prozent Sindhi. Belutschisch wird von etwa 3,7 Prozent der Pakistaner als Muttersprache gesprochen; daneben existieren eine Fülle kleinerer Sprachen. Während Englisch insbesondere in der Verwaltung und im höheren

Bildungswesen eine zentrale Rolle einnimmt, kommt Urdu als einer weitverbreiteten und relativ neuen Lingua franca darüber hinaus auch eine besondere, staatstragende Bedeutung zu, die in den Prozessen des Nation Building ab der zweiten Hälfte der 1940er Jahre besonders wichtig wurde.

Urdu enthält wesentliche Anteile des Panjabi, hat aber auch Elemente aus anderen indoeuropäischen, in Pakistan verbreiteten Sprachen, wie etwa dem Paschtu, integriert. Ursprünglich wurde Urdu als eine Art vereinfachter Kunstsprache zur Zeit der britischen Kolonialherrschaft über den indischen Subkontinent entwickelt und diente in erster Linie zur Verständigung im Militär, das Angehörige unterschiedlicher Sprachgruppen vereinigte. Mit der Staatsgründung Pakistans wurde Urdu besonders propagiert und favorisiert, da man im Nebeneinander unterschiedlicher Sprachen vor allem auch die Gefahr des Aufkommens von separatistischen Strömungen sah. Heute ist Urdu die in Pakistan am weitesten verbreitet Verkehrs- und Verwaltungssprache, das von den meisten männlichen Bewohnern zumindest ansatzweise beherrscht wird, während in den nördlichen und nordwestlichen Landesteilen innerfamiliär den Frauen der Zugang zum Erlernen von Urdu aus vorgeblich religiösen Gründen teilweise bewusst verwehrt wird (z. B. Alphabetisierungsrate der Frauen in den FATA um 3 Prozent). In den Gebirgsregionen des Nordens erhöht sich der Anteil der Urdu-Sprecherinnen in den letzten Jahren im Zuge der Verbreitung von Fernsehen und anderen Telekommunikationsmedien.

Panjabi ist die Muttersprache von etwa 44 Prozent der pakistanischen Bevölkerung und wird vor allem im zentralen Osten Pakistans gesprochen, jedoch auch darüber hinaus, vor allem wegen seines hohen Anteils an Urdu, auch in anderen Landesteilen relativ gut verstanden. Die Bereitschaft, sich im Alltagsleben in Urdu oder anderen Sprachen als der eigenen Muttersprache auszudrücken, scheint allgemein, insbesondere bei den Angehörigen von linguistischen Minoritäten, stärker ausgebildet zu sein als bei den Panjabi-Muttersprachlern. Die zweitgrößte Sprache Pakistans ist Paschtu, das sich in Ausprägungen unterschiedlicher Dialekte auch über die Landesgrenzen hinweg insbesondere bis nach Ost-Afghanistan erstreckt. Die dritte große Sprache Pakistans bildet mit ca. 14 Prozent das Sindhi im Süden bzw. Südosten des Landes.

Die Sprache der Belutschen in Süden und Südwesten ist zwar besonders weit verbreitet (auch bis Süd-Afghanistan und Ost-Iran), wird aber bei einer insgesamt geringen Bevölkerungsdichte dieser ariden bis semiariden Räume von nur wenigen Menschen gesprochen. Insgesamt werden die vier großen Sprachen Pakistans, Panjabi, Paschtu, Sindhi und Belutschi der indoeuropäischen Sprachfamilie zugerechnet.

Besonders groß ist die ethnolinguistische Differenzierung in den Gebirgsregionen im Nordwesten und Norden. Zu nennen sind hier vor allem das im Chitral-Distrikt gesprochene Khowar oder das Buruschaski im Karakorum, die nur wenig bis keine Verwandtschaftsbeziehungen zu anderen Sprachen aufweisen, oder aber das mit tibetischen Sprachen verwandte Balti im Osten von Gilgit-Baltistan und das hauptsächlich im Raum Gilgit und südlich davon verbreitete Shina mit Beziehungen zu anderen Sprachen im pakistanisch-indischen Gebirgsvorland. Die ausgesprochene Vielfalt ethnolinguistischer Gliederungen im Hochgebirgsraum zwischen Hindukusch, Karakorum und Himalaya hat verbreitet zu der Annahme geführt, dass in der Vergangenheit die Kammerung des Gebirgsraumes zugleich Isolation und Konservierung für die Angehörigen von Sprachen- und Sprachgruppen bot, die andernorts vertrieben worden waren und deren (Sprach-)Kultur sich im Schutze der Hochgebirge länger erhalten konnte.

Die meisten Pakistaner sind Muslime (ca. 96 Prozent). Während etwa 80 Prozent davon Sunniten sind, gibt es auch religiöse Minderheiten von Schiiten, Ismaeliten, Ahmadija und anderen. Auch innerhalb der sunnitischen Glaubensgemeinschaft sind unterschiedliche Richtungen vertreten. Es ist allgemein sehr schwer, dazu genaue, verlässliche oder gar aktuelle Zahlen zu erhalten, da sie, selbst wenn erhoben, nicht immer frei zugänglich sind. Unter den nicht-muslimischen Gruppen sind vor allem die Sikhs, mit ihren traditionellen Siedlungsschwerpunkten in der Provinz Sindh (ca. 1,6 Prozent der pakistanischen Gesamtbevölkerung) und die etwa ebenso vielen Christen, die vor allem im Raum Lahore sowie den größeren Städten Islamabad, Rawalpindi und Karachi leben, zu nennen. Darüber hinaus gibt es Angehörige besonders kleiner Religionsgemeinschaften wie etwa die der alt-persischen Zoroastrier (im Raum Karatschi) oder die der Kalasch im Chitral-Disrikt des Nordwestens, deren Glaubensanhängerschaft aber jeweils unter 10 000 Mitgliedern liegen dürfte, die aber dennoch, wohl weniger wegen ihrer Zahl als vielmehr wegen ihrer Besonderheit in (v. a. westlichen) Gesamtstatistiken der Vollständigkeit halber oft mitgenannt werden. In pakistanischen Aufstellungen tauchen sie dagegen gar nicht oder nur in Sonderlisten auf.

Allgemein ist Pakistan ein von großer religiöser Intoleranz geprägtes Land. Alle nicht-muslimischen Gruppen, insbesondere aber die der Sikhs und der Christen sind beständigen Drangsalierungen und Angriffen ausgesetzt. Diese werden von einzelnen radikalisierten muslimischen Gruppen getragen, staatlicherseits kaum thematisiert oder sanktioniert und vielfach sind durchaus im Einklang mit entsprechenden Strömungen in der Mehrheitsbevölkerung. Darüber hinaus sind auch viele muslimische Gruppen untereinander uneins. Den Ahmadija wird von den übrigen Muslimen vielfach der Status, Muslime zu sein, abgesprochen und die schiitischen Gruppen, vor allem im Gebiet Gilgit-Baltistan, sehen sich beständiger Bedrängnis sunnitischer Eiferer ausgesetzt. Die Ismaeliten sind in allen größeren Städten Pakistans, vor allem Karachi und Rawalpindi, ansässig, bilden jedoch – als einzige Region weltweit – im Karakorum (Hunza-Tal) die Bevölkerungsmehrheit.

Wirtschaftsstruktur

Die pakistanische Wirtschaft verzeichnete in den letzten Jahren eine stabile Wachstumsrate um ca. 4 Prozent (2012: 4,4; 2013: 3,7; 2014: 4,0 und 2015: 4,2 Prozent), bleibt jedoch insgesamt hinter den potentiellen wirtschaftlichen Entwicklungsmöglichkeiten des Landes weiterhin zurück. Die Landwirtschaft ist mit einem Anteil von 58 Prozent am BIP und ca. 44 Prozent aller Beschäftigten immer noch der wichtigste Faktor in der pakistanischen Wirtschaftsstruktur. Etwa 60 Prozent der ländlichen Bevölkerung hängen direkt von der Landwirtschaft ab. Das Fünfstromland, der Panjab, ist als größtes zusammenhängendes Bewässerungsgebiet der Erde vor allem in den Bereichen Getreideproduktion und Viehzucht bedeutend und sichert einen Großteil des Nahrungsmittelbedarfs. Innerhalb des etwa 21 Prozent am BIP ausmachenden sekundären Sektors ist die Textilproduktion der bei Weitem wichtigste Bereich. Einen etwa gleichgroßen Anteil am BIP mit um die 20 Prozent hat der Dienstleistungssektor, dessen wichtigste Bereiche das Banken-, Transport- und Versicherungswesen sowie der Kommunikationssektor und die öffentliche Verwaltung darstellen. Letztere ist in weiten Teilen überproportional ausgebaut und erfüllt neben dem rein wirtschaftlichen Nutzen auch den der versorgenden Beschäftigungspolitik.

Insgesamt kennzeichnet die pakistanische Wirtschaft ein hoher Investitionsbedarf. Ausländische Direktinvestitionen (FDI) sind zwar in den Jahren seit 2004 leicht angestiegen, erreichen aber noch längst nicht das notwendige Maß, um nachhaltige Verbesserungen zu zeigen. FDI behindernde Faktoren sind die nach wie vor die prekäre Sicherheitslage im Land, der vergleichsweise hohe Korruptionsgrad bzw. das deutliche Ausbaupotential im Bereich Good Governance sowie besonders die landesweite Energieknappheit. Letztere wirkt sich vor allem in immer wieder auftretenden Elektrizitätsdefiziten und Stromausfällen aus, die jeweils ganzen Branchen Produktionspausen verordnen.

Aktuelle politische Entwicklung

Pakistan ist eine parlamentarische Demokratie mit Zweikammersystem, bei dem es eine Nationalversammlung und einen Senat gibt. Die innenpolitischen Beziehungen werden seit der Staatsgründung durch ein gewisses Spannungsverhältnis zwischen den gewählten Regierungen und der jeweiligen Militärführung bestimmt. Nach Putschen an die Macht gekommene Militärs regierten das Land von 1958 bis 1971, von 1977 bis 1988 und von 1999 bis 2008. Im weltweit ersten islamischen Staat der Neuzeit kommt außerdem der Religion bzw. der religiösen Prägung der handelnden politischen Akteure eine besondere Bedeutung zu. Darüber hinaus sieht sich der Staat in den letzten Jahren einer zunehmenden Einflussnahme von terroristischen Gruppen gegenüber, die sich zwar vor allem im Westen des Landes und dort in der früheren Provinz Khyber-Pakhtunkhwas (früher: North-West Frontier Province, NWFP), sowie den westlich davon entlang der Grenze zu Afghanistan gelegenen sogenannten Tribal Areas um Taliban-Gruppen (Nord-Wasiristan) oder Al-Qaeda-Aktivisten (Süd-Wasiristan) konzentrieren, aber auch bereits vermehrt Anschläge vor allem gegen Polizei- und Militäreinrichtungen im übrigen Land verübt haben.

Seit den Wahlen von 2013 ist eine relative Beruhigung der innenpolitischen Landschaft eingetreten, da die Pakistan Muslim Leage (PML-N) als klarer Sieger daraus hervorging (126 von 272 Sitzen) und nach komplizierten Koalitionsbildungen nicht erst lange gesucht werden musste. Zweitstärkste Partei wurde die frühere Regierungspartei (2008–2013), die Pakistan People's Party (PPP). Wie sehr die Strahlkraft einzelner Persönlichkeiten auch in Pakistan das Wahlgeschehen bestimmen kann, zeigt der relative Erfolg der von einem ehemaligen Cricket-Star geführten Partei Pakistan Tehreek-e-Insaf (PTI). Kleinere, teilweise stark religiös bzw. sogar islamistisch ausgerichtete Parteien sind die Jamaat-e-Ulema-e-Islamyia (JUI-F), eine paschtunisch geprägte Partei (seit 2014 Koalitionspartner der PML-N), die Jamaat-e-Islami (JI) sowie das Muttahida-Quami Movement (MQM), die Partei der muslimischen Einwanderer aus Indien.

Die außenpolitischen Beziehungen Pakistans werden aktuell vor allem von vier Prägefaktoren determiniert: Dem traditionellen Spannungsverhältnis zu Indien, den strategisch freundschaftlichen Beziehungen zu China, dem ambivalenten Verhältnis zum Westen und den Versuchen, eine größere Bedeutung als Regionalmacht, insbesondere im Verhältnis zu Zentralasien und Afghanistan, zu entwickeln. Die Beziehungen zwischen Pakistan und Indien sind als ausgesprochen angespannt zu bezeichnen. Beide Länder führten bislang insgesamt vier Kriege gegeneinander. Bei allen Auseinandersetzungen wurden von pakistanischer Seite vordergründig religiöse Gründe instrumentalisiert; bei dreien der Kriege ging es um Kaschmir und stets waren der pakistanische Staat bzw. Aktivisten pakistanischer Provenienz die Auslöser zur Eskalation der Konflikte.

Im ersten indisch-pakistanischen Krieg ging es um die Zugehörigkeit von Kaschmir, das von beiden Ländern beansprucht wird, wobei Indien mit der Zustimmung des kaschmirischen Herrschers zum Verbleib in der Indischen Union argumentiert und Pakistan mit der muslimischen Bevölkerungsmehrheit in Kaschmir, die einzig eine Zugehörigkeit zu Pakistan rechtfertige. Im Zuge des ersten Indisch-Pakistanischen Krieges gelangten zunächst die Nordgebiete des früheren Gilgit-Distrikts und des Baltistan-Distrikts im Karakorum- und Himalaya-Bereich, die ihrerseits geschichtlich bis in die 1890er Jahre einmal unter (west-)kaschmirischer Kontrolle gestanden hatten, unter pakistanische Oberhoheit. Im Zuge dieser Norderweiterung Pakistans wurden fast alle nicht-muslimischen Bevölkerungsgruppen aus dem später als „Northern Areas of Pakistan" bezeichneten Raum vertrieben. Daran waren zu einem großen Teil vor allem auch nichtmilitärische Gruppen beteiligt. Nur auf Intervention der UN konnte ein Waffenstillstand herbeigeführt und sich auf eine Line of Control geeinigt werden, die bis heute die pakistanisch und die indisch kontrollierten Teile Kaschmirs voreinander trennt. Innerhalb Pakistans wird das Gebiet der früheren „Northern Areas" heute als Gilgit-Baltistan bezeichnet; es strebt weiterhin den Status einer regelrechten pakistanischen Provinz an, steht aber vorerst noch unter Kontrolle eines eingesetzten Gouverneurs. Auch weiter südlich gerieten direkt entlang der Grenze weitere Teile Kaschmirs im Raum Muzafarabat, die laut des ursprünglichen Trennungsplans bei der Staatsgründung zu Indien gehört hätten, unter pakistanische Kontrolle. Sie werden seither mit dem Namen „Asad Kaschmir“ bezeichnet, was so viel wie „Freies Kaschmir“ oder „Befreites Kaschmir“ bedeutet und damit suggerieren will, dass es noch einen anderen, nicht-befreiten also noch von Indien kontrollierten Teil von Kaschmir gibt.

Im zweiten Indisch-Pakistanischen Krieg (1965) ging es erneut um die Kaschmir-Frage. Der Schwerpunkt der Kampfhandlungen lag diesmal im Bereich der Ostgrenze von Asad-Kashmir, wo die für beide Seiten verlustreichsten Kämpfe stattfanden. In den Nordgebieten konnten indische Truppen zunächst Geländegewinne zu verzeichnen, wurden aber dann von pakistanischem Militär zurückgeschlagen. Nach internationalen diplomatischen Interventionen konnten die beiden Kontrahenten zunächst zu einem Waffenstillstand und dann zu einem Rückzug auf den Stand vor Ausbruch der Kampfhandlungen bewegt werden. Bis heute liefern sich hoch spezialisierte pakistanische und indische Hochgebirgstruppen im Bereich des Siachen-Gletschers im äußersten Nordosten des Gilgit-Baltistan-Bereiches allsommerlich Gefechte.

Der dritte Indisch-Pakistanische Krieg von 1971 war ursächlich in erster Linie ein Sezessionskrieg, bei dem es um die Abspaltung von Ost-Pakistan (heute Bangladesch) von West-Pakistan ging. Ebenso wie die Kaschmir-Krisen war auch dieser Krieg eine direkte Folge von Fehlern des Teilungsplanes im Rahmen des der Erlangung der Unabhängigkeit und der Herausbildung von Indien und Pakistan. Dem Grundsatz einer räumlichen wie staatlichen Trennung der überwiegend von Muslimen und der hauptsächlich von Hindus bewohnten Gebiete folgend hatte man, durchaus konsequent, dass mehrheitlich islamische Ost-Bengalen gesondert abgetrennt, aber als in einem Staat mit West-Pakistan (dem heutigen Pakistan) vereinigt vorgesehen.

Neben kulturellen und sprachlichen Unterschieden sowie starken regionalen Disparitäten waren es vor allem auch die großen Entfernungen und die nicht realisierbaren Verkehrsverbindungen über Land, die schließlich zur folgerichtigen Abspaltung Ost-Pakistans führten. Indien unterstützte seinerzeit aus nicht nur altruistischen Gründen die Loslösung von Ost-Pakistan. Zwar hatte Indien dadurch keinen direkten Territorialgewinn erreicht, der etwa Gebietsverluste in der Kaschmirregion hätte ausgleichen können, allerdings doch dem Feind Pakistan einen empfindlichen Schlag versetzt.

Die jüngste der besonders gefährlichen Auseinandersetzungen zwischen Indien und Pakistan war die Kargil-Krise 1999, die auch als Kargil-Krieg bezeichnet wird. Es ging dabei im Wesentlichen wieder um Kaschmir bzw. Teile von Kaschmir. Von pakistanischem Territorium aus waren Kämpfer auf Gebiete im von Indien kontrollierten Teil Kaschmirs im Raum Kargil und Drass vorgedrungen, hatten sich hier mit kaschmirischen Kämpfern zusammengetan und versucht, unter dem Vorwand der „Befreiung“ eine Loslösung dieses Raumes aus indischer Oberhoheit zu erreichen. Es handelte sich bei den Eindringlingen zwar nicht um offizielle, uniformierte pakistanische Militärangehörige, die logistische, planerische und waffentechnische Unterstützung von Pakistan aus für diese „Rebellen“ war jedoch offenkundig. Zwar konnten die Angreifer zurückgedrängt und der von außen inszenierte „Aufstand der kaschmirischen Freiheitskämpfer“ wieder unterdrückt werden, jedoch verschlechterten sich die pakistanisch-indischen Beziehungen danach wiederum um ein Vielfaches. Nur knapp entging der indische Subkontinent Anfang der 1990er Jahre einem größeren Krieg, der sich angesichts des Atompotentials der beiden Kontrahenten Indien und Pakistan rasch zu einer globalen Krise hätte ausweiten können.

Genau dieses Szenario bestimmt die berechtigte Sorge um die Entwicklung der Sicherheitsstrukturen in Südasien und erklärt das große Engagement der USA in Schlichtungsgesprächen sowohl mit der indischen als auch mit der pakistanischen Seite. Das Aufrüsten Pakistans zu einer Atommacht, das seit Mitte der 1980er Jahre offiziell bekannt ist, war eine direkte Antwort auf entsprechende atomare Aufrüstungen auf indischer Seite. Das demonstrative Zünden unterirdischer pakistanischer Atombomben erfolgte nur wenige Monate nach entsprechenden indischen Aktivitäten. Auf pakistanischer Seite kommt auch hier wieder der ideologische Aspekt hinzu, in dem die neue Waffe als „Islamische Bombe“ propagiert wird.

Vor diesem mehrfachen Gefährdungspotential entstehen daher Einschätzungen, die Pakistan – mit einer gewissen Berechtigung – als „das gefährlichste Land der Welt“ einstufen wollen. Insbesondere dann, wenn man die pakistanische atomare Hochrüstung mit Weiterentwicklungspotential vor den Hintergründen des innenpolitischen Spannungsverhältnisses zwischen Militärs und Islamisten im Lande sieht und dazu das traditionell feindliche Verhältnis zum Nachbarn Indien und der Instrumentalisierung der sogenannten „Islamischen Bombe“ im demnächst sechstbevölkerungsreichsten Land der Erde betrachtet, wird die besondere Brisanz der Situation deutlich.

Pakistan verfügt über enorme, bislang zum Teil kaum erschlossene Entwicklungspotentiale. Diese können dann genutzt werden, wenn eine politische und sicherheitstechnische Stabilisierung der Region umgesetzt wird. Vor allem das Potential der strategisch wichtigen Gunstlage als Verbindungsglied zwischen Südasien und Zentralasien einerseits aber auch zwischen China und dem Indischen Ozean andererseits könnte dann gewinnbringend instrumentalisiert werden. Voraussetzung dafür ist kurzfristig vor allem eine Klärung der Grenzstreitigkeiten mit Afghanistan und die damit verbundene Verfügbarmachung von sicheren Trassenverbindungen für zentralasiatisches Erdgas sowie der Ausbau von Pipelines und Terminals für die Vermarktung von iranischem Erdöl an Häfen der pakistanischen Küste weitab von potentiell gefährdeten Standorten im persisch-arabischen Golf.

Die Kooperation mit China geht zwar in den Anfängen vor allem auch auf eine strategische Partnerschaft als Gegenüber zum gemeinsamen Feind Indien zurück, hat sich mittlerweile aber auch in wirtschaftlicher Hinsicht als für beide Seiten gewinnbringend erwiesen. Die Hauptherausforderung einer vertieften Zusammenarbeit stellen hier nicht politische, sondern eher physisch-geographische Probleme der Aufbau einer verkehrstechnischen Überwindung des Karakorum-Gebirges mit einer nachhaltig verlässlichen Verbindung zwischen dem nördlichen Gebirgsvorland im chinesischen Xinjiang (Sinkiang) und dem südlichen Gebirgsvorland in Pakistan dar.

Naturkatastrophen kennzeichnen auch zu Beginn der 2020er Jahre die Lebensbedingungen in Pakistan. Dabei wiederholen sich nicht nur alte Muster von Erdbebenereignissen im Hindukusch-, Karakorum- und Himalaya-Bereich sowie Überschwemmungen insbesondere im Verlauf des mittleren Indus-Tales und verstärken sich in ihren Auswirkungen, sondern es kommen auch weitere katastrophale, teilweise wahrscheinlich auch klimawandelbedingte Ereignisse, hinzu. So hatte die Bevölkerung im

Nordwesten in Khyber-Pakhtunkhwa in den Grenzregionen zu Afghanistan Anfang 2020 unter besonders schweren Niederschlägen in Form von Schnee und dem daraus folgenden Zusammenbruch von Versorgungssystemen und Kommunikation sowie Lawinen zu leiden. Hinzu kam, seit ebenfalls Anfang 2020, in den südlicher gelegenen Landesteilen eine Heuschreckenplage, die als ein „Ereignis biblischen Ausmaßes" bezeichnet wurde und deren Auswirkungen nach weitgehender Vernichtung großer Teile der Mais- und Weizenernte die betroffenen, wenig resilienten Bevölkerungsteile kaum etwas entgegenzusetzen haben. Demzufolge musste der Ernährungsnotstand angesichts sich ankündigender Hungerkatastrophen ausgerufen und um internationale Hilfe gebeten werden.

Nicht weniger fragil und angespannt stellt sich die innenpolitische und die Sicherheitssituation des Landes dar. Dabei lassen sich regional zwei Schwerpunkte im Nordwesten und im Nordosten ausmachen: In den Grenzgebieten zu Afghanistan in Khyber-Pahktunwakhwa, der früheren North-West Frontier Province (N.W.F.P.), und dort vor allem in den Newly Merged Districts (NMD), den früheren „Federally Administrated Tribal Areas", kommt es immer wieder zu Anschlägen und Angriffen vor allem durch die pakistanischen Taliban, aber auch andere, teilweise rivalisierende Gruppen. Pakistanische Sicherheitskräfte der Polizei und des Militärs stehen dabei insbesondere im Fokus, ebenso wie Vertreter anderer staatlicher und halbstaatlicher Organisationen (etwa bei der Durchführung von Impfkampagnen). Angesichts der allgemeinen Spannungslage und des Kontrollverlustes staatlicher Sicherheitsorgane über weite Teile dieser Gebiete zeigt Pakistan, zumindest regional, deutliche Anzeichen eines sogenannten „Fragile State", was angesichts seines Status als Atommacht besonders besorgniserregend erscheint.

Im Nordosten werden die Sicherheitslage und die Lebenswelten der Bevölkerung durch die angespannten Beziehungen zum Nachbarstaat Indien und hier insbesondere der Kaschmir-Frage determiniert. Pakistan, das im Zuge der verschiedenen indisch-pakistanischen Auseinandersetzungen West-Kaschmir besetzte und diesen Raum zunächst als „Northern Areas of Pakistan" unter Sonderverwaltung stellte, beansprucht diesen Hochgebirgsraum ebenso wie das südlich angrenzende „Azad Kaschmir" (= Freies Kaschmir) als Teil Pakistans, auch wenn den neuerdings Gilgit-Baltistan genannten Nordgebieten immer noch kein Provinzstatus zuerkannt wird und es weiterhin als Sonderregion unter Bundesverwaltung steht. Während in der Vergangenheit die von Pakistan besetzten Teile Kaschmirs noch landläufig als „Disputed Territories“, d.h. zwischen Indien und Pakistan umstrittene Gebiete, bezeichnet wurden, verwenden manche politischen Akteure diesen Begriff mittlerweile für die unter indischer Veraltung stehenden Gebiete Kaschmirs, von denen man sich wegen ihres hohen Anteils muslimischer Bevölkerung einen Anschluss an Pakistan wünscht. Die Option eines potentiell ja möglichen unabhängigen, weder zu Indien noch zu Pakistan gehörenden Kaschmirs, wird dabei von beiden Seiten nicht in Erwägung gezogen.

Entlang der Waffenstillstandslinie (cease fire line) im Nordosten und an der Ostgrenze Azad Kashmirs kommt es alljährlich immer wieder zu Grenzzwischenfällen und bewaffneten Übergriffen. Besonders gefährlich spitzte sich der Konflikt im Februar 2019 zu, als zunächst ein Selbstmordattentäter bei einem Anschlag auf einen Bus über 40 indische Sicherheitskräfte in Kaschmir tötete und daraufhin Indien Luftangriffe auf tatsächliche oder vermeintliche Terrorausbildungslager auf pakistanischem Gebiet in Grenznähe, wo man eine Steuerung von Terroranschlägen in Indisch-Kaschmir vermutete, flog. Als kurz danach die Pakistanische Luftwaffe Gegenangriffe ausführte und dann im weiteren Verlauf zwei indische Kampfflugzeuge abgeschossen wurden, stand die Region am Rande eines Krieges zwischen zwei Atommächten. Die pakistanische Regierung war jedoch in der Lage, die Situation zu deeskalieren, ließ einen über pakistanischem Gebiet abgeschossenen, überlebenden Piloten frei und konnte so wesentlich zu Beruhigung der höchst brisanten Situation beitragen, was ihr innenpolitisch offenbar leichter fiel als der zum gleichen Zeitpunkt im Wahlkampf befindlichen indischen Regierung.

Innenpolitisch hat sich seit Anfang 2020 die Situation in Pakistan etwas entspannt. Auch wenn es nach wie vor insbesondere religiös motivierte Ausschreitungen und Übergriffe gegen religiöse Minderheiten (Christen, Ahmadia und schiitische Hazara) gibt, hat doch die Anzahl von Terroranschlägen und bewaffneten Auseinandersetzungen mit staatlichen Organen im langjährigen Schnitt abgenommen. Vielfach sind die Grenzen zwischen politischen Anschlägen und Aktionen krimineller Gruppen, vor allem in Raum Karachi, nicht immer klar auszumachen.

Zur Beruhigung des traditionell angespannten Verhältnisses zwischen dem Militär und anderen Gruppen des politischen Lebens in Pakistan dürfte auch beigetragen haben, dass das noch im September 2019 wegen Hochverrats verhängte Todesurteil für den ehemaligen pakistanischen Regierungschef, Pervez Musharraf (2001–2009), Anfang 2020 wieder aufgehoben wurde.

Dennoch bleibt die innenpolitische Lage im Land weiterhin fragil und spannungsgeladen. Dabei erscheint es nach Ansicht mancher Beobachter geradezu charakteristisch, dass sich der lautstark und bisweilen durchaus gewalttätige Unmut der Massen leicht an Ereignissen außerhalb Pakistans entzünden kann. So war die Lage kurzzeitig sehr angespannt, als Solidaritätsdemonstrationen für den durch einen amerikanischen Drohnenangriff nahe Bagdad in Irak getöteten, iranischen Militär Soleimani (3.1.2020) in allgemein anti-westliche Ausschreitungen übergingen. Auch die Reaktionen auf die Aufhebung des Sonderstatus für den von Indien verwalteten Teil Kaschmirs lösten in Pakistan heftige anti-indische Proteste aus, dabei geflissentlich übersehend, dass der von Pakistan kontrollierte Teil Kaschmirs nach wie vor ebenfalls unter Sonderrechtverwaltung steht.

Literatur

Azeem, M. (2017): Law, State and Inequality in Pakistan. Explaining the Rise of the Judiciary. Singapur.

Batchelor, D. A.-F. (2016): Comparing Political Systems of Islamic Republics. Pakistan and Iran. Saarbrücken.

Beckmann, O. (2009): Pakistans Entwicklung zum „Failed State“ und die internationalen Folgen. Marburg.

Chiari, B. und Schetter, C. (2010): Wegweiser zur Geschichte. Pakistan. Paderborn.

Cohen, S. (2004): The Idea of Pakistan. Washington D.C.

Cohen, S. (2011): The future of Pakistan, Washington D.C.

Dittmann, A. (Hrsg.) (1996): Mountain Societies in Transition, in: Culture Area Karakorum Studies, Bd. 6.

Dittmann, A. (2017): Junge Städte im Karakorum. Zentrum und Peripherie in einem Hochgebirgsraum. Stuttgart.

Hasnain, K. (2015): Plötzlich Pakistan. Hamburg.

Hippler, J. (2001): Das gefährlichste Land der Welt? Hamburg.

Kiessling, H. G. (2011): ISI und R&AW – Die Geheimdienste Pakistans und Indiens. Konkurrierende Atommächte, ihre Politik und der internationale Terrorismus. Berlin.

Ladurner, U. (2001): Islamabad-Blues. Briefe aus Pakistan. Hamburg.

Malik, W. (2012): Pakistan – eine fragile und unreife Demokratie? Eine kritische Auseinandersetzung mit der Nachhaltigkeit der Religions- und Menschenrechtspolitik Pakistans. München.

Mielke, K. und Schetter, C. (2013): Pakistan. Land der Extreme. Geschichte – Politik – Kultur. München.

Mittelsten Scheid, J. (2013): Pulverfass Pakistan. Eine Gefahr für den globalen Frieden? Berlin.

Rahman, T. (2012): The class structure of Pakistan. Oxford.

Rosiny, T. (1990): Drei Hochkulturen am Indus. Harappa, Gandhara, die Moguln. Köln.

Schofield, V. (2010): Kashmir in conflict. India, Pakistan and the unending war. London.

Scholz, J. (2008): Der Pakistan-Komplex. Ein Land zwischen Niedergang und Nuklearwaffen. München.

Talbot, I. (2012): Pakistan. A new history. London.

Thränert, O. und Wagner, C. (2009): Atommacht Pakistan. Nukleare Risiken, regionale Konflikte und die dominante Rolle des Militärs. Berlin.

Wagner, C. (2012): Brennpunkt Pakistan. Islamische Atommacht im 21. Jahrhundert. Bonn.

Zaheer, A. (2012): Die Zusammenarbeit Pakistans und der USA im Kampf gegen den Terrorismus. Zum pakistanischen Kosten-Nutzen-Kalkül im „war on terror“. München.

Cristina Carmina Gregorio-Barramenda & Aleksandr Bliman

Philippinen

Offizieller Name:	Republik der Philippinen
Staatsform:	Präsidialdemokratische Republik
Unabhängigkeit:	12. Juni 1898 (von Spanien), 4. Juli 1946 (von den USA)
Nationalfeiertag:	12. Juni (Unabhängigkeitstag)
Hauptstadt:	Manila
Lage:	Südostasien
Fläche:	300 000 qkm (Weltrang: 72)
Bevölkerung:	100,98 Millionen (Stand: 2015)
Landesstruktur:	17 Regionen, 81 Provinzen
Sprachen:	Filipino, Englisch
Religionen:	Römisch-katholisch (79,53 Prozent), Islam (6 Prozent), Iglesia ni Cristo (2,64 Prozent), Protestanten (2,42 Prozent), Sonstige (9,41 Prozent)
Währung:	Philippinischer Peso (PHP)
Wirtschaftszweige:	Manufaktur, Handel und Reparatur von Motorfahrzeugen, Konstruktion und Haushaltsgüter
Mitgliedschaften:	ADB, APEC, ASEAN, Bewegung der Blockfreien Staaten, FAO, G20 und G33 der Entwicklungsländer, IAEA, ICAO, ILO, IWF, Lateinische Union, UNESCO, UPU, VN, WHO, WMO, WTO
Wichtigste Medien:	*Fernsehen:* 2 staatliche Medienkonzerne, namentlich Intercontinental Corporation (IBC) und People's Television Network (PTV). Die 10 größten privaten Medienkonzerne stellen den Großteil der restlichen Sender bereit. *Hörfunk:* 6 von der Nationalregierung und 3 von Kommunalregierungen kontrollierte Rundfunkanstalten. AFP (Armed Forces Radio), IBC, NNC (Nutriskwela Community Radio), PBS (Radyo Pilipinas), FM1, FM2 sowie Radyo Biñan (Biñan, Laguna), Radyo Marikina (Marikina), Subic Bay Radio (SBMA, Zambales).

Zeitungen: Die 3 wichtigsten Zeitungen sind Philippine Daily Inquirer, The Philippine Star und Manila Bulletin.

****

Naturraum und geographische Rahmenbedingungen

Die Republik der Philippinen ist geographisch betrachtet ein Archipel, welcher in Südostasien liegt. Er ist gegliedert in drei Inselgruppen, diese sind Luzon, Visayas und Mindanao. Die größte der drei Inselgruppen ist Luzon, welche zudem die nördlichste ist. Dort befindet sich das politische und ökonomische Zentrum, die Metropolregion Manila, sie wird entweder „*Metro Manila*" oder „*National Capital Region*" genannt. Die Philippinen haben offiziell eine Fläche von 300 000 qkm, bei einer Breite von 965 Kilometern und einer Länge von 1 850 Kilometern sowie mit einer Küstenlänge von 36 289 Kilometern. Die ausschließliche Wirtschaftszone der Philippinen beträgt 2 263 816 qkm. Das Land wird umgeben vom Südchinesischen Meer im Westen, dem Pazifischen Ozean im Osten und dem Celebessee im Südwesten. Seine maritimen Grenzen sind mit Indonesien, Japan, Malaysia, Palau, Taiwan und Vietnam.

Topographisch betrachtet besteht die größte Insel der Philippinen, Luzon, überwiegend aus Auen, engen Tälern, einer Hügellandschaft und hohen Bergen. Die Visayas-Inseln bestehen hauptsächlich aus Gebirgen mit einem engen Flachland entlang ihrer Küsten. Die Gebirge sind größtenteils vulkanischer Herkunft und gekennzeichnet durch üppige tropische Regenwälder. Die Philippinen liegen im tropischen Randgebiet des Pazifiks sowie auf der westlichen Seite des Pazifischen Feuerrings, dadurch sind sie betroffen von häufigen seismischen und vulkanischen Aktivitäten. Die vulkanische Natur hat zu einer Fülle von Mineralvorkommen geführt, u. a. Gold, Kupfer und Palladium. Des Weiteren sind sie weltweit der zweitgrößte Hersteller von geothermaler Energie.

Das tropische und maritime Klima ist gekennzeichnet durch eine Sommer- und Regensaison. Es ist normalerweise heiß und schwül mit geringfügig fallenden Temperaturen von Dezember bis Februar. Die durchschnittliche Jahrestemperatur beträgt 27 °C. Der Niederschlag variiert im gesamten Land abhängig von der Topographie sowie der Distanz zu den Gewässern. Vom Juni bis September ist der heftige Regen konzentriert in der westlichen Küstenregion, während er von Oktober bis März in der östlichen Küstenregion verstärkt auftritt. Die Philippinen sind von ungefähr 20 Taifunen jährlich betroffen. Zusammen mit den anderen Naturgewalten, denen sie ausgesetzt sind, werden sie als das weltweit drittgefährdetste Land im Hinblick auf den Klimawandel betrachtet.

Geschichtliche Entwicklung von vorkolonialer Zeit bis zur Unabhängigkeit

Archäologische Funde auf den Philippinen lassen vermuten, dass die Inseln vor 709 000 Jahren von Hominini kolonialisiert wurden sowie eine entscheidende Rolle in der frühen Südwanderung der Fauna und Hominini nach Wallacea (heute Indonesien) spielten. Solche Entdeckungen fördern die Theorie, dass die frühesten Siedler ursprünglich austronesianische Völker von Küstensiedlungen in Südost-China waren, welche sich dann mit australo-melanesianischen Gruppen (heute Mariana Inseln) assimilierten. Soziokulturelle Muster, Küstensiedlungen und früher internationaler Handel entstanden im 10. Jahrhundert. Frühe philippinische Handelsbeziehungen entsanden dadurch mit dem majapahitischen Königreich (heute Java). Hierdurch soll der indische und hinduistische Einfluss die Philippinen erreicht haben. Der Handel mit China begann ebenfalls zwischen dem 10. und 13. Jahrhundert zu florieren. Prominente Rajahnate (Königreiche), welche die politische und ökonomische Macht über die Inseln dominierten, waren u. a. Butuan im Nordosten Mindanaos und Cebu in Zentral-Visayas. Beide waren Verbündete und handelten mit Borneo. Das Majapahit Königreich kolonialisierte in kurzer Zeit die Siedlungen von Manila und Sulu bis Luzon. Manila siegte in der Schlacht von Manila im Jahr 1365 und es wurde das Rajahnat von Manila wiederhergestellt.

Die Verbreitung des Islam begann in den 1300ern, als ein arabischer Händler in Sulu ankam und dort das Sultanat ausrief, indem er die Tochter des Rajahs heiratete. In den 1400ern wurde der Islam in den Inseln von Mindanao durch Shariff Kabungsuwan aus Johor eingeführt. Dieser rief das Sultanat von Maguindanao aus und erweiterte seine Grenzen bis nach Lanao. Nach der Konversion des Sultanates von Brunei zum Islam unterjochte dieses Manila und hat damit faktisch eine islamische Kolonie in Luzon gegründet. Kriege zwischen den Inseln der hinduistischen Rajahnate von Cebu und Butuan und dem islamischen Sultanat von Maguindanao sowie muslimische Sklavenüberfälle auf den Visayas waren üblich. Spannungen entstanden ebenfalls zwischen dem Rajah Matanda in Manila und seiner Nachbargemeinde Tondo in Luzon sowie zwischen den Rivalen Cebu und Mactan in den Visayas. Diese territorialen Konflikte der Inseln untereinander ermöglichten eine recht einfache Kolonialisierung.

Die Kolonialgeschichte der Philippinen begann im März 1521, als der Portugiese Ferdinand Magellan die Provinz von Leyte erreichte. Abseits vom Handel beabsichtigte Magellan die lokale Bevölkerung zum Christentum zu konvertieren und die erste Messe wurde in Limasawa gehalten. Während einige Häuptlinge – wie Cebu – die Konversion ihrer Siedlungen zum Christentum förderten, haben andere – wie Mactan – Widerstand geleistet. Seine endgültige Niederlage erlitt Magellan durch den Häuptling Lapu-Lapu. Magellans verbliebene Flotte verließ die Inseln und segelte zu den Molukken und letztlich nach Spanien. Es dauerte bis zum Jahre 1543, dass der Navigationsoffizier Ruy Lopez de Villalobos zum Archipel zurückkehrte, welches er „*Las Islas Filipinas*" (die philippinischen Inseln) nannte, zu Ehren des spanischen Königs Philipp II. Es war während seines kurzen Aufenthaltes auf den Philippinen, als der Vizekönig des Vizekönigreichs Neuspanien (heute Mexiko) offiziell den Befehl bekam, die Inseln für die spanische Krone zu okkupieren. Jedoch dauerte es bis zum Jahre 1565, als der spanische Navigationsoffizier Miguel Lopez de Legaspi zusammen mit weiteren Seeleuten, Soldaten und Mönchen auf Cebu ankam. Nachdem die Einheimischen besiegt waren, wurde er der erste Generalgouverneur der Ostindischen Inseln, welche die Inseln der Philippinen, Guam und die Marianen umfassten. Die Hauptstadt war Cebu, bis es 1571 die islamisierte Siedlung von Manila wurde. Das war der Beginn einer 300-jährigen spanischen Kolonialisierung der Philippinen. Hieraus resultierte, dass der Katholizismus zur dominierenden Religion und die Philippinen ein Handelsknoten in Asien wurden aufgrund des Galeonenhandels zwischen Manila und Acapulco.

Die Philippinen waren abhängig vom Vizekönigreich Neuspanien, bis Mexiko im Jahre 1821 seine Unabhängigkeit erlangte. Damit wurden die Philippinen eine direkt von Madrid abhängige Kolonie. Die philippinische

Revolution startete 1896, beendet durch einen Waffenstillstand zwischen den Revolutionären und der spanischen Regierung zum Ende des Jahres 1897. 1898 erreichte der spanisch-amerikanische Krieg die Philippinen und die US-Amerikaner besiegten die Spanier. Der Anführer der philippinischen Revolution Emilio Aguinaldo verkündete die Unabhängigkeit von Spanien am 12. Juni 1898 und legte damit den Beginn der ersten philippinischen Republik fest. Jedoch trat Spanien nach dem Vertrag von Paris 1898 die Philippinen an die USA ab. Der philippinisch-amerikanische Krieg brach aus und im Jahre 1901 okkupierten die US-Amerikaner offiziell die Philippinen mit einer insularen US-amerikanischen Regierung. 1935 gestatteten die US-Amerikaner den Philippinen den Commonwealth-Status mit Manuel L. Quezon als Präsidenten. Die Bemühungen zur Unabhängigkeit wurden unterbrochen durch eine kurze japanische Okkupation während des Zweiten Weltkriegs. Die US-Amerikaner befreiten die Philippinen von den Japanern 1945 und am 4. Juli 1946 erkannten sie die Unabhängigkeit der Philippinen mit dem Vertrag von Manila an.

Bevölkerungsstruktur – insbesondere ethnische Zusammensetzung

2015 betrug die Bevölkerung 100,98 Millionen Einwohner, die damit 9,36 Prozent höher lag als 2010. Jedoch ist die jährliche Wachstumsrate zwischen 2010 und 2015 geringer (1,72 Prozent) als zwischen 2005 und 2010 (1,90 Prozent). Zwischen den 18 administrativen Regionen des Landes hat die Region IV-A die höchste Bevölkerung mit 14,41 Millionen Einwohnern, gefolgt von der National Capital Region (NCR) mit 12,88 Millionen Einwohnern und der Region III mit 11,22 Millionen Einwohnern. Zusammen machen diese drei bevölkerungsreichsten Regionen 38,1 Prozent der gesamten Bevölkerung aus. Es wird prognostiziert, dass Metro Manila zum Jahr 2030 eine Megastadt sein wird. Von allen Regionen des Landes hat die Autonome Region Muslimisches Mindanao (ARMM) das höchste jährliche Bevölkerungswachstum im Jahr 2015 gehabt, mit 2,89 Prozent und einer Gesamtbevölkerung von 3,81 Millionen Einwohnern.

Ethnisch bestehen die Philippinen aus sieben Hauptgruppen. 2010 bestanden folgende Anteile: Tagalogs (24,44 Prozent), Bisaya (11,44 Prozent), Cebuaner (9,91 Prozent), Ilokaner (8,77 Prozent), Ilonggo (8,44

Prozent), Bikolanos (6,84 Prozent) und die Warays (3,97 Prozent). Die verbliebenen 26 Prozent sind andere lokale Ethnien sowie Fremde. Die Filipinos gehören generell der austronesisch bzw. malayo-polynesisch sprechenden ethnischen Gruppe an, während die austronesischen Migranten von Taiwan sich mit den heimischen Negrito Ureinwohnern assimilierten. Zahlreiche Filipinos sind aufgrund der Lage und Geschichte der Philippinen chinesischer, spanischer oder anderer gemischt-ethnischer Herkunft. Diese ethnischen Gruppen reflektieren spezifische kulturelle Identitäten, welche sich auf bestimmte geographische Orte beziehen und trotz Migration in andere Teile des Landes oder außerhalb bestehen bleiben. Abseits der Ethnizität charakterisiert die Religion die philippinische Bevölkerung stark. Ungefähr 53 religiöse Gruppen existieren, wobei 79,53 Prozent sich dem römisch-katholischen Glauben bekannten. Von den verbliebenen 20 Prozent ist der Islam mit 6 Prozent die zweitgrößte religiöse Gruppe, gefolgt von weiteren christlichen Gruppen wie den Iglesia ni Cristo (2,64 Prozent) und den Protestanten (2,42 Prozent). Abseits ihrer Rolle für die soziale Ordnung und Identität sind die religiösen Gruppen bei politischen Wahlen von Bedeutung.

Der Bevölkerungsanteil der Männer beträgt 50,6 Prozent, während die Frauen 49,4 Prozent ausmachen. Von der Gesamtbevölkerung sind 63,29 Prozent zwischen 15 und 64 Jahre alt. Dieser Anteil stellt das erwerbsfähige Alter dar, von diesem sind 32 Prozentpunkte männlich und 31,29 Prozentpunkte weiblich. Die Erwerbstätigenquote betrug bei den Männern 76,9 Prozent, während diese bei den Frauen 49,6 Prozent betrug. 2018 haben schätzungsweise 2,83 Millionen Filipinos im Ausland gelebt und mit einem Arbeitsvertrag gearbeitet (Auslands-Filipinos). Diese machen 96,2 Prozent der Auslands-Filipinos aus, während die verbliebenen 3,8 Prozent (0,11 Millionen) ohne Vertrag arbeiten. Der größere Teil der Auslands-Filipinos war weiblich (55,8 Prozent) und jünger als ihr männlicher Gegenpart mit 47,5 Prozent der weiblichen Auslands-Filipinos im Alter zwischen 25 und 34 Jahren. Asien bleibt das beliebteste Ziel mit 82,6 Prozent, wobei Saudi-Arabien mit 24,3 Prozent führt, gefolgt von den Vereinigten Arabischen Emiraten mit 15,7 Prozent. Die Auslands-Filipinos sind nicht nur für ihre Rolle in bestimmten Industrien der globalen Wirtschaft von Bedeutung, sondern auch für die philippinische Wirtschaft aufgrund ihrer Rücküberweisungen. Zwischen April und September 2018 betrug der von den Auslands-Filipinos rücküberwiesene Betrag 235,9 Milliarden Pesos (ungefähr 4,137 5 Milliarden Euro), wobei 52,8 Prozent durch Banken transferiert wurden und 45,0 Prozent durch Geldtransfer-Agenturen wie Moneygram, Western Union oder Ria.

Wirtschaftsstruktur

Mit dem Ziel, 2037 die global achtzehntgrößte Wirtschaft zu sein, haben die Philippinen eine marktkapitalistische Struktur mit einigen regulierten Sektoren (bspw. Energie, Telekommunikation, Zucker usw.). Sie haben die größte Dynamik in der Region mit einem Wirtschaftswachstum von 6,2 Prozent im Jahr 2018. Die Hauptwachstumstreiber waren Manufaktur, Handel und Reparatur von Motorfahrzeugen, Konstruktion und Haushaltsgüter. Bei der vielseitigen nationalen Ökonomie machen Dienstleistungen 57,8 Prozent des Gesamt-BIPs aus, während die Industrie für 34,1 Prozent verantwortlich ist und der Agrarsektor für 8,1 Prozent. Der Dienstleistungssektor besteht primär aus dem Outsourcing von Geschäftsprozessen, der Immobilien-, Finanz- und Versicherungsindustrie. Es wird erwartet, dass die Wirtschaft ab 2019 weiter wächst mit einem vermuteten Wachstum von 6,4 Prozent und einem BIP pro Kopf von 3.400 USD.

2019 wurden die Philippinen von Rating-Agenturen aufgewertet: Standard and Poor's bewerteten die Philippinen mit BBB+, während Fitch diese mit BBB einstufte. Eine Anzahl vorhergehender ökonomischer Grundlagen bildeten die Basis dafür: makroökonomische Stabilität, vorsichtig expandierende Steuerpolitik, solide Steuerkonten, überschaubares BIP-Schuldenverhältnis (44,0 Prozent), hoher Schuldendienst (5,23 Prozent), starke Überwachung des Finanzsektors und eine positive Wirtschaftsumgebung. Daraus resultierte eine aktivierende Wirtschaftsumgebung, welche einen starken Privatkonsum ermöglichte, sowie öffentliche Investments in Infrastruktur – bspw. das „*Build, Build, Build*" Infrastrukturprogramm. Dieses wurde finanziert durch eine Steuerreform und flankierende Entwicklungszusammenarbeit. Der aktuell existierende politische Rahmen ist eine Fortsetzung der Reformen, die schon unter dem vorherigen Präsidenten Arroyo in den 2000ern begannen. Jedoch ist die Wirtschaft durch negative Externalitäten des wirtschaftlichen Abschwungs in China in Gefahr – aufgrund des US-China Handelskrieges – wodurch eine geringere Nachfrage für philippinische Exporte besteht (Chinas Anteil am Export der Philippinen beträgt 26,2 Prozent). Ein erstarkender USD sorgt dafür, dass die Zinsen für die Investments in die Infrastruktur steigen. Die Zahlungsbilanz 2019 wies einen Überschuss von 2,70 Milliarden USD aus und liegt damit über dem Defizit von 0,53 Milliarden USD aus dem Jahr 2018.

Die starke wirtschaftliche Leistung hat für ein inklusives Wachstum gesorgt. Die Armutsquote ist von 27,6 Prozent im Jahr 2015 auf 21,0 Prozent 2018 gesunken. 2019 betrug die nationale Beschäftigtenquote 94,9 Prozent, mit einer Erwerbstätigenquote von 61,4 Prozent. Die Unterbeschäftigung verbesserte sich ebenfalls von 17 Prozent im Jahr 2018 auf 13,5 Prozent 2019. Während die Beschäftigung zwar hoch ist, ist der Großteil der Beschäftigten vor allem im Dienstleistungssektor (58,5 Prozent) tätig, konkret 63,3 Prozent lediglich Lohn- und Gehaltsempfänger ohne Sozial- oder Rentenversicherung. Während die Beschäftigung gestiegen ist, sind Maßnahmen zur Verbesserung der Arbeitsqualität und des Lohns weiterhin erforderlich sowie Investments, von denen die wirtschaftlich Armen und Gefährdeten profitieren.

Aktuelle politische Entwicklung

Seit der Unabhängigkeit von US-Amerika 1945 haben sich die Philippinen zu einem souveränen Staat in Form einer einheitlichen präsidentiellen konstitutionellen Republik entwickelt. Eine florierende Demokratie nach dem Zweiten Weltkrieg sorgte für die Wahl von Präsident Ferdinand Marcos 1965, welcher zwei Dekaden regierte, nachdem er 1972 das Kriegsrecht erklärte. Der Diktator wurde in einer friedlichen zivilen Revolution 1986 abgesetzt. Im selben Jahr trat eine neue Verfassung in Kraft, um die politische Freiheit wie auch demokratische Prozesse zu schützen. Sie beinhaltet u. a., dass die Amtszeit des Präsidenten und Vizepräsidenten auf eine Legislaturperiode begrenzt wird. Corazon Aquino wurde 1986 gewählter Präsident, womit in den Philippinen eine neue Ära der politischen Entwicklung begann.

Der Präsident agiert als Staatsoberhaupt und Regierungschef sowie Oberbefehlshaber der Streitkräfte. Die Macht der Regierung ist gleichmäßig aufgeteilt nach der Doktrin von Checks and Balances sowie der Gewaltentrennung in die Exekutive, Legislative und Judikative. Präsidenten- und

Vizepräsidentenwahlen erfolgen alle sechs Jahre, während die Zwischenwahlen alle drei Jahre stattfinden. Bei den Zwischenwahlen werden das Zweikammerparlament sowie die Kommunalverwaltung (Provinz- und Gemeinderäte) gewählt. 1991 wurde das Gesetz über die Verteilung der kommunalen Selbstverwaltung verabschiedet, womit das bestehende administrative System dezentralisiert und reformiert wurde. Mit Ausnahme der *Autonomen Region Muslimisches Mindanao (ARMM)*, die im Jahre 1990 gegründet wurde. Das Land ist in 17 Regionen gegliedert, welche ihrerseits 81 Provinzen beinhalten. 2018 bestanden diese aus 145 Städten und 1 489 Gemeinden. Diese kommunalen Selbstverwaltungen sind Regierungseinheiten, welche weiter unterteilt sind in 42 045 Barangays, die kleinsten politischen und administrativen Einheiten.

Trotz eines neuen Präsidenten und konstitutioneller Freiheiten waren die Philippinen belastet durch Schulden, Korruption, politische Instabilität wiederum durch Putschversuche, Naturkatastrophen und einen anhaltenden kommunistischen Aufstand. Die Wahlen 1992 endeten mit Fidel Ramos als nächsten Präsidenten. Die Wirtschaft verbesserte sich und 1996 schloss die philippinische Regierung ein Friedensabkommen mit der „*Nationalen Befreiungsfront der Moros (MNLF engl. Moro National Liberation Front)*“ – einer politischen Organisation, die für die Unabhängigkeit der muslimischen Siedlungen auf den Philippinen eintrat. Jedoch hat sich eine Fraktion der MNLF von ihr abgespalten und formierte sich fortan las „*Islamische Befreiungsfront der Moros (MILF engl. Moro Islamic Liberation Front)*“. Diese war mit dem Friedensabkommen nicht einverstanden. Unter Präsident Joseph Estrada setzten sich die gewalttätigen Auseinandersetzungen, jetzt mit der MILF fort. Erst mit der Amtszeit des darauffolgenden Präsidenten Gloria Arroyo haben Regierung und MILF auf einen Waffenstillstand verständigt. 2011 hat die MILF ihre Forderungen zur Unabhängigkeit endgültig zurückgezogen. Unter der Amtszeit von Präsident Benigno Aquino Jr. Wurde dann ein neues Friedensabkommen akzeptiert. Dadurch konnte der Weg für einen nachhaltigen Frieden in Mindanao geebnet werden. Wesentliche Schritte hierfür sind in der vereinbarten muslimischen Selbstverwaltung, sowie der Auflösung der MILF zu sehen. Präsident Rodrigo Duterte unterzeichnete das Abkommen und beendete damit die muslimische Rebellion im vorwiegend katholischen Mindanao. Die autonome Region für Muslime Mindanaos *Bangsamoro*

(BARMM engl. Bangsamoro Autonomous Region of Muslim Mindanao) wurde 2019 gegründet.

Während der langandauernden gewältigen Auseinadersetzungen um Mindano beigelegt wurden, haben weitere Probleme die politische Entwicklung des Landes gekennzeichnet: 1.) die gefühlte Erosion der Rechtsstaatlichkeit, 2.) Bemühungen, die Verfassung zu einer föderalen oder parlamentarischen Regierungsform zu ändern; 3.) Chinas Beanspruchung des Eigentums an dem Südchinesischen Meer (von den Philippinen als Westphilippinisches Meer bezeichnet) und damit die Bedrohung der philippinischen Souveränität.

Außenpolitischen nimmt das Land, bereits seit Längerem eine aktive Rolle in internationalen Angelegenheiten ein. Die Philippinen waren Gründungsmitglied der Vereinten Nationen und des *Verbands südostasiatischer Nationen (ASEAN engl. Association of Southeast Asian Nations)*. Aufgrund der gewachsenen historischen Beziehungen sehen die USA das Land als einen grundlegenden militärischen Verbündeten an. Bereits 1951 wurde von beiden Staaten ein gegenseitiger Verteidigungsvertrag ratifiziert, der die Bais einer stabilen und sicheren Partnerschaft darstellt. Obwohl eine außenwirtschaftspolitische Annäherung an China und Russland in den vergangenen Jahren stattfand, erhofft Präsident Duterte eine US-amerikanische diplomatische Unterstützung im Disput um das Südchinesische Meer. Die Außenpolitik ist primär bilateral und nicht multilateral strukturiert, trotz der zahlreichen Mitgliedschaften des Landes in internationalen Organisationen und Institutionen. Aktuelle Beispiele stellen etwa ein bilaterales Abkommen mit Kuwait dar, das die Sicherheit und das Wohlergehen der Auslands-Filipinos gewährleisten soll, allerdings wurde auf multilateraler Ebene etwa die ASEAN als Plattform keineswegs genutzt, um die Problematik des Südchinesischen Meeres zu lösen.

Literatur

Agoncillo, T. A. (1990): History of the Filipino People, 8. Auflage. Quezon City.

Berger, B. u. Reich, D. (2014): Reconstructing Austronesian population history in Island Southeast Asia, in: Nature Communications, Bd. 5, Nr. 4689.

Bruce-Cummings, N. (2019): U.N. Rights Council to Investigate Killings in Philippine Drug War, unter: https://www.nytimes.com/2019/07/11/world/asia/philippines-duterte-killings-un.html [02.09.2019].

Bradshaw, S. u. Howard, P. (2017): Troops, Trolls and Troublemakers: A Global Inventory of Organized Social Media Manipulation, in: University of Oxford, Computational Propaganda Research Project, Working Paper no. 2017.12, unter: http://comprop.oii.ox.ac.uk/wp-content/uploads/sites/89/2017/07/Troops-Trolls-and-Troublemakers.pdf [02.09.2019].

Capital Economics (2018): Long-Term Global Economic Outlook, unter: https://www.capitaleconomics.com/publications/global-economics/long-term-global-economic-outlook/long-term-global-economic-outlook/ [02.09.2019].

Coedès, G. (1968): The Indianized States of Southeast Asia. Honolulu.

Inggico, T. et al. (2018): Earliest known hominin activity in the Philippines by 709 thousand years ago, in: Nature, Bd. 557, S. 233–237.

Lipson, M. et al., (2014): Reconstructing Austronesian population history in Island Southeast Asia, in: Nature Communications, Bd. 5, Nr. 4689.

Jocano, F. L. (2001): Filipino Prehistory. Rediscovering Precolonial Heritage. Quezon City.

Majul, C.A. (1973): Muslims in the Philippines. Quezon City.

Mahtani, S. und Cabato, R. (2019): Why crafty Internet trolls in the Philippines may be coming to a website near you, unter: https://www.msn.com/en-us/news/world/why-crafty-internet-trolls-in-the-philippines-may-be-coming-to-a-website-near-you/ar-AAESUjU [02.09.2019].

National Centennial Commission (Philippines) und Adarna Book Services (1999): 100 Events That Shaped the Philippines. Mandaluyong City.

World Economic Forum (2019): 10 cities are predicted to gain megacity status by 2030, unter: https://www.weforum.org/agenda/2019/02/10-cities-are-predicted-to-gain-megacity-status-by-2030/ [02.09.2019].

Zhenping, W. (2008): Reading Song-Ming Records on the Pre-colonial History of the Philippines, in: Journal of East Asian Cultural Interaction Studies, Bd. 1, S. 249–260.

Louisa Sofie Kropp und Natalja Geringer

Saudi-Arabien

Offizieller Name:	Königreich Saudi-Arabien
Staatsform:	Absolute Monarchie
Unabhängigkeit:	23. September 1932 (Vereinigung des Königreichs)
Nationalfeiertag:	23. September
Hauptstadt:	Riad
Lage:	Mittlerer Osten, grenzt an den Persischen Golf und das Rote Meer
Fläche:	2 149 690 qkm (Weltrang: 12)
Bevölkerung:	33,4 Millionen
Landesstruktur:	13 Regionen
Sprachen:	Arabisch (Amtssprache)
Religionen:	Islam (Staatsreligion; andere Religionsausübungen werden vom Staat nicht gestattet)
Währung:	Saudi-Rial (SAR)
Wirtschaftszweige:	*Landwirtschaft:* Weizen, Gerste, Tomaten, Melonen, Datteln, Zitrusfrüchte; Hammel, Hühner, Eier, Milch *Industrie:* Rohölproduktion, Erdölraffination, petrochemische Grundstoffe, Ammoniak, Industriegase, Natriumhydroxid (Natronlauge), Zement, Dünger, Kunststoffe, Metalle, Reparatur von Handelsschiffen, Reparatur von Verkehrsflugzeugen, Bau
Mitgliedschaften:	ABEDA, AfDB (nichtregionales Mitglied), AFESD, AMF, BIS, CAEU, CP, FAO, G-20, G-77, GCC, IAEA, IBRD, ICAO, ICC (Nationale Komitees), ICRM, IDA, IDB, IFAD, IFC, IFRCS, IHO, ILO, IMF, IMO, IMSO, Interpol, IOC, IOM (Beobachter), IPU, ISO, ITSO, ITU, LAS, MIGA, NAM, OAPEC, OAS (Beobachter), OIC, OPCW, OPEC, PCA, UN, UNCTAD, UNESCO, UNIDO, UNRWA, UNWTO, UPU, WCO, WFTU (NGOs), WHO, WIPO, WMO, WTO

Wichtigste Medien: *Fernsehen:* 4 staatlich geführte Fernsehnetzwerke; Saudi-Arabien ist das wichtigste Land für pan-arabische Satellitenfernsehsender.
Hörfunk: mehrere staatlich geführte Radionetzwerke; mehrere internationale Radiosender sind zu empfangen.

****

Naturraum und geographische Rahmenbedingungen

Das Königreich Saudi-Arabien *(arab.: Al-Mamlaka al-Arabia as-Saudia)* wird geographisch dem Kontinent Asien zugeordnet und nimmt mit rund 2,15 Millionen qkm etwa 80 Prozent der Arabischen Halbinsel ein. Das Land grenzt im Osten an Kuwait, Katar und die Vereinigten Arabischen Emirate, im Süden an den Jemen, im Norden an den Irak und Jordanien und im Südosten an den Jemen. Der Westen bildet die Küstenlinie am Roten Meer, östlich befindet sich der Persische Golf. Saudi-Arabien ist in dreizehn Provinzen gegliedert: *Al Baha, Al Hudud, ash Shamaliyah, Al Jawf, Al Madinah, Al Qasim, Ar Riyad, Ash Shariqiyah, Asir, Hai'l, Jizan, Makkah, Najran* und *Tabuk*, die sich wiederum in Bezirke und Unterbezirke gliedern. Auf dem saudi-arabischen Staatsgebiet sind die wichtigsten islamischen Stätten zu finden, darunter Medina und Mekka, die jährlich über zwei Millionen muslimische Pilger anziehen.

Geologisch ist das Land geprägt von der *Arabischen Platte*. Im Westen treten eher Gesteinsmassen wie Granit auf, während im Norden und Osten überwiegend lockere Sedimentschichten vorkommen. Die stark wechselnden Temperaturunterschiede haben einen kargen Lebensraum sowohl für Tiere als auch Pflanzen herausgebildet. Überwiegend besteht das Land aus Sand- und Geröllwüsten. Im Südosten befindet sich die größte Sandwüste der Welt, *Rub al-Khali*. Die roten Sanddünnen der *Nefud al-Kabir* befinden sich im Nordwesten. In der Region des *Njad* befindet sich ein Hochplateau mit einem Flächenanteil von 1,1 Millionen qkm in Zentral-Arabien. Zwar überwiegt das Wüstenklima, allerdings hat sich in einigen Landesteilen fruchtbares Schwemmland entwickelt, was durch starke Vegetation Möglichkeiten für Lebensräume schafft. Der Westen des Landes ist geprägt durch den großen Gebirgszug *Hedschas*, wohingegen sich der südliche Teil in Gebirge und Wüste unterteilt. Im äußeren Südwesten sind geringe Bergwaldbestände vorzufinden.

Der Jahreszeitenwechsel fluktuiert sehr stark. Frühjahr und Herbst bilden meist nur sehr kurze Zeiträume, hingegen sind im Sommer Temperaturen bis zu 50°C möglich, die mehrere Monate anhalten; im Winter sinken diese bis auf 10°C herunter. Die Jahresdurchschnittstemperaturen variieren je nach Region, beispielsweise liegt die Durchschnittstemperatur in der Hafenstadt Jizan bei circa 30°C, im Hochgebirge im Durchschnitt nur bei 14–16°C. Eine Folge des überwiegend trocken-heißen Klimas in Saudi-Arabien ist Wasserknappheit. Problematischer ist jedoch, dass durch die Urbanisierung der tägliche Pro-Kopf-Wasserverbrauch auf 265 Liter angestiegen ist und durch eine übermäßige Nutzung der Wasserreservoire die natürliche Ressource weitestgehend ausgeschöpft ist.

Geschichtliche Entwicklung von der vorkolonialen Zeit bis zur Unabhängigkeit

Archäologische Befunde lassen auf eine Besiedelung in der Region schließen, die bis zu 63.000 Jahre zurückreicht. Einzelne Funde datieren sogar auf einen Zeitraum von 300–500.000 Jahren und damit in eine Zeit vor der großflächigen Wüstenbildung, die das Erscheinungsbild der Arabischen Halbinsel bis heute prägt. Nach dem Tod des Propheten Mohammed (632 n. Chr.) gründete Abu Bakr das erste Kalifat, indem er die von Mohammed begonnene Expansion des Islams durch militärische Unternehmungen vorantrieb. Im Ergebnis wurden u. a. das Persische Reich zerstört, Byzanz entscheidend geschwächt und binnen weniger Dekaden Gebiete unter den Halbmond und das strikte Regelwerk des Korans gezwungen, die sich auf dem Höhepunkt der territorialen Ausdehnung von der Spanischen Halbinsel bis nach Indien hinein erstreckten. Das religiöse Zentrum dieses Weltreiches bildeten jedoch weiterhin Mekka mit der Großen Moschee und der Kaaba sowie Medina mit der Grabstätte Mohammeds.

So schnell es entstanden war, so schnell zerfiel das Imperium auch wieder. Ab 750 n. Chr. kann auf dem Gebiet des heutigen Saudi-Arabiens nicht mehr von einer einheitlichen Staatsstruktur gesprochen werden. Stattdessen kann eher von einem Patchwork aus Volksgruppen und deren rudimentären Emiraten gesprochen werden, die, lose verbunden, um die Vorherrschaft rivalisieren. Die einzige Konstante bildet hier vom 10. Jahrhundert an die haschemitische Kontrolle über Mekka, die bis in das 13. Jahrhundert auf das gesamte Hejaz-Gebiet und damit auf einen der beiden Ursprünge des modernen Saudi-Arabiens ausgedehnt werden konnte. Die Serifen von Mekka unterstanden stets der jeweils dominierenden Macht in den abwechselnden islamischen Dynastien – von den Abbasiden über die Fatimiden und Ayyubiden bis hin zu den Mameluken.

Mit dem Sieg der Osmanen über Mameluken (1517) wurden auch Mekka und Medina bzw. das Hejaz-Gebiet und das sich entlang des Roten Meeres bis zum Persischen Golf erstreckende Asir-Gebirge in das Osmanische Reich eingegliedert – Gebiete, die heute weitgehend zu Saudi-Arabien gehören. Die Kontrolle über das Landesinnere blieb dagegen diffus, auch weil das Osmanische Reich seinen Gouverneuren weitgehende Autonomie zugestand. Infolge seiner inneren Schwäche verlor das Osmanische Reich zwischen dem 17. und 19. Jahrhundert die Kontrolle über die Ashara Region an die arabischen Volksgruppen. Unter der Voraussetzung ist das Wirken des radikal-sunnitischen Reformpredigers Muhammad Ibn Abdul Wahhab (1702/03–1792) zu sehen, der im Koran, in der Umma und im strikten Monotheismus den Weg erkannte, alle vorislamischen Bräuche und Traditionen zu überwinden.

Ibn Abdul Wahhab begründete die Lehre des Wahhabismus und schuf damit eine religiöse Legitimation für die kriegerischen Eroberungen der Folgejahre. Der Aufstieg der Wahhabiten kennzeichnet die politische als auch religiöse Moderne des Landes. Der Einfluss ist heute in der gesamten Region spürbar, etwa in Katar, wo die Große Moschee dem Religionsstifter aus dem Najd gewidmet ist. Gemeinsam mit Emir Muhammad Ibn Saud, der ab 1727 in Dir'iya die Herrschaft innehatte, gründete Muhammad Ibn Abdul Wahhab 1744 in Dir'iya das erste saudische Emirat. Ausgangspunkt war ein Pakt mit Ibn Saud: Im Gegenzug für die Unterstützung bei der Verbreitung seiner Lehren sollte Ibn Saud die Macht auf der Arabischen Halbinsel erringen. Die Ausweitung des Gebietes beschränkte sich anfänglich auf die nähere Umgebung von Dir'iya. Dies stellte sich zwar als mühsam und langwierig heraus, allerdings verhalf das Versprechen von zentralstaatlicher Kontrolle gegen Sicherheiten der wahhabitischen Ideologie zur Gewinnung von Glaubensanhängern. Nach Ibn Sauds Tod 1765 eroberten seine Nachfolger die Regionen um Najd und erlangten die Kontrolle über alle Gebiete, die das heutige Staatsgebiet umfassen. Die Verwüstung von Kerbala (im heutigen Irak) sowie das Vordringen bis Syrien veranlasste die Osmanen dazu, ihre Oberhoheit wiederherzustellen und 1818 das saudische Emirat zu zerstören.

Nach dem Abzug der von Mohammed Ali Pascha befehligten ägyptischen Truppen (1840 aus dem Hejaz) hielten die familiären Konflikte an, die letztendlich zum Zusammenbruch des 1824 gegründeten zweiten, nun aber auf den Najd reduzierten, saudischen Staates im Jahr 1891 und der zeitweisen Vertreibung der Al-Sauds bis nach Kuwait führte. Grund dafür war die Rivalität mit den Al-Rashids aus Hail, die sich als zweite Macht im Najd etablierten und ihre Position von 1836–1921 behaupten konnten. Die Herrschaft über das Emirat erlangte Abdallah Ibn Raschid, dessen dritter Sohn Muhammad Ibn Rashid der bedeutendste Herrscher dieser Dynastie wurde. Nach dem Tod Ibn Rashids änderte sich die Situation zugunsten der Al-Sauds, weil zahlreiche wahhabitische Gelehrte sich eine erneute saudische Herrschaft erhofften. ‘Abd al-Rahman Al Sa‘ud, auch unter dem Namen Ibn Saud bekannt, konnte 1902 die Stadt Riad von der Familie Al-Raschid zurückerobern, und schließlich 1921 den Krieg gegen das Haus al-Raschid um den Najd erfolgreich beenden. Auf diese Weise gestärkt, suchte Bin Saud nun den offenen Konflikt um die Kontrolle des Hejaz und damit die Vereinigung der beiden Landesteile.

Unter dem Vorwand, dass die heiligen Städte von Mekka und Medina verwahrlosten und die Pilger ungeschützt blieben, fiel es Ibn Saud – mithilfe der Briten – leicht, den Hejaz bis 1925 ganz in Besitz zu nehmen. Am 10. Januar 1926 erklärte sich Ibn Saud erst zum König vom Hejaz und dann am 27. Januar 1927 zum König von Najd. Wichtiger noch: in beiden Landesteilen galt nun die Lehre des Wahhabismus, der Ibn Saud 1902 die Treue geschworen hatte und wofür er im Gegenzug den Titel des Imams annahm. Diesen tauscht er 1921 gegen den eines Sultans von Najd ein, den er nun für die Königskrone aufgeben konnte. 1932 wurde Saudi-Arabien ein Königreich, die Dynastie von Ibn Saud zur königlichen Linie erklärt.

Im Vertrag von Dschidda, der am 20. Mai 1927 mit Großbritannien geschlossen wurde, bestätigte London die Unabhängigkeit der ehemals osmanischen Gebiete und damit des Königreichs von Ibn Saud. Versuche von wahhabitischen Vertretern, auch noch die britischen Protektorate

Transjordanien, Irak und Kuwait zu annektieren, endeten 1929 in der Schlacht von Sabilla. Weil in dem Vertrag nur die Nordgrenze Saudi-Arabiens definiert war, löste die Annexion der bis dahin zu Jemen gehörenden Provinz Asir (1932) erneut einen Krieg aus (1934), der im Mai 1934 mit dem Abkommen von Taif endete – das seinerseits mit einem zweiten Abkommen von Dschidda unter Vermittlung der UN (2002) inhaltlich präzisiert und bestätigt wurde. Um den Preis eines Gebietstausches (9.000 qkm Wüste gingen an den Jemen, ebenso die Inseln südlich des Gazair Farasan-Archipels; die schon von Saudi-Arabien erschlossenen Gebiete blieben auch bei Saudi-Arabien) und einer demilitarisierten Zone von je 5 km Breite wurden die Grenzen Saudi-Arabiens festgeschrieben. Für den Jemen endete damit gleichzeitig der Versuch der Restauration des Reichs der Rasuliden, das 1454 untergegangen war. Die Grenzen zum Irak und nach Jordanien wurden ebenso wie diejenige zu Kuwait in einer Reihe von Verträgen festgelegt, zu Kuwait und zum Irak wurden je entmilitarisierte Zonen eingerichtet. Das heutige Königreich stellt somit den dritten Staat dar, der unter der Regierung der Familie Al-Saud geführt wird. Ibn Saud konnte mithilfe der Wahhabiten seine Herrschaft sichern, da ihm durch die Annahme der wahhabitischen Vorstellungen die Legitimation und Unterstützung der Wahhabiten versichert wurde.

1938 wurden entlang der Küste des Persischen Golfes große Erdölvorkommen entdeckt, u. a. auch in der zu Saudi-Arabien gehörenden, im Norden an Kuwait, im Westen an Katar und im Süden an Katar grenzenden Provinz al-Hasa. Mit deren gezielter Exploration verband Ibn Saud im Februar 1945 die Lieferung von Erdöl an die USA – die Geburtsstunde der bis heute haltenden Quincy-Allianz. Mit dem Tod von Ibn Saud (1953) setzte eine Erbfolgeregelung ein, die bis in das Jahr 2020 Bestand haben sollte: Die Thronfolger müssen aus einer anerkannten Ehe von Ibn Saud hervorgegangen sein. Sie müssen ein Regierungsamt ausgeübt haben und die Familienzweige einbinden können. In der Konsequenz sind die Nachfolger von Ibn Saud seither Halbbrüder, die an dem Ziel, die Halbinsel zu kontrollieren, festgehalten haben – oder wie König Saud (bis 1964) daran zu scheitern drohten. Sein Nachfolger, König Faisal, ergriff Partei für die Royalisten im Jemen und riskierte dabei den offenen Konflikt mit Ägypten, das für die jemenitischen Republikaner Partei ergriff. Nach dem Abzug der ägyptischen Truppen aus dem Jemen und der Niederlage Nassers im

6-Tage-Krieg erhielt Ägypten ebenso wie Jordanien und Syrien saudische Wirtschaftshilfen, nachdem sich Saudi-Arabien nicht dem Krieg gegen Israel angeschlossen hatte.

König Faisal sah 1973 die Chance, über den Erdölboykott seitens der OPEC-Staaten den Einfluss Saudi-Arabiens auszuweiten. Nach der Ermordung Faisals (1975) und der Inthronisierung seines Halbbruders Chalid (bis 1982) erlebte das Land dank der engen außenpolitischen Beziehungen zu den USA und der massiven Investitionen in Infrastruktur und Bildung einen Modernisierungsschub. Während im Iran 1979 die Revolution losbrach und der Irak massiv aufrüstete, war Riad der Stabilitätsanker in der Region, obwohl es auch in Saudi-Arabien zu Unruhen kam, die 1979 in einem Anschlag auf die Große Moschee in Mekka gipfelten, bei dem etwa 1.000 Pilger starben. Als Reaktion auf den Anschlag verschärfte Saudi-Arabien die auf der Scharia beruhende Gesetzgebung, um den Hauptvorwurf des Anführers der Militanten, Dschuhaiman Ibn Seif al-Uteibi, zu entkräften, das Königshaus habe sich von den Lehren des Wahhabismus abgewandt. Dschuhaiman starb 1980 durch das Schwert, wodurch er zum Märtyrer des Jihads und erklärtermaßen zum Vorbild für die von Osama Bin Laden gegründete al-Qaida-Bewegung wurde.

Nach dem Tod von König Chalid (1982) folgte Fahd auf den Thron. In dessen Amtszeit (bis 2005) fällt vor allem der Zweite Golfkrieg (ausgelöst durch den Einmarsch des Iraks im Nachbarland Kuwait, 1991). König Fahds Entscheidung, dass ausländische Truppen (aus insgesamt 33 Staaten) von Saudi-Arabien aus gegen den Irak operieren konnten, war im Land nicht unumstritten, auch weil der irakische Diktator Hussein an die Solidarität der Sunna appellierte und zum Heiligen Krieg gegen die USA aufrief. Nachdem Fahd 1995 einen Schwächeanfall erlitten hatte, übernahm sein Halbbruder Abdullah das Tagesgeschäft, während König Fahd formal im Amt verblieb. Als die USA in Reaktion auf den 11. September in den Irak einmarschierten und Saddam Hussein stürzten (2003), verweigerte Riad die Unterstützung. Im Gegenzug nahmen im Land die islamistisch motivierten Terroranschläge zu, sodass sich die Regierung zu Gegenmaßnahmen veranlasst sah, die wiederum den Protest der Wahhabiten hervorriefen. Mit dem Tod von König Fahd (2005) wurde nun Abdullah, obwohl schon über 80 Jahre alt, König von Saudi-Arabien. In seiner Regentschaft setzte er die moderate Reformpolitik der letzten Jahre fort.

Etwa in Form von begrenzten Deregulierungen, Privatisierungen und der vorsichtigen Öffnung des Landes für ausländische Direktinvestitionen. Im Ergebnis wurde er 2005 mit dem WTO-Beitritt belohnt, auf den er 12 Jahre hingearbeitet hatte. Als Reaktion auf den sog. Arabischen Frühling (2011) verkündete König Abdullah Reformen in der Sozialpolitik, ohne dies aber an weitergehende politische Zusagen zu knüpfen – wohl auch deshalb, weil nahezu zeitgleich saudische Truppen die Unruhen in Bahrain niederschlugen. König Abdullah war es auch, der erst dem gestürzten Machthaber von Tunesien, Ben Ali, und dann auch dem Ex-Diktator von Ägypten, Mubarak, politisches Asyl anbot.

Nach dem Tod Abdullahs (2015) trat der 1935 geborene Salman die Nachfolge an, der von Anfang klar machte, dass er keine demokratischen Reformen im Sinn habe. Seit er 2011 zum Verteidigungsminister und dann 2012 zum Kronprinzen avancierte, war mit seiner Inthronisierung gerechnet worden. In die Regentschaft von Salman fallen die seit 2015 rapide fallenden Erdölpreise, der Bürgerkrieg in Syrien und der Krieg gegen die vom Iran geförderten Huthi-Rebellen im Jemen. Die Hinrichtung des schiitischen Geistlichen Nimr an-Nimr (unter Terrorvorwurf, 2016) gilt als klare Warnung an Teheran. Der Rüstungsdeal mit den USA (Umfang 350 Mrd. USD, 2017) soll die Beziehungen zu den USA weiter festigen. Mit der Ernennung seines Sohnes Mohammad zum Verteidigungsminister und zum Kronprinzen deutet sich eine wichtige Zäsur an: Erstmals wird ein Vertreter der Ibn Saud-Enkel-Generationen in die Nähe des Throns gerückt. Die Einsetzung einer Anti-Korruptionskampagne, in deren Zuge rund 200 teils hochrangige saudische Repräsentanten verhaftet wurden, gilt als Warnung an die oppositionellen Kräfte in der weitverzweigten Königsfamilie. Gleiches gilt für die Ermordung des Journalisten Jamal Khashoggi in einem Konsulat in Ankara, die 2018 für Aufsehen sorgte, ohne dass eine direkte Verbindung zum Kronprinzen nachgewiesen werden konnte.

Bevölkerungsstruktur – insbesondere ethnische Zusammensetzung

Nach aktuellen Erhebungen zum Jahr 2019 hat Saudi-Arabien eine Gesamtbevölkerung von fast 34 Millionen Menschen. Ausgehend von diesen Daten sind davon anteilig 19,2 Millionen bzw. 55,2 Prozent Männer und 14,2 Millionen bzw. 44,8 Prozent Frauen. Ferner ist zwischen Saudis und Nicht-Saudis zu unterscheiden: 20,8 Millionen sind demnach Saudis, während immerhin 12,6 Millionen hauptsächlich aus Ägypten, Jordanien, Sudan, Pakistan, Indien, Philippinen, Indonesien stammen. In Saudi-Arabien existieren 44 Volksgruppen, von denen die Hejaz- und die Najd-Araber mit 24,2 Mio. die größte Gruppe stellen. Die zweitgrößte Volksgruppe ist mit etwa 1,3 Mio. die der Beduinen, während die Minderheit der Armenier mit 1.700 Vertretern registriert ist. Offiziell sind 100 Prozent der Bevölkerung des Landes Muslime. Hiervon bekennen sich rund 85 Prozent zur Sunna und zu einem Großteil der orthodoxen Lehre des Wahhabismus. Das hängt damit zusammen, dass Nicht-Muslime keine saudische Staatsbürgerschaft erhalten. Während allerdings bis in die 1970er Jahre fast alle Einwohner Muslime waren, änderte sich dies durch die Zuwanderung buddhistischer und hinduistischer Gastarbeiter, die in der Erölindustrie beschäftigt werden. Ebenfalls stieg die Zahl der christlichen Gastarbeiter aus den Philippinen, aus Korea, Amerika und der Levante zum Jahr 2000 auf 800.000 Arbeiternehmer.

Die Bevölkerung ist hinsichtlich der Altersstruktur vergleichsweise recht jung: das durchschnittliche Alter der Gesamtbevölkerung liegt bei 29,9 Jahren nach dem Stand 2018, während das Durchschnittsalter der Männer mit 32,1 Jahren etwas höher als das Durchschnittsalter der Frauen mit 27,2 Jahren ist. Dabei liegt der Anteil der 0–14jährigen bei 25,7 Prozent, während die 15–24jährigen lediglich einen Anteil von 15,6 Prozent in der Gesamtbevölkerung aufweisen. Nahezu 50 Prozent der saudischen Bevölkerung ist im Alter von 25–54 Jahren. Hingegen liegt der Anteil der 55–64jährigen bei 5,5 Prozent und nur 3,3 Prozent der Bevölkerung sind 65 Jahre alt oder älter. In diesem Zusammenhang ist die Lebenserwartung erwähnenswert: während die Lebenserwartung der Frauen bei 77,3 Jahren umfasst, beträgt die durchschnittliche Lebenserwartung der Männer 74,2 Jahren. Die Fruchtbarkeitsrate liegt bei zwei Kindern je Frau. Mit einer Kindersterblichkeit bei 13 Todgeburten von 1000 Lebendgeburten. Somit beträgt die durchschnittliche Wachstumsrate der Bevölkerung 1,7 Prozent. Dies ergibt eine Bevölkerungsdichte von 15,4 Einwohner pro qkm. Der Anteil der alphabetisierten erwachsenen Bevölkerung liegt nach dem Stand 2015 bei 94,7 Prozent. Dennoch ist die Alphabetisierungsrate der Männer mit 97 Prozent höher als die Alphabetisierung der Frauen mit

91,1 Prozent. Das Bildungssystem ist ebenfalls stark islamisch geprägt und entspricht in zahlreichen Punkten nicht modernen westlichen Standards, da sämtliche Lehrinhalte prinzipiell mit dem Koran und der Shari'ah übereinstimmen müssen. Dies spiegelt erneut die immer noch hohe Bedeutung des Glaubens und die damit verbundenen engen religiösen Bindung wider.

Sowohl schulische als auch universitäre Ausbildungen sind streng nach Geschlechtern getrennt. Für Aufsehen sorgen jedoch die Reformen, die Kronprinz Mohammad bin Salman derzeit beabsichtigt und teils bereits umgesetzt wurden. Im Zuge einer dieser Reformen ist es Frauen nun gestattet, selbst Auto zu fahren. Die bis November 2019 obligatorische Geschlechtertrennung in den Restaurants wurde abgeschafft. Kino- und Konzertbesuche sind nun offiziell erlaubt. Weitere Reformen, die für Schulen, Universitäten, Sportstätten und Unternehmen gelten sollen, sind bereits in Vorbereitung oder in der Vision 2030 enthalten, die Kronprinz Mohammad bin Salman vorantreibt.

Wirtschaftsstruktur

Saudi-Arabien stellt die größte Volkswirtschaft im arabischen Raum dar. 2018 umfasste das Bruttoinlandsprodukt (BIP) ca. 782,48 Mrd. USD. Da das Land seine Staatseinnahmen hauptsächlich durch Erdöl und Erdgas generiert, hat es sich zunehmend in die globale Wirtschaft integriert. Auch durch den Beitritt zur WTO im Jahr 2005 hat sich die Internationalisierung des saudischen Markts geöffnet und beschleunigt. Mittels der beiden Unternehmen SABIC (Chemie/Metallverarbeitung) und ARAMCO (Erdölförderung, seit Dezember 2019 börsennotiert) dominiert das Königshaus die Erdölindustrie des Landes.

Allerdings werden die Bereiche Infrastruktur und Telekommunikation immer bedeutender. Kritisch ist, dass sich das Königreich in einer starken Abhängigkeit zum Erdölmarkt befindet, weil der gesamte ökonomische Sektor auf eine Ressource zentriert ist. Eine Folge dieser Abhängigkeit sind die Effekte auf den Staatshaushalt, wenn der Erdölpreis starken Schwankungen unterliegt. Das Land ist als drittgrößter Erdölproduzent Mitglied der OPEC und zeichnet dort für 18 Prozent der globalen Reserven verantwortlich. Angesichts der Überkapazitäten auf den Erdölmärkten wird schon länger darüber spekuliert, die Fördermenge pro Tag um gut

1–1,5 Mio. Barrel zu reduzieren – was aber regelmäßig an Riad scheitert, wo man unvermindert auf eine hohe Förderquote beharrt. Die Gewinnschwelle bei der Erdölförderung liegt zwischen 65 und 75 USD pro Barrel. Derzeit (Stand April 2020) sind es zwischen 27 und 33 USD pro Barrel geförderten Erdöls.

2018 umfasste der Import von Waren einen Wert von ca. 126,6 Milliarden USD, davon 12,6 Prozent für Straßenfahrzeuge, Maschinen und Geräte 7,6 Prozent und Geräte für Nachrichtentechnik um 5 Prozent. Warenausfuhren beliefen sich auf eine Höhe von 295,4 Milliarden USD, davon machten 2017 68,5 Prozent aller Exportgüter Erdöl(-erzeugnisse) aus. Die größten Abnehmer saudischer Exportprodukte sind China, Japan und Korea. Privatisierungsvorhaben diverser staatlicher Unternehmen sollen das BIP weiter erhöhen, da der Nicht-Erdöl-Sektor 2016 nur noch um 1,2 Prozent angestiegen ist. Trotz der Bemühungen ist das Königreich im Ease of Doing Business Index für 2019 auf Platz 92 platziert. Durch das sogenannte Saudi Vision 2030-Programm sollen wirtschaftliche Reformen vorangebracht werden, um die Wirtschaft zu diversifizieren und das Land aus der Abhängigkeit vom Erdöl zu befreien. Dazu sind insbesondere Anlagen zur Erzeugung Erneuerbarer Energien, eine Reform des Bildungssystems, die Förderung von kleinen und mittleren Unternehmen, die verstärkte Integration von Frauen in den Arbeitsmarkt, die Entwicklungen eines allgemeinen Tourismus und Kulturbetriebs sowie die Modernisierung des Bergbaus vorgesehen.

Aktuelle politische Entwicklung

Grundsätzlich gilt das saudische politische System als eine absolute Monarchie. Das Königreich wird in dreizehn Provinzen unterteilt, die jedoch alle vom Prinzen Salman ibn Abd al-Aziz oder Teilen der zugehörigen Königsfamilie regiert werden. Im jährlich erscheinenden Freedom House Index wird Saudi-Arabien in der Kategorisierung als „nicht frei“ bewertet. Das Freedom House erklärt dazu, dass fast alle „politischen Rechte und Bürgerrechte“ missachtet würden. Darüber hinaus besitzt das Land kein gewähltes Parlament. Allerdings wurde 1953 ein Ministerrat gegründet. Seit 1992 besteht eine Beratende Versammlung, die sogenannte „Majlis al-Shura“/„Schurarat“. Diese hat eine beratende Funktion, nimmt Stellung zu Gesetzesvorhaben und kann eigene Gesetzesinitiativen einbringen. Die 150 Mitglieder des Schurarats, von denen anteilig 30 Frauen sind, werden vom König für jeweils vier Jahre ernannt. Das Land steht in der Kritik bezüglich seiner vermeintlichen Beharrungsmacht. Grund hierfür ist, dass die Transformation von einer traditionellen Herrschaftsform zu einem modernen Staat unvollständig blieb. Der Aufbau moderner staatlichen Institutionen begann erst nach dem Zweiten Weltkrieg, obwohl Ibn Saud bereits 1932 die Regionen Najd und Hejaz unter seiner Herrschaft vereinen konnte. Nach Sauds Tod verfolgten seine Nachfolger zwar dessen Modernisierungsansätze und bauten die Institutionen aus, allerdings verweigerten sich die Herrscher einer Beteiligung der Bevölkerung im politischen Prozess. Die Ankündigung demokratischer Reformen sind gleichwohl in Krisenzeiten üblich – ohne dass sie nach Beilegung der jeweiligen Krise tatsächlich umgesetzt würden.

Mit einem Dekret aus dem Jahre 1961 wurden die Propagierung einer anderen ideologischen Gesinnung als der islamischen und die Gründung von politischen Parteien oder Gewerkschaften verboten. Dennoch gelangen behutsame Modernisierungsschritte, die in Einklang mit der Legitimation der eigenen Macht standen. Beispielsweise wurde 1962 die Sklaverei per Gesetz verboten und ab 1965 Mädchen der Zugang zu Bildung ermöglicht. Ein Aufstand der puritanischen Neo-Ikhwan im Jahre 1979 verdeutlicht die Widersprüchlichkeiten des saudischen Staates. Die Besetzung der Großen Moschee in Mekka unter dem Anführer Dschuhaiman Ibn Seif al-Uteibi und die Proklamation des Studenten Mohammed Abdullah al-Kahtani zum Mahdi (am 1. Muharram des Jahres 1400) traf das Königshaus bis ins Mark. Weil König Chalid den Wahhabismus verraten habe, sei nun wie prophezeit der Mahdi erschienen, um den Islam zum endgültigen Sieg über den Unglauben zu führen. König Chalid konnte den Aufstand nur auf Basis einer Fatwa beenden: Um den Preis der Abkehr von der gesellschaftlichen Liberalisierung und gegen die Garantie, die wahhabitische Missionierung zu finanzieren, erhielt der König die Erlaubnis der Islamgelehrten, den Aufstand (mit französischer Hilfe) militärisch aufzuheben und die heiligen Stätten von Mekka anzugreifen, was eigentlich nach dem islamischen Recht streng verboten ist.

Der Zweite Golfkrieg (1990/1991) löste eine erneute Krise aus, die die Defizite des saudischen Sicherheitsgefüges aufzeigten, schien es doch denkbar, dass irakische Truppen – nach dem Einmarsch 1991 in Kuwait – auch die saudischen Erdöllagerstätten angreifen könnten. So musste ernüchternd festgestellt werden, dass für eine ausreichende Verteidigung die eigenen Truppen nicht ausreichten, sodass westliche Truppen zum Schutz gerufen werden mussten. Die Tatsache, dass US-Truppen nun (indirekt) auch Mekka und Medina schützten und nicht die al-Sauds stellte dementsprechend die Legitimationsansprüche der wahhabitischen Ideologie infrage. Als Konsequenz dieser Entwicklung formierte sich ein geistlicher Widerstand und überreichte an den damaligen König eine Petition. Diese forderte eine konsequente Befolgung islamischer Normen in der Landespolitik. 1992 erfolgte erneut ein Memorandum der Ermahnung an den König, woraus eine neue Protestkultur hervorging, um auf politische Missstände aufmerksam zu machen. Infolge dieser politischen Krise sah sich König Fahd dazu gedrängt, am 1. März 1992 drei Gesetze zu verkünden, die als verfassungsrechtliche Grundnormen angesehen werden können. Das wichtigste Gesetz ist dabei das „Grundgesetz der Herrschaft“, indem erstmals allgemeine Grundsätze des Regierungssystems formuliert wurden, die erneut sowohl Gesellschaft als auch Herrschaft dem Islam unterordnet, wie dies schon Muhammad Ibn Abdal Wahhab gefordert hatte.

Das Attentat auf das World Trade Center am 11. September 2001 sorgte für eine weitere Legitimitätskrise der Herrscherfamilien – 15 der 19 Attentäter stammten aus Saudi-Arabien. Vorrangig verschlechterte sich die Beziehung Saudi-Arabiens zu den USA. Dies führte dazu, dass die US-amerikanischen Truppen von Saudi-Arabien nach Kuwait und Katar verlegt wurden und die US-Regierung die Forderung nach klaren Schritten im Kampf gegen den Terror stellte, wobei sie auf die Terrorwelle des Jahre 2003 im Land selbst und auf die Tatsache verweisen konnte, dass der ideologische Nährboden von al-Qaida auch im Wahhabismus wurzelt. Dass die Anschläge von 2003 in einem Land geschehen konnten, in dem die Religionspolizei (Mutawa) auf die Einhaltung der strengen Koran-Regeln achtet, verdeutlicht diesen Zwiespalt. Saudi-Arabien konnte den al-Qaida-Ableger zerschlagen, die Sicherheitskräfte wurden neu aufgestellt – die überlebenden Jihadisten wichen aber in den Jemen aus, wo sie neue Strukturen aufbauen konnten. Im Ergebnis kooperiert Riad nun enger mit den Sicherheitsbehörden in den USA und in Europa.

Der Arabische Frühling traf das Land im Januar 2011 zu einer ungünstigen Zeit und zeigte erneute innenpolitische Missstände auf. Der saudi-arabischen Führung gelang es, die Unruhen im Zaum zu halten, indem zunächst die für den März angekündigten Demonstrationen vom Rat der Hochrangig Gelehrten als „unislamisch" untersagt wurden. Im weiteren Verlauf des Jahres ließ die Regierung in den aus ihrer Sicht besonders gefährdeten Regionen mit hohen schiitischen Bevölkerungsanteilen massiv Sicherheitskräfte aufmarschieren.

Ergänzend dazu verkündete König Abdullah im Frühjahr 2011 ein Subventionsprogramm, um neue Arbeitsplätze zu schaffen, Wohnungen zu bauen, das Gesundheitssystem zu verbessern, die Gehälter der Staatsbediensteten anzuheben und Sonderzahlungen an Arbeitslose wie Studierende zu leisten. Ebenso wurde eine Behörde zur Korruptionsbekämpfung eingerichtet. Grund hierfür war, dass viele Saudis trotz der starken Zensur auch im Internet gegen die verbreitete Korruption in der Herrscherfamilie protestierten und sich für mehr Rechtsstaatlichkeit sowie eine Ausweitung der politischen Partizipation aussprachen. Die schiitischen Bevölkerungsteile wiederum forderten mehr Autonomierechte in Religionsfragen. Als Konsequenz der Proteste kündigte die Regierung am 22. März 2011 Kommunalwahlen an, bei denen Frauen allerdings nach wie vor kein Wahlrecht haben sollten. Am 25. September 2011 wurde schließlich auch ein aktives und passives Wahlrecht für Frauen bei den Kommunalwahlen 2015 angekündigt. Der Arabische Frühling führte vor allem dazu, dass jüngere Saudis sich zunehmend in sozialen Medien offen zu den gesellschaftlichen und politischen Verhältnissen des Landes äußern.

Eine zwar geringe, jedoch durchaus positive Entwicklung im Bereich der Frauenrechte ist seit Juni 2018 zu verzeichnen. Frauen ist seither das Führen von Personenkraftfahrzeugen gesetzlich genehmigt. Im Zuge des Verbotes waren zuvor mehrere Aktivistinnen von den Behörden verhaftet und unter dem Vorwurf der Konspiration mit ausländischen Mächten verurteilt worden. Saudi-Arabien hat erst seit 1992 und damit seit der Regierungszeit von König Fahd ein Grundgesetz der Herrschaftsausübung, das aus insgesamt 83 Artikeln besteht und sich, dem Wahhabismus gemäß, in Art. 1 zum Koran und der Sunna als Verfassung bekennt. Nur dann, wenn die Menschenrechte mit der Scharia vereinbar sind, werden sie laut Art. 26 geschützt. So sind es die mit westlichen Normen unvereinbaren

Prügelstrafen (in Form öffentlicher Auspeitschungen vollzogen), der Mangel an justiziellen Mindeststandards (willkürliche Verhaftungen ohne Anklage und Gerichtsverfahren), die Unterdrückung der Meinungs- und Religionsfreiheit sowie die Anwendung der Todesstrafe, die das Bild des Landes im Ausland bestimmen. Die Regierung reagierte insoweit auf diese Kritik, als sie 2004 die dem Innenministerium unterstellte Nationale Behörde für Menschenrechte aufstellte, um Menschenrechtsverletzungen zur Verfolgung zu bringen.

Die Religionsfreiheit stellt ein zentrales Problem dar. Da die offizielle Religion der Islam ist, sind alle Saudis gesetzlich dazu verpflichtet, muslimisch zu sein. Darüber hinaus kann Atheismus mit 20 Jahren und Blasphemie im Internet mit 10 Jahren Haft bestraft werden. Ebenfalls ist die Ausübung anderer Religionen verboten, was nicht zuletzt auf die schiitische Minderheit im Land abzielt, die wegen ihres Glaubens im öffentlichen Leben stark reglementiert ist. Auch wenn die Religionspolizei im Zuge diverser Reformen nun keine hoheitlichen Befugnisse mehr ausüben kann, existiert nach wie vor die dem Innenministerium unterstellte Geheimpolizei Mabahith. Seit 2007 liegen nun die vom Konsultativrat beratenen und vom König verabschiedeten Reformvorschläge vor, die auf ein neues Justiz- und Appellationsgesetz und damit auf einen Umbau der Gerichtsstruktur schließen lassen. Entscheidungen, die bisher noch in den Ministerien getroffen werden, sollen auf die zu gründenden Familien-, Verwaltungs-, Arbeits- und Handelsgerichte übertragen werden und drei Staatssicherheitsgerichte den Obersten Justizrat entlasten.

Insgesamt lässt sich sagen, dass die aktuelle politische Situation als sehr schwierig zu bewerten ist. Zwar können Saudis private Diskussionen über Politik und Regierung führen, jedoch verhindern die bereits thematisierten strafrechtlichen Sanktionen eine direkte Kritik am Regime. Die Regierung schränkt ihre Bürgerinnen und Bürger in nahezu allen Rechten ein: Freiheitsrechte sind in Form von Medienkontrolle eingeschränkt. Darüber hinaus gibt es keine Religions-, Meinungs- und Versammlungsfreiheit, keine unabhängigen Gerichte und kein Recht auf freie Entfaltung. Auch die Bildung von Parteien oder NGOs ist verboten. Grundsätzlich lässt sich festhalten, dass die staatlich ausgeübten Repressionen, über die das Königshaus verfügt, dieses in eine starke Machtposition versetzt. Fraglich ist, wie groß die Handlungsvollmachten des Kronprinzen sind und inwieweit er die in der Vision 2030 angelegten Reformüberlegungen umsetzt, sollte er tatsächlich in der Nachfolge von König Salman inthronisiert werden.

Das gilt ganz besonders für das Neom-Projekt, das der Kronprinz am 24. Oktober 2017 vorgestellt hat und mit dem er das Land zukunftsfähig machen will für die Zeit nach dem Erdöl. Im Nordosten des Landes, am Golf von Akaba, soll ein Technologiepark von der Fläche Mecklenburg-Vorpommerns entstehen. Die Kosten von rund 500 Mrd. USD werden – wie auch bei den vier anderen Mega-City-Projekten – durch den saudischen Staatsfonds PIF gedeckt, der wiederum hinter dem kürzlichen Börsengang von Saudi Aramco steht. Mit Neom will Saudi-Arabien eine Sonderwirtschaftszone errichten, in der nicht nur neue Technologien (Energie, Wasser, Biotech) entwickelt, sondern auch eine moderatere Form des Islams gelebt werden kann. Derzeit könnte aber ausgerechnet die Corona-Pandemie den für 2025 avisierten Abschluss des ersten Bauabschnittes verzögern. Zahlreiche Mitglieder der Königsfamilie sind nach Angaben des saudischen Whistleblowers Mujtahidd betroffen. Während König Salman sich in Palastquarantäne befindet, führt Kronprinz Mohammad bin Salam bis auf Weiteres die Geschäfte.

Literatur

Al-Rasheed, M. (2010): A History of Saudi Arabia, 2. Auflage. New York.

Al-Zahrani, K. H. und Baig, M. B. (2011): Water in the Kingdom of Saudi Arabia: Sustainable management options, in: The Journal of Animal & Plant Sciences, Bd. 21, Nr. 3, S. 601–604.

Bambridge, John; Gavin, James; Sen, Indrajit (2019): Saudi Arabia in focus. In: MEED business review. Meed Head Office. 4(2019), 3, S. 40–58.

Fürtig, H. (2014): Historisch gewachsene Symbiose: Das Haus Saud und die Wahhabiyya, in: Aus Politik und Zeitgeschichte, Jg. 64, H. 46, 2014, S. 3–11.

Glosemeyer, I. (2007): Saudi-Arabien, in: Weiss, W. M. (Hrsg.): Die arabischen Staaten. Geschichte – Politik – Religion – Gesellschaft – Wirtschaft. Heidelberg, S. 271–286.

Grasedieck, D. (2010): Das Bildungssystem Saudi-Arabiens. Ein Überblick, in: Neue Didaktik, Jg. 2010, H. 2, S. 121–127.

Johnson, T. M. (2015): Saudi-Arabien, in: Religion in Geschichte und Gegenwart, unter: dx.doi.org/10.1163/2405–8262_rgg4_SIM_124714 [14.12.2019].

Potts, D. T. (2011): Das alte Arabien in historischen Quellen, in: Franke, U., Al-Ghabban, A., Gierlichs, J. und Weber, S. (Hrsg.), Roads of Arabia. Archäologische Schätze aus Saudi-Arabien. Berlin, S. 86–101.

Roll, Stephan (2019): Ein Staatsfonds für den Prinzen. Wirtschaftsreformen und Herrschaftssicherung in Saudi-Arabien. SWP-Studie, 2019. Berlin, unter: https://doi.org/10.18449/2019S13, [11.01.2020].

Steinberg, G. (2004): Saudi-Arabien. Politik-Geschichte-Religion. München.

Ismail Dalay unter Mitarbeit von Marylou Bielert

Singapur

Offizieller Name:	Republik Singapur
Staatsform:	Parlamentarische Republik
Unabhängigkeit:	9. August 1965 (von Malaysia)
Nationalfeiertag:	9. August (Unabhängigkeitstag)
Hauptstadt:	Singapur
Lage:	Südostasien; Inselgruppe zwischen Malaysia und Indonesien
Fläche:	719,2 qkm (Weltrang: 175)
Bevölkerung:	5,6 Millionen
Landesstruktur:	Keine der Regierung direkt unterstellte Territorien, 5 Community Development Council (CDC)-Distrikte, werden durch Bürgermeister und örtliche Räte verwaltet.
Sprachen:	4 Amtssprachen, Englisch (36,9 Prozent), Mandarin (34,9 Prozent), Malaiisch (10,7 Prozent), Tamil (3,3 Prozent), Chinesische Dialekte (12,2 Prozent), Sonstige (2 Prozent)
Religionen:	Buddhismus (33,2 Prozent), Christentum (18,8 Prozent), Islam (14 Prozent), Taoismus (10 Prozent), Hinduismus (5 Prozent), Sonstige (0,6 Prozent), Atheismus (18,4 Prozent)
Währung:	Singapur-Dollar (SGD)
Wirtschaftszweige:	*Landwirtschaft:* Gemüse; Geflügel, Eier; Fisch, Zierfisch, Orchideen *Industrie:* Elektronik, Chemie, Finanzdienstleistungen, Erdölraffinerie, biomedizinische Produkte, wissenschaftliche Instrumente, Telekommunikationsgeräte, verarbeitete Lebensmittel und Getränke, Schiffsreparatur, Offshore-Plattformbau, Entrepot-Handel

Mitgliedschaften:	ADB, APEC, ARF, ASEAN, BIS, EAS, FAO, FATF, G-77, IAEA, IBRD, ICC, ICRM, IDA, IFC, IFRCS, IHO, ILO, IMF, IMO, IMSO, Interpol, IOC, IPU, ISO, ITSO, ITU, NAM, OPCW, PCA, UN, UNCTAD, UNESCO, UNHCR, UPU, WCO, WHO, WTO
Wichtigste Medien:	*Staat kontrolliert alle Medien;* *Fernsehen:* MediaCorp ist im vollständigen Besitz des Staates und strahlt über 6 Sender aus; Rundfunk aus Malaysien und Indonesien wird empfangen; Satellitenschüsseln sind verboten. *Hörfunk:* 19 Radiostationen, 11 im Besitz von MediaCorp, 5 im Besitz von Singapore Press Holdings (kooperiert mit der Regierung), 2 werden kontrolliert von der Singapore Armed Forces Reservists Association, während 1 BBC-Radio gehört; malaysische und indonesische Sender sind ebenfalls zu empfangen

***********.

Naturraum und geographische Rahmenbedingungen

Die Republik Singapur ist ein Stadtstaat im Südosten Asiens. Die Insel befindet sich an der Südspitze der malaysischen Halbinsel und seine weiteren direkten Nachbarn sind im Westen Sumatra, im Süden Java und im Osten Borneo. Da Singapur durch die Straße von Johore von Malaysia getrennt ist, sind die Inseln über einen 1 056 m langen, befahrbaren Damm verbunden. Zu Singapur gehören die Hauptinsel, drei größere und etwa 58 kleinere Inseln. Von diesen kleineren Inseln sind zwei Dutzend bewohnt und für Singapur von wirtschaftlicher Bedeutung. Die umfangreichen Zinnvorkommen auf der Halbinsel Malakka ließen auf der zu Singapur gehörenden Insel Pulau Brami das größte Zinnschmelzwerk der Welt entstehen.

Die Gesamtfläche (Festland und Wasserfläche) beträgt heute 719,2 qkm. Dies entspricht etwa der Fläche Hamburgs (755,22 qkm). Um die

Dimension etwas besser zu verdeutlichen: das frühere Staatsoberhaupt Lee Kuan Yew hatte damals geäußert, dass er jeden Untertanen durch einen Fahrrad-Boten innerhalb einer halben Stunde erreichen könnte. Landgewinnung war einer der Hauptziele Singapurs. Das Material dafür wird entweder vom Meeresboden, den eigenen Bergen oder vom Festland der Nachbarstaaten entnommen. Damit stieg die Fläche von etwa 581 qkm in den 1960er Jahren auf die etwa 710 qkm Festland heute an, was 20 Prozent Neuland entspricht. Die Seegrenze umfasst 193 km.

Das Klima des Landes kann als tropisch beschrieben werden. Es ist fast gleichmäßig feuchtwarm das ganze Jahr. Die Wechsel zwischen den Jahreszeiten sind meist kaum merkbar. Die Tagesdurchschnittstemperatur liegt bei etwa 31 Grad Celsius und die durchschnittliche Luftfeuchtigkeit bei 65–70 Prozent. Es gibt zwei verschiedene Monsunzeiten; der nordöstliche Monsun, welcher von Dezember bis März anhält und durchaus sehr heftige Schauer mit großen Niederschlagsmengen mit sich bringt, und der südwestliche Monsun, der von Juni bis September zu erwarten ist und weniger starken Regen aufweist. Des Weiteren sind auch Zwischenmonsune möglich, sowie häufige Gewitter und Regen am Nachmittag und Abend. Die Regenschauer sind jedoch allgemein nur von kurzer Dauer. Die Landschaft Singapurs entspricht einem niedrig liegenden, leicht welligen Zentralplateau. Dabei lässt sich das Land grob in drei Regionen gliedern: die zentrale hügelige Region mit vereinzelten Felsformationen in Bukit Timah, Gomback, Panjang und Madai; die westliche Region mit Ablagerungsgestein und eine relativ flache östliche Region mit Sand- und Kieselablagerungen. Durch seine Lage zwischen Europa und China ist Singapur zu einem der wichtigsten Handelshäfen der Welt geworden.

Geschichtliche Entwicklung von vorkolonialer Zeit bis zur Unabhängigkeit

Man geht heute davon aus, dass Temasek der frühere Name Singapurs war und die Inseln schon früheren indischen und chinesischen Kaufleuten seit dem 7. Jh. n. Chr. bekannt waren. Als dem Gründer dieser Stadt eines Tages ein löwenähnliches Ungeheuer erschien, änderte er den Namen Temasek in „Singapura“ (singa = Löwe, pura = Stadt). Die Stadt wuchs allmählich, wurde jedoch im Jahre 1377 von einem Majapahit-Fürsten aus Java und dessen Heer zerstört. Danach wurde Malakka zu einem der bekannteren Seehäfen in Südostasien. Damit geriet Sinagpur zunehmend in Vergessenheit. Erst ein halbes Jahrtausend später, 1819, erkannte der Engländer Sir Thomas Stamford Raffles die strategisch günstige Lage Singapurs mit seinem Naturhafen. Alle Schiffe, die Richtung China oder Europa wollten, mussten Singapur passieren. Was der Brite auf Singapur allerdings vorfand, waren zu der Zeit ungefähr 20 Fischerfamilien. Sir Stamford Raffles holte sich von dem malaiischen Prinzen Temengong Abduhl Tahman die Erlaubnis ein, auf Singapur eine britische Handelsniederlassung zu eröffnen und schon 3 Jahre später kaufte er die Insel im Auftrag der Britisch-Ostindischen Gesellschaft. Singapur wuchs sehr schnell und wurde einer der bevorzugten Umschlagplätze für wertvolle Naturprodukte aus den benachbarten Ländern.

Im Jahre 1900 hatte Singapur fast 200 000 Einwohner und war zum siebtgrößten Hafen der Welt geworden. 1942 eroberten japanische Truppen die Insel und stellten sie unter japanische Herrschaft. Die Zurückeroberung von den Briten 1945 wurde vor allem von China stark begrüßt. 1946 wurde Singapur zur eigenständigen Kronkolonie ernannt. Nach 1945 konnte Großbritannien allerdings seine koloniale Tradition nicht ohne Weiteres fortführen. So kam es in Malaysia zu Unabhängigkeitskämpfen, wovon Singapur jedoch zunächst nicht betroffen war.

In den 1950er Jahren richtete die britische Kolonialverwaltung gesetzliche Grundlagen ein, welche ein parlamentarisches Regierungssystem installieren sollten. 1955 fanden die ersten Wahlen zur Legislativ Assembly mit drei dominierenden Parteien statt: der rechtskonservative Progessiv Party, die liberale Labour Front und die Peoples' Action Party (PAP). Die 1954 gegründete PAP ist eine sich aus jungen, im Nachkriegsengland ausgebildeten Akademikern zusammengestellte Partei mit anti-kolonialistischem und sozialradikalem Programm. Lee Kuan Yew (LKY) war Führer der Partei und späterer Premierminister Singapurs für 35 Jahre. Die PAP zeichnete sich dadurch aus, eine besonders enge Kooperation mit chinesischen Gewerkschaften zu haben. Nachdem 1961 die PAP bei Nachwahlen eine große Niederlage einzustecken hatte, verließen 70 Prozent der Mitglieder die Partei und wechselten in die neugegründete Partei Barisan Sosialis. Nach diesem Bruch lag das Hauptziel LKY innenpolitisch in der Wiedervereinigung Singapurs mit Malaysia – und damit in der Erlangung politischer Unabhängigkeit Singapurs (Independence through Merger). Im Juli 1963 wurde der Vereinigungsvertrag in London unterzeichnet. Ab September war Singapur demzufolge Teilstaat von Malaysia. Doch LKY machte deutlich, dass er nicht gewillt war, sich politisch unterzuordnen und behielt seinen Titel des Premierministers. Auch LKY's Opposition im Parlament in Kuala Lumpur provozierte vor allem die malaiischen Nationalisten. Nachdem es zu immer größeren Unruhen innerhalb Singapurs und in Malaysia gekommen war, unterschrieb LKY am 8. August 1965 das Teilungsgesetz, welches Singapur wegen Verweigerung der Loyalität gegenüber der Zentralregierung in Kuala Lumpur aus der Förderation Malaysia ausschloss. Großbritannien akzeptierte diesen ungewöhnlichen Weg in die Unabhängigkeit.

Bevölkerungsstruktur – insbesondere ethnische Zusammensetzung

2018 zählt Singapur mehr als 5,6 Millionen Einwohner, von denen etwa 2,16 Millionen Ausländer sind (inkl. 0,53 Millionen „Permanent Residents"). Die Geburtenrate ist sehr gering, im Durchschnitt bekommt eine Frau 0,8 Kinder. Somit liegt das Bevölkerungswachstum bei etwa 0,9 Prozent, was mittlerweile in der Regierung durchaus als Problem aufgesehen wird. Die Bevölkerung Singapurs unterteilt sich in 74,3 Prozent Chinesen, 13,3 Prozent Malaien, 9,1 Prozent Inder und 3,3 Prozent Menschen mit Herkunft aus anderen Ländern (vor allem verschiedener Staaten Europas, Asiens und Australiens). Während Chinesen und Inder mehr im städtischen Bereich leben, ziehen Malaien eher die dörflichen Gegenden am Hafen vor. Jede der verschiedenen Ethnien hat ihren Einfluss auf die Kultur Singapurs.

Obwohl nur jeder 7. Einwohner Singapurs Malaie ist, sind ihre Einflüsse von großer Bedeutung für die Kultur Singapurs. So ist nicht nur die Nationalhymne Singapurs malaiisch, sondern es prägen auch, im Gegensatz zu buddhistischen Tempeln und Kirchen, überproportional viele Moscheen und Minarette das Stadtbild Singapurs. Ebenso ist Malaiisch die Nationalsprache Singapurs, wobei sie in der Praxis den dritten Platz hinter Englisch und Chinesisch belegt. Mandarin-Chinesisch, Englisch und das, aus dem südindischen stammende Tamil sind ebenso Amtssprachen. Singapur nicht nur ein multiethnischer Staat, sondern auch multireligiös: Eine

Volkszählung aus dem Jahr 2015 ergab, dass 33,2 Prozent Buddhisten, 18,8 Prozent Christen, 14 Prozent Muslime, 10 Prozent Taoisten, 5 Prozent Hinduisten sind und 0,6 Prozent der Bevölkerung einer anderen Religion angehören. Durch die absolute Gleichberechtigung aller Volksgruppen ist das Zusammenleben in Singapur relativ harmonisch. Lediglich in den 1960er Jahren gab es Unruhen zwischen chinesischen und nicht-chinesischen Einwohnern. Dem wurde jedoch bei Umsiedlungsprozessen in den 1970er Jahren entgegengewirkt, indem ethnische Gruppen gemischt wurden. Sämtlichen Religionen wurde verfassungsmäßig eine freie Ausübung ihrer Religion garantiert und eine religiöse Dachorganisation („Interreligious Organisation") berät die Regierung in religiösen Angelegenheiten.

Wirtschaftsstruktur

Als Singapur seine Unabhängigkeit erlangte, fehlte ihm alles, was einen wirtschaftlich starken Staat ausmacht. Heute, etwa ein halbes Jahrhundert später, hat Singapur eine hoch entwickelte und erfolgreiche Marktwirtschaft. Das Land ist auf Rang 15 der größten Exportwirtschaften der Welt gelistet. Des Weiteren ist Singapurs wirtschaftliches Umfeld offen und korruptionsfrei. Das Land hat stabile Preise und ein höheres Pro-Kopf-BIP als die meisten Industrieländer. Außerdem ist die Arbeitslosigkeit sehr niedrig; 2017 lag die Arbeitslosenquote bei 2,2 Prozent. Aufgrund der globalen Wirtschaftskrise schrumpfte Singapurs Wirtschaft 2009 um 0,6 Prozent, erholte sich jedoch und ist seit 2010 weitergewachsen. 2017 lag das Wirtschaftswachstum bei 3,6 Prozent. Das Bruttoinlandsprodukt betrug 2017 324 Mrd. USD.

Nachdem die Unabhängigkeit erreicht wurde, orientierte man sich am wirtschaftlichen Konzept des niederländischen Wirtschaftsprofessors Albert Winsemius. Seine Empfehlung lautete damals, ausländische Investoren über steuerliche Anreize, entwickelte Infrastruktur und qualifizierte Arbeitskräfte anzuwerben. Dieses Konzept wurde von der Regierung übernommen und so waren bis 1992 in 21 Industrieparks 2 827 Fabriken angesiedelt. Die von der Regierung geförderte Hochlohnpolitik macht Singapur zur teuersten der Newly Industrialized Economies (NIE). Der stärkste Wirtschaftssektor ist mit Abstand der Dienstleistungssektor, welcher 70,4 Prozent des BIP ausmacht.

Nach dem Kalten Krieg sah man die Notwendigkeit, die industrielle Fertigung nur auf ausgewählte Hochtechnologiesektoren zu konzentrieren und dafür den Finanz- und Dienstleistungssektor stärker auszubauen. Fast alle großen Finanzinstitute der Welt haben Niederlassungen in Singapur. Heute arbeiten 83,7 Prozent der Erwerbstätigen im Dienstleistungssektor. Des Weiteren hängt die Wirtschaft stark vom Export ab, insbesondere von Elektronik, Erdölprodukten, Chemikalien, medizinischen und optischen Geräten, Pharmazeutika. Die wichtigste Handelspartner sind China (14,7 Prozent), Hongkong (12,6 Prozent), Malaysia (10,8 Prozent), USA (6,6 Prozent), Indonesien (5,8 Prozent), Japan (4,7 Prozent), Südkorea (4,6 Prozent) und Thailand (4 Prozent). Singapur hat bedeutende Investitionen in die Produktion fortschrittlicher Fertigungs-, Pharma- und Medizintechnikprodukte angezogen und plant, seine Position als führendes Finanz- und Technologiezentrum in Südostasien weiter zu festigen. Dabei wird auch stark in die Bildungs- und Forschungspolitik investiert.

Importiert werden Maschinen und Geräte, mineralische Brennstoffe, Chemikalien, Lebensmittel und Konsumgüter größtenteils aus China (13,9 Prozent), Malaysia (12 Prozent), USA (10,7 Prozent), Japan (6,3 Prozent) und Südkorea (5 Prozent) (Stand 2017). Singapur verfügt über keinerlei nennenswerte natürliche Rohstoffvorkommen und ebenso ist die Landwirtschaft von keiner besonderen Relevanz für die Wirtschaft. Seit 2010 liegt der Anteil des landwirtschaftlichen Sektors am BIP bei 0,1 Prozent. Als die wichtigsten landwirtschaftlichen Güter sind Gemüse, Geflügel, Eier, Fisch, Zierfische und Orchideen zu erwähnen. Singapur ist Unterzeichner des umfassenden und progressiven Abkommens über die transpazifische Partnerschaft (CPTPP) und Vertragspartei der Verhandlungen über die regionale umfassende Wirtschaftspartnerschaft (RCEP) mit neun anderen ASEAN-Mitgliedern sowie Australien, China, Indien, Japan, Südkorea und Neuseeland. Im Jahr 2015 gründete Singapur zusammen mit den anderen ASEAN-Mitgliedern die ASEAN-Wirtschaftsgemeinschaft.

Aktuelle politische Entwicklung

Singapur ist eine parlamentarische Republik mit Einkammersystem. Das Land erfüllt alle Voraussetzungen, um als eine Demokratie klassifiziert zu werden. In der Realität zeigt Singapur jedoch eher Merkmale einer

Autokratie auf. Das Land ist somit eine Kombination aus formaldemokratischen Institutionen mit autokratischen Herrschaftspraktiken. Wie in den meisten elektoralen Autokratien werden auch in Singapur Oppositionsparteien geduldet, jedoch strukturell benachteiligt. Die Herrschaft der Partei ist zwar nicht so stark ausgeprägt wie in Vietnam oder Laos, jedoch ist die Regierung im Alltag der Bevölkerung präsent.

Die Neuwahlen im Jahre 2015 bestätigten die starke Dominanz der PAP. Von den 89 stimmberechtigten Sitzen im Parlament entfielen 83 auf die PAP und sechs auf die Oppositionspartei „Workers' Party" (WP). Die Chancen der Opposition auf Mandate sind durch das reine Mehrheitswahlrecht eingeschränkt. Seit August 2004 ist der dritte Premierminister in der Geschichte Singapurs im Amt: Lee Hsien Loong, Sohn des Staatsgründers Lee Kuan Yew. Seit September 2017 ist Halimah Yacob Staatspräsidentin. In den letzten Jahren betrieb die Regierung eine aktive Einwanderungspolitik, welche auf beruflich hoch qualifizierte Arbeitskräfte ausgerichtet war.

Aktuell hat die Regierung Maßnahmen veranlasst, um die Zuwanderung zu verlangsamen. Nicht zuletzt auch wegen öffentlichen Drucks auf die Regierung. Heute sind die wichtigsten Prinzipien und Ziele der Regierung der Erhalt und Ausbau der wirtschaftlichen Wettbewerbsfähigkeit sowie die Harmonie zwischen den verschiedenen Ethnien und Religionen sicherzustellen. Dies soll durch eine straff geführte Regierung und einen hoch qualifizierten, sehr gut bezahlten und daher nicht korruptionsanfälligen Verwaltungsapparat geschehen. Die Bekämpfung der Kriminalität in jeder Form, insbesondere Terrorismus, Korruption und Drogenmissbrauch ist ein weiteres Staatsziel, ebenso die Garantie eines hohen Lebensstandards für die Bevölkerung. Da Singapur eine niedrige Geburtenrate von 1,2 ausweist, will die Regierung dem mit einer gesteigerten Produktivität der Wirtschaft begegnen. Die Judikative gliedert sich in drei Teile: den Supreme Court of Singapore, Subordinate Courts und eine Sharia-Gerichtsbarkeit für ehe- und familienrechtliche Streitigkeiten unter Muslimen. Letzteres ist dem Ministerium für Kultur, Entwicklung der Gemeinschaft und Jugend unterstellt. Allgemein werden die Grund- und Menschenrechte über einen Grundrechtekatalog in der Verfassung geschützt. Politische Rechte wie Medien-, Versammlungs- und Redefreiheit sind stark eingeschränkt.

Außenpolitisch hat Singapur versucht, Balance in seinen diplomatischen Beziehungen zwischen den USA und China zu erzielen. Die Beziehung zu China hat Singapur vor allem in den 1990er Jahren zu großem wirtschaftlichen Erfolg verholfen. Auch darüber hinaus haben beide Länder gemeinsame Projekte und profitieren von der Expertise des jeweils anderen. Trotzdem versucht Singapur seine Eigenständigkeit gegenüber China zu behalten und so zögerte das Land lange, sich der Belt-and-Road-Initiative („Neue Seidenstraße") anzuschließen. Auch betonte der Premierminister 2018, dass Singapur nicht gezwungen sein möchte, sich zwischen einer der Großmächte zu entscheiden. Ferner versucht Singapur, sich stärker in der ASEAN zu engagieren und der Organisation eine größere sicherheitspolitische, aber auch wirtschaftliche und gesellschaftspolitische Rolle zu geben. Zur EU pflegt das Land bis heute nur wirtschaftliche Beziehungen. Im Frühjahr 2018 ratifizierten die EU und Singapur ein Freihandelsabkommen.

Literatur

Croissant, A. und Lorenz, P. (Hrsg.) (2018): Comparative Politics of Southeast Asia: An Introduction to Governments and Political Regimes. Wiesbaden.

Galetti, N.; Lerch, P.; Caro, C.-A.; Feltes, T.; Kliem, F.; Zeller, K. (2018): Von der Dorfgemeinschaft zur Megacity. In: Auslandsinformationen. 34 (2018), 3, unter: https://www.kas.de/c/document_library/get_file?uuid=b0980b79-ee0d-3c8f-89b3-40d4b190812c&groupId=259121 [11.02.2020].

Giersdorf, S. (2018): Singapur. In: Wirtschaftshandbuch Asien-Pazifik. 63 (2018), S. 443–465.

Hefner, R. (Hrsg.) (2001): The Politics of Multiculturalism: Pluralism and Citizenship in Malaysia, Singapore, and Indonesia. Honolulu.

Hill, M. und Lian, K. (1995): The Politics of Nation Building and Citizenship in Singapore. New York.

Kalēja, A. (2017): Economic and Social Rights in Authoritarian Regimes: Rights, Well-Being and Strategies of Authoritarian Rule in Singapore, Jordan and Belarus. Heidelberg.

Pilny, K. (2008): Tiger auf dem Sprung: Politik, Macht und Märkte in Südostasien. Frankfurt.

Tan, K. (2007): Renaissance Singapore? Economy, Culture, and Politics. Singapur.

Vorlaufer, K. (2018): Südostasien, 3. aktualisierte Auflage. München.

Wolfgang Gieler unter Mitarbeit von Clara Franzke

Sri Lanka

Offizieller Name:	Demokratische Sozialistische Republik Sri Lanka
Staatsform:	Präsidentielle Republik
Unabhängigkeit:	4. Februar 1948 (von Großbritannien)
Nationalfeiertag:	4. Februar (Unabhängigkeitstag)
Hauptstadt:	Sri Jayewardenepura Kotte (offiziell); Colombo (de facto Hauptstadt)
Lage:	Südasien; Insel im Indischen Ozean (südlich von Indien)
Fläche:	65 610 qkm (Weltrang: 120)
Bevölkerung:	20,7 Millionen
Landesstruktur:	9 Provinzen
Sprachen:	Sinhala (Amtssprache; 87 Prozent), Tamil (Amtssprache; 28,5 Prozent), English (Regierungssprache; 23,8 Prozent) (Summe ergibt mehr als 100 Prozent aufgrund von Zweisprachigkeit)
Religionen:	Buddhismus (70,2 Prozent), Hinduismus (12,6 Prozent), Islam (9,7 Prozent), Christentum (7,4 Prozent), Sonstige (0,1 Prozent)
Währung:	Sri-Lanka-Rupie (LKR)
Wirtschaftszweige:	*Landwirtschaft:* Reis, Zuckerrohr, Getreide, Hülsenfrüchte, Ölsaaten, Gewürze, Gemüse, Obst, Tee, Kautschuk, Kokosnüsse, Milch, Eier, Häute, Rindfleisch, Fisch *Industrie:* Verarbeitung von Gummi, Tee, Kokosnüssen, Tabak und anderen landwirtschaftlichen Erzeugnissen; Telekommunikation, Versicherung, Bankwesen; Tourismus, Schifffahrt; Kleidung, Textilien; Zement, Erdölraffinerie, Informationstechnologiedienstleistungen, Bau

Mitgliedschaften:	ABEDA, ADB, ARF, BIMSTEC, CP, FAO, G-11, G-15, G-24, G-77, IAEA, IBRD, ICAO, ICC, ICRM, IDA, IFAD, IFC, IFRCS, IHO, ILO, IMF, IMO, IMSO, Interpol, IOC, IOM, IPU, ISO, ITSO, ITU, ITUC (NGOs), MIGA, MINURSO, MINUSTAH, MONUSCO, NAM, OPCW, PCA, SAARC, SACEP, SCO (Dialogsmitglied), UN, UNCTAD, UNESCO, UNIDO, UNIFIL, UNISFA, UNMISS, UNWTO, UPU, WCO, WFTU (NGOs), WHO, WIPO, WMO, WTO
Wichtigste Medien:	*Fernsehen:* Regierung betreibt 5 Fernsehsender; 25 private Sender sowie 6 gemeinnützige Sender *Hörfunk:* Regierung betreibt 19 Radiostationen; 43 private Radiostationen sowie 4 gemeinnützige Sender

****

Naturraum und geographische Rahmenbedingungen

Die Demokratische Sozialistische Republik Sri Lanka befindet sich im Indischen Ozean des asiatischen Kontinents. Östlich der Südspitze Indiens liegt der tropische Inselstaat tropfenförmig von Wasser umgeben, wobei die kürzeste Verbindung zum indischen Festland 54,8 Kilometer beträgt. Befunde legen nahe, dass einst eine Verbindung zwischen den beiden Staaten bestand. Insgesamt beträgt die flächenmäßige Ausdehnung 65 610 qkm, mit einer maximalen Länge von 400 km und einem 220 km langen Durchmesser an der breitesten Stelle. Aus geographischer Sicht lässt sich die Fläche in drei Zonen unterteilen: die Küstenlinie mit einer Länge von 1 340 km, das Flachland, das den Norden und die Küstenregionen prägt, sowie das Hochland inmitten des Landes, das mit dem Berg Piduratalaga eine maximale Höhe von 2 524 Metern erreicht.

Im Hochland herrschen mit 10–20°C die kältesten Durchschnittstemperaturen der ansonsten weitgehend tropisch-warmen Insel. Im Tiefland wirken kaum Temperaturschwankungen auf die Region ein, mit einer durchschnittlichen Temperatur von 28°C. Das tropische Klima Sri Lankas wird durch zwei Regenzeiten erzeugt, die über mehrere Monate für starken Niederschlag sorgen. Aktuelle Studien zum Klimawandel verdeutlichen allerdings, dass sich die Niederschlagszahlen verringern und dies eine zukünftige Bedrohung fürs tropische Klima beinhaltet. Die Monsunzeit dauert in der Regel von Juni bis Oktober vor allem, in der stark besiedelten südwestliche Hälfte des Landes. Diese wird ohnehin das ganze Jahr immer wieder mit Niederschlag versorgt, was für eine große Artenvielfalt der Flora und Fauna sorgt. Die nordöstliche Region gilt wiederum als Trockenzone der Insel, obwohl dieser Begriff fehlleiten kann, da es auch in dieser Region regelmäßig zu Niederschlägen kommt, wenn auch weniger als in der Feuchtzone des Südwestens. Die Niederschläge sind nicht nur für die Wälder und Felder des Landes wichtig, sondern sind auch der Hauptwasserlieferant der über 100 Flüsse. Die meisten dieser (etwa 40 Prozent) laufen fächerförmig vom zentralen Hochland hinunter zu den Küsten. Flüsse wie der Aruvi Aru und Mahaweli Ganga sind von Bedeutung, da sie die Trockenzone mit Wasser beliefern, wohingegen viele der anderen Flüsse durch die ohnehin schon ausreichend mit Wasser versorgte Feuchtzone fließen.

Sri Lanka basiert auf einer Steinformation, auf der sich mit der Zeit, fruchtbare Erde ablegte. Die Beschaffenheit des Bodens stellt eine ideale Rahmenbedingung für zahlreiche Pflanzenarten dar, sodass vor allen Dingen Exportgüter wie Tee, Kaffee, Kautschuk, Kokos und Tabak dort effizient angebaut werden können. 43,5 Prozent des Landes werden daher zum Zwecke der Agrarwirtschaft genutzt. Jedoch haben das Anlegen und jahrelange Bewirtschaften von Monokulturen zur Konsequenz, dass der Boden ausgelaugt wird und seine Qualität sinkt. Weitere 29,4 Prozent des Landes sind mit Wald bedeckt, wobei auch dieser durch die Monokulturen bedroht ist. Abholzung zum Zwecke der Agrarwirtschaft stellt ein zentrales ökologisches Problem dar. Insbesondere der größte Wald, (Sinharaja Regenwald), war in der Vergangenheit stark von dieser Ausbeutung betroffen, doch scheint sich hier eine Kehrtwende anzudeuten.

Geschichtliche Entwicklung von vorkolonialer Zeit bis zur Unabhängigkeit

Die Geschichte Sri Lankas beginnt mit der Ankunft der Arier, indogermanischen Bewohner Vorderindiens (heutiger Iran) 300 v. Chr. Die genauere

Herkunft dieser Bevölkerungsgruppe kann allerdings nicht exakt bestimmt werden. Die Ankunft Vijayas und dessen Angehörigen gilt als Gründungsmoment der Singhalesen. Die Neuankömmlinge besetzten weite Teile des Nordens. Da der Norden als die Trockenzone gilt und der nordöstliche Monsun keine verlässliche Wasserquelle darstellt, entwickelten sie Bewässerungssysteme, mit denen es ihnen möglich war, Wasser aus den Flüssen der Feuchtzone abzuleiten. Dies ermöglichte eine Ausbreitung der Populationen und die Gründung der Städte Anadhapura und Polonnaruva, die zu den Hauptstädten des singhalesischen Königreichs heranwuchsen. Als erster König der monarchisch geführten Regierung gilt Pandukabhaya (437–367 v. Chr.). Nach ihm kamen immer wieder neue Herrscher an die Macht. Unter der Herrschaft von Devanampiya Tissa wurde 247 v. Chr. der Buddhismus aus Indien kommend eingeführt. Der Mönch Mahinda wurde von seinem Vater, dem indischen Kaiser Ashoka, nach Sri Lanka geschickt, um dort die Lehre Buddhas zu verbreiten. Mit seinem Vorhaben hatte Mahinda großen Erfolg. Sri Lanka wuchs zu einem Zentrum des buddhistischen Glaubens heran, das noch heute in der buddhistischen Welt von Bedeutung ist.

Ungeklärt bleibt, wann die ersten Tamilen aus Südindien nach Sri Lanka kamen. Einige Schriften deuten dies um 200 v. Chr. Der tamilische König Cola soll einen nördlichen Teil des Landes erobert und später gegen den damaligen König Dutthagamani um die Herrschaft des Königreichs gekämpft, jedoch verloren haben. Das heutige Sri Lanka blieb bis ins 13. Jh. unter einheitlicher singhalesischer Zentralgewalt, bevor es dann in drei Königreiche zerfiel. Im Norden entstand das tamilische Königreich, wodurch die Singhalesen in die Feuchtzone des Südwestens gedrängt wurden und im 14. Jh. in zwei Teile zerfiel, zum einen dem Kotten- und zum anderen dem Kandy-Reich. Das Kandy-Reich war das einzige, das den europäischen Kolonialmächten standhalten konnte und bis 1815 seine Unabhängigkeit behielt.

Die Kolonialgeschichte (zu dieser Zeit unter dem Namen Ceylon) beginnt 1497 mit der Ankunft des portugiesischen Seefahrers Vasco da Gama, der den Seeweg nach Indien um das Kap der Guten Hoffnung entdeckte. Kurz darauf (1505) landeten Portugiesen unter Don Laurenco an der Küste des Königreichs von Kotte und eroberten gewaltsam die Küstenregionen und somit weite Teile des Landes, bevor sie 1658 von den

Niederländern vertrieben wurden. Von 1658 bis 1796 regierten die Niederländer über ganz Ceylon, mit Ausnahme vom Binnenland Kandy, das weiterhin unter singhalesischer Herrschaft stand. Die niederländischen Eroberer bauten Zimt-Plantagen, Teakbäume und Kokospalmen für den Handel an und erweiterten die Infrastruktur durch Straßen und Kanäle.

1796 übernahmen die Briten Ceylon und vereinbarten zunächst einmal ein Bündnis mit dem Kandy-Reich, bevor sie dies 1815 angriffen, zerstörten und unter ihre Kontrolle nahmen. Somit waren die Briten die erste Kolonialmacht, die ganz Ceylon regierte. Jegliche Revolten gegen die Briten wurden von diesen gewaltsam niedergeschlagen. Infolge des Plantagenausbaus wurde den meisten Bewohnern ihr Land enteignet und der Regenwald zerstört. Zudem wurden tamilische Wanderarbeiter aus Südindien nach Ceylon gebracht, um auf den Plantagen zu arbeiten und den britischen Handel voranzubringen. Die britische Kolonialherrschaft fand ein Ende, als Anfang des 20. Jh. der Unabhängigkeitskampf Indiens begann, in dessen Folge auch Ceylon am 4. Februar 1948 seine Unabhängigkeit gewann, ohne selbst einen vergleichbaren Kampf geführt zu haben. Der endgültige Bruch mit der britischen Tradition kam am 22. Mai 1972, als eine neue Verfassung verabschiedet und das Dominion Ceylon die Sozialistische Republik Sri Lanka mit Präsidialsystem wurde.

Bevölkerungsstruktur – insbesondere ethnische Zusammensetzung

Insgesamt leben in Sri Lanka 20,7 Millionen Menschen, wovon 74,9 Prozent Singhalesen sind. Die größte Minderheit bilden mit 15,4 Prozent die Tamilen, welche sich in zwei Gruppen unterscheiden lassen: 11,2 Prozent Sri-Lanka-Tamilen und 4,2 Prozent indische Tamilen. Sowohl Singhalesisch als auch Tamil sind die beiden offiziellen, Amtssprachen. Eine weitere Minderheit stellen, die Moors dar. Bei diesen handelt es sich um tamilsprachige Muslime, die sich selbst als Nachkommen arabischer Händler identifizieren. Sie machen 9,2 Prozent der Bevölkerung aus, wohingegen die restlichen 0,5 Prozent zum größten Teil den Malaien, Burgher und Veddas angehören. Als Malaien werden die Bewohner bezeichnet, deren Vorfahren während der Kolonialzeit aus Malaysia und Indonesien nach Sri Lanka migrierten. Die Burgher hingegen sind die Nachkommen europäischer

Kolonialisten. Den kleinsten Teil bilden die Veddas, die Ureinwohner Sri Lankas. Diese wurden im Laufe der Eroberungen zurückgedrängt und fast vollkommen vernichtet, weshalb davon ausgegangen wird, dass es von ihnen nur noch wenige hundert gibt.

Der Großteil der Bevölkerung ist buddhistischen Glaubens, sie machen 70,2 Prozent der Gesamtheit aus. Platz zwei nimmt der Hinduismus ein, zu dem sich 12,6 Prozent bekennen. Sunnitische Muslime, sind mit 9,7 Prozent die drittgrößte Glaubensgemeinschaft. Insgesamt leben auf Sri Lanka zudem noch 7,4 Prozent Christen. 6,1 Prozent von diesen gehören der römisch-katholischen Konfession an und 1,3 Prozent ordnen sich einer anderen christlichen Glaubensrichtung zu. Nur 0,1 Prozent der Bevölkerung bekennen sich zu einem anderen Glauben als den vier genannten.

Die Geschlechterverteilung liegt bei 48 Prozent Männern und 52 Prozent Frauen, wobei die Lebenserwartung der Frauen 78,8 Jahre und die der Männer 72,1 Jahre beträgt. Zudem besitzt das Land eine Geburtenrate von 15,0 Prozent und eine Sterberate von 7,0 Prozent. Die Kindersterblichkeitsrate liegt bei 0,88 Prozent. Diese Zahl umfasst alle Todesfälle von Kindern, die ihr 5. Lebensjahr noch nicht erreicht haben. Sie fallen in den Statistiken in die Gruppe der 0- bis 14-Jährigen, die 23,8 Prozent der Gesamtbevölkerung ausmachen. 9,7 Prozent sind wiederum 15 bis 24 Jahre alt, was wiederum die kleinste Altersgruppe darstellt. Die größte Gruppe mit 41,7 Prozent bildet die der 25 bis 54-Jährigen. Die 55 bis 64-Jährigen hingegen machen 14,3 Prozent der Gesamtbevölkerung aus und die Zahl aller Bewohner über 65 liegt bei 20,1 Prozent.

In der Hauptstadt Colombo leben 753 000 der 20,7 Millionen Einwohner. Sie ist damit die Stadt mit der höchsten Einwohnerzahl und bildet das wichtigste Zentrum des Landes. Auf Platz zwei und drei der einwohnerstärksten Städte liegen mit 216 000 Einwohnern Galkissa und mit 185 000 die Stadt Moratuwa. Es folgen 16 weitere Städte, die eine Einwohnerzahl von 10 000 übersteigen, unter ihnen historische Orte wie Jaffna und Anuradhapura.

Wirtschaftsstruktur

Das Bruttoinlandsprodukt lag 2018 bei 87,2 Mrd. USD, gerechnet auf die Einwohnerzahl bedeutet das ein Bruttoinlandsprodukt von 4.065 USD pro Kopf. 7,8 Prozent des Bruttoinlandsproduktes macht der Agrarsektor aus, indem 27 Prozent der Erwerbstätigen arbeiten. Die häufigsten Agrarprodukte sind: Reis, Zuckerrohr, Getreide, Ölsamen, Gewürze, Gemüse, Obst, Tee, Kokosnüsse, Tabak und Kautschuk. Hierbei gehen zur Weiterverarbeitung vor allen Dingen Kautschuk, Tee, Kokos und Tabak in den Industriesektor über, indem 30,5 Prozent der Erwerbstätigen arbeiten. Der Dienstleistungssektor ist mit 47 Prozent Erwerbstätigkeit der größte des Landes und macht 61,7 Prozent des Bruttoinlandsproduktes aus, wohingegen der Agrarsektor auf 7,8 Prozent und die Industrie auf 30,5 Prozent kommen. Die Arbeitslosenquote lag 2018 bei 4,6 Prozent. Damit war ein leichter Anstieg im Vergleich zu den vorhergehenden Jahren zu verzeichnen.

Exportierte Waren des Landes nahmen im vergangenen Jahr einen Wert von 18 228 Mio. USD ein. Die Importwaren lagen bei 24 217 Mio. USD. Die wichtigsten Handelspartner sind Indien, China, Singapur, die Vereinigten Arabischen Emirate und Japan In diesem Kontext kündigte die Regierung 2015 an, die rechtlichen und organisatorischen Rahmenbedingungen für ausländische Investitionen zu verbessern um damit mehr Anreize zu schaffen. Darüber hinaus gehören zu den wirtschaftspolitischen Zielen der Regierung die Schaffung neuer Arbeitsplätze und die Verbesserung der Einkommensverhältnisse. 2012 lebten 6,7 Prozent der Bevölkerung unterhalb der wirtschaftlichen Armutsgrenze. Den untersten 10 Prozent der Haushalte kamen lediglich 3 Prozent des Gesamteinkommens des Landes zu, wohingegen die obersten 10 Prozent mit 32,2 Prozent mehr als das 10-Fache für sich beanspruchten.

Vor allem die Tourismusbranche und der Gewürzhandel haben in den letzten Jahren erhebliche Erfolge verbuchen können. Seitdem der Bürgerkrieg zwischen den Singhalesen und Tamilen 2009 zu Ende ging, sanken die Reisewarnungen und immer mehr Touristen kamen auf die tropische Insel. Gerade bei Backpackern ist sie beliebt, nicht zuletzt aufgrund ihrer modernen Infrastruktur und den damit verbundenen Transportmöglichkeiten.

Aktuelle politische Entwicklung

Um die aktuelle politische Lage und die Innenpolitik verstehen zu können, muss man in die jüngere Vergangenheit des Inselstaates einen Blick werfen. Das Land überwand 2009 einen 30-jährigen Bürgerkrieg zwischen den singhalesischen und tamilischen Bevölkerungsgruppen. Schätzungen gehen davon aus, dass zwischen 80 000 und 100 000 Menschen im Krieg getötet wurden. Zwar begann der tatsächliche Krieg erst 1983, doch fing der singhalesische Nationalismus, der die Basis der kommenden Zerrüttung des Landes darstellt, sehr viel früher an. Bereits im 19. Jh. sind nationalistisch geprägte Vorstellungen, die häufig mit dem buddhistischen Glauben der Singhalesen verbunden zu sein scheinen immer stärker wahrnehmbar. Die nationalistischen Singhalesen sehen Sri Lanka als Zentrum für den Buddhismus, der durch die teilweise hinduistisch geprägten Tamilen bedroht sei.

Spannungen zwischen den Bevölkerungsgruppen gab es seit der Ankunft der Tamilen in Sri Lanka um 200 v. Chr., doch erst nach einem Machtwechsel im Jahre 1977 kam es zu einer Zuspitzung der Lage, was in einem blutigen Bürgerkrieg endete. Die „United National Party" (UNP) gewann die Wahlen und löste damit die „Sri Lanka Freedom Party" (SLFP) ab, die ihre größte Wahlniederlage verbuchte. Mit der UNP an der Spitze folgten zahlreiche Umstrukturierungen, vor allem in der Wirtschaftspolitik. Ministerpräsident Jayewardene wollte das Land wirtschaftlich nach vorne bringen und führte radikale Veränderungen durch, wobei er sich an anderen ostasiatischen Erfolgsökonomien orientierte. Der Erfolg dieses Vorgehens hielt sich in Grenzen. Insbesondere wirtschaftlich ärmere Gruppen profitierten wenig bis gar nicht von den Veränderungen. Schätzungen gingen davon aus, dass etwa 90 Prozent jeglicher Wachstumserfolge lediglich die oberen Einkommensschichten erreichten. Vor allem für Lehrer, Mönche, Ärzte war es schwer zu ertragen, dass ihr angestrebter gesellschaftlicher Aufstieg in Gefahr geriet. Gerade diese Gruppe war es, die schon seit dem 19. Jh. als Träger des antitamilischen-singhalesischen Nationalismus galt. Den Frust über ihre Situation projizierte die sekundäre Elite auf die Tamilen, welche sie als direkte Konkurrenz wahrnahmen. 1983 kam es zu einem Pogrom, in dem tausende tamilische Geschäfte, Unternehmen und Produktionsstätten zerstört wurden. Dieses Geschehen gilt als offizieller Ausgangspunkt des Bürgerkriegs, in dem viele weitere landesweite Pogrome folgten, an dem sich auch Polizei und Militär beteiligten.

Auf tamilischer Seite bildete sich die separatistische Gruppe der „Tamil Tigers" (LTTE), die die stärkste militärische Kraft der tamilischen Seite darstellte. Die „Tamil Tigers" hatten den indischen Bundesstaat Tamil

Nadu als ihren Verbündeten, sodass auch Indien in den Konflikt involviert war. Jegliche Friedensbestrebungen der indischen Regierung verliefen allerdings im Sand, sodass sich diese aus dem Konflikt zurückzogen. Die LTTE konnte Erfolge verbuchen und hatte nach einiger Zeit weite Teile des Nordens unter Kontrolle, da die Zentralregierung damit beschäftigt war, die Janatha Vimukthi Peramuna (JVP) zu bekämpfen. Eine kommunistische Guerillaorganisation, die die Errichtung eines kommunistischen Staates zum Ziel hatte. Die Erfolge der LTTE hielten allerdings nicht allzu lange an.

2002 kam es erstmals zu einem Waffenstillstand, der zu einer Entspannung der Lage führte. Diese Ruhe hielt allerdings nur kurz. Schon bald folgten weitere Attentate und Eroberungen, die den LTTEs zugeschrieben wurden. Die Regierung kündigte 2008 den Waffenstillstand und entsandte Truppen, um die von den LTTE eingenommenen Gebiete zurückzuerobern. Mit Multivu wurde Anfang 2009 die letzte von den LTTE eingenommene Stadt befreit, sodass Präsident Mahinda Rajapaksa die LTTE am 16. Mai 2009 für besiegt erklärte. Rajapaksa erlangte hierdurch umfangreiche Macht und Freiheit in seinem Amt als Präsident. Er bestimmte die Besetzung von Positionen wie der Polizei und Justiz. Unter seiner Führung kam es zwar zu einer Verbesserung der Infrastruktur und einem Wiederaufbau in den zerstörten nördlichen Regionen, doch legte er keine weiteren Bemühungen in eine Wiederversöhnung zwischen Tamilen und Singhalesen.

2015 wurde Rajapaksa von Maithripala Sirisena, einem von der Opposition gemeinsam gestellten Kandidaten abgelöst. Unter seiner Führung wurden einige Beschlüsse seines Vorgängers rückgängig gemacht und damit die Machtfülle des Präsidenten beschnitten. Bei der Parlamentswahl am 17. August 2015 kam es dazu, dass sich eine Regierung der nationalen Einheit bildete zwischen der Partei des Präsidenten und der des Premierministers Wickremeshinge. Am 26. Oktober 2018 wurde diese allerdings von Sirisena aufgelöst, der Wickremeshinge entließ und den ehemaligen Präsidenten Rajapaksa ins Amt setzte. Dieses Vorgehen wurde vom Obersten Gerichtshof für verfassungswidrig erklärt, sodass Wickremeshinge wieder sein Amt aufnehmen konnte. Rajapaska wurde zum neuen Oppositionsführer und gründete eine neue politische Bewegung, die Sri Lanka Podujana Peramuna (SLPP).

Aktuelles Ziel der Regierung in der Innenpolitik ist die Wiederversöhnung voranzutreiben. Ein erster Schritt war hier die Einrichtung eines Büros für Vermisste. Zudem will die Regierung die Wirtschaftskraft stärken und in Zuge dessen Colombo weiter ausbauen. Allerdings erschweren extreme Wetterereignisse wie Überschwemmungen und Bergrutsche die Arbeit der Regierung. Am 21. April 2019 wurden in Colombo, Negombo und Batticaloa Terroranschläge mit islamistischen Hintergründen verübt. Hierbei wurden mehr als 300 Menschen getötet. Ziel der Anschläge waren Kirchen und Hotels. Seitdem wurden die Sicherheitsvorkehrungen verschärft und es gelten Reisewarnungen, auch wenn die öffentliche Ordnung weitgehend wiederhergestellt werden konnte.

Außenpolitisch ist der aktuelle Präsident Sirisena sehr am Ausbau von bilateralen Beziehungen interessiert. Mit China und Indien hat Sri Lanka bereits zwei starke Partner, die in die Entwicklungszusammenarbeit investieren. Indien investiert hierbei vor allem in den Aufbau des Nordens, um die Tamilen Sri Lankas zu unterstützen. In Indien leben selbst 65 Millionen Tamilen, weshalb die Außenpolitik in diesem Falle eng mit der Innenpolitik verbunden ist. China wiederum investiert viel in den Ausbau der Infrastruktur, insbesondere in Häfen und Bahnstreckennetze. Die Entwicklungszusammenarbeit mit der EU wurde vonseiten der EU und seiner Mitgliedsländer im Zuge der positiven ökonomischen Entwicklung des Landes verringert. Darüber hinaus wurden Zollpräferenzen vorübergehend ausgesetzt, aufgrund von systematischen Verstößen gegen Menschenrechtskonventionen. Weitere Länder, zu denen das Land enge außenpolitische Beziehungen unterhält, sind die USA, Großbritannien und die arabischen Golfstaaten, in denen der Großteil der Diaspora des Landes lebt. Die außenpolitischen Beziehungen zu Deutschland können als gut und freundschaftlich bezeichnet werden.

Literatur

Austin, D. (1997): Democracy and violence in India and Sri Lanka, in: Chatham House Papers. London.

Deegalle, M. (2006): Buddhism, conflict, and violence in modern Sri Lanka. London.

Fricke, D. (2002): Der Tamilen-Singhalesen-Konflikt auf Sri Lanka – Ein Handbuch. Berlin.

Ganathan, O. (1992): Dutthagamani and the Buddhist Conscience, in: Douglas, A. (Hrsg.), Religion and Polititcal Conflict in South Asia – India, Pakistan and Sri Lanka. Westport.

Klem, B. (2020): Sri Lanka in 2019: the return of the Rajapaksas. In: Asian survey: a bimonthly review of contemporary Asian affairs. 60 (1/2.2020), 1, S. 207–212.

Köpke, S. (2018): Sri Lanka: Rekonfiguration des singhalesischen Nationalismus. In: Asien: the German journal on contemporary Asia. April 2018, 147, S. 105–120.

Kurtz, G. (2020): Aufarbeitung nicht in Sicht: Kriegsverbrechen in Sri Lanka. In: Pogrom: bedrohte Völker: Zeitschrift für bedrohte Völker. 51 (2020), 1, S. 32–33.

Rösel, J. (1997): Der Bürgerkrieg auf Sri Lanka. Der Tamilenkonflikt: Aufstieg und Niedergang eines singhalesischen Staates. Baden-Baden.

Rupesinghe, K. und Verstappen, B. (1989): Ethnic conflict and human rights in Sri Lanka: an annotated bibliography. London.

Schepp, M. (2014): Demokratie in Südasien: eine Bestandsaufnahme. In: In: KAS-Auslandsinformationen. 30/4, 2014, S. 54–93.

Wickramasinghe, N. (2006): Sri Lanka in the modern age: a history of contested identities. London.

Elsa Küppers und Florian Pölking

Südkorea

Offizieller Name:	Republik Korea
Staatsform:	Präsidentielle Republik
Unabhängigkeit:	15. August 1945 (von Japan)
Nationalfeiertag:	15. August (Unabhängigkeitstag)
Hauptstadt:	Seoul
Lage:	Ostasien; südliche Hälfte der koreanischen Halbinsel, grenzt an das Japanische und Gelbe Meer
Fläche:	99 720 qkm (Weltrang: 107)
Bevölkerung:	51,4 Millionen
Landesstruktur:	9 Provinzen, 6 Metropolstädte, 1 Sonderstadt, 1 autonome Sonderstadt
Sprachen:	Koreanisch (Amtssprache), Englisch
Religionen:	Christentum (27,6 Prozent), Buddhismus (15,5 Prozent), Sonstige (0,9 Prozent), Atheismus (56 Prozent)
Währung:	Südkoreanischer Won (KRW)
Wirtschaftszweige:	*Landwirtschaft:* Reis, Wurzelfrüchte, Gerste, Gemüse, Obst, Rinder, Schweine, Hühner, Milch, Eier, Fisch *Industrie:* Elektronik, Telekommunikation, Automobilproduktion, Chemie, Schiffbau, Stahl

Mitgliedschaften:	ADB, AfDB (nichtregionales Mitglied), APEC, Arctic Council (Beobachter), ARF, ASEAN (Dialogpartner), Australia Group, EAS, EBRD, FAO, FATF, G-20, IADB, IAEA, IBRD, ICAO, ICC (Nationale Komitees), ICCt, ICRM, IDA, IEA, IFAD, IFC, IFRCS, IHO, ILO, IMF, IMO, IMSO, Interpol, IOC, IOM, IPU, ISO, ITSO, ITU, ITUC (NGOs), LAIA (Beobachter), MIGA, MINURSO, MINUSTAH, NEA, NSG, OAS (Beobachter), OECD, OPCW, OSCE (Partner), Pacific Alliance (Beobachter), PCA, PIF (Partner), SAARC (Beobachter), SICA (Beobachter), UN, UNAMID, UNCTAD, UNESCO, UNHCR, UNIDO, UNIFIL, UNMIL, UNMISS, UNMOGIP, UNOCI, UNWTO, UPU, WCO, WHO, WIPO, WMO, WTO, ZC
Wichtigste Medien:	*Fernsehen:* Viele Sendenetzwerke, 2 der 3 größten sind öffentlich-rechtlich; größtes privates Sendenetzwerk ist Seoul Broadcasting Service (SBS); Kabel- und Satellitenfernsehen ist zu empfangen. *Hörfunk:* viele öffentlich-rechtliche wie auch private Radiostationen

****

Naturraum und geographische Rahmenbedingungen

Südkorea umfasst mit einer Gesamtfläche von 99 720 qkm den südlichen Teil der koreanischen Halbinsel sowie etwa 3 400 vorgelagerte Inseln, von denen weniger als 500 bewohnt sind. Das Land ist zu drei Seiten von Meer umgeben: dem Gelben Meer im Westen, dem Ostchinesischen Meer im Südwesten, dem Japanischen Meer (offizielle Bezeichnung in Korea „Ostmeer“) im Osten sowie der Koreastraße im Südosten, einer Meeresdurchfahrt, die südlich durch die japanischen Inseln Kyūshū und Honshū begrenzt ist. Im Norden bildet die Militärische Demarkationslinie, welche durch eine ca. 4 km breite demilitarisierte Zone verläuft, die Staatsgrenze zu Nordkorea.

Die West- und Südküste, denen der Großteil der Inseln vorgelagert ist, zeichnen sich durch zahlreiche Buchten und Halbinseln aus. Das an der Westküste befindliche Wattenmeer, Saeman'gŭm, war bis zur Fertigstellung eines Damms zur Landgewinnung im Jahr 2010 eines der größten der Erde. Die Ostküste hingegen ist vielerorts steil. Ihr sind nur wenige Inseln und kleinere Felsen vorgelagert. Die mit Abstand größte Insel ist das ca. 150 km von der Südwestküste entfernte Cheju mit 1 849 qkm. Durch fünf größere Gebirgsketten, die sich durch das Land ziehen, ist Südkorea überwiegend gebirgig. Am größten sind das T'aebaek-Gebirge entlang der Ostküste, dessen höchster Gipfel mit dem Sŏraksan 1 708 m erreicht, und das Sobaek-Gebirge, welches vom T'aebaek-Gebirge westlich abzweigt und in Richtung Süden durchs Landesinnere verläuft. An dessen südliches Ende befindet sich der höchste Berg des Festlandes, Jirisan, mit einer Höhe von 1 915 m. Die größte Erhebung bildet mit 1 950 m der ruhende Vulkan Hallasan auf der Insel Cheju. Aufgrund der Topographie fließen die meisten Flüsse Südkoreas von Osten nach Westen, so auch der zweitlängste Fluss Han mit einer Länge von 494 km, der auf seinem Weg zum Gelben Meer die Hauptstadt Seoul durchfließt. Wie der Han entspringt auch der Naktong im T'aebaek-Gebirge, der als längster Fluss nach 525 km im Süden in die Koreastraße mündet. Größere natürliche Seen gibt es nicht.

Während die Südküste und die Insel Cheju durch ein subtropisches Klima gekennzeichnet sind, liegt der größte Teil Südkoreas in der gemäßigten Klimazone, wobei die vier Jahreszeiten mehr vom asiatischen Kontinentalklima beeinflusst sind als von den umliegenden Ozeanen. Die langen, heißen Sommer sind aufgrund der von Ende Juni bis in den September andauernden Monsunzeit von starken Regenfällen, die etwa 60 Prozent des jährlichen Niederschlags ausmachen, und einer damit einhergehenden hohen Luftfeuchtigkeit geprägt. Die Winter sind kalt und trocken, Herbst und Frühling vergleichsweise kurz, mild und sonnig. Im Frühjahr tragen Winde feinen Staub aus der Wüste Gobi über China nach Korea, was die dortige Luftqualität beeinflusst. Die mittleren Temperaturen für Seoul liegen im Januar bei -2,4°C und im Juli bei 24,9°C.

Südkorea ist zu etwa 60 Prozent bewaldet, infolge von Rodung vielerorts mit Sekundärwald. Verbreitete Arten sind Laubbäume wie Eiche, Ahorn, Erle, Ulme und Birke sowie Nadelhölzer wie Fichte, Lärche und

Eibe. An der Südküste und auf der Insel Cheju gedeihen subtropische Gewächse wie Kamelie, Bambus und Kampferbaum.

Geschichtliche Entwicklung von vorkolonialer Zeit bis zur Unabhängigkeit

Die ersten Reiche auf der koreanischen Halbinsel konsolidierten sich in der Zeit vom 1. bis ins 4. Jahrhundert. Koguryŏ im Norden, Paekche im Südwesten und Silla im Südosten lagen dabei in ständigen friedlichen Austausch und kriegerischem Konflikt sowohl untereinander als auch mit den diversen chinesischen Reichen und den japanischen Inseln. Dies traf vor allem auf Koguryŏ zu, dass sich weit bis in die Gebiete der Mandschurei erstreckte, sowie Paekche, das über eine entwickelte Seefahrt verfügte. Silla ging schließlich 668 n. Chr. siegreich aus diesen Kämpfen hervor und schuf erstmals einen Einheitsstaat auf der gesamten Halbinsel. Im Norden bildete sich das Reich Parhae, das sich über weite Gebiete der Mandschurei erstreckte und bis ins 10. Jahrhundert bestand. Silla, das bereits vor der Reichseinigung politisch, sozial und religiös stark von verschiedenen buddhistischen Strömungen geprägt worden war, blühte in der Folge zu einem kulturellen und wirtschaftlichen Zentrum auf und unterhielt neben intensiven Beziehungen in Ostasien auch Kontakte bis nach Zentralasien und auf die arabische Halbinsel. Es zerfiel schließlich in drei Teilreiche, von denen Koryŏ im Jahr 918 einen neuen Einheitsstaat schaffen konnte. Dieser umspannte erstmals in etwa die Gebiete des heutigen Koreas (Nord und Süd), die in diesen Grenzen mehr oder weniger bis zur Kolonialisierung durch Japan 1910 bestehen bleiben sollten.

Bis ins Jahr 1170 war das Königshaus Koryŏs mit der Konsolidierung seiner Macht, der Zentralisierung des Staates, dem Aufbau eines am chinesischen Vorbild orientierten differenzierten Beamtenwesens und der konsequenten Stratifikation der Gesellschaft beschäftigt. Spannungen zwischen zivilen und militärischen Eliten führten zu einem Coup des Militärs, dessen Herrschaft 1270 wiederum durch die Invasionen der Mongolen beendet wurde. Interne Konflikte im Laufe des 14. Jahrhunderts mündeten schließlich in der Gründung des Reichs Chosŏn 1392, bestätigt durch die chinesische Ming Dynastie, der Chosŏn als Vasall tributpflichtig war.

Die frühe Chosŏnzeit bis zum Ende des 16. Jahrhunderts war gekennzeichnet durch die allmähliche Etablierung des Neokonfuzianismus als Grundlage für Politik und Gesellschaft, die Zurückdrängung des Buddhismus aus dem öffentlich-politischen Leben und die Etablierung einer zivilen Gelehrtenaristokratie als herrschender Schicht. In diese Zeit fällt zudem die Erfindung der koreanischen Schrift *han'gŭl*, die es erstmals ermöglichte, das Koreanische ohne die Hilfe chinesischer Zeichen zu verschriften, auch wenn unter den Gelehrten Chinesisch als Schriftsprache bis ins 20. Jahrhundert dominant blieb. Die verheerenden Invasionen der Japaner 1592 und 1597 stellen den Bruch zur späten Chosŏnzeit dar. Diese war u. a. durch die ideologische Aufarbeitung der Invasionen und den Wiederaufbau geprägt. Durch den Kontakt mit jesuitischen Missionaren in China ab dem 17. Jahrhundert gelangten nach und nach nicht nur neues Wissen und Konzepte, sondern auch das Christentum nach Korea. Vor allem Letzteres wurde schließlich als Gefahr für die herrschenden Eliten eingestuft und ab dem ausgehenden 18. Jahrhundert verboten und verfolgt. Das im 19. Jahrhundert um Abschließung nach außen bemühte Chosŏn wurde letztlich 1876 durch das Japanische Kaiserreich gewaltsam auch für andere Kolonialimperien geöffnet. Die immer verzweifelteren Versuche, die sich ändernden Umstände mit den eigenen Traditionen zum Erhalt des *status quo* zu vereinbaren, konnten nicht verhindern, dass Chosŏn im Jahr 1910 schließlich von Japan als Kolonie annektiert wurde.

Die erste Phase der Kolonialzeit war gekennzeichnet durch die gewaltsame Unterdrückung jedweden Widerstands gegen die Kolonialmacht. Das Ende des Ersten Weltkriegs und die Pariser Friedenskonferenz ließen die Koreaner auf Befreiung hoffen, ausgedrückt in der Unabhängigkeitsbewegung und -erklärung vom 1. März 1919. Die brutale Niederschlagung durch das japanische Militär rief einhellig Kritik der übrigen Imperien, aber zur Bestürzung der Koreaner keine Unterstützung ihrer Sache hervor. Trotzdem läutete dieses Ereignis die sogenannte Kulturadministration ein, eine vergleichsweise liberale Phase, die zur „kulturellen Blüte" der 1920er Jahre führte. Sie endete in den 1930er Jahren mit den verstärkten kriegerischen Aktivitäten Japans in Ostasien und dem Versuch, die Koreaner als Japaner zweiter Klasse in das Imperium zu assimilieren. Ein Verbot der koreanischen Sprache und Schrift, der Zwang zu japanischen Namen, Zwangsarbeit und -prostitution, gewaltsame Umsiedlungen; diese und andere Erfahrungen teilen die Koreaner mit weiteren von den Japanern kolonialisierten Völkern und belasten bis heute die gegenseitigen Beziehungen. Mit der Niederlage Japans im Zweiten Weltkrieg wurde Korea am 15. August 1945 befreit, aber auch im Vorspiel des sich abzeichnenden Kalten Kriegs in Nord und Süd geteilt.

Bevölkerungsstruktur – insbesondere ethnische Zusammensetzung

Etwa die Hälfte der 51,4 Millionen Einwohner Südkoreas lebt in der Metropolregion Seoul, einem der größten Ballungsräume der Welt. Die südkoreanische Gesellschaft zeichnet sich aufgrund der Geschichte und geographischen Lage des Landes durch eine sehr homogene Struktur aus: 97,1 Prozent der Bevölkerung sind Koreaner, die sich u. a. über ihre Abstammung und die koreanische Sprache als Volksgruppe identifizieren. Die Zahl der registrierten Ausländer stieg seit 2010 um etwa 150 Prozent auf ca. 1,5 Millionen im Jahr 2017, wovon Staatsangehörige der Volksrepublik China, Taiwan, Vietnam und Thailand mehr als die Hälfte ausmachen. Der Zuwachs in der Einwanderung kann auf einen steigenden Arbeitskräftemangel im Land zurückgeführt werden, welcher wiederum ein Symptom der rasant alternden Gesellschaft Südkoreas ist. 2017 verzeichnete die Republik Korea mit 1,05 die weltweit niedrigste Fertilitätsrate (durchschnittliche Anzahl an Kindern pro Frau im fortpflanzungsfähigen Alter). Auch die in der Republik Korea seit 1960 fallende Geburtenrate nahm bis 2017 mit 7 Kindern auf 1 000 Personen konstant ab. Bei einer Sterberate von 5,6 ergibt sich eine negative Geburtenbilanz (-1,4). Nach Angaben offizieller Statistiken der Republik Korea ist ein Rückgang der Gesamtbevölkerung ab 2032 prognostiziert.

Nach einer Erhebung von 2015 hat mehr als die Hälfte der Bevölkerung (56 Prozent) der Republik Korea keine offizielle Religionszugehörigkeit. Die verbreitetsten Religionen sind das bereits im ausgehenden 18. Jahrhundert in Korea etablierte Christentum, welchem 27,6 Prozent der Bevölkerung angehören, und der Buddhismus, der von 15,5 Prozent der Bevölkerung praktiziert wird. Der Protestantismus ist weiter verbreitet als der Katholizismus. Elemente des Konfuzianismus sind weiterhin in der Kultur vertreten, etwa in Form von Ahnenriten zu traditionellen Feiertagen. Auch der

Schamanismus hat als ältestes indigenes Glaubenssystem Koreas nach wie vor einen Platz in der südkoreanischen Gesellschaft. Die Zahlen offizieller Anhänger des Konfuzianismus und Schamanismus sind sehr gering, nicht zuletzt, da diese kaum institutionalisiert sind.

Die Republik Korea verfügt über ein zentralisiertes Bildungssystem mit 9 Jahren Schulpflicht. Im OECD-Vergleich erzielte das Land hinsichtlich schulischer Leistungen wiederholt eines der besten Ergebnisse. Zugleich steht das System aufgrund des hohen Drucks auf die Schüler und der auch daraus resultierenden hohen Selbstmordrate in der Kritik. Mit der höchsten Anzahl an Einwohnern mit Bachelor-Abschluss oder vergleichbarem Abschluss gehört Südkorea zu den Ländern mit den am höchsten gebildeten Arbeitskräften.

Wirtschaftsstruktur

Nach der Befreiung Koreas und der faktischen Teilung des Landes 1945 war der überwiegend landwirtschaftlich geprägte Süden von den reichen Rohstoffvorkommen im Norden abgeschnitten. Die weitreichenden Zerstörungen während des Koreakriegs 1950–1953 legten darüber hinaus große Teile der noch vorhandenen Infrastruktur in Schutt und Asche. Die Wirtschaftspolitik der 1. Republik unter Präsident Rhee Syngman (Yi Sŭng-man 1875–1965) war somit durch den Versuch gekennzeichnet, durch Maßnahmen der Importsubstitution eine Industriewirtschaft am Vorbild Japans aufzubauen. Günstlingswirtschaft, massive Korruption und das Fehlen einer konsistenten Wirtschaftspolitik führten jedoch dazu, dass die hauptsächlich, US-amerikanischen Subventionen zu großen Teilen im System verschwanden. Die fast vollständige wirtschaftliche Abhängigkeit von den USA wurde erst im Laufe der Präsidentschaft von Park Chung-hee (Pak Chŏng-hŭi 1917–1979) beendet. Er begründete die bis heute enge Verflechtung von Regierung und familiengeführten Großkonzernen (*chaebŏl*).

Die protektionistische Wirtschaftspolitik der 3. Republik (1963–1972) war (vereinfachend) fokussiert auf den Aufbau einer exportorientierten Leichtindustrie, während zu Beginn der 1970er Jahre (4. Republik 1972–1981) der Fokus auf die Entwicklung der Schwer- und Chemieindustrie wechselte. In enger Absprache mit der Staatsführung in Person des Präsidenten diversifizierten die *chaeböl* ihre Aktivitäten gezielt in riskante, aber in der Vision einer umfassenden, integrierten, exportorientierten Wirtschaft erfolgversprechende Bereiche, zinsgünstig finanziert und vor Risiken geschützt durch die verstaatlichten Banken. Das Normalisierungsabkommen mit Japan 1965, die Teilnahme am Vietnamkrieg und die Entsendung von Arbeitskräften u. a. nach Deutschland und den Mittleren Osten trugen zum Wirtschaftsaufbau bei. Das in diesen Phasen bisweilen zweistellige Wachstum wurde allerdings auf Kosten der Arbeitsbedingungen und der Lebensstandards vor allem der gering Qualifizierten sowie der Entwicklung klein- und mittelständischer Unternehmen (KMU) erkauft. Der geschützte Binnenmarkt wurde erst mit der 5. Republik (1981–1988) in Reaktion auf massive Proteste und eine wirtschaftliche Rezession vorsichtig liberalisiert.

Mit der demokratischen Wende 1987 (6. Republik) gingen eine weitere Liberalisierung und die Entwicklung sozialstaatlicher Instrumente einher. Die Belastung der Wettbewerbsfähigkeit koreanischer Unternehmen wurde durch die Internationalisierung Koreas im Rahmen der Beitritte zu WTO 1995 und OECD 1996 zwar abgefedert, die strukturellen Probleme traten jedoch durch die Asienkrise (IWF-Krise) 1997/98 verschärft zutage. Sie konnte mithilfe des Internationalen Währungsfonds, aber vor allem durch intensive staatliche Intervention sowie Restrukturierung und Machtbeschneidung der Konzerne zügig überwunden werden. Seitdem sind allerdings ein erneuter Einflusszuwachs der *chaeböl* und eine weiterhin enge Verflechtung mit dem Staat zu beobachten (*chaeböl-republic*). Nach der glimpflich überstandenen Weltfinanzkrise 2008 führte die neoliberale Wirtschaftspolitik unter Präsident Lee Myung-bak (Yi Myŏng-bak) zu einer erheblichen Liberalisierung des koreanischen Wirtschaftssystems und in der Folge zu einer steigenden Zahl prekärer Arbeitsverhältnisse und wachsender Ungleichheit in der Einkommens- und Vermögensverteilung. Diverse sozialpolitische Maßnahmen konnten die sich verstärkenden Spannungen innerhalb der koreanischen Gesellschaft bisher nicht zufriedenstellend lösen (BIP pro Kopf ca. 31 000 USD, GINI 0,35, Altersarmutsrate 0,438). Wie andere fortgeschrittene Volkswirtschaften leidet die koreanische Wirtschaft darüber hinaus an Problemen der demographischen Entwicklung und des Fachkräftemangels. Südkorea gilt derzeit als zwölftgrößte Volkswirtschaft der Welt.

Seit den 2000er Jahren erlangt die konzerndominierte Hightech- und Kulturindustrie neben den etablierten Feldern eine auch international wachsende Bedeutung, vorangetrieben durch staatliche Unterstützung und Infrastrukturbildung. Die Rolle der vernachlässigten KMU in der Wirtschaftsstruktur hat sich jedoch trotz Schaffung finanzieller Erleichterungen nicht wesentlich verändert. Die Produktivität insbesondere im Servicesektor ist erwähnenswert niedrig. Demokratische und soziale Entwicklungen der letzten 20 Jahre, beispielsweise in Bezug auf Geschlechtergerechtigkeit, finden darüber hinaus nur langsam Eingang in die Wirtschafts- und Unternehmensentwicklung. Zur Stärkung des um 3 Prozent stagnierenden BIP wurde unter Präsident Moon Jae-in (Mun Chae-in) 2018 ein neuer Fokus auf den Export vor allem orientiert nach Südostasien gelegt, der mit einer Reihe politischer Initiativen besonders im Bereich der Klima- und Digitalpolitik einhergeht (ASEAN+3, *New Southern Policy*).

Aktuelle politische Entwicklung

Mit der Direktwahl des Präsidenten 1987 und der Verabschiedung einer neuen Verfassung 1988 endete die Zeit der autokratischen Militärdiktaturen und begann die demokratische 6. Republik. Die präsidentielle Demokratie Koreas gilt als stabil und in der Bevölkerung trotz kritischer Stimmen etabliert und hat das akzeptierte Minimalkriterium von zwei friedlichen, substantiellen Regierungswechseln bereits übererfüllt. Seit 1987 wurden sechs Präsidenten und eine Präsidentin gewählt. Der Umstand, dass niemand der (ehemaligen) Amtsinhaber frei von Vorwürfen der Korruption und des Machtmissbrauchs sind, knüpft allerdings einerseits an die autoritäre Vergangenheit an, zeugt andererseits von der sich emanzipierenden Stellung von Legislative und Judikative gegenüber der Exekutive. Diese Emanzipation wurde insbesondere im Amtsenthebungsverfahren gegen Präsidentin Park Geun-hye (Pak Gŭn-hye) 2016/17 deutlich, in dem das Verfassungsgericht erstmals den ohnehin mit hohen Hürden versehenen Vorgang erfolgreich abschloss, und das von den sogenannten Kerzenlichtdemonstrationen begleitet wurden.

Bereits 2004 wurde erstmals ein Amtsenthebungsverfahren gegen einen Präsidenten angestrebt, jedoch vom Verfassungsgericht zurückgewiesen. Es erhöhte vielmehr die Beliebtheit von Roh Moo-hyun (No Mu-hyŏn) in der Bevölkerung, die auch in der Kritik an den konservativen Politikern gründete. Bereits bei seiner Wahl 2002 hatte er hohe Popularität vor allem unter den Wählern jüngeren und mittleren Alters besessen, die als sogenannte Netizen (internet citizen) erstmals ein neues Verständnis von politischer Partizipation über das Internet praktizierten und die politischen Diskurse zu seinen Gunsten steuerten. Dies markiert den Beginn der sich intensivierenden Nutzung des Internets in Politik, Verwaltung und bürgerlicher Partizipation.

Die koreanische Innenpolitik unter Präsident Moon Jae-in ist bemüht, Rückschritte bezüglich der Qualität ihrer Demokratie, die in den beiden konservativen Regierungen von Lee Myung-bak und Park Geun-hye gemacht wurden, und sich teils noch auf die Phase autoritärer Machthaber zurückführen lassen, auszugleichen. Hohe Arbeitslosigkeit, Altersarmut, die sich weitende wirtschaftliche und soziale Kluft, eine wachsende Unzufriedenheit mit der demokratischen Institution und dem Rechtsstaat, Fremdenfeindlichkeit sowie der Klimawandel sind einige der Punkte, die von der aktuellen liberalen Regierung adressiert werden. Weitere Unsicherheiten, denen sich viele Koreaner ausgesetzt fühlen, resultieren aus Koreas außenpolitischer Situation.

Die Außenpolitik ist seit der demokratischen Wende 1987 geprägt von der Etablierung seiner neuen Rolle als Mittelmacht in Ostasien und der Welt, aber regional kontinuierlich dominiert von der Aufarbeitung der japanischen Kolonialzeit und dem Verhältnis zu Nordkorea. Mit den Mitgliedschaften in den Vereinten Nationen (1991), der WTO und der OECD eröffneten sich für die koreanische Wirtschaft und Politik neue Spielräume, ihre Interessen international zu verfolgen. Dabei ist die Sicherheitspolitik eng an die Politik der USA gebunden, die weiterhin Truppen im Land stationiert haben und im Kriegsfall auch den Oberbefehl über die koreanische Armee übernehmen. Nach der Beteiligung im Vietnamkrieg stellt Korea nun Einheiten für unterschiedliche militärische Einsätze weltweit, vor allem im Rahmen einer Reihe von UN-Friedensmissionen, derzeit in verschiedenen afrikanischen Ländern und im Libanon.

Die zunehmend aktive internationale Rolle wurde nicht zuletzt mit Ban Ki-moon (Pan Ki-mun) als UN-Generalsekretär von 2007–2016 unterstrichen. Die Entwicklungszusammenarbeit Koreas hat sich über das Engagement in den UN hinaus stark weiterentwickelt, bspw. im Rahmen der Korea International Cooperation Agency (KOICA). Seit dem Wandel vom Empfänger- zum Geberland hat Korea eine aktive Rolle übernommen, u. a. in der Aufnahme in den Ausschuss für Entwicklungshilfe (DAC) 2009 und mit der Ausrichtung des G20 Gipfels 2010 (Mitglied seit 1999) und der erfolgreichen Einbringung des Seoul Development Consensus for Shared Growth. Erwähnenswert sind weiterhin der koreanische Vorsitz des „Weltklimarats" (IPCC) seit 2015 und z. B. die Errichtung des Sitzes des Green Climate Fund der UN in Incheon. Dieses steigende politische Gewicht diente jedoch zu häufig der Erreichung nationaler wirtschaftlicher Interessen. Kürzlich verkündete Präsident Moon Jae-in eine neue Reihe klimapolitischer Anstrengungen und setzte sich vermehrt für die Unterstützung weniger entwickelter Länder in dieser Hinsicht ein. Es bleibt abzuwarten, in welchem Maß dieses Engagement über nationale Interessen hinausgehen wird.

Mit Fokus auf die Region Ostasien stehen die Beziehungen zu Japan, China und Nordkorea außen- und sicherheitspolitisch im Vordergrund. Korea und Japan pflegen seit langem, intensive Wirtschaftsbeziehungen. Der Normalisierungsvertrag 1965 war Grundlage sowohl der wirtschaftlichen wie auch politischen Annäherung und Verflechtung. Die durch Japan gewährten finanziellen Leistungen sollten über den Wirtschaftsaufbau hinaus auch zur Kompensation von Forderungen dienen, die aus der Kolonialzeit resultierten. Dies führte kontinuierlich zu Spannungen, da verschiedene koreanische Interessengruppen dies nicht akzeptieren und die Regierung keinen Weg aus der politischen Zwickmühle weist. Die verhärteten Fronten um die Frage der Anerkennung und Entschädigung der koreanischen Zwangsprostituierten („Trostfrauen") oder der Konflikt um die Besitzverhältnisse der Insel Dokdo (Tokdo)/Takeshima sind nicht nur Symptome für die fehlende Aufarbeitung der gemeinsamen Vergangenheit, sondern mittlerweile substantielle Hürden der bilateralen, aber auch ostasiatischen Beziehungen. Die bisher von diesen nationalistisch aufgeladenen Debatten weitgehend entkoppelten Wirtschaftsbeziehungen leiden seit Mitte 2019 durch japanische Handelsbeschränkungen zu Korea und anschließender Boykottaufrufe gegen japanische Produkte erstmals spürbar und öffentlich.

Die Auseinandersetzung mit der Vergangenheit der japanischen Kolonialzeit verbindet Korea mit China. Das Verhältnis beider Staaten war seit 1992 zunächst vor allem wirtschaftlicher Natur. China hat sich zum größten Handelspartner Koreas entwickelt, vor allem in den Bereichen der Automobil-, Hightech- und Agrarindustrie. In jüngster Zeit belasteten zwei Entwicklungen die Beziehungen: zum einen Chinas Nordostasienprojekt, in dessen Rahmen beide Staaten über die historische Bedeutung der Mandschurei konkurrieren, zum anderen die Stationierung des THAAD Raketenabwehrsystems in Südkorea, durch das China seine eigene Sicherheit gefährdet sieht. Das wirtschaftliche Gewicht und das militärische Aufrüsten Chinas stellen für Korea eine der großen Herausforderungen dar. Letztlich befinden sich alle drei Länder im gemeinsamen Wettstreit um den regionalen Führungsanspruch, der eng mit den beschriebenen Nationalismen und der gemeinsamen Vergangenheit verwoben ist.

Die Beziehungen zu Nordkorea sind vor allem seit Mitte der 1990er Jahre in Einbindung der internationalen Gemeinschaft geprägt von einem Wechselspiel von Annäherung und Abkühlung. Während beide Staaten das Ziel einer Wiedervereinigung anstreben, schien dieses in Form gemeinsamer Anstrengung nur kurz im Rahmen der „Sonnenscheinpolitik" unter den Präsidenten Kim Dae-jung und Roh Moo-hyun erreichbar. Die Bezeichnung Nordkoreas als Schurkenstaat durch US-Präsident George Bush, die Wiederaufnahme des nordkoreanischen Atom- und Raketenprogramms, die Verhängung internationaler Sanktionen und die aktive Isolationspolitik der PräsidentInnen Lee Myung-bak und Park Geun-hye haben die vergleichsweise offenen Beziehungen schnell wieder abkühlen lassen. Die jüngsten Annäherungen seit den Olympischen Winterspielen in Südkorea 2018 stoßen ironischerweise gerade, durch Südkoreas internationale Integration und dementsprechende Verpflichtungen an eine Reihe von Grenzen, insbesondere durch die unflexible Sanktionspolitik. Sowohl die unregelmäßigen Familienzusammenführungen als auch der gemeinsame Industriekomplex in der Stadt Kaesŏng ruhen derzeit.

Als Verbindung von Wirtschafts- und Außenpolitik kann die weltweite, industriell vorangetriebene Vermarktung koreanischer (Pop-)Kultur, vor allem von Musik, Filmen und Literatur, aber neuerdings auch Kosmetik, Computerspielen und Nahrungsmitteln, verstanden werden.

Literatur

Eggert, M. und Plassen, J. (2018): Kleine Geschichte Koreas, 2. Edition. München.

Lee, E.-J. und Mosler, H. B. (Hrsg.) (2015): Länderbericht Korea. Bonn.

Shin, M. D. et al. (2014): Korean History in Maps. From Prehistory to the Twenty-First Century. Cambridge.

Seth, M. J. (Hrsg.) (2016): Routledge Handbook of Modern Korean History. Florence.

Kim, Y. (Hrsg.) (2017): The Routledge handbook of Korean culture and society, 1. Auflage. London, New York.

Vogel, E. F. und Kim, B.-K. (Hrsg.) (2013): The Park Chung Hee era. The transformation of South Korea, 1. Auflage. Cambridge (Massachusetts).

Mosler, H. B./Lee, E.-J. und Kim, H.-J. (Hrsg.) (2018): The Quality of Democracy in Korea. Three Decades after Democratization. Cham.

Eichengreen, B. et al. (2015): The Korean economy. From a miraculous past to a sustainable future. Cambridge (Massachusetts).

Mosler, H. B. (Hrsg.) (2020): South Korea's Democracy Challenge. Political system, political economy. Berlin.

Lee, S. und Rhyu, S.-Y. (2019): The Political Economy of Change and Continuity in Korea. Cham.

Wolf-Dieter Lassotta und Martin Schwarz

Syrien

Offizieller Name:	Syrische Arabische Republik
Staatsform:	Präsidialregime
Unabhängigkeit:	17. April 1946 (Völkerbundmandat; frz. Verwaltung)
Nationalfeiertag:	8. März, 17. April und 16. November
Hauptstadt:	Damaskus
Lage:	Mittlerer Osten
Fläche:	185 180 qkm (Weltrang: 87)
Bevölkerung:	19,45 Millionen (Schätzung 2018)
Landesstruktur:	14 Gouvernements, deren Zuschnitt (Bezirke/Mantika und Unterbezirke/Nahiya) seit 2011 (Bürgerkrieg) z. T. erheblich schwankt, und mehrere autonome Kantone
Sprachen:	Arabisch (Amtssprache), Syrisch, Kurdisch/Kurmandschi, Armenisch, Tscherkessisch, Turkmenisch, Türkisch, Französisch (Bildungs-/Handelssprache)
Religionen:	Islam (87 Prozent; 74 Prozent Sunniten, 26 Prozent Alewiten und Nusairis), Christen (10 Prozent), Sonstige (3 Prozent)
Währung:	Syrische Lira (SYP)
Wirtschaftszweige:	Erdölförderung, Textil- und Lebensmittelindustrie, vor dem Bürgerkrieg Tourismus
Mitgliedschaften:	AFESD, Arabische Liga (suspendiert), AMF, CAEU, FAO, G-24, G-77, GAFTA, IAEA, IBRD, IDA, IDB, IFRCS, ILO, IMF, Interpol, IOC, LAS, NAM, OAPEC, OIC (suspendiert), OPCW, UN, UNCTAD, UNESCO, UNIDO, WHO, WTO (Beobachter)
Wichtigste Medien:	*Parteizeitungen:* al-Baath und ath-Thawra; Tishrin und die seit 2012 elektronische Syria Times; die Presse gilt als unfrei (freedom house), weil aufgrund Zensur gelenkt.

****

Naturraum und geographische Rahmenbedingungen

Syrien in den heutigen Grenzen entstand nach dem Ende des Ersten Weltkriegs und während der Aufteilung des Osmanischen Reiches (Vertrag von Sèvres). Im Norden grenzt das Land an die Türkei, im Osten an den Irak, im Süden an Jordanien und Israel und im Westen an den Libanon. Hinter der 193 km langen und ca. 30 km breiten Küstenebene erstreckt sich parallel zur Mittelmeerküste das Alawiten-Gebirge (Dschebel Ansariye), an dessen Osthang sich die fruchtbare Ebene des Orontes anschließt. Der Nordosten ist Teil der historischen Region Mesopotamien. Durch diesen Teil fließt der in der Türkei entspringende Euphrat als längster Fluss des Landes in Richtung Irak. Südlich der Euphratsenke erstreckt sich auf einer Hochebene, die Syrische Wüste. Im Westen und damit parallel zur Mittelmeerküste verläuft an der Grenze zum Libanon über 150 km das Antilibanon-Gebirge, mit dem Hermon als höchsten Berg des Landes (2 814 m). Die südlich davon gelegenen Golan-Höhen kontrolliert seit 1967 Israel, das den Höhenzug 1981 annektiert hat.

Syrien kann in zwei Klimazonen unterteilt werden. Während im Westen mediterranes Klima vorherrscht, bestimmt kontinentales und trockenes Steppen- bis Wüstenklima das Landesinnere. Die Nähe zum Mittelmeer führt in den westlichen Regionen zu wesentlich höheren Niederschlagsmengen als im Osten. Im Jahresmittel fallen hier 600 bis 1 000 mm Niederschlag, während im ariden Osten und Südosten die Werte auf unter 100 mm sinken. Die Winter sind mit Durchschnittstemperaturen von etwa 15°C im Westen Syriens mild, während im Sommer durchaus über 30°C möglich sind. In dem Landesinneren und in den Wüstengebieten im Osten fallen die mittleren Temperaturen im Winter auf rund 7°C, während sie hier im Sommer bei knapp 30°C liegen. Die Tagestemperaturen in den Wüstenregionen können bis 40°C ansteigen, während sie nachts den Gefrierpunkt erreichen.

Die Besiedlung hat die Landschaft und damit auch die Flora und die Fauna stark geprägt. Schon seit dem Altertum sind natürliche Waldbestände kaum noch vorhanden. Auf Plantagen werden Öl- und Feigenbäume gepflanzt, die aufwendige Bewässerung lässt den Grundwasserspiegel seit Jahren absinken. Die Landwirtschaft konnte bis zum Ausbruch des Bürgerkrieges im Jahr 2011 den Bedarf decken – seither herrschen Unterernährung und Mangel. Der wichtigste Bodenschatz ist das Erdöl. Vor dem

Bürgerkrieg erzielte das Land seine Exporterlöse zu großen Teilen aus dem Verkauf von Erdöl und deckte damit auch zwei Drittel des Staatshaushaltes ab. Das Fördermaximum ist allerdings schon seit Mitte der 1990er Jahre erreicht, die Reserven werden in etwa 20 Jahren erschöpft sein. Für die Energieversorgung sind daher die Erdgasvorkommen von zunehmender Bedeutung. Beim Export spielen Eisenerz und Phosphat eine gewisse Rolle. Weiterhin fördert Syrien in geringem Maße Chrom, Mangan, Steinsalz und Gips, soweit das der Bürgerkrieg zulässt.

Geschichtliche Entwicklung von vorkolonialer Zeit bis zur Unabhängigkeit

In der Antike und noch im Mittelalter verstand man unter Syrien ein größeres Territorium als den heutigen Staat. Ab 64 v. Chr., unter der römischen, später während der bis ins 7. Jahrhundert n. Chr. dauernden Zugehörigkeit zu Ostrom, war die Provinz Syria eines der reichsten Gebiete des Imperiums, ehe sie im Jahr 634 n. Chr. von den Umayyaden erobert wurde. Mit der Verlegung des Kalifats von Medina nach Damaskus erfolgte der Aufstieg von Damaskus zur dritten heiligen Stadt des Islams (nach Mekka und Jerusalem). Im frühen Mittelalter stand Syrien unter der Herrschaft verschiedener arabisch-islamischer Dynastien und war das Ziel mehrerer Eroberungsbewegungen: Die infolge der Kreuzzüge gegründeten Kreuzfahrer-Staaten Antiochia, Edessa und Tripolis erstreckten sich nur auf die reinen Küstengebiete und gingen Ende des 13. Jahrhunderts unter. Das Hinterland wurde zwar seit dem 12. Jahrhundert von den ägyptischen Ayyubiden kontrolliert, dann aber im 13. Jahrhundert durch die Mongolen der Weißen Horde überrannt. Mit deren Unterwerfung durch die Osmanen (1517) wurde das Land ein Teil des Osmanischen Reiches. Die osmanische Herrschaft dauerte bis 1918, nur zwischen 1832 und 1840 für acht Jahre von der Herrschaft Muhammad Ali Paschas unterbrochen.

Während des Ersten Weltkriegs versuchten arabische Intellektuelle und Offiziere die Unabhängigkeit vom Osmanischen Reich zu erlangen, das aufseiten der Mittelmächte kämpfte. Unterstützt wurden sie dabei durch Großbritannien, das die Anerkennung eines arabischen Königreichs zugesagt hatte. Allerdings hatten sich Großbritannien und Frankreich zuvor bereits im geheim gehaltenen Sykes-Picot-Abkommen (1916) über die gemeinsame Aufteilung der arabischen Provinzen des Osmanischen Reiches verständigt, wonach das heutige Syrien zum französischen Einflussgebiet erklärt wurde – mit weitreichenden Folgen.

Nachdem Syrien nach der Niederlage des Osmanischen Reiches 1918 mit der Billigung Londons zunächst unter einer arabisch-nationalistischen Regierung gestanden hatte und 1920 zur unabhängigen konstitutionellen Monarchie erklärt worden war, griffen London und Paris während der Konferenz von San Remo das Sykes-Picot-Abkommen wieder auf. Mit dem in San Remo vorbereiteten Vertrag von Sèvres fiel Syrien an Frankreich; eine Vereinbarung, die erwartungsgemäß 1922 vom Völkerbund bestätigt wurde, weil sich Paris auf enge wirtschaftliche und historische Beziehungen berufen konnte. Während der Zeit des Mandats, wurden die noch aus osmanischer Zeit stammenden Privilegien für die französischen Unternehmen verlängert und neu vergeben. Paris investierte vor allem in das Bankwesen, den Handel, die staatliche Infrastruktur und die Ausbeutung der Rohstoffe, während Industrie und Landwirtschaft kaum noch eine Rolle spielten.

Die Vormacht der frankofonen Eliten wurde durch die Privatisierung, die Vermessung und die Registrierung des Landes gefestigt. Dennoch entstand in den späten 1920er Jahren ein Nationaler Block, in dem sich die nationalistische Elite des Landes zusammenschloss. 1936 stellte ein Vertrag die Unabhängigkeit Syriens in Aussicht, der aber nie von Paris ratifiziert wurde. Im Sommer 1941 marschierten britische Truppen in Syrien ein, das nach der Kapitulation Frankreichs unter der Verwaltung des Vichy-Regimes gestanden hatte. General Charles de Gaulle erklärte das Mandat für beendet und Syrien für unabhängig. Obwohl das Land 1945 bereits zu den Gründungsmitgliedsstaaten der UN und der Arabischen Liga gehört hatte, blieben französische Truppen weiterhin im Land. Nach antifranzösischen Aufständen zog Paris auf Druck von London, der USA und der UN seine Truppen ab, sodass am 17. April 1946 die unabhängige Syrische Republik ausgerufen werden konnte.

Bevölkerungsstruktur – insbesondere ethnische Zusammensetzung

Sämtliche Bevölkerungszahlen zu Syrien basieren auf Schätzungen. Bis 2011 beliefen sich diese auf 22,5 Millionen Einwohner. Heute sind es wohl noch 19,45 Millionen – von denen etwas 6,6 Millionen als Flüchtlinge im Ausland sind (vor allem in der Türkei). Weitere 6,1 Millionen sind im Land als entwurzelte Binnenflüchtlinge auf (internationale) Unterstützung angewiesen. 90 Prozent der Einwohner sind Araber. Die übrigen 10 Prozent setzen sich aus Kurden, Armeniern und anderen Minderheiten zusammen. Auf den Golanhöhen leben in den israelisch besetzten Gebieten bis zu 20 500 israelische Siedler. Bei Beginn des Bürgerkrieges lebten noch ca. 500 000 palästinensische Flüchtlinge in Syrien. Über 50 Prozent der syrischen Bevölkerung sind jünger als 25 Jahre.

Die einzelnen Bevölkerungsgruppen verstehen ihre Gemeinschaftszugehörigkeit weniger ethnisch, sondern eher sprachlich bzw. über die Religionszugehörigkeit. 87 Prozent der Syrer sind Muslime, von denen sich die überwiegende Mehrheit der sunnitischen Richtung (hanafitische Rechtsschule) zurechnet. Ihnen stehen mit Schiiten, Ismaeliten, Alewiten und Jesiden Minderheiten gegenüber, die wie die jesidischen Kurden (schafiitische Rechtsschule) als staatenlos gelten müssen. Die Frage der Religionszugehörigkeit ist seit 2011 noch wichtiger als zuvor, vor allem nachdem der sog. Islamische Staat weite Teile des Landes unter Kontrolle gebracht hatte.

Insbesondere im Westen ist die Urbanisierungsrate hoch. Knapp 60 Prozent der Syrer leben in Städten. Die zweitgrößte Stadt im Land war bis zur Zerstörung im Bürgerkrieg (durch den Kriegseintritt Russlands auf der Seite des Regimes in Damaskus ab September 2015 eingeleitet) Aleppo mit rund 2 Millionen Einwohnern, dicht gefolgt von der Hauptstadt Damaskus mit 1,8 Millionen und bis zu drei Millionen Einwohnern in der Metropolregion. Weitere wichtige Städte – und im Bürgerkrieg heftig umkämpft – sind Homs, mit bis zu 800 000 Einwohnern vor dem Bürgerkrieg, Hama mit 550 000 Einwohnern und Latakia mit 400 000 Einwohnern (alle Zahlen: Stand 2011, vor dem bis heute andauernden Bürgerkrieg).

Wirtschaftsstruktur

Aussagen über die Wirtschaftsstruktur lassen sich überwiegend für die Zeit vor dem Beginn der Proteste gegen das Assad-Regime und des Bürgerkriegs treffen. Viele Datenerhebungen zur syrischen Wirtschaft gehen nicht über das Jahr 2011 hinaus. Nach dem Tod von Staatspräsident Hafiz al-Assad im Jahr 2000 hatte sein Sohn Baschar al-Assad als Nachfolger zunächst einen Transformationsprozess eingeleitet. Nach ersten politischen Reformen konzentrierte sich Assad auf die wirtschaftliche Liberalisierung des Finanz- und Dienstleistungssektors und einen Umbau der sozialistisch geprägten Staatswirtschaft zu einer (gelenkten) sozialen Marktwirtschaft. Das Motto „Reform und Erneuerung“ für den Wandlungsprozess wurde durch die Formel „Modernisierung und Entwicklung“ ersetzt.

Mit zwei Fünf-Jahresplänen gelang es dem ehemaligen Wirtschaftsminister Abdallah al-Dardari, einen Investitionsboom auszulösen und auch ausländische Investoren anzulocken. Die Folge waren Wachstumsraten von 4 Prozent und mehr, selbst noch zu Beginn der globalen Finanzkrise (2008). Der Aufbau eines privaten Finanz- und Versicherungssystems, verbunden mit dem Abbau von Handelshemmnissen und der Einrichtung einer Börse in Damaskus, galten als die Zeichen dafür, dass Assad als Modernisierer sein Land mit Blick auf die WTO-Mitgliedschaft öffnen würde. Das Freihandelsabkommen mit der Türkei und die Mitgliedschaft Syriens in der Arabischen Freihandelszone (AFESD) stechen als wirtschaftliche Erfolge dieser Transformationspolitik heraus.

Die Kehrseite war eine Verschärfung der gesellschaftlichen Gegensätze, die mit der räumlichen und zeitlichen Ungleichverteilung der Einkommen einherging. Privatisierungen in der Landwirtschaft sowie Subventionskürzungen (ab 2014) verschlechterten die Situation der Bauern zusätzlich. Bedenkt man, dass Syrien vor dem Bürgerkrieg ein Selbstversorgerland war, konnte schon 2017 die Hälfte der Bevölkerung nicht mehr ausreichend ernährt werden. Das Land leistete sich trotz der begonnenen Reformen eine aufgeblähte Bürokratie – mit 1,2 Millionen Beamten 2011. In der Öffentlichkeit wurde dies als Synonym für ein Staatssystem aus Vetternwirtschaft und Willkür zugunsten der Baath-Partei wahrgenommen. Der Beginn der Proteste im Jahr 2011 war auch eine Reaktion auf die Korruption im Land, die bis in die Familie von Baschar al-Assad hinein greifbar wurde. Sein Cousin Rami Makhlouf steht unter dem Verdacht, über diverse Firmenbeteiligungen bis zu 60 Prozent der Volkswirtschaft unter seine Kontrolle gehabt haben.

Seit Beginn der Wirtschaftsreformen hatte Syrien mit zahlreichen zusätzlichen Problemen zu kämpfen. Infolge des Dauerkonfliktes mit Israel mussten mehr als 500 000 Palästinenser im Land untergebracht und versorgt werden. Während des Zweiten Irak- und Dritten Golfkrieges (März bis Mai 2003) wurden bis zu 1,5 Millionen irakische Flüchtlinge aufgenommen. Nach dem Abzug der 1976–2005 im Nachbarland Libanon stationierten syrischen Truppen und im Zuge der Finanzkrise in Dubai (2008/09) kehrten Tausende Auslandssyrer nach Syrien zurück. Ihren Familien fehlten nun die Auslandsüberweisungen, mit denen sie zuvor noch angesichts einer geschätzten Arbeitslosigkeit von 77 Prozent den Lebensunterhalt bestritten hatten. Die Versorgung der Bevölkerung mit Lebensmitteln war nur noch mittels hoch subventionierter Güterimporte möglich, die ohnehin schon schwachen Exporte von landwirtschaftlichen Gütern brachen faktisch zusammen.

Das BIP lag 2011 geschätzt bei ca. 65 Mrd. USD. Vor allem der Ölexport war lange Zeit Syriens wichtigste Einnahmequelle und lag im Jahr 2010 noch bei 24 Prozent des BIP. Im Verhältnis dazu trug die Landwirtschaft etwa 23 Prozent zum BIP bei. Seit 2011 sind die Ölproduktion und damit das BIP deutlich gesunken, wobei die Schätzungen zwischen -38 und -62 Prozent liegen (2016). Im gleichen Zeitraum ist die geschätzte Inflationsrate von 4,4 Prozent (2010) auf bis zu 91,7 Prozent (2013) gestiegen und danach bis 2017 wieder auf etwa 21 Prozent gesunken. Ausschlaggebend hierfür sind nicht nur die internationalen Sanktionen im Zusammenhang mit dem Bürgerkrieg, sondern auch dessen Zerstörungen in den Infrastrukturen des Landes. Ferner war ein großer Teil der Ölvorräte in die Hände des sog. Islamischen Staates (IS) gefallen, der auf dem Höhepunkt seiner Macht (Juni 2015) rund die Hälfte des Landes kontrollierte. Das syrische Regime ist damit im Energiebereich von den Lieferungen aus dem Iran abhängig.

Nach dem Erdöl war bis 2011 der Tourismus die wichtigste Devisenquelle. Archäologische Stätten wie die von Palmyra, Aleppo samt der Großen Moschee und andere mehr sind heute Ruinen. Die wichtigsten Handelspartner waren bis 2011 die Mitgliedsstaaten der EU, die etwa ein Drittel der syrischen Ausfuhren abnahmen und mit Damaskus über ein EU-Assoziationsabkommen verhandelten. Daneben gewannen die Handelsbeziehungen zu den 14 Mitgliedsstaaten der eng mit der Arabischen Liga verbundenen GAFTA (Greater Arab Free Trade Association), zur Türkei sowie China, Iran, Indien und Malaysia zunehmend an Bedeutung. Syrien importierte hauptsächlich Maschinen, Transportausrüstungen, Metalle und Metallerzeugnisse, Kraftfahrzeuge, Nahrungsmittel und chemische

Produkte. Im Gegenzug wurden Erdölprodukte, Gas und Phosphat exportiert. Die meisten Importe aus der EU stammten aus Deutschland, Italien und Frankreich. Das Bild hat sich seither grundlegend geändert. Insbesondere seitdem sich Russland seit 2015 massiv in den Bürgerkrieg einbringt und das Assad-Regime militärisch wie finanziell unterstützt.

Seit dem Jahr 2004 hatte das Land bereits mit Wirtschaftssanktionen der USA zu kämpfen. Mit der Niederschlagung der Proteste gegen das Regime und dem Beginn des Bürgerkrieges 2011 hat auch die EU alle Kooperationsprogramme bis auf Weiteres ausgesetzt und eigene Wirtschaftssanktionen verhängt. Darunter fallen u. a. Einreiseverbote für syrische Politiker, ein Waffenembargo, der Einfuhrstopp für Erdöl, Gold, Edelmetalle und Luxusgüter. Syrische Fluggesellschaften dürfen keine Frachtflüge mehr durchführen. Auch arabische Staaten beteiligen sich an den Sanktionen. So wurde Syrien aus der Arabischen Liga suspendiert.

Die Folge sind massiv sinkende Staatseinnahmen. Schätzungen zufolge hat sich die Wirtschaftskraft seit Beginn des Bürgerkrieges um mehr als 60 Prozent vermindert. Einzig der Iran gewährt dem Assad-Regime noch Kredit und liefert neben Erdöl auch Waffen. Wesentlicher Beweggrund des Irans ist hier im Ausbau seines Machtanspruchs als Regionalmacht zu sein. Zudem gilt Damaskus als letzte Ruhestätte von Zaynab bint Ali, einer Tochter von Iman Ali und damit Schwester der Imame Hasun und Husain, die vor allem in der schiitischen Welt verehrt wird. Somit kommt den schiitischen Milizen, etwa der Hisbollah und den Volksmobilisierungskräften, die maßgeblich von dem Anfang 2020 getöteten iranischen Al-Kuds-Kommandeur Ghassem Soleimani gefördert wurden, eine zentrale Rolle zu. Baschar al-Assad, obwohl Alewit, wird seitens des Iran als Garant für den schiitischen Halbmond über der arabischen Halbinsel angesehen und Irans Einfluss bis zum Mittelmeer erweitert. Grundlage ist ein Vertrag, der die Beteiligten zu gegenseitigem Beistand verpflichtet. Hiermit wurde bereits ein Eingreifen von Israel provoziert, das hier seine Sicherheitsinteressen verletzt sieht (z. B. durch die Giftgas-Attacken nahe Damaskus, August 2013) und daher seinerseits zu Präventivschlägen greift.

Statt mit Krediten wirtschaftlich zu unterstützen, beteiligt sich Russland aktiv am Konflikt. Der Kreml hat seit 2011 fast alle Initiativen im UN-Sicherheitsrat zur Beendigung dieses Bürgerkriegs blockiert und sämtliche Versuche der westlichen Staaten, Baschar al-Assad abzusetzen, erfolgreich ignoriert. Als Moskau 2015 den Weg für den Einsatz von Streitkräften in Syrien freimachte, erklärte der Kreml nicht nur den Islamischen Staat, sondern auch die Nusra-Front (ein al-Qaida-Ableger), die SIF (Syrisch-Islamische Front, finanziert von den Golfstaaten), die SLF (Syrische Befreiungsfront, gefördert durch Saudi-Arabien) sowie die FSA (Freie Syrische Armee) zu legitimen Zielen. Im Gegenzug erhielt Russland den Standort Tartus (Marinestützpunkt) und den Luftwaffenstützpunkt Khmeinin (Latakia). Von hier aus fliegt die russische Luftwaffe ihre Angriffe, ohne die das Assad-Regime den Krieg gegen den Islamischen Staat und die zahlreichen rivalisierenden Milizen verloren hätte. Wie groß der Anteil der *Gruppe Wagner* daran ist, die als privater Militäranbieter operiert und dabei wohl auch russische Interessen wahrt, bleibt dagegen angesichts der unübersichtlichen Gemengelage unklar.

Für die syrische Bevölkerung hat sich die wirtschaftliche Situation mit dem Bürgerkrieg drastisch verschlechtert. Das gilt insbesondere für die umkämpften Gebiete wie Idlib, wo die Bewegungsfreiheit eingeschränkt und der Zugang zu Grundversorgung wie Nahrung, Trinkwasser, Gesundheitsdienste und Bildung durch die Spirale von Angst, Hunger, Armut und Elend mangelhaft ist. Selbst für Hilfsorganisationen wie *Ärzte ohne Grenzen* ist die Lage derart schwierig, dass sie ihre Projekte vom Ausland aus koordinieren müssen – in der Vergangenheit sind gezielt Hilfseinrichtungen wie Krankenhäuser bombardiert worden, kam Giftgas zum Einsatz, wurden völkerrechtswidrige Waffen wie Fassbomben verwendet.

Aktuelle politische Entwicklung

Nach der Unabhängigkeit erlangte Syrien keine nachhaltige politische Stabilität. Die Niederlage 1948 gegen Israel führte ein knappes Jahr später einerseits zum Putsch des Militärs, dessen Offizierskorps fortan als Modernisierungsfaktor und Türöffner für Minderheiten zur Machtelite Syriens zählte, und legte andererseits den Grundstein für die Beziehungen zu Moskau, das sich als Stabilitätsanker der Regierung in Damaskus verstand. Dementsprechend eng sind die militärischen Kooperationen, nachdem sich Moskau schon ab 1955 in dem Konflikt mit den CENTO-Staaten demonstrativ an die Seite Syriens gestellt und das Land durch umfangreiche Waffenlieferungen wie auch durch eine Einbindung in den RGW enger an sich gebunden hatte. Aus diesem Grund trat Syrien auch nicht der 1955 als Bagdad-Pakt gegründeten CENTO bei, sondern fand eine Nähe zu Ägypten, wo Gamal Abdel Nasser seit 1952 als Minister- und dann ab 1954 als Staatspräsident an seiner sozialistischen Variante des Panarabismus feilte. Das Projekt einer Vereinigten Arabischen Republik nahm 1958 Gestalt an, stand aber von Beginn an unter der Suprematie von Ägypten, führte zur Zentralisierung der syrischen Wirtschaft mittels Verstaatlichungen und schließlich zu einem Militärputsch, nachdem auch der Versuch einer Einbindung des Iraks gescheitert war.

Die einflussreichste Gruppierung war die 1940 in Damaskus gegründete Baath-Partei, die sich in Anlehnung an die u. a. in Ägypten formulierten Idee einer den Nahen Osten umspannenden, die gesamte arabische Welt umfassenden, Identität für den Panarabismus öffnete und diesen mit säkularen und sozialistischen Zielen verquickte. Ihr Wahlspruch: „Einheit, Freiheit und Sozialismus" und ihre explizit antiimperialistische Ausrichtung bescherten ihr in den 1950er Jahren eine starke Zustimmung unter den Intellektuellen, aber auch beim Militär und in bäuerlichen Gesellschaftsschichten. Nicht selten stieß die Idee des arabischen Nationalismus mit seiner Ablehnung der als künstlich empfundenen Grenzen des Landes während der Mandatszeit auf realpolitische Widerstände in den anderen arabischen Staaten, die bis heute nachwirken.

Neben Syrien strebten auch Iran, Irak, Ägypten und Saudi-Arabien nach einer regionalen Vormachtstellung in der Arabischen Liga und damit um die Wortführerschaft gegenüber Israel. Dass sich die Kurden – um nur eine der Minderheiten zu nennen – nicht dem Panarabismus anschließen wollten, fiel dabei weniger ins Gewicht. Dennoch ist es für den späteren Konfliktverlauf relevant, dass sich in der Auseinandersetzung mit dem Panarabismus auch kurdisch-nationalistische Parteien bildeten, die das ohnehin schon schwache Integrationsangebot des syrischen Staates weiter abschwächte. Aus den sich an die Niederlage von 1967 anschließenden Auseinandersetzungen in der syrischen Führung ging Hafis al-Assad, ehemaliger Verteidigungsminister des Landes, als Sieger hervor. Im November 1970 ließ er die Partei- und die Staatsspitze verhaften und bildete eine neue Regierung. Seine Macht stützte er vor allem auf die Kontrolle des Militärs und der Sicherheitsdienste, zu deren Modernisierung er infolge des Lieferstopps aus dem Westen wieder auf Moskau zugehen musste. Während

Hafis al-Assad seine Akzeptanz in der Bevölkerung dank des sich mit der Erdölförderung einstellenden relativen Wohlstandes festigen konnte, baute er seine Macht als Oberbefehlshaber der Streitkräfte sowie Staats- und Regierungschef in Personalunion systematisch aus, indem er Schlüsselstellen mit Verwandten und loyalen Anhängern besetzte.

Finanziell wurde er dabei von der Sowjetunion und den arabischen Verbündeten. Ein wesentliches innenpolitisches Ziel bestand in der Unterdrückung der islamistischen Opposition im Land (vor allem die Muslimbrüder). Insbesondere für die Zeit nach der blutigen Niederschlagung des Aufstandes von Hama (1982) mit bis zu 30 000 getöteten Zivilisten, womit der Widerstand gegen Assad trotz der sich in den 1980er Jahren erneut eintrübenden Wirtschaft oder der neuen Niederlage gegen Israel (1982) faktisch zum Erliegen kam. Außenpolitisch demonstrierte Hafis al-Assad seine Stärke und verdeutlichte die Ansprüche als Regionalmacht u. a. mit dem Einmarsch im Libanon und der Unterstützung des Irans im Ersten Golfkrieg gegen den Irak. Obwohl der Irak unter Saddam Hussein ebenfalls baathistisch regiert wurde, konkurrierten beide Länder um die Meinungshoheit im Nahen Osten. Der Iran unterstützte Syrien im Gegenzug wirtschaftlich – woraufhin Syrien seinen Einfluss im Libanon auf die mit der Hisbollah verfeindete Amal-Miliz geltend machte, den Friedensprozess im Libanon unterstütze (Abkommen von Taif, Oktober 1989), die Amal formal entwaffnete und als Schutzmacht (bis 2005) im Land verblieb. Der Wegfall der UdSSR als strategischer und wirtschaftlicher Partner traf Syrien hart; daher war Damaskus auch bereit, sich aktiv an der Befreiung Kuwaits (Zweiter Golfkrieg) zu beteiligen – einmal im Rahmen der Arabischen Liga und einmal als Teil der von den USA geführten Streitkräfte.

Hafis al-Assad starb am 10. Juni 2000. Als Nachfolger wurde sein Sohn Baschar al-Assad zum Präsidenten gewählt. Der im Vergleich zum Vater eher als liberal geltende Baschar al-Assad ließ zunächst Hoffnungen auf einen grundlegenden politischen Wandel aufkommen, indem er 600 politische Gefangene freiließ und die für einen westlichen Lebensstil stehende Asma Fauaz al-Akhras heiratete. Dieser von der EU geförderte politische und ökonomische *Damaszener Frühling* wurde von den alten Eliten in der Baath-Partei Kräften kritisiert, sodass er 2001 mit Verhaftungen von Intellektuellen wie Muslimbrüdern endete. Das Land blieb weiterhin eine Militärdiktatur. Außenpolitisch waren mit der Machtübernahme al-Assads weiterhin Hoffnungen auf einen Wandel verbunden. 2004 schloss Syrien ein Assoziierungsabkommen mit der EU, das den politischen Dialog, Wirtschaftsreformen, die Zusammenarbeit in Justiz und Kultur sowie den Kampf gegen Kriminalität, Terrorismus und illegale Migration fördern sollte. Das Regime trat dem Atomwaffensperrvertrag bei und zog bis 2005 seine im Libanon stationierten Truppen ab.

Mit Beginn des *Arabischen Frühlings* 2010 kam es auch in Syrien zu ersten Demonstrationen, die seit 2011 in einen Bürgerkrieg umgeschlagen sind. Ging es der syrischen Opposition 2011 ursprünglich um den Protest gegen die Willkür des Regimes und die Menschenrechtsverletzungen in den staatlichen Gefängnissen, haben sich diese Gewichtungen heute in Gänze verschoben, zumal die staatlichen Strukturen weitgehend erodiert und immer mehr zivile Opfer zu beklagen sind.

Dabei ist der Konflikt längst über die Grenzen Syriens hinaus spürbar geworden. Angesichts der Vielzahl von Akteuren in dem Land hat sich eine kaum noch zu überblickende Gemengelage ergeben, welche eine baldige Lösung des Konfliktes erschwert und Vermittlungsversuche ins Leere laufen lassen. Neben den regulären Truppen des Regimes sind hier maßgeblich die Freie Syrische Armee FSA (als größte säkulare oppositionelle Entität), die kurdische YPG sowie die diversen schiitischen Milizen und islamistischen Verbände (u. a. IS und al-Nusra-Front) zu nennen. Russland und eine unter Führung der USA stehende Koalition sind auf den Luftkrieg fokussiert, während die Türkei (als Reaktion auf den Sieg der kurdischen Truppen in der Grenzstadt Kobane und die Ausrufung des Staates Rojava) Bodentruppen gegen die mit den USA verbündeten Kurden einsetzt. In der Folge mussten und müssen die Nachbarstaaten Türkei, Libanon und Jordanien massive Flüchtlingsströme bewältigen. Das im März 2016 zwischen der EU und der Türkei vereinbarte Flüchtlingsabkommen hat die Verhandlungsposition der Türkei gegenüber der EU nachhaltig gestärkt, während der Bürgerkrieg längst kaum noch Schlagzeilen produziert. Aufmerksamkeit bekommt der Konflikt nur bei Großereignissen wie etwa der Rückeroberung von Homs durch die Regierungstruppen (Mai 2014), die Idlib-Offensive (April 2015 sowie Anfang 2020) oder die weitgehenden Zerstörung Aleppos (bis Dezember 2016), die nicht nur den Verlust von Kulturgütern, sondern eben auch Menschenleben bedeuten. Der Krieg gegen den Islamischen Staat gilt zwar als erfolgreich beendet (Stand

Anfang 2020), das heißt aber nicht, dass damit auch der Bürgerkrieg in Syrien beendet wäre.

Syrien hat sich zu einem Stellvertreterschauplatz des Konflikts zwischen Saudi-Arabien und dem Iran entwickelt. Durch das Auftreten der Terrormiliz von IS und al-Nusra (die sich nun Dschabhat Fath asch-Scham nennt) sowie durch das militärische Eingreifen von USA und Russland hatte sich bis Ende 2019 eine Art Balance des Schreckens ergeben, welche seither die geostrategischen Interessen der Konfliktparteien in der Region spiegelt: An der Seite des Assad-Regimes steht die islamistische Hisbollah. Die Hisbollah ist im Libanon auf die Unterstützung des Assad-Regimes angewiesen und hat daher, ungeachtet der eigenen Opfer, einen Kampf bis zum Ende an der Seite der Regierung angekündigt. In Syrien selber existiert eine nicht sprachfähige, weil zutiefst zerstrittene Opposition aus verschiedenen Parteien und Bündnissen, die jeweils unterschiedliche Zielsetzungen verfolgen. Militärisch relevant ist nur die gegen das Assad-Regime kämpfende Freie Syrische Armee (FSA), die von ehemaligen Soldaten der syrischen Armee gegründet wurde und daher von der sunnitischen Mehrheit des Landes getragen wird. Unterstützt wird die FSA von den Golfstaaten und der Libyschen Nationalen Befreiungsarmee, der türkische Geheimdienst soll Einheiten der FSA trainiert haben. Die FSA selbst hat sich in den letzten Jahren aber immer wieder zersplittert, derzeit (Stand Januar 2020) ist Idlib der letzte und entsprechend umkämpfte Rückzugsort, während Assad wieder große Teile des Landes kontrolliert, auch weil er neben Russland auf den 2013 gegründeten Zusammenschluss von sieben islamistischen Rebellengruppen (die Islamische Front) setzt, die ihrerseits von Saudi-Arabien finanziert wird.

Die Zielsetzung eines am Salafismus ausgerichteten sunnitischen Staates verfolgt die al-Nusra-Front, die sich 2016 von al-Qaida trennte und dem sog. Islamischen Staat anschloss sowie gleichzeitig mit Teilen der FSA und der Islamischen Front kooperiert. Al-Nusra ist ein Sammelbecken für Dschihadisten aus aller Welt, das eigene Kanäle zur Regierung von Erdoğan unterhält, der wiederum bei der Lieferung von Treibstoff, Waffen und der Förderung medizinischer Hilfe zuweilen auch den IS gefördert haben soll. Für Erdoğan geht es dabei um viel. So will er nicht nur Assad (und dessen Verbündeten Iran) schwächen, sondern vor allem die Kurden in Nordsyrien davon abhalten, sich mit den Kurden im Nordirak zu verbinden und den schon im Vertrag von Sèvres geplanten Staat Kurdistan zu realisieren, der dann Ansprüche auf das kurdische Siedlungsgebiet in der Türkei erheben könnte. Offiziell fürchtet die Türkei ein Übergreifen des Bürgerkrieges auf das eigene Territorium, wo mehr als 3 Millionen Syrer als Flüchtlinge leben. Dass es den Kurden gelungen ist, die vom IS besetzte und im syrisch-türkischen Grenzgebiet gelegene Stadt Kobane im Jahr 2014 zu befreien, hat die Lage aus der Sicht Ankaras noch zusätzlich verschärft und letztlich zu der Militärintervention von 2016 geführt, die offiziell dem Kampf gegen den Terror gewidmet war und 2017 zunächst beendet wurde.

Der Islamische Staat (auch ISIS, Daesh oder ISIL genannt) war seit 2013 einer der bestimmenden Faktoren in Syrien, nachdem die Terrorgruppe zuvor schon ein großes zusammenhängendes Gebiet im Nordirak erobert hatte. Das im Juni 2014 von Abu Bakr al-Baghdadi ausgerufene Kalifat wurde nicht nur von der Regierung in Damaskus, sondern auch von einer internationalen Allianz unter der Führung der USA mittels Luftangriffen bekämpft und schließlich im März 2019 militärisch besiegt (Eroberung von al-Baghuz Fawqani durch die SDF), ihr Anführer Baghdadi starb im Oktober 2019 (Operation Kayla Mueller). Durch die Internationalisierungsstrategie des IS (Terroranschläge u. a. in Berlin, Brüssel und Paris) verschoben sich die Gewichtungen: Während der Kampf gegen Assad in den Hintergrund rückte, wurde der Kampf gegen den IS immer wichtiger, was dazu führte, dass inzwischen eine Vielzahl von internationalen Akteuren in Syrien aktiv ist.

Unter dem Eindruck des Flüchtlingsstroms aus Syrien nach Europa plädierten inzwischen auch europäische Politiker (Konferenz von Montreux, 2014) dafür, Baschar al-Assad mit in die Suche nach einer Lösung des Konflikts einzubeziehen bzw. das syrische Machtkonglomerat aus Baath-Partei, Militär und Geheimdiensten (als Lehre aus dem Irak-Krieg) nicht zu zerschlagen. Als Folge ließ sich Assad zwar in einer Schein-Parlamentswahl 2016 im Amt bestätigen – eine Waffenstillstands- oder gar Flugverbotszone gibt es dagegen bis heute nicht. Selbst die Berichte über die Vernichtung des Chemiewaffenarsenals (2013) waren offensichtlich verfrüht oder schlicht falsch. Immerhin ist es gelungen, die stark zersplitterte syrische Opposition insoweit zu bündeln, dass seit November 2012 eine Syrische Nationalkoalition existiert, auch wenn sie nicht von allen Gruppen in Syrien anerkannt wird.

Am 20.12.2016 gaben unterdessen Russland, die Türkei und der Iran mit der Moskauer Deklaration erstmals einen gemeinsamen Ansatz für die Einleitung des Friedensprozesses für Syrien bekannt. Demnach verstehen sich diese drei Staaten nunmehr als Garantiemächte für die Souveränität und Integrität Syriens. Der daraufhin von Russland verhängte Stopp der Bombardierungen und die militärische Niederlage der Rebellen in der Stadt Aleppo machten den Weg frei für Gespräche in der kasachischen Hauptstadt Astana, die ihrerseits eine neuerliche UN-Friedenskonferenz in Genf vorbereiten sollten. Dazu ist es bis heute aber trotz der Angriffe auf UN-Hilfslieferungen nicht gekommen, alle Gespräche – auch direkte Formate zwischen Russland und den Rebellen (Juli 2018) – blieben erfolglos, der Status quo hatte Bestand. Daran hat nicht einmal das Gefecht vom 07.02.2018 etwas geändert, das zwischen der Syrischen (mit den USA verbündeten) Befreiungsarmee und regulären syrischen Truppen, verstärkt durch Söldner der Organisation Wagner (die dem russischen Oligarchen Jewgenij Prigoschin zugerechnet wird) und iranische Schiiten-Miliz, ausgetragen wurde und mit einer Niederlage der Pro-Assad-Truppen endete.

Womöglich bewirkt die Erklärung von US-Präsident Donald Trump im Juli 2017, dass der Einsatz in Syrien gescheitert sei und die USA einen Truppenabbau in Erwägung zögen, eine neue Dynamik. Denn bereits im September richtete die Türkei in Idlib militärische Beobachtungsposten ein, im Januar 2018 erfolgte ein militärischer Vorstoß auf Afrin – um die Vereinigung von syrischen und irakischen Kurden zu unterbinden. Der Versuch Trumps, den Abzug aus Syrien zu revidieren und seine Ankündigung, mit 400 Soldaten die US-amerikanische Anwesenheit in Nordsyrien abzusichern, waren von kurzer Dauer. Im Oktober 2019 wurde der türkische Vorstoß akzeptiert und US-Spezialeinheiten aus den Reihen der kurdischen YPG abgezogen. Im Gegenzug will die Türkei auf syrischem Boden eine 500 km lange und bis zu 30 km breite Sicherheitszone einrichten, um dort bis zu 1 Million syrische Flüchtlinge zu repatriieren, die bislang in der Türkei leben und dort zunehmend für politische Spannungen sorgen.

Die Tötung des Quds-Brigade-Befehlshabers Qasem Soleimani mittels einer US-Drohne (02.01.2020 im Irak) war eine deutliche Warnung Washingtons an die Adresse Teherans. Soleimani war für die Rekrutierung von informellen Kampftruppen zuständig, welche die iranische Revolution exportieren, um so den Traum vom schiitischen Halbmond (Zugang des Irans zum Mittelmeer) real werden zu lassen. Die sog. Volksmobilisierungseinheiten sollen in Syrien bis zu 100 000 Mann unter Waffen haben – ausgerüstet, ausgebildet und gesteuert von der Quds-Brigade, selbst Teil der iranischen Revolutionswächter (Pasdaran).

Unterdessen hat sich die Türkei mit ihrem Einsatz in Syrien in eine Sackgasse manövriert. Nachdem es in der Deeskalationszone Idlib zu (absehbaren) Kämpfen zwischen der türkischen Armee und syrischen Einheiten kam. Die NATO und die EU haben das Hilfegesuch der Türkei abgelehnt, zeigen sich aber angesichts der Entwicklungen und der neuerlichen Flüchtlingsfrage an der türkisch-griechischen Grenze handlungsunfähig, weil tief gespalten. Der Expansionsdrang der Türkei, der Wille Erdoğans, das Osmanische Reich unter neuer Flagge zu restaurieren, liefert ihn Moskau aus. Damit ist Russland der eigentliche Gewinner, da Präsident Putin die einzelnen Akteure nahezu nach Belieben gegeneinander ausspielen und so das mit dem Rückzug der USA auftretende Vakuum ausfüllen kann. Wann und ob der Bürgerkrieg in Syrien endet, ist dagegen eine andere Frage. Selbst nach der Eroberung Idlibs dürften die sunnitischen Streitkräfte nicht einfach aufgeben, die Gefahr eines langjährigen Guerillakrieges zeichnet sich ab, ebenso eine Rückkehr des Islamischen Staates, der vielleicht geschlagen, nicht aber besiegt ist.

Literatur

Asselburg, M. (2018): Mission impossible? UN-Vermittlung in Libyen, Syrien und dem Jemen. Berlin.

Becker, P. (2015): Syrien: Ein Sunna-Schia-Konflikt?, in: Zeitschrift für Außen- und Sicherheitspolitik, November 2015, Bd. 8, Nr. 4, S. 483–493.

Darrah, U. F. (2014): Geschichte Syriens im 20. Jahrhundert und unter Bashar Al-Asad. Von nationaler Selbstbehauptung bis zum gesellschaftlichen Aufbruch. Marburg.

Dittmann, A./Gieler, W. (Hrsg.) (2018): Syrien – eine Einführung in Politik und Gesellschaft. Berlin.

Duwema, E. und Talbot, V. (Hrsg.) (2019): Rebuilding Syria. The Middle East's next power game? Milano.

Helberg, K. (2018): Der Syrien-Krieg. Lösungen eines Weltkonfliktes. Freiburg.

Hinnebusch, R. und Saouli, A. (2020): The war for Syria. Regional and international dimensions of the Syrian uprising. London.

Lemke, B. (Hrsg.) (2019): Irak und Syrien, 2. erweiterte Auflage. Paderborn.

Lenkfeld, K. (2016): Flächenbrand. Syrien, Irak, die arabische Welt und der Islamische Staat, 2. Auflage. Köln.

Nowak, C. (2018): Das Interventionsverbot im Bürgerkrieg. Darstellung eines Wandels durch die Bürgerkriege in Libyen, Syrien, Jemen und Ukraine seit 2011. Berlin.

Palar Dal, E. (Hrsg.) (2020): Russia in the changing international system. Cham.

Sabine Wege

Tadschikistan

Offizieller Name:	Republik Tadschikistan
Staatsform:	Säkulare Präsidialrepublik mit Zweikammer-Parlament
Unabhängigkeit:	9. September 1991
Nationalfeiertag:	9. September (Tag der Unabhängigkeit)
Hauptstadt:	Duschanbe
Lage:	Zentralasien
Fläche:	144 100 qkm (Weltrang: 94)
Bevölkerung:	9,3 Millionen (Stand: 2019)
Landesstruktur:	4 Regionen (1 Zentralregion, 1 autonomes Gebiet, 2 Regionen)
Sprachen:	Amtssprache Tadschikisch, außerdem Russisch, Usbekisch, Kirgisisch, ostiranische Idiome, ca. 10 verschiedene Pamir-Sprachen
Religionen:	Islam (90 Prozent; 85 Prozentpunkte Sunniten, 5 Prozentpunkte Schiiten/Ismailiten), Christentum (3 Prozent), Sonstige (7 Prozent)
Währung:	Somoni (TJS)
Wirtschaftszweige:	*Landwirtschaft:* Export von Baumwolle, Trockenfrüchten, Pflanzenöl *Industrie:* Export von Aluminium (ca. 1/3 des gesamten Exports), Textilien, Strom; Tourismus
Mitgliedschaften:	ADB, CICA, CIS, CSTO, EAEC, EAPC, EBRD, ECO, EITI (Kandidat), FAO, G-77, GCTU, GUS, IAEA, IBRD, ICAO, ICC (NGOs), ICCt, ICRM, IDA, IDB, IFAD, IFC, IFRCS, ILO, IMF, Interpol, IOC, IOM, IPU, ISO (korrespondiert), ITSO, ITU, MIGA, NAM (Beobachter), OIC (Organisation für islamische Zusammenarbeit), OPCW, OSCE, PFP, SCO (Schanghaier Organisation für Zusammenarbeit), UN, UNCTAD, UNESCO, UNIDO, UNWTO, UPU, WCO, WFTU (NGOs), WHO, WIPO, WMO, WTO

Wichtigste Medien: *Fernsehen:* 9 staatlich betriebene Fernsehsender, 31 unabhängige Fernsehesender; Über Kabel- und Satellitenfernsehen ist es möglich, russische Sender zu empfangen.
Hörfunk: 10 staatlich betriebene Radiostationen, 20 unabhängige Radiostationen

* * * * * * * * * * * *

Naturraum und geographische Rahmenbedingungen

Tadschikistan liegt im Süden Zentralasiens und erstreckt sich über eine Fläche von 144 100 qkm. Damit liegt das Land flächenmäßig auf dem Weltrang 94. Das kleinste Land der ehemaligen Sowjetrepubliken und der sogenannten „Stan"-Länder (neben Tadschikistan sind dies Kasachstan, Kirgisistan, Turkmenistan und Usbekistan) liegt eingeschlossen (land locked) von China im Osten (ca. 520 km lange gemeinsame Grenze), Pakistan und Afghanistan im Süden (ca. 1 340 km), Usbekistan und Kirgisistan im Westen (ca. 1 330 km) und Kirgisistan im Norden (ca. 980 km lange gemeinsame Grenze). Es ist ein Hochgebirgsland mit großen Wasserressourcen und insgesamt einer starken Zerklüftetheit. 93 Prozent des Landes sind Bergland und über die Hälfte der gesamten Landfläche befindet sich auf mehr als 3 000 Höhenmetern. Der größte, östliche Teil besteht aus Bergland, in dem einige der höchsten Berge der Welt liegen, z. B. der Peak Somoni mit 7 495 Metern im Pamir-Gebirge. Im krassen Gegensatz zum Bergland befindet sich der südwestliche Teil des Landes mit der Hauptstadt Duschanbe, der an Afghanistan und Usbekistan grenzt, und Teile des Nordens um die große Stadt Khujand im Flachland. Der niedrigste Punkt liegt mit 300 Metern über Null im Norden am Fluss Syr-Darja. Das Gebirgsmassiv Tadschikistans im Osten wird dominiert vom Hochgebirgsknoten Pamir. Tief eingeschnittene Täler durchziehen das Hochgebirge bis in den Westen. Dort geht die gebirgige Landschaft allmählich in Vorgebirge und hügelige Landschaften über und endet im Flachland im Südwesten des Landes.

Das Klima ist kontinental. Das Land liegt in der subtropischen Zone, mit je nach Höhe ariden bis semi-ariden klimatischen Bedingungen. Die

Sommer rangieren von lang und heiß bis zu kurz und warmen Sommern, die Winter können kurz und mild, aber auch lang und sehr kalt sein. Im Flachland reichen die Temperaturen von um die 0°C bis an die +50°C, im Hochgebirge von punktuell -60°C bis zu +20°C. Die Jahresniederschlagsmenge liegt im Flachland bei 100–200 mm, auf Hochebenen punktuell unter 100 mm und in einigen Gipfelregionen über 2 000 mm.

Geschichtliche Entwicklung von vorkolonialer Zeit bis zur Unabhängigkeit

Viele unterschiedliche Kulturen und Religionen beeinflussten das Gebiet des heutigen Tadschikistans im Laufe der Geschichte. Erste Nachweise menschlicher Besiedelung auf dem Gebiet des heutigen Tadschikistans in der Steinzeit wurden in einem indoiranischen Nomadenvolk gefunden, die das Gebiet in den ersten beiden Jahrtausenden vor Christus besiedelten. Die Perser und die Sogder besiedelten und regierten das südliche sowie das nördliche Tadschikistan etwa 500 vor Christus. Bis zum 4. Jahrhundert vor Christus spielte der Einfluss verschiedener persischer Herrscher eine große Rolle in ganz Zentralasien. Die persische Kultur wurde danach durch Alexander den Großen für knapp ein Jahrhundert verdrängt und auf dem Gebiet des heutigen Tadschikistans erhielt die westliche griechische Kultur ihren Einzug. Im 3. Jahrhundert vor Christus eroberten die Perser nach dem Tod Alexanders des Großen das Gebiet zurück und hielten es bis zur Eroberung des Gebiets durch eine indogermanische Volksgruppe aus dem heutigen Westchina im 1. Jahrhundert vor Christus. Unter der Dynastie der Kushan breitete sich der Buddhismus auf dem Gebiet des heutigen Tadschikistans aus und es herrschte weitreichend Wohlstand und Frieden. Ein Zeugnis dieser Periode findet der interessierte Museumsbesucher heute im Museum für Antike in Duschanbe: eine ca. zwölf Meter lange Buddhastatue, ausgegraben in einem ehemaligen buddhistischen Kloster in der Nähe von Qurghonteppa.

Der nächste entscheidende Einschnitt in der kulturellen und religiösen Beeinflussung fand mit der Eroberung durch die Araber im 8. Jahrhundert nach Christus statt, die den Islam auf dem gesamten Gebiet verbreiteten und viele Menschen islamisierten. Im 9. und 10. Jahrhundert schwand der Einfluss der Araber und die folgende iranische Dynastie der Somoniden bildete die Grundlage für die heutige Ideologie und Identität der Tadschiken. Die damalige Hauptstadt Buchara liegt heute in Usbekistan, was immer noch ein schmerzlicher Verlust für die in Tadschikistan lebenden Tadschiken ist, weil Buchara auch heute noch als eine der schönsten Städte Zentralasiens gilt. Im ganzen Land zeugen Statuen von Ismoil Somoni, dem Begründer des ersten zusammenhängenden Tadschikistans, von dem Einfluss der Somoniden. In der gleichen Epoche löste das Neupersische die iranischen Sprachen ab, die zu der Zeit auf dem gesamten Gebiet gesprochen wurden.

Um 1000 fand wiederum ein Wechsel des kulturellen und religiösen Einflusses statt: Zum Islam konvertierte türkische Völker eroberten das Reich der Somoniden. Im 13. Jahrhundert stand das Gebiet des heutigen Tadschikistans unter mongolischer Herrschaft, gefolgt von zwei Jahrhunderten unter der Herrschaft der Timuriden. Im Mittelalter gehörte das heutige Tadschikistan zu usbekischen Emiraten, von denen das Emirat von Buchara besonders viel Einfluss hatte. Dieser schwand erst langsam mit der zunehmenden russischen Einflussnahme in Zentralasien ab der zweiten Hälfte des 19. Jahrhunderts. Im sogenannten „Great Game“ gewannen Ostbuchara, welches das Gebiet des heutigen Tadschikistan umfasst, und der Pamir stark an strategischer Bedeutung für die konkurrierenden Großmächte Russland und Großbritannien, die die Vormachtstellung in Zentralasien und Persien anstrebten. Das Emirat von Buchara regierte das Gebiet bis 1920. Bis 1924 war das Gebiet der Volksrepublik Buchara zugeteilt und erhielt damit einem gewissen Grad Unabhängigkeit. Im Zuge territorialer Neuordnungen im Jahre 1924 und mit Beginn der sowjetischen Zeit erfolgte die Gründung von Sowjetrepubliken, die die heutigen unabhängigen Stan-Staaten bilden. Die Hauptstadt Duschanbe wurde neu gegründet und Tadschikistan 1929 als eigenständige sozialistische Sowjetrepublik in die UdSSR eingegliedert. Unter Stalin wurde das gesamte zentralasiatische Gebiet sowjetisiert, indem er Territorien zersplitterte und die Bevölkerung durch Umsiedlungs- und Neulandprogramme vermischte. Das harte Durchgreifen bei der Umverteilung der Bevölkerung und die Aufsplittung der Gebiete sollten durch die starke Heterogenität und Durchmischung der regionalen Bevölkerungen den Boden für den späteren tadschikischen Bürgerkrieg bereiten. Zunächst jedoch profitierte

Tadschikistan als angegliederte Sowjetrepublik von den Transferleistungen von Moskau. Die nach sowjetischem Ideal eingeführte schulische Bildung, medizinische Versorgung, Alphabetisierung, Industrialisierung und Elektrifizierung erhöhten den Lebensstandard der Bevölkerung. Russische Wissenschaftler, Techniker, Ingenieure, Lehrer und Ärzte verdrängten das Tadschikische sowie den Islam und prägten das Land mit einer russischen, multikulturellen Identität.

Mit der plötzlichen Unabhängigkeit 1991 endeten die sechs Jahrzehnte russischer Prägung und Einflussnahme abrupt und stürzten das Land unmittelbar in wirtschaftliche und politische Probleme. Insbesondere die unterschiedlichen ideologischen und religiösen Strömungen in der Bevölkerung, die sich in neuen Parteien wie der Islamischen Partei der Wiedergeburt und der Demokratischen Partei sammelten, sorgten nach den ersten Präsidentschaftswahlen 1991 für Unruhen. Im Sommer 1992 eskalierte die Gewalt um die Demonstrationen gegen die Regierung. Mit Unterstützung durch usbekische und russische Kriegstechnik ließ sich der heutige Präsident Emomali Rahmonov, der später seinen Namen in Rahmon änderte, Ende 1992 zum neuen Präsidenten wählen und ging mit Gewalt und Repressionen gegen die Zivilbevölkerung und die Opposition vor. 1994 ließ er sich wiederwählen. Mit einem Friedensvertrag endete der tadschikische Bürgerkrieg, der vor allem eine gewalttätige Auseinandersetzung regionaler Eliten um den Machtanspruch war, am 27. Juni 1997. Ungefähr jeder zehnte Tadschike starb in diesem blutigen Bürgerkrieg, nach inoffiziellen Schätzungen von Human Rights Watch ca. 150 000 Menschen.

Der Friedensvertrag sah eine Eingliederung der Oppositionsgruppen in die Nationale Armee vor sowie ein Zugeständnis eines Drittels aller Regierungsposten an die Opposition. Außerdem wurde die Partei der Islamischen Wiedergeburt legalisiert und die Repatriierung der Bevölkerung, die nach Afghanistan geflohen war, begann. Bei den nächsten Präsidentschaftswahlen 1998 wurde Rahmon für weitere sieben Jahre im Amt bestätigt. Damit begann die bis heute andauernde Friedenszeit in Tadschikistan sowie die Zeit der Arbeitsmigration vor allem nach Russland und die Zeit der Entwicklungszusammenarbeit mit Deutschland und weiteren westlichen Industriestaaten.

Bevölkerungsstruktur – insbesondere ethnische Zusammensetzung

Die Bevölkerung ist in ihrer ethnischen Zusammensetzung sehr heterogen, was mit seiner historischen Entwicklung zusammenhängt. Aktuell leben ca. 9,3 Millionen Menschen in Tadschikistan (2019). Das Land hat eine sehr schnell wachsende und gleichzeitig sehr junge Bevölkerung. Es wird erwartet, dass sich die Bevölkerung bis zum Jahre 2030 mehr als verdoppelt. Ursache hierfür sind die beständig steigende Geburtenrate pro Frau (2018 waren es 3,4 Kinder) und die Verbesserung der Lebenserwartung durch sinkende Müttersterblichkeit, verbesserte Hygiene- und Sanitärbedingungen und durch eine wachsende Mittelschicht. Die Bevölkerungsstruktur setzt sich aus 84,3 Prozent Tadschiken, 13,8 Prozent Usbeken, 0,8 Prozent Kirgisen und 0,5 Prozent Russen zusammen. Weitere Minderheiten sind Tataren und Ukrainer.

33 Prozent der Bevölkerung sind unter 15 Jahre und nur 3,2 Prozent über 64 Jahre alt. Das Durchschnittsalter beträgt 22 Jahre und die durchschnittliche Lebenserwartung liegt bei 71 Jahren, wobei Männern eine Lebenserwartung von 68 Jahren und Frauen eine von 73 Jahren zugeordnet wird. Eine Ursache für die sehr junge Bevölkerung liegt im Bürgerkrieg mit vielen Todesopfern und einer hohen Anzahl von Flüchtlingen. Die Bevölkerungsdichte wird bezogen auf das ganze Land mit 63 Personen pro qkm angegeben, wobei dies regional sehr unterschiedlich ist; im Pamir beispielsweise beträgt die Dichte nur 3,4 Personen pro qkm.

Wirtschaftsstruktur

Das geschätzte BIP beträgt 7,15 Mrd. USD (2018), das Pro-Kopf-Einkommen 3 416 USD und der Armutsanteil bei unter 3,20 Dollar pro Tag liegt bei 31,3 Prozent. Der Wirtschaftsstatusindex (BTI) liegt auf Rang 109 von 129 (2018). Der Anteil der Landwirtschaft am BIP betrug 2018 21 Prozent, der Industrie 26 Prozent, der Dienstleistungen 53 Prozent.

Nach wie vor ist Tadschikistan seit der Unabhängigkeit von der Sowjetunion 1991 das wirtschaftlich ärmste Land der ehemaligen Stan-Republiken und existiert wirtschaftlich nur mithilfe der Rücküberweisungen. Die Arbeitsmigration nach Russland stellt auch aktuell noch die zentrale Einnahmequelle der Menschen in Tadschikistan dar (für 2017 wurde als offizielle Zahl 31,6 Prozent des BIP für Rücküberweisungen angegeben; 2011 befand sich das Land sogar auf Platz 1 aller Länder, die Rücküberweisungen von Arbeitsmigranten empfingen). Die perspektivlosen jungen Männer wandern zu 98 Prozent nach Russland aus. Insbesondere in der ersten Dekade der 2000er Jahre profitierte Tadschikistan durch den Boom der Gas- und Erdölpreise, denn Russland hatte dadurch einen großen Bedarf an Arbeitern.

Tadschikistans Wirtschaft kam nach dem Kollaps der Sowjetunion und dem anschließenden Bürgerkrieg fast vollständig zum Erliegen. Das Land verlor fast 50 Prozent seines Staatseinkommens in Form von Transferleistungen von Moskau. Die angewandte Planwirtschaft fand ebenfalls ihr Ende und das Land war auf die Gewinnung und den Export seiner Ressourcen angewiesen. Um die Zeit der Unabhängigkeit war Baumwolle der wichtigste Rohstoff in ganz Zentralasien, jedoch konnte der Spitzenpreis von über einem Dollar pro Pfund Baumwolle im Jahr 1995 nicht mehr erreicht werden. Das Land war der viertgrößte Baumwollexporteur 1990 mit 200 000 Tonnen im Jahr. Der wichtigste Rohstoff neben Baumwolle war zur Zeit des Bürgerkriegs Aluminium. Der Bürgerkrieg legte letztendlich sowohl die Aluminium- als auch die Baumwollproduktion lahm. Die Produktion von Aluminium erreichte bis in den frühen 2000er Jahren nicht mehr das Level vor der Unabhängigkeit.

Über natürliche Ressourcen, die einfach zu gewinnen und zu exportieren wären, verfügt Tadschikistan abgesehen von Wasser wenig. Die Bodenschätze wie seltene Erden, Eisen, Uran, Quecksilber, Metalle (allen voran nach wie vor Aluminium), Gold, Silber und Erdöl lagern zumeist in nur schwer oder vollständig unzugänglichen Bergregionen und die fehlende Infrastruktur machte Förderungsüberlegungen fast gänzlich zunichte. Das Land leidet zudem unter der isolierten Lage in Zentralasien. Mit dem großen Investor China gewinnt der Abbau der Bodenschätze jedoch seit den frühen 2000er Jahren an Bedeutung.

Die Wasserkraft stellt ein gewaltiges wirtschaftliches Potenzial dar. Zwei riesige Flusssysteme mit großen Dämmen, die bereits zu Sowjetzeiten errichtet worden waren, bieten die Möglichkeit des Handels mit Wasser und des Wasserexports in die flussabwärts gelegenen Länder Usbekistan und Kasachstan. Der Amu-Darja, auch genannt Panj, definiert die Grenze zwischen Tadschikistan und Afghanistan, während der Syr-Darja durch den Norden des Landes fließt. Beide Flusssysteme wurden stark für die Bewässerung der Baumwollplantagen in Zentralasien genutzt, mit dem Ergebnis der vollständigen Trocknung des Aral Sees. Aktuelle Probleme bei der Nutzung der Wasserkraft sind wiederholt auftretende Spannungen insbesondere mit Usbekistan, dem größten Wasserverbraucher Zentralasiens. Das Land sieht seine Versorgung mit Wasser gefährdet durch die Staudammprojekte des tadschikischen Präsidenten Rahmons und reagiert u. a. mit Grenzschließungen im Nord-Westen Tadschikistans. Dieses war eine Reaktion auf das Rogun-Staudammprojekt im Jahr 2015. In einem Wasserkraftwerk am Rogun-Staudamm hat am 16. November 2018 eine erste Turbine ihren Betrieb aufgenommen. Das ca. 3,2 Mrd. USD teure Bauprojekt am Wakhsch soll eines der weltweit größten Wasserkraftwerke werden und große Teile Zentralasiens mit Elektrizität versorgen können. Nach entsprechenden Studien wurde offiziell am 29. Oktober 2016 mit dem Bau des Staudamms begonnen.

Ein im Aufbau begriffener, neuer Wirtschaftssektor ist der Tourismus, der hauptsächlich durch europäische Entwicklungsorganisationen gefördert wird. Die tadschikische Regierung baut dazu seit ein paar Jahren nach und nach bürokratische Hürden ab. Das elektronische Touristenvisum z. B., das 2016 eingeführt wurde und 45 Tage gültig ist, erleichtert das Reisen nach Tadschikistan sehr.

Aktuelle politische Entwicklung

Im neuen Jahrtausend änderte sich die Wahrnehmung Tadschikistans in der westlichen Welt: Insbesondere nach dem 11. September 2001 wurde das Nachbarland Afghanistans als strategisch wichtiger Partner erkannt und Hilfsorganisationen hauptsächlich aus Europa und Amerika, aber auch aus Japan, kamen nach Tadschikistan. Außerdem vereinbarten die USA 2009 ein Transitabkommen für die Versorgung internationaler Truppen in Afghanistan mit der tadschikischen Regierung. Die Beziehungen zu und Abhängigkeiten von Russland blieben trotz der neuen Beziehungen zu europäischen Ländern und den USA weiterhin bestehen. Lange nach der Unabhängigkeit Tadschikistans sicherten russische Grenzsoldaten weiterhin die tadschikische Grenze zu Afghanistan. Trotz Einigungsschwierigkeiten wurde 2004 ein Stationierungsvertrag für die russische Militärbasis, der 201. Division unweit von Duschanbe, ausgehandelt, der 2012 bis 2042 verlängert wurde. Die Unterzeichnung von mehreren Verträgen zur wirtschaftlichen und militärischen Zusammenarbeit mit Russland im Jahr 2006 brachte nicht den gewünschten Erfolg: Vom vereinbarten Investitionsvolumen flossen nur sehr sparsam Gelder nach Tadschikistan und darüber hinaus verbesserte sich der Status der tadschikischen Arbeitsmigranten in Russland nicht. Russland kann daher bis heute noch enormen wirtschaftlichen Druck auf die ehemalige Sowjetrepublik ausüben und Tadschikistan andererseits ist weiterhin abhängig von Russland vor allem von seinen Erdölexporten.

Neben den westlichen Akteuren und Russland kam China zu Beginn des neuen Jahrtausends ein neuer Partner hinzu. Der östliche Nachbar wurde von Tadschikistans Bodenschätzen und Rohstoffen wie z. B. Gas, Öl, seltene Metalle (u. a. Aluminium), Kohle und Gold angelockt und ist seitdem aus dem Infrastrukturausbau, Investitionen in den Bergbau, dem Energiesektor und sogar aus der Landwirtschaft nicht mehr wegzudenken. Im Gegenzug stellte China keine Bedingungen für die wirtschaftliche Zusammenarbeit wie die europäischen Länder durch ihre Hilfsorganisationen (die z. B. eine gute Regierungsführung versuchen einzufordern), sondern importiert seit mehr als einem Jahrzehnt massiv Fertigwaren nach Tadschikistan, u. a. Plastik, Schuhe, Kleidung und Lebensmittel. Damit stieg China zum größten Handelspartner mit knapp 40 Prozent des Handelsvolumens auf. Die chinesische Kooperation und Entwicklungszusammenarbeit sind darüber hinaus auch strategisch zu sehen: Das Seidenstraßen-Projekt sieht zentralasiatische Transitzentren Richtung Europa und Russland vor. Die gesamten chinesischen Maßnahmen in Tadschikistan rücken von diesem Blickwinkel aus betrachtet deutlich von partnerschaftlichen Beziehungen ab und es bleibt abzuwarten, ob sich das Seidenstraßen-Projekt für Tadschikistan wirtschaftsförderlich entwickelt.

Innenpolitisch kämpft das Land immer noch mit wirtschaftlichen und sozialen Problemen, da das Bildungs-, das Gesundheitswesen sowie der Energiesektor teilweise auf einem katastrophal schlechten Stand sind. Die Entwicklungszusammenarbeit der EU und auch die bilaterale Zusammenarbeit zwischen Deutschland und Tadschikistan stellen einen Großteil ihres Budgets für die Sektoren Gesundheit und Bildung zur Verfügung. Die Abhängigkeit von den Rücküberweisungen aus Russland trägt nicht zur

Verbesserung der wirtschaftlichen Lage bei, ebenso wenig wie die eigenen strategischen Pläne der Geberländer China und Iran. Die Misswirtschaft der Regierung, Vetternwirtschaft und Korruption sowie fehlende Rechtssicherheit vervollkommnen die desolate Lage. So ist es kein Wunder, dass der illegale, aber lukrative Drogenhandel von der afghanisch-tadschikischen Grenze bis nach Usbekistan und weiter nach Russland auch nach der Unabhängigkeit weiter eine bedeutende Rolle spielt.

Auch die Renaissance des Islams in der Bevölkerung ist nicht verwunderlich: Einflussreiche Staaten wie der Iran, Saudi-Arabien, die Türkei und die Vereinigten Arabischen Emirate versuchen u. a. durch Gelder für den Bau von Moscheen im Land Einfluss auf das für sie geostrategisch günstig gelegene Tadschikistan zu bekommen. Viele Tadschiken nehmen ihr religiöses Leben, welches zu Zeiten der Sowjetunion ausschließlich im Privaten stattfand, wieder auf. Angeblich kämpften zudem mehr als 1 000 Tadschiken in Syrien für den Islamischen Staat. Diese wurden jedoch nicht in Tadschikistan rekrutiert, sondern in Russland, wo massiv Anwerbungsversuche unter den Arbeitsmigranten stattfanden.

Gegenwärtig ist die Frage zu beantworten, ob sich das Land politisch auf dem Weg in den Totalitarismus befindet. Die Regierung liegt fest in der Hand der Familie des Präsidenten Emomali Rahmon, dessen aktuelle, siebenjährige Amtsperiode im Jahr 2020 endet. Beobachter gehen davon aus, dass er das Amt und damit das ideologische Führerbild an seinen 32-jährigen, ältesten Sohn Rustam weitergeben wird. Der Präsident wird als Garant der nationalen Einheit und Friedensbringer angesehen, der Islamismus in Tadschikistan dabei als Feindbild stilisiert. Der Personenkult um den Präsidenten Rahmon scheint auch weiterhin die politische Grundlage auszumachen und eher nicht eine gute Regierungsführung.

Literatur

Bill, S. und Schreiber, D. (2018): Tadschikistan, 3. aktualisierte und erweiterte Auflage. Berlin.

International Crisis Group (Hrsg.) (2018): Rivals for Authority in Tajikistan's Gorno-Badakhshan, in: Crisis Group Europe and Central Asia Briefing, Nr. 87.

International Crisis Group (Hrsg.) (2017): The Rising Risks of Misrule in Tajikistan, in: Crisis Group Europe and Central Asia Briefing, Nr. 86.

Laruelle, M. (Hrsg.) (2018): Tajikistan on the Move: Statebuilding and Societal Transformations. Lanham.

Nourzhanov, K. und Bleuer, C. (2013): Tajikistan. A Political and Social History. Canberra.

Pomfret, R. (2019): The Central Asian Economies in the Twenty-First Century: Paving a New Silk Road. Princeton.

Schmitz, A. (2019): Tadschikistan auf dem Weg in den Totalitarismus, in: SWP-Aktuell, Jg. 2019, Nr. 6.

Schmitz, A. (2015): Islam in Tadschikistan – Akteure, Diskurse, Konflikte, in SWP-Studie, Jg. 2015, Nr. 6.

Sascha Valentin

Taiwan

Offizieller Name:	Republik China (Taiwan)
Staatsform:	Republik; semipräsidentielles Regierungssystem
Unabhängigkeit:	Keine, da rechtlicher Status ungeklärt. Territorium wird von der Volksrepublik China beansprucht, aber de facto von der Republik China staatsähnlich verwaltet.
Nationalfeiertage:	10. Oktober (Aufstand gegen die Qing-Dynastie ab dem 10.10.1911)
Hauptstadt:	Taipeh
Lage:	Inselterritorium im westlichen Pazifik, grenzt an das Südchinesische und Ostchinesische Meer sowie die Philippinensee, die Formosastraße trennt Taiwan vom chinesischen Festland
Fläche:	36 197 qkm (inoffizieller Weltrang: 135)
Bevölkerung:	23 589 274 (Stand 2018)
Landesstruktur:	13 Landkreise (xiàn), 3 Stadtgemeinden (shi), 6 spezielle Gemeinden unter direkter Verwaltung des Exekutiv-Staatsrates (Yuan)
Sprachen:	Mandarin-Chinesisch (Amtssprache; 97,9 Prozent), Taiwanisch (Minnan-Dialekt; 1 Prozent), Sonstige (Hakka-Dialekt, ca. 16 Ureinwohnersprachen; 1,1 Prozent)
Religionen:	Buddhismus (35,1 Prozent), Daoismus (33 Prozent), Christen (3,9 Prozent), Yiguando (3,5 Prozent), volkstümliche Religionen (5,8 Prozent), Konfessionslose (18,7 Prozent)
Währung:	Neuer Taiwan-Dollar (TWD)
Wirtschaftszweige:	Landwirtschaft 1,6 Prozent Anteil am BIP, Industrie 35,3 Prozent Anteil am BIP, Dienstleistungen 63,5 Prozent Anteil am BIP (Stand 2017)

Mitgliedschaften: ADB, APEC, BCIE, IOC, ITUC, SICA (Beobachter), WTO

Wichtigste Medien: *Öffentliche Fernsehanstalt:* PTS, CTS, Hakka-TV
Private Fernsehanstalt: TTV, Formosa Television, CTV
Private Hörfunkanstalt im Regierungsauftrag: Broadcasting Corporation of China
Private Tageszeitungen (chinesisch): Píngguǒ Rìbào/Apple Daily, Liánhé Bào/United Daily News, Zhōngguó Shíbào/China Times, Zìyóu shíbà/Liberty Times
Private Tageszeitungen (englisch): Taipei Times, Taiwan News, The China Post

****

Naturraum und geographische Rahmenbedingungen

Die Republik China ist hauptsächlich auf der Insel Taiwan im westlichen Pazifik lokalisiert. Die Insel wird im Westen vom chinesischen Festland (Volksrepublik China) durch die Formosa-Straße (Taiwan-Straße) getrennt und grenzt im Norden an das Ostchinesische Meer, im Südwesten an das Südchinesische Meer, im Südosten an die Philippinensee und im Osten an den Pazifischen Ozean. Zur Republik China gehören darüber hinaus noch die Penghu-Inseln (Pescadoren), die sich in der Formosa-Straße befinden, sowie die Matsu-Inseln und Kinmen, die der Provinz Fuijan der Volksrepublik China vorgelagert sind. Das Dongsha-Atoll etwa 400 km südwestlich der Insel Taiwan im Südchinesischen Meer wird ebenfalls von Taiwan verwaltet. Die Republik China erhebt zudem Anspruch auf die Spratly-Inseln, eine Inselgruppe mit mehreren Inseln und Atollen im Südchinesischen Meer vor der Küste der Philippinen.

Das Gebiet der Republik China umfasst 36 197 qkm, inklusive der Penghu- und Matsu-Inseln sowie Kinmen. Die Gesamtküstenlinie beträgt 1 566 qkm. Die Landesfläche teilt sich in 60,7 Prozent Wälder, 21,8 Prozent landwirtschaftlich genutzte Fläche sowie 17,5 Prozent nicht klassifizierte Flächen. Die Republik China ist eine von Gebirgszügen dominierte

Region, etwa die Hälfte der Insel Taiwan ist von Gebirgen bedeckt. Die andere Hälfte des Landes erstreckt sich auf Höhen über 1 000 m über Null. Die niedrigsten Stellen befinden sich an der Westküste. Hier konzentrieren sich auch die meisten Siedlungen, etwa 90 Prozent der Gesamtbevölkerung der Republik China lebt in diesem Gebiet.

Der längste Gebirgszug auf Taiwan ist die Central Mountain Range, die sich auf 340 km vom Norden bis in den Süden der Insel erstreckt (höchster Punkt: Xiuguluanshan, 3 285 m ü. M.). Zudem finden sich noch kleinere Gebirgszüge wie die Jade Mountain Range, die sich auf einer Länge von etwa 180 km von Nord nach Süd durch Zentraltaiwan zieht (höchster Punkt: Yushan, 3 925 m ü. M.). Der Yushan stellt gleichzeitig die höchste Erhebung der Republik China dar. Die Snow Mountain Range erstreckt sich von der Nordostküste der Insel Taiwan rund 260 km in südwestlicher Richtung und grenzt an die Central Mountain Range sowie an die Jade Mountain Range ganz im Süden (höchster Punkt: Xueshan, 3 886 m ü. M.). Ein weiterer Gebirgszug ist die Alishan Mountain Range in Zentraltaiwan, die sich westlich der Jade Mountain Range von Nordosten nach Südwesten über eine Länge von etwa 250 km erstreckt (höchster Punkt: Oto, 2 663 m ü. M.).

Der längste Fluss der Republik China mit 187 km ist der Zhuoshui, der in der Central Mountain Range entspringt, in westlicher Richtung abfließt und bei Dacheng in die Formosa-Straße mündet. Der zweitlängste Fluss ist der Gaoping mit 171 km. Er entspringt in der Jade Mountain Range und fließt in südwestlicher Richtung ab, um bei Kaohsiung ins Südchinesische Meer zu münden. Er hat das größte Einzugsgebiet in der Republik China mit etwa 3 257 qkm. Der größte natürliche See des Landes ist der Sonne-Mond-See in Yuchi am westlichen Rand der Central Mountain Range. Daneben existieren einige künstlich angelegte Wasserreservoire.

Das Klima der bewegt sich zwischen dem subtropischen mild-feuchten Klima im Norden, dem tropischen Monsunklima im Süden, subtropisches humides Klima im Westen und subtropisches Gebirgsklima in den zentraltaiwanischen Bergregionen. Die Jahresmitteltemperaturen liegen zwischen 11,7°C und 25,9°C. Der durchschnittliche Niederschlag im 30-Jahresmittel beträgt 2 474 mm pro Jahr. Die niedrigsten Niederschläge im 30-Jahresmittel werden mit 1 013 mm auf den Penghu-Inseln (Formosa-Straße) gemessen, die höchsten in Yangmingshan (Nordtaiwan) mit 4 863,1 mm.

Geschichtliche Entwicklung von vorkolonialer Zeit bis zur Unabhängigkeit

Die ersten Spuren menschlicher Besiedlung auf der Insel Taiwan sind mindestens 20 000 Jahre alt (Zouzhen-Mensch). Die vornehmlich älteste bekannte Kultur auf Taiwan stellt die Dapenkeng-Kultur (ca. 3000 v. Chr.) dar, die als Grundlage, der heute noch existenten taiwanesischen indigenen Bevölkerung gilt. Sprachliche und genetische Gemeinsamkeiten weisen darauf hin, dass diese Kultur austronesischer bzw. malaiisch-polynesischer Herkunft entstammt. Die ersten gesicherten Erkenntnisse auf feudale bzw. staatsähnliche Strukturen finden sich ab 1766 v. Chr. mit der Shang-Yin Dynastie. Ab 1401 v. Chr. existieren erste Belege für eine Zeichenschrift. Seit dem 12. Jahrhundert wurde die Insel zunehmend von Festlandchinesen besiedelt. Im Jahr 1590 wurde die Insel Taiwan erstmals von Europäern durch eine portugiesische Expedition betreten. Den Portugiesen verdankt die Insel ihren auch heute noch geläufigen Namen Formosa (von portugiesisch Ilha Formosa, was so viel wie „schöne Insel" bedeutet), jedoch war ihre koloniale Epoche ebenso wie die der folgenden Spanier und Niederländer nur kurz. 1644 wurden die Niederländer vertrieben und knapp 40 Jahre später wurde die Insel von der Qing-Dynastie zurückerobert.

Im Verlauf der folgenden Jahrhunderte stieg die Bevölkerung bis zum Ende des 19. Jahrhunderts auf etwa drei Millionen Menschen an. Der Hauptgrund für diese recht große Bevölkerungsentwicklung liegt vor allem in der zunehmenden Emigration vom chinesischen Festland zur Besiedlung Taiwans. Nach dem endgültigen Niedergang der Qing-Dynastie und somit des chinesischen Kaiserreiches 1912 wurde die Republik China als erster nicht-imperialer Staat überhaupt auf chinesischem Territorium durch die im selben Jahr gegründete Nationale Volkspartei Chinas, genannt Kuomintang, ausgerufen. Die sozialen und politischen Proteste in den folgenden Jahren führten unmittelbar zum Erstarken von zwei politischen Lagern, zum einen der 1921 neugegründeten Kommunistischen Partei Chinas (KPCh) und der Kuomintang, die bereits 1912 die erste chinesische Republik begründete. 1926 begann die Kuomintang gemeinsam mit der KPCh unter dem Schlagwort „Vereinte Front" den sog. Nordfeldzug, um eine innerchinesische Stabilität herzustellen. Während dieses Feldzuges kam es zum Bruch zwischen der KPCh und der Kuomintang.

Am 7. Juli 1937 fand der Zwischenfall an der Lugou-Brücke nahe Peking statt, bei dem es zum Schusswechsel zwischen chinesischen und japanischen Truppen kam. Dies war der Beginn des Zweiten Chinesisch-Japanisches Krieges. 1940 installierten die Japaner ein Marionetten-Regime unter Wang Jingwei, das als Republik China die alleinige legitime Vertretung des chinesischen Staates beanspruchte. In der Folgezeit brachen in den von den Japanern nicht kontrollierten Gebieten immer wieder Konflikte zwischen der Kuomintang und der KPCh aus. Mit dem Kriegseintritt der USA 1941 gewährten diese in der Folge der chinesischen Kuomintang-Regierung finanzielle und militärische Unterstützung zu Bekämpfung japanischer Truppen auf chinesischem Territorium. Nach der Beendigung der japanischen Besatzung beanspruchte die Kuomintang-Regierung das alleinige Recht zur legitimen Staatsführung in der Republik China. Die innerstaatlichen Konflikte zwischen Kommunisten und der Kuomintang waren allerdings auch in den Kriegswirren keinesfalls abgeklungen. Die KPCh gründete bereits 1946 die Volksbefreiungsarmee (VBA), welche sich neuerliche Gefechte mit den zahlenmäßig überlegenen und besser ausgerüsteten Streitkräften der Kuomintang lieferten.

Dennoch gelang es der VBA 1948, die Kontrolle über die Mandschurei zu erlangen. In der Huaihai-Offensive im November 1948 errang die VBA schließlich den entscheidenden Vorteil gegenüber den Kuomintang-Streitkräften. Diese Niederlage in Kombination mit der schlechten Wirtschaftssituation und dem Vertrauensverlust der chinesischen Bevölkerung in die Kuomintang, veranlasste die Regierung sich 1949 auf die Insel Taiwan zurückzuziehen. Bereits am 1. Oktober proklamierte Mao Zedong die Gründung der Volksrepublik China in Peking, während am 7. Dezember Taipeh von Chiang Kai-Shek als provisorische Hauptstadt der Republik China proklamiert wurde. Mit der Kuomintang verließen etwa 2 Millionen Flüchtlinge sowie rund 100 000 bewaffnete republiktreue Truppen Festlandchina. Der Konflikt zwischen der Kuomintang und der KPCh bzw. der chinesische Bürgerkrieg endete und die Republik China verschwand aus Festlandchina.

Als Folge des Bürgerkrieges wurde der staatliche Ausnahmezustand, der seit 1946 in Festlandchina galt, ab 1949 auf Taiwan ausgeweitet. Die ersten freien Wahlen auf lokaler Ebene fanden 1950/51 statt. Weiterhin wurden 1972 Zusatzwahlen zum Parlament gebilligt, um die bereits verstorbenen ehemaligen Abgeordneten innerhalb der Regierung zu ersetzen, da ausschließlich die Abgeordneten der Wahlen von 1948 zur Nationalversammlung der Republik China als legitime und dauerhaft gewählte Volksvertretung angesehen wurden. Nachdem die Republik China im Oktober 1971 bei den Vereinten Nationen zugunsten der Volksrepublik China aufgeben musste und 1979 der „Taiwan Relations Act" der USA in Kraft trat, änderten sich die politischen Voraussetzungen in Taiwan. Von nun an bestanden keine offiziellen diplomatischen Beziehungen mehr zwischen der Republik China und den USA zugunsten der Volksrepublik China.

Bevölkerungsstruktur – insbesondere ethnische Zusammensetzung

Die aktuelle Einwohnerzahl (Stand 2018) beträgt 23 589 274. Nach der Altersstruktur weist das Land eine eher ältere Bevölkerung auf. Nur etwa ein Viertel (24,1 Prozent) der Bevölkerung sind jünger als 25 Jahre, fast die Hälfte der Bevölkerung (45,1 Prozent) liegen im Altersbereich zwischen 25 und 54 Jahren. Etwa ein Drittel der Bevölkerung (30,7 Prozent) ist älter als 65 Jahre. Daraus ergibt sich im Jahre 2018 ein Durchschnittsalter von 40,3 Jahren der Gesamtbevölkerung. Die große Mehrheit der Bevölkerung lebt in Städten oder urbanen Regionen (75 Prozent), nur knapp ein Viertel der Bevölkerung lebt im ländlichen Raum (25 Prozent). Insgesamt lebten nach dem letzten Zensus 2010 etwa 46,2 Prozent der Bevölkerung in der nördlichen Region um Taipeh. Die Hauptstadt Taipeh hat mit 9 818,16 EW/qm die mit Abstand höchste Einwohnerdichte der Republik China. Weitere große Städte sind Taichung in Westtaiwan (2 803 894 EW), Kaohsiung in Südtaiwan (2 773 533 EW) und Taoyuan in Nordwesttaiwan (2 220 872 EW).

Etwa 97 Prozent der Bevölkerung bestehen aus ethnischen Han-Chinesen, welche vom chinesischen Festland auf die Insel Taiwan migrierten. Davon macht die Gruppe der Holo etwa 70 Prozent und die Gruppe der Hakka 20 Prozent aus. Etwa 2 Prozent der Bevölkerung machen indigene Gruppen aus, die von der Insel Taiwan stammen. Die größten Anteile entfallen hierbei auf die Amis (36,6 Prozent), die Paiwan (17,6 Prozent) und die Atayal (15,8 Prozent). In der Republik China werden 26 verschiedene

Religionen anerkannt. Die Verfassung garantiert absolute Religionsfreiheit. Die taiwanesische Diaspora verteilt sich im Wesentlichen auf den amerikanischen Kontinent und das übrige Asien, hier vor allem die Volksrepublik China. Die Zahl der Auslandsverbände betrug im Jahr 2018 insgesamt 5 655, davon entfallen auf Amerika 3 737 und auf das restliche Asien 1 197 registrierte Verbände. In Europa existieren etwa 320 registrierte Auslandsverbände.

Wirtschaftsstruktur

Das BIP der Republik China betrug im Jahr 2018 535,5 Mrd. Euro. Im Jahr 2017 umfassten die Anteile am BIP im Agrarsektor 1,6 Prozent, der Anteil der Beschäftigten lag bei 4,9 Prozent. Die wichtigsten Produkte hierbei sind Reis, Obst und Gemüse und Hochseefischereiprodukte. Der Anteil des Industriesektors am BIP betrug 35,3 Prozent, der Beschäftigtenanteil 35,8 Prozent. Die wichtigsten Produkte stellen hier Elektronikbauteile und -komponenten, Chemische Erzeugnisse und Metalle (v. a. Stahl) dar. Der Dienstleistungssektor mit 63,5 Prozent Anteil am BI, ist gleichzeitig größte Beschäftigungsanteil mit 59,3 Prozent. Die wichtigsten Bereiche sind Groß- und Einzelhandel, Immobilien sowie Finanzen und Versicherungen.

Außenhandelspartner für die Republik China sind im Exportbereich die Volksrepublik China, Hongkong (Sonderverwaltungszone der VR China), USA, Japan, Singapur, Südkorea, Vietnam, Malaysia, Philippinen und Deutschland. Darüber hinaus verfügt die Republik China über Lagerstätten natürlicher Mineralien, Gesteine und Rohstoffen, die im industriellen Rahmen abgebaut und verarbeitet werden. Hierzu zählen Vorkommen von Marmor, Glimmer, Serpentinit, Erdgas, Schwefelerz, Quarzsand, Sandstein, Dolomit und Gold.

1966 wurde das Land Mitglied der Asiatischen Entwicklungsbank (ADB), 1991 der Asiatisch-Pazifischen Wirtschaftsgemeinschaft (APEC), 1992 der Zentralamerikanischen Bank für Wirtschaftsintegration (BCIE) und im Jahr 2002 der Welthandelsorganisation WTO. Die Republik China hält derzeit einen Beobachterstatus im Zentralamerikanischen Integrationssystem (SICA).

Ein erhebliches wirtschaftliches Problem ist das Abwandern des produzierenden Gewerbes seit den 1990er-Jahren, hier vor allem in die

Volksrepublik China. Dies hat spürbare Auswirkungen insbesondere für die Überseehäfen wie Koahsiung, die zunehmend an Bedeutung im internationalen Handel verlieren. Seit einigen Jahren bemüht sich die De-Facto Regierung der Republik China, wieder verstärkt produzierendes Gewerbe in der Region anzusiedeln und auch Investoren zu gewinnen. Zudem fällt die Republik China als einer der vier asiatischen „Tiger"-Staaten hinter die drei Mitbewerber Singapur, Hongkong und Südkorea zurück. Dies ist vor allem auf den Wettbewerb mit Südkorea im Bereich der Produktion von Elektronikteilen z. B. Smartphones zurückzuführen. Im Corruption Perception Index (CPI) von 2018 erreichte die Republik China einen Wert von 63 und liegt damit wie im Vorjahr auf Rang 31 von 180, wobei Rang 1 praktische Korruptionsfreiheit darstellt. Damit ist die Republik China neben Brunei (Rang: 31), Hongkong (Rang: 14) und Singapur (Rang: 3) als eines der wenigen asiatischen Länder auf den vorderen Rängen platziert.

Aktuelle politische Entwicklung

Ein nach wie vor weitreichendes Problem stellt die „Ein-China"-Politik der Volksrepublik China dar. Diese international und völkerrechtlich umstrittene Politik erkennt nur die Volksrepublik als einzigen chinesischen Staat an. Nach dieser Auffassung ist die Republik China als Taiwan Teil der Volksrepublik. Die De-Facto-Regierung in Taipeh sowie von dieser ausgestellte Ausweisdokumente werden nicht anerkannt. Dies äußert sich auch darin, dass Einwohner der Republik China eine spezielle Einreisegenehmigung für die VR China bzw. ein von der VR China ausgestelltes Ersatzreisedokument benötigen. Die Republik ist aufgrund der Blockadehaltung der VR China nicht Mitglied der Vereinten Nationen und wird im Kontext der Vereinten Nationen als „Provinz Taiwan, China" bezeichnet. Insgesamt wird die Republik China von 15 souveränen Staaten anerkannt. Dennoch bestehen bilaterale Beziehungen mit den meisten Staaten der Welt. Zur Repräsentation im Ausland bedient sich die Republik China in Ermangelung offizieller diplomatischer Beziehungen mit diesen Staaten den sog. „Wirtschafts- und Kulturbüros". Diese Einrichtungen, die in einer Vielzahl von Staaten existieren, sind Niederlassungen zur Kultur- und Wirtschaftspflege, dienen aber als Botschafts- bzw. Konsulatsersatz und nehmen auch Verwaltungsaufgaben im Bereich der Pass-, Aufenthalts- und Visaangelegenheiten wahr.

Die Republik China unterhält traditionell gute Beziehungen mit den USA. Dies äußert sich besonders darin, dass die Republik China einer der größten Abnehmer für US-amerikanische Waffen und Kriegsgerät ist. Zudem wurde im Februar 2018 der „Taiwan Travel Act" seitens der USA ratifiziert. Dieser ermöglicht es hochrangigen US-amerikanischen Regierungsvertretern in offizieller Mission die Republik China zu bereisen. Dieses Gesetz ist insofern bemerkenswert, da die USA offiziell keine diplomatischen Beziehungen mit der Republik China unterhalten und sie auch nicht als souveränen Staat anerkennen. Die Regierung der Volksrepublik China betrachtete die Ratifizierung des Gesetzes hingegen als Affront und US-amerikanische Einmischung in innenpolitische Angelegenheiten. Die Volksrepublik China betrachtet die Republik China als Provinz ihres Staates, auch wenn die Regierung der Volksrepublik zum gegenwärtigen Zeitpunkt keine politische Macht über die Republik China ausübt.

Im Mai 2019 hat das Parlament der Republik China die Heirat von gleichgeschlechtlichen Paaren legalisiert. Damit ist Taiwan die erste Region in Asien überhaupt, die der gleichgeschlechtlichen Ehe eine volle juristische Anerkennung gibt. Momentane politische Entwicklungen deuten darauf hin, dass die Republik China eine beschleunigte Mitgliedschaft im transnationalen Freihandelsabkommen CPTPP (Comprehensive and Progressive Agreement for Trans-Pacific Partnership) anstrebt. Das Handelsabkommen trat im Juli 2018 in Kraft und wurde bisher von sieben Staaten ratifiziert (Kanada, Südkorea, Mexiko, Australien, Neuseeland, Japan und Vietnam; ausstehend: Chile, Peru, Brunei und Malaysia). Die im CPTPP organisierten Staaten stellen 13,4 Prozent der globalen Wirtschaftskraft und bilden einen Binnenmarkt für etwa 480 Millionen Menschen. Vom Beitritt verspricht sich die Republik China bessere wirtschaftliche Konditionen im transpazifischen Handel und den Abbau von Handelshemmnissen. Die Parlamentswahlen vom 11. Januar 2020 gelten nach Analyse neutraler Beobachter durch die Wiederwahl der Amtsinhaberin Tsai Ing-wen von der Demokratischen Fortschrittspartei als richtungsweisend in Bezug auf das zukünftige Verhältnis zwischen der Republik China und der Volksrepublik China. Ihre Wiederwahl gilt als Hinweis darauf, dass eine Politik, die analog zum Verhältnis von Hongkong und der Volksrepublik

China unter dem Motto „Ein Land, zwei Systeme“ existiert, derzeit in der Republik China nicht mehrheitsfähig ist und somit bleibt das Verhältnis von Taipeh und Peking distanziert.

Literatur

Chang, K. C. (1989): The Neolithic Taiwan Strait, in: Kaogu, Bd. 6, S. 541–550.

Hieber, S. (2013): Politische Integration eines Milliardenvolkes: China, in: Köppel S. (Hrsg.), Was hält Gesellschaften zusammen? Ein internationaler Vergleich. Wiesbaden.

Klein, T. (2009): Geschichte Chinas. Von 1800 bis zur Gegenwart. Paderborn.

Lary, D. (2007): China's Republic. New York.

Olsen, J. W. und Miller-Antonio, S. (1992): The Palaeolithic in Southern China, in: Asian Perspective, Bd. 31, Nr. 2, S. 129–160.

Ping-Hui, L. (2006): Taiwan under Japanese colonial rule, 1895–1945. History, Culture, Memory, in: Ping-Hui, L. und Der-Wei Wang, D. (Hrsg.), Taiwan under Japanese colonial rule, 1895–1945. New York.

Schubert, G. (2013): Das politische System Taiwans, in: Derichs, C. und Heberer, T. (Hrsg.), Die politischen Systeme Ostasiens. Wiesbaden.

Weiers, M. (2009): Geschichte Chinas. Grundzüge einer politischen Landesgeschichte. Stuttgart.

Wolfgang Gieler unter Mitarbeit von Philip Pfeifer

Thailand

Offizieller Name:	Königreich Thailand
Staatsform:	Konstitutionelle Monarchie
Unabhängigkeit:	1238 (Gründungsjahr, wurde nie kolonialisiert)
Nationalfeiertage:	5. Dezember (1927, Geburtstag des verstorbenen, langjährigen Königs Bhumibol Adulyadej)
Hauptstadt:	Bangkok
Lage:	Südostasien; grenzt an den Andamanensee und Golf von Thailand
Fläche:	513 120 qkm (Weltrang: 50)
Bevölkerung:	67 Millionen
Landesstruktur:	76 Provinzen, 1 Munizipalität
Sprachen:	Thai (Amtssprache; 90,7 Prozent), Tai-Kadai (6,4 Prozent), Sonstige (2,9 Prozent)
Religionen:	Buddhismus (94,6 Prozent), Islam (4,3 Prozent), Christentum (1 Prozent), Sonstige (0,1 Prozent)
Währung:	Baht (THB)
Wirtschaftszweige:	*Landwirtschaft:* Reis, Maniok, Kautschuk, Mais, Zuckerrohr, Kokosnüsse, Palmöl, Ananas, Vieh, Fischprodukte
	Industrie: Tourismus, Textilien und Bekleidung, landwirtschaftliche Verarbeitung, Getränke, Tabak, Zement, Schmuck und Elektrogeräte, Computer(teile), integrierte Schaltkreise, Möbel, Kunststoffe, Automobil(teile), landwirtschaftliche Maschinen, Klimaanlagen, Keramik, Aluminium, Chemie, Umweltmanagement, Glas, Granit und Marmor, Leder, Metallurgie, Erdölraffinerie, Pharmazeutika, Papier, Gummi, zweitgrößter Wolframproduzent der Welt und drittgrößter Zinnproduzent

Mitgliedschaften:	ADB, APEC, ARF, ASEAN, BIMSTEC, BIS, CD, CICA, CP, EAS, FAO, G-77, IAEA, IBRD, ICAO, ICC (Nationale Komitees), ICRM, IDA, IFAD, IFC, IFRCS, IHO, ILO, IMF, IMO, IMSO, Interpol, IOC, IOM, IPU, ISO, ITSO, ITU, ITUC (NGOs), MIGA, NAM, OAS (Beobachter), OIC (Beobachter), OIF (Beobachter), OPCW, OSCE (Partner), PCA, PIF (Partner), UN, UNAMID, UNCTAD, UNESCO, UNHCR, UNIDO, UNMOGIP, UNOCI, UNWTO, UPU, WCO, WFTU (NGOs), WHO, WIPO, WMO, WTO
Wichtigste Medien:	*Fernsehen:* In Bangkok sind 26 digitale Sendestationen und 6 terrestrische, 4 von denen gehören der Regierung, 2 dem Militär; Satelliten- und Kabelfernsehen ist möglich. *Hörfunk:* über 500 Radiostationen, sowohl von der Regierung als auch private

****

Naturraum und geographische Rahmenbedingungen

Das Königreich Thailand nimmt mit einer Fläche von 513 120 qkm bei einer Nord-Süd-Ausdehnung von ca. 1 600 km einen erheblichen Teil Südostasiens ein. Es erstreckt sich von den Südostausläufern des Himalaya-Gebirges bis an den Mekong im Osten, weiter südlich zum Golf von Thailand (Randmeer des Südchinesischen Meeres), etwa bis zur Mitte der Malaiischen Halbinsel sowie an die Andamanensee (Randmeer des Indischen Ozeans) im Südwesten. Im Norden und Westen grenzt das Land an Myanmar, im Nordosten und Osten an Laos, im Südosten an Kambodscha sowie im Süden an Malaysia. Durch die flächenmäßige Ausdehnung weist Thailand eine Vielzahl an verschiedenen landschaftlichen Eigenschaften auf. Beispielsweise ist der Norden vom thailändischen Bergland geprägt, das Höhen von 2 000 m überschreitet. Im Süden wird das Land durch Berge und kilometerlange Küstenstreifen gekennzeichnet. Während die Westküste zahlreiche kleinere und größere Inseln aufweisen, charakterisieren lang gestreckte Landstrecken und Lagunen die Küste am Golf von Thailand. Etwa ein Drittel des Landes wird durch das im Osten und Nordosten liegende Khorat-Plateau eingenommen, dieses wird durch ein ausgeprägtes Bergland von der Zentralregion getrennt und lässt aufgrund der trockenen Sommerzeit und der intensiven Regenzeit keine erfolgreiche Landwirtschaft zu.

Die Vegetation ist vornehmlich durch Waldland geprägt. Zahlreiche unterschiedliche Waldtypen waren bis in die 1950ern noch vorhanden und bedeckten etwa 70 Prozent der Fläche. Heute hingegen weist das Land eine Waldbedeckungsrate von nur noch 20 bis 30 Prozent auf. Die geologischen Bedingungen ermöglichen in den nördlicheren Regionen durch die wasserdurchlässigen Lateritböden nur den Anbau von Trockenfeldpflanzen, während im südlichen Raum zum Anbau von Zuckerrohr, Ananas oder auch Palmöl möglich ist. Ebenso ist durch die Anbindung an Gewässer auch Fischfang möglich. Thailand, hat mineralische Rohstoffvorkommen, von denen bis zu 40 Mineralien abgebaut werden, jedoch nur Zinn bedeutend ist. Grundsätzlich ist das Land sehr wechselhaften und intensiven Klimabedingungen ausgesetzt. Hauptursache dafür sind die unterschiedlichen Landschaftsformen und die jahreszeitlich wechselnden Monsune. Die Temperaturen bleiben im Schnitt konstant bei 28°C im Süden und 19°C im Norden.

Geschichtliche Entwicklung von vorkolonialer Zeit bis zur Unabhängigkeit

Die Thai wanderten vermutlich ab dem 11. Jahrhundert in das heutige Staatsgebiet ein. Sie gründeten mehrere Königreiche, die in den folgenden Jahrhunderten vereinigt wurden. Bis ins 9. Jahrhundert teilten sich verschiedene Königreiche die Macht. Die Khmer herrschten über das Königreich Angkor, welches sich über das Flussbett des Chayo Praya zog. Nördlich von Angkor entwickelte sich Pagan, ein birmanisches Königreich. Vermutlich aufgrund der chinesischen Vormachtstellung wanderten die Thai in den Süden ab. Diese Migrationsbewegung wurde komplementiert, als Kublai Khan 1253 Nanchao eroberte, was zu einer endgültigen Abwanderung der Thais führte. Diese Abwanderung hinterließ über das Gebiet ein Machtvakuum. Auf diese Weise kam die Etablierung von einzelnen Thai-Machtzentren und Königreichen zustande. Die Thai-Reiche übernahmen zunehmend Territorien der Khmer und organisierten sich gegen die Birmanen. Das bedeutendste Königreich seiner Zeit, Ayuthya, entstand Mitte des 14. Jahrhunderts in der gleichnamigen Stadt. Legitimationsgrundlage waren die Thai-Bevölkerung sowie sozialisierte Strukturen der ehemaligen Khmer-Herrschaft.

Der Erfolg der Thai kann dabei auf zwei Faktoren zurückgeführt werden. Einerseitsdurch die Kontrolle der größten Reisebenen, des Menam, gelang der Aufbau einer wirtschaftlichen und strukturellen Macht. Andererseits haben die Thai durch ihre kulturelle Nähe zu China umfassende Verwaltungs- und Ingenieursfähigkeiten von diesen übernommen. Aufgrund des Zerfalles des Königreich Sukothai gelang es Ayuthya durch Gebietsannexionen zum Mittelpunkt der Thaikultur in Südostasien zu werden. Die Epoche der Ayuthya reichte bis 1767 und stellte 33 Könige. Birmanen konnten aufgrund einer lang andauernden Friedenszeit sich weite Teile Siams einverleiben und das Reich mit einem Angriff auf die Hauptstadt selbst einnehmen. Nachdem die Birmanen sechs Monate später vertrieben wurden, etablierten sich fünf Königreiche der Thai. König Tak Sin, der Machthaber Zentralsiams, agierte gegen den fragmentieren Status quo des damaligen Siams und es gelang ihm 1775 mit der Annexion des Gebietes Chiang Mai nahezu das gesamte Territorium Ayuthyas wiederherzustellen. Chayo Phraya Chakri wurde 1782 zum König Rama I. ausgerufen und leitete die aktuelle Dynastie des thailändischen Königshauses ein.

Nachdem sich Siam unter der Chakri-Dynastie erfolgreich gegen die Birmanen verteidigen konnte, sorgten die europäische Kolonialmächte im 19. Jahrhundert für eine erneute Veränderung der Machtverhältnisse in Südostasien. Durch britische und französische Annexionen des Staatsgebietes Siams wurde dieses nahezu halbiert. Siam konnte seine Unabhängigkeit wahren, da Franzosen und Briten durch ihre zunehmende Rivalität das verbliebene siamesische Reich als eine Art Pufferzone akzeptierten. Den europäischen Kolonialmächten mussten Handelsniederlassungen zugestanden werden. König Mongkut (Rama IV.) war angesichts der Entwicklungen in den Nachbarländern zu Verhandlungen über Handelsverträge gezwungen; gleichzeitig erkannte er den Bedarf für Reformen und Modernisierungen, um nicht von einer europäischen Macht kolonisiert zu werden. Ab 1855 wurde das Land offiziell als Siam bezeichnet. Mit dem Ausbruch des Ersten Weltkriegs, blieb das Land zunächst neutral. Erst 1917 stellte sich Siam auf die Seite der Alliierten und entsandte ein Kontingent an die Westfront. Das Land wurde mit besseren Vertragsbedingungen entschädigt. Zudem war Siam Gründungsmitglied des Völkerbundes.

Bevölkerungsstruktur – insbesondere ethnische Zusammensetzung

Mit geschätzten 67 Millionen Einwohnern zählt Thailand zu einem der – im internationalen Vergleich – bevölkerungsreichsten Staaten. Die höchste Bevölkerungsdichte ist in der Hauptstadt, Bangkok, mit rund 10 Millionen Einwohnern zu verzeichnen. Der Großteil der Einwohner lebt jedoch in ländlichen Regionen, vor allem um die zentralen und nördlichen Gebiete, in welchen Reisanbau vermehrt möglich ist. Thailand ist ein weitgehend homogener Staat. 92 Prozent der Bevölkerung werden durch Thaivölker repräsentiert. Zu der Volksgruppe der Thai gehören die Nordthai, Südthai, Zentralthai und die Gruppe der Isan.

Kennzeichnend für die Thaivölker und den thailändischen Staat ist der Buddhismus. Offiziell bekennen sich 90 Prozent der Bevölkerung zum Buddhismus. Rund 200.000 Mönche praktizieren den Theravada-Buddhismus. Durch den großen Anklang zum Buddhismus steht dieser in einem Spannungsverhältnis, da dieser schon seit dem 15. Jahrhundert als Instrument zum absolutistischen Machterhalt benutzt wurde. Dies führte und führt immer wieder zu Konflikten. Einige Strömungen bekennen sich zur Demokratie und erzeugen damit Misstrauen seitens des Militärs. Mit dem Mönchsgesetz von 2018 obliegt es dem König Mönche in der Sanghaversammlung zu ernennen und abzusetzen, womit dieser wieder den Buddhismus unter seine Führung stellt. Weitere Ethnien mit Relevanz sind die Khmer und die Malaien. Die Khmer stellen mit über einer Million Einwohnern Thailands die zweitgrößte Volksgruppe. Ebenso wie die Thai sind die Khmer buddhistischen Glaubens. Die malaysisch abstammenden Bewohner sind hingegen seit dem 12. bis 15. Jahrhundert Anhänger des sunnitischen Islams. Darüber hinaus leben noch kleinere Bevölkerungsgruppen der Shan, Laoten, Karen und Mon. Ethnische Minderheiten haben teilweise eingeschränkte Rechte. Beispielsweise war der malaiischen

Minderheit verboten in ihrer eigenen Sprache in Schulen zu unterrichten oder Burmesen wurden vermehrt wirtschaftlich benachteiligt.

Wirtschaftsstruktur

Die langjährige Unterstützung des US-Militärs bewirkte, das Thailand während des Vietnamkrieges mit einer verbesserten ökonomischen Infrastruktur sowie technologischem Fortschritt ausgestattet wurde. Dadurch gehörte Thailand zu einem der wenigen Länder, die wirtschaftlich und strukturell aus dem Vietnamkrieg wirtschaftliche Vorteile erzielen konnte. Darüber hinaus leitete der Asienboom in den 1990er Jahren einen weiteren wirtschaftlichen Aufschwung ein. Das Land wird daher auch als fünfter asiatischer Tiger bezeichnet. Das wirtschaftliche Wachstum von jährlich 7,5 Prozent BIP-Zuwachs im Zeitraum 1960 bis 1996 führte zur Verminderung der wirtschaftlichen Armut und der Schaffung von zahlreichen Arbeitsplätzen. Erst die asiatische Finanzkrise Ende der 1990er Jahre, verursachte einen Einbruch der bis dahin konstant und erfolgreichen wirtschaftlichen Entwicklung. Unter Thaksin Shinawatra erholte sich die Wirtschaft. Zunächst verminderte sich das wirtschaftliche Wachstum zwar auf rund 3,5 Prozent. Verursacht wurde dies durch die verstärkten Ausgaben zur Verbesserung der sozialen Sicherungssysteme, des Gesundheits- und Bildungssystems. Inzwischen betragen die jährlichen Wachstumsraten der Wirtschaft durchschnittlich etwa 4% Prozent.

Thailand zeichnet sich in Bezug auf wirtschaftliche Modernisierung – wie zahlreich andere Länder auch – durch einen Wechsel von Landwirtschaftssektoren zu Produktions- und Dienstleistungssektoren aus. Betrachtet man die Beteiligung der Sektoren am BSP über die vergangenen 10 Jahre, wird ersichtlich, dass der primäre und sekundäre Sektor an Bedeutung verlieren. Hingegen der tertiäre Sektor – mittlerweile bis zu 56,3 Prozent Beteiligung – stetig zunimmt. Eine fortschreitende Entwicklung des Wandels von der traditionellen Subsistenzwirtschaft zur Dienstleistungswirtschaft. Bedeutende Branchen des industriellen Sektors sind Automobilindustrie, Elektronikindustrie, Textilindustrie und Bauwirtschaft. Im Bereich Dienstleistungen sind Tourismus, Telekommunikation und Finanzen führend. Diese beiden Sektoren beschäftigen rund 25 Millionen Arbeitnehmer. Im Bereich der Landwirtschaft sind etwa 13 Millionen Menschen tätig.

Ein Import von Gütern im Jahr 2018 in Höhe von 249,2 Mrd. USD stehen Exporte von 252,5 USD gegenüber – ein positiver Saldo im Umfang von 3,3 Mrd. USD. Den größten Anteil an den Importen hat China mit 20,0 Prozent, gefolgt von Japan mit 14,2 Prozent. Die Hauptabnehmerländer sind China (12,0 Prozent), die USA (11,1 Prozent) und Japan (9,9 Prozent). Die wirtschaftlichen Ziele der kommenden Jahre wurden 2017 in der 20. Jahresstrategie zum Erreichen des Status eines Industriestaates formuliert. Dahin gehend sollen Investitionen in die Infrastruktur getätigt, Reformen bezüglich der wirtschaftlichen Chancengleichheit und Stabilität sowie ökologische Nachhaltigkeit durchgesetzt und allgemeine Wettbewerbsfähigkeit verbessert werden. Ebenso besteht das Modell Thailand 4.0. mit der Vorstellung, sich hin zu einer Innovationsökonomie zu entwickeln. Dafür werden vier nötige Schritte angegeben. Zum einen soll der wirtschaftliche Wohlstand vermehrt werden. Das Wirtschaftswachstum in Form des Wachstums des BSPs auf 5 bis 6 Prozent jährlich anwachsen. Die Ausgaben für Forschung und Entwicklung auf 4 Prozent ermöglichen. Weiterführend sollen sowohl die sozialen Sicherungssysteme ausgebaut als auch die Umweltschutzaspekte berücksichtigt werden.

Die Weltbank hat Thailand 2011 offiziell zum Land mit „gehobenem mittlerem Einkommen" erklärt. Multilateral engagiert sich das Land außenwirtschaftspolitisch stark in der ASEAN. Das Land bekennt sich zur gemeinschaftlichen, wirtschaftlichen Integration und formuliert das Ziel, einer vierten industriellen Revolution.

Aktuelle politische Entwicklung

Die neuere politische Entwicklung wird vom Diskurs um die staatliche Struktur bestimmt. Dabei haben verschiedene gesellschaftliche Gruppierungen, Militärjunta und Königshaus eine konkrete, aber zumeist unterschiedliche Vorstellung der Staatsform.

Die Revolution 1932 transformierte die absolutistische in eine konstitutionelle Monarchie. Dies ist jedoch nicht der Beginn eines Demokratisierungsprozesses, sondern vielmehr der Einstieg in eine autoritäre, militärisch dominierte Staatsstruktur. Nach raschen Wechseln militärischer Machthaber, die politisch eine westliche Orientierung einnahmen, erlangte Sarit Thanarat 1957 durch einen erneuten Militärputsch die politische

Macht. Dieser institutionalisierte verstärkt, Tradition und Monarchie. Im Ergebnis wurde der damalige König Bhumibol (Rama IX.), politisch rehabilitiert. Diese politische Macht nutzte Bhumibol, als er den Nachfolger Thanarats 1973 des Amtes enthob. Da die Überführung eines parlamentarischen Elements in die Verfassung scheiterte, gelang es dem Militär wiederum ab 1976 die Herrschaft zu übernehmen. Bis zu dem Beginn eines demokratischen Übergangs 1990 hielt sich die Militärführung unter den Generälen Chaloryu und Tinulsando an der Macht.

Während dieser Zeit häufiger politischer Machtwechsel kam es zu zahlreichen politischen geprägten Einmischungen von König Bhumibol. Auf diese Weise instrumentalisierte er seine Macht als Legitimation und trat erfolgreich als Vermittler und Repräsentant der staatlichen Einheit auf. Allerdings ohne sich für eine politische Seite zu entscheiden und damit in Gefahr zu geraten sich Feinde zu machen. Ab 1998 dominiert die politische Landschaft dann zunehmend Thaksin Shinawatra, ein thailändischer Millionär. Mit der von ihm neu gegründeten Partei, Thai Rak Thai, konnten ab 2001 große Wahlerfolge erzielt werden. Zustimmungen wurden insbesondere durch sozialpolitische Verbesserungen bei der peripheren Bevölkerung erzielt. Seine autoritärer Machtausübung, die fragwürdigen Methoden im Kampf gegen Drogen und die Bereicherung seines direkten Umfeldes, führten schließlich zum erneuten Militärputsch. Begünstigt wurde dieser Putsch vor allem durch die vorangegangenen landesweiten Proteste der Anti-Thaksin Bewegung – auch als royalistische Gelbhemdenbewegung bekannt, – und der Unterstützung des Königs für das geplante Absetzungsunterfangen. Infolgedessen wurde Thaksin des Amtsmissbrauches schuldig gesprochen und seine Partei verboten.

Bei den Wahlen Ende 2007 gewann dann die Partei People Power Party, welche aus Anhängern Thaksins bestand, die vom Militär initiierten Neuwahlen. Dies wiederum führte zu Protesten der Thaksin feindlichen Gelbhemden. Nach erneuter Absetzung der Regierung durch das Militär entstand die United Front for Democracy against Dictatorship, die Rothemden, welche weitgehend als pro-Thaksin und militärfeindlich einzuordnen sind. Die schwelenden Konflikte zwischen Militärjunta und Gelbhemden auf der einen und Rothemden auf der anderen Seite dauerten bis 2010 an. Die Wahl 2011 sollte die angespannte innenpolitische Lage beruhigen und vor allem einen stabilen Übergang, bewirken. Thaksins

Schwester Yingluck Shinawatra erlangte jedoch mit der Pheu Thai Partei den Wahlsieg. Proteste gegenüber Yingluck erreichten einen Höhepunkt, als ein geplantes Amnestiegesetz die Begnadigung Thaksins bedeutet hätte. 2014 wurde Yingluck ihres Amtes als Premierministerin enthoben – wegen Amtsmissbrauchs. Da die Proteste der Rothemden und der Peoples Democratic Reform Committee (PDRC), einer bürgerlichen Bewegung mit dem Ziel der Verbannung des Shinawatra-Clans aus der Politik, eskalierten und gesellschaftliche Grabenkämpfe befürchtet wurden, übernahm 2014 General Prayuth die Kontrolle. Unterstützt von der PDRC setzte dieser Thailand unter Kriegsrecht und stärkte seine Befugnisse.

2016 verstarb König Bhumibol. Nachfolger wurde sein Sohn Maha Vajiralongkorn, der in der Bevölkerung keineswegs die Sympathien und Akzeptanz genießt wie sein Vater. Am 24. März 2019 wurden erstmals seit Machtergreifung des Militärs 2014 Wahlen durchgeführt. Dabei wurden die Probleme der 2017 verabschiedeten Verfassung deutlich: Der Senat, der mit dem Abgeordnetenhaus das Parlament bildet, wird vollständig von der Militärjunta gestellt. Damit waren im Voraus 250 Sitze an Unterstützern für die Politik und Partei Prayuths, die Palang-Pracharat-Partei, gewährleistet. Trotz eines starken Abschneidens der Partei Phuea-Thai und der Anakhot Mai konnte die Partei der Militärjunta, durch wahltaktische Manöver, juristischer Verfolgung politischer Gegner und dem Vorteil der Senatssitze, eine Koalition bilden. Dies ermöglichte die Berufung Generals Prayuth zum Premierminister.

In Bezug auf die Außenpolitik ist festzustellen, dass das Land Grenzstreitigkeiten miteinigen Nachbarstaaten hat: Mit Laos gibt es keinen Vertrag über den Grenzverlauf. Problematisch, da ungeklärt, ist der Status einiger Inseln im Mekong. Zu den Nachbarn Myanmar und Kambodscha gibt es ebenso Streitigkeiten über den exakten Verlauf der Grenze. Thailand orientiert sich traditionell sehr stark im Rahmen seiner Außenpolitik an den USA. Historisch herausragend von Bedeutung ist, dass das Land die USA völkerrechtlich im Vietnamkrieg unterstützte. Das Land war Gründungsmitglied der von den USA geführten SEATO und ist Mitglied in der ASEAN. Thailand hat aber auch traditionell gute diplomatische Beziehungen zur Volksrepublik China. Seit den 1990er Jahren nimmt das Land eine aktivere außenpolitische Rolle in der internationalen Staatengemeinschaft ein. Ein erstes wesentliches außenpolitische Signal stellt hier, die erste

Teilnahme thailändischer Streitkräfte an einer multinationalen Friedenstruppe (INTERFET) nach der politischen Unabhängigkeit Osttimors dar.

Literatur

Chongkittavorn, Kavi (2018): Thailands economic goals as ASEAN chair, in: https://www.bangkokpost.com/opinion/opinion/1600302/thailands-economic-goals-as-asean-chair [28.12.2019].

Croissant, A. und Lorenz, P. (Hrsg.) (2018): Comparative Politics of Southeast Asia – An Introduction to Governments and Political Regimes. Basel.

Dahm, B. und Ptak, R. (Hrsg.) (1999): Südostasien-Handbuch, Geschichte, Gesellschaft, Politik, Wirtschaft, Kultur. München.

Gafron, G. (2019): Thailand im Wahljahr 2019 – gedämpfte Hoffnung auf eine Rückkehr zur Demokratie. In: LänderberichtKonrad-Adenauer-Stiftung, unter: https://www.kas.de/documents/252038/4520172/Thailand+im+Wahljahr+2019.pdf/5c78e4c8-a365-33c1-6d81-e246a9e4633d?version=1.0&t=1547741972175, [10.02.2020].

Kohpaiboon, Archanun (2020): Industry 4.0 policies in Thailand. In: ISEAS – Yusof Ishak Institute, ISEAS Economics Working Paper, 02 February 2020, unter: https://www.iseas.edu.sg/wp-content/uploads/pdfs/ISEAS_EWP_2020-2_Archanun.pdf, [12.02.2020].

Misachi, John (2020): Largest Ethnic Groups, in: https://www.worldatlas.com/articles/largest-ethnic-groups-in-thailand.html, [03.02.2020].

Müller, Daniel; Parzinger, Sigrid (2018): Thailand. In: Wirtschaftshandbuch Asien-Pazifik. – Hamburg: 63(2018), S. 527–547.

Ockey, James (2020): Thailand in 2019: an election, a coronation, and two summits. In: Asian survey: a bimonthly review of contemporary Asian affairs. Jg. 60(1/2.2020), 1, S. 117–124.

Phuangketkeow, Sihasak; Ganjanakhundee, Supalak (2020): Thailand's chairmanship of ASEAN: unshackling Thai diplomacy and charting the association's way forward. In: ISEAS – Yusof Ishak Institute. ISEAS Yusof Ishak Institute: Perspective, Issue 2020, no. 2, unter: https://www.iseas.edu.sg/wp-content/uploads/pdfs/ISEAS_Perspective_2020_2.pdf, [24.02.2020].

Pye, Oliver, Wirtschaft und Entwicklung, in https://www.liportal.de/thailand/wirtschaft-entwicklung/, [09.01.2020].

Saxer, M. (2011): Thailand im Taumel des Wandels – Wie kann das Land seine Krise überwinden, in: Studie der Friedrich-Ebert-Stiftung, Ausgabe Juni 2011.

Vorlaufer, K. (2018): Südostasien, 3. aktualisierte Auflage. München.

Wolfgang Gieler unter Mitarbeit von Annika Wohne

Timor-Leste

Offizieller Name:	Demokratische Republik Timor-Leste
Staatsform:	Semipräsidentielle Republik
Unabhängigkeit:	28. November 1975 (von Portugal) 20. Mai 2002 (von Indonesien)
Nationalfeiertag:	28. November (Unabhängigkeitstag) 20. Mai (Wiedererlangung der Unabhängigkeit)
Hauptstadt:	Dili
Lage:	Südostasien
Fläche:	14 874 qkm (Weltrang: 154)
Bevölkerung:	1,32 Millionen
Landesstruktur:	12 Munizipalitäten, 1 Sonderverwaltungsregion
Sprachen:	Tetum und Portugiesisch (Amtssprachen), Indonesisch und Englisch (Verkehrssprachen), 32 indigene Sprachen
Religionen:	Römisch-katholisch (97,6 Prozent), Evangelisch (2 Prozent), Islam (0,2 Prozent), Sonstige (0,2 Prozent)
Währung:	US-Dollar (USD)
Wirtschaftszweige:	*Landwirtschaft:* Kaffee, Reis, Mais, Maniok, Süßkartoffeln, Sojabohnen, Kohl, Mangos, Bananen, Vanille *Industrie:* Druck, Seifenherstellung, Kunsthandwerk, gewebtes Tuch
Mitgliedschaften:	ACP, ADB, AOSIS, ARF, ASEAN (Beobachter), CPLP, EITI (konformes Land), FAO, G-77, IBRD, ICAO, ICCt, ICRM, IDA, IFAD, IFC, IFRCS, ILO, IMF, IMO, Interpol, IOC, IOM, IPU, ITU, MIGA, NAM, OPCW, PIF (Beobachter), UN, UNCTAD, UNESCO, UNIDO, Union Latina, UNWTO, UPU, WCO, WHO, WMO

Wichtigste Medien: *Fernsehen:* 7 Sendestationen; 3 strahlen über Satelliten aus, 2 terrestrisch und 2 über Kabel.
Hörfunk: 21 Radiostationen, 3 strahlen landesweit aus.

****

Naturraum und geographische Rahmenbedingungen

Timor-Leste (portugiesisch, übersetzt „Timor-Ost“) ist ein südostasiatischer Inselstaat, der geographisch zwischen dem östlichen Ende des Malaiischen Archipels und dem nordwestlichen Bereich Australiens gelegen ist. Der Inselstaat besteht aus der Osthälfte der Insel Timor, der Exklave Oecusse im Westteil und den Inseln Atauro und Jaco. Die Hauptlandmasse ist 260 km lang und bis zu 80 km breit. Mit einer Gesamtfläche von 14 874 qkm entspricht das Land in seiner flächenmäßigen Ausdehnung etwa der Größe von Schleswig-Holstein. Es ist das einzige asiatische Land, dessen Staatsterritorium komplett südlich des Äquators liegt.

Timor-Leste zeichnet sich durch eine vielseitige Landschaftsstruktur aus: Vulkane, Palmen, Grasland, Savannen, Berge und Mangroven sind an den Küsten und im Landesinneren aufzufinden. Der überwiegende Teil des Landes ist bergig und der höchste Punkt ist Berg Tatamailau (auch als Berg Ramelau bekannt) auf 2 963 Metern. Das Klima ist tropisch und in eine Trocken- und Regenzeit unterteilt. Von Mai bis November herrscht Trockenzeit, dabei liegen die Temperaturen zwischen 20 und 33°C. In der Regenzeit von Dezember bis April variieren diese zwischen 29 bis 35°C. Auswirkungen des Klimawandels sind u. a. durch die steigenden Temperaturen wahrnehmbar. Bis 2050 wird ein Anstieg der Durchschnittstemperaturen um 1,5 °C und eine Zunahme der Niederschläge um 10 Prozent prognostiziert.

Das maritime Ökosystem stellt eine Besonderheit dar. Die Insel befindet sich in einem Meeresgebiet mit einer besonders eindruckvollen marinen Biodiversität. In dem Korallendreieck sind über 3 000 Fischarten, sechs Meeresschildkrötenarten und 600 Korallenarten. Zudem ist Timor-Leste reich an Bodenschätzen: Kupfer, Mangan, Kohle und Gold, aber vor allem durch ein hohes Erdöl- und Erdgasvorkommen.

Geschichtliche Entwicklung von vorkolonialer Zeit bis zur Unabhängigkeit

Erstmals finden sich in chinesischen Quellen aus dem 12. und 13. Jahrhundert Aufzeichnungen zu Timor. Chinesische Händler erwähnen das auf Timor vorhandene Sandelholz. Die Nachfrage nach Sandelholz war dann auch die wesentliche Ursache, das Timor bereits vor der Kolonialisierung im regen Handelsaustausch mit anderen Ländern war. Um 1515 setzte die portugiesische Kolonisation ein. Diese trafen in Timor auf traditionelle Gesellschaften, die in kleinen Herrschaftsverbänden zusammenlebten. Die Beziehungen untereinander waren geprägt von Allianzen und Abspaltungen, Fehden und Kriegen. Bereits im 16. Jahrhundert bewirkte die portugiesische koloniale Expansion einen tief greifenden Einschnitt in die Geschichte Timors. In der Umgebung Timors fand eine Auseinandersetzung um koloniale Einflussgebiete zwischen den Niederländern und den Portugiesen statt. Dabei wurde ein strategisch bedeutsamer Stützpunkt im westlichen Teil Timors von den Portugiesen erobert. Dieser verlagerte sich durch den Kampf mit den Niederländern weiter in Richtung Osten. Die Folge – eine Teilung der Insel Timor in einen Ost- und Westteil. Festgelegt wurde diese Teilung in einem Abkommen der beiden kolonialen Mächte 1851. Der Osten wurde unter Kolonialherrschaft der Niederländer, zu Niederländisch-Indien und der Westteil als Osttimor ein Teil des portugiesischen Kolonialreiches.

Trotz der Neutralität Portugals während des Zweiten Weltkriegs annektierte Japan die Insel. Ein Guerillakrieg von 1942 bis 1945 war die Folge. Diesem Krieg, zwischen alliierten und japanischen Truppen (Schlacht um Timor) fielen 70 000 Menschen zum Opfer. Nach Kriegsende 1945 erlangte Indonesien seine Unabhängigkeit von der niederländischen Kolonialmacht. Das ehemalige Niederländisch-Indien (Westtimor) wurde Teil des neuen Staates. Osttimor erhielt hingegen 1951 lediglich den neuen Status einer portugiesischen „Überseeprovinz". Ein Bürgerkrieg 1975, zwischen den beiden Parteien FRETILIN und UDTverhindert die von Portugal beabsichtigte Entlassung in die politische Unabhängigkeit.

Am 28. November 1975 erklärte die FRETILIN, die als Sieger aus dem Bürgerkrieg hervorging, das Land für unabhängig. Indonesien annektierte daraufhin den Ostteil Timors. Trotz internationaler Verurteilung und mehreren UN-Resolutionen (auf Selbstbestimmung 1977, 78 und 79) wurde das Land als 27. Provinz Timor Timur in das indonesische Staatsgebiet eingegliedert. Nach einer 24-jährigen Besatzungszeit konnte die Durchführung eines Referendums 1999 umgesetzt werden, bei dem sich über 80 Prozent der Einwohner für eine politische Unabhängigkeit entschieden. Im Anschluss folgten gewalttätige Ausschreitungen pro-indonesischer Milizen und des indonesischen Militärs. Im September 1999 landet die UN-Friedentruppe INTERFET (unter Führung Australiens) um den Unabhängigkeitsprozess zu sichern. Das Land wird der Verwaltung der UNTAET (UN Transitional Administration in East Timor) unterstellt. Nach über 185 000 Menschen, die der Besatzungszeit 1975 bis 1999 zum Opfer fielen, erlangt das Land am 20.05.2002 seine Unabhängigkeit von Indonesien. Timor-Leste wird am 27.09.2002 als 191. Mitgliedsstaat in die UN aufgenommen.

Bevölkerungsstruktur – insbesondere ethnische Zusammensetzung

Schätzungen zu Folge liegt die Einwohnerzahl 2018 bei 1 320 000 Mio. Einwohnern. Das jährliche Bevölkerungswachstum beträgt 1,8 Prozent und ist damit, eines der höchsten sämtlicher Länder in der Region. Der Anteil der Bevölkerung mit einem Alter unter 15 Jahren beträgt 41,4 Prozent, der der Personen über 60 Jahre 8,2 Prozent, das Durchschnittsalter liegt bei 18,4 Jahren. Die Lebenserwartung war 2006 bei 60,2 Jahren, 2018 betrug sie 68,3 Jahre.

Die Bevölkerung ist aufgrund unterschiedlicher Zuwanderungszeiträume und zahlreich verschiedener ethnischer Gruppen zugleich durch eine Sprachenvielfalt gekennzeichnet. Neben den 15 Lokalsprachen und zahlreich weiteren Dialekten sind Portugiesisch und Tetum die Landessprachen und Indonesisch und Englisch die Arbeitssprachen. Ein Großteil der Bevölkerung ist unter der indonesischen Annektierung aufgewachsen und daher stark an der indonesischen Sprache orientiert. Die lokale Sprache Tetum ist in den letzten Jahrhunderten bei etwa 40 Prozent der Bevölkerung zur Muttersprache geworden und hat viele Wörter der portugiesischen und indonesischen Sprache mit aufgenommen.

Mit 96,5 Prozent der Bevölkerung ist der Anteil der Katholiken die größte Glaubensgemeinschaft. Muslime, Protestanten, Buddhisten und

Hindus stellen eine entsprechend kleine Minderheit dar. Der Katholizismus wurde im Zuge der Kolonialherrschaft Portugals verbreitet. Die Missionierung erlaubt jedoch gleichzeitig einige traditionelle Gebräuche beizubehalten und diese teils in abgeänderter Form mit dem Katholizismus zu verbinden. Während der indonesischen Besatzungszeit hat sich die katholische Kirche als Zufluchtsort der osttimoresischen Bevölkerung gefestigt. Spiritualität, Zeremonien und Verwandtschaften kommen in der osttimoresischen Gesellschaft besondere Bedeutung zu und beeinflussen die Werte und Normen maßgeblich. In Timor-Leste findet sich eine patriarchalische Sozialstruktur wieder, in der Familien aus Frauengebern und Frauennehmern bestehen und die Bindungen zu den verschiedenen Häusern klar definiert sind. Die Beziehungen zwischen den Familien werden durch wichtige Zeremonien wie Hochzeiten, aber auch Gedenkfeiern gefestigt. Trotz der Beeinflussung Portugals und Indonesiens konnten weitgehend die traditionellen Verwandtschaftssysteme aufrechterhalten werden.

Wirtschaftsstruktur

Gekennzeichnet ist die Wirtschaft Timor-Lestes vor allem durch die Landwirtschaft und, zu einem geringeren Teil, der Ausbeutung seiner Bodenschätze. Der Industriesektor ist kaum entwickelt und beschränkt sich weitgehend auf die Verarbeitung landwirtschaftlicher Erzeugnisse. Für die gesamte Wirtschaft haben die politischen Ereignisse der vergangenen Jahrzehnte einen entscheidenden negativen Einschnitt bedeutet. Für den Binnenbedarf wird Mais und Maniok angebaut. Neben Kokosnüssen, Kakao und Nelken, ist für den Export vor allem der hochwertige Arabica-Kaffee von Bedeutung. Die Regierung Timor-Lestes setzt dabei die internationale Vermarktung des einheimischen Kaffees als naturbelassenes „Öko-Produkt“ Gleiches gilt auch für die Revitalisierung des Edelholzanbaus (Sandelholz, Rotholz, Lontarpalme) sowie die Ausweitung von Tierzucht und Fischfang. Ein zusätzliches bedeutsames Exportprodukt stellen die reichen Marmorvorkommen dar. Importiert werden überwiegend Nahrungsmittel, Benzin und Baumaterialien. Primäres Herkunftsland ist Indonesien, mit dem fast auch der gesamte Export abgewickelt wird. Der Klimawandel hat in den letzten Jahren durch El Niño-Effekte zu hohen Ernteverlusten geführt, wodurch die wirtschaftliche Abhängigkeit an Indonesien, insbesondere im Bereich Nahrungsmittel noch verstärkt hat.

Ein zukünftiges wirtschaftliches Potenzial wird im Tourismus gesehen. Bisher ist Timor Leste kein klassisches Touristenziel wie die umliegenden Inseln etwa Bali oder Australien. Jedoch ist es durch seine vielfältigen Landschaften, Strände und seine kulturelle Vielfalt einzigartig. Insbesondere ist die geographische Lage im Korallendreieck ein Paradies für Taucher. Diese durch den Tourismus erzielten Einnahmen könnten in die Entwicklung des Landes investiert werden und ebenso neue Arbeitsplätze für die Bevölkerung schaffen.

Aktuelle politische Entwicklung

Das Land befindet sich im Übergang von einem gewaltsamen jahrzehntelang andauernden Konflikt hin zu einem stabilen Friedensprozess und dem Aufbau einer Nation. Dennoch sind die Spuren der letzten Jahrzehnte in Form von nicht verarbeiteten traumatischen Erfahrungen der Bevölkerung, politischer Unsicherheit und wirtschaftlicher Armut weiter erkennbar. Die die Regierung entwickelte 2011 ein Konzept, in die Ziele für die zukünftige wirtschaftliche und soziale Entwicklung des Landes formuliert wurden. Die insgesamt 21 Ziele des Nationalen Entwicklungsplans SDP sind in die Kategorien „Social Capital, Infrastructure Development, Economic Development and Institution Framework“ aufgegliedert und sollen bis zum Jahr 2030 erreicht werden. Trotz, der kurzen Zeit der Unabhängigkeit hat Timor-Leste wichtige Grundsteine für seine Entwicklung und Nationsbildung gelegt. Das Land ist ein Verfassungsstaat nach portugiesischem Vorbild. Der Präsident wird alle fünf Jahre direkt vom Volk gewählt und kann einmal wiedergewählt werden.

Timor-Leste verfügt über zahlreiche außenpolitische Beziehungen zur internationalen Staatenwelt. Intensiviert haben sich die Beziehungen zur ehemaligen portugiesischen Kolonialmacht aufgrund der Unterstützung während der indonesischen Besatzungszeit und der Mitgliedschaft der Gemeinschaft der portugiesisch sprachigen Länder (CPLP). Timor-Leste ist ebenfalls in anderen internationalen Organisationen Mitglied, wie den Vereinten Nationen, ASEAN Regional Forum, AKP-Staaten, Weltbank und Internationaler Währungsfonds. Darüber hinaus sind auch zahlreiche internationale Organisationen der Entwicklungszusammenarbeit in Timor-Leste ansässig, wie beispielsweise UNICEF, UNIFEM, UNDP.

Für die zukünftige wirtschaftliche Entwicklung sind die umfangreichen Erdöl- und Erdgasfelder „Greater Sunrise“ von herausragender Bedeutung. Erste vertragliche Regelungen der Grenzziehung scheiterten zwischen Australien und Indonesien 1972. Nach jahrelanger Auseinandersetzung über den Verlauf der gemeinsamen Seegrenze und der wirtschaftlichen Nutzung des Erdöl- und Erdgasfeldes „Greater Sunrise“ zwischen Australien und Timor-Leste konnte 2018 erzielt werden. Zum überwiegenden Teil liegen die Rohstoffe, des „Greater Sunrise“ auf timoresischem Territorium. Hinsichtlich der Verteilung der Erträge wurde ein Schlüssel völkerrechtlich vereinbart: 80 Prozent der Einkünfte fallen an Timor-Leste, sofern die Rohstoffe in Australien weiterverarbeitet werden. Umgekehrt würde dieser Anteil auf 70 Prozent sinken. Dieses mit Australien am 06.03.2018 in New York unterzeichnete Abkommen stellt den bislang größten außenpolitischen Erfolgen des Landes dar und eröffnet eine positive zukünftige wirtschaftliche Entwicklung.

Literatur

Blanco, Ramon (2020): Peace as government: the will to normalize Timor-Leste. Lanham.

Croissant, A. und Lorenz, P. (Hrsg.) (2018): Comparative Politics of Southeast Asia – An Introduction to Governments and Political Regimes. Basel.

Fleschenberg, A. (Hrsg.) (2006): Osttimor – Vier Jahre Unabhängigkeit. Soziale, politische und wirtschaftliche Entwicklungen, in: Focus Asien, Schriftenreihe des Asienhauses, Nr. 27.

Leach, Michael (2018): Timor-Leste. In: The contemporary Pacific: a journal of island affairs. 30 (2018) 2. – S. 539–547.

Muižarājs, Miks (2018): Timor Leste: a nation of resistance. In: Independence movements and their aftermath: self-determination and the struggle for success. Center for Strategic & International Studies, 2018, S. 53–80.

Schlicher, Monika (2018): Timor-Leste. In: Wirtschaftshandbuch Asien-Pazifik. – Hamburg, Jg.63 (2018) – S. 549–561.

Schlicher, Monika (2020): Ostimor. In: LIPortal. Das Länder-Informations-Portal unter: https://www.liportal.de/osttimor/geschichte-staat/, [16.03.2020].

Shiosaki, Elfie (2017): We have resisted, now we must build: regionalism and nation-building. In: Journal of Southeast Asian studies. – Singapore: University Press, 48/2017, 1, S. 53–70.

Vorlaufer, K. (2018): Südostasien, 3. aktualisierte Auflage. München.

Woischnik, Jan; Yoshimura, Thomas (2015): Generationswechsel in Ost-Timor. In: Länderbericht/Konrad-Adenauer-Stiftung, unter: http://www.kas.de/wf/doc/kas_40452-544-1-30.pdf?150218113909, [22.12.2019].

Hans Born und Meik Nowak

Turkmenistan

Offizieller Name:	Republik Turkmenistan
Staatsform:	Präsidentielle Republik; Einpartei-System
Unabhängigkeit:	27. Oktober 1991 (von der Sowjetunion)
Nationalfeiertage:	27. Oktober (Unabhängigkeitstag)
Hauptstadt:	Aschgabat
Lage:	Zentralasien; grenzt an das Kaspische Meer, zwischen Iran und Kasachstan
Fläche:	488 100 qkm (Weltrang: 52)
Bevölkerung:	5 942 000
Landesstruktur:	5 Provinzen, 1 unabhängige Stadt
Sprachen:	Turkmenisch (Amtssprache; 72 Prozent), Russisch (12 Prozent), Usbekisch (9 Prozent), Sonstige (7 Prozent)
Religionen:	Islam (89 Prozent), Orthodoxe (9 Prozent), Sonstige (2 Prozent)
Währung:	Turkmenistan-Manat (TMT)
Wirtschaftszweige:	*Landwirtschaft:* Baumwolle, Getreide, Melonen; Vieh *Industrie:* Erdgas, Öl, Erdölprodukte, Textilien, Lebensmittelverarbeitung
Mitgliedschaften:	ADB, CIS (nicht ratifiziert), EAPC, EBRD, ECO, FAO, G-77, IBRD, ICAO, ICRM, IDA, IDB, IFC, IFRCS, ILO, IMF, IMO, Interpol, IOC, IOM (Beobachter), ISO (korrespondierendes Mitglied), ITU, MIGA, NAM, OIC, OPCW, OSCE, PFP, UN, UNCTAD, UNESCO, UNHCR, UNIDO, UNWTO, UPU, WCO, WFTU (NGOs), WHO, WIPO, WMO

Wichtigste Medien: Alle Medien sind staatlich kontrolliert und zensiert. *Fernsehen:* 7 staatseigene Sendenetzwerke; Satellitenschüsseln bieten Alternativen zum Staatsfernsehen, werden jedoch gelegentlich von Regierungsangehörigen entfernt, um den Zugang zu limitieren. *Hörfunk:* 4 staatseigene Radionetzwerke

* * * * * * * * * * * *

Naturraum und geographische Rahmenbedingungen

Der Staat Turkmenistan liegt im Süden Zentralasiens und umfasst eine Landfläche von knapp 488 100 qkm, von denen knapp 90 Prozent durch die Sand- und Geröllwüsten der Turanischen Senke und vor allem die Karakum-Wüste bedeckt sind. Die Karakum-Wüste liegt westlich des Flusses Amu-Darja und gehört fast vollständig zum Staatsgebiet von Turkmenistan, lediglich im Norden ist ein Teil usbekisches Staatsgebiet. Dieses extrem wasserarme Gebiet wird im Süden des Landes vom etwa 1 445 km langen Karakum-Kanal zwischen Kerki am Amu-Darja und Kizyl-Atrek am Kaspischen Meer durchquert, welcher als eines der aufwendigsten Bewässerungsprojekte zur Transformation der Natur in der Menschheitsgeschichte gilt. Der Kanal verläuft am Nordrand des Gebirgszugs Kopet-Dag und versorgt u. a. die Hauptstadt Aschgabat mit Wasser. Es gibt in der Karakum-Wüste nur geringe Niederschläge in der Zeit von Dezember bis April und von wenigen Oasen abgesehen ist die Wüste – und damit knapp 90 Prozent des turkmenischen Staatsgebiets – kaum besiedelt.

Die westliche Grenze Turkmenistans ist das Kaspische Meer, die nördlichen Grenzen werden zu Usbekistan durch den Amu-Darja als Grenzfluss sowie den salzhaltigen Sarykamyschsee gebildet. Der Amu-Darja ist auch der längste Fluss Turkmenistans mit knapp 1 400 km Länge. Im Nordwesten verläuft die Grenze zu Kasachstan westlich der Ruinen von Konya Urgench quer durch das Ust-Jurt-Plateau. Die südliche Grenze zum Iran bilden die Kämme des jungen und seismisch sehr aktiven Kopet Dag Gebirges und im Südosten teilt sich Turkmenistan eine Grenze im Vorland der unwegsamen Gebirgsregion Ghartschistan mit Afghanistan. Die Ost-West-Erstreckung beträgt ca. 1 300 km bei einer Nord-Süd Erstreckung von maximal 540 km.

Das Klima des ist kontinental geprägt mit heißen Sommern von +35 bis +40°C, selten mehr als 45°C und kalten Wintern mit durchschnittlichen -5 bis -8°C bei einer allgemein sehr niedrigen Luftfeuchtigkeit und einer durchschnittlichen Niederschlagsmenge von 75–130 mm. In den Vorgebirgsregionen vor allem im Süden und Südwesten, welche ca. 8 Prozent der Landfläche ausmachen, finden sich höhere Niederschlagsmengen von 200 bis 300 mm und geringfügig mildere Durchschnittstemperaturen von -1 bis -4°C im Winter und +35 bis +38°C. Hier leben fast 90 Prozent der Bevölkerung und es finden sich fruchtbare Flächen für den allgegenwärtigen Anbau von Baumwolle, die Viehzucht und für Getreide, Gemüse und Obst. Die gebirgigen Regionen machen ca. 2 Prozent der Landesfläche aus und sind bezogen auf die Durchschnittstemperaturen kühler. Dies sind die Ausläufer des Kopet Dag Gebirges, welche bei Aschgabat im Osten mit knapp 3 000 m ihre größte Höhe erreichen und weiter in den Iran ziehen. Die Ausläufer des Hindukusch im äußersten Südosten erreichen dagegen kaum Höhen von mehr als 750 m und nur an wenigen Stellen im unwirtlichen und kaum besiedelten Grenzland Ghartschistan ragen die Berge auf über 1 000 m auf. Der höchste Berg des Landes ist der Aýrybaba mit einer Höhe von 3 139 m, welcher sich an der östlichen Grenze zu Usbekistan erhebt. Turkmenistan verfügt über gigantische Gas- und Erdölvorkommen. Zudem gibt es kleinere Lagerstätten von Sulfur, Pottasche, Magnesium, Kalkstein, Gips, Zement und Basalt. Durch das allgegenwärtige Wüsten- und Halbwüstenklima finden sich in Turkmenistan ausschließlich Pflanzen und Tiere, die sich an diese harschen Gegebenheiten angepasst haben. Das Land beherbergt dank seiner geringen Bevölkerungsdichte und Abgeschiedenheit immer noch sehr viele gefährdete und seltene Tierarten, die für Steppen und Wüsten charakteristisch sind. Im Süden befindet sich seit 1941 das Badhyz-Naturreservat, welches als Refugium für viele gefährdete Arten wie den asiatischen Esel, den persischen Leopard und die Kropfgazelle gilt.

Geschichtliche Entwicklung von vorkolonialer Zeit bis zur Unabhängigkeit

Die erste Hochkultur wird am Rand der Karakum-Wüste verortet – dies ist die Margiana-Baktrische Zivilisation, welche umgangssprachlich auch

Oasenkultur genannt wird. Die erste Zäsur war die Eroberung der Region durch die persischen Achämeniden unter Kyros dem II, welcher um 550 v. Chr. das Reich von Margiana eroberte und weiter bis zum Syr-Daja vorstieß. Das Land wurde in Satrapien aufgeteilt und innerhalb des Achämenidenreiches kam es durch Handel, aber auch durch das Rekrutieren von Soldaten für die fast stetig andauernden Kriege der Achämeniden, zu einer Angleichung der vielen Kulturen in dem Reich, welches von der Ägäis bis zum heutigen Afghanistan reichte. Die Zeit der Achämeniden endete mit der Eroberung ihres Reiches durch Alexander den Großen, welcher die Regionen Baktrien und Sogdien gegen 330 v. Chr. eroberte und durch Stadtgründungen und Wehrlager die Region nachhaltig für die kommenden Jahrhunderte prägen sollte. So wurde in Baktrien die Stadt Merw in „Alexandria in Margiana“ umbenannt.

Nach dem Tod Alexander des Großen 323 v. Chr. zerfiel das makedonische Weltreich, im östlichen Teil des heutigen Turkmenistans konnte sich aber bis etwa 130 v. Chr. erst das seleukidische und daran anschließend das graeco-baktrische Reich gegen das aufkommende Partherreich der Arsakiden halten. Zudem war an der Nordgrenze das Reich Choresm ein bis zur Islamisierung im achten Jahrhundert n. Chr. ein unabhängiges und relativ wohlhabendes Reich, welches sich durch eine fortgeschrittene Bewässerungslandwirtschaft in der unwirtlichen Region behaupten konnte. In all den Jahren war die Region des heutigen Turkmenistans durch ihre Lage an den Rändern verschiedener Machtzentren die zentrale Durchgangsregion des interkulturellen Austauschs von Waren und Gedanken entlang der Seidenstraße.

Im Jahr 651 n. Chr. fiel Turkmenistan im Zuge der islamischen Expansion unter arabische Herrschaft und knapp einhundert Jahre später kam es im Jahr 747 zur Gründung des Abbasidischen Kaliphats in Merw. Einhundertfünfzig Jahre später kam es mit dem verstärkten Einfall der Turkstämme aus dem Altai und der Region um den Baikalsee zu der Gründung der Konföderation der Oghusen. Bedeutsam war nun die kulturelle Ausprägung und Überschneidung zwischen den Eroberern und den Einheimischen, da zum ersten Mal in ihrer Geschichte die nomadisch lebende Mehrheitsbevölkerung Turkmenistans durch ein nomadisches Volk mit ähnlichem Verständnis von Kultur und Herrschaft beherrscht wurde. So gaben im Laufe der folgenden Jahrhunderte einige Volksgruppen ihre nomadische Lebensweise auf und wurden teilsesshaft oder sogar völlig sesshaft. Aus diesen sesshaft gewordenen Nomaden lassen sich die heutigen Akhal-Tekke und Mary-Tekke zurückführen, auch wenn bis in das frühe zwanzigste Jahrhundert hinein die Mehrheit der Bevölkerung dem angestammten nomadischen Lebensrhythmus folgte.

Einschneidend für das turkmenische Reich der Oghusen, welches ab 985 n. Chr. unter die Herrschaft der Seldschuken geriet, war die Eroberung durch Dschingis Khan 1223, welche mit der Zerstörung der einzigen größeren Stadt Turkmenistans – Merw – einherging. Die „Pax Mongolica“ brachte für Turkmenistan eine Zeit der wirtschaftlichen Entwicklung und kulturellen Blüte durch die neue Stabilität entlang der Seidenstraße mit sich. Eine wichtige Stadt war für die nächsten zwei Jahrhunderte das wieder neu erbaute Merw. Doch die Epoche der Timuriden unter Timur dem Großen ab 1370 zerstörte die Handelsbeziehungen für die nächsten Jahrhunderte, die Stadt Merw wurde erneut zerstört und viele Siedlungen und Oasen verwüstet.

In den anschließenden Jahrhunderten geriet das Gebiet Turkmenistans unter die Kontrolle persischer Dynastien wie der Safawiden, den Afschariden und den Zand. Es gab verschiedene Gebietsstreitigkeiten im Norden mit den usbekischen Khanaten in Chiwa und Kokand sowie später dem Emirat Buchara, jedoch schaffte kein umliegendes Reich dauerhaft, die Herrschaft über die turkmenischen Volksgruppen in der Karakum-Wüste zu erlangen. Zudem war nach der timuridischen Epoche die große Zeit der Seidenstraße als Handelsweg von West nach Ost und Ost nach West im Niedergang begriffen – zahlreiche Karawansereien und Oasen entlang der Seidenstraße in Zentralasien wurden weniger stark frequentiert, viele wurden aufgegeben oder in den zahlreichen kriegerischen Auseinandersetzungen geschwächt.

Diese knapp fünfhundert Jahre der relativen Unbedeutsamkeit Turkmenistans endete 1869 mit der Gründung der Stadt Krasnowodsk (heute Turkmenbaschi) durch das russische Zarenreich und der russischen Expansion nach Zentralasien hinein. Am 12. Januar 1881 konnte nach der Schlacht von Gok Teppe der Widerstand der turkmenischen Volksgruppen endgültig gebrochen werden und 1885 erreichten Vorauseinheiten der russischen transkaspischen Armee den südöstlichen Grenzfluss Kuschka. Das heutige Turkmenistan wurde dadurch mit den südlichen Gebieten des heutigen Kasachstans sowie Usbekistans Teil des Generalgouvernements Turkestan. In dieser Zeit fiel die massive Erschließung der Infrastruktur in der Region, so wurde der Hafen von Krasnowodsk ausgebaut und die Transkaspische Eisenbahn in Dienst gestellt.

Nach der Revolution von 1917 wurde Turkestan im Allgemeinen und Aschgabat im Besonderen zu einem Zentrum des antibolschewistischen Widerstandes und Keimzelle des Basmatschi-Aufstandes, doch bis 1923 konnte die Rote Armee sämtliche Widersacher gegeneinander ausspielen und die Hoheit über Turkmenistan erlangen. Die bis heute gültigen Staats- und Provinzgrenzen Turkmenistans wurden mit der Gründung der Turkmenischen Sozialistischen Sowjetrepublik am 17. Februar 1925 verbindlich festgelegt. Im Zuge der Kollektivierung der 1920er und 1930er Jahre kam es zu einer Verschärfung der Konflikte zwischen der Sowjetregierung und einzelnen turkmenischen Volksgruppen, sodass die turkmenische Sowjetrepublik einen unglaublichen Aderlass an Menschen und Vieh durch Flucht und Vertreibung zu verzeichnen hatte. Ein weiterer Einschnitt in das Leben der Turkmenen neben der Kollektivierung der Landwirtschaft mit dem Fokus auf Baumwollanbau war das verheerende Erdbeben von 1948, welches zehntausende Menschenleben forderte und praktisch die gesamte Stadt Aschgabat zerstörte.

Trotz der erheblichen Investitionen der Sowjetregierung, was Wasserleitungen, Schul- und Straßenbau sowie Elektrifizierung in Turkmenistan anbetraf, blieb es eine der wirtschaftlich ärmsten Sowjetrepubliken. Infolge der Sowjetisierung wurden auch fast alle Moscheen des Landes geschlossen und eine allgemeine Schulpflicht eingeführt. Der Bau des Karakum-Kanals ab 1954 führte zu einer Verdoppelung der bewässerten Landfläche mit dem Fokus auf Baumwollanbau. Ab den 1960er Jahren wurden zudem Erdöl- und Gasvorkommen entdeckt und erschlossen – diese dienten aber ausschließlich dem Export in die nördlichen Sowjetrepubliken. Das Land blieb ein Nettoempfänger von Leistungen im Rahmen der UdSSR und war für seine grassierende Korruption basierend auf den traditionellen Volksgruppenloyalitäten der jeweiligen Teppe bekannt.

Im Jahre 1985 wurde Saparmurat Atajewitsch Nijasow zum ersten Sekretär der Kommunistischen Partei von Turkmenistan ernannt und galt unter Gorbatschow als Reformer und Korruptionsbekämpfer. Im Januar 1990 wurde er durch den Obersten Sowjet Turkmenistans zu seinem

Vorsitzenden gewählt und im März 1990 zum Präsidenten der Republik, zudem wurde er im Oktober 1990 als einziger Kandidat in der Volkswahl zum Präsidenten gewählt. Zwischendurch erklärte Turkmenistan am 22. August 1990 seine Souveränität und verblieb aber in einer Zwitterposition während des Zusammenbruchs des Sowjetreiches: Bei einem ersten Unabhängigkeitsreferendum im März 1991 stimmten 99,8 Prozent der stimmberechtigten Wähler für den Verbleib Turkmenistans in der Sowjetunion. Erst im Zuge des Zerfalls der Sowjetunion nach dem gescheiterten Augustputsch im August 1991 wurde Turkmenistan am 27. Oktober 1991 ein eigenständiger Staat. Basierend auf einem zweiten Referendum im Herbst 1991 gab es nach offiziellen Angaben eine Zustimmung von 94 Prozent der Bevölkerung für die Gründung eines unabhängigen turkmenischen Staates.

Bevölkerungsstruktur – insbesondere ethnische Zusammensetzung

Die Einwohnerzahl des Landes liegt 2019 mit 5 942 000 Einwohnern bei einem Bevölkerungswachstum von ca. 6 Prozent. Die Amtssprache ist Turkmenisch, welches als oghusische Sprache mit dem Türkischen bzw. dem Aserbaidschanischen verwandt ist. Wichtige Regionalsprachen im Land sind Russisch, Usbekisch und Kasachisch. Als Erbe der Sowjetzeit ist der Alphabetisierungsgrad mit 99 Prozent sehr hoch, die bedeutenden Religionen sind vor allem der sunnitische Islam mit 90 Prozent und der russisch-orthodoxe Glaube mit knapp 8 Prozent.

Der Anteil der städtischen Bevölkerung liegt nur bei knapp 50 Prozent. Die durchschnittliche Lebenserwartung liegt bei lediglich 61 Jahren bei Männern und 70 Jahren bei Frauen. Bedeutsam für das gesellschaftliche Leben sind nach wie vor die Zugehörigkeiten zu den turkmenischen Volksgruppen. Die Herkunft spielt eine extrem wichtige Rolle und die einzelnen Unterschiede zwischen den Volksgruppen sind äußerlich durch andersartige Kleidungs- und Teppichmuster und Dialekte erkennbar.

Turkmenistan ist ethnisch deutlich homogener als die übrigen zentralasiatischen Republiken, so sind knapp 90 Prozent der Bevölkerung ethnische Turkmenen. Nennenswerte Minderheiten sind vor allem Usbeken mit einem Anteil von knapp 6,5 Prozent der Gesamtbevölkerung, die größtenteils entlang des Amu-Darja im Norden siedeln. Der Anteil der russischen Minderheit liegt nur noch bei knapp 2 Prozent, die größtenteils in Aschgabat leben. Die Sprachenpolitik der Regierung ist komplett auf die turkmenische Sprache ausgerichtet – andere Sprachen werden an den Schulen nicht mehr gelehrt und um ein offizielles Amt in Turkmenistan zu bekleiden, muss die Fähigkeit zur fließenden Unterhaltung im Turkmenischen nachgewiesen werden.

Wirtschaftsstruktur

Turkmenistan verfügt über die viertgrößten Gasvorkommen der Welt und mit dem Galkynysch bzw. Süd-Yolotan-Osman Gasfeld über eines der größten zusammenhängenden Gasfelder. Die Erschließung der gigantischen Gasvorkommen des Landes erfolgte größtenteils zu Sowjetzeiten während der 1970er und frühen 1980er Jahre. Seit der Unabhängigkeit 1991 wurde nur vereinzelt in neue Explorations- und Extraktionstechniken oder die Anpassung der Transportinfrastruktur investiert. Mit Ausnahme der reichhaltigen Erdgas- und Erdöllagerstätten wurden andere turkmenische Rohstoffvorkommen mit Ausnahme zweier Zementfabriken bislang nicht systematisch erschlossen.

Turkmenistan ist das bevölkerungsärmste und isolierteste der zentralasiatischen Nachfolgestaaten der Sowjetunion. Unter allen ehemaligen zentralen Planwirtschaften liegt Turkmenistan bei den wirtschaftlichen Transformationsindikatoren, die das Reformtempo und den Grad der wirtschaftlichen Liberalisierung messen, regelmäßig auf dem letzten Platz. Seit 2016 befindet sich die turkmenische Wirtschaft in einer tiefen Krise, da der langfristige Gasvertrag mit China über die Nutzung der Turkmenistan-China-Gas-Pipeline für das Land ungünstig ist. Durch mangelnde Investitionen in seine Förderkapazitäten und eine generelle Ineffektivität bei grassierender Korruption ist es für den turkmenischen Staat unmöglich, parallele Verträge mit anderen Nationen zu erfüllen oder neue Absatzmärkte jenseits von China zu erschließen, selbst wenn diese lukrativer wären. Eine Reaktion auf diese Krise ist die erneute Bindung an Russland, so ist seit Oktober 2018 die Wiederaufnahme der seit Jahren ausgesetzten Gaslieferungen an Russland unterzeichnet worden. Ein anderer Weg zur Bewältigung der Krise ist die Arbeit an der Turkmenistan–Afghanistan–Pakistan–India-Pipeline

(TAPI), welche den südlichen Energiekorridor nach Indien öffnen und 2021 in Betrieb gehen soll.

Seit dem Sommer 2017 ist die Versorgungslage mit ursprünglich subventionierten Grundnahrungsmitteln und Wasser in weiten Teilen des Landes (mit Ausnahme der Hauptstadt) teilweise katastrophal. Durch das Missmanagement des Energiesektors und die allgegenwärtige Korruption ist die wirtschaftliche Position Turkmenistans schlechter geworden und die Gefahr einer wirtschaftlichen Abhängigkeit gegenüber Russland und insbesondere gegenüber China steigt. Aufgrund der einseitigen Fokussierung auf den Gas- und Erdölbereich existiert in Turkmenistan keine nennenswerte Wertschöpfung im industriellen Sektor, trotz geringer Ansiedlungen von verarbeitenden Betrieben. Auch Baumwolle als Exportgut ist mit weitem Abstand hinter Erdöl und Gas anzusiedeln. Der Anteil von Erdöl und Erdgas sowie Erdöl- und Gasprodukten lag 2018 bei etwa 91,5 Prozent an den turkmenischen Exporten, mit China als bis 2018 einzigem Abnehmer. Der Exportanteil von etwas mehr als 6 Prozent macht Baumwolle und Baumwollprodukte zum zweitwichtigsten Exportgut. Diese wenig differenzierte Exportlandschaft wird mit einem Anteil von knapp 78 Prozent nach China angeführt, weitere nennenswerte Länder sind Afghanistan und die Türkei mit jeweils 6 Prozent. Die wichtigsten Importpartner vor allem was Baumaterialien, Maschinen und Konsumgüter betrifft, sind mit 33 Prozent des Importvolumens die Türkei, dann Russland und China mit jeweils 15 Prozent, Deutschland mit 6 Prozent und Süd-Korea mit 3 Prozent.

Die Landwirtschaft ist trotz allem Turkmenistans zweitwichtigster Wirtschaftssektor, trägt allerdings nur etwas mehr als 10 Prozent zum Bruttoinlandsprodukt bei. Es sind aber mehr als 45 Prozent der Bevölkerung in der Landwirtschaft beschäftigt, wobei die Anbaufläche des Landes durch klimatische und bodenbeschaffene Faktoren limitiert ist und nur 5 Prozent der Gesamtfläche landwirtschaftlich nutzbar sind. Hauptader der landwirtschaftlichen Produktion und des Baumwollanbaus ist neben dem Amu-Darja der Karakum-Kanal, allerdings bleibt sowohl eine Modernisierung der Landwirtschaft als auch eine Klärung der Bewässerungsfrage eine immense Herausforderung für Turkmenistan, da sowohl Topographie als auch das Klima eine künstliche Bewässerung des Landes erforderlich machen. Auch ist die Weidewirtschaft bezogen auf die Zucht der

Karakulschafe sowie der Handel mit den Fellen der neugeborenen Karakulschafe und die Weiterverarbeitung zu Teppichen von geringer, aber symbolträchtiger Bedeutung in Turkmenistan.

Aktuelle politische Entwicklung

Als Brückenland zwischen den Staaten der ehemaligen Sowjetunion im Norden, den Staaten des Kaukasus im Westen und denen des Vorderen Orient im Süden kommt Turkmenistan eine potenziell wichtige Transitfunktion zu, die jedoch gegenwärtig – auch aufgrund der selbst für die autoritär geprägten Staaten Zentralasiens schwierigen Menschenrechtslage – noch nicht einmal in Ansätzen realisiert werden kann. In den Jahren nach der Unabhängigkeit sicherte Präsident Nijasow sich die Macht durch ein starkes, die Loyalitäten der einzelnen Volksgruppen durch Patronagenetzwerke im Erdöl- und Gasbereich austarierendes, System von unbedingter Gefolgschaft bei gleichzeitigem brutalem Einsatz von Sicherheits- und Geheimdiensten. 1999 wurde Nijasow ohne weitere Abstimmung zum Präsidenten auf Lebenszeit ernannt. Er baute in den Jahren seiner Macht einen extremen Personenkult um sich selbst auf, welcher im Schreiben des Buches 'Ruhnama' (Das Buch der Seele) gipfelte. Dieses Buch stand auf einer Ebene mit religiösen Büchern und wurde in den Schulen und Universitäten gelehrt. Darüber hinaus befindet sich in Aschgabat eine übergroße Version des Buches in einem Park, welches sich unter der Herrschaft Nijasows jeden Abend öffnete. Nijasow selbst hat sich in den 1990er Jahren auch den Titel „Türkmenbashi“ (Vater der Turkmenen) gegeben, welcher auch vom Volk angenommen wurde.

Am 21. Dezember 2006 verstarb Präsident Nijasow an einem Herzinfarkt. Sehr schnell war die Nachfolge geregelt, denn der stellvertretende Ministerpräsident Turkmenistans und Leibzahnarzt des Türkmenbashi Gurbanguly Berdimuhamedow wurde als Interimsnachfolger Nijasows dem Volk vorgestellt. Die im Februar 2007 stattfindenden Wahlen hatten mit Berdimuhamedow trotz mehrerer Gegenkandidaten einen eindeutigen Sieger mit etwa 90 Prozent der abgegebenen Stimmen. In den folgenden Monaten sicherte sich Berdimuhamedow die Macht und säuberte die erweiterte Führungsriege des Militärapparates, der Geheimdienste und sämtliche Mitarbeiter der Staatsanwaltschaft mittels einer großen Verhaftungswelle, der über tausend Menschen zum Opfer fielen und in Geheimprozessen zu langen Haftstrafen verurteilt wurden.

2008 wurde auf Betreiben Berdimuhamedows eine neue Verfassung verabschiedet und die alte Verfassung von 1992 für ungültig erklärt. In der neuen Verfassung ist u. a. eine erhöhte Machtfülle für den Präsidenten inklusive einer unbegrenzten Wiederwahl enthalten. Berdimuhamedow hat viele von Nijasow als Türkmenbashi angeordnete unpopuläre Dekrete aufgehoben, so haben nun alle Wochentage und Monate wieder die ursprüngliche Bezeichnung und auch der Besuch von Kinos und Theatern ist wieder erlaubt. Reisen, kritische Äußerungen gegenüber dem Präsidenten, Demonstrationen und freier Zugang zu ausländischen Medien oder dem Internet jenseits des staatlich kontrollierten Providers sind allerdings nach wie vor nicht erlaubt. Auch ist seit einigen Jahren ein beginnender Personenkult um Präsident Berdimuhamedow erkennbar. Er ist in den Medien allgegenwärtig und rückt daher Nijasow in den Hintergrund, der auch nicht mehr als Türkmenbashi, sondern nur noch als Vater der Nation verehrt wird.

Die innenpolitisch größte Herausforderung ist die starke Konzentration von wirtschaftlicher Macht und Patronagenetzwerken in der Erdöl- und Gasindustrie fast ausschließlich in den Händen der Akhal-Tekke, sodass das alte austarierte System von Volksgruppenloyalitäten gegenüber der Zentralregierung in Aschgabat wankt. Die wirtschaftliche Abhängigkeit von China im Zuge der Gasexporte verschärft dieses innenpolitische Konstrukt noch stärker, da die subventionierten Grundnahrungsmittel immer teurer werden und sich seit 2016 die Kosten für weite Teile der Bevölkerung jenseits der Hauptstadt verdoppelt oder gar verdreifacht haben. Auch der zunehmend nationalistische Duktus des Präsidenten, der lediglich die Akhal-Tekke als wahre Turkmenen ansieht, verkompliziert die innenpolitische Lage. Außenpolitisch dominiert neben der „neue Seidenstraße-Initiative“ Chinas die Frage nach der Beteiligung Turkmenistans an multilateralen Konfliktlösungen in Zentralasien, was u. a. die Diskussion um Bewässerungsprojekte wie den sogenannten „See des Goldenen Zeitalters“ in der Karaschor-Senke und Wasserkonflikte mit Usbekistan beinhaltet.

Literatur

Degterev, D., Kurylev, K. (Hrsg.) (2019): Foreign policies of the CIS states: a comprehensive reference. Boulder.

Fatland, E. (2017): Sowjetistan – Eine Reise durch Turkmenistan, Kasachstan, Tadschikstan, Kirgisistan und Usbekistan. Berlin.

International Crisis Group (Hrsg.) (2007): Turkmenistan after Niyazov, in: Asia Briefing, Nr. 60.

International Crisis Group (Hrsg.) (2003): Cracks in the Marble: Turkmenistan's failing Dictatorship, in: Asia Report, Nr. 44.

Luckow, B. (2019): Turkmenistan. Berlin.

Meurs, H. (2019): Religionsfreiheit: Turkmenistan, in: Internationalen Katholischen Missionswerk missio e.V. und Renovabis e.V. (Hrsg.), Länderberichte Religionsfreiheit, Nr. 43.

Meurs, H. (2015): Das Herrschaftssystem von Turkmenistan. Mechanismen zum Erhalt der Macht und Inszenierungen zu ihrer Legitimation. Münster, Berlin.

Pomfret, R. (2019): The Central Asian Economies in the Twenty-First Century: Paving a New Silk Road. Princeton.

Meik Nowak

Usbekistan

Offizieller Name:	Republik Usbekistan
Staatsform:	Präsidentielle Republik; sehr autoritär
Unabhängigkeit:	1. September 1991 (von der Sowjetunion)
Nationalfeiertage:	1. September (Unabhängigkeitstag)
Hauptstadt:	Taschkent
Lage:	Zentralasien
Fläche:	447 400 qkm (Weltrang: 56)
Bevölkerung:	33 255 000 (2019)
Landesstruktur:	12 Provinzen, 1 autonome Republik, 1 Stadt
Sprachen:	Usbekisch (Amtssprache; 74,3 Prozent), Russisch (14,2 Prozent), Tadschikisch (4,4 Prozent), Sonstige (10,1 Prozent)
Religionen:	Islam (88 Prozent, meistens sunnitisch), Orthodoxe (9 Prozent), Sonstige (3 Prozent)
Währung:	So'm (UZS)
Wirtschaftszweige:	*Landwirtschaft:* Baumwolle, Gemüse, Obst, Getreide; Vieh *Industrie:* Textilien, Lebensmittelverarbeitung, Maschinenbau, Metallurgie, Bergbau, Kohlenwasserstoffgewinnung, Chemikalien
Mitgliedschaften:	ADB, CICA, CIS, EAPC, EBRD, ECO, FAO, IAEA, IBRD, ICAO, ICC (Nationale Komitees), ICCt, ICRM, IDA, IDB, IFAD, IFC, IFRCS, ILO, IMF, Interpol, IOC, ISO, ITSO, ITU, MIGA, NAM, OIC, OPCW, OSCE, PFP, SCO, UN, UNCTAD, UNESCO, UNIDO, UNWTO, UPU, WCO, WFTU (NGOs), WHO, WIPO, WMO, WTO (Beobachter)

Wichtigste Medien: Alle Medien sind staatlich kontrolliert und zensiert.
*Fernsehen:*13 staatseigene Sendenetzwerke; 20 private Sendestationen, welche von der Regierung überwacht werden.
Hörfunk: 4 staatseigene Radionetzwerke
Presse: 2019 wurde die usbekische Agentur für Presse und Information reorganisiert zur Agentur für Informationen und Massenkommunikation; diese wurde eingegliedert in den Regierungsapparat und die älteste Tochter des usbekischen Präsidenten wurde die Vorsitzende der Agentur.

****

Naturraum und geographische Rahmenbedingungen

Usbekistan ist ein Binnenstaat (land locked) mit einer Fläche von 448 900 qkm im Herzen Zentralasiens zwischen den beiden Flüssen Syr-Darja (antiker Name Jaxartes) und Amu-Darja (antiker Name Oxus) und ist selbst als eines der wenigen Länder der Welt von weiteren Binnenstaaten umgeben. Es grenzt im Norden und Nordwesten an Kasachstan (2 203 km gemeinsame Grenze), im Nordosten an Kirgisistan (1 099 km gemeinsame Grenze), im Osten und Südosten an Tadschikistan (1 161 km gemeinsame Grenze), im Süden an Afghanistan (137 km gemeinsame Grenze) und im Südwesten an Turkmenistan (1 621 km gemeinsame Grenze). Die Nord-Süd-Ausdehnung beträgt 930 km und die West-Ost-Ausdehnung 1 425 km von den Wüsten um den Aralsee bis zu dem fruchtbaren Ferganatal.

Die Grenzverläufe mit Kirgisistan und Tadschikistan sind durch einige Exklaven gekennzeichnet und teilweise strittig. Der größte Teil der Fläche Usbekistan wird von den Wüsten im Tiefland von Turan eingenommen. Südöstlich des Aralsees befindet sich die Kysylkum-Wüste, welche knapp 40 Prozent der Staatsfläche umfasst und sich auf dem angrenzenden Territorium Kasachstans fortsetzt. Südlich davon liegt eine große Steppenlandschaft mit Ausläufern der kasachischen Hunger-Steppe im Norden und der Karschisteppe im Süden, welche durch den Amu-Darja im Westen begrenzt werden. Durch das Land fließen die zwei wichtigsten Zuflüsse des abflusslosen, schwach salzigen Aralsees und die beiden dominanten Ströme Zentralasiens, der Amu-Darja und der Syr-Darja, welche das lebenswichtige Wasser für die Landwirtschaft und den Baumwollanbau aus ihren Quellgebieten über Nebenflüsse flussabwärts strömen lassen. Der Osten ist durch die Turkestan-Gebirgskette und die vorgebirgige Landschaft des Tianshan sowie den usbekischen Teil des Ferganatals – einer dicht besiedelten Senke zwischen dem Tianshan- und dem Alai-Gebirge mit fruchtbaren landwirtschaftlichen Anbauflächen – gekennzeichnet. Die höchste Erhebung Usbekistans ist mit 4 643 m der Hazrat Sulton, welcher im Hissargebirge an der Grenze zu Tadschikistan liegt. Die tiefste Stelle ist mit 12 m unter Null in der Wüste Kysylkum zu finden. Die einzelnen Gebirgs- und Vorgebirgszonen im Osten und Nordosten des Landes sind stark erdbebengefährdet.

In Usbekistan herrscht ein ausgeprägt kontinentales Klima mit hohen Temperaturschwankungen. Das Land hat eine vielfältige Flora und Fauna – so gibt es mehr als 4 500 verschiedene Pflanzenarten in den Gebirgs-, Wüsten- und Steppenregionen, von denen ein großer Anteil nur in Usbekistan beheimatet ist. Die vielfältige Tierwelt umfasst Karakulschafe, Falken, Bären, Schneeleoparden und viele Reptilien sowie Fischarten. Das Land besitzt reiche Vorräte an vielen Bodenschätzen wie Gold, Uran, Kupfer, Silber, Blei, Zink, Wolfram und Erdgas. Durch den intensiven Baumwollanbau und die damit verbundene übermäßige Nutzung der Zuflüsse des Aralsees bei gleichzeitig ineffizienten Bewässerungsmethoden hat sich am Aralsee über die Jahre ein ökologisches Drama abgespielt. Der Wasserspiegel des Aralsees hat sich dadurch seit den 1970er Jahren dramatisch abgesenkt, zudem ist vor allem auf usbekischer Seite der Boden und das Trinkwasser durch unsachgemäßen, massiven Einsatz von Pestiziden, Insektiziden und Düngemitteln kontaminiert. Die Bevölkerung in der betroffenen autonomen Republik Karakalpakistan leidet sehr stark unter den unmittelbaren Folgen der Umweltkatastrophe, was sich durch höhere Säuglingssterblichkeit, Krebserkrankungen und Fehlbildungen bei Kindern bemerkbar macht.

Geschichtliche Entwicklung von vorkolonialer Zeit bis zur Unabhängigkeit

Usbekistan ist anders als seine Nachbarstaaten nicht primär nomadisch geprägt, sondern verfügt über eine deutlich höhere und auch sichtbarere Mannigfaltigkeit an historischen Landmarken wie historisch bedeutende

Städte und Denkmäler als Symbole seiner reichen und mächtigen Vergangenheit. Dieses historische reichhaltige Erbe ist seit der Unabhängigkeit stark durch den ersten Präsidenten Islom Karimov für die Schaffung eines neuen postsowjetischen Nationalbewusstseins genutzt worden. Das heutige Gebiet Usbekistans beinhaltet einen jahrtausendealten Kulturraum mit reichhaltiger staatlicher wie nomadischer Geschichte. In seiner heutigen Ausprägung und territorialer Form ist Usbekistan erst in den 1920er Jahren als Sowjetrepublik entstanden, aber es war durch seine zentrale Lage prägend für die Geschichte seiner Nachbarstaaten.

Die historisch ersten Siedlungsspuren gehen zurück in die Altsteinzeit, so wurde 1938 bei Boysun im Süden des Landes ein Schädel eines Neandertalerkindes gefunden, welches Rückschlüsse auf die Besiedlung der Region vor ca. 30 000 bis 40 000 Jahre v. Chr. gibt und einer der wenigen Funde eines Neandertalers außerhalb Europas darstellt. Ab ca. 2200 v. Chr. lassen sich dann die ersten Hinweise wie Zinn- und Bronzeabbau auf die Margiana-Baktrische Zivilisation, umgangssprachlich auch Oasenkultur genannt, finden. Ab ca. 1000 v. Chr. wird die Region unter dem Namen Baktrien bekannt mit der Hauptstadt Balch (Balkh in Afghanistan) und umfasst das westliche Choresm (das Gebiet um Chiwa und Urgench) sowie Sogdien (das Gebiet zwischen Afrosiab in der Nähe von Samarkand und den Oasenstädten des Ferganatals). 559 v. Chr. geriet Baktrien dann unter die Kontrolle des persischen Achämenidenreichs und war für über 200 Jahre eine wichtige Provinz des Perserreichs. Dies endete erst mit der Zeit Alexander des Großen, welcher 328 v. Chr. den Oxus in der Nähe des heutigen Termez überquerte und in der Folgezeit Baktrien eroberte, bevor er nach Sogdien und später Indien weiterzog. Nach Alexanders Tod etablierte sich kurz das Seleukidenreich, in der Folgezeit entstand aus dem baktrischen Teil das sogenannte graeco-baktrische Reich und ca. 100 v. Chr. etablierte sich dann das Kuschan-Reich, welches für die Verbreitung des Buddhismus in der zentralasiatischen Welt verantwortlich war.

Das Gebiet des heutigen Usbekistans war aufgrund seiner Lage an der Seidenstraße und der relativ hohen Dichte an miteinander in Austausch stehenden Karawanenstädten und Oasen eine wohlhabende und blühende Region. Diese lange Zeit des Friedens endete – trotz des aufkommenden Partherreichs und der anschließenden Sassaniden sowie der Zeit der Hephtaliten und der Einfälle von einzelnen Volksgruppen der Göktürken – erst mit der Schlacht von Talas 751 n. Chr. Obwohl im Zuge der arabischen Eroberungskriege bereits seit dem siebten Jahrhundert sich langsam aber stetig der Islam durchsetzte, gehörte das historische Baktrien ebenso wie Sogdien und Choresm erst nach dem Sieg des arabisch-persischen Kalifats über die Chinesen 751 n Chr. bei Talas endgültig zur islamischen Welt. Die folgenden fast zwei Jahrhunderte wurden von der Samaniden-Dynastie in Buchara (819 bis 1005) bestimmt, welche bis heute auch Einfluss auf das Verhältnis mit dem östlichen Nachbarstaat Tadschikistan hat. Dieser beansprucht das historische Erbe der Samaniden-Dynastie und das Emirat von Buchara für sich.

In der Nachfolge der Samaniden traten die Karachniden sowie weiter westlich die Oghusen auf die Bildfläche – der Süden gehörte zu den Ghaznawiden, welche auch im heutigen Afghanistan und Pakistan dominant waren. Im Jahre 1220 kamen die Mongolen und das Zeitalter des „Mongolensturms“ hatte auch im heutigen Usbekistan große Auswirkungen. Diese Zeit war ruinös für die einzelnen städtischen Machtzentren, da die Stadtbevölkerung immer wieder erbitterte Kriege unter den Nomadenvölkern erdulden musste und das Land zerrüttete und Felder nicht bestellt werden konnten, sowie der ohnehin zurückgegangene Handel litt. Höhe- und Endpunkt dieser Epoche war das Leben und Wirken Timurs, auch Tamerlan genannt, der von 1370 bis 1405 regierte und als Hauptstädte seines Reiches sowohl Buchara als auch Samarkand großzügig mit Geldern, Dichtern, Malern, Architekten und Handwerkern aus den eroberten Ländern ausbaute und förderte. Seine Bauwerke wie das Gur-e Amir oder die Bibi-Chanum-Moschee prägen bis heute das historische Bild Usbekistans und auch Zentralasiens. Seine Nachfolger Schāh Ruch und auch dessen Sohn Ulugh Beg brachten das Land zum Erblühen und förderten Wissenschaft und Kultur.

Ab 1500 kann man dann vom eigentlichen Usbekistan sprechen, denn die Nachfahren Usbek Khans – eines Oberhaupts der Goldenen Horde – eroberten in dem Jahr Buchara und Samarkand, sodass der letzte Timuride Babur nach Indien vertrieben wurde, wo er das Mogulreich begründete und fern seines geliebten Ferganatals starb. Die Usbeken waren ein Turkvolk in West-Sibirien mit gemeinsamen Wurzeln mit den Kasachen. Mit dem Sieg über Babur 1512 erlangten die Usbeken die Herrschaft über das Land zwischen Amu-Darja und Syr-Darja – der Norden des Timuridenreiches wurde kasachisches Gebiet. Das Usbekenreich profitierte im 16. Jh. von einer Blütezeit der Wirtschaft, Baukunst und Malerei, jedoch war Zentralasien geopolitisch im Hintertreffen, da durch den Seeweg nach Indien und das beginnende Zeitalter der Entdeckungen die Rolle der Seidenstraße endgültig verblasste und die Region somit nicht mehr am Welthandel teilnahm.

Erst mit dem Beginn des „Great Game" ab 1830 zwischen dem zaristischen Russland und Großbritannien geriet die Region in den geopolitischen Fokus und als Folge dessen gelangten die drei dominanten zentralasiatischen Staaten mit dem Emirat von Buchara, dem Khanat von Chiwa (Choresm) im westlichen Usbekistan und dem Khanat von Kokand im Feganatal in russische Abhängigkeit. In den Folgejahren wurde aus den unter russische Herrschaft geratenen Gebieten Zentralasiens das Generalgouvernement Turkestan gebildet. Bereits 1917 kam es zur Bildung erster Volksräte in Usbekistan und es wurde 1918 die Turkestanische Autonome Sozialistische Sowjetrepublik (Turkestanische ASSR) gegründet. 1920 wurden der Khan von Chiwa und der Emir von Buchara gestürzt und Kooperationsverträge mit der UdSSR geschlossen.

In Usbekistan konnte sich die Rote Armee sowohl gegen die „Weißen" als auch die Angehörigen des Basmatschi-Aufstandes wie auch Enver Pascha durchsetzen, sodass am 27. Oktober 1924 die Usbekische SSR gebildet wurde, die seit 1925 zur UdSSR gehörte. Tadschikistan, das sich selbst als Ost-Buchara verstand und eine Autonome Sozialistische Sowjetrepublik innerhalb der Usbekischen SSR war, wurde 1929 als selbstständige Tadschikische SSR von der Usbekischen SSR getrennt. Bis heute sehen viele Tadschiken Buchara und Samarkand als tadschikische Städte und kulturelle Zentren an. Die Karakalpakische Autonome Sozialistische Sowjetrepublik (Karakalpakische ASSR) im Westen des Landes war zunächst Teil der UdSSR, wurde allerdings 1936 in die Usbekische SSR eingegliedert. Die Hauptstadt der Usbekischen SSR war zunächst die historische Timuridenstadt Samarkand, im Jahre 1930 wurde sie aber auch aus symbolischen Gründen von Taschkent abgelöst.

Die sowjetische Zeit führte wie überall in Zentralasien zu einem hohen Modernisierungsschub in Infrastruktur, Bildung, medizinischer und schulischer Versorgung, aber auch zu einer ineffizienten Planwirtschaft und furchtbaren Umweltverschmutzungen. Usbekistan war in der UdSSR als das Land mit der stärksten Ausrichtung auf Produktion und Verarbeitung von Baumwolle berühmt. In den 1980er Jahren erschütterte ein großer Baumwoll-Skandal um falsche Lieferquoten das Land und brachte mit Islom Karimov auch den späteren „Vater der Nation“ an die politische Spitze. 1986 wurde er stellvertretender Ministerpräsident und Vorsitzender der Plankommission und rückte im Juni 1989 zum Ersten Sekretär der Usbekischen KP auf. Im Zuge der Auflösung der UdSSR wählte ihn am 24. März 1990 der Oberste Sowjet der Usbekischen SSR in das neu geschaffene Amt des Präsidenten. Als Folge des Moskauer Putschversuchs im Sommer 1991 erklärte Karimov am 1. September 1991 als erste zentralasiatische Unionsrepublik die Souveränität Usbekistans. Er wurde in den ersten direkten Präsidentschaftswahlen am 29. Dezember 1991 mit 86 Prozent der Stimmen gewählt und ließ sich sowohl 1995 als auch 2000 per Referendum im Amt bestätigen.

Bevölkerungsstruktur – insbesondere ethnische Zusammensetzung

Usbekistan ist das mit Abstand bevölkerungsreichste aller zentralasiatischen Länder mit aktuell knapp 33 255 000 Einwohnern. In der zaristischen wie auch in der sowjetischen Epoche war Taschkent das dominante wirtschaftliche Metropolzentrum der zentralasiatischen Region und ein Anziehungspunkt für viele Menschen. Usbekistan ist ein sehr junges Land, denn etwa 40 Prozent der gesamten Bevölkerung sind unter 18 Jahre alt und fast zwei Drittel der Bevölkerung unter 30 Jahre. Das Durchschnittsalter lag 2018 bei 28,6 Jahren.

Die Bevölkerung besteht aus über einhundert Ethnien, dies sind im Einzelnen 71 Prozent Usbeken, 5,1 Prozent Russen, 5 Prozent Tadschiken, 4,1 Prozent Karakalpaken, 3,2 Prozent Kasachen, 2,7 Prozent Krimtataren, 2,5 Prozent Koreaner und viele weitere kleine Ethnien. Der Anteil alphabetisierter Erwachsener liegt bei 99,6 Prozent. Weitverbreitete Religionen sind der sunnitische Islam mit 88 Prozent und die russisch-orthodoxe Kirche mit knapp 9 Prozent. Trotz der wichtigen Funktion der Metropole Taschkent und anderer Städte mit langer Tradition der Sesshaftigkeit in einer Region, die von Nomadenvölkern besiedelt ist, liegt der Anteil der städtischen Bevölkerung nur bei etwas mehr als 35,1 Prozent. Die

Lebenserwartung liegt bei 75 Jahren (Frauen) bzw. 69,7 Jahren (Männer). Die durchschnittliche Anzahl der Geburten pro Frau liegt Stand 2018 bei 2,46 Kindern, die Kindersterblichkeit bei 22,5 auf 1 000 Lebendgeburten.

Usbekistans gesellschaftliche und politische Elite ist sehr stark durch regionale informelle Netzwerke basierend auf der jeweiligen Herkunft geprägt – diese landsmannschaftlichen Einteilungen sind im Einzelnen das Ferganatal und die Städte Buchara, Samarkand und Taschkent. Der Osten des Landes ist sehr stark besiedelt mit einer extrem hohen Bevölkerungsdichte von mehr als 540 Einwohnern pro qkm im Ferganatal (in der Provinz Andijon sogar über 700 Einwohner pro qkm). Die westliche Provinz Navoiy an der Grenze zu Kasachstan dagegen hat lediglich eine Bevölkerungsdichte von 8,5 Einwohnern pro qkm und die autonome Republik Karakalpakistan am Aralsee eine Bevölkerungsdichte von 11 Einwohnern pro qkm. Der Stellenwert der Religion ist aus zwei Gesichtspunkten zu betrachten – zum einen ist das islamische Erbe durch die glanzvolle Vergangenheit der Khanate und Emirate in Samarkand, Chiwa, Kokand und Buchara essentiell für die nationale Identität. Zum anderen besteht die berechtigte Gefahr vor der Retraditionalisierung und Radikalisierung in den ländlichen Gebieten und vor allem im Ferganatal mit Auswirkungen auf den gesellschaftlichen Zusammenhalt und die politische Herrschaft. Neben der Existenz islamistischer Gruppierungen ist vor allem das Verhältnis Usbekistans zu Afghanistan und Tadschikistan und den jeweiligen Minderheiten sowohl in Usbekistan als auch der usbekischen Minderheit in den beiden Ländern eine herausfordernde Situation. Die geistliche Verwaltung der Muslime des Landes steht daher unter staatlicher Aufsicht, auch wenn der Islam mittlerweile wieder sichtbar ist und auch als Teil der nationalen Identität gilt.

Wirtschaftsstruktur

Nach der Unabhängigkeit von der Sowjetunion erlangte Usbekistan viele wichtige Vermögenswerte wie die modernste zivile Flugzeugflotte, das ehemalige zentralasiatische, sowjetische Militärkommando samt militärischer Ausrüstung sowie die effizienteste zivile Verwaltungsstruktur in Zentralasien. In den 1990er Jahren sahen externe Beobachter einen Kampf um die regionale Hegemonie zwischen Usbekistan und Kasachstan als möglich an, aber im 21. Jahrhundert wurde Kasachstan dann eindeutig die führende Wirtschaft Zentralasiens. Nach herkömmlichen Maßstäben war die wirtschaftliche Leistung Usbekistans gut, aber vor allem die demographische Entwicklung wie auch die innenpolitische Repression Karimovs bei anhaltenden inneren Unruhen spätestens nach dem Massaker von Andijon 2005 wirkten sich negativ auf ausländische Direktinvestitionen aus.

Usbekistan liegt gemessen an seinen Startvorteilen 1991 und an den vorhandenen natürlichen Ressourcen nur auf dem 108. Rang der menschlichen Entwicklung (HDI) von 189 dort erfassten Ländern. Zudem ist die wirtschaftliche Armutsquote des Landes mit 11,4 Prozent (Stand 2018) hoch. Das Land ist sehr reich an Bodenschätzen wie Erdgas, Gold, Erdöl, Kohle, Silber und Kupfer. Der wichtigste Wirtschaftszweig ist jedoch die Landwirtschaft mit einem Anteil von knapp 60 Prozent der Beschäftigten und einem Anteil von ca. 30 Prozent am BIP. Usbekistan ist somit einer der weltweit größten Exporteure für Baumwolle und sehr stark abhängig vom Baumwollexport, der auch für ein Drittel der Deviseneinnahmen verantwortlich ist. Diese strategische Abhängigkeit und der hohe Bedarf an Arbeitskräften für die Baumwollernte führen bis heute dazu, dass im Herbst jeden Jahres Kinder, Jugendliche, Studenten und Angestellte des öffentlichen Dienstes unter teilweise unmenschlichen Bedingungen wochenlang Baumwolle als unentgeltlichen Dienst an der Gesellschaft pflücken müssen. Die Etablierung dieser Ausrichtung auf die Monokultur Baumwolle wurde bereits zu Sowjetzeiten auf Kosten des Weizenanbaus gefördert und ist verantwortlich für den sehr hohen Wasserverbrauch.

Seit der Unabhängigkeit hat Usbekistan den Anbau von Getreide, Obst und Gemüse gesteigert und den Baumwollanbau verringert. Jedoch sind weiterhin strukturelle Probleme in der Landwirtschaft jenseits der ineffizienten Bewässerung und der Bodenversalzung bzw. Bodendegradation vorhanden. Weiterverarbeitet werden lediglich etwas mehr als 10 Prozent der jährlichen Obst- und Gemüseernte selbst im Land und exportiert insgesamt nur knapp 7 Prozent, sodass im Bereich der Landwirtschaft ebenso wie in der Karakulschaf- und Seidenraupenzucht ein großes Entwicklungspotenzial vorhanden ist. Neben staatlich festgesetzten Preisen für landwirtschaftliche Erzeugnisse und mangelnde Investitionen in moderne Agrartechnologie stößt eine substantielle Erhöhung der Agrarproduktion auch an natürliche Grenzen, da mehr als zwei Drittel des usbekischen

Staatsgebiets von Wüsten und Steppen bedeckt sind. Die landwirtschaftliche Nutzfläche beträgt nur etwa 10 Prozent und konzentriert sich im dicht besiedelten Fergana-Becken im Osten und den Regionen um die Städte Taschkent, Samarkand und Buchara. Seit dem Tod des ersten Präsidenten wird eine sehr zaghafte wirtschaftliche Reformpolitik mit geringen Privatisierungstendenzen und weiterhin einer staatlich gelenkten Wirtschaft mit Direkteingriffsrechten des Präsidenten verfolgt.

Die wirtschaftliche Stagnation der letzten Jahre des Karimov-Regimes führte trotz offiziell guter Wachstumszahlen und niedriger Arbeitslosenzahlen zwischen 2005 und 2015 zu einer massenhaften Arbeitsmigration von Usbeken nach Kasachstan, Russland und in die Türkei. Nach unabhängigen Schätzungen liegt die reale Arbeitslosenquote in den Städten bei bis zu 20 Prozent, auf dem Land bei bis zu 40 Prozent. Die wichtigsten Exportgüter sind Nahrungsmittel (36,1 Prozent), Erdgas (22,5 Prozent), Textilien/Bekleidung (11,5 Prozent) NE-Metalle (8,4 Prozent) und petrochemische Erzeugnisse (6,1 Prozent). Die Hauptexportländer sind China (19,4 Prozent), Russland (15 Prozent), Kasachstan (11,2 Prozent), die Türkei (7,9 Prozent) und Afghanistan (4,3 Prozent). Die wichtigsten Importgüter nehmen Maschinen (26,1 Prozent), chemische Erzeugnisse (12,3 Prozent), Kfz und Kfz-Teile (11,3 Prozent) sowie Eisen und Stahl (9 Prozent) ein; die wichtigsten Importpartner sind China (20,4 Prozent), Russland (19,5 Prozent), Südkorea (11,2 Prozent), Kasachstan (8,9 Prozent) und die Türkei (6,3 Prozent). Usbekistan ist im Gegensatz zu Kasachstan und Kirgisistan kein Mitglied in der Eurasischen Wirtschaftsunion (EAWU). Auch sind die chinesischen Investitionen im Rahmen der „neuen Seidenstraße-Initiative" in Usbekistan aktuell geringer als in Kasachstan und fast ausschließlich im Kontext als Transitland für billiges turkmenisches Erdgas zu sehen.

Aktuelle politische Entwicklung

Im Unterschied zu den deutlich stärker nomadisch geprägten Gebieten der Nachbarstaaten Kasachstan, Kirgisistan und Turkmenistan war das heutige Usbekistan schon seit der arabischen Invasion im frühen Mittelalter ein Kerngebiet islamischer Kultur. Der Hauptgrund für diese starke Sichtbarkeit der Religion und der schönen Künste war die im Vergleich zu den Nachbarstaaten die hoch entwickelte, zumeist persisch geprägte

Stadtkultur vor allem in Buchara und Samarkand. Dieses reiche Erbe wurde auch vom ersten Präsidenten Islom Karimov zur Sicherung seiner Herrschaft und zum Aufbau eines usbekischen Nationalbewusstseins genutzt.

Die größte politische Herausforderung neben den zerklüfteten Grenzen mit Tadschikistan und Kirgisistan war und ist der große demographische Druck vor allem im Ferganatal, welcher sich durch Misswirtschaft und Korruption sowie nicht vorhandene ökonomische Entwicklung zu einer existenziellen Frage des Karimov-Regimes entwickelte. Die innenpolitischen Repressionen unter Karimov lassen sich auf diese beiden Gründe zurückführen, wenn auch nicht ausschließlich. Denn verstärkend kam hinzu, dass Usbekistan zunehmend in eine politische und wirtschaftliche Isolation innerhalb Zentralasiens wie der internationalen Gemeinschaft geriet und Misstrauen und teilweise offene Feindseligkeit dominierten die Beziehungen mit allen Nachbarstaaten. Insbesondere in den 1990er Jahren zu Tadschikistan, welches in einem blutigen Bürgerkrieg gefangen war. Dies änderte sich erst partiell durch die Rolle Usbekistans im Afghanistan-Krieg ab 2001, in welchem die USA einen Militärstützpunkt in Khanabad bei Karschi (2001–2005) und die Bundeswehr den strategischen Lufttransportstützpunkt Termez (2002–2015) jeweils auf usbekischem Territorium nutzten. Auch die umstrittene Rolle des zur usbekischen Minderheit in Afghanistan gehörenden Warlords Abdul Raschid Dostum in der Zeit bis 1997 und ab 2001 war ein Faktor der usbekischen Afghanistan-Politik, welche primär der usbekischen Grenzsicherung und internen Stabilität diente.

Ein einschneidendes Ereignis für die usbekische Politik in den 2000er Jahren war u. a. das Massaker von Andijon 2005, in welchem die zu dem Zeitpunkt erstarkenden sozialen Proteste gegen das Karimov-Regime blutig vom Militär niedergeschlagen wurden und massive Menschenrechtsverletzungen geschahen. Als ein Resultat der Kritik an dem Vorgehen durch die USA und die EU wurden Erstere seitens der usbekischen Regierung aufgefordert, das Land zu verlassen und der Stützpunkt in Khanabad wurde geschlossen. Die Spannungen im Verhältnis beider Länder gingen endgültig erst mit dem Tode Karimovs zurück. Der aktuelle Präsident Shavkat Mirziyoyev bemüht sich um eine neue Politik gegenüber den USA. Islom Karimov, der seit den 1990er Jahren das Land systematisch zu einer autoritären Präsidialdiktatur formte, verstarb am 2. September 2016 an den Folgen eines Schlaganfalls.

Der damalige Premier Shavkat Mirziyoyev wurde in einer nicht-öffentlichen gemeinsamen Sitzung der beiden Kammern des Parlaments am 8. September 2016 zum Nachfolger gewählt. Das staatspolitische Ziel des neuen Präsidenten ist nicht die Demokratisierung des Landes, sondern eine Transformation hin zu einem neuen Autoritarismus. Dieser soll den vielfältigen Herausforderungen der Globalisierung nicht mit Abschottung entgegentreten wie zu Zeiten Karimovs, sondern mit einer kontrollierten Öffnung durch eine gelenkte Privatisierung und eine Stärkung des Außenhandels. So sind die Anfang 2020 durchgeführten Parlamentswahlen friedlich verlaufen, aber das neu gewählte Parlament hat keine Entscheidungsbefugnisse. Wie zu Zeiten Karimovs ist alle Macht beim Präsidenten und das Parlament berät ihn lediglich. Auch eine Stärkung der Zivilgesellschaft ist nicht in Sicht. Seit 1999 müssen sich NGOs verpflichtend registrieren und der Zulassungsprozess für nationale und internationale NGOs ist sehr langsam, bürokratisch und daher ein ideales Gängelungsinstrument der Regierung.

Wirtschaftlich sind die aktuellen Herausforderungen die Frage des Beitritts und der Integration in die Eurasische Wirtschaftsunion, was eine stärkere Annäherung an Russland bedeutet, sowie die Intensivierung der Rolle Usbekistans in Chinas „neuer Seidenstraße-Initiative“. Bisher galt Usbekistan als sekundäres Zielland der „neuen Seidenstraße“ zu Turkmenistan und Kasachstan, die in den Jahren 2014–2018 deutlich höhere Investitionsvolumina hatten. Eine Ausnahme davon ist die wichtige Eisenbahnverbindung Angren–Pop, welche das Ferganatal durch den Kamchiq-Tunnel mit dem restlichen usbekischen Staatsgebiet verbindet und seit Juni 2016 eröffnet ist.

Seit dem Tode Karimovs hat sich die wirtschaftspolitische Zielsetzung Usbekistans deutlich verändert. Der grenzüberschreitende Handel mit Kirgisistan und Tadschikistan wurde ab 2016 durch eine Reihe von Besuchen des Präsidenten mit seinen Amtskollegen intensiviert. Auch in der Vermittlung von Gesprächen zwischen den Taliban und der afghanischen Regierung hat sich die usbekische Regierung für ihre Verhältnisse eindeutig positioniert und wird bei einem Friedensvertrag eine wichtige regionale Rolle – auch aufgrund der usbekischen Minderheit in Afghanistan – spielen.

Die größten Herausforderungen bleiben allerdings das hohe Bevölkerungswachstum, die Auswirkungen des Klimawandels und der Wasserknappheit in Bezug auf die Baumwollproduktion sowie die immer noch vorhandenen Grenzkonflikte im Ferganatal, die teilweise auf jahrhundertealten Fehden und religiösen Streitigkeiten basieren, und somit Nährboden für soziale Spannungen und religiösen Extremismus darstellen.

Literatur

Degterev, D., Kurylev, K. (Hrsg.) (2019): Foreign policies of the CIS states: a comprehensive reference. Boulder.

Fatland, E. (2017): Sowjetistan – Eine Reise durch Turkmenistan, Kasachstan, Tadschikstan, Kirgisistan und Usbekistan. Berlin.

Frankopan, P. (2018): The New Silk Roads. London.

International Crisis Group (Hrsg.) (2016): Uzbekistan: Reform or Repeat?, in: Crisis Group Europe and Central Asia, Briefing Nr. 84. Brüssel.

Naisbitt, D./Naisbitt, J. und Brahm, L. (2019): Im Sog der Seidenstrasse. Stuttgart.

Pomfret, R. (2019): The Central Asian Economies in the Twenty-First Century: Paving a New Silk Road. Princeton.

Schiek, S. (2017): Usbekistan wagt sich an ein Update. SWP-Aktuell, Nr. 68. Berlin.

Schiek, S./Zabanova, Y. und Rudloff, B. (2020): EU und Zentralasien: gemeinsam für mehr Nachhaltigkeit. SWP-Aktuell, Nr. 4. Berlin.

Bruno Muñoz-Perez und Mohammed Zarouni

Vereinigte Arabische Emirate

Offizieller Name:	Vereinigte Arabische Emirate
Staatsform:	Föderale konstitutionelle Erbmonarchie
Unabhängigkeit:	2. Dezember 1971 (von Großbritannien)
Nationalfeiertag:	2. Dezember (Unabhängigkeitstag)
Hauptstadt:	Abu Dhabi
Lage:	Persischer Golf
Fläche:	83 600 qkm (Weltrang: 113)
Bevölkerung:	9,4 Millionen
Landesstruktur:	7 Bundesstaaten (Emirate)
Sprachen:	Arabisch, Persisch, Englisch, Hindu, Urdu
Religionen:	Islam (76 Prozent), Christentum (9 Prozent)
Währung:	VAE-Dirham (AED)
Wirtschaftszweige:	Erdöl- und Erdgasförderung
Mitgliedschaften:	UN, Al, OPEC, OAPEC, GCC, OIC, IAEO, ICAO, IMF, FAO, ILO, WHO
Wichtigste Medien:	*Fernsehen:* Abu Dhabi TV, Al Arabiya Dubai TV, Sharjah TV *Rundfunk:* Abu Dhabi Radio, Al Emarat, Quran Kareem, Al-Arabiya, Al-Khaleejia *Zeitungen:* Khaleej Times, Akhbar Al-Arab, Al-Bayan, Al-Wahda, Awraq

* * * * * * * * * * * *

Naturraum und geographische Rahmenbedingungen

Die Vereinigten Arabischen Emirate (VAE) mit der Hauptstadt Abu Dhabi bilden zusammen mit ihrem nordwestlichen Nachbarn Katar und ihrem östlichen Nachbarn, dem Sultanat von Oman, den südöstlichsten Teil der Arabischen Halbinsel. Südwestlich grenzen die VAE mit 410 km an Saudi-Arabien. Mit einer Gesamtfläche von 83 600 qkm sind die VAE flächenmäßig der kleinste Staat nach Katar (11 500 qkm). Das Land hat mit ihrer 75 km langen östlichen Küstenlinie entlang des Golfes von Oman direkten Zugang zum Indischen Ozean. Hinzu kommen 700 km Küstenlinie im Persischen Golf, die zwischen der Oman zugehörigen Musansam-Halbinsel im Nordwesten und der Grenze mit dem schmalen saudi-arabischen Korridor im Westen liegen.

Wirtschaftlich und geostrategisch wichtig ist die Straße von Hormus. Die Seeverbindung vom Persischen Golf zum Indischen Ozean gilt als wichtigstes Nadelöhr für den Ölexport nach Japan, Westeuropa und in die USA. Zwei Drittel des Territoriums besteht aus der sandigen ar-Rub‘ al-Khali-Wüste mit je nach Jahreszeit unterschiedlichem Bestand an Vegetation. Die zum Teil mit Dornenbüschen und karger Vegetation bewachsenen Wüsten können für Jahrzehnte leblose Landstriche sein, bis Regen fällt und sich Teile der Wüste bei ergiebigen Regenfällen zu Weideland verwandeln. Das Klima (subtropisch bis tropisch) führt zu sehr geringen jährlichen Niederschlägen und bewirkt, dass Wasser in den VAE generell eine knappe und damit wertvolle Ressource ist. Trinkwasserquellen existieren zwar, ihre Kapazität reicht aber nicht für den starken Bedarf aus, sodass mit hohem Energieaufwand Trinkwasser vorwiegend durch Meerwasserentsalzungsanlagen gewonnen wird. Die VAE zählen zu den ölreichsten Ländern der Welt. Mit nachgewiesenen Reserven von 97,8 Mrd. Barrel verfügen sie über 7,3 Prozent der bekannten Weltvorräte.

Geschichtliche Entwicklung von vorkolonialer Zeit bis zur Unabhängigkeit

Die Wurzeln der heutigen Vereinigten Arabischen Emirate reichen bis in die Zeit der Islamisierung der Oasenbewohner und der Beduinen zurück, die noch zu Lebzeiten des Propheten Mohammed um das Jahr 630 n. Chr. stattfand. Die Bekehrung zum Islam wurde somit über Jahrhunderte der wichtigste und beständigste Faktor, der die Gesellschaft von Grund auf bestimmte, während die territorialen Zuordnungen an die islamischen Dynastien kamen und gingen. Im 16. Jahrhundert übernahmen zunächst die Osmanen die Kontrolle über die Golfregion, bis diese wenige Jahre später von den Portugiesen vertrieben wurden. Portugals Interesse an der Arabischen Halbinsel lag darin begründet, den hochprofitablen Handel zwischen den Küsten des Indischen Ozeans und Europa zu beherrschen. Für die Sicherung ihrer Handelsrouten von und nach Indien gegen die Konkurrenz des Omans und auch der Briten errichteten Portugal zwar eine Reihe militärischer Stützpunkte im östlichen Bereich des Golfs, konnte sich aber – letztlich auch dank der Ya'arabi-Bewegung im Oman – nicht auf Dauer halten. Die Niederlagen in Bahrain (1602), Hormus (1622) und schließlich auch in Muskat (1650) beendeten die portugiesische Vormacht in der Region.

Der Aufstieg der ibaditischen Al Said-Dynastie im Oman sowie derjenige der wahhabitischen al-Qasimi-Dynastie im Gebiet des heutigen Emirats Ras Al-Khaimah mündete in einer Dauerrivalität um die Vormacht in der Straße von Hormus, zumal die al-Qasimi nicht nur Perlenfischer waren, sondern auch Piraterie betrieben. Da sie vor allem britische Handelsschiffe angriffen, waren sie das wiederholte Ziel von Strafexpeditionen der britischen Marine (Piraten-kriege, bis 1819). Unter dem Eindruck der Schlagkraft der britischen Verbände akzeptierten die Scheiche der Küstenemirate sowie von Katar und Bahrain 1820 in einem Vertrag den Schutz Großbritanniens, womit die Zeit des As-Sāḥil al-Muhādin (Trucial Coast) einsetzte, die nach längeren Verhandlungen (ab 1837) zu einem ewigen Schutzvertrag (1853) ausgebaut wurde.

Da sich die ursprünglich 5 Küstenemirate als politisch zu instabil erwiesen, kam es erst 1869 zur Abspaltung von Schardscha vom Emirat Ras al-Khaimah und dann zur Abspaltung des Emirats Fud-schaira von Schardscha (1902), sodass die Trucial Coast schließlich 7 Emirate umfasste. Das Emirat von Kalba, durch eine Abspaltung von Schardscha (1903) entstanden, hatte nur bis ins Jahr 1952 Bestand und gehört heute wieder zu Schardscha, sodass es kurzzeitig acht Vertragsstaaten waren. Mit dem Vertrag von 1892 akzeptierten einige Emirate den Status als quasi-Kolonie – London kontrollierte nun auch deren Außen-, Militär- und Handelspolitik, während die Emirate formal unabhängig blieben. London fungierte darüber hinaus auch als Vermittler in Streitfragen zwischen den Emiraten. Diese für alle Seiten vorteilhafte Regelung überdauerte sogar die Entdeckung von Erdöl in der Region, das nun exklusiv von britischen oder doch zumindest britisch dominierten Ölfirmen (etwa die IPC: Iraq Petroleum Company, später die PDTC: Petroleum Development Trucial Coast Limited) erschlossen wurde. Mit der Erklärung des britischen

Premierministers Harold Wilson von 1968, dass sich das British Empire aus allen Besitzungen südlich des Suez zurückziehen würde, änderten sich die Parameter aber auch für die Trucial Coast grundlegend, da damit auch alle mit London vereinbarten Schutzvereinbarungen Makulatur waren. Es gab gewichtige Argumente, auch weiterhin an einer regionalen Zusammenarbeit festzuhalten. Seit etwa 1900 gab es erst mit der Indischen, dann mit der Golf-Rupie, eine gemeinsame Umlaufwährung. Seit 1951 kooperierten die 7 Emirate in dem in Dubai ansässigen und unter britischem Vorsitz tagenden Trucial States Council, den man sich als tribale Stammeskonferenz vorstellen muss.

In unmittelbarer Reaktion auf die Erklärung von Wilson – und zur Abwendung eines drohenden Machtvakuums in der Region – kam es zu ersten Gesprächen zwischen den Emiraten Abu Dhabi und Dubai (Februar 1968), die in einer Einladung an die Führungen der übrigen Trucial Coast-Emirate sowie an Bahrain und Katar zur Aufnahme von Verhandlungen über eine Vereinigte Arabische Föderation mündeten. Weil sich aber einerseits die historisch bedingten Differenzen zwischen Bahrain und Katar als unüberbrückbar erwiesen und andererseits eine britische Intervention zum Gesprächsabbruch seitens Katar und Ras Al-Khaimah führte, waren es zunächst nur sechs Emirate, welche sich am 18. Juli 1971 auf eine Föderation verständigten. Am 02. Dezember 1971 trat daher der Vertrag zwischen den sechs Emiraten Abu Dhabi, Dubai, Sharjah, Ajman, Umm al-Qaiwain und Fujairah in Kraft. Seither bilden Abu Dahbi und Dubai die beiden reichsten Emirate das politische und ökonomische Zentrum der VAE. Gleichwohl wurde die Einladung an den Emir von Ras Al-Khaimah erneuert, sich dieser Föderation anzuschließen.

Das Emirat nahm diese Einladung am 10. Februar 1972 an – nachdem der Iran drei von den Briten vereinbarungsgemäß geräumte und am Eingang zur Straße von Hormus gelegene, aber von Ras Al-Khaimah beanspruchte Inseln kurzerhand gewaltsam okkupiert hatte. Mit dem Ende der seit 1820 bestehenden Schutzverträge wurden die Emirate vollständig souverän und unabhängig. Im Rahmen der VAE genießen sie nun eine hohe Autonomie, die in der schon 1971 in Kraft getretenen Verfassung definiert ist.

Die zunächst wohl größte Herausforderung war die Grenzziehung gegenüber Saudi-Arabien, das schon seit 1955 Ansprüche, auf die zu Abu

Dhabi gehörige Oase Buraimi erhob. Unter Vermittlung Großbritanniens konnte schließlich 1974 ein Abkommen unterzeichnet werden, mit dem ein 170 Jahre währender Streit endete. Im Gegenzug für den Kompromiss, der auch die Verbindung zwischen Katar und Abu Dhabi einschloss, erkannte Saudi-Arabien die VAE an. Die Ratifizierung steht allerdings noch aus, gegenwärtig geht es um die Wahrung des Status quo. Das gilt auch für den Streit mit dem Oman, der ebenfalls Ansprüche auf Buraimi geltend macht – beide Seiten konnten sich im Mai auf eine vorläufige Regelung einigen, die bis heute Bestand hat. Damit gelten die Grenzen des Landes, das seit dem 09. Dezember 1971 auch UN-Mitglied ist, als saturiert.

Bevölkerungsstruktur – insbesondere ethnische Zusammensetzung

Von den 9,4 Mio. Einwohnern der VAE sind ca. 80 Prozent Ausländer. Grund dafür sind Arbeitsmigranten vor allem aus Südasien, also Indien, Pakistan, Bangladesch und Sri Lanka, die denn auch mit ca. 55 Prozent den größten Anteil ausmachen. Ca. 20 Prozent sind geborene Emiratis und rund 23 Prozent andere Araber oder Iraner. Die absolute Mehrheit der Staatsbürger sind Araber und sunnitische Muslime (aus Ägypten, dem Libanon, Syrien, Palästina, dem Irak und Jordanien). Die Bevölkerungspyramide zeigt, dass der Anteil der Bevölkerungsgruppe unter 14 Jahren bei 20,9 Prozent liegt, der 15 bis 24-Jährigen bei 13,6 Prozent, der 25 bis 64-Jährigen bei 61,4 Prozent und ab 65 Jahren bei ca. 1 Prozent. Das Durchschnittsalter beträgt damit 30,3 Jahre. 85,5 Prozent der Bevölkerung lebt in Städten, d.h. vor allem in den jeweiligen Hauptstädten der Emirate. Die größte Stadt in den VAE ist Dubai mit 2,415 Mio. Einwohnern.

Die überwiegende Mehrheit der Staatsangehörigen und Ausländer sind Sunniten (85 Prozent), eine Minderheit von gut 14 Prozent bekennt sich zum schiitischen Islam, 1 Prozent gehört anderen islamischen Richtungen an, u. a. den Drusen. Offizielle Staatsreligion ist der Islam, der auch Teil der Gesetzgebung (z. B. Familienrecht) ist. 9 Prozent der Ausländer sind Christen. 15 Prozent gehören anderen Religionen an (meist Hindus). Toleranz gegenüber nichtmuslimischen Glaubensrichtungen ist typisch für die VAE. Einwohner anderer Religionen – so z. B. Christen – können sich zu gemeinsamen Gottesdiensten zusammenfinden. Eher im Rahmen einer begrenzten Religionsfreiheit werden offene religiöse Aktivitäten, wie etwa die Missionierung oder auch die Verteilung bzw. der Verkauf missionarischer Schriften wie der Bibel nicht gestattet. Es existieren Kirchen (inzwischen ca. 30) in Abu Dhabi, Dubai und in Sharjah (u. a. eine russisch-orthodoxe Kirche und andere Kirchen). Die deutsche evangelische Gemeinde in den VAE (Abu Dhabi und Dubai) besteht seit Januar 2008.

Die in den VAE existierende Gastarbeitergesellschaft weist in sich eine strenge sozioökonomische Hierarchie auf, auch weil die Führungspositionen Einheimischen vorbehalten sind. Die zum Volksverband der BaniYas gehörenden Herrscherhäuser beduinischer Herkunft – in Abu Dhabi die Al Nahayan und in Dubai die Al Maktoum – bilden die absolute Spitze der Hierarchie. Die Ausbildung ist für das Fortkommen in einer solchen Gesellschaft zentral, somit ist die Schulpflicht ab dem 5. Lebensjahr und bis zur 9. Klasse obligatorisch. Der Schulbesuch ist für Emiratis kostenfrei, der britische Lehrplan sieht Englisch als Unterrichtssprache vor, allerdings sind auch andere Fremdsprachen wie Hindi oder Russisch möglich. Wo die Fachoberschulen noch offen sind, stehen die Universitäten, von Ausnahmen abgesehen, nur Emiratis offen.

Wirtschaftsstruktur

Die VAE haben eine offene Wirtschaft mit einem hohen Pro-Kopf-Einkommen und einem jährlich steigenden Handelsüberschuss. Dieser Handelsüberschuss resultiert vor allem aus den Einnahmen aus dem Erdöl- und Erdgasverkauf. Beides wird fast ausschließlich im Emirat Abu Dhabi gefördert. Die VAE gehören zu den erdöl- und erdgasreichsten Ländern der Welt. 2014 betrugen die nachgewiesenen Ölreserven 97,8 Mrd. Barrel, die bei der aktuellen Förderquote noch ca. 100 Jahre reichen. Nicht alle Emirate verfügen über Erdöl- und Erdgas. Die Hauptförderquellen und damit Haupteinnahmen liegen in den Emiraten Abu Dhabi, Dubai und Shariah, welche dann innerhalb der VAE über einen solidarischen Einkommensausgleich auf die anderen rohstoffarmen und dadurch wirtschaftlich benachteiligten Emirate umverteilt werden. Der starke Wettbewerb auf den internationalen Ölmarkt der letzten Jahre, z. B. durch die neuen Öl-Vorkommen durch die Fracking-Methoden in den USA, haben einen enormen Druck auf die Förderquoten und Preise und damit auf die Einnahmen aus dem Ölexporten.

Mit dem Wissen um begrenzte Ressourcenvorkommen und schwankende Preise auf dem Weltmarkt drängt die Regierung auf die weitere Diversifizierung ihrer Wirtschaft. Inzwischen umfassen Öl und Gas nur noch 25 Prozent des BIP. Der weitere Ausbau der Sektoren Dienstleistungen, Handel, Tourismus und Landwirtschaft durch die Regierung soll in Zukunft mehr und mehr zum BIP beitragen und die endlichen Ressourcen ergänzen und langfristig ersetzten.

Die VAE verfügen über 15 Häfen (darunter mit Port Jabal Ali den größten künstlichen Hafen der Welt), sieben internationale Flughäfen und über 15 Freihandelszonen. Um eine Steigerung der Handelsquote voranzutreiben, werden die wirtschaftlichen Tätigkeiten und Infrastrukturen in den VAE weiter ausgebaut. Die Entwicklung von weiteren Freihandelszonen konzentriert sich dabei vor allem auf die Dienstleistungs- und Produktionsbranchen, wie etwa Informationstechnologie und -medien, Pharmaindustrie, Blumenhandel, Goldhandel oder Autoersatzteile.

Die Wirtschaftsleistung wird vor allem durch Arbeitsmigranten getragen. Die Zuwanderung ausländischer qualifizierter Arbeitskräfte reißt nach wie vor nicht ab. Gleichzeitig herrscht ein akuter Mangel an geeigneten Arbeitsplätzen für die einheimische Bevölkerung aus jedweder Bildungsgruppe. Grund dafür sind zum einen die ungenügende Eignung oder weil die Arbeitszeiten als zu lang und die Arbeitsbedingungen als zu hart angesehen werden. Mittels einer Quote und Bußgeldern wird von staatlicher Seite versucht, die einheimische Bevölkerung vor allem in der Privatwirtschaft zu aktivieren.

Aktuelle politische Entwicklung

Staatsoberhaupt (Präsident) der VAE ist seit dem 03.11.2004 Khalifah Bin Zayed Al Nahyan, der ebenfalls in Abu Dhabi herrscht. Er ist Nachfolger seines Vaters Sheikh Zayed. Traditionell bzw. seit 1971 sind sowohl das Amt des Präsidenten als auch das des Premierministers den Herrschern aus Abu Dhabi und Dubai vorbehalten. Dabei hält die Position des Premierministers seit 2006 Muhamad Bin Rashid Al-Maktum inne, der 2016 das aktuell 12. Regierungskabinett bildete.

Bedingt durch den Wohlstand des Landes sind innenpolitische Auseinandersetzungen in den VAE, wie es sie in anderen arabischen Ländern gab, ausgeblieben. Als Reaktion auf den Arabischen Frühling erhöhte die Regierung großzügig Gehälter und Sozialleistungen und das Emirat Abu Dhabi verstärkte sein finanzielles Engagement in den anderen Emiraten. Ebenso machte die Führung deutlich, dass sie oppositionelle Aktivitäten nicht duldet. Weiterhin sind Parteien und Gewerkschaften verboten, ebenso die Muslimbruderschaft. Staat und Gesellschaft tragen noch Züge traditioneller Kulturen, deren gesetzlicher Rahmen für Presse- und Meinungsfreiheit zwar kritische Äußerungen zulässt, bei der aber eine bestimmte rote Linie nicht überschritten werden darf (u. a. Kritik an den Herrschaftshäusern und extrem-religiöse Propaganda). Die VAE betreibt eine Politik der aktiven Frauenförderung. Sowohl im öffentlichen als auch zunehmend im Privatsektor sind Frauen gut etabliert und in Führungspositionen zu finden. Seit Dezember 2012 gibt es eine Quotenreglung für Firmenvorständen (mindestens eine Frau).

Die Außenpolitik der VAE ist vor allem dadurch geprägt, Konfliktpotenziale in und um das nähere Umfeld niedrig zur halten. Dazu zählt die Bekämpfung von Terrorismus und extremistischen Gruppen, wie z. B. der Muslimbruderschaft und auch die Eindämmung des Irans in der Region (etwa mit Blick auf Syrien und den Jemen). In Libyen unterstützen die VAE seit 2014 ebenfalls die Regierung im Kampf gegen die Ausbreitung der Islamistischen Gruppierungen. Diese regionale Sicherheitspolitik beitreibt die VAE durch militärische Interventionen. Human Rights Watch wirft hier den VAE innerhalb der Kriegskoalition mit Saudi-Arabien vor allem im Jemen schwere Kriegsverbrechen, durch den Angriff auf zivile Ziele, vor.

Diplomatisch nehmen die VAE Einfluss durch die Unterstützung in den Mitgliedschaften internationaler Institutionen wie den Vereinten Nationen (UN), der Arabischen Liga, der Organisation für Islamische Zusammenarbeit (früher: Organisation der Islamischen Konferenz), des Golf-Kooperationsrates (GCC), der Organisation Erdöl exportierender Länder (OPEC) und der Organisation arabischer erdölexportierender Länder (OAPEC). Vorrang haben in ihrer Außen- und Sicherheitspolitik die Beziehungen zu den Staaten des Golfkooperationsrates (GCC) sowie zu den arabischen und islamischen Staaten. Sehr enge außenpolitische Beziehungen bestehen zu den USA, Indien und Pakistan, aber auch zu China, Japan, Südkorea, wobei Letztere die Hauptabnehmer des exportierten Erdöls sind. Die Beziehungen zu Iran sind aufgrund von Landstreitigkeiten seit 1971 und vor allem seit ihrer Ausbreitung durch Einflussnahme in Bürgerkriegs-Staaten (wie oben erwähnt, Libyen, Syrien, Jemen) in der Region angespannt. Die Zukunft der Außenpolitik wird weiterhin das Ziel haben, Sicherheit und Stabilität in der Golfregion zu fördern, wirtschaftliche Freihandelszonen auszubauen und wirtschaftlich ärmere muslimische Staaten humanitär und wirtschaftlich zu unterstützen.

Literatur

CIA, World Factbook (2019): United Arab Emirates, unter: https://www.cia.gov/library/publications/the-world-factbook/geos/ae.html; [12.02.2020].

Davidson, Chr. M. (2011): Power and politics in the Persian Gulf monarchies. London.

European Union Institute for Security Studies (EUISS) (Hrsg./2017): Defence Industries in Arab States: Players and Strategies. Brussels.

Gieler, W. (2015): Handbuch Außenpolitik Nahost. Eine grundlegende Einführung in die Außenpolitik der Staaten des Nahen und Mittleren Ostens. Berlin.

Heard Bey, F. (2010): Die Vereinigten Arabischen Emirate. Zwischen Vorgestern und Übermorgen. Hildesheim.

Shahabi, R. (2003): Die Ursachen des Konflikts am Persischen Golf unter besonderer Berücksichtigung des Konflikts zwischen dem Iran und den Vereinigten Arabischen Emiraten um die drei Inseln Abu-Musa, Große-Tonb und Kleine-Tonb. Siegen.

Steinberg, Guido (2020): Regionalmacht Vereinigte Arabische Emirate Abu Dhabi tritt aus dem Schatten Saudi-Arabiens. Hrsg. v. d. Stiftung Wissenschaft und Politik. SWP-Studie; 2020, 2 (Februar 2020), Berlin.

Steinberg, G. (2009): Deutsche Nah-, Mittelost- und Nordafrikapolitik. Interessen, Strategien und Handlungsoptionen. Berlin.

Sunik, A./Bank, A. und Richter, T. (2013): Nahöstliche Monarchien: Auslaufmodell oder Zukunftsvision? In: GIGA Focus Nahost, Jg. 2013, Nr. 5.

Thesiger, Wilfried (2020): The Saudi Incursion to Buraimi, 1952–53. In: Kelly, Saul (Ed.): Desert Dispute: The Diplomacy of Boundary-Making in South-Eastern Arabia. Berlin, S. 352–443.

Thi Minh Chau Bui und Aleksandr Bliman

Vietnam

Offizieller Name:	Sozialistische Republik Vietnam
Staatsform:	Sozialistische Republik; Einparteiensystem
Unabhängigkeit:	2. September 1945, 21. Juli 1954 (von Frankreich anerkannt)
Nationalfeiertag:	2. September (Unabhängigkeitstag)
Hauptstadt:	Hanoi
Lage:	Südostasien
Fläche:	331 210 qkm (Weltrang: 65)
Bevölkerung:	96,5 Millionen
Landesstruktur:	58 Provinzen, 5 Munizipalitäten (Provinzen gleich gestellte Städte)
Sprachen:	Vietnamesisch
Religionen:	Atheismus (81,8 Prozent), Buddhismus (7,9 Prozent), Katholizismus (6,6 Prozent), Hoa Hao (1,7 Prozent), Caodaismus (0,9 Prozent), Protestantismus (0,9 Prozent), Sonstige (0,2 Prozent)
Währung:	Vietnamesischer Dong (VND)
Wirtschaftszweige:	Landwirtschaft, Handel mit Textilien und Schuhen, Handel mit Kaffee, Rohstoffe, Tourismus
Mitgliedschaften:	ADB, APEC, ASEAN, Bewegung der Blockfreien Staaten, FAO, IAEA, ICAO, ILO, IWF, UNESCO, UPU, VN, Weltbank, WCO, WHO, WMO, WTO
Wichtigste Medien:	Alle Medien sind vom Staat kontrolliert (Rangliste der Pressefreiheit: Platz 175 von 180) *Fernsehen:* Staatsfernsehen, Vietnam TV (VTV1 bis VTV7) und Ho Chi Minh City Television *Hörfunk:* Staatshörfunk, Stimme Vietnams (VOV6, von engl. Voice of Vietnam) *Zeitungen:* Nur staatlich positiv gesinnter Journalismus ist gestattet, staatskritische Zeitungen werden geschlossen und die Journalisten in Haft genommen

****

Naturraum und geographische Rahmenbedingungen

Vietnam (vietnamesisch Việt Nam) ist das 65.-größte Land der Welt. Es liegt in Südostasien auf der östlichen Seite der indochinesischen Halbinsel und grenzt im Westen an Laos und Kambodscha, im Norden an China, im Süden an den Golf von Thailand und im Osten an den Golf von Tonkin sowie das Südchinesische Meer. Vietnam ist ein langes und schmales Land mit einer Fläche von 331 210 qkm, womit das Land flächenmäßig geringfügig kleiner als Deutschland ist.

Vietnam ist ein Land mit tropischen Flachländern, sanften grünen Hügeln und dicht bewaldeten Bergen. Flachländer bedecken etwa 20 Prozent des Landes. Ein fruchtbares und enges Küstentiefland erstreckt sich vom Delta des Roten Flusses bis zum Mekong Delta. Der Rote Fluss und der Mekong sind die wichtigsten Flüsse, beide haben zahlreiche Nebenflüsse und letzterer ist einer der größten Flüsse weltweit. Vietnams höchster Punkt ist der Fansipan, dessen Gipfel erreicht 3 144 Meter. Der tiefste Punkt ist das Südchinesische Meer bei 0 Metern. Das Land hat eine Küstenebene mit einer Küstenlinie von 2 253 Kilometern im Osten, entlang des Südchinesischen Meeres. Das s-förmige Land hat eine Nord-Süd-Ausdehnung von 1 650 Kilometern und ist an seinem schmalsten Punkt 50 Kilometer breit.

Das Klima ist bemerkenswert vielfältig für ein tropisches Land. Der Süden ist während des gesamten Jahres heiß und feucht, er hat eine Regenzeit von Mai bis Oktober und eine Trockenzeit von November bis April. Der Norden ist gemäßigter und hat einen kühlen und trockenen Winter von November bis März und einen heißen, feuchten, regnerischen Sommer von April bis Oktober. Die Saison der Taifune dauert von Mai bis Januar, wodurch Vietnam gelegentlich von erheblicher Zerstörung und Verlusten betroffen ist. Während Vietnam typischerweise warm und feucht ist, variiert die Temperatur erheblich von Region zu Region aufgrund der Länge des Landes. Im Norden haben die Temperaturen im Winter einen Durchschnitt von 17 bis 22 Grad Celsius, dabei sind die kältesten Monate Januar, Februar und März. Das Zentrum hat heißes und trockenes Wetter von Mitte Januar bis zum späten August, mit Temperaturen, die oft 35 Grad Celsius erreichen. Während der Wintermonate steigt die Niederschlagsmenge mit ihren Höhepunkten im Oktober und November, gelegentlich in Form von Taifunen. Im Süden sind die Temperaturen das gesamte Jahr über konstant hoch.

Geschichtliche Entwicklung von vorkolonialer Zeit bis zur Unabhängigkeit

Archäologische Funde lassen vermuten, dass die früheste menschliche Besiedlung des nördlichen Vietnam vor 500 000 Jahren stattfand. Die Kultur der Dong Son in der Bronzezeit, welche bekannt ist für ihre Trommeln, entstand um das 3. Jahrhundert v. Chr. Die erste Dynastie, welche vielfach als Beginn des vietnamesischen Staates angesehen wird, war die Hong Bang Dynastie, welche von den Hung-Königen geführt wurde. Der Staat „Van Lang“ existierte zwischen dem 3. und 4. Jahrhundert v. Chr., jedoch wurde er im 2. Jahrhundert von China erobert. China beherrschte das nördliche Vietnam über 1 000 Jahre lang. Während der Zeit der chinesischen Herrschaft leisteten die Vietnamesen Widerstand. 40 n. Chr. führten die Trung-Schwestern eine Rebellion durch und gründeten einen unabhängigen Staat. Jedoch begann China im Jahr 43 n. Chr. eine Gegenattacke, bei der sich die Trung-Schwestern in den Hát Giang (heute Sông Đáy) warfen, um der Schmach einer Niederlage zu entgehen. Zwischen dem 3. und 6. Jahrhundert fanden zahlreiche weitere kleinere Rebellionen gegen die chinesische Besetzung statt, welche gekennzeichnet war durch Tyrannei, Zwangsarbeit und unersättlichen Forderungen nach Tributen, jedoch wurden alle niedergeschlagen. Letztendlich gelang es Ngo Quyen im Jahr 938 n. Chr., die Chinesen in der Schlacht von Bạch Đằng zu besiegen und Vietnam wurde ein unabhängiger Staat. Im 13. Jahrhundert griffen die Mongolen das Land insgesamt dreimal an. 1257 und 1284 eroberten sie die Hauptstadt, zogen sich aber beide Male nach kurzer Zeit zurück. 1288 besiegte der militärische Kommandeur Tran Hung Dao die Mongolen am Fluss Bạch Đằng. China scheiterte im 15. Jahrhundert mit einem erneuten Versuch die Kontrolle über Vietnam zu erlangen.

Von 1859 bis 1885 führten französische Streitkräfte erfolgreich Krieg gegen Vietnam und das Land wurde ein Teil des französischen Indochinas. Während der 1940er Jahre entstand die nationale Befreiungsbewegung Viet Minh unter der Führung Ho Chi Minhs. Beabsichtigt war die Unabhängigkeit von Frankreich wiederzuerlangen und Japans Okkupation zu widerstehen. Am 2. September 1945 erklärte Ho Chi Minh Vietnams Unabhängigkeit und gründete die Demokratische Republik Vietnam. 1960 kam es zum Vietnamkrieg zwischen dem kommunistischen Norden und dem mit den USA verbündeten Süd-Vietnam. Im Jahr 1965 entsandten die USA etwa 500 000 US-Soldaten. Im Vertrag von Paris 1973 wurde die Unabhängigkeit Vietnams offiziell von den USA anerkannt. Dies wurde bereits auf der Genfer Indochina-Konferenz 1954 bereits vereinbart jedoch nicht umgesetzt. 1973 zogen die US-Amerikaner ihre gesamten Streitkräfte ab. Nach dem Sieg bei Saigon (heute Ho-Chi-Minh-Stadt) am 30. April 1975 hat sich Süd-Vietnam 1976 formell mit dem kommunistisch regierten Norden wiedervereint zur Sozialistischen Republik Vietnam.

Bevölkerungsstruktur – insbesondere ethnische Zusammensetzung

Heute besteht die vietnamesische Bevölkerung aus ungefähr 96,5 Millionen Einwohnern. Damit ist das Land das 15.-bevölkerungsreichste Land der Welt. Die Bevölkerung ist besonders seit der Wiedervereinigung 1976 stark angewachsen, als sie noch 49,8 Millionen betrug. 2018 war Vietnam eines der am dicht besiedelsten Länder in Südostasien mit 312 Personen pro qkm. Unter den urbanen Flächen hat die Ho-Chi-Minh-Stadt sowohl die größte Einwohnerzahl (2016: 8,297 5 Millionen) als auch Bevölkerungsdichte (4 025 Personen/qkm), gefolgt von der Hauptstadt Hanoi. Das Land hat eine junge Bevölkerung mit aktuell 70 Prozent im Alter von 15 bis 24 Jahren. Die Lebenserwartung ist über die letzten Jahre (2000–2016) von 67,5 auf 72 gestiegen, damit ist sie die höchste in der Mekong Region. Der steigende Alterungsindex spiegelt den positiven Wandel der Gesundheit und Lebenserwartung der vietnamesischen Bevölkerung wider.

Vietnam hat insgesamt 54 ethnische Gruppen. Die Viet – auch Kinh genannt – umfassen fast 86 Prozent der vietnamesischen Bevölkerung und sind damit mit Abstand die zahlenmäßig größte Gruppe. Einige ethnische Gruppen leben seit Jahrtausenden in Vietnam, während die Hmong erst in den letzten Jahrhunderten aus dem Süden Chinas migrierten. Jede Ethnie hat ihre eigene Sprache, Bräuche, Kleidungsstil und spirituellen Glauben. Nachfolgend werden die sieben größten der 53 Minderheitenethnien Vietnams genannt: Die Tay (1,6 Mio.), die auf niedrigen Erhebungen zwischen Hanoi und der chinesischen Grenze leben. Literatur und Künste der Tay sind in ganz Vietnam bekannt. Die Thai (1,5 Mio.) siedeln entlang fruchtbarer Flussbetten zwischen Hoa Binh und Muong Lay. Sie werden üblicherweise in Farben kategorisiert: rote, schwarze und weiße Thai. Die Muong (1,4 Mio.) sind bekannt für ihre Volksliteratur, Gedichte und Musik (durch Gongs, Trommeln, Panflöten, Flöten und zweisaitigen Violinen). Die Hmong (1 Mio.) haben für jede ihrer fünf Gruppen einen eigenen Kleidungsstil: Schwarz, Weiß, Rot, Grün oder Blumen. Die Nung (800 000) kombinieren in ihrer Kultur Ahnenverehrung und Kunsthandwerk sowie das Korbflechten. Die Jarai (350 000) leben in süd-zentralen Hochländern. Sie praktizieren traditionelle Rituale und zollen ihren Ahnen sowie der Natur Respekt durch einen Wirt – auch Yang genannt. Die Sedang (150 000) leben ebenfalls in süd-zentralen Hochländern. Sie tragen keine Familiennamen und beanspruchen, vollkommene Gleichheit zwischen den Geschlechtern.

Wirtschaftsstruktur

Im Lauf der letzten 30 Jahre hat sich Vietnam von einer Planwirtschaft zu einer Marktwirtschaft transformiert. Seit 2010 durchläuft das Land einen tief greifenden Wandlungsprozess von einem der wirtschaftlich ärmsten Länder der Welt zu einem Land mit niedrigem mittleren Einkommen. Die Rate der extremen Armut ist schätzungsweise auf unter 3 Prozent gesunken. Umfangreiche Marktreformen seit der Ära des „*Doi Moi*“ (vietnamesisch „Erneuerung“) einsetzende 1986 bis heute legen strikte Verpflichtungen zu einer makroökonomischen Stabilität fest. Diese bilden den Grundstein für ein schnelles und andauerndes Wirtschaftswachstum, welches in den Jahren 2014–2018 durchschnittlich jeweils 6,6 Prozent pro Jahr betrug. Die Regierungsverpflichtung zu privatwirtschaftlichem Wachstum hat geholfen, das Geschäftsklima anzukurbeln. Vietnams bürokratische Fähigkeiten und das Potential, geschäftlich tätig zu werden, hat sich über die Jahre immer weiter verbessert. Jedoch bleiben strukturelle Probleme im Agrar- und Kreditmarkt sowie weiterhin staatsgeführte Unternehmen ein Hindernis für die Privatwirtschaft.

Vietnam ist die 21.-größte Exportökonomie in der Welt (Stand 2017). 2017 waren die Hauptexportländer die USA (46,2 Mrd. USD), China

(39,9 Mrd. USD), Japan (18,1 Mrd. USD), Südkorea (16,1 Mrd. USD) und Deutschland (10,9 Mrd. USD). Importiert wird hauptsächlich von: China (70,6 Mrd. USD), Südkorea (47,7 Mrd. USD), Japan (13,1 Mrd. USD), Singapur (11,8 Mrd. USD) und Hongkong (10,1 Mrd. USD). Des Weiteren haben die EU und Vietnam am 30. Juni 2019 ein Handels- und Investitionsschutzabkommen geschlossen.

Aktuelle politische Entwicklung

Vietnam ist aktuell eines der fünf verbliebenen Länder der Welt mit einer kommunistischen Regierung. Nach der Verfassung ist die Kommunistische Partei Vietnams (KPV) die führende Kraft in allen Bereichen der Politik und Gesellschaft. Die Nationalversammlung wählt den Präsidenten für einen Fünfjahreszeitraum, dieser hat eine Amtszeitbegrenzung von drei Legislaturperioden. Er ist Vorsitzender des Rates zur Verteidigung und Sicherheit sowie der Oberbefehlshaber über die Streitkräfte. Der Präsident ernennt den Premierminister, den Vizepräsidenten und die Gerichtsvorsteher, mit Zustimmung der Nationalversammlung über die Stimmenmehrheit. Er kann den Notstand oder Krieg ausrufen und entscheidet über die auswärtigen Angelegenheiten. Der Premierminister ist Regierungschef und wählt den stellvertretenden Premierminister, Minister und andere Mitglieder. Die Nationalversammlung ist das Einkammerparlament Vietnams, sie hat verfassungsrechtliche wie auch gesetzliche Macht. Sie formuliert Richtlinien und kontrolliert jegliche staatlichen Aktivitäten. Ihre Mitglieder werden für eine Periode von fünf Jahren gewählt. Das höchste Organ der Justiz ist das Oberste Volksgericht, welches aus dem Oberstem Richter, seinem Stellvertreter, den Geschworenen und den Gerichtssekretären besteht. Er ist zudem das höchste Berufungsgericht. Die Nationalversammlung wählt den Obersten Richter, während der Präsident den Stellvertreter sowie andere Richter nominiert. Der Oberste Volksstaatsanwalt beaufsichtigt die Arbeit der Ministerien, Regierungsorgane, der lokalen Autoritäten, Sicherheitskräfte und der Bürger. Wahlen finden alle fünf Jahre statt und jeder Bürger über 18 Jahren hat das verfassungsmäßige Recht, einen Kandidaten seiner Wahl zu wählen. Personen über 21 Jahre haben das Recht für Positionen zu kandidieren und können in die Nationalversammlung gewählt werden. Nur politische Organisationen, welche der KPV zugehörig sind oder von ihr gebilligt werden, dürfen an den Wahlen teilnehmen.

Das Land ist administrativ in 3 Ebenen aufgeteilt, die Provinz-, Landkreis-, sowie Gemeindeebene. Die Provinzebene untersteht unmittelbar der Zentralregierung, sie ist gegliedert in 58 Provinzen und 5 Munizipalitäten (bedeutende Städte), welche verwaltungstechnisch den Provinzen gleichgesetzt sind, das heißt, sie unterstehen ebenfalls direkt der Zentralregierung. Auf Landkreisebene sind die Provinzen aufgeteilt in Städte, Marktgemeinden und Landkreise, während die Munizipalitäten gegliedert sind in unterstellte Städte, städtische Bezirke, Marktgemeinden und Landkreise. Auf Gemeindeebene sind diese den Munizipalitäten unterstellten Städte aufgeteilt in Stadtviertel, während die Städte der Provinzen in Stadtviertel und Gemeinden gegliedert sind. Die städtischen Bezirke der Munizipalitäten sind ebenfalls in Stadtviertel untergliedert. Die Marktgemeinden sind sowohl bei den Provinzen als auch Munizipalitäten aufgeteilt in Stadtviertel und Gemeinden. Auch bei der Gliederung der Landkreise auf der Gemeindeebene bestehen zwischen den Provinzen und Munizipalitäten keine Unterschiede, sie werden in Großgemeinde und Gemeinde unterteilt. Auf Gemeindeebene werden für die entsprechenden Regierungseinheiten Volkskomitees gewählt.

Vietnam hat diplomatische Beziehungen zu mehr als 180 Ländern. Die wichtigsten strategischen Interessen sind u. a. Frieden und Sicherheit des Landes aufrechtzuerhalten, Verteidigung und Förderung nationaler Unabhängigkeit und Souveränität sowie Konsolidierung und Stärkung regionaler und internationaler Positionen zum nationalen Aufbau und seiner Verteidigung. Die vietnamesische Außenpolitik ermöglicht eine Auswahl an unterschiedlichen Partnerländern, regionale und internationale Integration zu verbessern sowie zu verhindern, dass Vietnam dem Einfluss einer Großmacht ausgesetzt ist.

Das Land implementiert seine multidirektionale Außenpolitik durch drei Schlüsselelemente: strategische und umfassende Partnerschaften, Handelsabkommen und Multilateralismus. Die strategischen und umfassenden Partnerschaften verbessern die bilaterale Kooperation über ein breites Spektrum an Themen mit entsprechenden Partnern, Handelsabkommen tragen zur Entwicklung der vietnamesischen Wirtschaft bei, indem sie den nationalen Aufbau verbessern und damit Entwicklungsziele unterstützen, Exporte erhöhen und Investitionen attraktiv machen. Die Aufrechterhaltung eines diversifizierten Portfolios an Handelsabkommen (bspw. mit der

EU 2019) reduziert ebenfalls Abhängigkeit und ökonomische chinesische Dominanz. Multilateralismus erhöht hier Vietnams Verhandlungsmöglichkeit, vor allem gegenüber China, schafft größeren Zusammenhalt unter den ASEAN Ländern und bringt erhebliche ökonomische Vorteile. Vietnams proaktives Verhalten in der ASEAN Gruppe garantiert dem Land eine Politik der Nichteinmischung. Das Land verpflichtet sich weiterhin, eine friedliche internationale Umwelt zu gewährleisten, die Kooperationen zulässt. Eine multidirektionale Außenpolitik wird auch in der Zukunft prägend sein, um insbesondere nicht allzu abhängig von einer Großmacht zu sein oder in einen Konflikt einbezogen zu werden.

Literatur

Chapman, N. (2017): Mechanisms of Vietnam's Multidirectional Foreign Policy, in: Journal of Current Southeast Asian Affairs, Bd. 36, Nr. 2, S. 31–69.

Dao, D. A. (2005): Đất nước Việt Nam qua các đời (deutsch: Vietnam im Laufe der Zeit). Hanoi.

Lambert, T. (2019): Brief History of Vietnam, unter: http://www.localhistories.org/viethist.html [04.09.2019].

Open Development Vietnam (2019): Population and Census, unter: https://vietnam.opendevelopmentmekong.net/topics/vietnams-population-and-census/ [04.09.2019].

The Observatory of Economic Complexity. (2017): Vietnam, unter: https://oec.world/en/profile/country/vnm/ [04.09.2019].

United Nation. (2019): World Population Prospects, unter: https://population.un.org/wpp/Download/Standard/Population/ [04.09.2019].

World Bank (2019): The World Bank in Vietnam – Overview, unter: https://www.worldbank.org/en/country/vietnam/overview [04.09.2019].

Abkürzungsverzeichnis

ABEDA	Arab Bank for Economic Development in Africa; Arabische Bank für wirtschaftliche Entwicklung in Afrika
ACP	African, Caribbean, and Pacific Group of States; Gruppe der afrikanischen, karibischen und pazifischen Staaten
ADB	Asian Development Bank; Asiatische Entwicklungsbank
AED	VAE-Dirham
AFESD	Arab Fund for Economic and Social Development; Arabische Fonds für wirtschaftliche und soziale Entwicklung
AFN	Afghani
AKP	Aserbaidschanische Kommunistische Partei
AL	Arab League; Arabische Liga
AMD	Armenischer Dram
AMF	Arab Monetary Fund; Arabischer Währungsfonds
ANA	Afghan National Army; Afghanische Nationalarmee
AOSIS	Alliance of Small Island States; Allianz der kleinen Inselstaaten
APEC	Asian Pacific Economic Cooperation; Asiatisch-Pazifische Wirtschaftsgemeinschaft
AQAP	Al-Quaida auf der arabischen Halbinsel
ARF	ASEAN Regional Forum; ASEAN Regionalforum
ARSA	Arakan Rohingya Salvastion Army; Arakan Rohingya Heilsarmee
ASEAN	Association of Southeast Asian Nations; Verband Südostasiatischer Nationen
ASEM	Asia-Europe Meeting; Asien-Europa-Treffen
ASSR	Autonome Sozialistische Sowjetrepublik
AÜP	Aserbaidschanische Hoffnungspartei
AXCP	Volksfront-Partei Aserbaidschans
AZN	Manat
BARMM	Bangsamoro Autonomous Region of Muslim Mindanao; Autonome Region für Muslime Mindanaos Bangsamoro

BCIE	Vom Spanischen: Banco Centroamericano de Integración Económica; Zentralamerikanische Bank für Wirtschaftsintegration
BDEAC	Vom Französischen: Banque de développement des États de l'Afrique centrale; Entwicklungsbank der Zentralafrikanischen Staaten
BDT	Taka
BFBS	British Forces Broadcast Service
BHD	Bahrain-Dinar
BIA	Brunei Investment Agency; Brunei Investment Agentur
BIMSTEC	Bay of Bengal Initiative for Multi-Sectoral Technical and Economic Cooperation; Golf von Bengalen Initiative für sektorübergreifende technische und wirtschaftliche Zusammenarbeit
BIP	Bruttoinlandsprodukt
BIS	Bank for International Settlements; Bank für Internationalen Zahlungsausgleich
BND	Brunei-Dollar
BP	British Petroleum
BRD	Bundesrepublik Deutschland
BRICS	BRICS-Staaten, Vereinigung von Brasilien, Russland, Indien, China, Südafrika
BSEC	Black Sea Economic Cooperation; siehe SMWK
BTN	Ngultrum
BTV	Bangladesh Television
C	Commonwealth of Nations; Großbritannien und deren ehemalige Kolonien
CAEU	Council of Arab Economic Unity; Rat für Arabische Wirtschaftseinheit
CD	Community of Democracies; Gemeinschaft der Demokratien
CE	Council of Europe; Europarat
CENTO	Central Treaty Organization; Zentrale Paktorganisation/ Bagdadpakt

CEPA	Comprehensive and Enhanced Partnership Agreement; Umfangreiches und verbessertes Kooperationsabkommen
CIA	Central Intelligence Agency, Auslandsgeheimdienst der USA
CICA	Conference of Interaction and Confidence-Building Measures in Asia; Konferenz über Interaktions- und vertrauensbildende Maßnahmen in Asien
CIS	Commonwealth of Independent States; siehe GUS
CP	Colombo Plan; Lebensstandard in Süd- und Südostasien anheben
CPLP	Vom Portugiesischen: Comunidade dos Países de Língua Portuguesa; Gemeinschaft der portugiesischsprachigen Länder
CPTPP	Comprehensive and Progressive Agreement for Trans-Pacific Partnership; Transpazifische Partnerschaft
CSTO	Collective Security Treaty Organization; Organisation des Vertrags über kollektive Sicherheit
D-8	D-8 Organization for Economic Cooperation; Gruppe der acht Entwicklungsländer
DAAD	Deutsche Akademische Austauschdienst
DAC	Ausschuss für Entwicklungshilfe
DDR	Deutsche Demokratische Republik
DMZ	Demarkationslinie
DVRK	Demokratische Volksrepublik Korea
EAEC	Eurasian Economic Community; Eurasische Wirtschaftsgemeinschaft
EAEU	Eurasian Economic Union; siehe EAWU
EAPC	Eurasian Patent Convention; Eurasische Patentkonvention
EAS	East Asia Summit; Ostasiengipfel
EAWU	Eurasische Wirtschaftsunion; siehe EAEU
EBRD	European Bank for Reconstruction and Development; Europäische Bank für Wiederaufbau und Entwicklung
ECO	Economic Cooperation Organization; Organisation für wirtschaftliche Zusammenarbeit
EG	Europäische Gemeinschaft

EITI	Extractive Industry Transparency Initiative; Extractive Industries Transparency Initiative
ERP	Economy Recovery Program
EU	Europäische Union
EUFOR	European Union Force
EW	Einwohner
FADES	Vom Französischen: Fonds arabe pour le développement économique et social; Siehe AFESD
FAO	Food and Agriculture Organization; Ernährungs- und Landwirtschaftsorganisation der Vereinten Nationen
FATF	Financial Action Task Force (on Money Laundering); Arbeitsgruppe für finanzielle Maßnahmen (gegen Geldwäsche)
FSA	Freie Syrische Armee
G-10	Group of Ten; Paris Club; Gruppe der Zehn; Paris Club
G-11	Group of Eleven; Gruppe der Elf
G-15	Group of Fifteen; Gruppe der Fünfzehn (Zusammenschluss von Entwicklungsländern)
G-20	Group of Twenty; Gruppe der zwanzig wichtigsten Industrie- und Schwellenländer
G-24	Group of Twenty-Four; Gruppe der 24
G-5	Group of Five; Brazil, China, India, Mexico, South Africa; loser Staatenzusammenschluss der fünf wichtigsten Schwellenländer; Brasilien, China, Indien, Mexiko, Südafrika
G-7	Group of Seven; Gruppe der Sieben
G-77	Group of 77; Gruppe der 77 (Zusammenschluss von überwiegend Entwicklungsländern)
G-8	Group of Eight; Gruppe der Acht
GAFTA	Greater Arab Free Trade Area; Großarabische Freihandelszone
GATT	General Agreement on Tariffs and Trade
GB	Großbritannien
GCC	Gulf Cooperation Council; Golf Kooperationsrat
GCTU	General Confederation of Trade Unions; Der Allgemeine Gewerkschaftsbund

GEL	Lari
GTAI	Germany Trade and Invest
GUAM	Organization for Democracy and Economic Development; Organisation für Demokratie und Wirtschaftsentwicklung
GUS	Siehe CIS; Gemeinschaft unabhängiger Staaten
HDI	Human Development Index
HDR	Human Development Reports
HIPC	Heavily Indebted Poor Countries
HIV	Human immunodeficiency virus (Humane Immundefizienz Virus)
IADB	Inter-American Development Bank; Interamerikanische Entwicklungsbank
IAEA	International Atomic Energy Agency; siehe IAEO
IAEO	Siehe IAEA; Internationale Atomenergie-Organisation
IATA	International Air Transport Association; Internationale Luftverkehrs-Vereinigung
IBRD	International Bank for Reconstruction and Development; Internationale Bank für Wiederaufbau und Entwicklung
ICAO	International Civil Aviation Organization; Internationale Zivilluftfahrtorganisation
ICC	International Chamber of Commerce; Internationale Handelskammer
ICCt	International Criminal Court; Internationaler Strafgerichtshof
ICRM	International Red Cross and Red Crescent Movement; Internationale Rotkreuz- und Rothalbmond-Bewegung
IDA	International Development Association; Internationale Entwicklungsorganisation
IDB	Islamic Development Bank; Islamische Entwicklungsbank
IDR	Indonesische Rupiah
IEA	International Energy Agency; Internationale Energieagentur
IFAD	International Fund for Agricultural Development; Internationaler Fonds für landwirtschaftliche Entwicklung
IFC	International Finance Corporation; Internationale Finanz-Corporation

IFRCS	International Federation of Red Cross and Red Crescent Societies; Internationale Föderation der Rotkreuz- und Rothalbmondgesellschaften
IGAD	Intergovernmental Authority on Development
IHO	International Hydrographic Organization; Internationale Hydrographische Organisation
ILO	International Labour Organization; Internationale Arbeitsorganisation
IMF	International Monetary Fund; siehe IWF
IMO	International Maritime Organization; Internationale Seeschifffahrts-Organisation
IMSO	International Mobile Satellite Organization; Internationale Organisation für mobile Satellitenkommunikation
InOC	Iranian National Oil Company
INR	Indische Rupie
INTERPOL	The International Criminal Police Organization
InWent	Internationale Weiterbildung und Entwicklung gGmbH
IOC	International Olympic Committee; Internationales Olympisches Komitee
IOM	International Organization for Migration; Internationale Organisation für Migration
IORA	Indian Ocean Rim Association; Verband der an den indischen Ozean grenzenden Staaten
IPCC	Intergovernmental Panel on Climate Change, Weltklimarat
IPU	Inter-Parliamentary Union; Interparlamentarische Union
IQD	Irakischer Dinar
IRENA	International Renewable Energy Agency; Internationale Organisation für erneuerbare Energien
IRR	Iranischer Rial
IS	Islamische Staat
ISI	Islamischer Staat im Irak
ISIL	Islamischer Staat in der Levante
ISIS	Islamische Staat im Irak und in Syrien
ISO	International Organization for Standardization; Internationale Organisation für Normung

IT	Informationstechnologie
ITSO	International Telecommunications Satellite Organization; Internationale Organisation für Telekommunikationssatelliten
ITU	International Telecommunication Union; Internationale Fernmeldeunion
ITUC	International Trade Union Confederation; Internationaler Gewerkschaftsbund
IWF	Siehe IMF; Internationaler Währungsfonds
JOD	Jordanischer Dinar
JPY	Yen
JVP	Janatha Vimukthi Peramuna
KGB	Komitee für Staatssicherheit der UdSSR, sowjetischer In- und Auslandsgeheimdienst
KGS	Som
KHR	Kambodschanischer/Khmer Riel
KOICA	Korea International Cooperation Agency
KP	Kommunistische Partei
KPCh	Kommunistischen Partei Chinas
KPW	Nordkoreanischer Won
KRW	Südkoreanischer Won
KWD	Kuwait-Dinar
KZT	Tenge
LAIA	Latin American Integration Association; Lateinamerikanische Integrationsvereinigung
LAK	Laotischer Kip
LAS	Siehe AL; League of Arab States; Siehe AL
LBP	Libanesisches Pfund
LDP	Liberaldemokratischen Partei Japan
LKR	Sri-Lanka-Rupie
MDG	Millenium Development Goals
MIGA	Multilateral Investment Guarantee Agency; Multilaterale Investitions-Garantie-Agentur
MILF	Moro Islamic Liberation Front; Islamische Befreiungsfront der Moros

Mio.	Million
MMK	Kyat
MNLF	Moro National Liberation Front; Nationale Befreiungsfront der Moros
MNT	Tugrik
MONUSCO	Aus dem Französischem (bis 2010): Mission de l'Organisation des Nations unies pour la stabilisation en République démocratique du Congo; (Bis 2010): Mission der Vereinten Nationen in der Demokratischen Republik Kongo
Mrd.	Milliarde
MVR	Rufiyaa/Malediven-Rupie
MYR	Malaysischer Ringgit
n. Chr.	nach Christus
NAM	Non-Aligned Movement; Bewegung der Blockfreien Staaten
NAN	National Action Network; Gemeinnützige Bürgerrechtsorganisation
NATO	North Atlantic Treaty Organization; Nordatlantikpakt
NEA	Nuclear Energy Agency; Umweltschonende und wirtschaftliche Nutzung der Kernenergie
NEPAD	New Partnership for Africa's Development (Neue Partnerschaft für Afrikas Entwicklung)
NGO	Non Governmental Organization; Nicht-Regierungsorganisation
NIS	Neuer Israelischer Schekel
NPR	Nepalesiche Rupie
NSG	Nuclear Suppliers Group; Kernmaterial-Lieferländer
OAPEC	Organization of Arab Petroleum Exporting Countries; Organisation arabischer Erdöl exportierender Staaten
OAS	Organization of American States; Organisation Amerikanischer Staaten
ODA	Official Development Assistance
ODIHR	Demokratische Institutionen und Menschenrechte
OECD	Organisation for Economic Co-operation and Development; Konferenz für wirtschaftliche Zusammenarbeit und Entwicklung

OIC	Organization of the Islamic Conference; Organisation für Islamische Zusammenarbeit
OIF	International Organisation of La Francophonie; Internationale Organisation der Frankophonie
OMR	Omanischer Rial
OPCW	Organisation für das Verbot chemischer Waffen; Organization for the Prohibition of Chemical Weapons
OPEC	Organization of the Petroleum Exporting Countries; Organisation erdölexportierender Länder
OSCE	Organization for Security and Cooperation in Europe (siehe OSZE)
OSZE	Organisation für Sicherheit und Zusammenarbeit in Europa (siehe OSCE)
PCA	Permanent Court of Arbitration; Ständiger Schiedshof
PFP	Partnership for Peace; Partnerschaft für den Frieden
PHP	Philippinischer Peso
PIF	Pacific Islands Forum; Pazifisches Inselforum
PKE	Pro-Kopf-Einkommen
PKR	Pakistanische Rupie
PLO	Palästinensische Befreiungsorganisation
QAR	Katar-Riyal
QMC	Qatar Media Corportaion
RCEP	Regional Comprehensive Economic Partnership; Regionale umfassende Wirtschaftspartnerschaft
RMB	Renminbi (Yuan ist die Einheit)
RTA	Radio Television Afghanistan
RTB	Radio Television Brunei
RTB	Radio Television Brunei
SAARC	South Asian Association for Regional Cooperation; Südasiatische Vereinigung für regionale Kooperation
SACEP	South Asia Co-operative Environment Programme; Südasiatische Genossenschaftliche Umweltprogramm
SAP	Strukturanpassungsprogramm
SAR	Saudi-Rial

SCO	Shanghai Cooperation Organization; Schanghaier Organisation für Zusammenarbeit
SEATO	Südostasiatische Vertragsorganisation
SGD	Singapur-Dollar
SI	Sozialistische Internationale
SICA	Aus dem Spanischen: Sistema de la Integración Centroamericana; Zentralamerikanisches Integrationssystem
SIF	Syrisch-Islamische Front
SLFP	Sri Lanka Freedom Party
SLPP	Sri Lanka Podujana Peramuna
SMWK	Siehe BSEC; Schwarzmeer-Wirtschaftskooperation
sog.	Sogenannt
SSR	Sozialistische Sowjetrepublik
SYP	Syrische Lira
THB	Baht
TJS	Somoni
TMT	Turkmenistan-Manat
TWD	Neuer Taiwan-Dollar
u. a.	unter anderem
UdSSR	Union der Sozialistischen Sowjetrepubliken
UKW	Ultra-Kurzwellen
UN	United Nations; siehe VN
UNAMID	African Union/United Nations Hybrid Operation in Darfur; ursprünglich United Nations Mission in Darfur; Hybrider Einsatz der Afrikanischen Union und der Vereinten Nationen in Darfur
UNCTAD	United Nations Conference on Trade and Development; Konferenz der Vereinten Nationen für Handel und Entwicklung
UNDOF	United Nations Disengagement Observer Force; Truppenkontingent der Vereinten Nationen für die Truppenentflechtung
UNDP	United Nations Development Program

UNESCO	United Nations Educational, Scientific and Cultural Organization; Organisation der Vereinten Nationen für Bildung, Wissenschaft und Kultur
UNHCR	United Nations High Commissioner for Refugees; Hochkommissar der Vereinten Nationen für Flüchtlinge
UNIDO	United Nations Industrial Development; Organisation der Vereinten Nationen für industrielle Entwicklung
UNIFIL	United Nations Interim Force in Lebanon; Interimstruppe der Vereinten Nationen im Libanon
UNISFA	United Nations Interim Security Force for Abyei; Interim-Sicherheitstruppe der Vereinten Nationen für Abyei
UNITAR	United Nations Institute for Training and Research; Ausbildungs- und Forschungsinstitut der Vereinten Nationen
UNMIL	United Nations Mission in Liberia; Mission der Vereinten Nationen in Liberia
UNMISS	United Nations Mission in the Republic of South Sudan; Mission der Vereinten Nationen in Südsudan
UNMOGIP	United Nations Military Observer Group in India and Pakistan; Militärbeobachtergruppe der Vereinten Nationen in Indien und Pakistan
UNO	United Nations Organization, siehe UN und VN
UNOCI	United Nations Operation in Côte d'Ivoire; Operation der Vereinten Nationen in Côte d'Ivoire
UNP	United National Party
UNRWA	United Nations Relief and Works Agency for Palestine Refugees in the Near East; Hilfswerk der Vereinten Nationen für Palästina-Flüchtlinge im Nahen Osten
UNTSO	United Nations Truce Supervision Organization; Organisation der Vereinten Nationen zur Überwachung des Waffenstillstands
UNWTO	World Tourism Organization; Weltorganisation für Tourismus
UPU	Universal Postal Union; Weltpostverein
USA	United States of America; Vereinigte Staaten von Amerika
USD	US-Dollar

UZS	So'm
v. a.	vor allem
v. Chr.	vor Christus
v.u.Z.	vor unserer Zeitrechnung
VAE	Vereinigte Arabische Emirate
VN	Siehe UN; Vereinte Nationen
VND	Vietnamesischer Dong
VOC	Vom Niederländischem: Vereenigde Oostindische Compagnie; Niederländische Ostindien-Kompanie
VR	Volksrepublik
VTV	Vietnam TV
WCL	World Confederation of Labour
WCO	World Customs Organization; Weltzollorganisation
WFTU	World Federation of Trade Unions; Weltgewerkschaftsbund
WHO	World Health Organization; Weltgesundheitsorganisation
WIPO	World Intellectual Property Organization; Weltorganisation für geistiges Eigentum
WMO	World Meteorological Organization; Weltorganisation für Meteorologie
WTO	World Trade Organization; Welthandelsorganisation
YAP	Regierungspartei Neues Aserbaidschan
YER	Jemen-Rial
ZC	Zangger Committee; Zangger-Komitee

Karte

RUSSIA
Sea of Okhotsk
N
KAZAKHSTAN
MONGOLIA
GEORGIA
Caspian Sea
UZBEKISTAN
KYRG.
TURKEY
ARM.
AZ.
TURKMEN.
TAJIK.
Sea of Japan
N.KOREA
S.KOREA
JAPAN
CYP.
SYRIA
LEB.
ISRAEL
IRAQ
IRAN
AFG.
CHINA
JORDAN
KUW.
BAHR.
QATAR
UAE
PAKISTAN
NEPAL
BHU.
East China Sea
EGYPT
INDIA
BANG.
TAIWAN
SAUDI ARABIA
Red Sea
OMAN
YEMEN
Arabian Sea
Bay of Bengal
MYAN-MAR
LAOS
VIETNAM
THAI-LAND
CAM.
South China Sea
Philippine Sea
SUDAN
ERIT.
Gulf of Aden
PHILIPPINES
SOUTH SUDAN
ETHIOPIA
Andaman Sea
MALDIVES
SRI LANKA
BRUNEI
MALAYSIA
SING.
North Pacific Ocean
SOMALIA
UG.
KENYA
Indian Ocean
INDONESIA
EAST TIMOR

Staatenübersicht

Staat	Hauptstadt	Einwohner	Währung
Afghanistan	Kabul	34 900 000	Afghani (AFN)
Armenien	Jerewan	3 021 324	Armenischer Dram (AMD)
Aserbaidschan	Baku	10 200 000	Manat (AZN)
Bahrain	Manama	1 600 000	Bahrain-Dinar (BHD)
Bangladesch	Dhaka	168 100 000	Taka (BDT)
Bhutan	Thimphu	797 765	Ngultrum (BTN)
Brunei	Bandar Seri Begawan	464 487	Brunei-Dollar (BND)
China	Peking	1 394 015 977	Renminbi (Yuan ist die Einheit) (RMB)
Georgien	Tiflis	3 997 000	Lari (GEL)
Indien	Neu-Delhi	1 326 093 247	Indische Rupie (INR)
Indonesien	Jakarta	260 581 000	Indonesische Rupiah (IDR)
Irak	Bagdad	40 200 000	Irakischer Dinar (IQD)
Iran	Teheran	83 000 000	Iranischer Rial (IRR)
Israel	Jerusalem	9 036 000	Neuer Israelischer Schekel (NIS)
Japan	Tokio	127 000 000	Yen (JPY)
Jemen	Sanaa (de jure), Aden (de facto)	26 800 000	Jemen-Rial (YER)
Jordanien	Amman	9 900 000	Jordanischer Dinar (JOD)
Kambodscha	Phnom Penh	16 076 370	Kambodschanischer (Khmer) Riel (KHR)
Kasachstan	Nur-Sultan	18 500 000	Tenge (KZT)
Katar	Doha	2 800 000	Katar-Riyal (QAR)
Kirgisistan	Bischkek	5 964 897	Som (KGS)
Kuwait	Kuwait-Stadt	3 000 000	Kuwait-Dinar (KWD)
Laos	Vientiane	7 200 000	Laotischer Kip (LAK)
Libanon	Beirut	6 900 000	Libanesisches Pfund (LBP)
Malaysia	Kuala Lumpur	31 800 000	Malaysischer Ringgit (MYR)

Staat	Hauptstadt	Einwohner	Währung
Malediven	Male	512 038	Rufiyaa/Malediven-Rupie (MVR)
Mongolei	Ulaanbaatar	3 290 000	Tugrik (MNT)
Myanmar	Naypyidaw	53 370 000	Kyat (MMK)
Nepal	Kathmandu	29 000 000	Nepalesiche Rupie (NPR)
Nordkorea	Pyongyang	25 500 000	Nordkoreanischer Won (KPW)
Oman	Muscat	4 664 844	Omanischer Rial (OMR)
Pakistan	Islamabad	207 800 000	Pakistanische Rupie (PKR)
Philippinen	Manila	100 980 000	Philippinischer Peso (PHP)
Saudi-Arabien	Riad	33 400 000	Saudi-Rial (SAR)
Singapur	Singapur	5 600 000	Singapur-Dollar (SGD)
Sri Lanka	Sri Jayewardenepura Kotte (offiziell); Colombo (de facto Hauptstadt)	20 700 000	Sri-Lanka-Rupie (LKR)
Südkorea	Seoul	51 400 000	Südkoreanischer Won (KRW)
Syrien	Damaskus	19 450 000	Syrische Lira (SYP)
Tadschikistan	Duschanbe	9 300 000	Somoni (TJS)
Taiwan	Taipeh	23 589 274	Neuer Taiwan-Dollar (TWD)
Thailand	Bangkok	67 000 000	Baht (THB)
Timor Leste	Dili	1 320 000	USD (eigene Münzen)
Turkmenistan	Aschgabat	5 942 000	Turkmenistan-Manat (TMT)
Usbekistan	Taschkent	33 255 000	So‘m (UZS)
Vereinigte Arabische Emirate	Abu Dhabi	9 400 000	VAE-Dirham (AED)
Vietnam	Hanoi	96 500 000	Vietnamesischer Dong (VND)

Die Nationalflaggen der asiatischen Staaten

Bedeutung/Symbolik der heutigen asiatischen Flaggen

Afghanistan

Offizielle Einführung: 04.01.2004

Die heutige Flagge Afghanistans zeigt drei senkrechte Streifen in Schwarz, Rot und Grün. Bedeutung der Farben, schwarz steht für die Zeit, in dem Afghanistan besetzt war, rot steht für den Kampf um die Unabhängigkeit und grün steht für die gewonnene Unabhängigkeit. In der Mitte der Flagge auf dem roten Streifen befindet sich das Staatswappen. Das historische Wappen Afghanistans stellt eine Moschee dar, deren Mihrab nach Mekka zeigt. Für den Islam steht das Wappen, da dieser Staatsreligion ist.

Armenien

Erste offizielle Einführung: 15.06.1919, Wiedereinführung: 19.04.1992

Die Flagge Armeniens besteht aus drei gleich großen horizontalen Streifen in rot, blau und orange. Rot steht für die Freiheit, Unabhängigkeit und für das Blut, das im Kampf vergossen wurde, blau steht für die Landschaft und orange für die Kraft und den Mut des Volkes.

Aserbaidschan

Erste offizielle Einführung: 25.08.1918, Wieder Einführung: 05.02.1991

Die Flagge zeigt drei waagerechte Streifen in blau, rot und grün mit einem weißen Halbmond und weißen achtzackigen Stern im roten Mittelstreifen. Blau steht für den Himmel, rot steht für die Freiheit und grün für die Fruchtbarkeit des Landes. Der Halbmond und der Stern sind einerseits islamische Symbole und andererseits steht der achtzackige Stern, für die Aser (Aserbaidschaner), Türken, Tataren, drei kasachische Stämme, Usbeken und für die Turkmenen.

Bahrein

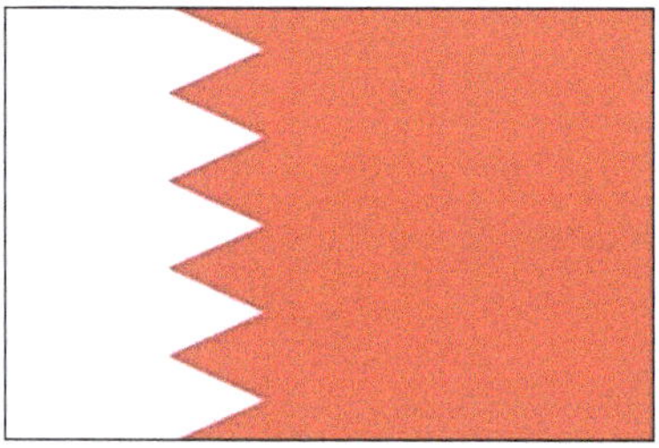

Offizielle Einführung: 1932, Veränderung am: 22.02.2002

Die Flagge besteht aus einem senkrechten weißen Streifen links und einem roten Streifen rechts. Beide Farben sind durch eine Linie aus fünf Dreiecken, einer Zickzacklinie, getrennt. Außerdem ist rot eine Farbe, die als traditionelle Flaggenfarbe, oft im Zusammenhang mit dem Islam steht.

Bangladesch

Offizielle Einführung: 25.01.1972

Die Flagge zeigt auf dunkelgrünem Grund eine rote Scheibe, die etwas nach links versetzt ist. Grün ist die Farbe des Islam, steht aber auch für die grüne Landschaft, rot symbolisiert das zur Erlangung der Unabhängigkeit vergossene Blut. Des Weiteren symbolisiert die Scheibe die Sonne der Freiheit.

Bhutan

Offizielle Einführung: seit dem 19. Jahrhundert, Verändert: 1962

Die Flagge zeigt in der Mitte einen weißen Drachen. Der Drache steht für das tibetische Wort für Bhutan „Druk Yul“, was „Drachenreich“ bedeutet. Hinter dem Drachen ist die Flagge diagonal in den Farben gelb und orangerot geteilt. Gelb steht für die weltliche Macht des Königs und orangerot für die geistliche Macht des Buddhismus.

Brunei

Offizielle Einführung: 1906

Die Flagge ist gelb mit einem breiten weiß-schwarzen Diagonalstreifen. Mittig ist das Staatswappen von Brunei zu sehen. Es besteht aus dem Ende eines Mastes, dem königlichen Schirm, Flügeln, Händen und einem Halbmond. Die Grundfarbe gelb, steht im gesamten hinterindischen Raum, für die Farben des Königtums.

China

Offizielle Einführung: 01.10.1949

Die Flagge ist einfarbig rot mit einem großen und vier kleinen goldenen fünfzackigen Sternen in der oberen linken Ecke. Die Grundfarbe Rot steht für den Kommunismus, aber auch noch immer für die Han. Die fünf Sterne symbolisieren China, Mandschurei, Mongolei, Sinkiang (Ostturkestan) und Tibet aber auch die kommunistische Partei und die vier Werktätigenklassen: Arbeiter, Bauern, Kleinbürger und „patriotische Kapitalisten".

Georgien

Offizielle Einführung: 14.01.2004

Die Flagge, auch bekannt als „Fünfkreuzflagge“, soll die christliche Geschichte des Landes besser verdeutlichen. Im Zentrum befindet sich ein allein stehendes rechtwinkliges Kreuz auf einem weißen Hintergrund. Vier kleinere Kreuze, ebenfalls in Rot, befinden sich in den Ecken der Flagge. Weiß steht für Unschuld, Keuschheit, Reinheit und Weisheit. Die rote Farbe der kleineren Kreuze steht für Mut, Tapferkeit, Gerechtigkeit und Liebe.

Indien

Offizielle Einführung: 22.07.1947

Die Flagge zeigt drei waagerechte Streifen in Safran, Weiß und Grün. In dem weißen Mittelstreifen befindet sich ein blaues Rad. Hierbei handelt es sich um das religiöse Symbol „Rad der Lehre“, es steht für die Lehren des Buddhas. Die Farbe Safran steht offiziell für Mut und Aufopferung, Weiß für Frieden und Vertrauen und Grün für Treue und Ritterlichkeit.

Indonesien

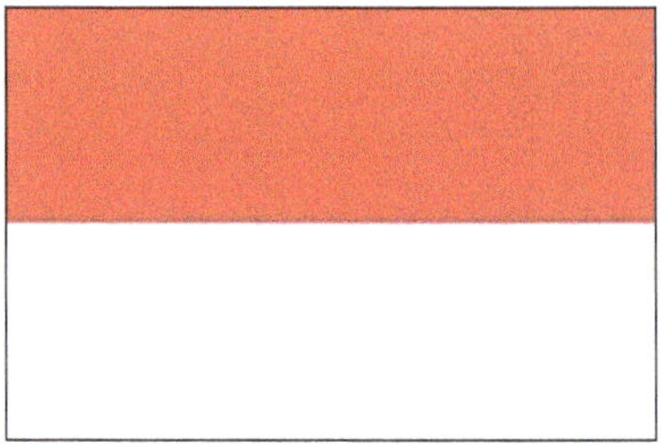

Offizielle Einführung: 17.08.1945

Die Flagge wird „Merah Putih“ genannt, die „Rot-Weiße“. Sie besteht aus zwei waagerechten Streifen in Rot und Weiß. Diese stehen für dualistische Begriffspaare wie irdisch und himmlisch, Tapferkeit und Reinheit oder Freiheit und Gerechtigkeit.

Irak

Offizielle Einführung: 22.01.2008

Die Flagge zeigt drei waagerechte Streifen in den Farben Rot, Weiß und Schwarz. In dem weißen Mittelstreifen stehen in grüner stilisierter arabischer Schrift die Worte „Allahu Akbar“ (Allah ist groß). Rot steht für Revolution, Weiß für die Zukunft und Schwarz für die Vergangenheit. Die gesamte Kombination von Rot, Weiß, Grün und Schwarz steht für die spezielle arabische Farbsymbolik der panarabischen Farben.

Iran

Offizielle Einführung: 29.07.1980

Die Farben Grün, Weiß und Rot gehen auf das Ende des 19. Jahrhunderts zurück. Heute wird ihnen folgende Bedeutung zugesprochen: Grün ist die Farbe des Islam, Weiß die des Friedens und Rot die des Mutes und der Tapferkeit. Die arabischen Schriftzeichen in den Streifen bedeuten „Allah Akbar" (Allah ist groß), oben und unten je elf Mal. Die somit insgesamt zweiundzwanzig Schriftornamente verweisen auf das Datum 22. Bahman (11. Februar 1979 – Tag der Rückkehr von Ayatollah Khomeini nach Iran).

Israel

Offizielle Einführung: 12.09.1948

Sie wurde von dem zionistischen Führer David Wolfsohn entworfen und erstmals am 21.07.1891 bei der Einweihung der Zion-Halle in Boston (USA) in der Öffentlichkeit gezeigt. Am 14.05.1948 wurde sie erstmals in Palästina gehisst, und am 12.09.1948 offiziell als Flagge des jüdischen Staates bestätigt. Der Davidstern ist ein jüdisches Symbol. Er entsteht durch das Kombinieren von zwei gleichschenkligen Dreiecken. Blau und Weiß sind Farben jüdischer Ritualkleidung und die Flagge geht laut David Wolfsohn auf den jüdischen Gebetsschal (Talit) zurück.

Japan

Offizielle Einführung: 05.08.1854

Banner mit Sonnen- oder Mondscheiben haben in Japan eine bis zu 1300 Jahre zurückreichende Tradition. Die rote Sonnenscheibe versinnbildlicht die japanischen Kaiser als direkte Abkömmlinge der Sonnengöttin. Weiß symbolisiert Rechtschaffenheit, Aufrichtigkeit und Reinheit, Rot steht für Mut, Offenheit und Leidenschaft.

Jemen

Offizielle Einführung: 24.05.1990

Sie wurde am 24.05.1990 im Zusammenhang mit der Vereinigung von Nord- und Südjemen eingeführt. Rot steht für den revolutionären Geist, Weiß für die Hoffnung auf eine bessere Zukunft, Schwarz für die dunkle Vergangenheit. Die Flagge geht auf die Flaggen von Nord- und Südjemen, und diese wiederum wahrscheinlich auf die Flagge Ägyptens zurück.

Jordanien

Offizielle Einführung: 16.04.1928

Rot ist die Farbe von Omar, dem zweiten Kalifen; Weiß steht für die Omajiaden, eine Kalifendynastie, die auf den fünften Kalifen Moawija I. zurückgeht; Grün steht für die Fatimiden, eine ismailitisch-schiitische Kalifendynastie, die auf den vierten Kalifen Ali zurückgeht; und Schwarz steht für die Abbasiden, eine Kalifendynastie, die auf den Kalifen Abbas I. zurückgeht. Rot ist außerdem die Farbe der Haschemiden, eine arabische Herrscherdynastie, die wahrscheinlich auf Haschim ibn Abd al-Manaf, den Großvater Mohammeds, zurückgeht. Grün ist außerdem die Farbe des Islam im Allgemeinen und bezieht sich somit nicht nur auf die arabischen Länder.

Königreich Kambodscha

Offizielle Einführung: 29.06.1993

Zur Bedeutung der Farben gibt es zwei verschiedene Erklärungen: Rot steht für das Blut, das im Kampf um Freiheit und Unabhängigkeit vergossen wurde, Blau für den Reichtum des Landes; Rot ist die Nationalfarbe des Khmer-Volkes und soll Opferbereitschaft ausdrücken, Blau ist die Farbe des Khmer-Königtums und verkörpert die Macht und die Wünsche des Herrschers.

Kasachstan

Offizielle Einführung: 04.06.1992

Das Zentrum der Flagge zeigt eine goldene Sonne und darunter einen fliegenden goldenen Adler, dessen ausgebreitete Schwingen die Sonne von unten umgeben. Hellblau ist die traditionelle Farbe der turko-mongolischen Völker. Sie symbolisiert die ethnische Zugehörigkeit der Bevölkerung des Landes und im Zusammenhang mit der goldenen Sonne die heißen Sommer des Landes unter einem blauem Himmel. Der Adler steht für Großzügigkeit, Intelligenz und Gerechtigkeit. Er wurde in der Vergangenheit zu Jagdzwecken abgerichtet, und steht so auch für traditionelle Lebensweise.

Katar

Offizielle Einführung: 1949

Rot ist im Gebiet des Indischen Ozeans und des Persischen Golfs eine traditionelle Flaggenfarbe, die in engem Zusammenhang zum Islam steht, denn es ist die Farbe der Scherifen von Mekka und ist ein Symbol der im östlichen Arabien lebenden islamischen Charidschiten. Rote Flaggen haben bzw. hatten die arabischen Emirate, Omans oder auch Sansibar, ebenso alle islamischen Dynastien, die sich auf die Herkunft von den Alawiten berufen (auch Aliden genannt, Abkömmlinge Ali's => z. B. heutiges Marokko, früheres Nordjemen)

Kirgistan

Offizielle Einführung: 03.03.1992

Die heutige Flagge Kirgistans wurde am 03.03.1992 eingeführt. Sie zeigt in der Mitte eines roten Flaggentuches eine goldene Sonne mit vierzig Strahlen, in der das Dach einer Jurte – ein sogenannter Tjundjuk – abgebildet ist. Die Sonne symbolisiert den heißen Sommer über der kirgisischen Steppe. Das Dach der Jurte steht für Gastfreundschaft und Ehrlichkeit und soll auch an das nomadische Hirtenleben der ländlichen Bevölkerung in den vergangenen Jahrhunderten erinnern.

Nordkorea

Offizielle Einführung: 08.09.1948

Für die Bedeutung der Farben der Flagge gibt es folgende Interpretationen: Rot steht für Kommunismus; Weiß steht für Reinheit, Stärke, Würde und Souveränität; Blau steht für Hoffnung und Friedensliebe; Rot steht für das Blut, das in den Kämpfen für Freiheit und Unabhängigkeit vergossen wurde; Weiß steht für die Reinheit und Einheit des Volkes; Blau steht für die Republik und den Geist des Volkes. Die Flagge symbolisiert die Lage Nordkoreas zwischen Gelbem Meer und Japanischem Meer.

Südkorea

Offizielle Einführung: 15.08.1948

Die Farbe Weiß steht für die Reinheit der Gedanken, ist aber auch die traditionelle Farbe der koreanischen Nation. Das T'aeguk ist als Yin-Yang-Zeichen in der gesamten Weltanschauungssymbolik des Ostens bekannt. Es soll die Verschmelzung der Gegensätze symbolisieren. Trigramme sind kultische Schriftzeichen aus dem Buch „I Ging" mit weltanschaulichen und kosmologischen Bezügen (Sonne, Mond, Erde, Himmel oder Frühling, Sommer, Herbst, Winter oder Süden, Westen, Norden, Osten).

Kuweit

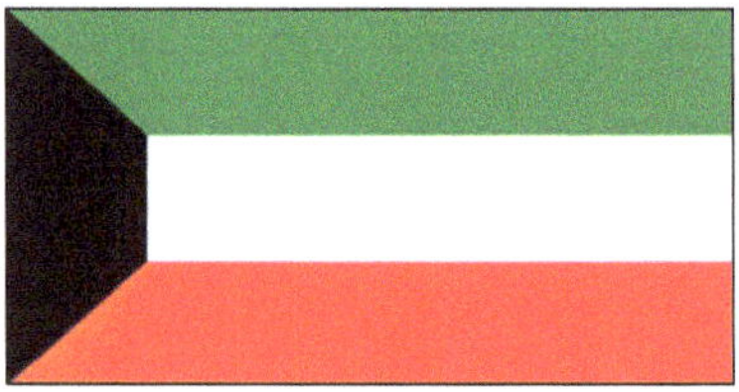

Offizielle Einführung: 01.01.1962

Grün steht für die Felder, die Landwirtschaft und die Vegetation des Landes. Weiß steht für Tugend, Reinheit, Frieden und Ehre. Rot steht für Mut und Tapferkeit, aber auch für das Blut der Feinde. Schwarz steht für den von kuweitischen Reitern aufgewirbelten Sand der Schlachtfelder.

Laos

Offizielle Einführung: 02.12.1975

Das Rot symbolisiert das Blut, welches im Kampf um die Unabhängigkeit geflossen ist, Blau für das Gedeihen des Landes. Für die weiße Scheibe im Zentrum der Flagge bestehen zwei Bedeutungen, sie kann einerseits als die strahlende Zukunft interpretiert werden oder als der Mond der über dem Mekong scheint.

Libanon

Offizielle Einführung 07.12.1943

Das Symbol der Flagge geht auf die maronitischen Christen zurück, welche im 18. und 19. Jahrhundert eine weiße Flagge mit einer Zeder hatten. Die Zeder symbolisiert Frieden, Helligkeit und Ewigkeit, sie ist für diese Region typisch.
Die Farbe Weiß steht für den Schnee der Gipfel und die Reinheit und die Farbe Rot für das Blut der Märtyrer.

Malaysia

Offizielle Einführung: 16.09.1963

Das blaue Rechteck soll die Einheit und Stärke des Volkes symbolisieren. Der gelbe Halbmond symbolisiert den Islam. Die 14-zackige Sonne symbolisiert die Einheit der 14 Staatenbünde.

Gelb gilt als die traditionelle Herrscherfarbe in Malaysia.

Die 7 weißen und 7 roten Streifen sollen die 14 Mitglieder des Staatenbundes symbolisieren.

Malediven

Offizielle Einführung: 26.07.1965

Das Rot der Flagge symbolisiert die engen Handelsbindungen mit den Kulturen des Persischen Golfs oder das Blut, das für die Freiheit geflossen ist. Erst 1948 wurde ein grünes Rechteck in die vorher schlicht rote Flagge eingeführt. Grün ist die Farbe Mohammeds und steht für Frieden und Fortschritt. Der Halbmond ist ebenfalls ein Symbol des Islams.

Mongolei

Offizielle Einführung: 13.01.1992

Der blaue Streifen symbolisiert den ewigen Himmel. Zudem gilt Himmelblau als jahrhundertealte mongolische Nationalfarbe.

Die roten Streifen signalisieren Fortschritt und Wohlstand.

Die Ansammlung von Zeichen auf der linken Seite der Flagge ergibt ein Sojombo-Symbol, welches Weisheit, Freiheitswille, Friedenssehnsucht und Gerechtigkeit darstellen soll.

Myanmar

Offizielle Einführung: 21.10.2010

Gelb steht für die Solidarität, Grün steht für den Frieden, die Ruhe und die Umwelt. Das Rot steht für den Mut und die Entschlossenheit. Bei dem fünfzackigen Stern, der nach oben zeigt, handelt es sich um den Stern der Freiheitsliga, welche die bewaffnete anti-japanische Widerstandsbewegung war.

Nepal

Offizielle Einführung: 16.12.1962

Nepals Flagge ist die einzige nicht rechteckige Flagge. Die Farbe Blau, welche die Flagge umrandet soll den Frieden symbolisieren. Das Rot (Karminrot) ist die Nationalfarbe Nepals. Halbmond und Stern symbolisieren das Königshaus und die Sonne die adlige Rana-Dynastie, welche das Land lange beherrschte. Heute hingegen stehen die Symbole für die Hoffnung, dass die Nation lange erhalten bleibe wie die Himmelskörper. Die Form der Flagge ist auf die Bergspitzen des Himalayas zurückzuführen.

Oman

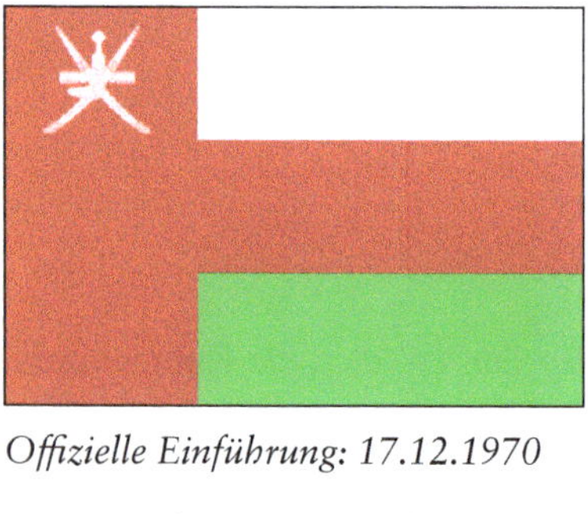

Offizielle Einführung: 17.12.1970

Das Rot kommt von der ehemaligen Flagge des Landes, welche nur rot war und ist eine traditionelle Farbe der Golfstaaten. Weiß soll den Imam, den Glaubensführer des Landes und den Frieden symbolisieren. Grün soll an die grünen Berge des Landes erinnern und die Fruchtbarkeit symbolisieren. In der linken oberen Ecke ist das Staatsemblem abgebildet.

Pakistan

Offizielle Einführung: 14.08.1947

Das grüne Feld symbolisiert die Muslime, welche in Pakistan leben. Das weiße Feld steht für die nicht-muslimische Minderheit und wurde erst kurz vor der Unabhängigkeit des Landes eingeführt. Die weiße Mondsichel soll den Fortschritt darstellen und der weiße Stern das Licht und Wissen. Die Mondsichel ist ebenfalls ein Symbol des Islams.

Königreich Saudi-Arabien

Offizielle Einführung: 15.03.1973, Veränderung: 1981

Auf einem Achtel der Flaggengesamtfläche zeigt sie die Schahada, das Bekenntniswort des Islam („Allah il Allah, wa Muhammad rasul Allah“ => „Es gibt keinen Gott ausgenommen den Gott; Mohammed ist Allahs Gesandter“), darunter ist ein weißes, waagerechtes Schwert. Die Farbe Grün war die Farbe des Mantels des Propheten Mohammed. Die Farbe des Mantels wurde zur Farbe und Flagge des Islam.

Republik Singapur

Offizielle Einführung: 03.12.1959

Offiziell eingeführt, nachdem dem Staat Singapur, volle Selbstverwaltung durch die Britischen Commonwealth of Nations gewährt wurde. Dargestellt sind zwei waagerechte Streifen in Rot und Weiß sowie im roten Streifen nahe beim Mast einen weißen Halbmond und ein Kreis von fünf weißen fünfzackigen Sternen. Der Halbmond ist ein Symbol für den Aufstieg des Landes bzw. für das junge Alter der Nation. Die fünf Sterne stehen für die Fünf Ideale des Landes: Demokratie, Frieden, Fortschritt, Gerechtigkeit und Gleichheit. Rot steht für die Brüderlichkeit der Menschen in der ganzen Welt, Weiß für die Tugend und Reinheit. Allerdings sind Rot und Weiß auch die traditionellen Farben der Malaien.

Demokratische Sozialistische Republik Sri Lanka

Offizielle Einführung: 07.09.1978

Sie zeigt innerhalb eines gelben Rahmens ein großes braunes Feld auf der rechten Seite, und links – in einem kleineren Feld – zwei senkrechte Streifen in Grün und Safrangelb. Innerhalb des braunen Feldes ist ein gelber schwerttragender Löwe zu sehen, und in den Ecken gelbe Blätter eines

Bo-Baumes. Das große rechte Feld entspricht der Flagge des alten singhalesischen Königreiches von Kandy (Königreich Udarata) mit dem Königsemblem des Goldenen Löwen. Gelb ist die Farbe des Buddhismus. Der gelbe Rahmen um die Flagge symbolisiert den Schutz des Landes durch diese Religion. Der grüne Streifen steht für die moslemische Minderheit des Landes, und der safrangelbe für die hinduistische Minderheit der Tamilen.

Syrische Arabische Republik

Offizielle Einführung: 29.03.1980

Sie zeigt drei waagerechte Streifen in Rot, Weiß und Schwarz sowie zwei fünfzackige grüne Sterne in der Mitte des weißen Streifens. Der Farbendreiklang von Rot, Weiß und Schwarz wird manchmal als panarabische Farben bezeichnet. Das ist so nicht ganz richtig. Die drei Farben gehen zurück auf Gamal Abd el-Nasser, ägyptischer Offizier, Politiker sowie späterer Staats- und Ministerpräsident (1918–1970), wichtigster Vertreter des arabischen Nationalismus und Panarabismus. Nach der nationalen Revolution des Jahre 1952 wurde in Ägypten die Arabische Befreiungsflagge eingeführt, welche eben diese Ideale repräsentierte. Sie wurde, zumindest in der Auswahl und Anordnung Vorbild für viele andere arabische Staaten und Staatenbündnisse. Die Farben stehen immer für die Revolution (Rot), die Zukunft (Weiß) und die Vergangenheit (Schwarz). Die Farben Rot, Weiß und Schwarz gehen auf die Flagge des Arabischen Aufstandes im Ersten Weltkrieg zurück. Zu den Farben des Arabischen Aufstandes (Arabische Bewegung) gehört allerdings noch Grün.

Republik Tadschikistan

Offizielle Einführung: 24.11.1992

Sie zeigt drei waagerechte Streifen in Rot, Weiß und Grün im Verhältnis 2:3:2. In der Mitte des breiten weißen Mittelstreifens befindet sich eine stilisierte goldene Krone und darüber sieben in einem Halbkreis angeordnete goldene Sterne. Die Krone und auch die Sterne symbolisieren die Unabhängigkeit des Landes. Die Krone gilt als Symbol des Grundprinzips der alten persischen Religion des Zoroastrismus (Zarathustra). Die sieben Sterne stehen für den Heiligen Geist und die sechs Schutzgeister der Rinder, des Feuers, des Metalls, der Erde, des Wassers und der Pflanzen. Ferner ist angeblich in dem Wort „Tadschik" das Wort „Krone" verborgen, weshalb dieses Symbol gewählt worden sei.

Taiwan (Republik China)

Offizielle Einführung: 28.10.1928.

Die Flagge Taiwans ist eigentlich die Flagge der Republik China, die im Jahr 1912 als Marineflagge eingeführt wurde. Sie zeigt ein rotes Grundtuch und trägt im blauen Obereck eine weiße zwölfstrahlige Sonne (Symbol der Guomintang-Partei). Rot ist die Nationalfarbe der Han-Chinesen, Blau symbolisiert Recht, Gleichheit und Gerechtigkeit, Weiß steht für

Zusammengehörigkeit, Brüderlichkeit und Offenheit. Die Sonne symbolisiert die zwölf Doppelstunden des Tages und den Fortschritt.

Königreich Thailand

Offizielle Einführung: 28.09.1917

Sie zeigt fünf waagerechte Streifen in Rot, Weiß, Blau, Weiß und Rot im Verhältnis 1:1:2:1:1. Die Flagge wird „Tairong“ oder „Trairanga“ (Trikolore) genannt. Sie zeigte ursprünglich nur die Farben Rot und Weiß. Blau wurde im Jahre 1917 ergänzt, angeblich um darauf hinzuweisen, dass Thailand im Ersten Weltkrieg ein Verbündeter der Entente war.

Timor-Leste

Offizielle Einführung: 20.05.2002

Im ersten Teil der Verfassung der Demokratischen Republik Timor-Leste werden im 15. Abschnitt die Bedeutungen der Farben angegeben. So steht das Schwarz für den Obskurantismus, welcher überwunden wurde. Gelb steht für den Reichtum des Landes. Rot steht für den Kampf um nationale Freiheit. Das Weiß ist Symbol des Friedens. Nach der Verfassung wird dem Stern selbst heute keine Bedeutung mehr zugesprochen, 1975 stand der weiße Stern noch für die Hoffnung auf eine bessere Zukunft.

Republik Turkmenistan

Offizielle Einführung: 19.02.1992, nach anderen Quellen 21.03.1992

Sie besteht aus einem grünen Flaggentuch mit einem senkrechten rotbraunen Streifen nahe dem Mast, darauf fünf reich verzierte Symbole und zwei gekreuzte Ölzweige, und in der Oberecke des großen grünen Feldes, einen weißen Halbmond mit fünf Sternen. Das Grün soll angeblich an die alten Flaggen der Turktataren erinnern, die schon im 4. Jh. v. Chr. benutzt worden sein sollen. Das Weiß steht für Heiterkeit und Güte. Der weiße Halbmond verkörpert den Glauben des Turkmenischen Volkes an die klare Zukunft. Die fünf Sterne neben dem Halbmond stehen für die fünf Regionen des Landes (Ahal, Balkan, Taschaus, Lebap und Maryl). Die Farbe Grün und die Verwendung des Halbmondes lassen auch eindeutig islamische Symbolik erkennen. Die in dem braunen senkrechten Streifen platzierten fünf reich verzierten Symbole sind Teppichmuster, sogenannte Göls. Sie sind Stammeszeichen und Symbole der Souveränität.

Republik Usbekistan

Offizielle Einführung: 18.11.1991, nach anderen Quellen am 30.09.1991

Sie zeigt drei waagerechte Streifen in Hellblau, Weiß und Grün, mit dazwischen liegenden schmalen, roten Trennstreifen. Im hellblauen Streifen, nahe am Mast, ein weißer Halbmond und zwölf weiße, fünfzackige Sterne. Der Halbmond und die Sterne stehen für den Islam und die zwölf Monate des islamischen Kalenders. Blau steht für das Wasser, den Himmel, es erinnert an die Fahnen Timurs (Tamerlan), und verweist auf die Abstammung des Volkes, denn Blau ist Farbe der türkischen und mongolischen Nationen. Weiß steht für Frieden, Wohlstand, Harmonie, die Klarheit der Absichten und Tatendrang. Grün steht für die Fruchtbarkeit und die Landwirtschaft, ist aber auch die Farbe des Islam. Die roten Streifen symbolisieren die verbindende Lebenskraft und Absichten der Menschen mit dem ewigen Himmel und ihre tatsächlichen Taten auf der Erde.

Vereinigte Arabische Emirate

Offizielle Einführung: 02.12.1971

Im Zusammenhang mit dem Erreichen der Unabhängigkeit von Großbritannien offiziell eingeführt. Sie zeigt drei horizontale Streifen in Grün, Weiß und Schwarz und einen senkrechten roten Streifen am Mast. Die Breite des roten Streifens wird unterschiedlich angegeben, ein Drittel oder die Hälfte der Höhe der Flagge. Rot ist die Farbe, welche die Flaggen der einzelnen Emirate gemeinsam haben, Grün steht für Fruchtbarkeit, Weiß für Neutralität und Schwarz für das Erdöl, dem das Land seinen Wohlstand verdankt.

Sozialistische Republik Vietnam

Offizielle Einführung: 02.07.1976

Flagge im Zusammenhang mit der Vereinigung von Nord- und Südvietnam, offiziell über ganz Vietnam gehisst. Es ist eigentlich die Flagge von Nordvietnam. Sie ist einfarbig rot und zeigt einen gelben fünfzackigen Stern in der Mitte. Rot ist die Farbe des Kommunismus, steht aber auch für die Revolution. Der fünfzackige Stern steht für die Einheit von Jugend, Soldaten, Arbeitern, Bauern und Intellektuellen, und er symbolisiert den Sozialismus.

Bearbeitung und Zusammenstellung
Melissa Gieler

Verzeichnis wichtiger Person

ABDUL, Hamid (*01.01.1944): Staatspräsident seit 2013; stellv. Anführer der Opposition (2001–2006); Sprecher des Parlaments (2009–2013); ist der 20. Staatspräsident von Bangladesch.

ABDULLAH, Abdullah (*05.09.1960): afghanischer Arzt und Politiker; aktueller afghanischer Regierungschef; Außenminister (1999–2006).

ABDULLAH II., Ibn Al Hussein (*30.01.1962): König von Jordanien (ab 1999); trat 1982 in die jordanischen Streitkräfte ein; 1999 zum Kronprinzen und Prinzregenten ernannt.

ABE, Shinzo (*21.09.1954): japanischer Politiker; Ministerpräsident (2006–2007 und seit 2012); Parteivorsitzender der LDP (ab 2012); Wiederwahl als Ministerpräsident (2017).

AHMADINEDSCHAD, Mahmud (*28.10.1956): iranischer Politiker; Staatspräsident (2005–2013); Bekenntnis zu einer rein islamischen Gesellschaft als Bürgermeister von Teheran (2003–2005).

AHMED, Tajuddin (*03.07.1925 – †03.11.1975): Politiker in Bangladesch; war ein militantes Mitglied der Moslemliga; langjähriger Kampfgefährte Scheich Mujibur Rahmans.

AITMATOW, Tschingis (*12.12.1928 – †10.06.2008): Schriftsteller; Diplomat aus Kirgistan.

AKHVLEDIANI, Elene (*1898 – †1975): war eine georgische Künstlerin, Grafikdesignerin und Theaterdekorateurin; ist bekannt für ihre Darstellungen der georgischen Städte.

AKIHITO, Tsuyu No Mija (*23.12.1933): Kaiser von Japan (seit 1989).

AL ABADI, Haider (*25.04.1952): irakischer Politiker; Ministerpräsident (seit 2014); lässt irakische Armee in Kirkuk gegen die Kurden einrücken (2017); erklärt den Sieg im Krieg gegen den „Islamischen Staat" (2017).

AL-ABDULLAH, Rania (*31.08.1970): Königin von Jordanien (ab 1999); Selbstverständnis als Sprachrohr für die Ziele der Frauen in allen humanitären Angelegenheiten.

AL ASSAD, Baschar (*11.09.1965): syrischer Politiker und Augenarzt; Staatspräsident (seit 2000).

AL ASSAD, Hafez (*06.10.1930 – †10.06.2000): syrischer Politiker und General; Staatspräsident (1971–2000); Vater des amtierenden Präsidenten Baschar al Assad.

AL IRIANI, Abdelkarim (*12.10.1934 – †08.11.2015): jemenitischer Politiker und Diplomat; Ministerpräsident (1980–1983, 1998–2001); Außenminister (1990–1993).

AL KHALIFA, Hamad bin Isa (*28.01.1950): König von Bahrain seit 1999, ältester Sohn des Emirs von Bahrain; war maßgeblich am Aufbau der Bahrain Defence Force (BDF) beteiligt; Kommandeur der 1997 gebildeten Nationalgarde.

AL KHALIFA, Haya Rashed (*18.10.1952): ist eine bahrainische Juristin und Politikerin. Wurde 2006 zur 61. Präsidentin der UN-Generalversammlung gewählt.

AL KHALIFA, Khalifa bin Salman (*25.11.1935): Herkunft: Bahrain, Bruder von Hamad bin Isa Al Khalifa; Direktor für Finanzen und Präsident der Elektrizitätsbehörde (1960–1966); Präsident des Verwaltungsrates (1966–1970); Präsident des Staatsrates (1970–1971); Ministerpräsident (seit 1971).

AL KHALIFA, Rashid bin Khalifa (*1952): ist Künstler und Mitglied der bahrainischen Königsfamilie. Er ist der erste und amtierende Präsident der Bahrain Arts Society.

AL-KHELAIFI, Nasser Ghanim (*12.11.1973): katarischer Unternehmer und derzeitiger Präsident des französischen Fußballteams Paris Saint-Germain Football Club.

AL-MAKTUM, Mohammed bin Raschid (*1949): Staatsoberhaupt des Emirats Dubai; Premierminister, Vizepräsident und Verteidigungsminister der Vereinigten Arabischen Emirate.Er gründete 1985 die staatlichen Fluggesellschaft Emirates Airlines.

AL NAYHAN, Khalifa bin Sajid (*25.01.1948): Emir von Abu Dhabi (seit 1969); Präsident der Vereinigten Arabischen Emirate (seit 1971); seit den 1980er Jahren Vorsitzender des Obersten Mineralölrates.

AL NAYHAN, Zayid bin Sultan (*1918 – †02.11.2004): fr. Emir von Abu Dhabi; erster Präsident der Vereinigten Arabischen Emirate (VAE) seit der Unabhängigkeit im Jahr 1971.

AL RIFAI, Said (*27.11.1936): jordanischer Diplomat und Politiker; Ministerpräsident (1985–89); Berater des Königs für politische Fragen (1972).

AL SABAH, Abdullah al Salim (*1895 – †24.11.1965): Scheich von Kuwait; strebte an, aus Kuwait einen wirklichen Wohlfahrtsstaat zu machen.

AL SABAH, Scheich Jabir al-Ahmad al Jabir (*29.06.1926 – †15.01.2006): Emir von Kuwait (1977–2006); Leiter des Amtes für Presse- und Öffentlichkeitsarbeit (1995); Informationsminister (1962); Außenminister (1963–1991).

AL SABAH, Scheich Sabah al-Ahmad al-Jabir (*16.06.1929): kuwaitischer Politiker; Emir von Kuwait (seit 2003); Außenminister (1963–2003); Finanz- und Erdölminister (1965–1967); Informationsminister (1971–1975 und 1982–1985).

AL SABAH, Scheich Sabah Al-Salim (*12.04.1913 – †31.12.1977): Emir von Kuwait (1965–1977); Leiter der kuwaitischen Polizei (1938–1959); Mitglied des Fürstenrats, stellvertretender Leiter der Ressorts der Finanzen, der Öffentlichen Arbeiten, der Gesundheit und des Sozialen (1955–1961).

AL SAUD, Abdullah bin Abdul Asis (*08.1924 – †23.01.2015): König von Saudi-Arabien (2005–2015).

AL SAUD, Mohammed bin Naif bin Abdul Asis (*30.08.1959): saudi-arabischer Politiker; Kronprinz (2015–2017) und Innenminister (2012–2017).

AL THANI, Scheich Hamad Bin Khalifa (*01.01.1952): Emir von Katar (1995–2013).

AL ZAYANI, Abdul Latif bin Rashid (*15.04.1954): Herkunft: Bahrain, seit 2011 Generalsekretär des Golfkooperationsrats (GCC).

ALI, Chaudry Mohammad (*15.07.1905 – †01.12.1980): Politiker aus Pakistan; Premierminister (1955–1956)

AMERASINGHE, Hamilton S. (*18.04.1913 – †04.12.1980): Politiker und Diplomat aus Sri Lanka.

AMIN, Norhasikin (*1975): Gayoom Sportler; Badmintonspieler aus Malaysia.

AMMOUN, Fouad (*26.11.1899 – †11.02.1977): libanesischer Jurist; Diplomat.

AMOSSOWA, Sinaida (*12.01.1950): kasachische Skilangläuferin

AQUINO III., Benigno S. (*08.02.1960): Politiker; Staatspräsident (2010–2016).

ARROYO, Gloria Macapagal (*05.04.1947): philippinische Politikerin; Staatspräsidentin (2001–2010).

AVIANTO, Joko (*1976): bekannt für riesige Installationen aus verwobenen indonesischen Bambusstäben.

AVIDAN, Asaf (*1980): israelischer Singer-Songwriter/Folkrocker; Nummer-eins-Hit „One Day/Reckoning Song (Wankelmut Rmx)".

BADAWI, Abdullah Ahmad (*26.11.1939): Politiker; Premierminister Malaysias (2003–2009).

BALASSANJAN, Sergej Artenjewitsch (*1902 – †1982): Kunst, Komponist aus Turkmenistan.

BANDARANAIKE, Sirimavo (*17.04.1916 – †10.10.2000): Politikerin in Sri Lanka (fr. Ceylon); Ministerpräsidentin (1960–1965, 1970–1977, 1994–2000); sie war die erste frei gewählte Regierungschefin der Erde.

BARENBOIM, Daniel (*15.11.1942): israelischer Pianist und Dirigent.

BARZANI, Masoud (*16.08.1946): irakisch-kurdischer Politiker; Präsident der Autonomen Region Kurdistan (2005–2017).

BATMUNCH, Shambyn (*10.03.1926): Politiker; Staatschef der Mongolei (1984–1990).

BAZARBAYEW, Ümürbek (*17.09.1981): Sport, turkmenischer Gewichtheber.

BEGALIJEW, Sopubek (*29.03.1931 – †09.10.2002): Ökonom; Politiker aus Kirgistan.

BELGRAVE, Sir Charles (*09.12.1894 – †28.02.1969): Ratgeber des Scheichs von Bahrain.

BEN-AHARON, Yitzhak (*17.07.1906 – †19.05.2006): israelischer Gewerkschafter.

BERDIMUHAMEDOW, Gurbanguly (*29.06.1957): turkmenischer Politiker; Staatspräsident (seit 2007); Demokratische Partei Turkmenistans.

BHUTTO, Benazir (*21.06.1953 – †27.12.2007): pakistanische Politikerin; war zwischen 1988 und 1990 und von 1993 bis 1996 Premierministerin von Pakistan.

BIN HAMMAM, Mohamed (*08.05.1949): katarischer Fußballfunktionär; Mitglied FIFA-Exekutivkomitee (seit 1996); Präsident der asiatischen Fußball-Konföderation (seit 2002).

BIN LADEN, Osama (*10.03.1957 – †02.05.2011): radikal-islamischer Terroristenführer; seit 1994 staatenlos; Gründer und Anführer der Gruppe al-Qaida; plante unter anderem die von der al-Qaida ausgeführten Terroranschläge vom 11. September 2001.

BIN OMAR, Zakaria (*1967): Künstler aus Brunei Darussalam.

BIN ONN, Hussein (*12.02.1922 – †28.05.1990): Politiker; Jurist aus Malaysia.

BIN SALMAN, Mohammed (*31.08.1985): Politik; saudi-arabischer Verteidigungsminister und Kronprinz.

BIN TAIMUR (BIN FAISAL BIN TURKI), Said (*13.08.1910 – †20.10.1972): fr. Sultan von Oman (1932–1970).

BOUNYAVONG, Outhine (*1942-†2000): Künstler; Schriftsteller; Herkunft: Laos.

CAMAL, Nigar (*07.09.1980): aserbaidschanische Sängerin, gewann zusammen mit Eldar Qasimov den Eurovison Song Contest 2011 mit dem Lied „Running Scared", lebhaft in Großbritannien.

CHALABI, Ahmad (*30.10.1944 – †03.11.2015): war ein irakischer Politiker und Bankier. Er baute mit Unterstützung des damaligen Kronprinzen Hassan die Petra-Bank auf.

CHEONG, Ong Teng (*22.01.1936 – †08.02.2002): Architekt u. Politiker aus Singapur; Staatspräsident (1993–1999).

CHI-MINH, Ho (*19.05.1890 – †03.09.1969): vietnamesischer Revolutionär und kommunistischer Politiker; Staatspräsident von Nord-Vietnam (ab 1954); Anführer der 1941 neu gegründeten Việt Minh; nach der Wiedervereinigung Vietnams wurde Saigon, die frühere Hauptstadt von Südvietnam, 1976 ihm zu Ehren in Ho-Chi-Minh-Stadt umbenannt.

CHO, Khin Maung (*03.11.1950): Politiker; Unternehmer aus Myanmar.

CHUNG-HEE, Park (*30.09.1917 – †26.10.1979): südkoreanischer Militär, Politiker und Staatspräsident (1963–1979).

COREA, Gamani (*04.11.1925 – †02.11.2013): sri-lankischer Diplomat und Wirtschaftsfachmann; Generalsekretär der UNCTAD (1974–1984).

DAI, Bao (*22.10.1913 – †31.07.1997): Kaiser von Annam (1926–1945): Staatschef von Vietnam (1949–1955); dreizehnter und letzter Kaiser der vietnamesischen Nguyễn-Dynastie.

DAR, Muhammad Ishaq (*1950): pakistanischer Politiker; Unternehmer.

DE ARAÚJO, Abílio da Conceição Abrantes (*1949): Politiker; Volkswirt aus Ost-Timor.

DE NORONHA, Luís Cardoso (*08.12.1958): Schriftsteller; aus Ost-Timor stammend.

DORJI, Damcho (*23.06.1965): Außenminister seit 2015; Mitglied der PDP; Verwaltungsbeamter und Richter am Obersten Gericht (1991–2007); Generalstaatsanwalt Bhutans (2006–2007); Minister für Inneres und Kultur (2013–2015).

DORJI, Gyaldun Dasho Thinley (*1914 – †1966): schrieb die bhutanische Nationalhymne.

DOSTUM, Abdul Raschid (*25.03.1954): afghanischer General und Politiker; war Mitglied der kommunistischen Demokratischen Volkspartei (DVP) und kämpfte gegen die Taliban.

DOULATĀBĀDI, Mahmud (*01.08.1940): iranischer Schriftsteller.

DUTERTE, Rodrigo (*28.03.1945): philippinischer Politiker; Staatspräsident (seit 2016).

EDELHADSCH, Abul Hassan (*1899): iranischer Bankier und Verwaltungsfachmann.

ELBEGDORDSCH, Tsachiagiin (*30.03.1963): mongolischer Politiker; Staatspräsident (2009–2017).

ELTSCHIBEJ, Abulfas (*08.06.1938 – †22.08.2000): aserbaidschanischer Orientalist; Staatspräsident 1992–1993.

ENCHBAJAR, Nambaryn (*01.06.1958): mongolischer Politiker, Staatspräsident (2005–2009).

ERSHUU, Otgonbayar (*18.01.1981): Künstler; Maler aus der Mongolei.

ES SOLH, Riad (*1892 – †06.1951): fr. Ministerpräsident des Libanon (1947–1951).

ESTRADA, Joseph E. (*19.04.1937): philippinischer Politiker; Schauspieler.

FARNUD, Sherkan (*1961 – †24.08.20): afghanischer Pokerspieler und Geschäftsmann.

FUKUI, Toshihiko (*07.09.1935): japanischer Bankmanager; Gouverneur der Bank of Japan (2003–2008).

GAMSACHURDIA, Swiad (*31.03.1939 – †31.12.1993): Präsident der Republik Georgien (1991–1992); kämpfte während seiner Amtszeit gegen Separatisten; erschoss sich am Silvestermorgen 93/94.

GANDHI, Indira (*19.11.1917 – †31.10.1984): war eine indische Politikerin und Regierungschefin; sie fiel 1984 einem Attentat zum Opfer.

GANDHI, Mohandas Karamchand (*02.10.1869 – †30.01.1948): indischer Rechtsanwalt, Widerstandskämpfer, Revolutionär, Publizist, Morallehrer, Asket und Pazifist; setzte sich gegen die Apartheit in Südafrika und für die Gleichstellung der Inder ein.

GARCIA, Carlos P. (*04.11.1896 – †14.06.1971): fr. Präsident der Philippinen (1957 bis 1961); Vizepräsident und Außenminister (1953–1957).

GAYOOM, Maumoon Abdul (*29.07.1937): maledivischer Politiker; Staatspräsident (1978–2008); übernahm selbst 1989 zusätzlich das Finanzministerium (bis 2004) und 1993 auch das Schatzamt und besetzte die wichtigsten Ressorts mit Vertrauten und Familienmitgliedern.

GHANI, Ashraf (*19.05.1949): afghanischer Anthropologe und Politiker; seit 2014 Präsident von Afghanistan.

GIAP, Vo Nguyen (*25.08.1911 – †04.10.2013): vietnamesischer General, Politiker und Guerillakämpfer.

GUECHSE, Yim (*20.11.1946): Schriftsteller aus Kambodscha.

GUN, Kim Song (*1945): nordkoreanischer Künstler; Maler.

GUSMAO, José Alexandre „Xanana“ (*20.06.1946): Politiker in Timor-Leste (Osttimor); erster Staatspräsident (2002–2007) Osttimors nach der indonesischen Besatzungszeit und Ministerpräsident (2007–2015).

GUTERRES, Francisco (*07.09.1954): Politiker; Staatspräsident von Ost-Timor.

GYANENDRA, Bir Bikram Shah Dev (*07.07.1947): letzter König von Nepal (2001–2008).

GYE-JONG, Kim (*27.06.1956): nordkoreanischer Sportler; Bogenschütze.

HADDAD, Saed (*14.12.1972): jordanischer Komponist.

HAMEED, Abdul Cader Sahul (*10.04.1927 – †03.09.1999): Kunst; Journalist und Politiker aus Sri Lanka.

HAMENGKU BUWONO IX, Sultan (*12.04.1912 – †02.10.1988): indonesischer Fürst und Politker; Verteidigungsminister und interimistisch Ministerpräsident (1949); Vizepräsident (1973).

HARIRI, Rafik (*1944 – †14.02.2005): libanesischer Premierminister (1992–1998 und 2000–2004); Unternehmer.

HASSANAL, Bolkiah (*15.07.1946): Sultan von Brunei; er ist der 29. Monarch in der Geschichte des Sultanats; übernahm den Vorsitz in der südostasiatischen Staatengemeinschaft ASEAN (seit 2013).

HELOU, Charles (*25.09.1912 – †07.01.2001): fr. Staatspräsident des Libanon (1964–1970).

HUONG, Tran Van (*01.12.1903 – †1982): Politiker; er sprach sich mehrfach gegen die Korruption der militärischen Machthaber Südvietnams aus.

HUSSEIN, Saddam (*28.04.1937 – †30.12.2006): irakischer Politiker; Staatspräsident (1979–2003); Alleinherrscher als Staats- und Regierungschef, Generalsekretär der Baath-Partei und Oberbefehlshaber der Streitkräfte (1979); Golfkrieg gegen den Iran (1980–1988); Giftgasangriff auf mehrheitlich kurdische Bevölkerung in Halabdscha (1988); Überfall auf Kuwait, 2. Golfkrieg (1990); Streit um „Massenvernichtungswaffen" mit den USA; Sturz Husseins maßgeblich durch die USA im Irak-Krieg 2003; Hinrichtung Husseins durch.

IL, Kim Jong (*16.02.1942 – †17.12.2011): nordkoreanischer Politiker; Staatsoberhaupt (1998–2011); postum im April 2012 zum „Ewigen Generalsekretär" sowie zum „Ewigen Vorsitzenden des Nationalen Verteidigungskomitees der DVRK" ernannt.

ISMAJILOVA, Khadija (*27.05.1976): aserbaidschanische Journalistin; Alternativer Nobelpreis 2017.

IWANISCHWILI, Bidsina (*18.02.1956): georgischer Unternehmer und Politiker; Premierminister (2012–2013).

JAHANGIR, Asma (*27.01.1952 – †11.02.1982): pakistanische Juristin; Bürgerrechtlerin.

JAYAWARDENE, Junius Richard (*17.09.1906 – †01.11.1996): Staatspräsident von Sri Lanka (1978–1989); Gründungsmitglied der United National Party (UNP), deren Chef er 1973 wurde.

JIN-SUNG, Jang (*1971): Schriftsteller aus Nordkorea.

JOON-HO, Bong (*14.09.1969): südkoreanischer Regisseur; Drehbuchautor.

KAMA, Asha (*unbekannt): ist ein bhutanischer Künstler, der traditionelle und expressionistische Kunst miteinander vereint.

KARIMOW, Islam Abduganjewitsch (*30.01.1938 – †02.09.2016): usbekischer Politiker; Staatspräsident (1991–2016).

KARMAN, Tawakkul (*07.02.1979): jemenitische Journalistin, Bürgerrechtlerin und Friedensaktivistin; Nobelpreis (Frieden) 2011 (für den „gewaltfreien Kampf für die Sicherheit von Frauen und für das Recht der Frauen, sich in vollem Umfang an Frieden schaffender Arbeit zu beteiligen").

KARSAI, Hamid (*24.12.1957): afghanischer Geschäftsmann und Politiker; Staatspräsident (2004–2014).

KHAN, Jahangir (*10.12.1963): pakistanischer Squashspieler und -funktionär; Weltmeister 1981 – 1985, 1988 (Open), Mannschaftsweltmeister 1985, 1987, 1993 (Open), zehnfacher British-Open-Sieger 1982–1991.

KHOKHAR, Mubashar Hanif M. (*unbekannt): ist seit 2015 der leitende Direktor der Bank Islam Brunei Darussalam Berhad.

KHOMAN, Thanat (*09.05.1914 – †03.03.2016): thailändischer Diplomat und Politiker; Außenminister (1959–1971).

KHOREICHE, Antonios (*20.09.1907 – †19.08.1944): libanesischer Theologe; Maronitischer Patriarch von Antiochien und des ganzen Orients.

KI-DUK, Kim (*1960): südkoreanischer Filmregisseur, Drehbuchautor und Filmproduzent; für seinen Spielfilm Pieta (2012) erhielt er als erster koreanischer Filmemacher den Goldenen Löwen der Filmfestspiele von Venedig.

KI MOON, Ban (*13.06.1944): südkoreanischer Politiker; Generalsekretär der UN (2007–2016).

KIL-SU, Jon (*unbekannt): nordkoreanischer Minister für das Eisenbahnwesen; Unternehmer.

KOTSCHARJAN, Robert (*31.08.1954): armenischer Politiker; Staatspräsident 1998–2008; Ministerpräsident 1997/98; Wirtschaftsreformer; Zusammenarbeit mit den internationalen Finanzorganisationen sowie die Organisation der Sicherheitskräfte.

KOVIND, Ram Nath (*01.10.1945): indischer Politiker, Staatspräsident und damit Staatsoberhaupt Indiens.

KUDSI, Nazem (*1906 – †06.02.1998): fr. Staatspräsident von Syrien (1961—1963); nach dem Baath-Putsch im März 1963 wurde Kudsi auf Lebenszeit aus Syrien verbannt.

KUMAR, Madhav (*06.03.1953): nepalesischer Politiker; Premierminister (2009–2011).

KUNAJEW, Dinmuhamed Achmedowitsch (*12.01.1912 – †22.08.1993): fr. sowjetischer Politiker in Kasachstan; Mitglied der KP Kasachstans (seit 1939), Stellv. Ministerpräsident der Sozialistischen Sowjetrepublik Kasachstan (1942–1952).

LAM, Carrie (*13.05.1957): chinesische Politikerin und amtierende Regierungschefin Hongkongs.

LANDAU, Moshe (*29.04.1912 – †01.05.2011): israelischer Jurist; Präsident des Obersten Gerichtshofs von Israel (1980–1982); Vorsitzender Richter im Eichmann-Prozess 1961.

LIEBERMAN, Avigdor (*05.06.1958): israelischer Politiker; Verteidigungsminister (seit 2016); fr. Außenminister (2009–2012 und 2013–2015) und Vizepremier (2010); Gründer der „Israel-Beitenu"-Partei (1999).

LIN, Justin Yifu (*15.10.1952): chinesischer Ökonom; Chefökonom der Weltbank (2008–2012).

MA, Jack (*15.09.1964): chinesischer Unternehmer; Gründer von Alibaba (1999).

MAHIDOL, Anada (*20.09.1925 – †09.05.1946): Politik; König von Thailand.

MAHMUD, Iman Abdullah (*1956): ist irakische Malerin; Lebt und arbeitet seit 2010 in Deutschland.

MAKMALBAF, Mohsen (*29.05.1957): Kultur; tadschikischer Filmregisseur.

MAN-SIK, Cho (*01.02.1883 – †15.10.1950): früherer nordkoreanischer Politiker.

MASLJUKOW, Jurij D. (*30.09.1937 – †01.04.2010): Wirtschaft; Ingenieur und Wirtschaftspolitiker aus Tadschikistan.

MASUM, Fuad (*1938): ist ein kurdisch-irakischer Politiker und seit 2014 Staatspräsident des Irak. Er ist der zweite kurdische Präsident.

MIRSIJOJEW, Schawkat (*24.07.1957): usbekischer Politiker; Staatspräsident.

MISHANIP, Dror (*23.06.1975): israelischer Schriftsteller und Literaturwissenschaftler.

MODI, Narendra (*17.09.1950): indischer Politiker; ist seit Mai 2014 Premierminister Indiens.

MUCHATOW, Weli (*1916 – †06.01.2005): Kultur; Komponist in der turkmenischen Nationalhymne.

MUOI, Do (*02.02.1917 – †01.10.2018): Politik; Politiker; Parteichef (1991–1997).

MURSCHID, Nasir ibn (*1595 – †14.04.1649): Imam von Oman (1624–1649); Philosoph.

MUTALIBOW, Ayas ogly (*12.05.1938): Präsident von Aserbaidschan (1990–1992); erklärte 1992 aufgrund nationalistischen Drucks seinen Rücktritt.

NAJIB, Razak (*1953): malaysischer Politiker; Premierminister (2009–2018); Mitglied der UMNO (seit 1976).

NAM, Kim Jong (*1929): nordkoreanischer Politiker; Außenminister (1983–1998); ältester Sohn von Kim Jong Il; starb am 13. Februar 2017.

NARUHITO (*23.02.1960): ist seit Mai 2019 Thronfolger von Akihito und 126. Tennō (Kaiser) von Japan.

NASARBAJEW, Nursultan (*06.07.1940): kasachischer Politiker; war von 1990 bis 2014 Staatspräsident von Kasachstan.

NASHEED, Mohamed (*17.05.1967): maledivischer Politiker; Staatspräsident (2008–2012); erlangte internationale Bekanntheit u. a. durch sein medienwirksames Eintreten für schärfere CO2-Reduktionsziele während des UN-Klimakonferenz in Kopenhagen (2009).

NASSER, Amin H. (*1961): saudischer Unternehmer; er amtiert seit Mai 2015 als Präsident und Geschäftsführer (CEO) des staatlichen Erdölkonzern Saudi Aramco.

NEHRU, Jawaharlal (*14.11.1889 – †27.05.1964): indischer Politiker und Verbündeter Mahatma Gandhis im Kampf um die Unabhängigkeit

Indiens von der Kolonialmacht Großbritannien; war von 1947 bis 1964 der erste Premierminister Indiens.

NESHAT, Shirin (*26.03.1957): Videokünstlerin, Fotografin und Filmemacherin aus dem Iran.

NETANJAHU, Benjamin (*21.10.1949): israelischer Politiker; Premierminister (seit 2009); im Atomstreit mit dem Iran; setzte jüdischen Siedlungsbau im Westjordanland und in Ost-Jerusalem fort.

NGEDUP, Sangay (*01.07.1953): ist Vorsitzender der People's Democratic Party (DPD).

NGUYEN VAN THUAN, François Xavier (*17.04.1928 – †16.09.2002): vietnam. Erzbischof von Saigon und später Kurienkardinal; Präsident des Rates Justitia et Pax.

NOL, Lon (*13.11.1913 – †17.11.1985): fr. kambodschanischer General; Staatschef (1972–1975); Oberbefehlshaber der FARK (1959).

NOSOVAN, Phoumi (*1920): laotischer General und Exilpolitiker; lebt seit 1965 im Exil in Thailand.

NU, U (*25.05.1907 – †14.02.1995): myanmarischer Politiker und Schriftsteller (fr. Birma); Ministerpräsident (1948–1956, 1957–1958, 1960–1962).

ODA, Eiichirō (*01.01.1975): ist ein japanischer Mangaka bzw. Manga-Zeichner.

OMAR ALI SAIFUDDIN, Sultan Haji (*23.09.1916 – †07.09.1986): Sultan von Brunei (1950–1967); 1963 lehnte der Sultan endgültig einen Anschluß Bruneis an die malaysische Föderation ab und übergab 1967 die Regierungsgewalt an seinen Sohn Hassanal Bolkiah.

OSPANOW, Marat Turdybekowitsch (*17.09.1949 – †23.01.2000): kasachischer Politiker und Ökonom.

OTUNBAJEWA, Rosa (*23.08.1950): kirgisische Politikerin; Staatspräsidentin (2010–2011).

OUM, Boun (*11.12.1911 – †17.03.1980): laotischer Adeliger und Politiker; Premierminister von Laos (1949–1950) und (1960–1962).

PAHLAVI, Farah Diba (*14.10.1938): Kaiserin (Schahbanu) des Iran (1967–1979); wurde als erste Frau in der Geschichte Persiens zur Kaiserin gekrönt (1967).

PAHLAVI, Mohammad Reza (*26.10.1919 – †27.07.1980): letzter Schah Irans (1941–1979); kam nach dem Sturz des demokratisch gewählten Präsidenten Mossadegh an die Macht (1953).

PARADSCHANOW, Sergej (*09.01.1924 – †20.07.1990): armenischer Filmregisseur.

PARSA, Amanullah (*27.12.1933): Repräsentant moderner und postimpressionistischer Kunst und Professor für Kunst; aus Afghanistan.

PASCHINJAN, Nikol (*01.06.1975): armenischer Politiker und Journalist; Premierminister Armeniens ab 2018; Vorsitzender des Parteibündnis „Jelk" (Ausweg); Anführer der samtenen Revolution.

PERES, Shimon (*02.08.1923 – †28.09.2016): israelischer Politiker; war von 2007–2014 Staatspräsident von Israel; er erhielt im Jahre 1994 gemeinsam mit Jassir Arafat und Jitzchak Rabin den Friedensnobelpreis für seine Verdienste im Oslo-Friedensprozess.

PHARAON, Ghaith Rashad (*07.09.1940 – †06.01.2017): Wirtschaft; Unternehmer aus Saudi-Arabien.

POT, Pol, eigentlich Saloth Sar (*19.05.1925 – †15.04.1998): kambodschanischer Politiker; fr. Oberbefehlshaber der Roten Khmer.

PRABHAKARAN, Velupillai (*26.11.1954 – †17.05.2009): sri-lankischer Widerstandsführer und Rebellenchef der Liberation Tigers of Tamil Eelam (LTTE); Gründer und Anführer der „Tamil Tigers".

PRACHANDA (*11.12.1954): nepalesischer Politiker und fr. Guerillaführer; fr. Premierminister (2008–2009 und 2016–2017).

PRINZ BILLAH, Haji Al-Muhtadee (*17.02.1974): Prinz von Brunei; im Jahre 1998 von seinem Vater sehr prunkvoll zum Kronprinzen und somit zum späteren Nachfolger auf dem Sultanthron bestimmt.

QABUS BIN SAID, Sultan (*18.09.1940): Sultan von Oman (seit 1970); war seit der Regierungsübernahme um eine Öffnung und Modernisierung des Landes bemüht.

RAHMAN PUTRA AL-HADJ, Tunku Abdul (*08.02.1903 – †06.12.1990): malaysischer Politiker; Staatsgründer; Ministerpräsident von Malaya (1957–1963); Ministerpräsident von Malaysia (1963–1970); verschaffte nach langwierigen Verhandlungen seinem Land am 31. August 1957 die volle Unabhängigkeit innerhalb des Commonwealth und wurde erster Ministerpräsident und Außenminister des unabhängigen Malaya.

RAHMAN, Scheich Mujibur (*17.03.1920 – †15.08.1975): Staatschef von Bangladesch (1972–1975); gilt als Initiator der Unabhängigkeit Ostpakistans vom westlichen Landesteil und der Gründung von Bangladesch; erhielt den Ehrentitel „Bangabandhu“ (Freund Bangladeschs).

RAHMON, Emomali (*05.10.1952): tadschikischer Politiker; Staatspräsident (seit 1994); seine Regierung wurde wiederholt wegen Verletzungen von Menschenrechten und der Pressefreiheit angeprangert.

RAMOS-HORTA, José (*26.12.1949): Journalist und Politiker in Timor-Leste (Osttimor); Staatspräsident (2007–2012); Nobelpreis (Frieden) 1996.

RAZAK, Najib (*23.07.1953): malaysischer Politiker; Premierminister (2009–2018); Mitglied der UMNO (seit 1976).

ROHANI, Hassan (*12.11.1948): iranischer Geistlicher und Politiker; er ist seit dem 3. August 2013 Staatspräsident der Islamischen Republik Iran und wurde am 20. Mai 2017 wiedergewählt.

ROMULO, Carlos P. (*14.01.1899 – †15.12.1985): philippinischer Politiker, Diplomat und Schriftsteller; Außenminister (u. a. 1968–1983); wurde am 20. September 1949 zum Präsidenten der UN-Vollversammlung gewählt.

SADIK, Nafis (*18.08.1929): pakistanische Ärztin und Bevölkerungsexpertin; Exekutivdirektorin des UNFPA (1987–2000).

SAGYRBAJEW, Kurmangasy (*1823 – †1896): kasachischer Komponist; Dombra-Musiker.

SAID, Qabus ibn (*18.11.1940): seit dem 23.07.1970 Sultan von Oman.

SALEH, Ali Abdallah (*21.03.1942 – †04.12.2017): jemenitischer Politiker; Staatspräsident (1990–2012); unter seiner Regierung startete Jemen als erster arabischer Staat im Dez. 2001 eine Militäroffensive gegen die Terrororganisation Al Qaeda (al-Qaida).

SALIH, Barham Ahmad (*12.07.1960): kurdischer Politiker und seit 2018 irakischer Staatspräsident.

SALLEH, Sarah (*09.04.1987): Ehefrau von Kronprinz Al-Muhtadee Billah und damit Kronprinzessin von Brunei.

SAMAR, Sima (*03.02.1957): afghanische Medizinerin; Frauen- und Menschenrechtlerin; Alternativer Nobelpreis 2012; erste Frauenministerin Afghanistans (2001–2002).

SAMPHAN, Khieu (*22.07.1932): kambodschanischer Politiker; Staatsoberhaupt (1976–1979).

SANANIKONE, Phoui (*06.09.1903 – †04.12.1983): fr. Premierminister von Laos (1950–1951 und 1958–1959); Minister für Erziehung, Gesundheitswesen und Soziale Wohlfahrt (1947–1949); verwaltete nacheinander die Ministerien des Inneren, der Verteidigung sowie von Jugend und Sport verwaltet (1951–1954).

SANN, Son (*05.10.1911 – †19.12.2000): kambodschanischer Politiker und Finanzexperte; gründete die Nationale Front zur Befreiung des kambodschanischen Volkes (KPNLF).

SARIF, Mohammed Dschawad (*07.01.1960): iranischer Politiker; er ist seit 2013 Außenminister des Irans.

SEIF EL ISLAM, Achmed (*1895 – †1962): Imam (König) von Jemen; Kriegsminister und Befehlshaber der Armee; Regierungszeit war geprägt von Streitigkeiten und Aufständen zwischen seinen ihm und seinen Brüdern.

SEIF EL ISLAM, Mohammed El-Badr (*1920): Imam (König) von Jemen; übernahm den Oberbefehl über die royalistischen Verbände im Nordwesten des Landes (1968); bildete in Saudi-Arabien ein Exilkabinett, in dem er selbst den Vorsitz und das Außenministerium übernahm (1969).

SEN, Hun (*04.04.1951): kambodschanischer Politiker; Ministerpräsident (seit 1985); schloss sich den Roten Khmer an (1969–1977).

SENANAYAKE, Dudley (*19.05.1911 – †14.04.1973): Politiker; Premierminister (1952–1953, 1960, 1965–1970).

SHAH, Azlan (*19.04.1928 – †28.05.2014): malaysischer Jurist; König von Malaysia (1989–1994); Sultan von Perak.

SHEARES, Benjamin Henry (*12.08.1907 – †12.05.1981): Politiker und Arzt in Singapur; Staatspräsident (1971–81).

SHUI-BIAN, Chen (*18.02.1951): chinesischer Politiker auf Taiwan; Staatspräsident der Republik China (2000–2008); Mitglied der Demokratischen Fortschrittspartei (DPP); erster Präsident, der nicht der jahrzehntelang dominierenden Kuomintang (KMT) angehörte.

SHWE, THAN (*02.02.1933): myanmarischer General und Politiker; Staatspräsident (1992–2011).

SIHANOUK, Norodom (*31.10.1922 – †15.10.2012): kambodschanischer Politiker; fr. König und Staatschef von Kambodscha.

SINGH, Manmohan (*26.09.1932): indischer Wirtschaftswissenschaftler und Politiker; Finanzminister (1991–1996); Premierminister (2004–2014).

SIRIKIT, Mom Rajawongse (*12.08.1932): Königin von Thailand; sorgte als Präsidentin des Roten Kreuzes in Thailand für die Errichtung mehrerer Flüchtlingslager an der Grenze zu Kambodscha, als 1979 etwa 40.000 Khmer vor der Schreckensherrschaft von Pol Pot die Flucht nach Thailand ergriffen.

SLIPA-ARCHA, Banharn (*20.07.1932 – †23.04.2016): Wirtschaft; thailändischer Unternehmer und Politiker; Ministerpräsident (1995–1996).

SOUNTHONEVICHIT, Thongdy (*1905 – †1968): Musiker; 1941 Nationalhymne von Laos geschrieben.

STAROSTIN, Anatoli (*18.01.1960): tadschikischer Moderner Fünfkämpfer; 2facher Olympiasieger 1980, Weltmeister 1983, (1986 disqualifiziert); Mannschafts-Weltmeister 1982/83/85.

SUHARTO, Haji Mohamed (*08.06.1921 – †27.01.2008): indonesischer General und Politiker; Staatspräsident (1967–1998); führender Partisanenführer in Mitteljava gegen die Niederländer (1948/1949).

SUKARNO (*06.06.1901 – †21.06.1967): indonesischer Politiker; Staatspräsident und Oberbefehlshaber der Armee (1945–1967).

SUKRANOPUTRI, Megawati (*23.01.1947): war Staatspräsidentin von 2001 bis 2004 und gehört der Demokratischen Partei an.

SUNG, Kim Il (*15.04.1912 – †08.07.1994): nordkoreanischer Politiker; Präsident der Volksrepublik Korea (1972–1994); gilt als „Ewiger Präsident" über den Tod hinaus als De-jure-Staatschef Nordkoreas.

SUU KYI, Aung San (*19.06.1945): myanmarische Politikerin; Staatsrätin; Außenministerin; Nobelpreis (Frieden) 1991; setzte sich seit den späten 1980er Jahren für eine gewaltlose Demokratisierung ihres Heimatlandes ein. 1991 erhielt Sie den Friedensnobelpreis.

SWEE, Goh Keng (*06.10.1918 – †14.05.2010): Wirtschafts- und Finanzexperte in Singapur; schloss sich der von Lee Kuan Yew1954 gegründeten People's Action Party (PAP) an und war zeitweise auch stellv. Parteivorsitzender.

TER-PETROSJAN, Levon (*09.01.1945): armenischer Politiker und Orientalist; Staatspräsident 1991–1998; fr. Parlamentspräsident; gründete 1989 die Armenische Nationalbewegung.

TINSULANONDA, Prem (*26.08.1920 – †26.05.2019): thailändischer General und Politiker; Premierminister (1980–1988); Präsident des Kronrats (seit 1998); Schlüsselfigur hinter dem Militärputsch 2006.

TLASS, Mustafa (*11.05.1932 – †27.06.2017): Wirtschaft; syrischer Offizier und Politiker; Verteidigungsminister.

TOBGAY, Tshering (*19.09.1965): bhutanischer Politiker; war von 2013 bis 2018 Ministerpräsident Bhutans; Gründungsmitglied und Vorsitzender der Volksdemokratischen Partei (DPD); Mitglied des Ministeriums für Arbeit und Menschliche Ressourcen (2003–2007).

TONG, Goh Chok (*20.05.1941): Wirtschaft; singapurischer Wirtschaftsfachmann und Politiker; Premierminister (1990–2004).

TOYODA, Akio (*03.05.1956): ist seit 2009 der Chief Executive Officer des japanischen Automobilkonzerns Toyota.

TURKMENBASCHI, Saparmurat Nijasow (*19.02.1940 – †21.12.2006): turkmenischer Politiker; Staatspräsident (1990–2006) und Premierminister (1991–2006). Am 28. Dezember 1999 wurde der autokratisch regierende Präsident vom Parlament zum Staatschef auf Lebenszeit ernannt.

UM, Bun (*11.12.1911 – †17.03.1980): Adeliger und Politiker; Premierminister von Loas (1949–1950) und (1960–1962).

UN, Kim Jong (*08.01.1982): nordkoreanischer Politiker; Staatsoberhaupt (seit 2011); jüngster Sohn von Kim Jong Il.

UPADHYAY, Shri Krishna (*Juni 1945): nepalesischer Ökonom; Gründer der Initiative „SAPPROS“, dessen Ziel es war, Hilfe zur Selbsthilfe zu leisten; Alternativer Nobelpreis 2010.

VATTHANA, Savang (*13.11.1907 – †vermutlich 1978): König von Laos (1959–1975); gehörte der Dynastie von Luang-Prabang an; dankte 1975 ab und wurde formal zum Berater der Regierung ernannt.

VEJJAJIVA, Abhisit (*03.08.1964): Politik, Premierminister (2008–2011); dank seiner Besuche in Myanmar, Vietnam und China wurden die Beziehungen zu diesen Staaten gestärkt.

VIRATA, Cesar E. (*12.12.1930): philippinischer Politiker; Finanzfachmann.

VOHIDOV, Erkin (*28.12.1936 – †30.05.2016): Kunst; Poet aus Usbekistan.

VONG, Sisavang (*14.07.1885 – †30.10.1959): König von Laos (1905–1945); von Japanern 1945 abgesetzt.

VONGVICHIT, Phoumi (*1910 – †07.01.1994): Staatspräsident von Laos (1986–1991); Minister für Information, Propaganda und Tourismus (1962).

VORACHITH, Boungnang (*15.08.1937): laotischer Politiker; Finanzminister.

WAJED, Sheikh Hasina (*28.09.1947): Ministerpräsidentin (1996–2001 und seit 2009); seit 2014 auch Außenministerin; Tochter des Staatsgründers Mujibur Rahman.

WANG, Prinz Teh (*1902 – †1966): fr. Staatsführer der Inneren Mongolei (1931–1945); verfolgte das Ziel, die Innere Mongolei von den Chinesen unabhängig zu machen und von den Russen unabhängig zu erhalten.

WANGCHUCK, Dasho Jigme Khesar Namgyel (*21.02.1980): König von Bhutan seit 2006; ältester Sohn von König Jigme Singye Wangchuck.

WANGCHUCK, Jigme Dorji (*02.05.1927 – †21.07.1972): Herrscher von Bhutan (1952–1972); sein Titel „Druk Gyalpo" (Drachenkönig) benennt einen der letzten absoluten Monarchen Bhutans.

WANGCHUCK, Jigme Singye (*11.11.1955): König von Bhutan (1974–2006).

WEERAMANTRY, Christopher Gregory (*1926 – †2017): sri-lankischer Jurist; Alternativer Nobelpreis 2007 für seine wegweisende Arbeit zur Durchsetzung und Stärkung des Völkerrechts; Richter am Internationalen Gerichtshof in Den Haag (1991–2000) und dessen Vizepräsident (1997–2000).

WEIWEI, Ai (*28.08.1957): chinesischer Künstler mit Werken u. a. für die Documenta in Kassel, systemkritischer Menschenrechtler.

WICKREMASINGHE, Ranil (*24.03.1949): Wirtschaft; Jurist und Politiker aus Sri Lanka; Ministerpräsident.

WIDODO, Joko (*21.06.1961): ist indonesischer Unternehmer und Politiker; ist seit dem 20.10.2014 Staatspräsident Indonesiens und Gründer eines Möbelunternehmens.

WOINOWITSCH, Wladimir (*26.09.1932 – †27.07.2018): Kunst; Schriftsteller aus Tadschikistan.

XI, Jinping (*15.06.1953): chinesischer Jurist und Politiker; Staatspräsident und Generalsekretär der KP; unterliegt seit 11.03.2018 keiner

Amtszeitbegrenzung mehr; besuchte als erster chinesischer Präsident die Europäische Union in Brüssel (2014).

XIA, Liu (*01.04.1961): ist Malerin, Dichterin und Fotografin; wurde als Mitverfasserin eines politischen Manifests (Charta 08) zu einer elfjährigen Haftstrafe verurteilt; seit Juli 2018 befindet sich Liu in Deutschland.

XIMÉNES BELO, Carlos Felipe (*03.02.1948): ost-timoresischer katholischer Theologe; Bischof in Dili (1983–2002); Nobelpreis (Frieden) 1996 für seine Verdienste zur Selbstbestimmung Osttimors.

YADAV, Ram Baran (*04.02.1948): nepalesischer Politiker; erster Staatspräsident der Republik Nepal (2008–2015); Kongresspartei.

YAHYA, Faris (*1939 – †2004): Historiker und Autor aus Kuwait.

YAMEEN, Abdulla (*21.05.1959): maledivischer Politiker; war von 2013 bis 2018 Staatspräsident der Republik Malediven; unterzeichnet ein Mediengesetz, durch welches die öffentlichen Radio- und Fernsehsender unter die Kontrolle der Regierung gebracht werden (29.04.2015).

YAZBEK, Samar (*18.08.1970): Kultur; syrische Schriftstellerin und Journalistin.

YEOH, Michelle (*06.08.1962): malaysische Schauspielerin und Filmproduzentin; internationaler Durchbruch als „Bond-Girl" im James-Bond-Streifen „Tomorrow Never Dies" (1997).

YEW, Lee Kuan (*16.09.1923 – †23.03.2015): Politiker in Singapur; Staatsgründer; Premierminister (1959–1990).

YOUSAFZAI, Malala (*12.07.1997): pakistanische Kinderrechtsaktivistin; 2014 wurde ihr der Friedensnobelpreis zuerkannt, womit sie die jüngste Preisträgerin in der Geschichte des Nobelpreises ist; seit April 2017 ist Yousafzai Friedensbotschafterin der UN.

YUNUS, Muhammas (*28.06.1940): ist Wirtschaftswissenschaftler; Gründer und ehemaliger Geschäftsführer der Grameen Bank.

ZIA, Khaleda (*15.08.1945): Politikerin in Bangladesch; Ministerpräsidentin (1991–1996 und 2001–2007).

ZURAKJAN, Gagik Koljaji (*25.11.1956): armenischer Unternehmer.

ZWI, Jitzchak Ben (*06.12.1884 – †23.04.1963): israelischer Politiker; Staatspräsident (1952–1963).

Bearbeitung und Zusammenstellung
Melissa Gieler

Autorenverzeichnis

AKTAR, RAHIMA, M.A.
Development Management, Regional Sustainability Managerin für Bangladesch, Indien und die Türkei bei einer bekannten deutschen Modemarke

AY, MARTHA
Studium der Gesellschaftswissenschaften an der Universität Kassel

AZIZ, MAHMUT, PROF. DR.
Politikwissenschaftler, Girne American University/Türkische Republik Nord-Zypern

BENZER, FIDAN
Studium der Sozialwissenschaften an der Leibniz Universität Hannover

BIELERT, MARYLOU
Studium der Sozialwissenschaften an der Leibniz Universität Hannover

BLIMAN, ALEKSANDR, B.A.
Sozialwissenschaftler, Junior-Projektmanager am Gustav-Stresemann-Institut e.V. Bonn

BORN, HANS
Unternehmens- und Organisationsberater mit langjähriger Projektleitungserfahrung in Zentralasien, erster Vorsitzender der Nichtregierungsorganisation „Pro NGO!“ e.V. in Köln

BUI, CHAU, M.A.
Development Management, Junior-Projektmanagerin am Gustav-Stresemann-Institut e.V. Bonn

CLAUS-KIM, DANIELA, DR.
Wissenschaftliche Mitarbeiterin am Institut für Koreastudien der Freien Universität Berlin

CRONE, THOMAS, DR.
Sinologe und Wissenschaftlicher Mitarbeiter an der Sektion für Sprache und Literatur Chinas der Ruhr-Universität Bochum

DARAHMAN, NIHAD
Studium der Gesellschaftswissenschaften an der Universität Kassel

DALAY, ISMAIL, PROF. DR.
Wirtschaftswissenschaftler, Gelism Universität Istanbul/Türkei

DITTMANN, ANDREAS, PROF. DR.
Anthropogeograph, Institut für Geographie der Justus-Liebig-Universität Gießen

FRANZKE, CLARA
Studium der Sozialwissenschaften an der Leibniz Universität Hannover

FRIESECKE, MAREN
Studium der Sozialwissenschaften an der Leibniz Universität Hannover

GIELER, MELISSA, M.A.
Wirtschaftswissenschaftlerin, Cognizant Technology Solutions, Frankfurt

GIELER, WOLFGANG, PROF. DR.
Politikwissenschaftler und Ethnologe, Fachbereich Angewandte Sozialwissenschaften, Fachhochschule Dortmund

GÖDDERZ, HOLGER, M.A.
Politikwissenschaftler, Friedrich-Schiller-Universität Jena

GREGORIO-BARRAMENDA, CRISTINA CARMINA, M.A.
Beraterin für Stadtentwicklung der Asiatischen Entwicklungsbank und Dozentin für Entwicklungszusammenarbeit Ateneo de Manila University/Philippinen

HASS, TIM, B.A.
Masterstudium der Politikwissenschaft an der Friedrich-Schiller-Universität Jena

HENRICH, CHRISTIAN JOHANNES, DR.
Politikwissenschaftler FOM Hochschule Für Ökonomie & Management, Essen

KÖMÜR, SIBEL
Studium der Gesellschaftswissenschaften an der Universität Kassel

KROPP, LOUISA SOFIE, B.A.
Masterstudium der Politikwissenschaft an der Friedrich-Schiller-Universität Jena

KÜPPERS, ELSA, M.A.
Ostasienwissenschaftlerin und Doktorandin an der Ruhr-Universität Bochum

LAGANIN, BOJAN, B.A.
Masterstudium der Sozialwissenschaften an der Ruhr-Universität Bochum

LASSOTTA, WOLF-DIETER, M.A.
Geschichtswissenschaftler, Westfälische-Wilhelms-Universität Münster

MESS, MARKUS, M.A.
Politik- und Islamwissenschaftler, Friedrich-Schiller-Universität Jena

MUÑOZ-PÉREZ, BRUNO, DIPL.-SOZ.
Sozialwissenschaftler, Geschäftsführer Forum of Science, Art and Culture, Hannover

NOWAK, MEIK, DR.
Sozialwissenschaftler, Referent für „Globale Herausforderungen" am Gustav-Stresemann-Institut e.V. Bonn, Lehrbeauftragter für Entwicklungs- und Sicherheitspolitik an der Ruhr-Universität Bochum und der University of the Western Cape (Republik Südafrika)

PFEILER, PHILIP, B.A.
Studium der Politikwissenschaften an der Friedrich-Schiller-Universität Jena

PÖLKING, FLORIAN, DR.
Wissenschaftlicher Mitarbeiter der Politik Ostasiens und der Koreanistik an der Ruhr-Universität Bochum

RAETZ, SOPHIE-KRISTIN, B.A.
Masterstudium der Politikwissenschaften an der Friedrich-Schiller-Universität Jena

RIETH, LOTHAR, DR.
Verwaltungs- und Politikwissenschaftler, Nachhaltigkeitsexperte bei einem börsennotierten Energieversorgungsunternehmen mit Sitz in Deutschland

SCHERER, ANKE, Prof. Dr.
Japanologin, Ruhr-Universität Bochum, Fakultät für Ostasienwissenschaften, Sektion Geschichte Japans

SCHUPP, MARKUS, DIPL.-GEOGR.
Wissenschaftlicher Angestellter, Institut für Geographie der Justus-Liebig-Universität Gießen

SCHWARZ, MARTIN, DR.
Politikwissenschaftler, Wissenschaftlicher Mitarbeiter Universität Vechta

STAARMANN, ANDRÉ, DIPL.-GEOGR.
Wissenschaftlicher Mitarbeiter, Institut für Geographie der Justus-Liebig-Universität Gießen

THORBECKE, SASKIA, M.A.
Wissenschaftliche Mitarbeiterin, Institut für Geographie der Justus-Liebig-Universität Gießen

VALENTIN, SASCHA, M.SC.
Wissenschaftlicher Mitarbeiter, Institut für Geographie der Justus-Liebig-Universität Gießen

VAHLE, SCHIRIN, B.A.
Masterstudium der Soziologie an der Universität Bielefeld

WEGE, SABINE, M.A.
Politikwissenschaftlerin, Lehrbeauftragte für Entwicklungspolitik an der Philipps-Universität Marburg, freie Beraterin und Trainerin für Entwicklungspolitik, Sicherheitspolitik und Zentralasienstudien

WLOKA, LAURA-FEE, M.Sc.
Sozialwissenschaftlerin, Institut Arbeit und Technik in Gelsenkirchen

WOHNE, ANNIKA
Studium der Sozialwissenschaften an der Leibniz Universität Hannover

YILMAZ, ZEYNEP, M.A.
Politikwissenschaftlerin Universität Istanbul/Türkei

ZAROUNI, MOHAMMED, PROF. DR.
Geschichtswissenschaftler, Universität Straßburg/Frankreich

www.ingramcontent.com/pod-product-compliance
Ingram Content Group UK Ltd.
Pitfield, Milton Keynes, MK11 3LW, UK
UKHW021820290926
8980IPUK00004B/179

9 783631 731383